21세기

건설안전기술사

고득점 기출문제 [I]

김정태

PROFESSIONAL-ENGINEER

www.seoulpe.com
서울기술사학원

서울기술사학원
합격자
모범답안

샘플강의
고득점 답안작성 요령

예문사

들 머 리

2022년 1월 27일 시행된 중대재해처벌법과 2023년 11월 30일 정부에서 "안전하고 건강한 일터, 행복한 대한민국"을 만들기 위한 "중대재해 감축로드맵"을 발표하고, '규제와 처벌' 중심의 중대재해 감축 정책의 패러다임을 '자기규율과 엄중책임', '참여와 협력'을 기반으로 하는 '자기규율 예방체계'로 전환하고, 이를 실천하기 위해 '산업안전보건기준에 관한 규칙' 개정 및 건설현장의 교육 및 적극적 지원을 통해 근로자가 참여하는 현장 중심의 안전관리가 추진되고 있습니다.

또한, 2024년 1월 27일부터는 2년간 유예되었던 상시 5인 이상 50인 미만 사업장까지 중대재해처벌법이 적용되면서, 이러한 사회현상을 반영하듯 건설안전분야의 전문인력의 수요가 폭발적으로 늘어나고 있어, 이에 따라 건설안전분야의 최고 자격증인 건설안전기술사에 관심이 많아지고, 도전하는 수험자가 늘어나고 있는 추세입니다.

건설안전기술사 시험의 특징은 건설안전분야뿐만 아니라, 건축, 토목 등 다양한 분야의 기술자들이 도전하고 있고, 특히 건축 또는 토목 시공기술사를 취득한 기술사들이 쉽게 생각하고 접근하는 시험입니다. 한편으로는 시공기술사 공부방법과 답안 작성으로 쉽게 시험을 보고, 쉽게 접근했다가 고생하는 수험생들이 유난히 많은 시험이기도 합니다.

최근 건설안전기술사 시험의 출제경향은 「산업안전보건법」을 바탕으로 「건설기술진흥법」, 「시설물안전법」, 「지하안전법」과 「중대재해처벌법」 등 건설안전 관련 법령과 건설안전 관리론과 건축 및 토목공사와 정책, 시사까지 다양하고 폭넓은 분야의 문제가 출제된다는 것입니다. 또한 매년 수차례 법 개정이 되고 있어, 이러한 법 개정사항을 바탕으로 출제되고 있습니다.

건설안전기술사 시험을 준비하는 수험생들은 효율적인 합격답안 작성 연습과, 나만의 답안 틀을 만들어 가는 과정이 중요합니다. 즉, 올바른 공부방향과 효율적인 공부방법이 여러분의 합격을 보장할 수 있는 가장 중요한 요소입니다.

건설안전기술사의 빠른 합격을 위한 Key Point는 다음 3가지입니다.

1. 하나의 완성된 답안은 최소 2~3개 이상의 문제에 차별화 아이템으로 활용
2. 현장 내용(현장 사례)이 담긴 답안의 구성 연습
3. 「산업안전보건법」 등 건설 관련 법령을 바탕으로 정책, 시사 내용의 반영 연습

21세기 건설안전기술사 "고득점 기출문제"는 이러한 합격 요소와 변화되고 있는 출제경향을 반영하여 최근 법개정이 반영된 고득점 합격자의 답안으로 구성하였으며, 이는 합격 답안 틀을 잡아가는 길잡이가 될 것이라 확신합니다.

끝으로 이번 21세기 건설안전기술사 "고득점 기출문제" 발간을 위하여 도움을 주신 서울기술사학원 신경수 원장님과 조준호 부원장님, 도서출판 예문사의 장충상 전무님께 감사드리며 고득점 답안을 공유해주신 김진모 기술사, 이기황 기술사, 박상혁 기술사, 이종순 기술사와 김정수 기술사, 김상아 기술사, 강환희 기술사 및 21세기 건설안전기술사 합격자 모임 회원님들께 깊이 감사드립니다.

2024. 6
저 자

차 례

Part 01 산업안전보건법

Part 02 안전보건규칙[1. 총칙]

Part 03 안전보건규칙[2. 안전기준]

Part 04 안전보건규칙[3. 보건기준]

Part 05 건설안전관련법

PART

01

산업안전 보건법

합격수기

◇◇◇

안녕하세요. 이번에 1차 필기 합격한 허○○이라고 합니다.

이번에 건설안전 1차 합격자 중에서 제일 불량 감자인 것 같습니다. 공부기간은 3년 소요되었으며, 126회 점수는 60.1로 1차 합격하였습니다. 저 같은 경우는 다수의 합격의 요인인 답클밴을 하지 않고, 학원 수업에 충실해서 운 좋게 합격한 것 같습니다.

1. 공부 교재

① 학원 교재

② 보도자료(국토부, 고용노동부, 서울시 등)

③ 안전보건 자료

④ 전문가를 위한 건설안전 혁신론(안홍섭 교수)

2. 공부 방법

업무로 인해 평일에 시간이 여의치 않아 주말에 공부를 몰아서 하였으며, 건설안전 정규수업과 실전문제를 동시에 수강한 것이 합격에 도움이 되었습니다.

1) 정규 강의(토요일)

① 강의 시간에 연습지에 모식도와 강의 내용을 요약해서 적는 연습을 함

② 강의자료의 중요 부분은 캡쳐와 구름마크를 표기하여 별도로 컴퓨터의 메모장에 저장하여 일과 중에 리마인드하려고 했는데 잘 이뤄지진 않음

2) 실전문제 강의(일요일)

① 실전문제에 대한 평상시 준비는 월요일부터 금요일까지는 보도자료 및 인터넷 자료를 통해 현장 실무에 부족한 부분을 채우도록 하였으며, 단답 & 서술 작성 시 문제점 및 향후 발전방향에 대한 의견으로 준비함

② 일요일 시험시간에는 시간 관리를 목표로 답안을 작성하였으며, 모식도와 시공순서별, 공종별로 구분토록 노력함

③ 시험문제에서 물어본 것과 조건에 대해서는 정확하게 쓰려고 하였고, 개인의견을 제언 부분에 강조함(건설주체별 안전혁신에 대한 의견을 반영함_안전보건조정인 & 안전감리)

3) 스터디

① 스터디를 통해서 중요 200문제에 대해 대제목 잡기 하였음(절반 했을까?)

② 주요 재해사건에 대해서는 원인을 파악하려고 노력하였음(광주 철거사고 및 외벽 붕괴, 데크플레이트 붕괴 사고 등)

3. 이번 시험을 통하여 느낀 점

1) 건설안전기술사는 사례를 쓰면 안 된다. (×)
   작년에는 사례를 쓰면 안 된다는 속설로 평가 및 정책으로 맺음말을 적다 보니 높은 점수가 없었으며, 금번 터널 NATM 문제, 철거해체, 한중콘크리트에서 사례를 쓴 것이 점수가 높았음

2) 토목시공기술사 시험이 아니라 건설안전기술사이니 기술적인 것보다는 안전에 집중해야 한다. (×)
   금번 한중콘크리트의 경우, 기술적으로 집중하고, 안전으로 마무리한 것이 점수가 되려 높았음

4. 결말

1) 제가 감히 수업에 대해 말씀드리자면, 최고라고 말씀드리고 싶습니다. 건설안전시험뿐만 아니라 실무에서도 도움이 되는 강의일뿐만 아니라, 수강생 개개인에 대해 조언(전화통화 등)과 답안첨삭을 해주시는 분은 김정태 교수님이 으뜸이라고 생각이 듭니다.

2) 기존에 저와 같이 공부하신 분과 새로 등록하신 분들 모두 정태 형님을 믿고 함께 가시면 좋은 결과가 있으리라고 믿습니다.

3) 금년 127회, 128회와 향후에도 많은 합격자가 배출되기를 기원합니다. 모두 파이팅입니다.

이상입니다. 감사합니다.

문제 1 산업재해 발생건수 공표

번호

(문제) 산업재해 발생건수 공표 <산안법 제10조 (산업재해 발생건수 등의 공표)

(답)

I. 개요

산업재해를 예방하기 위하여 고용노동부 장관이 대통령령으로 정하는 사업장의 근로자의 재해건수, 재해율 또는 그 순위를 공표함.

II. 산업재해 발생건수 공표 대상 사업장

1. 산업재해 사망자 2명 / 연간 발생 사업장
2. 사망 만인율 동종 평균 사망 만인율 이상 사업장
3. 중대산업사고 발생 사업장
4. 산업재해 발생 사실 은폐한 사업장.

III. 산업재해 발생건수 공표에 포함 항목

도급인의 산업재해 발생건수, 관계 수급인의 산업재해 발생 건수 → (통합 작성) → 사고사망만인율 (‱), 산업재해율 (%)

IV. 산업재해 발생건수 공표절차 및 방법

산업재해 발생 자료 제출 요청 (지방 노동관서장) → 통합 산업재해 현황표 작성 (도급인) → 일간신문 인터넷 게재 (공표방법)

V. 산업재해 발생건수 공표에 따른 기대효과

1. 도급인 근로자 및 관계수급인 근로자 사고예방 안전관리체계 확립
2. 산업재해 은폐시도 저감.
3. 중대재해 처벌법 연계. 사업주. 경영책임자 의식 개선.

"끝"

문제 2 산업재해 발생건수 공표대상 사업장

번호 (문제) 산업안전보건법령상 산업재해 발생건수 공표대상 사업장

(답)

<산재건수 공표 순서>

① 사고규모별 → ② 업종별 등

1. 개요

고용노동부 장관은 안전관리가 미흡한 사업장에 대하여 산재 발생건수 공표를 통한 안전관리 개선을 도모하여야 함.

2. 산업재해 발생건수 공표의 배경 및 실시목적

배경	산업재해 인한 사망 사고 다수 발생 사업장 안전의식 제고 필요	① 사망재해 저감 ② 사업주의 안전 의식 향상 - 중대재해처벌법	실시목적

3. 산업안전보건법령상 산업재해 발생건수 공표대상 사업장

1) 사고사망만인율 ≥ 동종 평균
2) 사망자수 연간 2건 이상
3) 산재 은폐 사소시
4) 산재 발생보고 3년간 2건 누락
5) 중대산업사고

<사고사망 만인율>

$$\text{사고사망 만인율}(‱) = \frac{\text{사망자수}}{\text{상시근로자수}} \times 10,000$$

$$\text{상시근로자수} = \frac{\text{국내공사실적} \times \text{노무비율}}{\text{건설업 월평균임금} \times 12}$$

4. 중소 00 흙막이 현장 산재은폐 방지 위한 안전시스템 활용방안

산재 발생 → 작업 중지 → 근로자 대피 → 산재 등록 → 현장 조사 개선 실시 → 조사표 제출

(3일 이상 휴업 발생) (안전관리시스템) (사업주) (1개월 이내)

5. 최근 정부의 산재 저감을 위한 「중대재해 감축로드맵」 활성화 대책

(주요내용) 위험성평가 중심 '자기규율 예방체계' 구축

(활성화) 초소규모 현장 대상 위험성평가 컨설팅 실시

문제 3 건설업체 산업재해예방활동 실적기준

번호 문 41) 건설업체 산업 재해 예방 활동 실적기준

답)

1. 개요

산업안전 보건법 근거 사업주 중심 안전보건체계와 본사 안전보건노력 활성화 위한 제도

2. 건설업체 산업재해 예방 활동 실적 확인대상

대 상	기 간
기존 : 시공능력 평가액 1000위내 변경 : 종합 건설 업체	전년도 01.01~12.31 까지 실적

3. 건설업체 산업재해 예방 활동 실적 기준

구 분	기 준	비 고
1) 공통 항목	(1) 사업주 안전보건 활동 (2) 본사 안전보건 전담 (3) 안전보건 관리자 정규직비율	100점 초과시 100점 산정 (본사 제출 → 서류 확인 → 적정성 검토)
2) 가 점	안전보건 경영 system	

4. 건설업체 산업재해예방 활동강화위한 본사-현장 소통 시스템구축

본사 → 안전보건규정방침 → 규정 지침 반영 → 각 현장단위

각 현장단위 → 안전보건실적.사례 → 개선사례반영 → 본사

5. 중·소규모 건설업체 산업재해 예방 역량강화 방안

현실적 채용요건 ⊕ 관리자공급부족	① 안전·보건관리자 중소업체 취업시 지원금 ② 본사 채용시 세액감면(미대상경우)

"끝"

문제 4 사고사망만인율

문제 4) 사고사망 만인율

답)

1. 정 의

근로자 만명당 재해사망자수를 나타내는 지표로 이를 파악하여 입찰, 낙찰제도에 반영, 재해예방.

2. 사고사망 만인율의 산정기준 및 대상

$$\text{사고사망 만인율} = \frac{\text{사고사망자수}}{\text{상시근로자수}} \times 10,000$$

$$\left(\text{상시근로자수} = \frac{\text{연간국내공사실적} \times \text{노무비율}}{\text{건설업 월평균임금} \times 12}\right)$$

3. 사고사망 만인율 목적 및 기대효과

① 산업재해 은폐개선 (입찰 불이익 의식)

② 사업장 근로자재해 은닉처리 개선

4. 최근 5년 사고사망자 및 사망만인율 추이

연도	'17년	'18년	'19년	'20년	'21년
사망자수 (명)	964	971	855	882	828
사망만인율	0.52	0.51	0.46	0.46	0.43

〈범례〉 □: 사망자수, ●—●: 사망만인율

〈최근 5년 사망 만인율 추이〉

5. 『중대재해 감축 로드맵』 사고사망 만인율 정부목표

① 현재: 0.43‱ OECD 38개국 → 34위

② 2026년까지 OECD 평균수준 0.29‱ 목표

번호 (문제 1) 안전 및 보건에 관한 계획에 포함되어야 하는 사항

(답)

1. 개요

대표이사는 사업장 산재예방 위해 매년 안전 및 보건에 관한 계획 수립 후 이사회 보고·승인 받아야 함.

2. 안전 및 보건에 관한 계획 수립 대상

1) 상시근로자 수 500인 이상

2) 시공순위 1천위 이내 건설업체

3. 안전 및 보건에 관한 계획 수립절차

안전·보건 관련 계획 검토·작성	→	이사회 보고·승인	→	성실 이행	→	실적 평가	→	차년도 계획 반영

* P-S-D-C-A Cycle 통한 지속개선 중요

4. 안전 및 보건에 관한 계획에 포함시켜야 하는 사항

1) 안전 및 보건에 관한 경영 방침	2) 안전·보건 관련 예산 및 시설 현황
3) 안전보건 관리 조직의 구성, 인원 및 역할	4) 전년도 이행 실적 차년도 이행 계획

(시행령 제13조)

5. 안전 및 보건에 관한 계획 수립시 고려사항 (SMART)

1) Ⓢpecific : 구체적 목표 설정

2) Ⓜeasurable : 측정가능한 목표

3) Ⓐttainable : 달성가능한 성과

4) Ⓡealistic : 현실 적용 가능

5) Ⓣimely : 시기 적절한 계획 수립

"끝."

문제 5 안전 및 보건에 관한 계획 수립 시 포함 내용

문제) 안전 및 보건에 관한 계획수립시 포함 내용

답)

I. 개요 (산업안전보건법 제14조 이사회보고 및 승인등)

기업의 안전보건경영시스템 구축위해 대표이사가 매년

안전보건계획 수립 및 이사회 보고·승인·성실이행토록 규정

II. 안전 및 보건에 관한 계획수립 및 이행절차

• 대상 : 시평액 1천위 이내 건설회사

안전보건계획 수립·검토 → 이사회보고 승인 → 성실 이행 → 실적 평가 → 차년도계획 수립시반영

⇒ P-D-C-A cycle 통한 지속적 개선 중요

III. 안전 및 보건에 관한 계획 수립시 포함내용

(시행령 13조)

• 안전보건에 관한 경영방침

• 안전보건관리 조직구성 인원·역할

• 안전보건 관련 예산·시설

• 전년도 실적 평가 차년도 활동계획

IV. 안전 및 보건에 관한 계획 작성 5요소 (SMART)

1. 구체적목표 (Specified) 2. 성과측정가능 (Measurable)

3. 목표달성가능 (Attainable) 4. 현실적용가능 (Realistic)

5. 시기적절한 실행계획 (Timely)

V. 안전 및 보건에 관한 계획 실효성 높이기 위한 개선과제

현행	구체적시기 미규정 ("매년" 만 규정)	→	명확한 작성시기 규정 필요 (회계년도개시 1개월내 등)	과제

"끝"

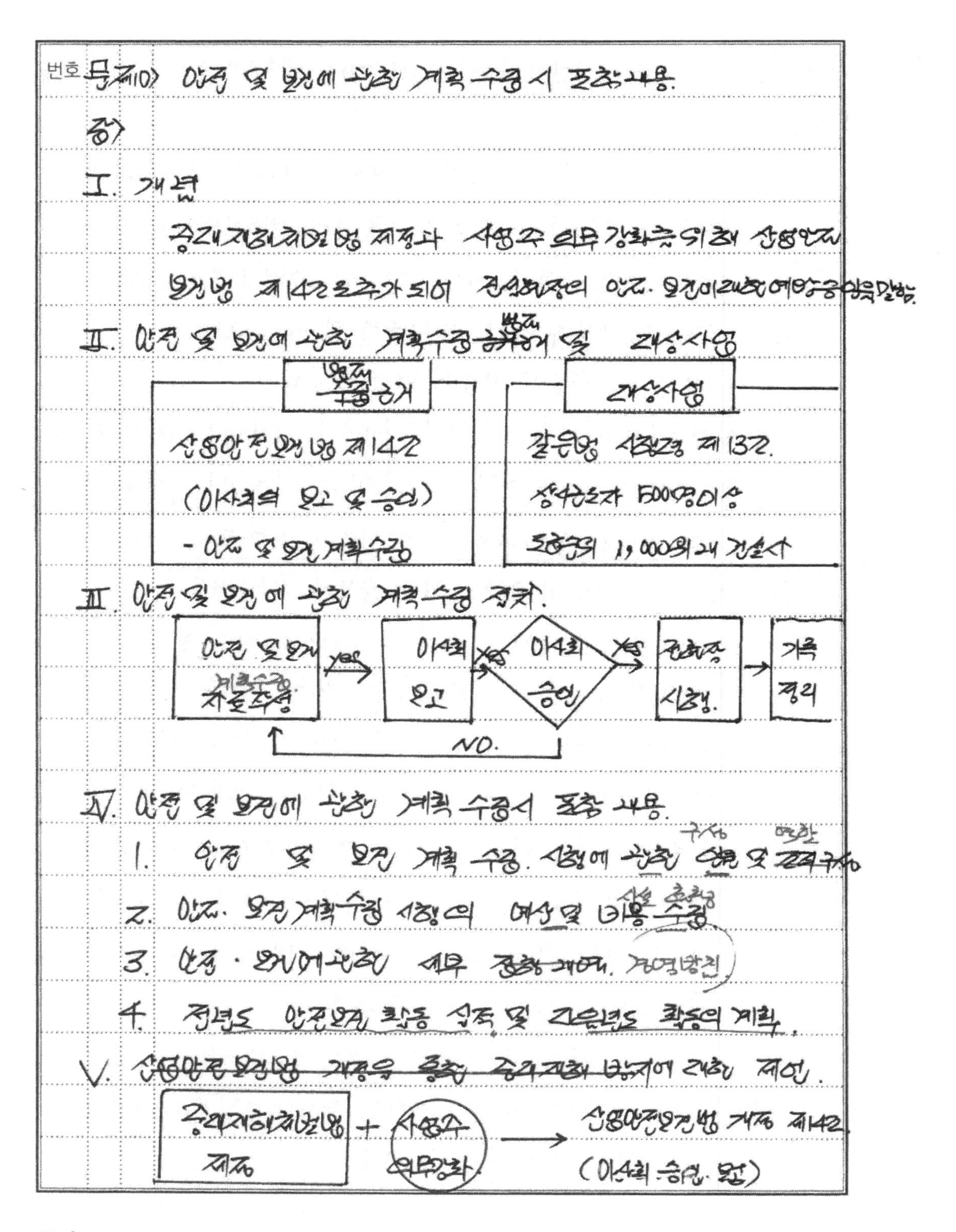

번호 문제10> 안전 및 보건에 관한 계획 수립시 포함내용.

답>

I. 개요

중대재해처벌법 제정과 사업주 의무 강화를 위해 산업안전보건법 제14조로 추가되어 건설회사의 안전·보건에 대한 예방증진을 말함.

II. 안전 및 보건에 관한 계획수립 법적근거 및 대상사업

법적근거	대상사업
산업안전보건법 제14조	같은법 시행령 제13조.
(이사회의 보고 및 승인)	상시근로자 500명이상
- 안전 및 보건 계획수립	도급순위 1,000위내 건설사

III. 안전 및 보건에 관한 계획 수립 절차.

IV. 안전 및 보건에 관한 계획 수립시 포함 내용.

1. 안전 및 보건 계획 수립. 시행에 관한 구성 및 역할 구성
2. 안전·보건 계획수립 시행의 예산 및 시설 확충
3. 안전·보건에 관한 세무 경영방침
4. 전년도 안전보건 활동 실적 및 금년도 활동의 계획.

V. ~~산업안전보건법 개정을 통한 중대재해 방지에 대한 제언.~~

문제 6	관리감독자의 업무 내용

문제 2) 관리감독자의 업무 내용

(※ 관련근거)
산업안전보건법 제16조

1. 개요

건설현장 근로자를 직접 지휘·감독하는 직위에 있는 사람으로, 안전보건점검 및 보호구 착용 등 업무를 수행한다.

2. 버드의 재해이론으로 본 관리감독자 업무의 중요성

통제·관리 부족	기본원인 (4M)	불안전 행동·상태	사고 재해

↑ 관리감독자의 통제강화로 재해예방 가능

3. 관리감독자의 업무내용

1) 기계·기구 설비 안전점검
2) 보호구·방호장치 점검·교육
3) 산업재해 보고·응급조치
4) 위험성 평가 수행
5) 안전(보건)관리자 지도·조언협조

(※ 건설기술진흥법상의 상주감리)
⇒ 관리감독자 배치시 안전관리책임자 및 안전관리담당자로 인정

4. 관리감독자의 유해·위험 방지 업무 (※ 밀폐공간 작업 중심)

1) 산소결핍대비 작업시작 전 작업지휘
2) 산소농도 측정 → 적정수준유지
3) 측정장비·환기장치·공기호흡기 점검
4) 근로자에게 공기호흡기 착용 지도·점검

밀폐 작업 — 출입시 감시인 배치

5. 관리감독자 역량강화를 위한 안전교육제도 개선 제언

1) 교육시간 확대 (기존 16시간 1회 → 30시간)
2) 수료형이 아닌 pass 제도 법제화 (불합격시 미이수)

"끝"

문제 7 안전관리자

문제) 안전관리자

답)

1. 개요 (산업안전보건법 제17조)

안전에 관한 기술적인 사항에 대해 사업주, 안전보건 총괄 책임자를 보좌, 관리감독자 지도·조언업무 수행

2. 안전관리자 배치 기준

50억 — 120억 (토목 150억) — 800억 — 1500억 — 2200억

1인 | 단계적 확대 | 1인이상 | 2인이상 | 3인이상 | 금액별 4인 + α

2022년	2023년
60억	50억

(1500억~) 기술사 1인이상 지도사 →

3. 안전관리자의 업무

1) 노사협의체 심의·의결 업무

2) 안전보건관리규정 및 취업규칙에서 정한 업무

3) 위험성평가, 교육 등 [안전보건 총괄 책임자 보좌 / 관리감독자 지도·조언]

⇒ 법에서 정한 안전관리자의 업무만을 전담

4. 안전관리자 증원·교체 임명 명령 사유

1) 평균 재해율 2배이상 2) 3개월 이상 직무수행 불가시

3) 중대재해 연간 2건 이상 4) 직업성 질병자 연간 3명 이상

5. 안전관리자 직무 수행상 현실적 문제점 및 개선과제

법의 다원화에 따른 업무 가중 (산업안전보건법, 중대재해처벌법 등)	⇒	안전관련 법령 통합, 일원화

"끝"

문제 8 산업안전보건법상 안전관리자의 증원 · 교체 · 임명 사유

문제) 산업안전보건법 상 안전관리자의 증원·교체 임명 사유

답)

I. 개요

사업주·안전보건관리책임자에 안전에 관한 기술적 사항에 보좌, 관리감독자에 지도·조언하는 자를 말함

II. 산업안전보건법 상 안전보건관리체제 및 안전관리자의 역할

안전보건관리 책임자

보건관리자 → ← 안전관리자 ⋯⋯> (기술적 사항에 대해 안전보건관리책임자 보좌, 관리감독자 지도조언)

관리 감독자

III. 안전관리자의 증원·교체 임명 사유 (보건관리자 동일)

1. 연간 재해율이 업종 평균재해율 2배 이상
2. 중대재해 연간 2건 이상 발생
3. 직업성 질병자가 연간 3명 이상 발생
4. 관리자가 3개월 이상 직무 수행 불가시

IV. 건설현장 안전관리자의 배치기준 및 주요 업무

배치 기준	주요 업무
·현재: (~23.7.1.) 60억 이상	·노사협의체 심의의결, 위험성 평가
·변경: (23.7.1.~) 50억 이상	·안전보건관리규정, 취업규칙 사항 등

* 안전관리자에게 그 업무만을 전담 ('21.5.18.)

V. 안전관리자의 현실적 문제점 및 발전과제

월 170건 이상의 사고 사망 발생	→ ·현장여건 반영한 '자율개선체제'의 위험성 평가 중심 활동·점검 "끝"

번호 (문제) 산업안전보건법상 안전관리자의 증원·교체 임명 사유

(답)

<안전관리자 선임 절차>

· 선임신고서 작성 —(14일 이내)→ 지방노동관서

1. 개 요

사업주는 일정 규모 이상 재해 발생 등 위험 작업장에 대하여 안전관리 실효성 제고를 위해 안전관리자 증원·교체하여야 함

2. 법적 개정된 안전관리자 선임대상 및 선임기준

선임대상	※ 건설공사 금액 기준		선임기준	
선	~22.7.1~	60억 이상	1) 토목·건축 중급기술자 + 안전교육	선
임	~23.7.1~	50억 이상	2) 토목·건축 분야 자격증 + 경력 + 안전교육	임
대				기
상	→ 공사금액별 추가 선임			준

3. 산업안전보건법상 안전관리자의 증원·교체 임명 사유

1) 산재 발생율 ≥ 동종 평균×2배
2) 중대재해 연간 2건 이상
3) 3개월 이상 직무수행 불가시
4) 직업성 질병자 연간 3명 이상

<안전관리자 업무>

① 위험성 평가 보좌
② 산재 통계 기록 유지
③ 재해 원인 파악 등

4. 인천 ○○APT 현장 위험성 평가시 안전관리자 포함 주체별 준수사항

안전보건 관리책임자	안전·보건 관리자	관리감독자	근로자
· 위험성 평가	· 보좌	· 위험성 평가	· 전단계 참여
총괄·관리	· 지도·조언	실질적 실행	· 의견 제시

5. 건설현장 안전관리자 업무 실효성 향상 위한 [안전 플랫폼] 개발 제언

[문제점] · 안전관계 법령 다수 ⇒ 업무 과다 ⇒ 서류 치중

[개선제언] · 안전관리자 업무 도와주는 플랫폼 개발·배포 "끝"

번호 4. 산업 안전보건법상 안전관리자의 증원 · 교체 임명 사유

1. 개요

산업안전 보건법상 안전관리자 배치 기준이 23.07 변경 되었으며 증원 교체 사유시 즉시 이행 필요

2. 산업안전 보건법상 안전관리자 배치기준

50억이상 800억 1500억 2200억

안전관리자 1인이상 (23.07 개정) / 2인이상 / 3인이상 1인이상 지도사, 안전기술사 / 4+α

3. 산업 안전 보건법상 안전관리자 증원 · 교체 임명 사유

1) 직무 수행 3개월 이상 불가
2) 직업성 질병 년간 3명 이상
3) 중대 재해 2건이상
4) 재해율 평균 2배이상

4. 산업 안전 보건법상 안전관리자의 배치자격

1) 건설사업관리 기술인 초급이상
2) 산업기사 · 기사 자격 취득이후 해당 시험 합격자

5. 안전관리자 공급 불균형에 따른 제언

〈문제〉 중·소규모, 지역별 관리자 부족

〈제언〉 안전관리기술인 중·고·대 연계 양성
중소규모 미대상 현장배치 세액감면, 보조금지급 등 "끝"

문제 9 산업안전보건위원회 구성 및 운영

번호 (문제9) 산업안전보건법상 산업안전보건위원회 구성 및 운영

(답)

1. 개요

사업주는 사업장 산재예방에 관한 사항을 심의·의결하는 산업안전보건위원회는 노사동수로 구성 운영하여야 함

2. 산업안전보건위원회를 포함한 근로자의 참여제도 종류

- 참여제도: 산업안전보건위원회, 노사협의체, 작업환경측정, 명예산업안전감독관, 작업중지권, 위험성 평가

3. 산업안전보건법상 산업안전보건위원회 구성 및 운영

구분	산업안전보건위원회	노사협의체
노측 위원	근로자대표, 명예산업안전 감독관, 9명이내 근로자(10인)	근로자대표, 명예산업안전 감독관, 20억이상 근로자 대표
사측 위원	사업주, 안전·보건 관리자 부서장 9인 이내(10인)	사업주, 안전·보건 관리자 20억이상 사업주
운영주기	분기별 (필요시)	2개월 (필요시)
기타	산업안전보건 위원회 + 안전보건협의체 = 노사협의체	

4. 산업안전보건위원회 심의·의결 사항

1) 안전보건 관리 규정 2) 안전보건교육

3) 산업재해 예방계획 수립 4) 작업환경측정 관련 등

5. 근로자 참여 확대 위한 정부의 산업안전보건위원회 실시대상 확대

· (기존) 100인, 120억 (150억) → (변경) 30인, 50억

기출문제) 산업안전보건법 상 산업안전보건위원회의 구성 및 운영

답)

* 관련법
→ 산업안전보건법 24조

I. 개요

사업주는 사업장 內 근로자의 안전·보건 제고를 위해 산업안전보건위원회를 개최해야하며, 건설업은 노사협의체로 갈음 가능.

II. 산업안전보건위원회 구성 사업의 금액(건설업)

건축 120억 → 150억 토목 →

(* 건설업의 경우 노사협의체로 갈음 가능)

III. 산업안전보건위원회의 구성 및 운영

구 분	사용자 측	근로자 측
구 성	대표 1인 안전(보건) 관리자 1인 사업장 부서의 장, 9인 內	대표 1인 명예산업 안전 감독관 1인 근로자 9인 內
운 영	- 3개월 마다(정기), 필요시 임시 개최	

IV. 산업안전보건위원회의 심의·의결 사항

- 산업재해 통계·기록
- 근로자 안전 보건 교육
- 안전보건관리 규정 작성
- 환경 측정·개선사항 등

V. 중대재해 감축 Road Map에 근거한 안전보건 실효성 확보 방안

현재	· 산업안전보건위원회 (100인이상) · 노사 협의체 (120억이상)

→ (30인, 50억)으로 확대

"끝"

문제 10 산업안전보건위원회와 노사협의체

문제) 산업안전보건 위원회와 노사협의체

답)

I. 개요

사업장 근로자 안전보건 유지증진위해 산업안전보건 위원회를, 건설업의 경우 노사협의체를 운영

II. 산업안전보건 위원회와 노사협의체 설치대상

120억 → 건축공사
150억 → 토목공사

III. 산업안전보건 위원회와 노사협의체 구성 및 실시주기

구분	사용자	근로자	실시주기
산업안전보건위원회	대표, 안전/보건관리자 사업부서장 9인이내	대표, 명예산업안전감독관 근로자 9인 이내	3개월 (필요시)
노사협의체	대표, 안전/보건관리자 20억이상 사업주 대표	대표, 명예산업안전감독관 20억이상 근로자 대표	2개월 (필요시)

IV. 산업안전보건 위원회와 노사협의체 심의 의결 사항

1. 산업재해 예방계획
2. 안전보건 관리규정
3. 안전보건교육, 산업재해대책방법
4. 작업환경 측정·개선

회의결과주지
사내방송 조회 ↓ 사보 게시판
근로자 신속주지

V. 소규모 현장 근로자 참여 통한 재해예방 개선과제

• 120억 미만 노사협의체 의무 없음

→ 안전보건공단 코디네이터 역할 제도화 (근로자 ⇆ 사업주) "끝"

문제 11 산업안전보건법상 안전보건교육의 종류

문제 2) 산업안전보건법상 안전보건교육의 종류.

1. 개요

사업주는 작업자·관리감독자 등에게 정기교육·특별안전보건교육 등을 수행하여 재해를 예방해야 한다.

2. 안전보건교육의 목적

1) 근로자 재해예방

2) 올바른 작업방법 숙지

⇒ 〈에빙하우스 망각곡선〉 (기억율 / 시간, 50% 망각, 66% 망각, 1시간 1일)

3. 산업안전보건법상 안전보건교육의 종류

구분		교육시간	교육내용
정기교육	일용근로자	6시간/분기	- 산업안전보건 법령
	관리감독자	16시간/연간	· 사고예방
수시	채용시 교육 *( ) 일용근로자의	1시간(8시간)	· 직무스트레스
	작업내용 변경시	1시간(2시간)	· MSDS 자료관리
	특별안전보건교육	2시간(16시간)	· 유해·위험 작업
기초안전보건교육		4시간	· 안전의식제고 등

4. 건설기계 운전원 등 특수형태 근로자 교육 신설('20.1)

1) 최초노무제공시 : 2시간

2) 특별안전보건교육 : 16시간

※ T/C 신호수 8시간 교육

5. OO아파트공사현장 흙막이 작업시 안전보건교육 실시 방안

TBM 시행 ─ [오전 작업전 / 중식 이후] 작업개시전

특별안전보건교육 ─ 굴착·흙막이·용접 ─ AR/VR 활용 (체험형교육) "끝"

문제 12 산업안전보건법상 특별안전보건교육 대상 사업

번호 (문제 9) '산업안전보건법'상 특별안전보건교육 대상사업

(답)

<안전보건교육 고시 개정>
① 비대면 · 모바일 교육 가능
② 안전교육 강사자격 확대

1. 개요

사업주는 유해·위험작업 34종 실시전 특별안전보건교육을 법령 시간에 맞춰 실시하여야 함.

2. 특별안전보건교육의 실시목적

1) 건설재해 저감
2) 안전보건 의식고취
3) 휴먼에러 방지

<에빙하우스 망각곡선>
기억률(%), 33%, 반복 필요 : 교육, 1일, 시간

3. '산업안전보건법'상 특별안전보건교육 대상사업

1) 밀폐공간 작업 → <밀폐작업 교육내용> ① 안전작업 절차 ② 착용 개인보호구 ③ 작업환경 확인과정 등
2) MSDS 대상물질취급
3) 전기 작업 (30V이상)
4) 위험기계·기구 사용
5) 해체·굴착 작업 등 총 34종

<교육시간>
① 일용근로자 : 2hr
② 일용근로자외 : 16hr

4. 도심지 OO APT 현장 타워크레인 신호수 특별안전보건교육 실시사례 (법개정, 스마트 기술 활용)

1) 작업 투입전 8hr 교육 — 법령교육
2) 스마트 기술 - QR코드 활용 위험상시공유

5. 초소규모 현장 교육 실효성 향상을 위한 어플 개발 제언

· (문제점) 초소규모 현장 : 교육은 서류작업 인식
· (제언) 공단 주관 어플 개발 → 영상 · 만화송신 "끝."

문제 4. 산업안전보건법상 특별안전교육 대상 작업

답)

I. 개요(특별안전교육 대상 정의 및 관련법령)

1) 특별안전교육	2) 관련 법령
- 사업주가 특히 유해하거나 위험한 비정형 작업에 대한 근로자에게 특별교육	- 산업안전보건법 제29조 (근로자에 대한 안전보건 교육)

II. 산업안전보건법상 특별안전교육 대상 작업 (운반기계 최소 7ea 이상 ...)

1. 밀폐된 장소 협소한 장소 용접
2. 1ton 이상의 크레인
3. 깊이 2m이상 굴착공사
4. 흙막이 지보공 설치, 보강, 해체
5. 비계의 조립, 해체
6. 타워크레인 설치 해체
7. 밀폐공간 설비 작업 등

T/C
크레인
밀폐공간
지보공
10m 이상

※ 특별안전교육의 목적 '필요성'
- 근로자 작업수행 과정 안전사고 예방, 안전보건 유지의 증진.

III. 산업안전보건법상 특별안전교육 시간

구분	시간
1. 일용근로자	2시간 이상
2. 타워크레인 신호 일용	8시간이상
3. 일용근로자 외 근로자	16시간이상, 단기간 작업또는 간헐적 작업시 2시간이상

IV. 특별안전보건 대상 중 '굴착면 높이가 2m 이상 굴착' 시 안전교육 내용

1. 지반의 형태 구조 및 굴착요령에 관한 사항
2. 지반의 붕괴 재해 예방
3. 그 밖의 안전·보건 관리에 관한 사항

"끝"

문제 13 안전보건관리규정의 필요성 및 작성 시 유의사항

번호 (문제1) 안전보건 관리규정의 필요성 및 작성시 유의사항

(답)

1. 개 요

안전보건 관리규정은 사업장 안전·보건 관리에 관한 주요 내용이 수립된 규정으로, 작성시 근로자 참여 필수임.

2. 안전보건 관리규정의 필요성 및 작성대상

1) 산업재해 예방
2) 사업장 안전보건 기준 확립
3) 쾌적한 작업환경 조성

〈작성 대상〉 상시 근로자수 100인 이상

⇒ 「중대재해 감축로드맵」 관련 '자기규율 예방체계' 확립

3. 안전보건관리규정 작성시 유의사항 및 수립절차

1) 사유 발생일 30일 이내 작성
2) 변경시 산업안전 보건위원회 심의·의결
3) 취업규칙, 단체협약 반하지 말것
4) 근로자 대표 확인 필수

〈수립 절차〉 사유 발생 → 산안위 심의·의결 → 작성·변경

4. 안전보건관리 규정 작성 내용

작성 내용:
① 안전보건 전담조직 구성 및 역할
② 사업장 안전·보건 관리
③ 안전보건 교육
④ 재해발생시 행동 절차 등

5. 「중대재해 감축로드맵」 실효성 향상 위한 규정내 위험성평가 활용계획

· 노·사 협의를 통한 '자기규율 예방체계' 구축 필요

→ 안전보건 관리규정 내 사업장 특성에 맞는 위험성평가 수립 "필"

문제 14 건설업 기초안전보건교육 시간 및 내용

문제 10) 건설업 기초안전보건교육 시간 및 내용

1. 개요 (산안법 제31조)

- 건설업 사업주는 건설 일용근로자 채용시, 등록된 안전보건교육기관에서 기초안전보건교육을 이수토록 함

2. 산업안전보건법상 일용근로자 안전보건교육 종류 및 시간

채용시 / 작업내용 변경시	1시간
특별교육 { 위험작업(39종)	2시간
T/C 신호수	8시간
건설업 기초안전보건 교육	4시간 (수료시 채용/변경 교육면제)

3. 건설업 기초안전보건교육 시간과 내용

산안법 '22.8.18 개정 (시행 '23.1.1)

교육 내용	시간
◦ 건설공사의 종류(건축, 토목) 및 시공절차	1시간
• 산재 유형별 위험요인 및 안전보건 조치	2시간
◦ 안전보건관리 체제 현황 및 근로자 권리·의무	1시간

4. 기초안전보건교육 미실시(위반시) 처분

1) 사업주 과태료 부과

2) 과태료 = 위반회차 과태료 × 미실시 근로자수

5. 소규모 현장 건설업 기초안전보건교육의 정착을 위한 제안

현황	제안
◦ 교육신청 개인 자격 불가. • 소규모현장 단기 취업 근로자 다수 ✓ • ~~산업안전보건 관리비 부족~~	개인자격 사전수강 수강료 ⇒ 정부 공적 부담전환 필요

문제 10) 건설업 기초안전 보건교육 시간 및 내용.

답.

I. 개요

◦ 건설업 사업주는 일용직근로자를, 채용할 경우 기초안전보건교육을 의무토록하여 일용직근로자 재해를 예방한다.

II. 건설업 기초안전 보건교육 도입배경 및 효과

도입배경	· 건설업 재해발생율 大. · 일용직근로자 현장 채용시 시간소요 · 실질적 교육이 필요	효과	건설업 재해발생율 저감.

III. 건설업 기초안전 보건교육 시간 및 내용

시간	내용	비고
1시간	· 공사종류, 공사 (시기, 범위, 절차)	※ 근로자 권리 中 작업중지 포함.
2시간	· 재해발생유형별 위험요인, 조치	
1시간.	· 산안법 상 근로자 권리.	

III. 건설업 일용직근로자의 「산안법」 상 안전보건교육.

1. 채용 및 작업변경. ◦ 1시간.

2. 특별안전보건교육 1) 밀폐의 38 2시간.

2) T/C 신호작업공사 8시간.

3. 건설업 기초안전보건교육 ◦ 4시간

IV. 작업중지 상황인지를 위한 기초안전보건교육 교육방안.

재해발생 긴박상황	근로자인지부족 ↑	작업중지	→	대피	→	인명피해예방.	※ 작업중지 상황교육 강화

"끝"

문제 15 위험성 평가 방법 3가지

번호 (문제3) 위험성평가 방법 3가지

(답)

1. 개요

위험성 평가는 공정별 위험요인 발굴 → 제거 → 개선 하는 일련의 과정으로, OPS · Check-list 등 다양한 방법이 존재

2. 위험성 평가의 실시목적 및 고려사항

실시목적		고려사항	
실시목적	① 공정별 위험요인 발굴	고려사항	① 근로자 전단계 참여
	② 안전한 작업환경 조성		② 평가 방법 결정
	③ 산업재해 예방		③ 평가결과 근로자 주지

3. 위험성 평가 방법 3가지 (법 개정사항 중심)

OPS	Check-List	대·중·소 3단법
① 필수 준수사항에 대한 질문	① 작업 전 확인 사항 나열	① 허용가능 범위 결정(중 이상 등)
② 질문에 답하면서 위험요인 발굴	② O, X 확인 통한 위험요인 개선	② 허용 불가시 개선대책 수립

4. 「중대재해 감축로드맵」 관련 위험성평가 절차 개정 내용.

사전 준비 → 위험요인 발굴 → 위험성 결정

· 허용 가능 범위 설정

(기존) 추정 → 결정

(변경) 결정만 수행

위험성 결정 → 허용가능? — Yes → 근로자 주지

허용가능? — No → 개선 실시 → 위험요인 발굴

5. 초소규모 현장 위험성 평가 효과적 정착 위한 교육실시 제언

·(교육방법) 찾아가는 위험성평가 교육 실시(공단 주관)

·(교육내용) 간편한 평가 중심 실습형 교육 "끝"

문제 16 안전관리자의 선임 대상 및 자격 요건

문제 9) 안전관리자의 선임대상 및 자격요건

답)

1. 개 요

안전에 관한 기술적인 사항에 대해 사업주, 안전보건 총괄책임자를 보좌, 관리감독자 지도·조언 업무수행

2. 안전관리자의 선임대상

50억 — 1인 (단계적 확대)
120억 (토목150억) — 1인이상
800억 — 2인이상
1500억 — 3인이상
2200억 — 금액별 4인+α

1500억 이상: 기술사, 지도사) 1인 이상

'22.7	'23.7
60억	50억

3. 안전관리자의 자격요건 (산업안전보건법 개정)

(추가조항)
1) 토목·건축 중급이상 건설기술인
2) 토목/건축 기사 : 경력 3년
토목/건축 산업기사 : 경력 5년

⊕ 산업안전 교육이수 ('23.12.31까지) ⊕ 시험 합격자

3) 산업안전지도사, 산업/건설안전기사 이상 자격자
4) 산업안전관련 전문/4년제 대학 학위자

4. 산업안전보건법상 안전관리자의 증원·교체 임명사유

1) 평균재해율 2배이상 2) 3개월 이상 직무수행 불가시
3) 중대재해 연간 2건이상 4) 직업성 질병자 연간 3명 이상

5. 안전관리자 직무 수행상 현실적 문제점 및 개선과제

문제점		개선과제
·법의 다원화, 서류업무 가중	⇒	·법령 통합 일원화
·계약직 등 권한 제한적		·보조관리자 배치지원

<끝>

문제 17 산업안전보건법상 특별안전보건교육 대상 사업

문제7 '산업안전보건법' 상 특별안전보건교육 대상사업

답)

* 관련법
→ 산업안전보건법 29조

I. 개요

고유해·위험 작업 前 특별안전보건교육 실시 해야하며 작업10분전 안전회의 통해 실효성 확보 필요.

II. 특별안전보건교육을 포함한 건설현장 안전보건 교육종류

구분		교육시간	교육 내용
정기 교육	건설업	6hr/분기	산업안전보건법, 보험
	관리감독자	16hr/연	안전작업절차, MSDS등
특별안전보건교육		2hr ~ 16hr	대상 작업별 안전·보건

III. 산업안전보건법상 특별안전보건교육 대상사업 (총 39종)

1. Tower crane 설치·해체 작업
2. 비계, 거푸집 동바리 설치 해체 작업
3. 2m 이상 지반 굴착 작업
4. 75V 이상 정전·활선 작업
5. 밀폐공간(M/H 포함) 내 작업 →

적정 공기(GAS 농도)
- O_2: 18~23.5%
- CO: 30ppm이하
- CO_2: 1.5%이하
- H_2S: 10ppm이하

IV. 특별 안전보건교육 대상 중 밀폐공간 작업 시 주요 교육 내용

교육사항
- 산소농도측정, 작업환경
- 응급처치·비상시 구출
- 보호구·보호 장비 착용
- 안전작업 절차 등

V. 작업10분전 안전회의 통한 특별안전점검 실효성 강화 (밀폐공간)

사전 준비 → 실행 과정 → 환류 조치

- 사전 준비: 사전조치, 위험성평가
- 실행 과정: GAS측정, 환기조치
- 환류 조치: 안전 Feed Back "끝"

문제 18 관리감독자의 업무내용

번호 (문제12) 관리감독자의 업무내용 (산업안전보건법 시행령 제15조)

(답)

<관리감독자 정기교육 내용 개정 예정>
- 정기교육시 현장 유해·위험성 반영 통한 교육 실효성 강화 예정

1. 개 요

관리감독자는 작업을 지휘·감독 하는 자로, 노무 제공자의 재해 예방위해 위험성 평가, 작업전 점검 등을 하여야 함.

2. 관리감독자를 포함한 건설공사 주체별 역할

주체	사업주	관리감독자	근로자
주요 역할	· 안전조치(제38조) · 보건조치(제39조)	· 공종별 위험 발굴 및 개선	· 개인보호구 착용 · 적극 의견 제시

3. 관리감독자의 업무내용 (산업안전 보건법 시행령 제15조)

1) 작업장 정리정돈 - 통로 확보
2) 작업전 점검
3) 위험성 평가 실시
4) 유해위험 방지 업무 →
5) 안전작업 절차·방법 수립 등

<밀폐작업 유해·위험 방지업무>
① 출입전 작업공기 확인
② 안전작업 지휘·감독
③ 호흡용 보호구·계측장비 확인
④ 근로자 보호구 착용 지도

4. 최근 개정된 관리감독자의 위험성 평가 실시 주요절차

사전 준비 → 위험요인 발굴 → 위험성 결정 → 허용가능 → (Yes) 종료·주지 / (No) 감소대책 시행 → 위험요인 발굴

(전단계 근로자 참여)

위험성 결정: ① ops ② check-list ③ 3단계 ④ 빈도×강도

5. 관리감독자 업무 실효성 향상위한 TBM, PTW 활용제언

위험성평가 → PTW → TBM → Hold Point

- 위험성평가: ·위험 발굴
- PTW: ·사전작업 허가제
- TBM: ·안전미팅
- Hold Point: ·필수확인점

"끝"

(문제 12) 관리감독자의 업무내용(산안법 시행령 15조)

(답)

※ 밀폐공간 작업시 관리감독자의 개인보호구 착용점검

1. 개요

관리감독자는 위험요인 사전 제거, 지휘, 근로자 개인 보호구 착용·점검의 업무 수행

2. 관리감독자의 업무내용(산안법 시행령 제15조)

구분	업무	비고
작업지휘	· 위험성 평가 →	※ · 지침 개정
	· 재해보고 · 응급조치	· 방법 다양
보호구	· 보호구 착용 · 점검	· 근로자 전단계
	· 기계 · 기구 점검	참여

3. 관리감독자의 밀폐공간 작업시 안전조치사항

구분	조치	비고
작업전	· 위험성평가	※ · 작업전 안전
	· TBM →	점검회의(TBM)
작업중	· 모니터링	활성화 가이드
	· 유해측정 · 보호구	· 사전준비 · 실행
작업후	· 안전점검	과정 · 환류조치

4. 관리감독자의 안전관리자 업무간 중재 제안

1) 한계 – 이해 상충

2) 개선 – 관리감독자 주관 업무강화 필요

5. 결론(중대재해 감축로드맵 자율개선 예방체계 구축 전략의 위험성 평가시 관리감독자 중심의 근로자 전단계 참여 유도 중요) "끝"

문제 19 사업주의 안전보건조치

문제) 사업주의 안전보건 조치

답)

I. 개요 (산업안전보건법 제38조 및 제39조)

사업주는 근로자 산업재해 예방위한 안전조치와 건강장해 예방위한 보건조치 실시하여야 함.

II. 건설공사 발주단계별 사업주 조치사항 (산업안전보건법상)

계약단계 — 착공단계 — 시공단계 — 준공단계

계약단계	착공단계	시공단계	준공단계
· 산업안전보건 관리비 계상	안전보건관리조직 유해위험방지계획서 공사안전보건대장	· 안전보건교육 · 위험성평가 · 산업재해예방조치 · 근로자 건강진단 등	· 산업안전보건 관리비 정산

III. 사업주의 안전보건 조치 (산업안전보건법)

구분	주요 위험 및 건강장해	조치사항
안전조치 (38조)	· 기계·기구·설비·폭발·인화성 등 · 굴착. 중량물취급. 토사·구축물 등 · 추락. 낙하·붕괴 등 위험 있는 장소	안전보건규칙 제1편, 2편
보건조치 (39조)	· 단순 반복·인체에 부담주는 작업 · 환기. 조명. 온습도 등 작업환경 불량	안전보건규칙 제1편, 3편

IV. 중대재해 처벌법상 사업주의 안전 및 보건 확보의무

법 제4조
- 안전 보건 관리 체계 구축·이행
- 재해 재발 방지 대책 수립·이행
- 관련 법령이 명한 개선·시정 이행
- 안전·보건 관계 법령에 따른 의무 이행

"끝"

문제 20 산업재해 발생 시 조치 등

(문제) 산업재해 발생시 조치 등 〈법 제54조(중대재해 발생시 사업주의 조치)〉

(답)

I. 개요

사업주는 산업재해가 발생하였을 경우, 기록을 보존할 의무가 있으며 일정기준 이상의 산업재해는 관할 지방노동관서에 보고해야 함.

사업주는 산업재해로 사망자가 발생하거나, 3일 이상의 휴업이 필요한 부상을 입거나 질병에 걸린 사람이 발생한 경우에는 산업재해가 발생한 날부터 1개월 이내에 산업재해 조사표를 작성하여 관할 지방고용노동관서의 장에게 제출해야 한다.

II. 산업재해 발생시 사업주의 주요의무

산업재해 발생 → 중대재해 → 지체없이 보고 → 기록 및 보관(3년)

산업재해 발생 → 3일이상 휴업 필요한 부상 질병 → 1개월 이내 보고 → 기록 및 보관(3년)

산업재해 발생 → 그 밖의 재해 → 보고의무 없음 → 기록 및 보관(3년)

III. 산업재해 발생시 기록 및 보존사항

1. 산업재해 조사표

(사업장 정보 / 재해정보 / 재해발생 개요 및 원인 / 재발방지계획)

2. 산업재해 발생 기록 및 보존 항목

① 사업장의 개요 및 근로자의 인적사항

② 재해 발생의 일시 및 장소

③ 재해 발생의 원인과 과정

④ 재해 재발방지 계획

IV. 산업재해조사표 작성시 유의사항

1. 근로자 대표의 확인

2. 기재 내용에 대하여 근로자 대표의 이견이 있는 경우에는 그 내용 첨부

3. 근로자 대표가 없는 경우에는 재해자 본인의 확인을 받아 제출.

V. 산업재해에 관한 조사 및 통계의 유지관리

산업재해조사표 작성제출 (사업주) → 사업장정보관리시스템 (PKMS) 입력 (지방고용노동관서의 장)

→ 산업재해조사표 전송 (고용노동부장관 → 한국산업안전보건공단) → 산재자료 집계 분석 (한국산업안전보건공단 → 고용노동부장관)

→ 분기별 연도별 재해발생현황 작성 및 환류 (재해율 / 사망만인율 / 도수재해율 / 강도율 / 도수율) (고용노동부 산재통계 담당자)

문제 21 유해위험방지계획서의 이행 확인

번호(문제) 유해위험방지계획서의 이행 확인

답)

Ⅰ. 개요 (산업안전보건법 제43조)

사업주는 스스로 유해위험방지계획서를 작성, 공단제출 심사하고 주기적 확인통해 근로자의 안전·보건 확보해야 함.

Ⅱ. 유해위험방지계획서 작성대상 공사

대상공사
- 31m 이상, 연면적 3만m² 이상 건축
- 연면적 5천m² 이상 문화시설 등
- 최대지간 50m 이상 교량 · 댐
- 터널, 10m 이상 굴착

Ⅲ. 유해위험방지계획서의 이행 확인

확인절차

- 공단 → 확인 → 사업주 : 적정, 개선처리 (5일 이내)
- 공단 → 사업주 : 일정통보
- 확인 → 지방고용노동관서 : 조치요청 (부적정)
- 지방고용노동관서 → 사업주 : 행정처분
- 미이행시 : 작업중지

이행 확인 내용
- 계획서 내용과 실제 공사내용 부합 여부
- 계획서 변경내용 적정성
- 추가 유해위험 요인
- * 6개월 이내 마다

Ⅳ. 사망사고 감소위한 유해위험방지계획서 이행 집중관리

1. 사망사고 다발 기인물 (갱폼, 비계 등) 안전조치 이행 점검
2. 120억 이상 건축현장 매월 과세 점검
3. 계획서 이행 확인주기 단축 및 불시 점검

Ⅴ. 유해위험방지계획서 실효성 강화위한 개선과제

- 안전보건공단 점검 · 작업중지 단년 법적 권한 강화
→ 안전 미조치 · 발견시 즉각 작업중지, 행정조치 실시 "끝"

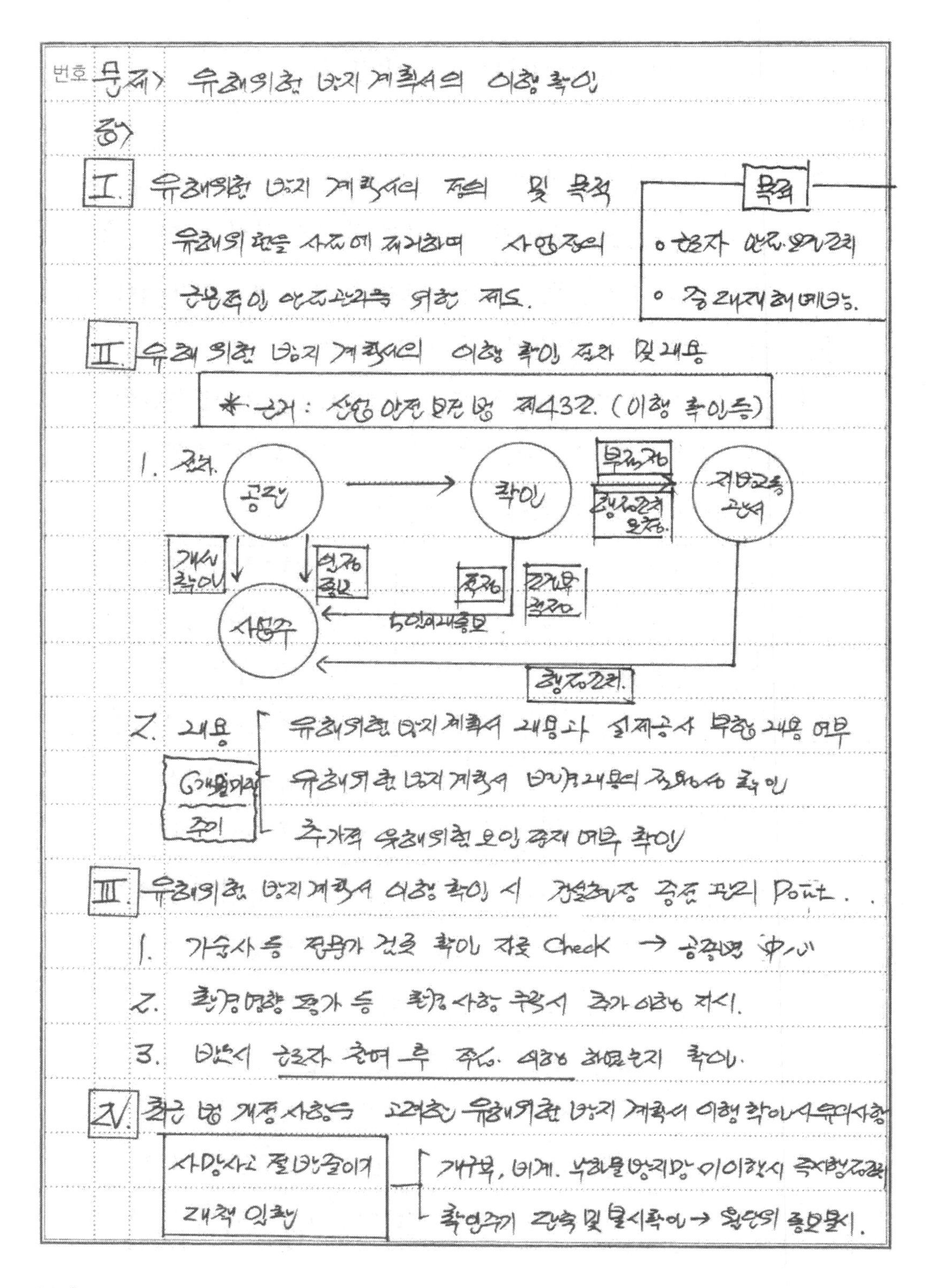

번호 문제> 유해위험 방지 계획서의 이행 확인

답>

I. 유해위험 방지 계획서의 정의 및 목적

유해위험을 사전에 제거하며 사업장의 근원적인 안전관리를 위한 제도.

목적
- ○ 근로자 안전 보건관리
- ○ 중대재해 예방.

II. 유해위험 방지 계획서의 이행 확인 절차 및 내용

※ 근거 : 산업안전보건법 제43조. (이행 확인 등)

1. 절차.

2. 내용 (6개월마다 주기)
- 유해위험 방지계획서 내용과 실제공사 부합 내용 여부
- 유해위험 방지 계획서 변경내용의 적정성 확인
- 추가적 유해위험 요인 존재 여부 확인

III. 유해위험 방지계획서 이행 확인 시 건설현장 중점 관리 Point.

1. 기술사 등 전문가 검토 확인 자료 Check → 공정별 中心
2. 환경영향 평가 등 환경 사항 누락시 추가 이행 지시.
3. 반드시 근로자 참여 후 주요 사항 해결 여부 확인.

IV. 최근 법 개정 사항을 고려한 유해위험 방지 계획서 이행 확인 시 유의사항

사망사고 절반줄이기 대책 일환
- 개구부, 비계, 낙하물방지망 미이행시 즉시행정조치
- 확인주기 단축 및 불시확인 → 월단위 홍보물시.

번호 (문제) 유해 위험 방지계획서의 이행확인

(답)

I. 개요.

유해위험방지계획서 심사를 받은 사업주는 그 이행에 관하여
고용노동부령에 따라 고용노동부 장관의 확인을 받아야 함.

II. 유해위험방지계획서의 이행 확인 대상 (산업안전보건법 제42조)

1. 지상높이 31m 이상 건축물
2. 연면적 3만m^2 이상 건축물, 연면적 5천 m^2 이상 문화집회시설
3. 최대지간 50m 이상 교량건설공사
4. 터널공사　　5. 깊이 10m 이상 굴착공사

III. 유해위험방지계획서의 이행확인 (산업안전보건법 제46조) 시행규칙

1. 이행주기 확인 : 6개월마다
2. 확인내용 ① 계획서 내용 - 실제공사 내용 부합 여부
　② 변경내용의 적정성
　③ 추가 유해위험 요인 존재여부

IV. 유해위험방지계획서 이행 확인결과의 조치

1. 적정 : 결과통지서 발부 (5일 이내)
2. 경미 : 개선권고, 확인결과 조치 요청서 보고
3. 중대 : 사용중지 또는 작업중지 조치요청서 보고

＊미이행시 처리

V. 유해위험방지계획서 이행 확인 보완제도 O.K

1. 위험등급제 도입 → 위험등급별 계획서 차등 (A.B.C)
2. 고위험 현장 지킴이 → 모니터링 수행

"끝"

미이행시 조치사항을 언급.

문제 22 공정안전보고서

번호 문제〉 공정 안전 보고서

답〉

I. 공정 안전 보고서의 정의

공정 안전 보고서는 근로자의 유해위험인 화재·폭발 등으로부터 보호하고 중대 산업 재해를 예방하기위한 것.

II. 공정 안전 보고서의 법적근거 및 작성목적.

1. 법적근거.

산업안전보건법 제44조(공정 안전 보고서의 작성)

산업안전보건법 시행령 43조(공정 안전 보고서 제출대상)

2. 작성목적

근로자 안전·보건 확보 + 중대산업재해방지 + 쾌적한 환경조성

III. 공정안전 보고서의 작성절차 및 내용.

위험 대상 공정 선정 → 근로자대표 및 협의라 승인 → 보고서 작성 → 고용노동부장관 승인.

1. 공정 안전자료.
2. 공정위험도평가서
3. 안전운전 계획
4. 비상조치계획

← 산업안전보건법 시행령 제44조.(작성내용)

IV. 공정안전 보고서 작성 대상 및 작성시 유의사항.

1. 원유/비료제조업
2. 원유/석유정제 처리업
3. 합성수지 /플라스틱 제조업

← 반드시 근로자 참여의견반영 + 산업안전보건위원회 승인.

(4) 공정안전보고서 (Process Safety Management)
답

1. 개요
유해·위험설비로부터 위험물질의 누출·화재·폭발로 인한 산재를 예방하기 위해 공정안전보고서를 작성제출해야한다.

2. 제출대상 및 내용

	대상 업종	작성 내용
1)	원유정제 처리업	공정 안전 자료
2)	석유화학계 제조업	공정 위험성 평가
3)	비료제조업 – 질소인산칼리	안전운전계획
4)	농약제조업	비상조치계획
5)	화약·불꽃제품제조업 등	고용노동부고시사항 등

※ 설치·이전·변경공사 → 착공 30일전 제출

3. 공정안전보고서 심사 및 확인 절차

사업주 → 안전보건공단: ① 제출, ③ 확인신청
안전보건공단 → 고용노동부: ② 결과통보
안전보건공단 → 사업주: ② 심사결과통보(30일), ④ 현장확인 : 1개월이내, ⑤ 확인결과통보 : 15일이내
고용노동부 → 사업주: ⑥ 행정조치
심사 : 적정·부적정·조건부적정
확인 : 적합·부적합·조건부적합

4. 이행상태의 평가
1) 심사 완료후 1년이내평가
2) 평가후 4년마다평가. "끝"

문제 23 산업안전보건법상 안전보건진단

문제 1) 산업안전보건법상 안전보건진단. ※ 관련근거 산업안전보건법 제47조

1. 개요

고용노동부 장관은 산업재해가 발생할 위험이 높은 사업장에 안전보건진단 명령할 수 있으며 사업주는 협조해야 함.

2. 산업안전보건법상 안전보건진단 대상 사업장 및 사업주 의무

대상 명령	사업주 의무
1) 추락, 붕괴, 화재, 폭발	1) 정당한 사유없이 거부금지
2) 산업재해 발생 위험 높은 곳	2) 근로자대표 참여 (요구시)

3. 산업안전보건법상 안전보건진단 실시절차

지방노동관서 → (안전보건진단 명령) → 사업주
사업주 → 의뢰 (15일 이내) → 안전보건진단기관 (인력, 시설, 장비 구비)
안전보건진단기관 → 결과보고 (30일 내) → 사업주
안전보건진단기관 → 결과보고 (30일 내) → 지방노동관서

4. 안전보건진단 종류 및 내용

구분	종합 진단	안전진단	보건진단
내용	1) 경영·관리적 사항	종합진단	종합진단
	2) 산업재해 발생원인	中	中
	3) 유해요인 측정·분석 등	안전사항	보건사항

5. 안전보건진단시 근로자 대표 참여 확대를 통한 실효성 강화

1) 문제점 : 근로자 요구시만 근로자 대표 참여

2) 개선내용 ① 참여 의무화 → 법 개정 추진

② 사업주 사후 이행확인 제도 신설 "끝"

문제 24 도급에 따른 산업재해 예방조치

문제) 도급에 따른 산업재해 예방조치

답)

1. 개요 (산업안전보건법 제64조)

도급인은 도급인의 사업장에서 작업하는 관계수급인 근로자 보호위해 필요한 안전 및 보건조치 취해야함

2. 도급에 따른 산업재해 예방조치 대상

도급인 — 사업주 안전·보건 조치 → 도급인 근로자
+
도급인 안전·보건조치 → 관계수급인 근로자

3. 도급에 따른 산업재해 예방조치 (산업안전보건법상)

1) 안전보건 총괄 책임자 지정 · 협의체구성 및 운영
2) 교육장소 자료 위생시설 등 제공
3) 경보체계운영, 순회점검
4) 관계수급인 안전보건조치 확인 및 위험작업 혼재시 작업시기 등 조정

→ 화재·폭발우려 / 토사·구조물 붕괴우려 / 추락·낙하·비래위험 / 밀폐공간 등

4. 도급에 따른 산업재해 예방조치 장소 (도급인의 사업장)

산업안전보건법	중대재해처벌법
· 도급인의 사업장 모든 장소	· 도급인의 시설, 장비, 장소등
· 도급인 지배·관리장소 (시행령 11조, 15개 장소)	실질적 지배·운영·관리 책임있는 경우 한정

5. 관계수급인 안전보건관리 향상위한 지원사례 (송도 OO APT현장)

산업안전보건관리비 계약시 50% 이상 선지급 (보증서 미징구)

⇒ 효과: 공사초기 안전보건관리체계구축 이행력 확보 "끝"

문제 25 도급인의 안전조치 및 보건조치

문제 6) 도급인의 안전조치 및 보건조치

답)

I. 개 요 (산업안전보건법 제 62조~66조)

도급인은 도급인의 사업장에서 작업하는 관계수급인 근로자 보호위해 필요한 안전 및 보건조치 취해야 함.

II. 도급인의 안전조치 및 보건조치 대상

- 도급인 → 사업주 안전·보건조치 → 도급인 근로자
- 도급인 → 도급인의 안전·보건조치 → 관계수급인 근로자

III. 도급인의 안전조치 및 보건조치 장소 (도급인의 사업장)

산업안전보건법	중대재해처벌법
· 도급인의 사업장 모든장소 · 도급인 지배 관리 장소 (시행령11조, 15개장소)	· 도급인이 시설·장비·장소등 실질적 지배·운영·관리 책임있는 경우 한정.

IV. 도급인의 안전조치 및 보건조치 주요내용 (산업안전보건법상)

① 안전보건 총괄책임자 지정

② 산업재해 예방조치

- 협의체구성·운영, 순회점검
- 교육장소·자료·위생시설 등 제공
- 위험작업 혼재시 조정 및 정보제공 → 밀폐공간 (질식·중독), 도사·인화구조물 분리위험, 화재·폭발우려, 추락·낙하·비래위험 등

V. 「중대재해처벌법」에 의한 도급인의 책임 명확화 필요성

* 도급인의 "실질적 지배·운영·관리 책임있는경우" 인정기준 모호.

⇒ 개괄적규정으로 다툼소지 ⇒ 보다 명확한 구체화 필요 "끝"

문제11) 도급인의 안전조치 및 보건조치

답)

1. 정 의

도급인은 도급인의 사업장에서 작업하는 관계수급인의 근로자에게 안전 및 보건조치를 취해야 함.

2. 도급인의 안전조치 및 보건조치 대상

(도급인) 사업주 안전보건, 도급인 안전보건 → [도급인 근로자 ⊕ 관계수급인 근로자]

3. 도급인의 안전, 보건 조치 장소(도급인의 사업장)

산업안전보건법	중대재해 처벌법
◦도급인 사업장 모든장소 ◦도급인 지배관리 장소 (시행령 11조, 15개 장소)	◦도급인이 시설·장비·장소등 《실질적인 지배, 운영, 관리 책임이 있는경우로 한정》

4. 도급인의 안전·보건조치 주요내용

① 안전보건 총괄 책임자 → [지정]

② 협의체 구성, 운영, 순회점검

③ 교육장소, 자료, 위생시설등 제공

④ 위험작업 혼재시 조정 및 정보제공.

5. 『중대재해처벌법』에 의한 도급인의 책임 명확화 필요성

* 도급인이 [실질적 지배, 운영, 관리 책임 있는 경우]

*문제점 [① 개괄적인 규정으로 다툼 소지 / ② 명확하고 구체화 필요]

"끝"

구분	주요 내용
도급인의 안전조치 및 보건조치 (산안법 제63조)	관계수급인 근로자의 산업재해 예방을 위하여 안전 및 보건시설 설치 등 필요한 안전조치 및 보건조치를 하여야 함.
도급에 따른 산업재해 예방조치 (산안법 제64조)	① 안전 및 보건에 관한 협의체 구성 및 운영 ② 작업장 순회점검 – 작업장 순회점검 (1회/2일 이상) <규칙 80조>, 합동안전보건점검 (1회/2개월) <규칙 82조> ③ 안전보건교육을 위한 장소 및 자료제공 등 지원 ④ 작업장소 발파작업, 화재폭발·붕괴 등 발생 시에 대비한 경보체계 운영과 대피방법 훈련 ⑤ 위생시설 위한 필요한 장소제공, 위생시설 이용 협조 <규칙 81조>
도급인의 안전 및 보건에 관한 정보제공 (산안법 제65조)	① 질식, 붕괴 위험 등 작업시작 전 안전 및 보건에 관한 정보를 문서로 제공 ② 안전 및 보건 정보에 따른 조치 하였는지 확인
도급인의 관계수급인에 대한 시정조치 (산안법 제66조)	관계수급인에게 안전 및 보건에 관한 관계수급인 또는 관계수급인 근로자의 위반행위 시정조치

문제 26 근로자의 작업중지권

문제) 근로자의 작업중지권

답)

1. 개 요 (산업안전보건법 제52조)

근로자는 산업재해가 발생할 급박한 위험이 있는 경우 작업을 중지하고 대피할 수 있는 권리를 가짐.

2. 산업안전보건법상 건설공사 관련주체별 작업중지권

고용	유해위험방지계획서 미이행, 개선미이행	법 43조
노동부	중대재해 발생 사업장 및 동일작업	법 55조
사업주	산업재해 발생 급박한 위험	법 51조
근로자	산업 재해 발생 급박한 위험	법 52조

3. 근로자의 작업중지권에 의한 작업중지 Flow

산업재해 발생위험 → 작업중지 (근로자) → 긴급 대피 → 보고 (근로자) → 개선조치 (사업주)

※ 작업중지권 합리적인 이유시 근로자 불리한 처우 금지

4. 근로자 작업중지권 보장 강화 활동 (송도 ○○ APT 현장사례)

1) 매 TBM시 마다 작업중지권 교육
2) 작업반별 작업중지권 표지판 설치
3) 「작업중지권 7대유형 캠페인」 실시
4) 노사합의 작업중지권 선포식

<작업중지권 7대유형>
· 안전시설물 미설치
· 개인보호구 미지급
· 방호장치 미설치
안전하지 않다면 작업 NO!

5. 근로자 작업중지권 실효성 확보위한 법·제도적 개선과제

※ 쟁점사항 : 「작업중지권 합리적 이유」 시 불이익 금지

→ 합리적 이유 해석차이 분쟁우려 → 보다 명확한 규정필요 "끝"

문제 27 중대재해 발생 시 작업중지 및 해지

(문제4) 중대재해 발생 시 작업중지 및 해제.

(답)

I. 개요

중대재해 발생 시 사업주는 즉시 관련 시스템을 통해 보고하고 후속조치 및 재발방지타 개선안을 마련해야 함.

II. 중대재해의 개념 및 관련근거

〈관련 근거〉
산안법 제54조 (중대재해 발생시 사업주의 조치)
제55조 (중대재해 발생시 고용노동부장관의 작업중지조치)

1. 사망사고 1명 이상 발생
2. 3월이상 요양이 필요한 재해자 2명 이상 발생.
3. 부상재해 또는 직업성 질병 재해자 10명 이상 동시 발생.

III. 중대재해 발생 시 작업중지 및 해제절차

중대재해 발생 → 즉시 보고 → 작업 중지 → 개선대책 수립제출 → 현장 확인 → 승인 작업재개

(CSI 시스템) (사고조사위원회 조사) (근로자의견 청취) (작업재개 심의위원회)

IV. 중대재해 발생시 사업주의 안전조치

1. 즉시보고 (CSI 시스템, 2시간 이내) 및 작업중지
2. 현장보존, 2차 안전사고 예방조치
3. 개선대책 수립 및 제출 (고용노동부 지방관서의 장)

V. 중대재해로 작업중지된 현장의 작업재개를 위한 조치사항

1. 재해자 및 근로자의 의견 청취, 반영.
2. 현장 확인 → 개선조치 이행 등
3. 중대재해 처벌법 적용 검토

"끝".

문제 28 중대재해의 범위와 재해의 조사

번호 (문제5) 중대재해의 범위와 재해의 조사

(답)

I. 개요

산업안전보건법상 중대재해는 사망 및 일정기준 이상의 부상 및 질병자 발생에 해당되며, 재해의 조사 및 원인분석, 안전대책 수립으로 재해 수준을 낮춰야 함.

II. 중대재해의 범위 (산업안전보건법 제56조)
중대재해의 원인조사 등

1. 사망사고 1명 이상 발생
2. 3개월이상 요양이 필요한 부상자가 동시에 2명이상 발생
3. 부상자 또는 직업성질병자가 동시에 10명 이상 발생.

III. 중대재해 발생시 재해의 조사 순서 및 방법

1. 조사순서

사실확인 → 문제점파악 → 기본원인결정 → 대책수립

직접·간접원인 (4M 활용) (동종·유사재해) 예방

2. 조사방법

현장보존 → 사실수집 → 진술확보

IV. 중대재해 조사시 유의사항

1. 2차 재해의 예방
2. 객관적인 입장에서 공정한 조사 실시
3. 조사자는 2인 이상이 실시
4. 인적·물적 재해 요인의 적출

⇒ 동종재해 유사재해 예방 위한 대책수립

V. 맺음말

"끝"

표. 중대재해 처벌법 개정 / 사회적 노력
찬반의견 + 보완·개선사항 의견.

문제 29 산업안전보건법상 건설공사 발주자의 산업재해 예방조치

번호 (문제1) 「산업안전보건법상 건설공사 발주자의 산업재해 예방조치

(답)

<관련법>
※ 제 67조 ~ 72조

1. 개 요

건설공사 발주자는 건설재해 저감 위해 안전보건대장 작성 및 확인하고, 안전 최우선 고려 기간·비용 설정하여야 함.

2. 「산업안전보건법」상 건설공사 발주자의 역할

발주자 → 도급인 (총괄 책임자) / 수급인 (관리책임자)

발주자의 산재 예방조치 (67조)

<실시 대상>
· 건설공사 금액 50억 이상시

3. 「산업안전보건법」상 건설공사 발주자의 산업재해 예방조치

공사단계	안전보건대장	발주자 조치사항
계획	기본	· 공종별 안전대책 위한 설계조건 도출
설계	설계	· 설계안전성 확인
시공	공사	· 3개월 마다 이행 확인

➡ 안전최우선 고려 공사기간 · 비용 설정

➡ 안전보건대장 작성 적정성 여부 전문가 확인

4. OO공사 발주현장 발주자 주관 재해예방 위험성평가 컨설팅 실시

· (컨설팅 대상) 50억 미만 소규모 발주 현장

· (주요내용) 공종별 위험성평가 현황 분석, 개선점 도출

5. 「중대재해 감축 로드맵」 관련 발주자의 역할 강화 제언

문제점 · 초소규모 현장 재해 발생 빈번 (71%)

개선제언 · 발주자 의무사항 단계적 확대 적용 필요 "끝"

번호 문 5) 산업안전보건법상 발주자의 산업재해 예방조치

답

1. 개요

건설공사 발주자는 산업재해예방을 위해 건설공사 계획-설계-시공단계에 따른 적절한 조치가 필요함

2. 산업안전보건법상 발주자 산업재해예방조치 대상, 내용

대상(령 55조)	주요 내용
50억 이상(총공사금액) 건설공사	계획, 설계, 시공 단계별 안전보건대장 작성 ⇒ 전문가 검토

※ 검토 전문가 자격: 산업안전지도사, 건설안전기술사 등

3. 산업안전보건법상 발주자의 산업재해예방조치 주요내용

단계	작성자	안전보건대장 항목
계획	발주자	발주자의 주요의무, 주요 위험요인, 감소방안
설계	설계자	설계조건반영 공사중 위험요인, 감소방안
시공	시공자	위험성 감소방안 반영 이행계획

4. 산업안전보건법상 재해예방 위한 발주자의 단계별 조치사항

단계	조치사항
계획	기본안전보건 작성, 안전보건조정자 지정
설계	설계안전보건대장 확인, DFS
시공	공사안전보건대장 이행 확인, 가설구조물안전성 검토
준공	안전관리비 정산, 유지관리 계획

5. 중대재해 예방위한 발주자 산업재해예방조치 합리화

위험성 감소중심, 개별특성관리 > 발전방향 : DFS 통합 시스템화

위험요소 프로파일

발주자 재해예방조치 규칙 합니다

통한 발주자 설계단계 안전 공기 확보

문제 30 산업안전보건법상 건설공사 발주단계별 조치사항

번호 (문제1) 산업안전보건법상 건설공사 발주단계별 조치사항

(답)

1. 개 요

산업안전보건법에는 건설공사 주체별 의무사항을 발주단계별로 규정하고 있으며, 이를 차질없이 이행해야함.

2. 산업안전보건법상 건설공사 주체별 안전·보건 역할

건설공사 발주자	건설공사 도급인
[발주자] → [시공사] (안전보건 총괄책임자) ↕ [관계수급인] (안전보건 관리책임자) ↕ [관계수급인 근로자] / (발주자의 산재예방조치)	[도급인] (총괄책임자) [수급인] (관리책임자) ↕ 근로계약 [수급인 근로자] / (도급시 산재예방조치)

3. 산업안전보건법상 건설공사 발주단계별 조치사항

- [계획단계] · 기본안전보건대장
- [설계단계] · 설계안전보건대장 · 산업안전보건관리비 계상
- [시공단계] · 공사안전보건대장 · 도급인 안전 및 보건조치 (법 제63조) · 도급시 산업재해 예방조치 등 (법 제64조)

<도급시 산재예방조치>
① 작업장 순회점검
② 합동안전 보건점검
③ 안전보건교육 장소제공등
④ 혼재작업시 작업조정 등

4. 산업안전보건법상 발주자의 역할 강화를 위한 법개정내용

·(개정내용) '22.8.18 이후 건설재해 예방기술 지도 발주자 의무

·(개정사유) 기술지도시 시공사 관여 방지로 재해 예방 효과 상승

5. 건설현장 내 재해예방 실효성 향상 위한 안전관리비 개선 제언

·(현재) 스마트 기술 20% 제한 →(개선) 제한 폐지 "끝"

문제 31 건설공사 단계별 작성해야 하는 안전보건대장의 종류

문제 1) 건설공사 단계별 작성해야하는 안전보건대장의 종류

답)

* 관련법
  - 산업안전보건법 67조

I. 개요

건설공사 발주자는 산업재해 예방을 위하여 안전보건대장을 작성하여야 함.

II. 건설공사 산업재해 예방 위한 발주자의 조치 사항

발주자 역할

- 안전보건대장
- 안전보건조정자
- 설계변경의 요청
- 공기단축, 공법변경 금지
- 공사기간 연장
- 산업안전보건관리비 계상

III. 건설공사 단계별 작성해야하는 안전보건대장의 종류

단계	작성자	종류	발주자 조치 사항
계획	발주자	기본안전보건대장	작성, 설계자 제공
설계	설계자	설계안전보건대장	작성, 시공사 제공
시공	시공자	공사안전보건대장	점검(1회/3개월)

IV. 안전보건 대장별 주요 포함 사항 및 적정성 검토

- 기본안전보건대장 - 공사규모·예산·설계조건
- 설계안전보건대장 - 유해위험방지계획 작성계획 등
- 공사안전보건대장 - 안전보건조치 이행계획 등

→ 건설안전기술사, 산업안전지도사, 기사3년

※ 안전보건 대장 작성 후 전문가 검토 시행('21.11)

V. 안전보건대장 등 설계안전보건대장의 실효성 강화 방안

- 산업안전보건법: 설계안전보건대장
- 건설기술진흥법: 설계 안전성 검토

→ "통합·일원화 운영 효율성 증대" "끝"

문제 32 안전보건조정자

문제 9) 안전보건조정자 (※ 보건관리) 산업안전보건법 제68조

1. 안전보건조정자의 정의)

2개 이상의 건설공사를 도급한 발주자가 같은 장소에서 혼재된 작업으로 인한 위험방지를 위해 선임된 자를 말함.

2. 안전보건조정자 선임대상공사 및 선임방법

선임 대상	선임방법
2개 이상의 건설공사 금액의 합 50억 이상	착공전까지 선임·지정 도급인에게 사실통지

3. 안전보건조정자 자격요건 및 수행업무

자격요건	수행업무
1) 산업안전지도사	1) 작업간 혼재 업무 파악
2) 건설안전기술사	2) 산업재해 위험성 파악
3) 공사감독자(책임감리자)	3) 작업시기·내용 조정

+4) 안전보건관리 책임자 간 정보공유 확인

4. 복합화력 발전소 공사의 안전보건조정자 중점 안전관리 point

1) 작업 전 10분 TBM → 추락·협착 위험예지
2) 혼재작업 → 종합 위험성평가·분석 및 저감대책 수립 (근로자 참여)
3) 도급인 현장대리인 간의 공유 SNS 개설·일정 조율.

5. 안전보건조정자 제도의 한계점 및 향후 발전방향

1) 한계점 : 별도의 수당 없음. 법적 권한 없음.
2) 발전방향
   - ① 전담안전 선임·수당 지급 (예산확보)
   - ② 법적 권한·책임 부여 "끝"

문제)	안전보건조정자	목적	발주자 책임강화
답)			안전 사각지대 해소

1. 개요 (산업안전보건법 제68조)

다수 수급인의 근로자가 한현장에 혼재된 경우 발주자는 수급인간 안전보건문제 조정위해 안전보건조정자 두어야 함

2. 안전보건조정자 대상공사, 자격 및 시기

1) 대상 : 각 공사금액의 합 50억이상

2) 자격 :
- 지정 : 공사감독원, 감리원
- 선임 : 산업안전지도사, 건설안전기술사

3) 시기 : 착공 전날까지 지정·선임 → 수급인에게 통보

3. 안전보건 조정자의 역할

역할	
· 혼재된 작업 파악	· 산업재해 발생 위험성 파악
· 수급인간 작업 시기·내용 안전보건 조치 조정	· 수급인간 정보공유 여부 확인

4. 건설현장 안전보건 조정자 활용 방안 (당진 00 plant 현장)

1) 작업전 - 도급인 및 수급인 유해위험 정보전달

2) 작업중 - 작업간 일정조율, 순회점검

3) 작업후 - 간섭 및 위험요소 피드백, 정보공유

5. 안전보건조정자 실효성 강화위한 개선과제

문제점	개선 과제
· 감리원 겸직 (수당없음)	· 대가지급 규정 마련
· 사고시 책임없음	· 권한과 책임 법적조항 명확화

"끝"

번호 (문제2) 안전보건 조정자의 업무

(답)

〈발주자 산재예방조치〉
① 안전보건 대장
② 안전보건 조정자
③ 산업안전보건관리비

1. 개요

안전보건조정자는 혼재작업시 재해예방을 위해 작업장 내 공사금액 합이 50억 이상시 선임함

2. 안전보건조정자 선임 목적 및 선임대상

선임목적 · 혼재작업 인한 건설재해 저감

선임 대상
① 작업장 내 2개이상 공사 진행
② 각 공사의 금액 합 50억 이상

3. 안전보건 조정자의 업무

1) 혼재작업 유무 파악
2) 유해·위험요인 발굴
3) 작업시기 · 안전조치 조정
4) 수급인간 정보공유 확인

〈조정자 선임자격〉
① 공사 감독자
② 책임 감리인
③ 산업안전 지도사
④ 건설안전 기술사

4. 송도 OO APT 건축현장 도·수급인 혼재재해 예방 위해 안전보건조정자 협의시 BIM 활용 방안

T/C 반경
혼재 작업 구간
〈BIM〉

1) BIM 활용 → 혼재 유무 확인
2) 수급업체간 작업시기 조정
3) 중대재해 예방

5. 현행 안전보건조정자의 한계점 및 개선과제

한계	조정자 권한 적음 → 사고시 처벌없음	· 수당지급, 권한부여 통한 실효성 향상	개선

"끝"

문제 33 건설재해예방 전문지도기관 기술지도 기준

문제 6) 건설재해예방 전문지도기관 기술지도 기준

답)

1. 개 요

소규모 건설현장의 산업재해 예방을 위해 건설공사 발주자는 건설재해예방 전문지도 계약 체결 해야함.

2. 건설재해예방 기술지도의 목적

1) 자율안전관리 시스템 정착 및 안전관리 활성화

2) 산업안전보건관리비 사용지도 및 재해예방

3. 건설재해예방 전문지도기관 기술지도 대상

대상공사	예외 공사
- 공사비 1억 ~ 120억 미만 (토목 150억)	· 전담 안전관리자 선임 현장
	· 유해위험방지계획서 작성 대상
- 건축허가 대상 공사	· 1개월 미만 공사, 섬지역

4. 건설재해예방 전문지도기관 기술지도기준

계약시기 : 착공전 까지 (미계약시 산안비 20% 회수)

지도횟수 : 공사기간(일)/15일

지도제한 : 1인당 4회/일, 1인당 80회/월

＊ 2022. 8월 이후 발주자가 계약체결 (산업안전보건법 개정)

5. 건설재해예방 기술지도의 현실 및 발전과제

현실		발전과제
형식적인 점검	· 위험성평가 중심 지도	
단순 법적 절차	· 정부의 중점 지원·관리강화	

번호 (문제12) 건설재해 예방 전문지도 기관 기술지도 기준

(답)

1. 개 요

건설재해 예방 전문지도 기관은 1억이상 120억미만 현장에 대하여 재해예방 위한 ~~안전~~ 위험요인 발굴 및 개선을 하는 기관

2. 건설재해 예방 기술지도 대상사업 및 실시주체

기술지도 대상 · 1억 ~ 120억 미만 공사

실시주체 (법개정사항): 기존 → 변경 (22.8.1~)
- 기존: ~~· 시공사~~ 도급인
- 변경: · 건설공사 발주자

3. 건설재해 예방 전문지도기관 기술지도 기준

실시 주기 · 공사기간/15일, 1회 착공후 15일 이내

지도내용
- ① 최근 사고사례 전파 및 교육
- ② 공정별 위험요인 발굴 및 개선 등

제한사항
- ① 지도인력당 일 4회, 월 80회 제한
- ② 40억 이상공사 8회마다 (기술사 지도사) 방문

4. 건설재해 예방 전문 지도기관 설립기준 (법 개정)

구분	1인 사업장	법인 사업장
인력	지도사 1인	기술사, 기사 + 경력 등 총 6인
장비	① 조도계 ② 가스농도·산소농도 측정기 ③ 저항계 등	

5. 건설재해 기술지도 실효성 향상을 위한 지도기관 할당제 제언

· (문제점) 서울·인천 등 중부권에 지도기관 다수, 지방부족

· (개선제언) 지방 쿼터제 도입 → 지방현장만 전담 제언 "끝"

문제 34 노사협의체

(문제) ~~안전 및 보건에 관한 협의체~~ : 노사협의체 <법 75조>

(답)

I. 개요

건설공사 도급인은 해당 건설공사 현장에 근로자위원과 사용자위원 동수로 구성되는 안전 및 보건에 관한 협의체 (노사협의체)를 대통령령으로 정하는 바에 따라 구성, 운영할 수 있음

II. 노사협의체 구성·운영 대상

1. 공사금액 120억원 (토목공사 150억원) 이상인 건설공사

2. 노사협의체 구성·운영하는 경우

→ 산업안전보건위원회 / 안전 및 보건에 관한 협의체 구성 운영으로 간주.

III. 노사협의체의 구성

1.

사용자위원	근로자 위원	비고
전체사업의 대표자	전체사업의 근로자 대표	동수협의체구성
안전관리자 1인	명예산업안전감독관 1인 (근로자 대표 지정)	건설기계관리법에 따른 건설기계 운전사업
보건관리자 1인	공사금액 20억원 이상인 도급	참여하여 노사협의체
공사금액 20억원 이상인 도급 관계수급인 각 대표자	또는 하도급 사업의 근로자대표	참여가능 (제64조)

2. 위원장 : 근로자위원과 사용자 위원 중 각 1명을 공동위원장으로 선출가능.

IV. 노사협의체의 운영

1. 정기회의 : 2개월마다 노사협의체 위원장이 소집

2. 임시회의 : 위원장이 필요하다고 인정할 때 소집

번호

V. 노사협의체 심의·의결사항 (예)(규)(교)(건)(통)(도)

1. 사업장의 산재예방 계획 수립
2. 안전보건관리 규정 작성, 변경사항
3. 안전보건 교육
4. 작업환경 측정 등 작업환경 점검, 개선
5. 근로자의 건강진단
6. 재해원인 조사, 재발방지대책 수립 중 중대재해 관련 사항
7. 산재 통계 기록, 유지
8. 유해위험 기계기구 설비 도입 시 안전보건 조치사항
9. 그 밖에 해당 사업장 근로자 안전보건 유지증진 필요사항 (기타(노)(동)부령으로 정하는 사항)

VI. 노사협의체 협의사항 (시간재예)

1. 산재예방 방법 및 산재 발생시 대피방법
2. 작업 시작시간, 작업 및 작업장 간 연락방법
3. 그 밖의 산재예방 관련 사항

"끝"

문제 35 의무안전인증대상 보호구

문제) 의무안전인증대상 보호구

답)

1. 개요 (산업안전보건법 제84조: 안전인증)

사업주는 근로자를 위험으로부터 보호하기 위한 보호구 지급시 안전인증 및 자율안전확인 대상 보호구 지급하여야 함.

2. 의무안전인증대상 보호구 종류 및 구비조건

종류 (12종)	구비조건
안전모(추락·감전), 안전화, 안전대	① 목적에 적합
안전장갑, 보안경, 보안면, 보호복	② 착용이 간편
송기마스크, 방진마스크, 방독마스크	③ 내구성, 작업성
방음용 귀마개, 전동식 호흡기	④ 유해·위험 방호

3. 의무안전인증대상 보호구 지급·사용시 주의사항

사업주 지급시	근로자 수 이상지급. 사용법 교육 필터 등 언제든 교환가능 비치 질병 감염 우려시 전용 보호구 지급
근로자 사용시	반드시 착용, 점검, 청결유지

4. 안전인증 및 자율안전확인 대상 보호구 표시 내용

① 형식·모델명 ② 규격(등급) ③ 제조자

④ 제조번호, 연월 ⑤ 안전인증, 자율안전확인 번호

5. 안전 미인증 보호구 사용 근절위한 법·제도적 강화 개선과제

- 미인증제품을 인증제품으로 속여 유통사례 다수 (KCs 모조품)

⇒ 유통망 지속적 불시점검 통한 처벌강화·즉시회수 "끝"

문제 3) 의무안전인증 대상 보호구

답)

1. 개요

사업주는 건설현장에서 추락·감전 방지용 안전모 등 보호구 사용시 안전인증(KCs) 여부를 확인하여 사용해야 한다.

2. 의무 안전인증 대상 보호구 구비조건 ↔ 미인증제품사용시 재해우려있음

안전인증 목적 및 구비조건

1) 착용이 간편 2) 사용목적 적합

3) 작업성·내구성 우수 4) 방호성능 우수

3. 의무 안전인증 대상 보호구 (※·산업안전보건법 제 84조)

1) 안전보호구

① 추락·감전용 안전모 (ABE)

② 안전장갑 ③ 안전화

④ 안전대 ⑤ 용접용 보안면

내전압성 내관통성 충격흡수성 내수성

<안전모 성능시험>

2) 위생보호구

① 송기·방진·방독 마스크 ② 귀마개·귀덮개

4. 건설현장 보호구 지급·착용시 중점안전관리 사항

보호구 반입 → 안전보건교육 → 보관·관리

- 안전인증(KCs) - 착용법 지도 - 인화성 물질 격리

- 품질검사 - TBM시 확인 - 손상여부 점검

5. 스마트 안전 보호구에 대한 안전인증 제도 도입 제언

안전인증 보호구 증빙용 지원 사업

1) 스마트 안전모 ⎤ 미인증제품 ⇒ 안전인증(KCs)을 통한 안전확보

2) 스마트 추락방지대 ⎦

대상 : 위험기계, 방호장치, 보호구제조 대상
지원 : 연구개발비, 시험장비 구매비용 지원(50%)
기대효과 : 안전인증 보호구 확대, 성능강화

"끝"

번호 문제> 의무안전 인증대상 보호구

답>

I. 의무 안전 인증 대상 보호구의 정의

건설현장의 근로자 등에게 재해로 개인적으로 지급되는 보호구를 말하며 산안법 및 규칙 등에 의거 인증, 관리등이 중요함.

II. 의무 안전 인증 대상 보호구의 종류 및 요구조건

1. 안전모. 안전화. 안전장갑. 안전대
2. 보안경. 보안 마스크. 보호복
3. 방독 마스크. 방진마스크. 방음보호구
4. 송기마스크. 전동 보호구, 기타보호구

1. 변형. 파손이 안될것.
2. 유지관리. 내구성이 우수할것.

III. 의무 안전 인증대상 보호구의 인증 근거 및 시기(내용).

1. 인증근거

산업안전보건법 제84조 (안전인증 취득) - 성능검사표.
같은법 제85조. (안전인증표시) - KCs

2. 시기(내용)

1. 제조. 설치. 유통단계시 확인
서면 → 기술심사 → 제품심사 → 현장확인
3. 품질. 성능 기준의 확인.

IV. 의무 안전 인증대상 보호구의 지급 및 관리시 유의사항.

1. 근로자 착용전 이상유무 확인 (산업안전보건기준 규칙 제32조)
2. 사용후 청결 세척. 통풍이 잘되는곳 관리 (산업안전보건규칙 제33조)

V. IT 기술은 접목한 Smart 의무안전 인증대상 보호구 사용의 제언

1. 부착 Sense 부착 - 경고음발생 → 안전모 부착사용 → 협착사고방지
2. 안전대 미착용 시 경고음 → PDA 안전관리자 확인 → 추락사고방지

문제 36 휴게실의 필요성 및 설치기준

번호 문제) 휴게실의 필요성 및 설치기준

답

1. 개요 (안전보건규칙 79조, 휴게시설의 설치)

사업주는 근로자의 신체적 피로 및 정신적 스트레스 해소 위해 휴게시설의 제공 및 규정에 적합하게 유지관리

2. 불안전한 행동의 배후요인인 피로의 원인, 문제점 및 대책

원인				대책
작업적 : 중노동	→	의식수준 저하, 재해	→	·적정휴식
환경적 : 고온 한랭		<문제점>		·휴게시설
개인적 : 심리불안				·심리상담

3. 휴게시설의 필요성

휴게시설 필요성
- ① 산업재해·질병예방 (온열·한랭질환)
- ② 사업장 편익증가 (약 2.2배 증가)
- ③ 업무능력 향상

4. 휴게시설의 설치기준

구분	기준
공간	최소 6m² 이상 (1m²/인), 작업장 100m 마다 1개소
내부 환경	냉난방·환기시설, 의자·탁자등 비치 자연채광 권장 (150lux~200lux), 소음 50dB이하
관리	· 주기적 소독, 가설전기 안전, 화재감시인 배치

5. 고령 근로자 피로경감 위한 휴게시설 보완조치 사례

1) 휴게시설의 추가확충

: 기준 100m 마다 → 50m 마다 추가설치

2) 고령자 수시보건관리 및 경작업(RMR 2.0이하) 우선배치 "끝"

번호	문10)	휴게시설의 설치 및 관리기준
	답)	

※ 휴게시설의 필요성
- 산업재해, 질병예방
- 업무능력 향상 등

1 개요

사업주는 근로자의 신체적 피로 및 정신적 스트레스 해소위한 휴게시설을 제공해야 한다.

2. 휴게시설의 설치 및 관리기준 대상 사업장 (법개정)

대상 사업장	시행일	비고
1) 상시근로자 50인 이상, 50억이상	2022. 08. 18	※ 산안법 제128조 2
2) 상시근로자 20~50인 미만, 20억 50억	2023. 08. 18	: 휴게시설 설치 의무화

3 휴게시설의 설치 기준

1) 크기 : 면적 6m² 이상
2) 위치 : 이용 편리한 곳
3) 온도 : 18°C ~ 28°C 냉난방
4) 습도 : 50 ~ 55%
5) 조도 : 100 Lux ~ 200lux

< 휴게시설의 설치기준 >

4 휴게시설의 관리기준

1) 청소·관리 담당자 지정
2) 용도외의 사용금지
3) 공동휴게실 : 사업장마다 담당자 지정

5 개선된 소규모 현장 휴게시설 설치등 '고령근로자'등의 재해 및 질병예방 안전관리 방안

1) '고령근로자, 여성 근로자' 고려한 휴식시간 보장 - RMR 4이하
2) 건강관리 program 수립

"끝"

문제 37 자율검사 프로그램에 따른 안전검사

번호 (문제) 자율검사 프로그램에 따른 안전검사 <산안법 제98조 ; 2020.1.16>

(답)

* 자율검사프로그램 인정대상
- 안전검사 대상 품목 동일

I. 개요

사업장에서 사용 중인 유해하거나 위험한 기계·기구·설비는 안전에 관한 성능에 대해 고용노동부장관이 실시하는 안전검사를 받아야 하나, 사업주가 근로자대표와 협의하여 안전검사에 준하는 검사프로그램(자율검사프로그램)을 작성하고 고용노동부장관의 인정을 받아 그에 따라 안전에 관한 성능검사를 실시하면 안전검사를 받은 것으로 봄.

II. 자율검사 프로그램 인정절차

자율검사프로그램 인정신청 (사업주)	→	확인 (15일이내) (산업안전보건공단)	→	인정 및 인정서 발급 (안전보건공단)	→	성능검사

III. 자율검사 프로그램 인정에 따른 검사방법

1. 고용노동부장관이 정하는 자격, 경험을 가진 검사원으로 하여금 사업장 자체검사 실시

2. 고용노동부장관이 지정하는 검사기관(지정검사기관)에 위탁하여 검사 실시

IV. 자율검사 프로그램의 인정 충족요건

1. 자율검사프로그램 인정 유효기간 2년, 매 2년마다 정기적 프로그램 인정 다시 받을 것

2. 자격, 교육이수 및 경험을 가진 검사원을 고용하고 있을 것

3. 검사를 실시하는 장비 갖추고 이를 유지, 관리할 수 있을 것

검사주기
4. 안전검사 검사주기에 해당하는 주기마다 검사를 실시할 것
(단, 크레인 중 건설현장 이외에서 사용하는 것은 6개월마다 실시)

5. 자율검사프로그램의 검사기준이 안전검사기준을 충족할 것.

문제 38 유해 · 위험기계 등의 안전검사

문 제 13) 유해·위험기계 등의 안전검사

답)

1. 개요 (산업안전보건법 제93조)

사업주는 건설현장에서 유해·위험기계 등을 사용시 관련 법령에 따라, 안전성능기준을 검사·확인하여야 한다.

2. 유해·위험기계 등의 안전검사 종류

산업안전보건법	건설기계관리법	
- 안전검사	- 신규등록검사	- 정기검사
- 자율검사 프로그램	- 구조변경검사	- 수시검사

3. 유해·위험기계 등의 안전검사 대상 및 시기

크레인 · 리프트 곤돌라	최초설치 후 6개월마다	※ 건설기계관리법의 정기검사 유효기간
이동식크레인 고소작업대 등	3년이내 최초검사, 이후 매 2년마다	(굴착기 → 1년 펌프트럭 → 6개월(차년))

4. 유해·위험기계 등의 안전검사 방법

안전검사 신청 (사업주, 소유주) → 안전검사 수행 (안전검사 기관) → 심사결과 통지 (기관 → 사업주)

5. 건설현장 타워크레인 생애주기별 관리체계 강화('19. 3월부) (안전검사)

최초검사 6개월내 → 10년 안전성검사 → 15년 비파괴검사 → 20년이후 정밀검사 → 이력관리시스템

"끝"

6. 소규모 건설현장 유해·위험기계 안전확보를 위한 안전관리사 혁신사업.

4. 건설현장 타워크레인 안전검사시 중점체크사항

1) 방호장치
2) 와이어로프
3) 유압장치
4) 기초앵커 구조검토

1) 대상기계
: 이동식크레인, 리프트, 차량탑재형 고소작업대 관리비용 지원 (50%)

2) 기대효과
. 소규모 건설현장 안전강화.

문제) 유해.위험기계 안전검사 = 안전검사대상 기계/기구.

답

1. 법적근거

유해.위험기계의 안전성능이 검사기준에 적합한지 일정 기간을 두고 검사 받아야 한다.

2. 안전검사의 목적

1) 산업재해 예방

2) 쾌적한 작업 환경 조성

3) 기계.기구 설비의 성능 보장.

3. 안전 검사의 종류.

1) 안전검사.

2) 자율안전검사 Program

(안전검사) — 종류 — (자율검사 Program)

4. 안전검사대상 기계.기구.

리프트, 곤돌라.	화학, 건조설비.
전단기. 크레인.	원심기. 롤러기.
사출성형기.	고소작업대.

5. 안전검사 주기.

1. 최초 3년이내, 그후 2년 주기.

2. 크레인.곤돌라.리프트 ; 최초설치일부터 6개월마다.

3. 자율검사 Program : 2년.

4. 공정안전보고서제출, 압력용기 : 4년.

5. 특성, 위험도, 사용연한에 따라 구분실시. "끝"

문제 39 위험기계기구 안전인증대상

문제) 위험 기계기구 안전인증대상 (2점)

답

1 정의

안전인증은 위험기계. 기구의 제조나 수입업자가 안전인증기관에 인증을 받아 안전보건공단에 인증을 받는 제도.

2 위험기계기구 안전인증대상 목적.

산업재해 발생의 근원인 산업기계기구의 안전성 확보.

3 위험기계기구 안전인증 절차.

상담·신청서접수 (제조자) → 서면심사 (공단) → 기술능력및생산체계심사 (공단) → 제품심사 (공단) → 안전인증서교부 (공단) → 확인심사 (제조자)

4 위험기계기구 안전인증 대상

구분	안전인증대상 11종	자율안전 확인대상 25종
대상	프레스, 전단기	연삭기, 연마기-휴대용제외.
	절곡기. 크레인	산업용로봇. 혼합기.
	리프트. 압력용기	파쇄기. 절단기.
	롤러기. 사출성형기	선반. 드릴기. 띠톱.
	고소작업대. 곤돌라. 기계톱.	둥근톱. 인쇄기. 잠수기능

5 평가

안전인증대상 기계. 기구의 확대로 안전성이 확보된 기계.기구의 유통및사용으로 산재감소에 기여할것으로 판단된다. "끝"

문제 40 물질안전보건자료(MSDS) 교육시기 및 내용

문제) 물질안전보건자료(MSDS) 교육시기 및 내용

답)

* GHS : 화학물질 위험성 분류 및 경고표지에 관한 국제표준

1. 개요

물질안전보건자료는 화학물질의 유해위험성·취급주의 사항 등 설명한 자료로 취급 근로자 교육 및 게시하여야 함.

2. 물질안전보건자료 작성·제공 및 게시·비치

구분	작성·제공	게시·비치
주체	양도 제공자 (제조, 수입자)	취급 사업주
작성 내용	1) 제품명·회사 정보 2) 명칭·함유량 3) 취급·저장법 4) 응급조치요령 5) 개인보호구 6) 유해·위험성	
제공 게시 방법	· 양도시 제공	· 대상물질 작업장소 · 식별 쉬운 곳, 접근 용이 전산장비

3. 물질안전보건자료 교육시기 및 내용 (산업안전보건법 114조)

교육시기	교육내용
대상물질 작업 배치시	제품명, 보호구
신규 물질 도입시	유해위험성, 취급주의
유해·위험성 정보 변경시	응급조치, 사고시 대처
	경고표지 이해

적색, 가스통, 흰색
<GHS 표지 : 고압가스>

4. 물질안전보건자료 대상물질 안전보건조치사항 (송도 OO APT 현장)

방동제	생수통 혼용금지, 소분용기 MSDS 경고표지 부착
유류·도료	위험물 저장소 별도 설치 (MSDS 자료 비치)
산소, LPG	넘어짐 방지 장치, 누출감지 센서 부착 "끝"

문제 12) MSDS 교육시기 및 내용

1. 개요

건설현장 사업주는 MSDS 대상 유해물질 취급시 위험성·취급시 주의사항 등을 교육해야 한다.

2. MSDS 교육시기 및 교육수행자

교육시기	교육수행자
1) MSDS 작업 근로자 배치	1) 관리감독자
2) 신규물질 도입	2) 안전(보건)관리자
3) 유해·위험 정보 변경시	3) 외부 전문기관

3. MSDS 교육내용 및 방법

빨강
검정
흰색
<GHS표시: 인화성>

1) 대상화학물질의 명칭
2) 물리적 위험성·건강유해성 ⇒ 그룹별로 분류하여 교육 후 기록보존
3) 취급상 주의사항·적절한 보호구
4) 응급조치·사고시 대처방법

4. MSDS 관리주체별 의무사항 ('21. 법개정사항)

제조·수입자	취급 사업주	근로자
MSDS 작성·제공	MSDS 게시·교육	교육 이수 및
(용기에 부착)	(근로자 식별수준보)	보호구 착용

5. 건설현장 용접작업 전 MSDS 특별안전교육 실시 방안

1) 대상물질 : 용접봉·산소·LPG
2) 교육내용 ① 용접봉 보관요령·인화성 분리보관
② 산소·LPG 전도방지조치 "끝"

문제 41 물질안전보건자료(MSDS)

번호 (문제9) 물질안전보건자료(MSDS) 교육시기 및 내용

(답)

1. 개요

물질안전보건자료는 사용 화학물질에 대한 유해·위험요인, 취급상 주의사항 등이 적힌 자료로 현장 게시·비치해야 함

2. 물질안전보건자료(MSDS) 작성·제공 및 게시·비치

구분	작성·제공	게시·비치
실시 주체	제조 및 수입자	물질 취급 사업주
MSDS 작성 내용	① 구성성분 ② 물질명 ③ Cas. No ④ 유해·위험요인 ⑤ 보호구 ⑥ 응급처치요령 등	
제공·게시방법	양도시 제공	작업장내 눈에 잘 띄는 곳. 전산장비

3. 물질안전보건자료(MSDS) 교육시기 및 내용

교육시기	교육 내용
① 신규근로자 투입시	① 화학적 구성성분
② 사용 화학물질 변경시	② 취급상의 주의사항
③ 유해·위험요인 변경시	③ 경고표지의 이해
④ 특별안전보건 교육	④ 응급처치 및 착용 보호구

4. 하수처리장 외벽 Conc 타설현장 방동제 음독사고 예방사례

1) 방동제는 무색·무취로 물로 혼동

2) 소분용기 경고표지 부착 → 위험 인지

5. (초소규모) 현장 MSDS 효과적 관리를 위한 스마트기술 활용 제언

· QR코드 + MSDS 정보 ⇒ 모바일 활용 위험상시경지 "끝"

문제 42 석면의 조사대상 기준 및 해체 작업 시 준수사항

문제) 석면의 조사대상 기준 및 해체작업시 준수사항

답)

* 석면조사기관이
석면 해체·철거 금지

I. 개요

건축물의 철거·해체시 근로자의 석면노출에 의한 건강장애 예방위해 석면조사 및 기준에 따라 해체해야 함

II. 석면의 조사대상 기준 (기관석면조사 의무대상)

- 주택: 200m² 이상
- 건축: 50m² 이상 ← 연면적
- 파이프 80m 이상
- 단열재·보온재·내화피복재 등
  - 면적 15m² 이상
  - 부피 1m³ 이상

III. 석면해체 작업시 준수사항 (안전보건규칙 489~497조)

- 작업전
  - 작업계획서, 경고표지
  - 특별안전교육 (2hr 이상), 위생설비 설치
- 작업중
  - 밀폐, 음압장치, 보호구 → 방진마스크(특급), 고글형 보안경, 보호복, 보호장갑 등
  - 출입금지, 흡연·음식금지
  - 습식작업 (물·습윤제)
- 작업후
  - 건강검진, 석면농도측정 (0.01개/cm³ 이하)

IV. 건축물 철거·해체시 석면조사내용 (기록관리)

1. 석면함유 여부
2. 함유 석면 종류, 함유량
3. 석면 함유 자재 종류, 위치, 면적 → 석면지도 작성

V. 건축물 철거·해체시 석면해체 작업장 위생설비 설치사례 (서울 OO 재개발)

작업장 밀폐 음압기	작업복 갱의실	샤워실	탈의실	← IN / → OUT

공기차단막 (음압유지)

"끝"

문제 3) 석면의 조사대상 기준 및 해체 작업시 준수사항

1. 개요

건축물·설비 철거·해체 시 석면조사를 시행하고, 해체계획에 따라 작업을 수행하고 기록을 보존해야 한다.

2. 석면의 조사대상 기준 (산안법 제119조)

(다시 볼것.)

기관석면조사	일반석면조사
1) 건축물 : 50m² 이상	1) 석면포함여부
2) 주택 : 200m² 이상	2) 자재 종류·위치·면적
3) 설비 : 15m² or 1m³ 이상	※ 석면 미함유가 명백,
4) 파이프 보온재 : 80m 이상	(다시) 1% 이하 시 생략 가능 (→기관석면조사)

3. 석면 해체 작업시 준수사항 (산안법 제123조)

(접근금지, +공소배기장치, 보호구, 밀폐, 습식작업, 접근금지, 음압유지, 밀봉 (→기계기구 관리법))

1) 석면해체 작업계획 수립
2) 개인보호구 착용 (송기마스크, 보호복·보안경 등)
3) 출입·흡연금지
4) 위생설비 설치 (탈의실·샤워실)

4. 석면 해체 작업 완료 후 공기측정을 통한 안전확보방안

(측정방법)		(농도, 기준)
작업장 내 침전분진 흩날림	→ 지역시료 채취방법 →	0.01개/cm³ 산업위생관리 산업기사

5. 도심지 석면해체공사 수행시 중점 안전관리 Point

1) 인접 보행자·차량 통행 안전대책 수립
2) 소음·진동 저감대책, 붕괴 방지를 위한 구조검토 "끝"

소규모 사업장 석면해체 작업 근로자의 정부지원 정책 (위생관리를 위한)

1) 개요 : 건강디딤돌사업 [illegible]
2) 지원내용 : 특수건강진단, 작업환경측정 지원

문제 43	석면지도

문제) 석면지도 <Map>

답

1\. 정의

건축물의 천장, 벽면, 바닥, 설비배관, 지붕등에 대하여 석면함유 물질의 위치, 종류, 면적, 분포상태를 표시한 지도.

2\. 석면지도 목적 및 문제점.

(목적)	(문제점)
석면 정보 공유.	비 전문가 작성
석면 관리.	조사기관 부족

3\. 석면지도작성 Process

준공 → 건축주 → 석면조사기관 → 지도작성 → 저장·준수.

배관석면

천정재석면

지도번호	
위치	함유율

4\. 석면지도의 현장 활용 방안

1) 석면 함유물 분포 확인

2) 전문 철거업체 의뢰.

3) 지정 폐기물처리.

5\. 석면지도 개선 방향

작성시	작성후
설계전문가 작성.	건축물대장에 등기.
작성비용 제상	검색 정보망 구축

"끝"

문제 44 건축물 석면관리제도

문제) 건축물 석면 관리제도

답)

1 정의

석면에 의한 국민건강피해를 예방하기위해 공공건축물등의 석면자재 사용실태를 조사, 관리하는제도.

2 운영절차.

대상건축물확인 → 석면 조사 → 조사결과 제출 → 석면건축물관리

(사용승인 1년이내) <조사후 30일이내>

3 석면조사대상

구 분	조사대상
1) 유치원, 초,중,고교 및 다중이용시설	전 체
2) 공공건축물, 집회, 노인및 어린이시설	연면적 500㎡ 이상
3) 어린이집	연면적 430㎡ 이상

4 판정기준, 조치사항, 관리기준

판정기준	→	조치사항	→	관리기준
석면자재사용		1) 석면건축물지정		1) 안전관리인지정
1) 면적 50㎡이상		2) 석면지도작성		2) 상태평가(6개월)
2) 1% 초과		3) 석면자재위해성평가.		3) 관리대장 작성

5 기대효과

1) 유지, 보수시 석면지도 활용.

2) 해체작업시 석면조사 제외 신청 → 비용절감

3) DB구축 및 사전예방관리 → 국민 건강 증진. "끝"

문제 45 소음작업 중 강렬한 소음 및 충격소음/청력보존 프로그램 수립대상

건노 B) 소음작업 중 강렬한 소음 및 충격소음 작업

답)

I. 개요

건설현장에서의 강렬한 소음 및 충격소음 작업은 작업자들의 청력손실에 의한 업무상 질병의 원인이다.

II. 산업안전보건법 상 작업장 소음관리 절차.

작업환경 측정 → 배치전 건강진단 → 청력보호구 지급 → 근로자 투입 → 청력보존 프로그램

※ 소음 노출기준 초과시 (강렬한 소음, 충격소음), 건강장해시

III. 소음 작업 중 강렬한 소음 및 충격소음 작업.

1) 소음작업 : 1일 (8시간) 85dB 이상 - 소음성난청 판단기준

2) 강렬한 소음

노출시간	소음강도
8hr	90dB
4hr	95dB
2hr	100dB
1hr	105dB

3) 충격소음.

1일 노출횟수	소음강도
100회 이상	140dB
1,000회 이상	130dB
10,000회 이상	120dB

⇒ 청력보존 프로그램 시행

IV. 소음작업 중 강렬한 소음 및 충격소음 작업시 안전보건대책.

1) 소음 감소조치 - 대체. 밀폐·흡음 등

2) 소음 수준 주지 - 작업장 소음수준, 보호구 착용방법 등

3) 난청 발생 조치 - D1 (직업병 유소견), D_2 (일반 질병).

원인조사 → 재발방지대책 → 이행확인 → 작업전환

번호8) 소음작업 중 강렬한 소음 및 충격소음 작업.

답)

I. 개요.

건설현장에서의 강렬한 소음 및 충격소음 작업은 작업자의 청력 손실에 의한 업무상 질병의 원인이다.

II. 소음작업 관리를 위한 법령 의무사항

작업환경 측정 → 청력보존 프로그램 → 배치전 건강진단 → 청력보호구 지급 → 근로자 교육

※ 강렬한 소음, 충격 소음 작업시, 건강장해 발생시

III. 소음작업 중 강렬한 소음 및 충격소음 작업.

1) 소음작업 : 1일(8시간) 85dB 이상 - 소음성 난청 기준.

2) 강렬한 소음 작업
- ① 8시간 90dB이상
- ② 4시간 95dB이상 등

3) 충격 소음 작업
- ① 140dB 100회/일 이상
- ② 130dB 1,000회/일이상 등.

⇒ 청력보존 프로그램을 통해 공학적대책, 보호구대책 수립.

IV. 소음작업 중 강렬한 소음 및 충격소음 작업시 안전대책

1) 소음감소조치 - 작업대체, 흡음, 보호구.

2) 소음수준주지 - 소음발생 작업 수준 등.

3) 난청발생조치 - 원인조사 및 재발방지대책.

V. 도심지 굴착공사 시 소음저감 공법 적용 사례(OO건설공사)

당초	바이브로 해머 공법 → 과다민원	⇒	변경	preboring 공법(선행굴착) → Water-jet 적용

문제) 청력보존 프로그램 수강 대상

답)

1. 개 요

건설 공사 현장에서의 발생소음으로 인한 근로자의 영향을 파악하고 청력보존 프로그램 시행을 통해 근로자 안전관리·보건관리

2. 건설현장에서 청력보존 프로그램 시행 필요성, 재해발생 Mechanism.

건설기계 등 소음발생 ⇒ 청력손실 주의력저하 ⇒ 불안전한 상태·행동 ⇒ A/C ⇒ 재해발생

⇒ 청력 손실 감소를 위한 작업 대체·제거 등 조치 필요, 사고예방

3. 청력보존 프로그램 수강 대상

1) 소음측정 결과 85 dB 이상

2) 소음 건강 장해 발생 사업장

⇒ 수강대상 강화 (당초 90 ⇒ 85 데시벨) 법령 개정

[청력 보호구 지급]
- 귀마개·귀덮개 (귀리 등)
- 개인전용 물품 지원

4. 터널시공시 천공작업 등 청력보존 프로그램 시행 강화

1) 소음노출 평가 및 공학적 대책

2) 보호구 지급 및 착용관리 (Smart)

3) 청력손실 예방교육, 작업시간 단축

4) 청력평가 및 평가 사후관리

천공hole
천공작업
점보드릴
방음덮개
보호구 지급 신호수

5. 소규모 소음발생 건설현장의 근로자 청력손실 예방 정부지원정책

건강 디딤돌 사업 ← 50인 이하 소규모 사업현장, 작업환경측정, 건강진단, 특수건강진단 등

<안전보건 공단>

" 끝 "

번호	문 1) 청력 보존 프로그램 수립 대상

답)

1. 개요

사업주는 소음기준 초과 수준에 따른 청력 손실, 난청 예방을 위한 근로자 청력보존 관리를 해야함

2. 청력보존 프로그램이 필요한 소음성 난청작업의 위험성

(관리 결함) → 기본 원인 → 불안전환경 : 소음지속노출 ↓ 불안전행동 : 스트레스, 집중력저하 → 사고 재해

3. 청력 보존 프로그램 수립 대상

소음구분	소음 수준	비 고
소음 작업	85dB (8hr/일) 이상	85dB 이상 (기준 90dB) 초과시 적용 개선예정 - 예방기능 우선
강렬한 소음 작업	90dB (8hr/일) 이상 ~ 115dB (15min/일) 이상	
충격 소음작업	120dB (만회/일) 이상 ~ 140dB (백회/일) 이상	

4. 예방적 관점 청력 보존 프로그램 실시 process

작업환경측정 → 조직 구성 → 작업 환경개선 → 근로자 검진 → 개선 점검 → 프로그램 평가 → (작업환경측정)

└ 85dB초과선정

{ 순환 Monitoring }

5. 중·소규모 현장 근로자 청력 보존위한 정부지원 활용

건강디딤돌사업	50인/50억 미만사업장	- 작업 환경 측정비 지원
스마트안전장비지원		- 스마트 청력 보호기구입지원

1126

문제 46 산업안전보건법상 건강진단

문제) 산업안전보건법 상 건강진단

답)

1. 개 요

사업주는 관련 법 규정에 의거 근로자의 건강진단을 실시하고 결과에 따른 보고 및 보건조치를 해야 함.

2. 산업안전보건법상 건강진단의 목적 및 효과

목적			효과
목	· 건강이상 · 유해인자 조기발견	· 근로자 건강보호	효
적	· 근로자 적성 · 보건교육 평가	· 쾌적한 작업환경 조성	과

3. 산업안전보건법상 건강진단 종류 및 실시시기

대상근로자	건강진단	실 시 시 기
상시 근로자	일반	건설 일용직 1회/1년
특수건강진단 대상 유해인자 (179종) 노출근로자	배치전	업무 배치전
	특수	유해인자별 6개월~24개월 1회
	수시	건강장애 의심 의학적 소견시
	임시	지방고용노동관서장 명령시 즉시

4. 건강진단 결과에 따른 근로자 보건관리 조치사항 (사업주의무)

1) 작업장소 변경, 작업전환
2) 근로시간 단축, 야간근로 제한
3) 작업환경측정, 시설·설비 개선
4) 진단결과 설명 (개인정보 보호)

5. 고령자 등 민감군 건강진단 실효성 강화위한 발전과제

· 일용직 잦은 이동에 따른 민감군 사후 건강관리 미흡

⇒ 건강보험과 연계 국가통합 관리체계 마련 필요 "끝"

(문제) 건강진단 <del><법 43조(건강진단)></del> → <법 제8장 제2절 (건강진단 및 건강관리) 제129~제136조, 2020.1.16>

(답) <법 제129조·제130조>

Ⅰ. 개요

사업주는 근로자의 건강을 보호유지하기 위하여 건강진단기관에서 정기적으로 진단을 실시하고 작업환경 측정, 안전보건 진단, 안전보건 개선계획 수립 및 시행, 작업장소 변경, 작업전환, 근로시간 단축, 시설 및 설비의 설치·개선, 건강상담 등 적절한 조치를 취해야 함.

Ⅱ. 근로자의 건강진단 절차

대상근로자 선정 → 건강진단 기관에 의뢰 → 건강진단 실시 및 결과통보 → 사후관리 → 건강진단 서류 보존 (5년)

- 사업주
- 근로자에게 통보

- 유소견자 작업전환·시설개선
- 작업환경 개선
- 안전보건진단, 안전보건개선 계획수립 시행

Ⅲ. 건강진단 종류 및 실시시기

종류	대상	건강진단시기
일반건강진단	상시채용 근로자	1회/년 이상 (사무직 1회/2년)
특수건강진단	특수건강진단 대상업무 종사근로자	유해인자별 정해진 주기
	직업병 유소견자	의사가 필요하다고 인정시
배치전 건강진단	특수건강진단 대상업무 배치예정자	업무 배치 전
수시 건강진단	특수건강진단 대상업무의	건강장해 의심 증상 발생시
	유해인자로 건강장해의심자	의학적 소견이 있을 시
임시 건강진단	지방고용노동관서의 장이 인정하는자	즉시 실시

→ 같은 유해인자에 노출되는 근로자들에게 유사한 질병의 증상이 발생한 경우 근로자의 건강을 보호하기 위하여 사업주에게 특정 근로자에 대한 건강진단 (임시건강진단)을 실시함. <법 131조>

IV. 건설업 주요 유해인자에 대한 특수건강진단 시기 및 주기

대상유해인자	(배치후 첫번째 진단) 시기	주기
석면	12개월 이내	12개월
분진, 소음 및 충격소음	12개월 이내	24개월
용접흄, 진동 등	6개월 이내	12개월

V. 작업환경 측정대상 사업장의 유해인자

	작업환경측정대상 유해인자	특수건강진단대상 유해인자
화학적 인자	유기화합물, 금속류, 산 및 알칼리류, 가스상태물질 허가대상 유해물질, 금속가공유	
물리적 인자	① 8시간 가중평균 80dB 이상 소음 ② 고열 (안전보건규칙 제6장)	① 8시간작업기준 85dB 이상소음 ② 강렬한 소음작업, 충격작업 ③ 진동, 방사선, 고기압, 저기압, 유해광선
분진 (7종)	광물성 분진, 곡물성 분진, 면분진, 나무분진, 용접흄, 유리섬유, 석면분진	
기타	고용노동부장관이 정하여 고시하는 인체 해로운 인자	(야간작업 2종) ① 밤12시-오전5시 6개월간 4회/월 이상 수행 ② 밤10시-오전6시 6개월간 60시간/월 이상 수행

문제 47 특수건강진단

문제 4 특수건강진단

답

1 법적근거

특수건강진단은 상시근로자 1인 이상 사업장에서 유해인자에 노출되는 근로자의 질환 예방, 건강보호유지를 목적으로 함.

2 특수건강진단 대상

1) 작업환경측정결과 노출기준이상 유해인자에 노출된 근로자
2) 오후10시 ~ 다음날 오전 6시까지 야간작업자.
3) (건강진단결과) 직업병 유소견자 발견 해당 인자 노출된 근로자.
4) (건강진단결과) 특수건강진단 실시주기 단축판정 근로자.

3 실시시기 및 주기

대상 유해 인자	시기(첫번째) 배치후 첫번째	실시 주기
1) 석면, 면분진	12개월이내	12개월
2) 광물성분진, 소음및충격소음	12개월이내	24개월
3) 용접흄, 진동등	6개월이내	12개월.

4 실시후 조치사항.

1) 사업주에게 송부 – 실시후 30일이내 건강진단결과표.
2) 사업주는 유소견자 <고혈압등>에 대한 – 건강보호조치.
3) 사업주는 특수건강진단 결과 5년보존, 발암성 – 30년보존
4) 개인정보보호
5) 근로자에게 퇴사등 불이익처분금지 "끝"

문제 48 산업안전지도사

(문제) 산업안전지도사 <법 제9장 ('산업안전지도사 및 산업보건지도사')>

(답)

I. 개요

고용노동부 장관이 시행하는 지도사 자격 시험에 합격한 사람으로 산업안전보건법에서 정한 지도사의 직무를 수행함

II. 산업안전지도사의 직무

1. 공정상의 안전에 관한 평가 · 지도 / 계획서 및 보고서의 작성
2. 유해 · 위험의 방지대책에 관한 평가 · 지도 / 계획서 및 보고서의 작성
3. 위험성 평가의 지도
4. 안전보건개선계획서의 작성
5. 그 밖에 산업안전에 관한 사항의 자문에 대한 응답 및 조언

III. 산업안전지도사의 업무 범위

1. 유해위험방지계획서, 안전보건개선계획서, 건축토목 작업계획서 작성 지도
2. 가설구조물, 시공 중인 구축물, 해체공사, 건설공사 현장의 붕괴 우려 장소 등의 안전성 평가
3. 가설시설, 가설도로 등의 안전성 평가
4. 굴착공사의 안전시설, 지반붕괴, 매설물 파손 예방의 기술지도
5. 그 밖에 토목, 건축 등에 관한 교육 또는 기술지도

IV. 산업안전지도사의 교육

구분	교육내용	이수기준
법수교육	업무교육 + 직업윤리교육	20hr (2년이상경력: 10hr)
연수교육	연수교육 + 실무수습	3개월 이상.

"끝".

문제 49 건설공사 참여자의 안전관리 수준 평가

문제 5) 건설공사 참여자의 안전관리 수준 평가

답)

1. 개 요 (건설기술 진흥법 시행령 제101조3)

건설공사 참여자가 안전관리 책무 등을 인지하고 자발적인 안전관리 역량강화를 유도할 목적.

2. 안전관리 수준 평가대상, 시기 및 기관 (법개정 .20. 1.1~)

평가대상 : 총공사비 200억 이상 공공발주

시 기 : 현장 공기 20% 이상시 1회, 본사 1회/당해년도

평가기관 : 국토안전관리원

3. 건설공사 참여자의 안전관리 수준 평가기준

구 분	평가 기준	비 고
발주청 · 인허가기관	· 안전한 공사조건 확보·지원 · 안전경영 체계 구축·운영 · 현장의 법적 요건 준수 등	회계 연도별 1회
건설사업자, 엔지니어링사업자	· 안전경영체계 구축·운영 · 자발적 안전관리 활동 실적	-

4. 건설공사 참여자의 안전관리 수준 평가절차

대상 선정 → 평가 실시 → 결과 통보 (매년 12/31) → 공개 (인터넷)

5. 건설공사 참여자의 안전관리 수준 평가제도 개선방안

1) 평가결과 입찰제도 반영 → 인센티브 부여

2) 200억 미만 소규모 현장도 안전관리 수준 평가 반영 <끝>

문제 50 특수형태근로자

문제 13) 특수형태 근로자

답)

I. 개요 (산업안전보건법 제77조)

건설기계(27종) 운전원 등 특수형태 근로자로 부터 노무를 제공 받는 자는 안전보건교육 실시 및 안전보건조치 이행해야 함

II. 특수형태 근로자의 충족요건

1. 대통령령으로 정하는 직종
2. 하나의 사업에 노무 상시 제공·생활
3. 노무제공시 타인 사용 아니할 것

〈건설현장 관련〉
* 건설기계관리법에 따른 건설기계(27종) 직접 운전원

III. 특수형태 근로자의 안전보건교육 종류·시간 및 교육내용

교육 종류	시간	교육내용 (최초노무 제공)
최초노무 제공시	2hr이상 (단기 : 1hr)	· 교통안전 및 안전운전 · 보호구 착용
특별교육	16hr이상 (단기 : 2hr)	· 작업 개시전 점검 · 사고발생시 긴급조치 등

IV. 건설기계 특수형태 근로자의 안전·보건조치 사항

1. 기상상태 : 악천후 (풍속 10m/sec 등) 작업금지
2. 작업계획 : 사전조사 및 작업계획서, 작업지휘자
3. 사용제한 : 기계의 주용도로만 사용

V. 코로나19 시대 특수형태 근로자 교육 실시 방안 제언

· 플립러닝 + AR/VR 접목 활용

→ 1/3 원격이론강의 + 2/3 실습 (개별 AR/VR 실습) "끝"

번호 (문제) 특수형태 근로 종사자

(답)

I. 개요.

개정 산안법 보호대상에 특수형태 근로 종사자를 포함, 확대하고 안전보건 조치 및 교육의무 주체를 '노무를 제공받는 자'로 규정함.
(안전보건기준 제672조)

II. 특수형태 근로 종사자의 보호대상 조건

1. 대통령령으로 정하는 직종에 종사할 것.

2. 주로 하나의 사업에 노무를 상시적으로 제공하고 보수를 받아 생활할 것.

3. 노무를 제공할 때 타인을 사용하지 말 것

III. 특수형태 근로 종사자의 범위 (산안법 시행령 제67조)

법 신설 ('19. 12)	신규추가 ('21. 11. 19)
보험설계사, 건설기계운전원	방문판매원, 대여제품 방문점검원
학습지 방문강사, 택배원	가전제품 설치 및 수리원
골프장 캐디, 신용카드모집인	화물차주, 소프트웨어 기술자

IV. 특수형태 근로 종사자에 대한 안전보건 교육

교육과정		
교육과정	최초 노무 제공시	2시간 이상 (단시간, 간헐적 작업 1시간)
교육과정	특별교육	16시간 이상 (단시간, 간헐적 작업 2시간)

교육내용 산업안전 및 사고예방, 사고발생시 긴급조치 사항, 작업개시전점검 등.

V. 특수형태 근로 종사자의 안전.보건 조치 예시

1. 휴게시설 설치 2. 고객폭언 등 대응지침 제공 및 교육실시 등

3. 중량물의 제한 4. 추락의 방지

5. 보호구 지급 관리 6. 사전조사 및 작업계획서 작성.

"끝"

문제 51	산업재해 예방 강화를 위해 회사의 대표이사에게 안전 및 보건에 관한 계획을 수립하여 이사회에 보고하고 승인받도록 하는 대상 및 포함되어야 할 내용에 대하여 설명하시오.

번호 (문제) 산업재해 예방강화를 위해 회사의 대표이사에게 안전 및 보건에 관한 계획을 수립하여 이사회에 보고하고 승인받도록 하는 대상 및 포함되어야 할 내용에 대하여 설명하시오

(답)

Ⅰ. 개요

1. 산업현장 사고 감소 및 사망사고 감축을 위한 정책의 일환으로 사업주의 의무를 강화하는 추세임

2. 산업안전보건법의 개정 및 중대재해처벌법 등이 사업주의 의무와 책임을 강조하는 대표적인 변화임.

3. 회사 대표이사의 안전·보건 계획수립 및 이사회 보고, 승인 절차로 책임있는 경영을 기대함.

Ⅱ. 사업주의 안전 및 보건에 관한 계획의 이사회 보고 및 승인 관련 법 제정 배경

1. 법 제정 : 산업안전보건법 제14조 (2020.1.16)

2. 제도 배경 | ① 대표이사의 안전 및 보건에 관한 계획을 주도적으로 수립·이행
② 안전보건경영 시스템 구축 유도.

Ⅲ. 사업주의 이사회 보고 승인 대상 회사 (산업안전 보건법 시행령 제13조 ①항)

1. 상시근로자 500명 이상

2. 전년도 시공능력 평가액 1,000 순위 이내 건설회사

번호

IV. 사업주의 안전보건계획 이사회 보고·승인절차

매년 안전보건 계획 수립·검토	→	안전보건계획 이사회 보고 및 승인	→	안전보건계획 성실 이행	→	안전보건계획 이행실적평가	→	차년도 안전 보건계획 반영
(대표이사)		(대표이사/이사회)		(각 사업장)		(대표이사)		(대표이사)

V. 사업주 안전보건계획 수립시 포함되어야 할 내용
(산업안전보건법 시행령 제13조 ②항)

1. 안전 및 보건에 관한 경영방침
2. 안전 및 보건관리 조직의 구성, 인원 및 역할
3. 안전·보건관련 예산 및 시설현황
4. 안전·보건에 관한 전년도 활동실적 및 다음 연도 활동계획 수립

VI. 산업안전보건법 상 사업주의 건설사업 단계별 주요 의무사항

1. 기업 - 안전 및 보건에 관한 사항
2. 사업장
   ① 계약단계 : 산업안전보건관리비 계상
   ② 착공단계 : 안전보건관리 조직 구성
     유해위험방지계획서 작성
     공사안전보건대장 작성
   ③ 시공단계 : 안전보건교육
     안전보건관리규정 작성
     위험성 평가
     산업재해 발생시 조치사항

안전 보건계획 5요소
(SMART)

번호

① 구체성 있는 목표설정 (Specified)
② 성과 측정 가능할 것 (Measurable)
③ 목표달성이 가능할 것 (Attainable)
④ 현실적으로 적용가능할 것 (Realistic)
⑤ 시기적절한 실행계획일 것 (Timely)

사업주의 안전 보건 조치
도급인의 안전보건조치 및 산업재해 예방조치
산업 안전보건관리비 사용
기계기구 등에 대한 안전 보건 조치
근로자의 건강진단

④ 준공단계 : 산업안전보건 관리비 정산

VII. 금번 산업안전보건법 상 '사업주의 이행의 보고 승인' 항목 법 개정의 향후 보완 사항(안)

1. 건설현장 산업재해 현황 및 실태

구분	산업재해 사망자수	건설현장산재 사망자수	소규모 건설현장 산업재해 사망자수
2020년	882	458	사망재해 81%가 50인 미만 사업장 (건설현장 재해 7[illegible]%가 소규모 건설현장에서 발생)
2019년	855	428	
2018년	971	485	

2. 법 보완사항
① 법 적용 대상 확대
② 소규모 건설현장에 대한 점검강화 제도 마련.

VIII. 맺음말

1. 중대재해 처벌법과 더불어 사업주/경영책임자 의무 확대
2. 소규모 건설현장 재해율, 사망자수 다수 차지
→ 점검강화, 처벌, 제도적 방침 마련 시급

"끝"

문제4) 산업안전보건 법령상 안전보건관리체제에 대한 Q1 이사회 보고 및 승인대상 회사와 안전 및 보건에 관한 계획 수립 내용에 대하여 Q2 설명하시오.

1 개 요

1) 상법 제170조에 따른 주식회사 중 대통령령으로 정하는 회사의 대표이사는 매년 회사의 안전 및 보건에 관한 계획을 수립해 이사회에 보고 및 승인을 받아야 한다.

2) 대표이사는 안전 및 보건에 관한 비용, 시설, 인원 등의 사항을 포함한 안전 및 보건에 관한 계획을 이행해야 함

ESG
- 중대재해처벌법
안전보건관리체제

2 사고사망 만인율의 감소

'20년 산재 사고사망자 882명	'21년은 828명으로 감소 (사고사망 만인율 0.43‰ 최저)

2. 중대재해 감축 로드맵 (비전·목표)

목표 0.29‰

사고사망만인율(‰): 0.43, 0.42, 0.39, 0.37, 예측치, 목표치, 21, 23, 26년

3 산안법상 안전보건관리체제에 대한 이사회 보고 및 승인대상 회사

1) 상시 근로자 500명 이상 사용하는 회사

2) 전년도 시공능력 평가액 (토목, 건축 공사업)의 순위 상위 1000위 이내의 건설회사

상시근로자수 = 국내 × 노무비율 / 월평균임금 × 12

- 중대재해 저감 위한 정부정책
- 산업안전 거버넌스 (관리체제) 재정비

4 안전 및 보건에 관한 계획수립 내용

1) 안전 및 보건에 관한 경영 방침
2) 안전·보건관리 조직의 구성·인원 및 역할
3) 안전·보건 관련 예산 및 시설 현황
4) 안전 및 보건에 관한 전년도 활동 실적 및 다음년도 활동 계획

안전 및 보건에 관한 계획 수립
↓
이사회 보고·승인
↓
안전 및 보건에 관한 계획 이행

* 금년도 계획평가 다음년도 계획 반영

〈계획수립 및 승인 절차〉

5 최근 고용노동부 특별감독 실시 주요내용

1) 목적
- ○○○○○ 본사에서 현장까지 아우르는 안전보건 관리체계가 제대로 구축·작동하는지 여부 점검

2) 주요점검 내용
- 중대재해처벌법 시행에 대한
① 대표이사, 경영진의 안전보건관리에 대한 인식·리더십
② 안전관리 목표
③ 인력·조직, 예산 집행체계
④ 위험요인 관리체계
⑤ 종사자 의견 수렴
⑥ 협력업체의 안전보건관리 역량 제고 등

3) 개선 방향

① 안전보건 분야 전문가들로 구성된 안전보건 시스템 특별 분석반을 운영,

② 0000의 안전보건관리체계를 철저히 분석하고 문제점과 재발방지대책을 제시

6. 중대재해 처벌법의 문제점과 개선방안

1) 문제점 (중대재해 감축 로드맵 도입 배경)

① 사고사망 만인율 정체 ('21년 0.43‱)

산업안전보건법 전부 개정·시행('21.1), 중대재해처벌법 시행('22.1) → 중대재해 감소 정체

② 건설업, 제조업 비중이 높은 구조

③ 고령자, 외국인 근로자 등 안전취약 계층 급속한 증가 추세

2) 개선방안 (중대재해 감축 로드맵 4대전략)

① 위험성 평가 중심 자기규율 예방체계 확립

② 소규모 건설현장 등 중대재해 취약분야 집중 지원·관리

③ 안전의식·문화 확산

④ 산업안전 거버넌스(관리체계) 재정비

7. 결론

문제 52 **건설현장 근로자에게 실시하여야 할 안전보건교육의 종류 및 교육내용에 대하여 설명하시오.**

* 건설업 일용직 근로자 기초안전 보건교육 교육내용 개정

문제 2) 건설현장 근로자에게 실시하여야 할 안전보건교육의 종류 및 교육내용에 대하여 설명하시오

1 개 요

1) 사업주는 근로자 안전보건교육 실시로 안전보건지식·안전행동 숙지·이행으로 산업재해 예방 할수 있도록 하며

2) 정기교육, 채용시·작업내용 변경시교육, 특별교육, 건설업 기초안전보건 교육 등이 있음

3) 본고에서는 코로나19 시대 교육효율화 위해 스마트폰 어플 활용 및 플립러닝 도입·활성화 제안하고자 함

2 건설현장 근로자에게 실시하는 안전보건교육의 목적

1) 근로자 재해예방

2) 올바른 작업순서·방법 숙지 (지식·기술·태도)

3) 유해·위험요소 등 주지

4) Human Error 등의 예방

5) 주기적 반복학습 → 망각오류 방지

파지율 / TBM 연계 / 주기적 반복학습 → 망각오류 방지 / 33% / 21% / 1일 / 1달 / 시간

〈에빙하우스 망각곡선〉

에빙하우스 망각곡선
- TBM
- 안전보건교육
"연계"

3 안전보건교육 효율성 증대 위한 교육진행 4단계

1단계 도입 → 2단계 제시 → 3단계 적용 → 4단계 확인

1단계 도입	2단계 제시	3단계 적용	4단계 확인
·교육주제, 목적	·교육실시	·활용·응용	·이해도 확인
·중요성 설명	·설명·시범	·연구발표	·시험·과제
·동기부여	·시청각 교재	·복습	

- 사전조사
- 작업계획서
- 5. 법 개정 사항 (기초안전보건교육 내용 변경)
- 위험성 평가절차
- 3. 이슈 : 로드맵 발표 → 관리감독자 교육강화, 위험성평가 중심
- 구성요소 및 방호장치
- 재해유형 및 원인
- 안전작업 절차 (공종 : 철골, Deck plate, 흙막이, 갱폼..)

〈산안법 시행규칙 제26조 1항 관련〉

[4] 건설현장 근로자에게 실시하는 안전보건교육 종류 및 교육내용

종류	대상	시간	교육내용
정기교육	건설업 근로자	6hr (분기별)	· 산업안전 사고예방, 산업보건 직업병 예방 · 건강증진 / 유해위험 작업 환경관리 · 직무스트레스 / 직장내 괴롭힘 예방관리 · 산업안전보건법 / 산업재해 보상보험
	관리감독자	16hr (년간)	· 건설업 근로자 정기교육 내용 + 작업공정의 유해·위험 재해예방 표준안전작업방법·지도요령 관리감독자 역할, 안전보건교육 능력
채용시 교육	일용근로자	1hr	· 건설업 근로자 정기교육 내용
	일용근로자 외	8hr	+ 기계기구 위험성·작업순서·동선
	특수형태 근로자 ✓	2hr	작업개시전 점검, 정리정돈
작업내용 변경시	일용근로자	1hr	사고발생시 긴급조치, MSDS
	일용근로자 외	2hr	+ (특수형태근로자) 교통안전, 보호구
특별교육	일용근로자	2hr	· 고유해위험 39개 공종에 대해
	일용 외	16hr	개별교육 강화실시
	타워크레인 신호수	8hr	(거푸집 동바리 설치·해체, 굴착 2m 이상,
	특수형태 근로자 ✓	16hr	석면해체·제거, 타워크레인 신호 등)
건설업 기초교육	건설 일용 근로자	4hr	· 건설공사의 종류 및 시공절차 (1hr) · 산업재해 유형별 위험요인 및 안전보건 조치 (2hr) · 안전보건관리 체제 현황 및 근로자 권리(의무) (1hr)

5 산업안전보건법상 근로자 안전보건교육 실시 자격자 및 실시 방법

실시 자격	· 안전보건관리 총괄 책임자 · 관리 감독자 · 안전/보건 관리자 · 공단 교육 이수자, 지도사 등	· 집체 교육 · 현장 교육 · 인터넷 원격교육 (특별 교육은 교육시간 1/3 이내)	실시 방법

6 실질적 재해예방 위한 교육 효율화 사례 (평택 ○○ APT)

1) 현장내 신호수 간 합동교육 별도 실시

- 한 구획내 동시작업 타워크레인, 크레인, 지게차 등

⇒ 효과 : 하역운반기계 간 충돌 재해예방

2) 교육평가 및 Incentive 지급

현장 평가	미흡시 : 관리감독자 보충 교육 실시 우수자 : Incentive 지급 (상금)

* 모바일 어플리케이션 개발 보급 ↓ 위험성 평가 결과 → 현장 근로자 실시간 공유

7 코로나19 시대 근로자 교육 혁신 방안

1) 스마트폰 어플 이용한 비대면 상시교육 체계 구축

2) 플립러닝 활용 : 대면 · 비대면 혼용

→ 1/3 기간 원격 강의 + 2/3 기간 대면 토론 · 실습 (AR/VR)

8 결 론

건설현장 근로자의 안전보건교육 실효성 강화 위해 4차 산업혁명 기술 활용한 다양한 교육기법개발 및 전문강사 역량 강화 필요함 <끝>

문제 53 건설현장의 밀폐공간 작업 시 수행하여야 할 안전작업의 절차, 안전점검 사항 및 관리 감독자의 안전관리업무에 대하여 설명하시오.

번호 2. 건설현장의 밀폐공간 작업시 수행하여야 할 안전작업의 절차, 안전점검 사항 및 관리 감독자의 안전관리업무에 대하여 설명하시오.

답)

1. 개요.

1) 건설현장의 밀폐공간에는 터널, 공동구, 등 여러 재해 발생 가능 현장들이 있으며,

2) 작업전 안전작업을 위한 특별안전보건교육, 공기질 확인 등이 필요함.

3) 또한 최재와 관련한 안전보건 대책을 수립하여 중대재해 발생을 예방하여야 함.

2. 건설현장의 밀폐공간 작업시 재해위험 요소.

PSC박스거더, 한중콘크리트 양생 (갈탄), Plant, ㄱㄱ, 맨홀, 터널, 지하매설 공동구, 우물통케이슨

<재해위험 요소 모식도>.

3. 건설현장의 밀폐공간 작업시 재해예방 위한 사전절차

사전조사 → 작업계획서 → 위험성평가 → PTW → TBM

* 전 과정 근로자 참여

번호		
4		건설현장의 밀폐공간 작업시 수행하여야 할 안전작업 절차.

PTW / 특별안전보건교육 → 유해공기질 확인 / 환기 → 인원점검. 작업자 통제 → 출입통제 / 표지판 게시 → 문제발생시 사후 보고. 선 대응 → 밀폐공간작업프로그램 개선.

* TBM시 근로자에게 고지.

5. 건설현장의 밀폐공간 작업시 안전점검 사항

1) 공기질 측정. 기준.
   - O_2 : 18~23.5%.
   - CO_2 : 1.5%. 미만
   - H_2S : 30ppm 미만
   - CO : 10ppm 미만

2) 근로자 개인보호구 착용 상태

3) 화재 발생 가능성 차단.
   - 임시소방시설 등 비치. (법개정으로 7종).
     - 소화기. 비상경보장치, 간이소화기.
     - 간이대피유도등, 가스누설경보기.
     - 방화포, 비상경고등,

4) 작업지휘자 배치 여부.

5) 위 1)~4) 모든 사항 현장 입구 게시.

번호		
6.		건설현장의 밀폐공간 작업시 관리감독자의 안전관리업무
	1)	공기질 측정 및 환기
	2)	소방시설 확인
	3)	TBM시 근로자 교육
7.		서울시 OO고가 보수공사시 - 밀폐공간 관련 위험성 평가 사례.
	1)	현황 : 서울시 OO고가 (PSC 박스거더교) 외부텐던 교체.
	2)	작성주체 : 관리감독자, 안전관리자, 근로자, 외부전문가

외부텐던

텐던교체 절단 용접등

PSC 박스거더

교각.

PSC 텐던 보수공사 모식도

재해유형	위험성수준			안전대책	비고.
	상	중	하		
[질식] 절단기. 용접기 사용	V			공기질 확인 · 환기 마스크 착용.	
[맞음] 텐던제거시		V		텐던제거시 클램프 체결	

8. 맺음말

건설현장 밀폐공간 작업시 안전관리대책을 철저히 수립하여 재해예방하여야 함.

문제 54	위험성평가 종류별 실시시기와 위험성 감소대책 수립 · 실행 시 고려사항을 설명하시오.

번호 (문제) 위험성평가 종류별 실시시기와 위험성 감소대책 수립·실행시 고려사항을 설명하시오.

(답)

1. 개 요

1) 최근 위험성평가 고시 개정으로 수시, 정기, 최초, 상시 평가로 위험성평가 종류가 구분되며

2) 위험성평가 종류별 적정시기에 위험성 평가를 실시하여 작업장 유해·위험요인을 발굴하여야 함.

3) 특히 위험성 감소대책 수립-실행시 우선순위 적용, 근로자 참여, 위험성 크기가 큰것부터 개선 등을 고려해야 함.

2. 「중대재해 감축로드맵」 핵심수단인 위험성평가 중점 추진내용 및 목표(고시 개정)

1) 전단계 걸친 근로자 참여

2) 사업규모별 단계적 의무화 ⇒ 〈달성 목표〉 '26년 사고사망만인율 0.29‱ 달성 (산업안전 선진국 도약)

3) 간편한 평가방법 도입 (OPS, Check-list, 3단계법)

3. 자기규율 예방체계 확립을 위한 위험성평가 실시절차

사전준비 → 위험요인 발굴 → 위험성 결정

· 사전 허용범위 결정

위험성 결정: ① 빈도 X 강도 ② OPS ③ Check-list ④ 3단계 판단법

허용가능여부 — No → 감소대책 실시

허용가능여부 — Yes → 근로자 전파

· 잔존 위험요인 전파

· 근로자 참여

번호

4. 위험성평가 종류별 실시시기

종류	실시 시기	비고
최초위험성 평가	· 착공후 30일 이내	신규 개정
정기위험성 평가	· 최초 평가후 매1년 단위	
수시위험성 평가	· 산업재해 발생시 · 건축물 해체·설치·이전 등 · 작업방법 신규도입·변경	
상시 위험성 평가	· '월-주-일' 단계적 실시	신규개정

5. 위험성 감소대책 수립·실행시 고려사항

1) 위험성 크기가 큰것부터 감소대책 수립

2) 법령 위반사항 반드시 개선

3) 안전·보건 미흡사항 즉시 개선

4) 근로자 참여 필수

5) 감소대책 수립시 우선순위 적용

본질적 대책 →	공학적 대책 →	관리적 대책 →	개인 보호구
· 작업 제거 · 작업 자세 방법 변경	· 안전시설 · 방호장치 · 구조 개선	· Hold Point · 순회점검 · 2인1조작업	· 안전모 · 안전대 · 방진마스크

6) 위험성 크기가 허용가능 범위에 들어올때까지 개선

7) 감소대책 이행여부 현장 확인 실시

8) 잔존 유해·위험 요인 근로자 주지

- 작업 현장내 위험성 평가 결과 게시·비치

번호

6. 도심지 맨홀 중계펌프 교체공사 중 위험성 평가 실시 통한 안전보건 확보사례

<도심지 맨홀 중계펌프 교체공사 모식도>

재해유형	위험요인	대	중	소	안전대책
질식 재해	·유해가스 누출 ·산소농도 감소	O O			스마트 기술 활용 ·적정공기 확인
보행·차량안전	·교통사고	O			·유도자 배치
근골격계 질환	·중량물 인력 운반			O	–
협착	·펌프인양중 낙하/끼임		O		·하부 출입 통제

7. 초소규모 현장 위험성평가 실효성 향상을 위한 스마트 기술 활용 및 찾아가는 안전교육 실시제언

·(문제점) 초소규모 현장 위험성평가는 서류작업 인식

·(개선제언) ·모바일 + QR코드 → 상시 위험요인 공유
·공단 주관 초소규모 현장 위험성평가 컨설팅 실시

8. 맺음말

위험성 평가는 「중대재해 감축 로드맵」 이행의 핵심 수단으로, 스마트 기술 (모바일+QR) 및 현장 교육 통한 효과적인 정착이 요구됨.

번호 1. 위험성평가 종류별 실시시기와 위험성 감소대책 수립·실행시 고려사항을 설명하시오.

답)

1. 개요

1) 위험성 평가는 '자기규율 예방체계' 구축 기조의 「중대재해 감축 로드맵」에 따라 절차 간소화·효율화 변경추세임

2) 위험성 평가 종류인 최초평가, 정기평가, 수시평가의 실시시기를 '23.4월 개정사항 반영하여 기술하고,

3) 위험성 감소대책 수립·실행시 고려사항을 근로자 참여 중심으로 기술하고자 함.

2. 위험성 평가 절차

사전준비
- 평가대상 선정
- 위험성평가 기준 수립

↓

유해위험요인파악 (← 위험성 감소대책 수립)
- 현장주변 환경 파악
- 공사계획 파악

↓

위험성 결정
- 3단계 판단법
- 체크리스트법
- 핵심요인기술법

중·소규모 활용토록 간소화 ['23.4개정]

↓

허용가능여부 — No → 위험성 감소대책 수립

↓ Yes

종료·기록
- 3년간 기록 보존

*. 전 단계 근로자 참여

→ TBM시 위험성평가 결과 작업자 주지·교육

번호 3. 위험성평가 종류별 실시시기. ('23.4. 개정)

1) **최초 평가** [당초] 시기 명시 안되어 있었음.
[변경] 사업시작 후 1개월 이내.

2) **정기 평가** [당초] 최초평가 후 매년 정기 실시
[변경] 최초평가 검토·확인

3) **수시 평가** 사업주 필요시, 중대산업재해 발생,
건설물 설치·이전·변경·해체 등

4) **상시 평가** [개정] 위험성평가 + TBM ⇒ 상시평가
* 정기평가, 수시평가 실시한 것으로 간주.

4. 위험성 감소대책 수립·실행시 고려사항

1) 위험성 평가시 우선순위 먼저 수립.
2) 법령에 규정된 사항 반드시 수립
3) 안전보건상 중대문제 감소조치 즉시 수립.
4) 감소대책 수립·실행시 우선순위 선정 기준.

① 본질적 대책 →	② 공학적 대책 →	③ 관리적 대책 →	④ 개인 보호구
• 유해위험요인 제거·대체	• 유해위험요인 격리	• 근로자와 분리	• ①~③ 조치 후 보완 또는 추가
• 작업방법변경 등	• 방호조치 등	• 출입금지, 교육 등	

5) 위험성 감소대책 흐름도

위험성 크기추정 → 감소대책 우선도결정 → 개선 실시 → 실시결과 평가 → (미흡) 재개선 실시

번호 5. '자기규율 예방체계'를 위한 위험성 평가 사례

1) 현황: 서울시 OO교 정밀안전진단 용역

2) 작성: 관리감독자, 안전관리자, 근로자, 외부전문가.

3) 위험성 평가

유해위험요인	위험성수준			개선 대책	비고
	상	중	하		
거더내부 질식	V			공기질 측정, 마스크착용	
비파괴시험중 분진		V		마스크·보안경 착용.	
보행인 맞음		V		신호수배치, 표지판	
고소작업차 붕괴로 작업자 떨어짐	V			지반정지, 아웃트리거 안전대 착용.	

6. 맺음말.

1) '자기규율 예방체계' 확립을 위해 전 과정 근로자가 참여하는 위험성 평가를 통해 안전관리체계 구축 필요.

2) 중·소규모 현장에서의 원활한 위험성평가를 위하여 국가적 지원시스템 필요함. ~끝~

번호 (문제12) 위험성 평가 종류별 실시시기와 위험성 감소대책 수립·실행시 고려사항을 설명하시오.

(답)

1. 개 요

1) 위험성 평가는 실시시기에 따라 최초, 정기, 수시, 상시 평가로 구분되며,

2) 위험성 감소대책 수립시 위험성 크기 고려, 개선 우선순위 적용 등 고려사항을 준수하여야 함

3) 최근 「중대재해 감축로드맵」 발표로 위험성 평가 중요성이 대두됨에 따라 현장 정착이 요구됨.

2. 「중대재해 감축로드맵」 관련 '자기규율 예방체계' 확립을 위한 핵심수단인 위험성평가 실시절차

사전준비 → 위험요인 발굴 → 위험성 결정

- 허용가능 범위 선정
- 근로자 참여

위험성 결정:
① OPS
② Check-list
③ 3단계 판단법
④ 빈도×강도

위험성 결정 → 허용가능여부 → NO → 감소대책 실시 → 위험요인 발굴

허용가능여부 → YES → 종료 및 관리

- 잔존위험요인 근로자 주지
- 협의체

3. 위험성 평가 효과적 이행을 위한 공사주체별 준수사항

주체	사업주	관리감독자	근로자
준수사항	· 위험성 평가 총괄·관리	· 위험성 평가 적극 실시	· 전 단계 참여 필수

번호

4. 위험성 평가 종류별 실시시기 (고시 개정)

구분	실시시기
최초 위험성 평가	착공 후 30일 이내
정기 위험성 평가	최초 평가 후 매 1년마다
수시 위험성 평가	① 산업재해 발생시 ② 작업방법·순서 등 변경시 ③ 건설물 해체·설치 공사시 ④ 신규 기계·기구 도입시 등
상시 위험성 평가	'월-주-일' 위험 발굴·개선 → 수시 및 정기평가로 인정

5. 위험성 평가 중 위험성 감소대책 수립·실행시 고려사항

1) 위험성 크기가 큰 것부터 개선 실시

허용가능 | 개선 필요

← 허용가능 범위

위험성 小 ⟶ 위험성 大

크기	우선순위
大	즉시 개선
중	향후 개선
小	유지·필요시 개선

2) 법령 위반사항 반드시 개선

3) 안전·보건 위험사항 즉시 개선

4) 감소대책 수립시 우선순위에 따라 개선

본질적 대책 → 공학적 대책 → 관리적 대책 → 개인보호구

본질적 대책	공학적 대책	관리적 대책	개인보호구
· 작업 변경	· 안전시설	· 2인 1조	· 안전대
· 작업 제거	· 방호장치	· TBM	· 안전모

5) 감소대책 수립시 근로자 참여, 이행여부 확인

번호

6. 도심지 OO 물류센터 철골 건립 공사시 위험성평가 통한 근로자 안전보건 확보사례 (3단계법 이용)

고압선로 ④ 안전휀스 이동식크레인 ③ ② ① 수직구명줄

<OO 물류센터 철골건립 공사 중 재해유형>

재해유형	위험요인	상	중	하	안전대책
① 떨어짐	· 안전시설 미설치 · 안전대 미착용	✓			· 안전난간 설치 · 스마트 안전대
② 물체에 맞음	· 하부출입			✓	—
③ 장비넘어짐	· 지반 침하		✓		· 사전 지반조사 철저
④ 감전	· 고압선로타 W/R 접촉	✓			· 고압선로 방호조치 · 절연보호구

7. 초소규모 현장 「중대재해 감축로드맵」 효과적 이행을 위한 최근 위험성 평가 고시내용 및 개선제언

고시 내용
- 위험성 평가 절차 간소화
- 다양한 평가 기법 도입

개선 제언 — 정착 위한 공단 주관 컨설팅 실시

8. 맺음말

위험성평가는 현장 위험 저감을 위한 첫 단추로 재해 발생 빈번한 초소규모 현장의 성공적 정착 필요함

문제 55 산업안전보건법상 유해위험방지계획서 제출대상 및 작성내용을 설명하시오.

문제 55) 산업안전보건법상 유해위험방지계획서 제출대상 및 작성내용을 설명하시오.
(단, 제출대상은 대통령령으로 정하는 크기·높이 등에 해당하는 건설공사)

1. 개요

① 재해발생 위험이 높은 건설공사 착공前 안전보건관리계획, 작업공종별 유해위험방지계획서등의 적정성 여부를 심사하고

② 공사中에 그 이행여부를 확인하여 근로자의 안전·보건을 확보하기 위함을 목적으로 한다.

2. 유해위험방지계획서 작성 목적 및 관련법 검토

1) 작성목적

목적: 안전성 확보 / 유해위험사전제거 / 재해발생위험저감 / 실패비용 절감

2) 관련법 검토

산업안전 보건법	건설기술 진흥법
제42조: 유해위험방지계획서	제62-1: 안전관리계획서

3. 유해위험 방지 계획서 심사 절차

사업주 제출 → 공단 접수 → 심사 → (Yes) 확인 → (Yes) 안전 확보
심사 (NO) → 사업주 제출
확인 → 고용 노동부

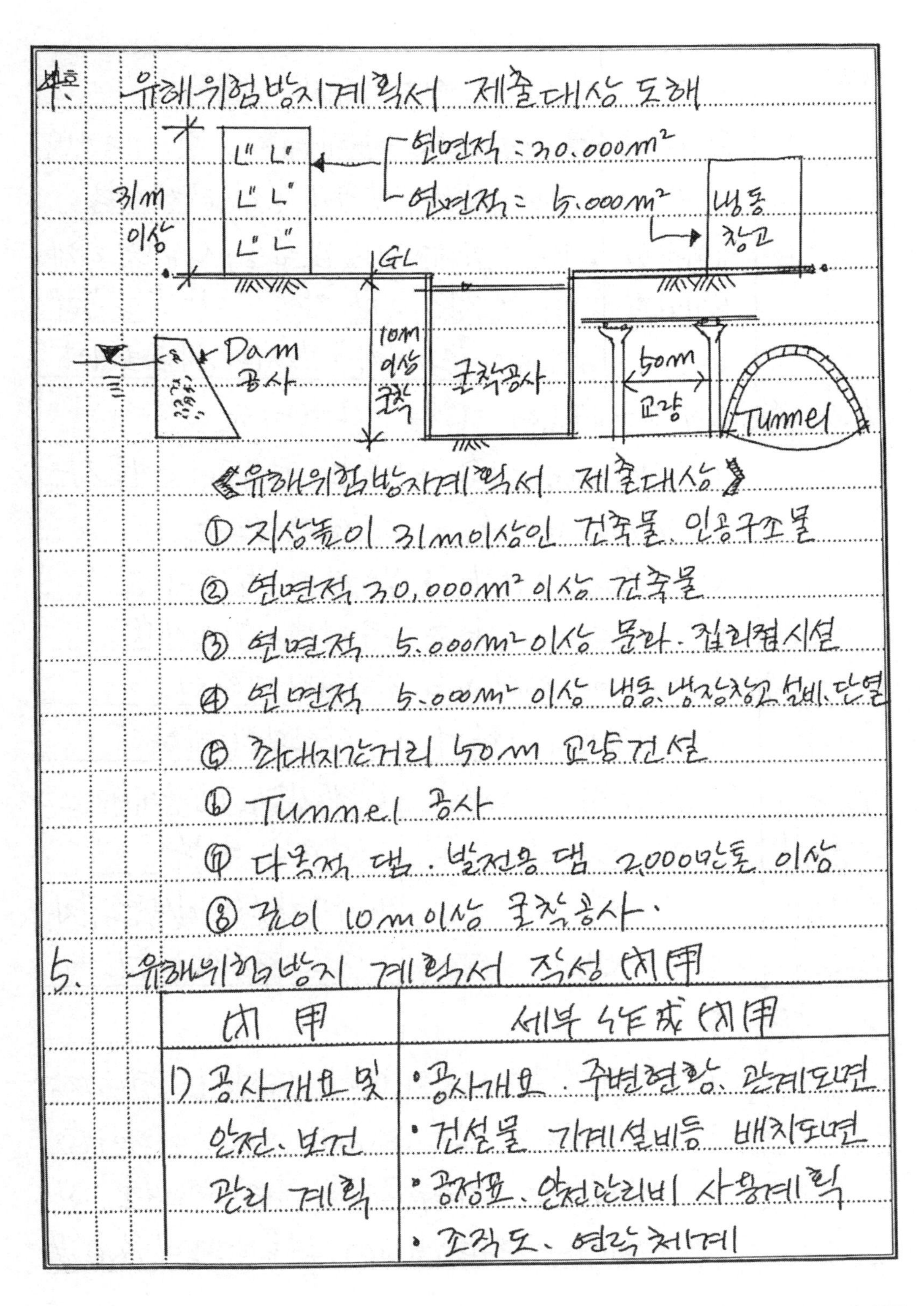

4. 유해위험방지계획서 제출대상 도해

《유해위험방지계획서 제출대상》

① 지상높이 31m이상인 건축물, 인공구조물
② 연면적 30,000m² 이상 건축물
③ 연면적 5.000m² 이상 문화·집회시설
④ 연면적 5.000m² 이상 냉동·냉장창고 설비·단열
⑤ 최대지간거리 50m 교량건설
⑥ Tunnel 공사
⑦ 다목적 댐, 발전용 댐 2,000만톤 이상
⑧ 깊이 10m 이상 굴착공사.

5. 유해위험방지 계획서 작성 內容

內容	세부 作成 內容
1) 공사개요 및 안전·보건 관리 계획	• 공사개요, 주변현황, 관계도면 • 건설물 가설비등 배치도면 • 공정표, 안전관리비 사용계획 • 조직도, 연락체계

2) 작업 공사 종류별 유해위험방지계획

- 높이 및 연면적대상 건축물 → 비계조립, 해체계획, 밀폐공간(내) 천공, 항타, 양중기 설치 해체계획
- 교량: 가설장비반입 운용, 상부 조립, 해체
- 터널: 천공, 항타, 장약 발파, 낙석, 붕괴
- Dam: 굴착, 발파, 기초처리, 비탈면처리

6. 유해위험계획서 작성 자격기준

① 건설안전기술사, 토목, 건축분야 기술사

② 건설안전분야 산업안전지도사

③ 건설안전기사 : 실무경력 5년이상

④ 산업안전기사 : 실무경력 7년 이상

7. 유해위험방지계획서 VS 안전관리계획서

구분	유해위험방지계획서	안전관리계획서
법적근거	산업안전보건법 제42조	건설기술진흥법시행령제98조
주관부처	고용노동부	국토교통부
작성자	사업주	건설사업자/주택건설등록업자
심사자	산업안전보건공단	국토안전관리원

8. 결론

① 유해위험방지 계획서 작성시 현장소장은 계획서 작성과정에 깊이 관여하지 않고

② 의례적으로 外部용역을 주는 형태로 진행되어 실행단계에서 미흡한점이 있음 "끝"

문제 5) 산업안전보건법령상 유해위험방지계획서 제출대상 및 작성 내용을 설명하시오.
(단, 제출대상은 대통령령으로 정하는 크기, 높이 등 해당건설공사)

답)

1. 개 요

1) 유해위험방지계획서는 근로자의 안전보건을 확보하기 위해 사업주 스스로 유해위험방지계획서를 작성, 공단에 제출하여 심사를 받는다.

2) 건설공사 중 계획서 이행여부를 주기적으로 확인, 근로자 안전·보건 확보위한 사전 안전성 평가제도임

2. 유해위험방지계획서의 심사 절차

2. 재해예방위한 유해위험방지계획서 포함한 법적 안전성 검토사항

적정, 2건부 (15일이내)
사업주 → 안전보건공단 → 심사 → 결과통보 → 지방노동관서
부적정 (착공중지/계획변경)
(해당 인허가 기관)

3. 유해위험방지계획서 제출대상 (해당 건설공사)

1) 건축물 또는 시설 등 건설·개조 또는 해체공사
높이 31m 이상 건축물, 연면적 3만m^2 이상 건축물
연면적 5천m^2이상 시설(냉동·냉장 창고시설, 문화집회시설 등)

2) 연면적 5천m^2이상 냉동·냉장 창고시설 설비 및 단열공사

3) 터널공사, 4) 깊이 10m 이상 굴착공사

5) 최대지간 50m 이상 교량 건설공사

4. 산업안전보건법령 상 유해위험 방지계획서 작성내용

1) 공사개요 및 안전보건관리계획

① 개요 및 주변현황도, 전체 공정표

② 안전보건관리 조직도, 비상연락체계 및 대피방법

③ 산업안전보건 관리비 사용계획

2) 작업 공사 종류별 유해위험 방지계획

건축공사 | 가설, 굴착 및 발파, 구조물 공사, 강구조물 마감공사, 전기·설비 공사

교량공사 | 가설, 굴착 및 발파, 하부공 공사, 상부공 공사, 포장공사

터널공사 : 가설, 굴착 및 발파, 구조물 공사

3) 작업 환경 조성계획

① 조명시설, 환기 설비 설치·관리계획

② 분진, 소음 방호대책

③ 위생시설물 설치·관리계획

④ 유해위험물질 종류별 사용량과 저장보관 안전계획

5. 유해위험 방지계획서 제출기한 및 검토자

1) 제출기한 : 착공전일까지 안전보건공단에 제출

2) 검토자

① 건설안전기술사 또는 건축·토목 시공 기술사

② 산업안전지도사 (건설안전)

③ 건설안전기사 실무경력 5년 이상 등

6. 유해위험 방지계획서 이행확인 (확인주기, 확인 내용)

1) 확인주기 : 6개월 마다

2) 확인 내용

① 계획서와 실제공사 부합여부

② 계획서 변경내용 적정성 확인

③ 추가 유해위험 요인 존재여부

* 고용노동부
시정조치
미 이행시
↓
사용 · 작업중지

7. 사망사고 감소위한 유해위험 방지 계획서 이행집중관리

1) 사망사고 다발 기인물 (갱폼, 비계 등) 안전조치 이행 점검

2) 120억 이상 건축현장 매월 자체점검

3) 계획서 이행주기 단축 및 불시 점검

* 자체심사제도
· 산업 산재율 순위 20% 이하
· 시공능력 평가 순위 200위 이내
↓
자체심사 후 지방노동 관서 제출

8. 유해위험 방지 계획서 실효성 강화 위한 개선과제

· 안전보건공단 점검 · 작업중지 관련 법적 권한 강화
→ 안전 미조치 발견시 즉각 작업중단, 행정조치 실시

9. 유해위험 방지 계획서와 안전관리계획서 일원화 제언

문 제 점	개 선 대 책
· 안전관리자 서류업무 과중 발생	· 계획서 한곳에서 일원화 관리
· 이중 업무 과다	· 보조관리자 배치 지원

<끝>

문제 9) 유해위험방지계획서의 이행확인

답)

I. 개요 (산업안전보건법 42조)

사업주는 스스로 유해위험방지계획서를 작성, 공단제출 심사하고 주기적 확인통해 근로자의 안전·보건 확보해야 함.

II. 유해위험방지계획서 작성대상 공사

· 31m 이상, 연면적 3만m² 이상 건축물	대상 공사	· 연면적 5천m² 이상 문화시설 등
· 최대지간 50m 이상 교량, 댐 등		· 터널, 10m 이상 굴착

III. 유해위험방지계획서의 이행확인

확인 절차

공단 → 확인
확인 → 사업주: 적정·개선권고 (5일 이내)
공단 → 사업주: 일정통보
확인 → 지방고용노동관서: 조치요청 (부적정)
지방고용노동관서 → 사업주: 행정조치

이행확인 내용

1. 계획서 내용과 실제 공사내용 부합 여부
2. 계획서 변경내용 적정성
3. 추가 유해위험요인 여부

* 6개월 이내마다

IV. 「사망사고 다발위험작업」 유해위험방지계획서 이행집중관리

1. 사망사고 다발작업(비계, 거푸집 등) 계획서 이행결과 현장비치
2. 120억 이상 건축현장 매월 자체점검 실시
3. 이행확인주기 단축 및 불시점검.

V. 유해위험방지계획서 실효성 강화위한 개선과제

· 작성시기상 일반사항 위주의 취약작성다수 (현장특성 미반영)

→ 공종별 위험성평가 공사단계 위험한 기술지원 중대 필요 "끝"

문제 56	산업안전보건법상 중대재해 발생에 따른 작업중지의 범위, 해제절차, 운영방법에 대하여 설명하시오.

(문제) 산안법상 중대재해 발생에 따른 작업중지 범위, 해제절차, 운영방법에 대하여 설명하시오.

(답)

Ⅰ. 개요

1. 산업안전보건법상 중대재해 발생시 사업주의 조치를 작업중지 및 보고 등을 명기하고 있음
2. 중대재해 발생시 동일공종 또는 유사공종을 포함한 작업중지 범위를 설정함.
3. 안전상 조치 등 개선대책을 수립 후 작업재개 승인 요청하여 심의위원회의 심의를 거침.

Ⅱ. 중대재해의 개념 및 법령근거

1. 중대재해
   ① 사망자가 1명 이상 발생
   ② 3개월 이상 요양이 필요한 부상자가 동시에 2명이상 발생
   ③ 부상자 또는 직업성질병자가 동시에 10명 이상 발생
2. 법령근거
   ① 산업안전보건법 제54조 (중대재해 발생시 사업주의 조치)
   ② 산업안전보건법 제55조 (중대재해 발생시 고용노동부장관의 작업중지 조치)

Ⅲ. 중대재해 발생 시 사업주 및 고용노동부 장관의 조치 및 작업중지 범위

1. 사업주의 조치
   ① 작업중지 및 근로자의 대피
   ② 고용노동부 장관에게 보고 (즉시)

번호

2. 고용노동부 장관의 작업중지 관리

① 중대재해 발생 해당 작업

② 중대재해가 발생한 작업과 동일한 작업

IV. 중대재해 발생 시 작업중지 및 해제 절차

(산업안전보건법 시행규칙 제69조)

중대재해 발생 → 작업 중지 → 안전보건실태 점검 및 개선조치

(지방고용노동관서) (사업주)

→ 작업중지 해제신청 → 현장 확인 → 작업중지해제 심의위원회 → 적정시 종결

(사업주→노동부) (작업자의견청취) (접수이후 4일이내)

V. 중대재해를 포함한 산업재해 발생시 사업주의 보고의무

산업재해 발생
- 중대재해 → 지체없이 보고
- 3일이상 휴업 필요한 부상. 질병 → (1개월이내 보고)
- 2 밖의 재해 → 보고의무없음

기록 및 보존.

VI. 중대재해에 대한 산업재해조사표의 작성 내용 및 작성시 유의사항

1. 산업재해 조사표 내용

① 사업장의 정보 ② 재해정보

③ 재해발생 개요 및 원인

번호

④ 재발방지 계획

2. 산업재해 조사표 작성시 유의사항

① 근로자 대표의 확인

② 기재 내용에 대한 근로자 대표 이견 있을시 그내용 첨부

③ 근로자 대표없는 경우 재해자 본인 확인받아 제출

VII. 최근 건설분야 중대재해 통계 추이 사망사고 만인율

명
1,000
800
600
400
200

921
855
882
485
428
458
0.52
0.51
0.46

‰
0.8
0.6
0.4
0.2

산업재해 사망자수
건설업 재해 사망자수
사망만인율

'18년 '19년 '20년

VIII. 중대재해 근절을 위한 3대 안전수칙

1. 추락위험 방지조치

2. 끼임위험 방호조치

3. 안전보호구 지급착용, 상시점검.

IX. 맺음말

1. 중대재해 근절을 위한 제도의 도입이 중요하나

경영자, 관리자 유책성 법령은 재논의 필요 (중대재해 처벌법)

2. 중대재해 중 81%는 소규모 건설현장 (50억 미만) 에서

발생 → 집중 관리 제도 마련 필요 "끝"

문제 57	산업안전보건관리비 계상 및 사용기준을 기술하고 최근('22.6.2) 개정내용과 개정사유에 대하여 설명하시오.

문제 1) 산업안전보건관리비 계상 및 사용기준을 기술하고 최근(2022.6.2) 개정 내용과 개정 사유에 대하여 설명하시오

Q1 Q2 Q3

답)

1. 개요

1) 건설업 산업안전보건관리비는 중대재해처벌법 등에 대응위해 사용기준 개정하여 사용범위 확대

2) 스마트 안전장비 구입·임대비 등을 허용하고 위험성 평가 또는 중대법상 발굴품목도 허용함으로써

3) 선제적 안전보건조치 및 사용유연성 강화로 재해예방에 기여할 것으로 판단됨.

2. 산업안전보건관리비와 안전관리비의 비교

구분	산업안전보건관리비	안전관리비
계상 목적	·근로자의 안전·보건 확보 목적	·건설공사 안전사고 방지 목적
관계법	·산업안전보건법 제72조 및 시행규칙 89조	·건설기술진흥법 60조 동법 시행규칙 제60조
계상 기준	·금액과 비율에 의한 산정(5억~50억 이상) ·관급자재 포함 또는 미포함 산정	·건설공사의 안전관리에 필요한 사항 1) 통행, 계측, 안전점검비 2) 스마트안전장비, 안전관리계획 작성
사용범위	노무를 제공하는 근로자	도급현장 + 근로자

3. 산업안전보건관리비 계상기준

대상액	계상기준	비고
5억미만 50억 이상	· 대상액 x 요율	* 대상액
5억이상 50억미만	· 대상액 x 요율 + 기초액	(재료비+직접노무비
구분없음	· 총공사금액 x 70% x 요율	+ 지급자재비

4. 산업안전보건관리비 사용기준

사용항목	사용기준
1) 안전관리자 임금 등	· 전담 안전관리자 및 보건관리자, 유도수, 신호수 임금
2) 안전시설비	· 안전난간, 추락방호망, 안전대 부착설비, 방호장치 구입, 설치비
3) 보호구	· 보호구 구입 관리
4) 안전보건진단비	· 안전보건진단, 작업환경 측정
5) 안전보건 교육비 등	· 교육장 설치·운영 · 교육 소요비용, 교재
6) 근로자 건강장애 예방비	· 건강장애 검진비용 · 정신질환 치료 (재해 목격)
7) 기술지도비	· 재해예방 기술지도비
8) 본사 전담 근로자 임금	· 5억원 한도폐지 (단, 1~200위 종합 건설업체 제한)
9) 위험성 평가등에 따른 소요비용	· 위험성 평가 또는 중대법상 통해 발굴 품목

5. 산업안전보건관리비 최근(2022. 6. 2) 개정 내용과 개정 사유

1) 개정 내용

사용항목	개정 내용
· 안전관리자 임금 등	· 겸직 안전관리자 임금의 50%까지 사용허용
· 안전시설비	· 스마트 안전장비 구입·임대비 20% 이내 (단, 안전보건관리비 총액의 100% 한도)
· 안전보건 교육비 등	· 산재예방 모든 교육비용(타법령 의무교육포함)
· 건강장해 예방비	· 손소독제·체온계·진단키트 등 허용
· 기술지도비	· 사용한도 20% 제한폐지
· 본사전담 근로자 임금	· 5억원 한도 폐지 (단, 1~200위 종합 건설업체 제한)
· 위험성 평가 등에 따른 소요비용	· 위험성 평가 또는 중대법 상을 통해 발굴 품목허용 (단, 안전보건관리비 총액 10% 이내)

2) 개정 사유

① 중대재해 처벌법 시행 따라 선제적 안전보건조치 필요성 높아짐에 따라 유연성 강화 필요

② 위험성 평가 중심의 자기규율 예방체계 강화

6. 결 론

문제 1) 산업안전보건관리비 계상 및 사용기준을 기술하고 최근('22. 6. 2) 개정내용과 개정 사유에 대하여 설명하시오.

답)

1. 개 요

① 건설업 산업안전보건관리비는 『중대재해처벌법』등에 대응을 위해 기준개정하여 완화했음.

② Smart 안전구입 임대비등을 허용하면서 자율결정 항목을 두어 근로자의 참여도를 강화함.

2. 산업안전보건관리비〈VS〉안전관리비 비교

구 분	산업안전보건 관리비	안전관리비
법적근거	「산업안전보건법」	「건설기술 진흥법」
주 관	고 용 노 동 부	국토교통부
목 적	근로자의 안전보건	공사로인한 재해예방

3. 산업안전보건관리비 계상기준

대상액	계 상 기 준	비 고
· 5억미만 50억이상	· 대상액 × 요 율	※ 대상액
· 5억 상 50억 미만	· 대상액 × 요율 + 기초액	(재료비+직접노무비
구분없음	· 총공사금액 × 70% × 요율	+지급자재비)

4. 공사진척에 따른 안전관리비 사용기준

공 정 율	50~70% 미만	70~90% 미만	90% 이상
사용기준	50% 이상	70% 이상	90% 이상

4. 산업안전보건관리비 개정내용 ('22. 6. 2)

구 분	개 정 내 용	비고
1) 안전관리자 등 인건비	◦겸직 안전관리자 ↳ 임금의 50% 까지 허용	
2) 안전시설비	◦ Smart 안전, 임대비의 20% 이내 허용	
3) 안전/보건 교육비 등	◦ 산업재해 예방을 위한 모든교육 허용 (타 법령	
4) 건강장해 예방비	◦ 손소독제 · 체온계 진단키트등 허용	
5) 기술지도비	◦ 사용한도폐지 (20% 제한)	
6) 안전·보건 전담조직인건비	◦ 5억원 한도 폐지 (단, 1~200위 종건업체 제한)	
7) 자율 결정 항 목	◦ 위험성평가등 통해 노사간 합의품목	

5. 건설업 산업안전보건관리비 계상 및 사용기준 개정효과

1) 중대재해 처벌법 대응 ⇒ 사업주의 적극적인 산재예방 활용

2) 실제적 안전, 보건 조치 ⇒ 산업 안전 보건 관리비 사용 유연성 강화

※ 사용기준 완화 및 확대에 따른 업무원활

번호 건설업 산업안전보건관리비 적정사용 활성화 방안

1) 노사협의체를 통한 사용항목 결정

① Smart 안전구입, 인건비
② 산재예방 교육내용
ex) pop up 교육등
③ 건강장해 예방비
④ 집중도를 높이는 program

→ 노사협의체

2) 안전보건 총괄책임자의 집행감독

도급인 ↔ 협의조정 집행 ↔ 관계수급인 (1차·2차)

<산업안전보건 관리비>

6. 결론

① 최근 개정된 건설업 산업안전보건 관리비 개정에 따라 『중대재해처벌법』에 적극적으로 대응하고

② 또한 근로자 참여가 활성화 되도록 안전보건총괄책임자는 산업안전보건 관리비를 적정하게 사용하여 재해를 예방 하여야 한다.

"끝"

번호 문제) 「건설업 산업안전보건 관리비 계상 및 사용기준」 시행 2022. 6. 2 고용노동부 에서 일부개정된 내용에 대하여 설명하시오.

답.

1. 개 요

1) 건설업 산업안전보건 관리비는 법령에 정한 요율을 적용하여 근로자의 안전 및 보건 관리에 사용

2) 관련 개정에 의해 사용성이 확대되어 보다 폭넓은 안전관리 기법 적용이 기대된다.

3) 하지만 최근 증가하는 사업주의 책임의무이행사항 안전관리자 인건비 표지선 확대 사유로 계상요율 상승 필요.

2. 건설업 산업안전 보건관리비 계상및 사용기준

1) 대상액 5억원 미만 또는 50억원 이상 : 대상액 × 비율

2) 대상액이 5억원 이상 50억원 미만인 경우 : 대상액×비율 + 기초액

3) 대상액이 명확하지 않은 경우 : 총공사금액 10분의 7에 × 비율.

⇒ 발주자는 법령에 따라 정한 기준으로 안전관리비를 계상하고 입찰참가자 에게 알려야함, → 낙찰율적용배제.

3. 건설업 산업안전 보건 관리비 계상 및 사용기준 개정사유.

1) 중대재해 처벌법 시행에따른 사업주의 적극적 산재예방활동 (스마트안전기술 도입등)
2) 안전·보건관리 신기술 도입
3) 기상이변에 따른 선제적 안전조치 필요

별첨. 건설업 산업안전 보건관리비 계상 및 사용기준 일부 중요 내용.

항 목	개 정 사 항
안전관리자등 인건비	겸직 안전관리자 임금의 50% 까지 사용 허용
안전시설비	스마트 안전장비 구입비·임대비 20% (단 계상된 금액의 10% 한도
안전보건 교육비	산재예방을 위한 모든 교육비 허용 (타·법에 의한 의무교육 포함)
건강장해 예방비	손소독제. 체온계. 진단키트 등 허용
기술 지도 비	사용한도 20% 제한 폐지
안전보건 전담조직 인건비(본사)	5억원 한도 폐지 (단, 종합건설사는 1~200위. 유지)
(신설) 자율 결정 항목	위험성 평가 또는 중대재해 유해·위험요인 개선 발굴 항목.
휴게시설 시설비.	휴게시설 법제화 ('22.8.16)에 따른 휴게시설 내 냉난방시설. 조명등 유지비.

5. 건설업 산업안전 보건관리비 계상 및 사용기준 개정내용 고찰.

1) 사용성 확대
- 위험성 평가 발굴항목추가, 스마트안전도입비
- 감염병 예방비. 수방자재등

2) 정부의 의지
- 건설업계의 보다 적극적인 자율안전활동 지원
-. 국가적 재난에 대한 능동적 대응 유도.

6. 소규모 현장 (120억 미만)의 산업안전보건관리비 부족 현안에 대한 문제점 도출 및 개선방안 제언.

문제점	120억 이하 소규모 현장 안전관리비 부족으로 안전시설비, 보호구 지급, 생략 현상 발생
원인	① 건설업 인건비 상승으로 안전관리자 인건비 표지선 상승 (2019년 40% → 2022년 60%)

통계조사) 최근 3개년간 120억원 미만현장 인건비 항목 사용율 조사

대책	◎ 과제: 인건비 표지선 증가에 따른 시설비, 안전장구 외부 컨설팅 비용 지출 어려움 ◎ 대책1: 50억 이상 120억 미만 공사 요율 상향조정 ◎ 대책1: 발주처 계약시 인건비 요율 별도 책정.

7. 맺음말.

금번 산업안전보건관리비 (건설업) 계상 및 사용기준 변경에 따라 사용에 대한 자율성은 상승했다고 하겠다. 하지만 중대재해 처벌법 시행등 규제강화에 맞는 지출 비용의 확보 또한 중요한 시점이라 하겠다 "끝"

문제 58 건설업 유해·위험방지계획서 작성 중 산업안전지도사가 평가·확인할 수 있는 대상 건설공사의 범위와 지도사의 요건 및 확인사항을 설명하시오.

문제 14) 건설업 유해·위험방지계획서 작성 중 산업안전지도사가 평가·확인할 수 있는 건설공사의 범위와 지도사의 요건 및 확인사항을 설명하시오.

답)

1. 개요

1) 사업주는 일정규모 이상의 건설공사시 근로자 안전·보건 확보를 위해 유해·위험방지계획서를 작성·심사 받아야 하며 공사 중 이행여부는 주기적으로 확인해야 한다.

2) 높이 31~50m의 건축물 건설공사 등은 요건을 갖춘 지도사의 평가시 계획서 심사를 갈음할 수 있다.

2. 건설업 유해위험방지계획서 작성·심사 절차

사업주 → (착공전 제출) → 안전보건공단 → 심사
- 적정 → 결과통보 (15일 이내) → 사업주
- 조건부적정 → 결과통보
- 부적정 → 인허가기관/노동부 → 착공중지 및 계획변경 명령 → 사업주

※ 요건을 갖춘 지도사 평가시 심사갈음 → 교육 + 경험(심사) (20시간)

3. 산업안전지도사의 직무 (산업안전보건법상)

1) 공정상의 안전에 관한 평가·지도

2) 유해·위험 방지대책에 대한 평가·지도

3) 안전·보건 개선계획서 작성

4) 위험성 평가의 지도

4. 산업안전지도사가 평가·확인할 수 있는 건설공사 범위

건축물 건설·해체 ┌ 연면적 3만m² 이상
└ 5천m² 이상 문화·집회

높이 31m 이상

굴착깊이 10m 이상

터널공사

냉동·의료시설 냉장창고

+ 지간길이 50m 이상 교량, 다목적댐

전체 대상 中
1) 높이 50m 이하 아파트
2) 깊이 15m 이하 굴착공사만 해당

— 유해·위험방지계획서 대상공사 中 소규모 공사 →

5. 유해·위험방지계획서 평가·확인시 지도사의 요건

1) 공단에서 실시하는 계획서 관련 교육과정 20시간 이수
2) 공단의 심사 참여 경력이 있는 사람.
3) 주의사항 : 계획서 작성시 검토자는 제외

6. 유해·위험방지계획서 평가·확인시 지도사의 확인사항

작성시 평가

1) 공사 개요 및 안전·보건관리계획
① 공사개요서 ② 주변현황 및 시공도면
③ 전체공정표 ④ 산업안전보건관리비 사용계획 등

2) 작업공사 종류별 유해·위험방지계획 (건축물공사 예시)

작업공사 종류	주요 작업대상
가설공사	- 비계조립, 5m 이상 거푸집 동바리
구조물 공사	- 양중기, 철근조립 작업
마감공사	- 우레탄폼 단열·밀폐공간 작업
해체공사	- 해체작업, 화기작업.

착공 후 이행확인

1) 지도사 확인 시 공단 현장방문 검사 대체

2) 확인주기 : 6개월 이내마다

3) 확인내용

① 계획서 내용과 실제공사 부합여부

② 공법변경시 변경내용의 적정성

③ 추가적인 유해·위험요인 존재 여부

7. 유해·위험방지계획서 심사 제도의 비교

구분	지도사 심사	공단심사	자체심사
대상	건설공사 中 소규모위주	건설공사 대상전체	① 시공능력평가 200위 내 평균재해율 이하 (직전 3년간)
심사자	지도사	공단 시행	기술사, 지도사(자체)
지정 해제	최근 2년간 사망재해	—	동시 2명 사망시 즉시 제외

+② 안전보건조직 ③ 산업재해 예방활동 실적점수 70점 이상

- 사인 사망만인율

→ 직전 2년간 사망재해 1건 (기준강화)

8. 유해·위험방지계획서 지도사 심사시 발전방향 제언 (결론)

1) 소규모 건설공사를 위한 평가 시스템 도입

- 국토부 CSI와 같은 체계적인 계획 검토 시스템

2) 지하안전평가와 통합 작성·관리 필요 (연계관리)

3) 착공 후 지도사 이행확인의 실효성강화 필요

- 형식적인 점검이 아닌 지도·점검 강화

"끝"

PART

02

안전보건 규칙
[1. 총칙]

합격수기

◇◇◇

안녕하세요, 이번 126회 기술사에 합격하게 된 이○○입니다.
합격 발표날 9시까지도 기대 반 걱정 반이었는데, 100명 이상의 합격자를 배출하는 좋은 흐름에 합세하여 합격 소식을 전합니다.

〈 1교시 173 / 2교시 181 / 3교시 183 / 4교시 204 / 평균 61.75 〉
항상 수강생들을 위해 평일에 답클밴, 주말에 정규과정/실전과정에 세세히 지도해 주시는 김정태 교수님께 다시 한번 감사의 말씀을 드립니다. ^^

1. 개요 및 공부 기간(2020년 12월~2022년 1월, 약 1년)

124, 125, 126회 총 3회차에 걸쳐 시험을 봤고, 저는 타 기술사 자격증이 없어 다른 분들보다도 더 열심히 해야겠다는 생각을 많이 하였습니다.

1) 124회(50점, '21년 5월)
처음에 인터넷 강의만 듣고, 단순히 책에 있는 내용의 요약 정도의 노트 정리만 하여서, 개념이 확실히 안 잡혀 있었고, 답안작성법에 대해 몰랐습니다.
→ 답안 복기하여 문제점 파악

2) 125회(52점, '21년 7월)
대제목 잡기, 실전 답안연습이 안 되어 있어, 실제 시험 시 엉뚱한 내용을 서술하고 시간 관리가 부족하였습니다.
→ 답안 복기하여 문제점 파악

3) 126회 대비('21년 9월~'22년 1월, 약 4개월)
서울기술사학원에 오프라인으로 등록 후 평일에는 작성답안 업로드 및 첨삭과정(매우 중요, 내 답안을 보여줘야 함)을 매일 반복하였고 일찍 출근하여 어제 공부한 노트 공부, 퇴근 후에는 틈나는 대로 답안 수정을 하였습니다.
토요일에는 교수님 강의(키워드를 중점으로 필기)를 수강하였고, 시험 2달 전 일요일에는 모의테스트를 매주 진행하여 실제 감각을 익혔습니다.

※ 합격요인 ※
답클밴 + 매일매일의 꾸준함 + 건설안전기술사가 되기 위한 열정
→ 내 답안을 100점 답안으로 만들어가는 과정입니다.

2. 노트 작성 요령

노트 작성 시 제본링을 사서 셀프 제본을 하였고, 답안 수정 시 종이를 바꿀 수 있어서 편리했습니다.

아래 내용은 처음 공부하시는 분들을 위해 작성해 보았습니다.

1) 1단계 : 나만의 서브노트 작성(매일 단답 2문항 혹은 서술형 1문항)
   각 문항에서 물어본 본문의 안전대책은 다음의 자료 순으로 작성하였고, 또한 교수님의 pdf 파일에서 필요한 부분만 발췌하였습니다.
   ① 안전보건규칙
   ② 표준안전작업지침
   ③ 공단 안전보건지침(KOSHA Guide)
   ④ 그 외 인터넷 논문 등 활용 → 대제목 및 우수사례에 활용
2) 2단계 : 합격 답안으로 지속하여 업그레이드
3) 3단계 : 모의 테스트(시간관리)를 통한 실제 시험장에서 작성 가능유무 판단

3. 답안 작성 요령

1) 단답형
   저는 대제목 5번까지 작성을 하였고 물어보는 사항은 3번에 적었고, 2번은 문제에 대한 조건(메커니즘/원인, 문제점), 4번은 안전대책/중점안전관리사항, 5번은 신기술/제언/발전방향 등을 기술하는 저만의 틀을 잡아 시간관리에 주력했습니다.
   → 하지만 이번 126회 시험에는 낯선 문항이 많이 나와 득점을 못했네요.

2) 서술형
   지난 125회 시험에서 서술형에 합격점수가 하나도 없어 고민이 많았으나, 저는 세 가지 정도의 사항을 계속 생각하며 답을 작성했습니다.
   ① 물어보는 문항에 대하여 1.5~2page를 기술(최대한 많이, 키워드 위주)
      – 1페이지당 모식도/표/그래프 등을 1개씩 넣어주는 게 좋은 것 같네요.
   ② 1페이지 2번은 문제의 조건에 대해 서술 → 법적 내용 작성(매우 중요)
      – 산업안전보건법/건설기술진흥법/시설물안전특별법/지하안전특별법 등
   ③ 3페이지에는 현장 사례 혹은 제도개선 의견(내 의견) 등을 주로 서술
      – 저는 현장 경험도 별로 없고 하여, 동료분들의 답안을 바탕으로 저만의 아이템을 만들었고, 서울시 건설안전 우수사례집이나 공단자료를 많이 참고하였습니다.

이상으로 합격수기를 마치겠습니다. 긴 글 읽어주셔서 감사합니다.
127회에도 많은 합격자를 배출하여 모두 다 합격하시길 기원하겠습니다. ^^

문제 1 작업장의 조도기준/조도기준 적용 예외사업장

문제 10) 작업장 조도기준

1. 개요

사업주는 근로자가 작업하는 장소의 조도를 기준에 맞게 확보하여 추락·충돌 등 재해를 예방해야 한다.

2. 작업장 조도기준 부족시 재해유형 및 원인

1) 비계 단부 미확인 → 추락

2) 터널 내 운반 장비 → 충돌·협착

3) 전기설비 미확인 → 감전

재해유형 단부
조도기준 미확보
추락
<단부비계 추락재해>

3. 작업장 조도기준 (※ 안전보건규칙 제8조)

구분	조도기준	비고
초정밀 작업	750 Lux 이상	※ 갱내 및 감광재료
정밀 작업	300 Lux 이상	취급 작업장 예외
보통 작업	150 Lux 이상	- 터널 막장 : 70lux이상
그 외(통로)	75 Lux 이상	중간 : 50lux, 입구 : 30lux

4. 건설현장 조도기준 확보시 중점안전관리사항

설치 전	설치 시	유지·관리
1) 조명설치	1) 고소작업시	1) 정기점검·보수
작업계획서 수립	안전대 착용	2) 국부 조명의 10%
2) 작동여부 점검	2) 눈부심 없게 설치	이상 → 전체조명

5. 아스팔트 야간보수 작업시 근로자 안전강화 사례

1) 교통 모범 신호수, 장비 유도자 배치 (스마트 장비 병행)

2) 근로자 야광조끼·야광 안전표지 설치 "끝"

'23. 3. 5(日) PM2:21

문제 1) 산업안전보건법상 조도기준 및 조도기준 적용 예외사업장 <시행규칙 제8조> 조도

1. 정의

건설현장에서는 작업장별 조도기준을 준수하여 RISK taking을 방지하여야 한다.

2. 산업안전보건법상 조도기준

①	초정밀 작업	750 LUX 이상
②	정밀 작업	300 LUX 이상
③	보통 작업	150 LUX 이상
④	그 외 작업	75 LUX 이상

3. 산업안전보건법상 조도기준 예외 사업장

① 갱내 작업장
② 감광재료 취급장
③ Tunnel 조도기준

수직구 30LUX
중앙부 50LUX
갱입구 30LUX
막장 70LUX

4. 건설현장 조도 미확보시 재해유형

100 LUX
기준 150LUX
GL
추락

① 추락 : 개구부 → 헛디딤
→ 조도 150 LUX 이상

② 부딪힘 : 벽체, 가설재

5. 눈부심 및 그림자 발생에 대비한 안전사례 (○○주상복합 남양주)

No	기존	개선(안전확보)
①	∘ 투광등 300W	∘ LED 200W
②	∘ 천정조명	∘ 천정+벽체 병용

"끝"

번호 (문제) 터널 작업면에 대한 조도기준

(답)

〈관련근거〉
· 터널작업 표준안전 작업지침(코샤 가이드)

1. 개 요

사업주는 터널작업시 작업구역(갱구부, 중간, 막장)에 따라 정해진 조도기준을 준수하여야 함

2. 터널 작업시 조도 확보를 포함한 사전조사 및 작업계획서

사전조사		작업계획서
보링 등 적합한 방법으로 근로자 재해 예방을 위해 사전 지형·지질·지층 조사	① 굴착방법 ② 터널지보공 및 복공 ③ 용수처리 방법 ④ 환기·조명시설 설치	

3. 터널 작업면에 대한 조도기준

	구분	조도
1)	갱구부 수직구	· 70 Lux
2)	중간부	· 50 Lux
3)	막장구간	· 30 Lux
4)	추가 조치	· 이동식 조명

〈작업장 조도기준〉

작업	조도
① 초정밀	750 Lux
② 정밀	300 Lux
③ 일반	150 Lux
④ 그 밖	75 Lux

4. 야간 터널 굴착 작업시 재해 예방 위한 조도 확보 방안

1) 이동식 조명기구(110Lux)
2) 굴착기 전조등, 후미등
3) 휴대용 랜턴 지급 등

5. 중·소규모 터널 현장 조명시설 확보를 위한 정부 지원 제언

문제점	· 산업안전보건관리비 부족 → 조명시설 열악
개선 제언	· 「클린사업장 조성」 시 조명시설 추가 시행 "끝"

문제 2 안전난간의 구조 및 설치 요건

문제) 안전난간의 구조 및 설치요건

선행안전난간대 의무화 통한 떨어짐 예방 필요

답)

1. 개요 (안전보건규칙 제13조)

사업주는 근로자 떨어짐 위험지역에 안전난간을 설치해야하며 안전인증 적합 제품 사용해야함

2. 안전난간 설치 주요 필요 위치

· 개구부, 단부	떨어짐 위험	· 작업통로, 작업대
· 흙막이 지보공 상부		· 고소작업대, 거푸집 동바리 등

3. 안전난간 구조 및 설치요건

← 난간기둥 / 균등 설치 / φ2.7cm 이상 / 경사로 / ① ② ③

① 상부난간대: 바닥면에서 90cm이상

② 중간난간대: 상부 1.2m 이하 : 중간설치 / 상부 1.2m 이상 : 2단균등

③ 발끝막이판: 바닥면에서 10cm이상

〈 송도○○APT 안전난간 구조 〉 · 100kg 이상 하중 지지구조

4. 안전난간 사용시 작업단계별 중점 안전관리 사항

단계	내용
자재반입	안전인증 · 품질검사, 육안검사 (부식·손상)
설치·해체	안전대 착용, 선행 안전 난간대 적극 적용
사용시	안전대 로프·자재걸이용으로 사용금지 안전난간 밟고 승강금지, 임의해체 절대금지

5. 고소작업대 작업시 떨어짐 방지위한 안전난간 점검 point

1) 4면 안전난간대 check
2) 상부 난간대 높이 유지 check (90cm이상)
3) 탑승부 출입문 고정 check

"끝"

실천문제 (2)

선행안전난간대

번호 (문제 11) 안전난간의 구조 및 설치요건

(답)

1. 개 요

사업주는 추락위험구간의 떨어짐 예방을 위해 안전보건규칙에 의거한 안전난간을 견고한 구조로 설치하여야 함.

2. 건설현장 내 안전난간 설치가 필요한 추락위험구간

- 추락위험구간: 2m 고소, 비계 상부, 개구부, 고소작업대
- 개구부 → 〈개구부 방호조치〉 ① 수평보호덮개 ② 경고표지 부착 ③ 안전난간 등

3. 안전난간의 구조 및 설치요건

〈안전난간구조〉 (상부난간대, 난간기둥, 중간난간대, 90~120cm, 발끝막이판, 45~60cm, 10cm)

1) 상부난간대 : 90cm 이상
2) 중간난간대 ┬ 상부 120cm 이상 : 2단 균등
　　　　　　　└ 상부 120cm 이하 : 중간
3) 발끝막이판 : 바닥 기준 10cm 이상
4) 견고한 구조, 100kgf 하중지지

4. 철골현장 개구부 떨어짐 예방 위한 안전난간 포함한 안전확보대책

(그림: 수평보호덮개, 경고표지, 안전난간, 추락방호망, 10cm)

1) 안전난간, 추락방호망
2) 수평보호덮개
3) 추락 위험 경고표지

5. 「중대재해 감축로드맵」 일환 현장에 맞는 안전난간 기준 개정 변경사항

기준	(계단·한정) 난간기둥 간격 25cm 이하시 중간 난간대 예외	전체 추락구간 위험 대상으로 확대 시행	변경

문제) 선행안전난간대

답)

I. 개요

시스템 비계 등 안전난간이 없는 상태에서의 작업을 지양하기 위해 선행안전난간대 공법 개발·도입.

II. 건설현장 선행 안전난간대의 필요성

1. 고소작업에 따른 떨어짐 위험성
2. 안전난간 후행 설치에 따른 위험성
3. 근로자가 안전난간 쉽게 제거 가능

→ 기존 시스템비계 문제점

III. 기존 안전난간과 선행안전난간의 특징 비교(고시경가세)

구분	기존안전난간	선행안전난간	비고
개념	·작업발판설치 → 안전난간설치	·안전난간미리설치 → 작업발판설치	*선행공법종류 ·수직형 ·상승형 ·틀형
시공성	보통	매우 높음	
경제성	보통	높음	
추락위험성	매우 높음	매우 낮음	

IV. 선행안전난간대 공법의 설치 방법.

안전난간 선행시공 → 상부 작업발판 → 안전 작업

- 하단에서 설치
- 작업발판 설치
- 안전대 착용 등

V. 선행안전난간대 안전작업을 위한 현장 중심의 위험성 평가 방안.

1. Checklist, O.P.S 방법 도입.
2. 간단한 작업 → 1Page 서술식

→ 모든 근로자 참여

"끝"

문제 3 이동식 사다리의 안전작업 기준

문) 이동식 사다리의 안전작업 기준

답)

* 관련근거
- 안전보건규칙 제24조
- 이동식사다리 안전작업지침

I. 개요

이동식 사다리는 원칙적으로 이동통로로만 사용하며, 일부 경작업 등에 한해 안전기준 준수 작업허용 (발붙임사다리 국한)

II. 이동식 사다리의 종류

1. 보통사다리 (일자형)
2. 신축형 사다리 (연장형)
3. 발붙임 사다리 (A형, 조경용)

90° 승강 Trap / 75° 고정식 사다리 / 이동식 사다리 / 60° 가설계단 / 30° 경사로 / 작업발판 0°

<가설통로의 분류>

III. 이동식 사다리의 안전작업 기준 (발붙임 사다리)

1. 경작업, 고소작업대·비계 등 설치어려운 협소한 장소 국한
2. 평탄, 견고한 바닥
3. 3.5m 이하, 발붙임 사다리만
4. 보호구 반드시 착용 : 안전모, 안전대
5. 2인1조
   - 1.2~2m : 최상부 발판금지
   - 2~3.5m : 최상부 및 그하단 디딤대 금지

안전대 걸이 / 벌어짐 방지 / 3.5m 이내 / 아웃트리거 / 미끄럼방지

IV. 이동식 사다리 안전 보건 조치 (떨어짐재해 방지)

상부고정 / 60cm이상 / 1/4 / 30cm 이상 / 등간격 / 75° 이내 / 아웃트리거 (연결식) / 미끄럼방지

<일자형 사다리 구조>

1. 견고한구조, 손상·부식없는 재료
2. 발판과 벽사이 15cm이상
3. 폭 30cm이상, 각도 75°이내
4. 벽면걸침 60cm이상
5. 미끄럼 방지

"끝"

'23. 3. 5 (日) PM 2:55.

문제 3) 이동식 사다리의 안전작업 기준

답)

1. 정의

이동식 사다리는 원칙적으로 이동통로에만 사용하며 일부 경작업에 한해 기준준수 작업허용.

2. 이동식 사다리의 종류

① 일자형 사다리

② 연장형 사다리

③ "A"형 사다리

④ 조경용 사다리

고정식 사다리 90°, 이동식 사다리 75°, 가설계단 60°, 경사로 30°, 작업발판

〈가설통로의 분류〉

3. 이동식사다리의 작업안전 기준 (일자형)

일자형 기준: 60cm 이상, 등간격, 75°, 미끄러지지 않는 구조

① 상단내민 길이 = 60cm 이상

② 폭 30cm 이상 / 75° 이내

③ 부식이 안되는 재료

④ 발판간격 : 등간격

4. "A"형 사다리의 안전작업 기준

- 3.5m 초과 : 작업발판 용으로 사용금지
- 2.0 ~ 3.5m : 최상부 발판 + 그 아래 디딤대 작업금지
- 1.2 ~ 2.0m : 최상부 발판에서 작업금지

3.5m 이하

5. 이동식사다리 재해유형 안전대책

① 떨어짐 ⟶ 2인 1조 + 안전대 착용

② 넘어짐 ⟶ outrigger 설치, 고정 "끝"

문제 4 통로용 작업발판

문제) 통로용 작업발판 (작업대)

답) (작업발판 설치 및 사용안전 지침)

〈가설통로의 분류〉

승강로 / 고정식 사다리 / 이동식사다리 / 가설계단 / 경사로 / 작업발판 / 90° / 75° / 60° / 30°

I. 통로용 작업발판의 개요

통로형 작업발판은 작업자의 통로로 걸침고리 없는 작업발판 (.의소제2조.)

II. 작업 발판의 분류

작업발판 ─ 작업대 : 걸침고리 일체형 작업 발판
작업발판 ─ 통로용 작업 발판 : 걸침고리 없는 작업발판

III. 통로용 작업 발판의 구조

상부 난간대 / 중간난간대 / 120cm / 60cm / 발끝막이판 10cm / 미끄럼방지 바닥재 / 너비 20cm 이상 / 걸침고리 / 1.5m 이내 / 수평재 / 보재

〈 송도 OO APT 통로용 작업발판 구조도 〉

- 너비 : 20cm 이상 (24cm 이상)
- 수평재, 보재, 바닥재 → 일체식 구조
- 바닥재간 틈 : 3cm 이내
- 바닥재 미끄럼 방지

IV. 통로용 작업발판 사용시 안전·보건 중점 확인 사항

1. 안전인증제품 여부 (산업안전보건법 제83조)
2. 통로 조도 확보 →
3. 높이 2m내 장애물 제거
4. 떨어짐 방지 안전난간 설치

〈안전보건규칙 제8조 : 조도〉
- 초정밀 750lux · 정밀 300lux
- 보통 150lux · 그외 75lux

V. 작업발판 설치, 해체시 떨어짐 방지위한 발전방안

- 선행안전 난간대 적용 의무화 법제화 필요

⇒ 시스템비계 적용 의무화 및 소규모현장 지원 "끝"

번호 (문제) 통로용 작업발판

(답).

I. 개요.

추락, 낙하 예방의 기본이 되는 통로용 작업발판의 설치기준 및 구조를 준수하고 적절한 조치로 재해예방을 도모함.

II. 통로용 작업발판의 설치기준 / 구조 (안전보건 기준 제56조)

1. 재료 : 하중을 견딜 수 있는 견고한 것

2. 설치기준 ① 폭 40cm 이상 하중 400kg 이상 지탱할 것
② 발판재료 간 틈 : 3cm 이하

3. 안전시설 ① 추락위험 → 안전난간
② 작업발판 재료 → 뒤집히거나 떨어지지 않는 것 사용
③ 허용 최대하중 표시

III. 통로용 작업발판 미설치 / 미흡에 따른 유해위험요인 및 안전대책

유해위험 요인	안전 대책
1. 난간 없는 작업자의 추락	① 안전난간 설치 ② 보호구(안전대) 착용
2. 작업발판 불량으로 근로자 동반 추락	① 견고한 재료 사용 ② 정기점검 실시
3. 조도 미확보로 작업자 추락	① 조도확보 ② 미끄럼방지조치

IV. 통로용 작업발판 재료의 안전 인증 (산업안전보건법 제84조)

자재반입 → 안전인증 확인 → 품질시험 → 현장사용

(안전담당자) (품질관리자) (시공담당자)

번호 4.　소규모 건설공사 현장에 대한 클린사업 (정책적 지원)

1. 지원대상 /조건
① 공사금액 50억 미만 건설현장 사업주
② 산재보상보험 완납 조건
③ 3회/년, 최대 2천만원

2. 대상설비
① 시스템 비계 (수직, 수평, 가새, 작업발판 등)
② 안전방망 (낙하물 방지망, 수직 방호망, 추락방지망)

3. 효과 - 안전관리 취약한 소규모 건설현장 재해율 감소.

"끝"

방호 시설뿐 아니라 Keyword 제시도 중요함!

OK

문제 5	비계와 작업발판의 안전기준

번호 (문제) 비계와 작업 발판의 안전기준.

(답)

I. 개요

가설공사 시 안전기준 미준수로 인한 재해유형이 많으므로

관련 기준 준수 및 점검으로 안전대책을 수립·이행해야 함.

II. 비계와 작업발판의 설치 사례 및 안전기준

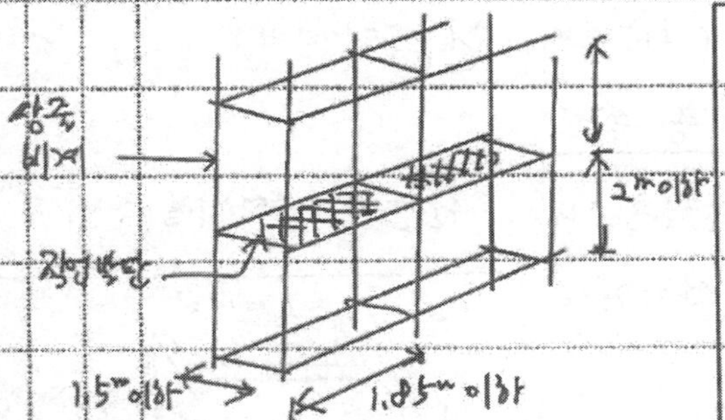

비계	작업발판
견고한 구조	- 폭 40cm 이상
비계기둥 1.85이하(띠장)	- 발판간격 3cm 이하
1.5이하(장선)	- 하중을 견디게 설치
띠장간격 2m 이하	- 안전난간 설치
적재하중 400kg 이하	

III. 비계와 작업발판의 안전기준 미준수로 인한 재해의 유형과 원인

추락 ① 안전난간 미설치, 안전대 미착용

② 추락방지망 미설치

전도 ① 규격품 미사용 ② 재료의 손상, 파손, 부식

③ 연결부, 접속부 풀림 ④ 기둥 침하, 변위

IV. 비계와 작업발판 설치 시 안전대책

1. 안전담당자 지정
2. 안전보호구 착용 (안전모, 안전대)
3. 지반의 안전성 확인
4. 악천후 시 작업중지
5. 작업반경 내 출입금지
6. 추락방지망 설치
7. 과적 금지

"끝"

문제 6 철골공사의 트랩(Trap)

문제) 철골공사의 트랩 (Trap)

답)

I. 철골공사의 트랩의 정의

트랩은 철골공사에서 근로자가 수직으로 이동하기 위한 통로로 떨어짐 재해 예방 안전대책 중요.

II. 철골 건립전 안전위해 철골부재에 사전부착 철물

공작도 포함사항
- 브라켓 (외부비계, 화물승강 설비)
- 기둥 승강용 트랩
- 구명줄 설치용 고리, 난간·방망설치용 부재 등

III. 철골공사 트랩의 설치기준

1. D16이상 철근, 강봉
2. 폭 30cm 이상
3. 설치간격 30cm이내
4. 수직구명줄 고리 사전부착

용접설치
수직구명줄 설치고리
30cm
Trap (D16이상)
30cm

〈Trap 설치 모식도〉

IV. 철골공사 트랩 이동시 가장 빈번한 떨어짐재해 예방대책

발생원인		떨어짐 예방	예방대책
· 트랩 용접부 탈락		· 용접검사	
· 안전시설 미흡		· 안전 방망 설치	
· 보호구 미착용		· 안전대 · 구명줄 체결	
· 악천후 작업		· 강풍 10m/sec 금지	

V. 웨어러블 기술 활용 떨어짐 재해 예방사례 (대전○○연결선)

- 착용형 인체 보호 에어백 설계 반영 (안전관리비)

⇒ 떨어짐 감지 에어백 자동 팽창 → 근로자 보호 "끝"

문제 7 사전조사 및 작업계획서 대상 작업

문제1) 사전조사 및 작업계획서 대상 작업.

답) (산업안전보건 기준 규칙 제38조)

1. 개요

사업주는 근로자의 위험방지를 위해 작업장의 지형 등 사전조사를 시행하고 작업계획서를 작성·주지시켜야 한다.

2. 사전조사 및 작업계획서 수행 절차

대상작업 확인 → 사전조사 및 작업계획서 작성 → 근로자 주지 → 이행여부 확인

3. 사전조사 및 작업계획서 대상작업

1) 차량계 하역·건설기계 사용
2) 건물 해체작업 (항타기·항발기)
3) 중량물 취급 작업
4) 전기작업 (50V이상)
5) 교량(일부) 설치·해체 등 13종

T/C 설치·조립·해체
2m 이상 굴착
터널작업

4. 지게차 작업시 사전조사 및 작업계획서 작성사례

사전조사	작업계획서
- 지형·지질·지반 상태 조사	- 지게차 용량·운행경로
- 주변 매설물 저촉유무 여부 확인(유관기관협의)	- 운전자 자격확인
	- 장비유도자 배치 위치

5. 사전조사 및 작업계획서 제도 실행력 강화 방안

1) 사전작업허가제(PTW)와 병행하여 승인·교육
2) 전문가가 검토후 작성하여 형식적 문서 탈피 "끝"

(문제1) 사전조사 및 작업계획서 작성 대상작업

(답)

Ⅰ. 개요

산업안전보건 기준에 관한 규칙 제38조에 의거, 사업장에 사전조사 및 작업계획서를 작성하여 안전작업이 될 수 있도록 함

Ⅱ. 사전조사 및 작업계획서 작성 근거

1. 산업안전보건 기준에 관한 규칙 제38조

2. 동 규칙 별표 4.

Ⅲ. 사전조사 및 작업계획서 작성 대상작업과 내용

1. 굴착작업 ① 굴착방법의 적정성 ② 굴착장비 적정 확인

2. 터널공사 ① 지보재 확인 ② 굴착방법 확인

3. 교량공사 ① 지반 안정성 확보 ② 신호수 배치 적정성

4. 채석공사 ① 채석방법 안전성 확보

5. 그 외 7가지 주요 공종에 대한 작업계획서 내용

Ⅳ. 사전조사 및 작업계획서 작성 절차

사전 조사	→	작업계획서 작성	→	검토 승인	→	위험성 평가	→	작업허가 (PTW)승인	→	작업 착수

Ⅴ. 사전조사 및 작업계획서 작성에서의 개선사항

1. 작업계획서 작성 대상 공종 한정 → 범위·내용 상세화

2. 작업계획서 / 장비사용계획서 / 시공계획서 내용 중복
→ 관련 계획서 일원화 + 상세화 필요

"끝"

문제 8 개구부 방호장치

문제) 개구부 방호조치 (개구부 수평 보호 덮개)

답)

I. 개요 (안전보건규칙 제43조 개구부 등의 방호조치)

사업주는 떨어짐, 맞음 등 위험있는 개구부에 안전난간, 수평덮개, 추락방호망등 방호조치를 견고하게 설치해야 함.

II. 개구부 근접 작업시 재해위험 요인

떨어짐·맞음 ─ · 덮개, 안전난간 미설치 / 임의 제거. 미고정 / · 개구부 표시 미설치 ⇒ 안전시설 설치, 유지관리. 점검, 관리감독 강화

III. 개구부 방호조치 (위한 안전시설)

위험 표지판, 수직방망, 수평보호덮개, 경고표지, 10cm, 상부 난간대, 중간 난간대, Slab, Stopper, 추락방호망

〈송도 OO APT 개구부 방호조치도〉

· 소규모 : 수평보호덮개
· 대규모 : 안전난간, 추락방호망
· 경고·위험표지

IV. 개구부 방호조치 안전 설치 기준 (유의사항)

수평 보호 덮개	안전 난간
· 개구부보다 10cm이상 크게	· 상부난간대 90~120cm
· 근로자·장비 2배하중 지지	· 100kg이상 하중지지
· 임의제거 절대 금지	· 수직방망, 추락방호망 설치

V. 스마트 안전기술 활용 승강기 개구부 안전강화사례 (송도 OO APT현장)

승강기 개구부, 안전난간 → 센서 부착 → 비정상 개폐시 경고음 / 안전관리자 즉시 통보 → 작업중지, 재해예방

"끝"

문제) 개구부 방호조치

답)

*관련법
→ 안전보건규칙 43조.

I. 개요

개구부 인근 작업시 불안전한 상태·행동으로 인하여 떨어짐 재해 발생하는바 방호조치 필요함.

II. 개구부 주변 작업 시 주요 재해위험요인.

1. 현장콘크리트 보양재 밟다가 개구부 떨어짐
2. 지붕위 작업 중 채광창(skylight)으로 떨어짐

→ 떨어짐 60%

III. 개구부 방호조치

<OO오피스텔 현장>

1) 안전난간 설치
2) 추락방호망
3) 개구부 덮개(t12)
4) 접근금지 조치

IV. 개구부 주변 작업시 떨어짐 예방 위한 중점 점검 point.

설계적	관리적	기술적
·위험성 평가	작업전 안전미팅	·안전대 부착설비
·사전조사	Hold point	·걸침길이 10cm이상
·작업계획서	Permit To Work.	·조도기준(75lux이상)

V. 지붕의 채광창 개구부 떨어짐 예방 위한 정부 지원정책

클린사업장 조성 지원
→ 근로자 50인 미만 안전덮개 지원.

<개요도>

"끝"

문제 9 개구부 수평보호덮개

[문제] 개구부 수평보호덮개

(답)

1. 법조항은 최소 1-2줄 서술 연습
2. 시간관리 관계로 1.5~2page 서술해 볼 것

I. 개요

슬래브 개구부 등으로 추락 또는 낙하재해를 방지하기 위한 보호덮개로 메탈라스, 앵글, 합판 등으로 고정함.

II. 개구부 수평보호 덮개의 필요성

1. 추락재해 발생률 최다 (건설재해 60%)
2. 추락재해 발생유형 중 개구부 안전미조치 원인비중 高

III. 개구부 수평보호 덮개의 예시 O.K

[안전보건규칙 43] 개구부 등의 방호조치

조도 75lux 이상

안전시설 안전표기

안전난간

개구부 덮개 (스토퍼 고정)

추락위험

수평형 추락방망

900 이상

발끝막이판

경고표시

IV. 개구부 수평보호덮개 미조치로 인한 추락재해 방지대책

1. 작업환경 개선 (충분한 조도, 안전시설물, 개인보호구)
2. 설계단계부터 추락방지 대책 고려
3. 위험성 평가 시 위험요인 감소대책 반영

V. 개구부 수평보호덮개 설치 시 주의사항

1. 개구부는 반드시 안전조치 (사업주의무 → 중대재해처벌법)
2. 견고한 재질 + Stopper를 이용한 고정 O.K.
3. 선조치 후 작업시행

"끝"

3.6.(119)

문제) 개구부 방호조치

답)

*관련법
→ 안전보건규칙 43조.

I. 개요

개구부 인근 작업 시 불안전한 상태·행동으로 인하여 떨어짐 재해 발생하는바 방호조치 필요함.

II. 개구부 주변 작업 시 주요 재해위험요인.

1. 현장콘크리트 보양재 걷다가 개구부 떨어짐.
2. 지붕위 작업 중 채광창(skylight)으로 떨어짐

→ 떨어짐 60%

III. 개구부 방호조치

1) 안전난간 설치
2) 추락방호망
3) 개구부 덮개(上/2)
4) 접근금지 조치

IV. 개구부 주변 작업시 떨어짐 예방 위한 중점 점검 point.

설계적	관리적	기술적
·위험성 평가	작업/안전 안전미팅	안전대 부착설비
·사전조사	Hold point	·걸침길이 10cm이상
·작업계획서	Permit To Work.	·조도기준(75lux이상)

V. 지붕위 채광창 개구부 떨어짐 예방 위한 정부 지원정책

클린사업장 조성 지원

→ 근로자 50인 미만 안전설비 지원.

문제 10 안전대의 종류 및 최하사점

문제) 안전대의 종류 및 최하사점

답)

1. 개요 (추락재해 방지 표준안전작업지침)

안전대는 떨어짐 방지 보호구로 벨트식, 안전그네식 있으며
떨어짐 근로자 보호가능 최소로프길이 (최하사점) 검토해야함

2. 안전대의 종류 및 안전대 착용 대상 작업

종류
- 벨트식
  - U자걸이 1종
  - 1개걸이 2종
  - (U자, 1개걸이 공용 3종)
- 안전그네식
  - 안전블럭 4종
  - 떨어짐방지대 5종

<대상작업>
- 2m이상 떨어짐 위험작업
  - 안전난간 없는 장소
  - 작업발판 없는장소
  - 난간밖 상체노출시
- 작업발판과 구조체 30cm이상 이격

3. 안전대의 최하사점 검토 및 판정

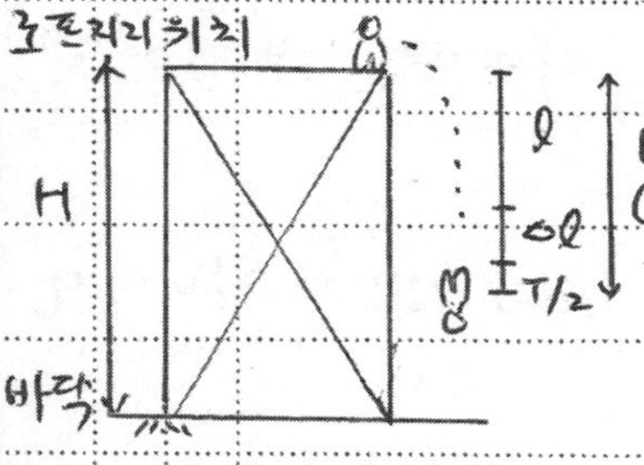

로프지지위치, H, 바닥, l, Δl, T/2, h (최하사점)

$h = l$(로프길이) $+ \Delta l$(로프신장길이) $+ T/2$(근로자키 1/2)

- 판정
  - H > h 안전
  - H = h 위험
  - H < h 중상, 사망

4. 안전대 폐기기준

- 로프: 소선손상, 오염, 횡마, 첨가되리기
- Hook: 1mm이상 손상, 녹 / 이탈방지 작동불능
- 버클: 전체 녹 / 사용한 변형
- D링: 1mm이상손상, 녹.
- Belt: 1mm 이상 손상 / 재봉실 절단

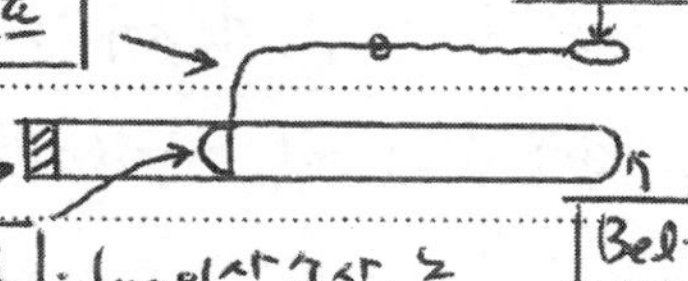

5. 떨어짐 예방위한 스마트안전기술 적용사례 (대전○○ 연결선현장)

1) 착용형 인체보호 에어백 - 떨어짐 감지 에어백 작동

2) 스마트 안전대 - 체결여부 통보, 경고 "끝"

번호 * 건설현장에서 사용하는 안전대의 종류

종류	등급	사용구분	비고
벨트식	1종	U자걸이 (전신주)	
	2종	일자걸이	
	3종	U자+일자	
안전	4종	안전블럭	
그네식	5종	떨어짐 방지대 (달비계)	

* 스마트 안전 장비 도입 의무화 ('19.4 공공공사 추락사고 방지 시범적용)

안전관리비 항목확대 → '20.3 민간공사 확대.

<스마트 개인 안전 보호구>

안전모. 안전대 미착용시 경고음. 위험지역 접근 경고

<건설장비 접근 경보시스템>

장비와 작업자간 충돌위험 감지위한 경보 및 장비정지

<붕괴 위험 경보기>

비계. 거푸집. 흙막이 등 가설구조물 붕괴 위험 감지

<스마트 터널 모니터링 시스템>

터널 내부 작업인원 및 장비위치 파악.

비산먼지 등 작업환경 자동 측정

<스마트 건설 안전 통합 관제 시스템>

작업인원 및 장비 원격 관제, 붕괴, 화재, 침수 등

현장 긴급 재해 대응

번호 (문제) 안전대의 종류 및 최하사점

(답)

I. 개요.

안전대는 종류별 적정하게 사용되어야 하고 최하사점을 고려한 지지대를 설치하여 작업 전 이상유무 및 폐기기준을 확인하여야 함.

II. 안전대의 종류

종류	사용 구분	비고
벨트식	U자걸이 전용	재질: 나일론, 폴리에스테르
	1개걸이 전용	
안전그네식	안전블록	비닐론 등의 합성섬유
	추락방지대	

III. 최하사점

1. 정의 : 추락 시 근로자의 안전을 확보할 수 있는 로프의 한계길이

2. 최하사점 의 로프 한계길이

$$H > h = l + \alpha \cdot l + T/2$$

l : 로프의 길이

$\alpha \cdot l$: 로프의 신장길이

$T/2$: 근로자 신장의 $1/2$

폐기기준언급

IV. 최하사점의 판정 및 안전대 사용시 주의사항

1. 최하사점의 판정

$H > h$: 안전

$H = h$: 위험

$H < h$: 중상, 사망

2. 안전대 사용시 주의사항

① 안전대로프 지지위치는 벨트위치보다 높게

② 경사면 작업시 지지로프 사용

③ 물체에 충돌하지 않는 위치에 안전대설치

④ 바닥면 낮은위치 사용시 로프길이 2배이상 높게

"끝"

문제14) 안전대의 종류 및 최하사점

1. 개요

안전대의 종류에는 벨트식과 안전그네식이 있으며

설치, 사용시 최하사점을 고려하여야 한다.

2. 안전대의 종류

구분	종류	※ 대상작업
벨트식(B)	U자 걸이 (1종)	① 작업발판 없는장소
안전그네식(H)	1개걸이 (2종)	② 안전난간 없는 장소
	안전블록, 추락방지대	③ 난간대 설치 내면의 작업

3. 안전대의 최하사점 검토 및 판정기준

(※ 최하사점 이하시) 발높이시 체중의 2배

X, OK, 머리높이 고정

$h = l + \alpha \cdot l + T/2$

(l : 로프길이, $\alpha \cdot l$: 로프신장길이

$T/2$: 작업자 키/2)

$\therefore F.S \Rightarrow$ $H > h$: 안전

4. 안전대 설치, 사용시 재해위험요인 및 안전대책

(← 사용단계별 중점안전관리사항)

재해위험요인	안전대책
1) 안전대 로프 손상으로 떨어짐 재해	1) 폐기기준 준수 (벨트, D링 등 1mm 이상손상)
2) 안전대 고정점 불량	2) 머리높이 고정점 확인

5. Smart 안전기술을 활용한 안전대 사용시 안전확보 방안

1) 스마트 추락방지대 (IoT 기술) → 미체결시 경보

2) 스마트 에어백 착용 → 떨어짐 사망재해 예방 "끝"

문제 11 안전대의 폐기기준 및 사용 시 주의사항

(문제 1) 안전대의 폐기기준 및 사용시 주의사항

(답)

I. 개요

안전대는 근로자의 떨어짐 방지와 근로자를 보호하기위한 보호구로 적정 기준을 넘을 경우 폐기교체확인

II. 안전대의 종류 및 사용구분

종류	사용구분	비고
벨트식	U자걸이 전용	소개 : U자걸이, 1개걸이 폴리에스테르, 비닐론 등 합성섬유
	1개 걸이 전용	
안전그네식	안전블럭	
	추락방지대	

III. 안전대 착용대상 작업

1. 높이 2m 이상 추락위험이 있는 작업
2. 추락위험이 있는 장소
   ① 작업발판이 없는 장소 ② 안전난간이 없는 장소
   ③ 난간대로 상체를 내밀어 작업을 하는 장소

IV. 안전대의 폐기기준

종류	폐기 기준
Rope	① 소선에 손상 ② 비틀림이 있는 것 ③ 링마로 된 부분이 헐거워진 것
Belt	① 1mm 이상 손상, 변형 ② 심한 마모 ③ 재봉부분이 이완
D링, 버클	① 변형된 것 ② 크랙 ③ 1mm이상 손상

카라비너 ① 이탈방지 장치 작동불량
② 버클의 체결 및 작동상태 불량

/끝/

문제 12 추락방호망의 설치기준

문제) 추락방호망의 설치기준

답)

I. 개요 (안전보건규칙 제42조 추락의 방지)

사업주는 추락위험장소에 작업발판 설치하여야 하며 작업발판 설치곤란시 추락방호망 설치하여야 함

II. 추락방호망의 구성요소

1. 그물코 : 한변의 길이 10cm이하
2. 테두리로프 : 재봉사로 방망과 고정
3. 달기로프 : 길이 2M이상

그물코 방망사 테두리로프 방망 재봉사 달기로프

<추락방호망 구성요소>

III. 추락방호망의 설치기준

1. 작업면으로부터 수직거리(H) : 10M이내
2. 망처짐(S) : 짧은변길이 12% 이상
3. 내민길이(B) : 3M 이상
4. KS 성능기준 적합제품

안전방망 H B S 안전방망

IV. 추락방호망 사용시 유의사항

1. 설치·해체시 안전시설 확보 (비계·고소작업대·안전대착용등)
2. 용접·용단시 불티 방호조치, 용접후 점검 및 손상교체
3. 3개월마다 정기점검, 보수·교체

V. 추락재해 빈번한 지붕공사시 추락방지대책

상부난간대 ← 수직보호망 안전대부착설비 중간난간대 600mm 발끝막이판 비계 → (안전난간 및 작업발판)	1. 안전대 부착설비 2. 안전난간 및 작업발판설치 3. 습기·눈·이끼제거 "끝"

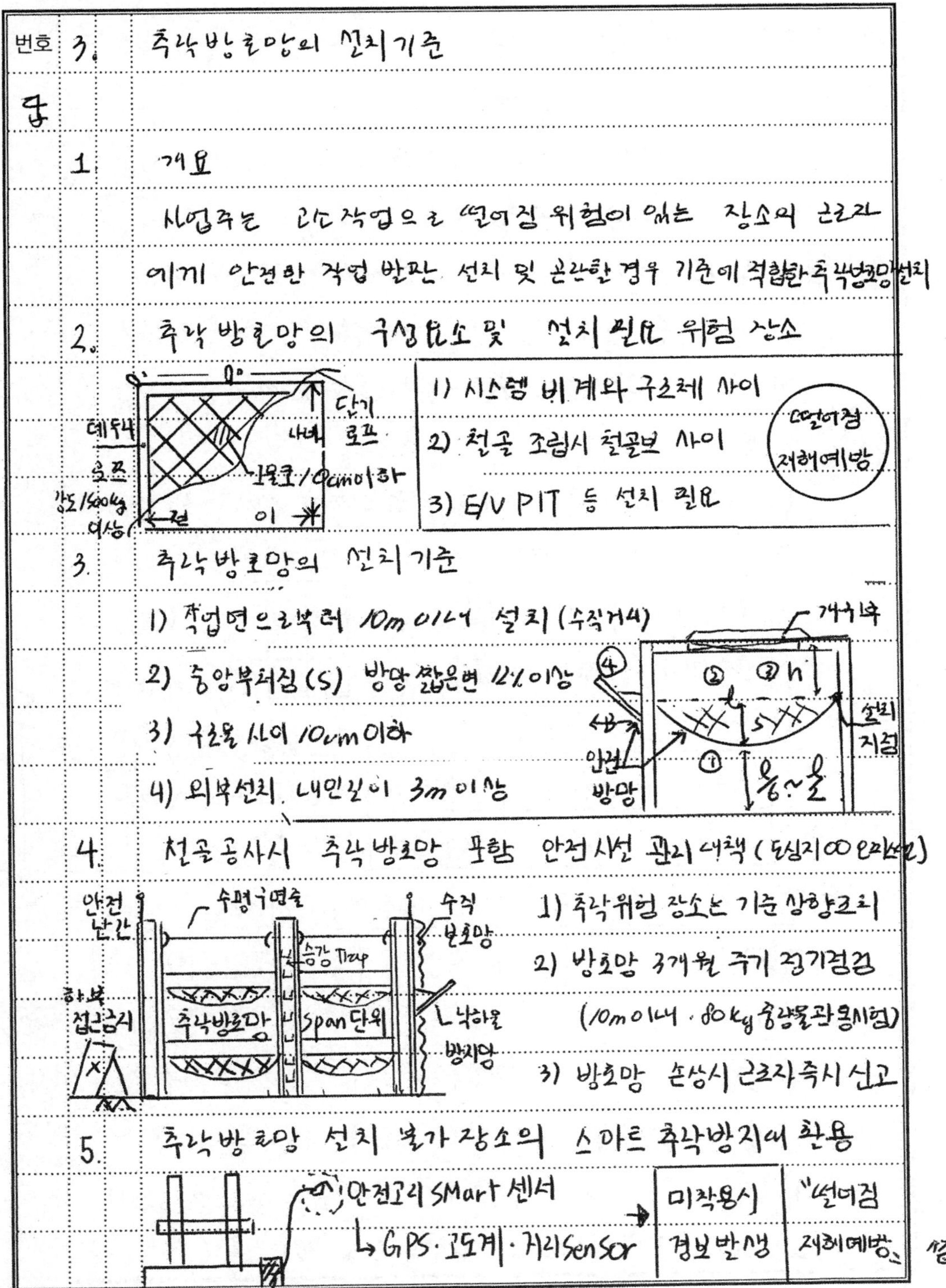

번호 3. 추락방호망의 설치기준

답

1. 개요

사업주는 고소작업으로 떨어질 위험이 있는 장소의 근로자에게 안전한 작업 발판 설치 및 곤란한 경우 기준에 적합한 추락방호망 설치

2. 추락방호망의 구성요소 및 설치 필요 위험 장소

1) 시스템 비계와 구조체 사이
2) 철골 조립시 철골보 사이
3) E/V PIT 등 설치 필요

(떨어짐 재해예방)

3. 추락방호망의 설치 기준

1) 작업면으로부터 10m 이내 설치 (수직거리)
2) 중앙부처짐(S) 방망 짧은변 12% 이상
3) 구조물 사이 10cm 이하
4) 외부설치 내민길이 3m 이상

4. 철골공사시 추락방호망 포함 안전시설 관리 대책 (도심지 00 오피스텔)

1) 추락위험 장소는 기준 상향조치
2) 방호망 3개월 주기 정기점검
(10m 이내 · 80kg 중량물관통시험)
3) 방호망 손상시 근로자 즉시 신고

5. 추락방호망 설치 불가 장소의 스마트 추락방지대 활용

안전고리 SMart 센서
→ GPS · 고도계 · 거리Sensor

미착용시	"떨어짐
경보발생	재해예방"

끝

문제4) 추락방호망 설치기준

1. 개요 (안전보건규칙 제 42조)

사업주는 근로자가 추락·전도 위험이 있는 장소에 성능 기준에 맞는 추락방호망을 설치해야 한다.

2. 추락 방호망 설치·유지관리시 유해·위험 요인 (재해)

1) 미인증품 성능미달 2) 손상이후 교체 미실시

3) 설치시 작업발판 불량 4) 안전대 미착용

3. 추락 방호망 설치기준

1) 작업면으로부터 가까운 지점 (10m 이내), 3~4m 이내.

2) 수평설치, 처짐은 짧은 변길이 12% 이상

3) 내민길이는 벽면 3m이상

4) 인장강도 기준준수

그물코	매듭 X	매듭 O
10cm	240kg	200kg

※ 인장강도 30% 손상시 폐기 (감소)

테두리로프
방망
그물코 (10cm) 이하
달기로프
<추락방호망 구조>

개구부
안전난간
추락방지망
추락방지망

4. 추락 방호망 설치·유지관리시 중점 안전관리 사항

자재 반입	설치 작업	점검 관리
- 안전인증(KCs)	- 안전대 착용	- 수시 점검 (3개월 이내)
- 품질검사	- 관리감독자 지휘	- 파손 여부 확인

5. OO 철골공사 현장의 추락방호망 사용시 안전확보사례 ↔ 용접작업 실수 관리감독자의 중점 check point.

1) 용접·용단 작업시 불티 비산 덮개 사용 → 손상방지

2) 작업 종료후 방호망 점검·손상 재료 즉시 폐기 "끝"

문제 13 추락방호망

번호 (문제) 추락방호망

(답)

I. 개요

사업주는 근로자가 추락하거나 넘어질 위험이 있는 장소에서는 위험방지를 위하여 필요한 조치를 하여야 함.

II. 추락방호망 설치 사례 및 설치 기준

작업점 3~4m 아래 설치

추락방호망

10m 이하

건물외측 설치

8m

3~4m

내민길이 3m 이상

설치기준

1. 작업면으로부터 가까운 지점
2. 수직거리는 10m 이내
3. 망의 처짐 : 짧은변 길이의 12% 이상
4. 건물외측 설치시 내민길이 3m 이상

III. 추락방호망 방망사 구성 및 인장강도.

달기Rope

테두리 Rope

매듭

재봉사

방망

그물코

그물코	방망사 인장강도 (kg) (( ) 안은 폐기 강도)	
	매듭없음	매듭있음
10cm	240 (150)	200 (135)
5cm	-	110 (60)

IV. 추락방호망의 인장강도 시험 및 성능기준

1. 인장강도 시험
   - ① 방법 : 80kg추 10m 높이 자유낙하
   - ② 시기 : 6개월마다
2. 성능기준
   - ① 한국산업표준 (산업표준화법)에 적합한 것
   - ② 그물코 20mm 이하 → 낙하물 방지망 설치인정.

"끝"

문제 14 지붕 위에서의 위험방지

문제) 지붕위에서의 위험방지

답)

* 동절기 지붕 위 작업
→ 서리. 눈. 살얼음 등 사전제거 필수

I. 개요 (안전보건규칙 제45조)

사업주는 근로자가 지붕위에서 작업시 떨어짐, 넘어짐 방지위한 안전난간, 홀로 등 조치취해야 함. ('21.11 법개정)

II. 지붕위 작업의 재해 취약성

소규모 현장 다수 → 안전관리자 부재 / 안전시설 생략 → 고소작업 떨어짐 / 자재. 도구에 맞음 / 전기선 감전, 용접 화재

III. 지붕위에서의 위험방지

구분	방지 대책
떨어짐	안전난간. 안전방망 설치 채광창에 견고한 덮개 슬레이트 지붕 폭 30cm 발판
물체에 맞음	정리정돈. 하부 통제
감전. 화재	절연방호. 불티비산방지 덮개

수직보호망, 안전대 부착설비, 안전난간: 상부난간대, 중간난간대, 발끝막이판, 지붕, 600mm, 비계

< 지붕 안전난간 설치도 >

IV. 지붕위 작업시 안전을 위한 공사관계자의 역할

관계자	역할
건물주	건물정보 제공 (지붕재질. 구조. 보수이력 등)
설계자	고소작업 최소화, 취약재료 배제
관리감독자	작업계획서. 안전교육. 보호구 지급. 점검

V. 지붕위 작업시 떨어짐 재해 예방위한 클린사업장 조성지원사업.

- 대상 : 50인 미만 사업장 (소규모 사업장)
- 지원 : 지붕 채광창 안전덮개 구입비의 70%.

"끝"

번호2. 지붕에서의 위험방지

답)

1. 개요

국내 재해의 대부분은 소규모 현장 그리고 지붕등 떨어짐 재해를 차지하고 있어 관리가 필요함

2. 지붕에서 위험방지 대책 필요성

→ 3대사고中 34%
떨어짐 재해 비율 가장 높음
끼임, 부딪힘

소규모현장 재해비율 70%
50억 이만 안전관리자 미선임

3. 지붕에서의 위험방지 대책 (채광창 설치 공사 중심)

1) 채광창 덮개
2) 지붕 슬레이트 30m 걸림 보강 강화
3) 외부비계 안전난간
4) 떨어짐방지 추락보호망

안전방망·안전난간 ② ③ ⑤
① 채광창 덮개
안전펜스 →
④ 안전방망 10m 나4

4. 지붕에서 떨어짐 방지 외부 비계설치 선행안전난간대 적용

문제	지붕 외부 작업용 비계설치시 위험
개선	산업위험 개선지원 사업 지원 / 선행 일체형 난간대 적용 ⇒ 떨어짐 예방

5. 소규모 지붕·떨어짐 재해예방 강화 대책

위험성평가 컨설팅 → 공사신고단계 부터 컨설팅 지원

"끝"

문제 15 달비계의 구조

문제) 달비계의 구조

답)

1. 개 요

달비계는 건물외벽 작업위한 이동설치 가능 비계로

와이어로프 및 섬유로프 폐기기준 준수등 떨어짐 예방중요.

2. 달비계의 종류 및 주사용 공종

종류			공종
	· 곤돌라형 달비계	· 건물외벽 마감 · 도장	
	· 작업의자형 달비계	· 유리창 청소, 보수 등	

3. 달비계의 구조 (안전보건규칙 63조 법 개정사항)

곤돌라형	작업의자형	작업발판 / 고정점(2점지지) / 보호덮개 / 수직구명줄 / 작업의자(4점지지)
· 와이어로프 ┐ 점검	· 섬유로프 점검	
· 달기체인 ┘	· 고정점 2개이상	
· 작업발판 40cm	· 로프·구명줄 보호덮개	
· 안전대·구명줄	· 안전대·구명줄	〈00건설센터 작업의자형〉

4. 와이어로프, 달기체인, 섬유로프 사용금지 조건

와이어로프	달기체인	섬유로프
· 소선수 10% 이상절단	· 늘어난길이 5% 초과	· 꼬임 끊어진 것
· 공칭지름 7% 초과 감소	· 지름감소 10% 초과	· 심한 손상·부식
· 심한 부식·변형 등	· 균열, 변형 등	· 2개이상 연결한것

5. 작업의자형 달비계 떨어짐 재해 예방위한 발전과제

현행		과제
건물 옥상내 고정점 명확한 기준부재	고정점 설계기준 정립 및 설치의무 법제화.	

"끝"

번호 (문제) 달비계의 구조

(답)

I. 개요

최근 안전보건규칙 개정으로 달비계작업을 작업의자형 달비계와 곤돌라형 달비계로 구분, 종류별 안전조치를 명확히 규정함

II. 달비계의 구조 및 안전수칙 (안전보건규칙 제63조) OK.

곤돌라형 달비계 (개정)	작업의자형 달비계 (신설)
와이어로프 / 구명줄 / 작업발판	작업용 섬유로프 / 구명줄 / 작업의자
1. 작업발판 폭 40cm 이상	1. 작업대는 견고한 구조
2. 근로자 안전대와 구명줄 체결	2. 4개 모서리에 로프 매달기
3. 와이어로프 폐기기준 준수	3. 작업용섬유로프·구명줄은
4. 심한변형 달기체인 사용금지	서로다른 고정점에 결속

III. 달비계 구조 및 안전수칙 미준수로 인한 재해유형

1. 지지로프 풀어지거나 파단되어 떨어짐 재해위험요인
2. 달비계가 기울어져 떨어짐
3. 달비계 급강하로 떨어짐

IV. 달비계 작업 시 재해예방 대책

1. 달기기구 점검 (와이어로프, 달기체인) OK.
2. 심하게 손상·변형·부식된 달기강선, 달기강대 사용금지
3. 근로자 안전대의 안전줄을 달비계 구명줄에 체결

"끝"

문제 16 작업의자형 달비계 설치기준

문제 7) 작업의자형 달비계 설치기준

1. 개요

사업주는 건물 외벽 도장 등 작업시 작업의자형 달비계를 기준에 맞게 설치하여 추락재해를 예방해야 한다.

2. 작업의자형 달비계 설치시 추락 유해·위험요인

1) 수직구명줄 미설치　　2) 로프 체결 불량·풀림

3) 작업대 노후화　　4) 로프 고정점 불량

3. 작업의자형 달비계 설치기준

수직구명줄, 2점지지, 보호조치, 작업줄, 안전대 체결, 작업용 섬유로프, 작업의자, 하부작업통제, 신호수, 수건등 충전, pvc pipe 보강, 충분한 강도 확보.

1) 작업대 튼튼한 구조

2) 작업대 4개 모서리 지지

3) 작업용 섬유로프 2점지지 (Con'c 고리, 철재구조물)

4) 절단위험시 로프 보호조치

5) 작업중 표시. 접근금지

4. 작업의자형 달비계 작업시 단계별 안전보건 지침

작업 전	작업 중	작업 종료 후
- 작업계획서 작성	- 관리감독자 지휘	- 로프 손상점검
- 특별안전보건교육	- 악천후시 작업중단	- 작업대·로프 보관

5. OO 오피스텔 외벽 도장공사시 근로자 안전·보건 확보 방안

안전대책	보건대책
- 안전대 착용	- MSDS 교육
- 수직구명줄 설치	- 방진마스크 착용
- 로프 결속 확인	- 유해가스측정 "끝"

5. 달비계 안전사고 방지 방안

1) 기술지원 · 패트롤 점검 (불시 시행)

2) 자율점검표 · 홍보자료 배포 → 안전의식 고취

6. 달비계 사용하는 작업을 대체하는 드론 도장기술 개발

※ 3대 재해 예방조치

1) 안전대를 별도의 수직구명줄 체결

2) 작업용 섬유로프 결속상태 확인

3) 작업용 섬유로프 파손·마모 가능성 확인

문제 17 부적격 와이어로프의 사용금지조건(Wire Rope의 폐기기준)

문제) 부적격 와이어로프의 사용금지조건 (Wire rope의 폐기기준)

답)

1. 개요 (안전보건규칙 제63조)

와이어로프 사용전 이상유무 점검 및 부적격 와이어로프 사용금지하여 사전재해 예방하여야 함.

2. 부적격 와이어로프 사용시 물체에 맞음 재해 Mechanism

- 안전결함 — 불안전한 상태 — 기인물 (Wire rope, 철근인양 (H=15m))
- 안전계수, 충격·중하중등 미고려
- Wire rope 노후화 (소선절단, 직경감소)
- 가해물 (철근 D22×20EA 물체에 맞음)
- 불안전한 행동 → 사고 → 재해

<송도 OO APT slab 철근 인양시 물체에 맞음 재해 사례>

3. 부적격 와이어로프의 사용금지 조건

폐기기준
- 소선수 10% 이상절단
- 이음매 있는것
- 꼬인것
- 공칭지름 7% 초과감소
- 열·전기충격 손상
- 심하게 변형부식

Core(심), 소선(wire), 공칭지름, strand(가닥)

<Wire rope 단면도>

4. 와이어로프 취급시 주의사항 (송도 OO APT 현장)

내부 환기·습도조절 시설 설치

와이어로프 보관/검사소, 주의사항

안전표스터·관리자연락처

<컨테이너 활용 보관·검사소 운영현황도>

1) 보관
- 와이어로프 보관소 운영
- 정기점검 (주1회).

2) 취급
- 부식, Kink 등 확인
- 최대하중결정 확인
- 악천후시 금지

"끝"

번호 〈 와이어로프 관련 내용 〉

* 사용금지 조건 (폐기기준)

와이어로프	달기 체인	섬유로프/벨트
· 소선수 10% 이상절단	· 늘어난 길이 5% 초과	· 꼬임이 끊어진것
· 심하게 부식 · 변형	· 지름 10% 초과 감소	· 심하게 손상 · 부식
· 열 · 전기충격 손상	· 균열 · 변형	· 2개이상 연결한것
· 공칭지름 7% 초과 감소		· 작업높이보다 짧은것
· 꼬인것		
· 이음매 있는 것		

* 와이어로프의 안전계수

안전계수(S) = $\frac{\text{절단하중}}{\text{최대하중}}$

- 근로자 탑승시 10이상
- 화물 인양 지리 5이상
- 그외 작업 4이상

* 와이어로프 작업시 총하중 · 개별가닥하중 산정법

1. 총하중 W_1
2. 한가닥하중 $W_2 = \frac{W_1}{\cos\frac{\theta}{2}}$

(θ=60°가 이상적)

60° 이하, θ, W_1, W_2, W_1

* 악천후 조건 -
  - 강풍 10m/sec 이상 → 작업금지
  - 강우 1mm/hr 이상
  - 강설 1cm/hr 이상

문제) 부적격한 와이어로프의 사용금지 조건

답)

I. 개요	※ 관련법 → 안전보건규칙 제63조

부적격한 와이어로프 사용시 추락·낙하·붕괴 등의 재해 위험이 높으므로, 작업 시 사전 점검이 중요함

II. 부적격한 와이어로프에 의한 주요 재해위험요인.

1. 곤돌라 작업 시 파단에 의한 근로자 추락
2. 항타·항발기 파단에 따른 전도·무너짐
3. 건설기계 인양작업 중 파단, 근로자 맞음

→ 중대재해 발생

III. 부적격한 와이어로프의 사용금지 조건

와이어 로프	달기 체인	섬유 로프
· 소선 10% 이상 절단	· 지름 10% 이상 감소	· Strand 절단
· 지름 7% 초과 감소	· 늘어난 길이 5% 초과	· 이음매
· Kink 된 것	· 균열·변형	· 2개 이상 꼬인 것
· 변형 부식된 것	· 부식 발생	· 마모 된 것

IV. 와이어로프 작업 시 주의 사항

1. 절단 시: 기계절단 (용접절단 금지)
2. 보관 시: 별도 보관소 운영, 통풍·환기
3. 사용 시: 정기 점검 (주 2회 이상)

→ "작업 전 Hold point 운영"

V. 건설기계를 활용한 인양작업 시 중점 안전 점검 point.

· Hook 해지장치, 달기구 부착 유무
· 30cm 인상 후 일단 대기, 조사

→ "이상 시 즉시 교체 제거" "끝"

문제 3) 부적격한 와이어로프의 사용금지 조건(wire-rope 폐기기준)

답)

I. 개요.

와이어로프는 손상여부를 수시로 점검하여 파단으로 인한 낙하사고를 방지하여야 한다.

II. 이동식 크레인 인양작업 시 와이어로프 안전율 검토.

-bmm

↳ wkg

1) 파단강도 : $b^2/20$ 하물.

2) 단말효율 : α 3) 안전계수 : 5

⇒ $b^2/20 \times 2 \times \alpha \times \cos\frac{\theta}{2}/5 > w$ … OK.

<w … NG

III. 부적격 와이어로프의 사용금지 조건

1) 소선의 끊어짐. - 10% 이상

2) 공칭지름 감소 - 7% 초과

3) 이음매·꼬인 것

4) 심한 변형·부식, 열/전기 충격

지름

스트랜드

심.

소선

<와이어로프 구성>

IV. 기둥 설치, 인양작업 시 와이어로프 기인 재해방지

1) 반입 전 - KS인증 확인·안전율검토

2) 작업 전 - 관리감독자 확인점검.

3) 작업 중 - 3·3·3 법칙준수 ⟶ 지면이격, 30cm, 3초간 3m이내통제

4) 작업 후 - 손상 와이어로프 제거

V. 크람쉘 상·하차 현장 와이어로프 점검여부 식별관리

1) 빨·주·노·초·파·보 - 6개월 cycle 식별띠부착

⇒ 식별띠 손상 및 월말 교체 시 정밀점검.

문제 18	강관비계 조립 시 준수사항

문제18) 강관비계 조립시 준수사항

1. 개요

건설현장 사고수는 강관비계 조립시 추락·전도·낙하 재해를 예방하기 위하여 비계 조립도를 준수하여 시공하여야 한다

※ 높이 31m이상 비계 → 구조적 안전성 확인

2. 강관비계 조립시 재해위험요인

1) 작업발판·안전난간 불량으로 추락

2) 지지지반 침하·조립도 미준수, 전도

3) 공도구 낙하·물체낙하 재해

3. 강관비계 조립시 준수사항

1) 깔판·깔목, 밑둥잡이

2) 접속부 연결철물

3) 교차가새 보강(10m)

4) 벽연결 5m 간격

5) 가공전로 접촉방지 조치

400kgf 지지
31m이상
안전난간
1.0m
발끝막이판
40cm
작업발판
1.85m
가새
2m
2층 강관
GL
지지
1.5m 이상
< OO수로 APT 강관비계 >

4. 강관비계 조립·해체시 단계별 안전확보 방안

1) 작업 전 : 관리감독자 지휘·작업계획서 수립

2) 작업중 ① 악천후시 중단·출입제한구역

② 달줄·달포대 사용 및 상하동시 금지

3) 종료후 : 비계 구조부 손상여부 점검·보수

5. 소규모 건설현장 안전확보를 위한 클린사업장 조성지원사업

1) 개요 : 시스템 비계 설치비·추락방호망 등 보조·지원

2) 기대효과 : 강관비계 작업시 재해율 감소 "끝"

문제 19 이동식 비계

문제) 이동식 비계

추락예방 5대 가시설
작업발판, 안전난간, 사다리
개구부 덮개, 이동식비계

답)

1. 개요

이동식 비계는 비계용 주틀의 하단에 바퀴를 부착한 비계로 넘어짐, 떨어짐 예방 대책 수립·준수 중요.

2. 이동식 비계의 재해유형

넘어짐	바퀴 미고정, 편심하중
떨어짐	안전난간·작업발판, 승강 사다리 불량

3. 이동식 비계 사용시 재해 예방 대책

넘어짐	브레이크·쐐기 등 바퀴 고정 아웃트리거 최대로 설치
떨어짐	승강용 사다리 견고히 설치 ┐ 딛거나 기대어 안전난간 견고히 설치 ┘ 작업금지 작업발판 수평, 최대적재하중 250kgf 이내

4. 이동식 비계 높이 제한 (구조적 안전성 확보)

· $H < 7.7L - 5.0$

H : 바퀴하단 ~ 작업발판

L : 고정형 : $A + b_1 + b_2$
　　회전형 : $A + (b_1 + b_2)/2$

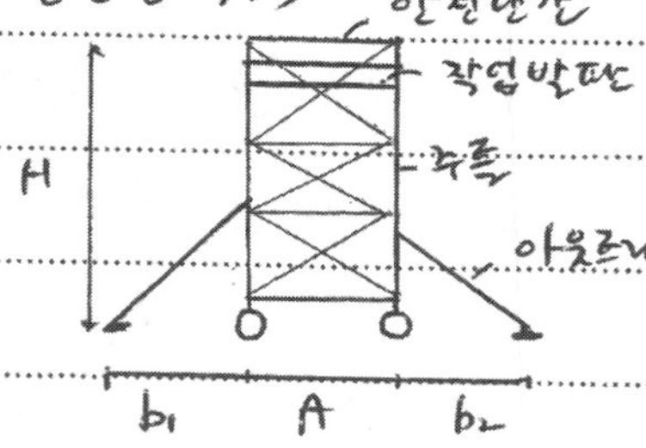

5. 이동식 비계 통합 관리 통한 떨어짐 예방 사례 (송도○○APT현장)

· 당사에서 이동식 비계 구입·관리 → 관계수급인 필요시 제공

⇒ 협력업체 근로자 떨어짐 예방 및 재정부담 완화 "끝"

문제 20 시스템 비계

(문제) 시스템 비계

I. 개요

시스템 비계는 조립·해체가 신속하고 작업발판과 안전난간이 동시에 설치되어 강관비계에 비해 작업성이 우수하나, 장소제한이 큰 단점이 있음

II. 시스템 비계의 특징

1. 연결재가 적은 구조 2. 부재결합이 간단 (불완전 결합구조)

3. 조립 정밀도가 낮은 구조 4. 구조적인 문제 (과소단면) 구조

III. 시스템 비계의 구성요소 및 조립시 준수사항

벽체연결 [illegible] 1.5M [illegible]

수직재 (Ø48.6 x 2.3t, STK500)

띠장 (Ø42.7 x 2.3t)

1900

475

475

1900

가새 (Ø42.7 x 2.3t)

Jack Base (Ø34 x 4.5t, STK500)

1800

1800

장선 (Ø42.7 x 2.3t)

1. 수평, 수직 견고한 설치
2. 가공선로 근접시 절연용 방호구
3. 연결재 겹침길이 확보
4. 받침철물 300mm 이상 삽입
5. 수직도 확보

IV. 시스템 비계의 재해원인 및 재해유형

〈원인〉		〈재해유형〉
① 지반불량에 의한 침하	→	· 근로자 추락
② 보강재 미설치		· 시스템비계 전도
③ 집중하중 발생		· 붕괴
④ 수직도 불량		· 자재 낙하
⑤ 가새 미설치 · 난간 미설치		
⑥ 간격 미준수		

✓ 시스템 비계 조립 시 안전대책

정부지원 (클린사업)	사업자 의무
① 공사금액 50억 미만 현장 설치비용지원	① 안전관리계획서 작성
② 설치 시 도급공사 확인	② 건진법에 의한 가설구조물
③ 기술지도 계약여부 확인	구조안전성 확보 (법 제101조2)

★ 강관비계와 시스템 비계의 비교

	강관 비계	시스템 비계
작업성	불량 (개별독립소.. 통로설치곤란)	우수 (규격화)
안전성	강성 확보 (적정수 적용)	강성 저하우려 (적정수 많음)
	수직에 변위 발생우려.	숙련도에 따라 영향 큼
	설치시 위험성 큼	설치시 상대적으로 안전
	작업시 안전발판 설치.	작업환경 양호 (계단설치로 이동성 양호)
설치조건	장소 제한이 덜함	장소제한 큼
	수정용이	수정제한

- 1억미만 해체공사
- 시스템비계이 우수함 (경제적 지원)

★ 클린사업

- 지원대상 / 조건
  - ① 공사금액 50억원 미만 건설현장사업주
  - ② RC 공사 등, 비계구조물 해체공사 고소작업 [illegible]
  - ~~③ 산재보상 보험 가입 조건~~
  - ④ 시스템비계 설치 면적구간별 정액 지원
  - ⑤ 동일 사업주 지원횟수 제한 (3회/년, 최대 2천만원)
  - ⑥ 기술지도 미계약 현장 (1억원이상) 지원 제한.
- 대상설비
  - 시스템비계 (수직, 수평, 가새재, 안전난간, 가설계단, 작업발판 및 부속품 등 일체)
  - 안전방망: 낙하물 방지망 (틀비계 [illegible]), 추락 방호망, 수직 방호망

문제 21 건축공사 시 동바리 설치 높이가 3.5m 이상일 경우 수평연결재 설치 이유

문제 13. 건축공사시 동바리 설치높이가 3.5미터 이상일 경우 수평연결재 설치 이유 (답)

I. 개요

건축공사시 동바리 설치 높이가 3.5m이상일시 붕괴 등에 대하여 수직하중에 대한 저항력 증가, 좌굴하중 증가하여 붕괴 방지 된다.

II. 건축공사 동바리 설치 전 사전 검토 사항

(사전 검토 사항)

1. 구조적 검토사항
   1) 조립도 작성
   2) 부재의 재질, 간격, 이음
2. 실질적 검토 사항
   1) 근로자 수평타진 교육 2hr 이상
   2) 동바리 자재의 보관 검사.

III. 건축공사시 동바리 설치 높이가 3.5미터 이상일 경우 수평연결재 설치이유

1. 수평연결재 설치이유
   1) 상부하중 (특수/일반) 에 대한 좌굴 방지
   2) 측면 충격에 대한 안정성
   3) 좌굴길이 조절에 따른 안전성
   4) 편심하중 (Sideway)
2. 좌굴하중 검토

오일러의 Law

$$\text{좌굴하중}(P_{cr}) = \frac{\pi^2 EI}{(KL)^2}$$

K: 상수, L: 기둥의 길이

IV. 건축공사시 수평연결재의 거푸집 동바리의 안전조치 (제332조)

1. 수평연결재 선정
   - 조립도 작성. 구조검토 실시.
   - 가설기자재 성능 시험 실시

↓

2. 수평연결재 설치
   - 파이프 support 3개이상 사용하지 않는다
   - 4개이상 전용 Bolt

↓

3. 콘크리트 타설시
   - 점검 편심 하중 → 균형한 타설.
   - 타설시 거푸집 변형. 변위 감시해야함 "끝"

문제 22 휴게시설의 필요성 및 설치기준

문제) 휴게시설의 필요성 및 설치기준

답)

1. 개요 (안전보건규칙 79조, 567조 휴게시설 설치)

사업주는 근로자의 신체적 피로 및 정신적 스트레스 해소 위한 휴게시설 제공 및 쾌적한 유지관리 해야함

2. 불안전 행동의 배후요인인 피로의 원인, 문제점 및 대책

원인		⇒		⇒		대책
	· 작업적 - 중노동		의식수준 저하 · 재해발생		· 적정휴식	
	· 환경적 - 고온·한랭				· 휴게시설	
	· 개인적 - 심리불안				· 심리상담	

3. 휴게시설의 필요성

휴게시설
- 1) 산업재해. 질병예방 (온열·한랭질환)
- 2) 사업장 편익증가 (약 2.2배 증가 조사)
- 3) 업무능력 향상 (집중력·품질향상)

4. 휴게시설의 설치기준

공간	최소 $6m^2$ ($1m^2$/10인), 작업장 100m마다 설치
내부 환경	냉·난방, 환기시설, 의자·탁자 등 비품 자연채광 권장 (100 ~ 200 lux), 소음 50dB이하
관리	주기적 청소·소독, 가설전기안전, 화재감시인

5. 고령 근로자 피로저감위한 안전보건 활동 (송도 00 APT현장)

1) 휴게시설 확충 (민감군 및 코로나 19대응)

: 기준 100m 마다 → 50m마다 추가 설치

2) 고령자 수시 보건관리 및 경작업 (RMR 2이하) 우선배치 "끝"

문제7) 휴게시설의 필요성 및 설치기준

1. 개요

사업주는 근로자 피로 및 스트레스 해소를 위해 안전한 장소에 휴게시설을 설치해야 함 (※ 법개정 사항

2. 휴게시설의 필요성 (산업안전보건법 제128조의2)

1) 신체적 피로 · 정신적 스트레스 해소
2) 산업재해 예방 → 사업장 편익 증가
3) 업무능률 향상 (집중력 · 품질향상)

3. 휴게시설의 설치기준

설치 위치	설치 방법
1) 분진 · 유해물질 발산장소와 격리 (갱내는 제외)	1) 공간 : 최소 6m², 100m 이내 2) 휴식의자 · 환기시설 3) 야간작업시 수면장소
2) 고열 · 한랭장소 격리	4) 소금 · 물 · 음료수 비치

4. 건설현장 휴게시설 설치 등 근로자 피로저감 방안

<관리적 대책>
1) 고령근로자 고려한 휴식시간 가중치 부여 (RMR)
2) 건강관리 프로그램 수립

<공학적 대책>
1) 기계 · 기구 사용확대 (근골격계 질환 예방)
2) Smart 장비 → 신속수행

5. 코로나19를 고려한 휴게시설 설치 · 사용시 보건대책

1) 내부 칸막이 · 손소독제 · 마스크 구비 (산업안전보건관리비)
2) 발열체크 · 지속 환기 · 음식섭취 자제 등 "끝"

문제) 휴게시설의 필요성 및 설치기준

답)

* 관련법
→ 산업안전보건법 128조의2

I. 개요

사업주는 근로자의 정신적·신체적 스트레스 해소 등을 통한 산업재해 예방위해 휴게시설 설치·운용해야 함

II. 휴게시설의 필요성

1. 근로자 신체적·정신적 스트레스 해소
2. 작업능률 향상, 근무의욕 고취
3. Human error의 예방 등

→ '22.8.18. 법개정시행

III. 휴게시설의 설치기준

구분	내용	비고
위치	·100m~150m 마다, 도보 2~3분	* 휴게시설 산출식
공간	·1m²(인당), 최소 6m², 높이 2.1m이상	
환경	·겨울(24~26°C) 여름(22~24°C)	$P = \frac{60(T-S)}{T/E+S}$
	·습도(50~55%), 50dB, 100~200lux.	
관리	·담당자 지정, 청결, 냉·온수기	
	·샤워실, 탈의실 설치 등.	

IV. 이동식 도로점용 공사장 휴게시설 설치 운용 방안

(○○ 야간 상수도 누수복구 공사)

·이동식 도로점용 공사로 휴게시설 설치 불가 → T.B.M 실시 Brain Storming → 노사협의체 (임시)
1) 캠핑카 활용
2) 산업안전보건관리비 정산여부 "검"

문제 23 **산업안전보건기준에 관한 규칙 제38조에 의거 건물 등의 해체작업 시 포함되어야 할 사전조사 및 작업계획서 내용에 대해 설명하시오.**

문제 6) 산업안전보건기준에 관한 규칙 제38조에 의거 건축물등의 해체작업 시 포함되어야 할 사전조사 및 작업계획서 내용에 대해 설명하시오.

1. 개요

① 건축물의 해체공법 선정시 해체구조물의 높이, 주변환경등을 고려하여 결정하여야 함.

② 해체작업 前 사전조사 및 작업계획수립, 안전성검토등 철저한 사전준비 하여야 함.

2. 건축물의 해체공법 선정시 고려사항

고려사항: 건축물 높이. 층고 / 건물주 요구사항 / 보행자. 차량안전 / 환경(폐기물) / 인접구조물 이격거리 / 민원(소음, 진동)

3. 건축물등의 해체작업시 해체구조물 안전성검토 절차

해체공법 선정 → 설계 제원 → 하중 조합 → 구조 검토 → 안전성 검토

해체공법 선정	설계 제원	하중 조합	구조 검토	안전성 검토
◦ 사전조사 바탕으로 적정공법 ◦ 압쇄, 발파 등 선정	◦ 자중 ◦ 부재제원 ◦ 철거장비	◦ 장비 + 건물 ◦ 충격하중	◦ 하중계수 ◦ 강도 감소계수 ◦ 설계방법 선정	◦ 작업방법 ◦ 순서 ◦ 보강방법 ◦ 적재가능 하중

4. 건물등의 해체작업시 사전조사 내용

	구분	사전조사 내용
대상 구조물	구조재	· 구조변경, 배치, 노후정도
	비구조재	· 설비, 마감재, 낙하영향
주변환경	공사장애물	· 고압선, 매설물
	주거지 환경	· 교통혼잡도, 보행자 진동, 소음 민원

5. 건축물등의 해체작업시 작업계획서 내용

① 해체의 방법 및 순서
② 가설, 방호, 환기, 살수, 방화설비
③ 작업장내 연락방법
④ 해체물의 처분계획
⑤ 해체작업용 기계, 기구등의 사용계획서
⑥ 재해예방 계획
⑦ 해체작업용 화약류등의 사용계획서

6. 건축물등의 해체작업시 안전대책

1) 주요 3대 재해 예방계획

3대	재해유형	예방계획
①	무너짐	·안전성검토, 지지대 보강
②	화재	·인화물질 제거
③	떨어짐 맞음	·출입통제 ·방호장치 설치

번호

6. 건물등의 해체작업시 안전대책

1) 사전조사 및 작업계획서

2) 압쇄기 사용시 안전대책

① 구조내역 작성

② 장비전도 방지조치

③ Slab → 보 → 벽 → 기둥 順

④ 소음, 진동 측정

수직보호망, CCTV, 압쇄기, 낙하물 방지망, 보행자 통로, 2.4m, Jack support

<철거/해체 안전시설 도해>

7. 건축물 리모델링현장 석면조사 대상

산업안전보건법제119조		석면 안전관리법제21조	
건축물	50m² 이상	연면적 430m² 이상	학교, 어린이 집
주택	200m² 이상		
단열재등 설비	길이 = 80m이상	연면적 500m² 이상	· 공용 시설
	면적 = 15m²이상		· 문화시설
	부피 = 1.5m³이상		· 집회시설

8. 정부 건물등의 해체작업시 안전관리 강화방안

① 관리감독 강화 → 해체 심의제

② 제도이행력 확보 → 교육, 처벌

③ 상시감리체계 구축 → 안전신문고

⇒ 3대 핵심과제

9. 결론

'21.6 광주학동사고는 불법하도급에 의한 무리한 공사비 삭감에서 비롯되었으므로 법적규제 필요. "끝"

문제 24 도로와 인도에 접하는 도심의 리모델링 건축공사 시 외부비계에서 발생할 수 있는 안전사고의 종류와 원인 및 방지대책에 대하여 설명하시오.

번호

(문제) 도로와 인도에 접하는 도심의 리모델링 건축공사 시 외부비계에서 발생할 수 있는 안전사고의 종류① 와 원인② 및 방지대책③ 에 대하여 설명하시오.

(답)

I. 개요

1. 도심의 리모델링 건축공사는 주변도로, 인도와 인접하므로 별도의 안전조치가 요구됨

2. 건축공사 외부비계는 안전인증 기준에 적합한 것을 사용하고 설치·해체 순서 및 작업방법을 사전 수립함.

3. 외부비계와 관련한 추락, 낙하, 전도, 붕괴 등의 사고가 발생할 수 있으므로 예방대책이 강구되어야 함

II. 도로와 인도에 접하는 도심지 리모델링 건축공사 시 고려사항

1. 외부비계 등 가설공사 선정의 적정성

2. 현장 주변의 안전관리 · 영향 여부 (소음, 진동, 분진, 비산)

3. 통행안전 및 교통소통 계획

4. 비상시 긴급 조치 계획

III. 도로와 인도에 접하는 도심지 리모델링 건축공사 개요도

비산방지망 (가림막)
리모델링 건축물
가새
방호선반
비계기둥
통행차량
보행자 통로 확보
20°
2m 이상
안전시설물

번호

IV. 도심지 리모델링 건축공사의 외부비계 작업의 순서 및 특징

자재 반입 → 반침철물 조정배치 → 비계기둥 설치 → 수평·수직재 설치 → 작업발판 안전난간설치

(안전인증 확인) (바닥고르기 시행) (설치기준 준수)

V. 도심지 리모델링 건축공사의 외부비계에서 발생할 수 있는 안전사고의 종류 및 원인

〈안전사고의 종류〉	〈원인〉
근로자의 추락	안전난간 미설치 / 설치불량
외부비계의 전도	연결부·접합부 체결 불량
작업 중 낙하	낙하물 방지망, 방호선반설치불량
붕괴 화재 / 장비전도	지반불량에 의한 침하
통행인 피해/차량파손	통행안전·교통소통계획 미수립

* 보행자 / 통행차량 안전사고

VI. 도심지 리모델링 건축공사의 외부비계에서의 안전사고에 대한 방지대책 → 도로와 인도에 대한 서술이 필요

1. 작업지휘자 / 안전담당자 지정
2. 작업반경내 작업자의 출입금지 + 안전표지 부착
3. 공사장주변 보행자 통행안전 확보 리모델링은 석면해체 서술이 필요함
4. 안전보호구 착용 (안전모, 안전대)
5. 낙하물 방지망, 방호선반 설치
6. 외부비계 설치기준 준수.

번호

VII. 리모델링 건축공사의 외부비계 설치기준 (안전보건규칙 제60조)

① 비계기둥 간격 | 1.5m 이하 (장선방향) / 1.85m 이하 (띠장방향)

② 가새간격 : 기둥간격 10m 마다

③ 벽연결 : 수직, 수평 5m 이하

④ 작업발판 : 폭 40cm 이상.

(그림 라벨: 가새, 작업발판, 벽연결, 띠장, 장선)

(여백: 방지대책으로 … 작업발판 … 벽연결)

VIII. 리모델링 건축공사의 외부비계 조립시 준수사항

1. 수평, 수직의 견고한 구조로 시공
2. 가공선로 근접시 절연용 보호재 등 적절한 조치
3. 연결재 겹침길이 확보
4. 받침철물의 연결부 1/3 이상 연결
5. 수직도 확보
6. 추락위험 → 안전난간 설치

(여백: 도로와 인도에 진입사항 서술이 없음 → 조치서술 필요 !)

IX. 맺음말.

1. 중대재해처벌법 시행 (2022. 1. 27) 에 따른 관리 개선
   ① 근로자 생명보호 최우선
   ② 보행자, 통행차량 안전확보
2. 소규모 건설현장 가설재 사용 지원 정책 활용 (클린정책)
   ① 안전인증 기준 충족 자재 사용
   ② 시스템 비계 도입.

"끝"

* 방지대책을 좀 더 상세히 서술해주세요
현황내용 / 원인으로 방지대책도 안전시고 종류별이든 분류를 나눠보세요.

보도나 인도에 대한 서술도 누락됨

문제) 도로와 인도에 접하는 도심의 리모델링 건축공사시 외부비계에서 발생할 수 있는 안전사고의 종류와 원인 및 방지대책에 대하여 설명하시오.

답)

1. 개요

1) 도로와 인도에 접하는 도심의 리모델링 건축공사시 외부비계 발생 안전사고는 떨어짐, 무너짐, 보행자 사고 등 있으며

2) 비계 작업시 구조검토 및 조립도·작업계획서 작성·준수하여 작업자 및 보행자 안전사고 예방해야 함.

3) 특히, 비계 설치·해체시 떨어짐 예방위해 선행안전난간 의무화 및 소규모현장 지원방안 마련 필요.

2. 도로와 인도에 접하는 도심의 리모델링 건축공사시 고려사항

내적	고려사항	외적
· 층별 안전조치		· 보행자, 교통량
· 비계·통로 안전성		· 소음·진동·비산먼지
· 폐기물(석면) 계획		· 인접시설물 이격

3. 도로와 인도에 접하는 도심의 리모델링 건축공사 외부비계 구조

작업발판(40cm)
벽연결재(5M이내)
수평재
가새
수직재
상부난간
하부난간
발끝막이판(10cm)
보행자 통로
조절형 받침
60cm

1) 수직재 : 수평 1.8m / 장선 1.5m
2) 수평재 : 2m 이하
3) 가새 : 10m 이다
4) 조절형 받침철물 사용
5) 보행자 통로 (h=2.2M)

<가흥구 oo빌딩 리모델링 시스템비계 현황>

번호 4. 도로와 인도에 접하는 도심의 리모델링 건축공사시 외부 비계에 발생할 수 있는 안전사고의 종류와 원인

종류		원인
공사현장내	떨어짐	· 작업발판, 안전난간 미설치
	무너짐	· 기초침하, 과하중적재, 건축물붕괴
	맞음	· 자재방치, 하부 미통제
	감전	· 절연 방호 미조치
	화재	· 화재감시자, 소화시설 미배치
	건강장애	· 석면조사 미흡, 근골격계 질환.
외부	통행인 및 차량사고	· 보행통로 · 낙하방호시설 미설치 · 유도원 미배치.

5. 도로와 인도에 접하는 도심의 리모델링 건축공사시 외부 비계에 발생할 수 있는 안전사고 방지대책

공통사항
- 가설구조물 안전성 확인 · 조립도 작성
- 위험성평가, PTW, TBM
- 가설 기자재 안전인증

떨어짐
- 안전난간, 작업발판

무너짐
- 발판위 과적금지 (400kgf)
- 건축물 내력보강
- 벽이음 임의 해체금지

물체에 맞음
- 달줄·달포대 사용
- 낙하물 방지시설, 하부통제.

<건축물 붕괴방지 내력보강>

번호

감전 가공전로 절연방호

화재 단열재·용접 동시금지 / 화재감시자

건강장애 석면조사 및 해체 / 휴식보장. 휴게시설 / 작업환경 측정·개선

방진막 → CCTV
외부비계 →
낙하물 방지시설
가설울타리 →
2.4m 보행통로
잭서포트

<기둥구 00 리모델링 현장 안전시설>

통행인 차량등보호 안전통로 및 우회로 / 유도원 배치

공해대책 ·소음·진동측정 관리 / 분진 – 살수·방진막설치

6. 떨어짐 방지위한 시스템비계 의무화 사항

계획단계	설계·계약시 의무 반영		
주체별	발주자	감독자	시공자
조치사항	비용반영	안전성검토승인	조립도 준수
소규모 현장지원	클린 사업장 조성 지원 (50억 미만 현장 시스템비계 지원)		

7. 맺음말

외부비계 설치·해체 작업시 떨어짐 예방위해 설계단계 의무 반영 및 소규모 현장 지원위해 클린사업장 조성 지원 품목 지정 필요.

"끝"

문제 25	시스템 동바리의 붕괴유발요인 및 설계단계의 안전성 확보방안에 대하여 설명하시오.

문제) 시스템 동바리의 붕괴유발요인 및 설계단계의 안전성 확보방안에 대하여 설명하시오.

답)

I. 개요

1. 시스템 동바리 붕괴유발요인은 하중조합미실시 등 설계오류, 설치기준 미준수, 집중타설 등 시공오류 등 있으며

2. 설계 안전성 검토, 구조검토 및 조립도 작성 등 설계 및 시공시 안전기준 준수하여야 함.

3. 본고에서는 수원 현장 강관동바리 무너짐 재해 예방위해 시스템동바리 의무화 및 재정지원 제안하고자 함.

II. 시스템 동바리 설계시 고려해야 할 하중의 종류

연직방향하중 - 가설재, 철근콘크리트, 거푸집 중량, 작업자, 기계 등 작업하중

횡방향하중 - 진동, 충격, 시공오차 + 풍압, 지진 등

콘크리트 측압, 특수하중

III. 시스템 동바리 작업시 재해유형

U-head 편심 → / 고압선 감전 / 자재낙하 / 집중타설 무너짐 / 가새 누락 (무너짐) / 떨어짐 / 전용철물 누락 → / 잭베이스 미설치 / 안전방망누락 / 침하(무너짐)

〈수원 OO APT 시스템동바리 재해 예상도〉

무너짐	· 설치 불량 (가새, 전용철물 등) · 집중 타설 · 지반침하
떨어짐	안전난간, 방망 미설치
맞음	상·하 동시작업
감전	고압선 절연방호 미흡

번호 IV. 시스템 동바리 붕괴 유발요인

설계 오류
1. 하중조합해석 미실시 (수직·수평하중 각각)
2. 일부 설계하중 미적용 (충격·시공오차 미반영)
3. 좌굴길이 적용오류 (전체 좌굴 미검토)
4. 보·거푸집 Form Tie 안전성 미검토

시공 오류
1. 동바리 1) 조립도 미준수, 안전 미인증기자재
2) 설치기준 미준수
- 연결철물, 가새누락
- 수평연결재 기준 미준수
- 지반 미보강 - 침하

<동결기·해빙기 무너짐>
동절기 동상 융기
해빙기 융해 침하

2. 콘크리트 타설 1) 강사인 미배치, pump car 취급함.
2) 집중타설, 타리기 (측압상승)

V. 시스템 동바리 설계단계 안전성 확보방안

1. 법적 의무
- 건설기술진흥법
  - 설계도서 작성시 구조검토
  - 설계안전성 검토
  - 가설구조물 구조적 안전성검토
- 산업안전보건법 - 설계안전보건대장

2. 구조검토에 따른 조립도 작성·이행
3. 모든 설계하중 검토
4. 2·3차원 구조해석
5. 하중조합적용 (수평+수직+특수등)
6. 재사용 기자재 안전율 상향

<안전성검토전문가>
건축구조, 토목구조
토질 및 기초
건설기계 기술사

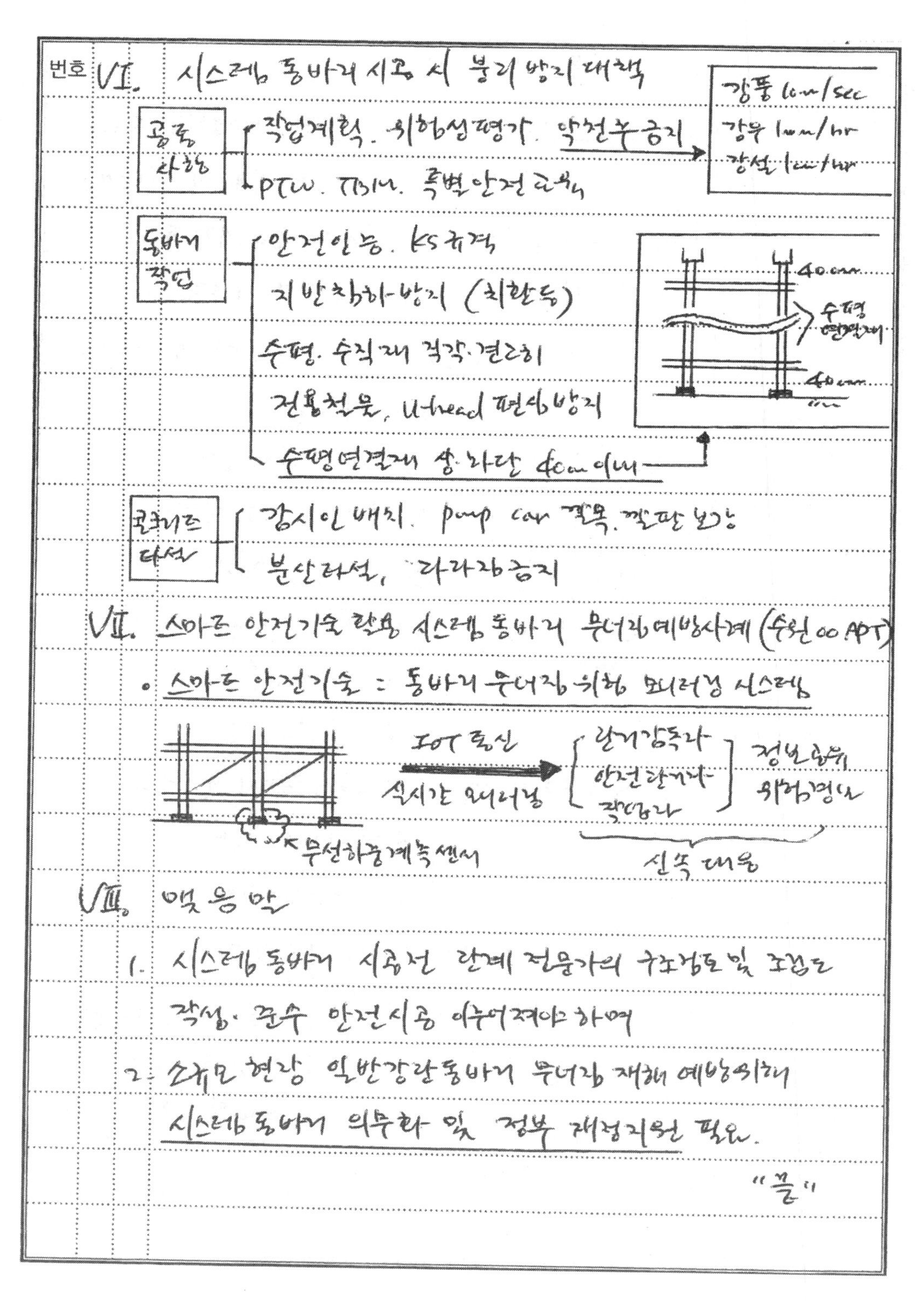

번호 VI. 시스템 동바리 시공 시 붕괴 방지 대책

- 공통 사항
  - 작업계획, 위험성평가, 악천후 금지 → 강풍 10m/sec, 강우 1mm/hr, 강설 1cm/hr
  - PTW, TBM, 특별안전교육
- 동바리 작업
  - 안전인증, KS규격
  - 지반침하 방지 (치환 등)
  - 수평, 수직재 직각, 견고히
  - 전용철물, U-head 편심 방지
  - 수평연결재 상·하단 40cm 이내

- 콘크리트 타설
  - 감시인 배치, pump car 전복, 깔판 보강
  - 분산타설, 다다과 금지

VII. 스마트 안전기술 활용 시스템 동바리 무너짐 예방사례 (수원 00 APT)

- 스마트 안전기술 : 동바리 무너짐 위험 모니터링 시스템

VIII. 맺음말

1. 시스템 동바리 시공전 관계 전문가의 구조검토 및 조립도 작성, 준수 안전시공 이루어져야 하며
2. 소규모 현장 일반강관동바리 무너짐 재해 예방위해 시스템 동바리 의무화 및 정부 재정지원 필요.

"끝"

문제 26	시스템 동바리 설치 시 주의사항과 안전사고 발생원인 및 안전관리 방안에 대하여 설명하시오.

문제 37) 시스템 동바리 설치시 주의사항과 안전사고 발생원인 및 안전관리 방안에 대하여 설명하시오.

답)

1. 개요

① System 동바리 설치시 주의사항으로는 단계별로 지지점 지반침하 주의, 연결부 작업시 주의, 작업자 안전에 관한 주의가 있다.

② 안전사고 발생에 대한 구조계산 및 3D 모델링을 통한 안전성을 확인 後 설계기준 준수하여 설치

2. System 동바리의 구성요소 도해

멍에, Slab, 장선, U-head, Φ42.2 × 2.3T, 수직가새, 수평재 0.9~1.2m, 0.9~1.2m, Φ46.8 × 2.3T, 1.8m, 40cm 이하, Jack Base, Φ34 × 4.5T, 깔목, 깔판

<System 동바리 도해>

3. 가설구조물의 법적 안전성 검토 근거

산업 안전 보건법	건설기술 진흥법
• 제 71조 및 시행령 제	• 시행령 제 101-2
• 58조 (설계변경 요청대상)	• (가설구조의 안전성 확인)
• 안전보건규칙 제 337조	• 제 00조 (품질검사 시행)

4. System 동바리 설치시 주의사항

1) 공통사항
- ① 작업계획, 위험성평가
- ② PTW, TBM, 특별안전교육

2) 동바리 작업
- ① 안전인증, KS규격
- ② 지반침하 방지 (다짐)
- ③ 수평, 수직재 직각 견고히
- ④ 전용철물, U-head 편심방지
- ⑤ 수평연결재 상·하단 40cm 이내

5. System 동바리 안전사고 발생원인

단계별	발생원인	비고
설계 오류	· 하중 조합해석 미실시 · 좌굴길이 적용오류 · Form tie 안전성 미검토	해빙기 융해침하 / System / GL
시공 오류	· 조립도 미준수 · Con'c 집중타설 · 설치기준 미준수 · 지반침하	동절기 동상융기 <해빙기, 동절기 무너짐>

6. System 동바리 안전사고 안전관리 방안

1) 설계단계
- ① 구조적 안전성 검토 (3D 모델링)
- ② 복합하중 고려
- ③ 좌굴하중 적용

$$P_{cr} = \frac{\pi^2 EI}{l^2}$$

E : 재료탄성계수
I : 단면형상
l : 기둥의 길이

번호

2) 재료 관리
- ① 자재검수(안전인증대상 가설재확인)
- ② 재사용 가설재 허용응력 저감 적용
- ③ 자율등록제 | 나눔갑사 → 안전율 1:3)

3) 시공 관리
- ① 지반안정성 (치환. oo.c 타설. pile)
- ② 안전보호구 착용
- ③ 추락방지망. 수직방망 설치

7. Smart 계측기 설치 조기대응사례(창원 oo APT)

system 동바리 → 자동침하 Sensor 설치 → IoT → SNS 통보 ⇒ 관리감독자 → 조기대응

침하

8. 클린 임대지원 사업을 통한 system 동바리 안전확보에 대한 안전보건총괄책임자로서의 제언
   ① 행정부 50억미만 소규모사업장 기업에 한하여 2,000만원까지 (85%) KCS를 획득한 system 동바리 지원
   ② 가설재 → 재사용 금지 → 재해예방 효과

   ※ 건설기술진흥법 시행령 제101조 2 적용

9. 결론

설계단계에서의 system 동바리 안전확보 작동성강화 → 설계적극 반영 "끝"

PART 03

안전보건 규칙 [2. 안전기준]

합격수기

◇◇◇

1. **성명** : 김○○
2. **근무처** : ○○건설(주)
3. **응시일** : 126회 시험('22.01.29(토))
4. **응시횟수** : 1회
5. **합격점수** : 64.92(185+199+182+213=779)
6. **학습기간** : '21.10.24~(약 3개월)
7. **학습교재**

   1) 김정태 교수님 제공 강의노트 및 자료(법 개정사항, 노동부 고시 등)
   2) 답클밴문제, 실전문제(8회분) 및 핵심기출문제(3회분)
   3) 건설관련 표준안전작업지침 및 안전보건공단 자료
      (KOSHA Guide, OPS, 리플릿 등)

8. **학습방법**

   1) 학습시간
      ① 평일 : 퇴근 후 저녁 8시~새벽 2~3시
      ② 주말 : 학원 후 오후 4시~밤 12시
      ③ 공휴일 : 오전 늦잠 및 휴식 후 오후 1시~밤 12시
      ※ 책상에 앉아 있는 시간이 아니라 실제 공부에 집중한 시간이 평일 6시간 이상이 되도록 관리

   2) 학습방법
      ① 답클밴을 통해 나만의 레이아웃 만들기
      – 매일 늦더라도 작성해서 제출 및 교수님 첨삭은 반드시 보완하여 자기 것으로 만들기
      – 답안 작성 시 보고서 작성하듯이 레이아웃 잡기 및 나만의 경험과 의견 만들기에 많은 시간 할애
      – 질문 요지는 각종 지침 및 가이드에 있는 내용을 읽어보고 내가 외우기 쉽고 서술하기 편한 부분을 발췌해서 작성
      – 다른 분들 답안은 내용참조보다는 레이아웃과 교수님께서 첨삭한 부분만 보면서 전체적인 답안 구성과 대제목에 대한 감을 잡음

      ② 일요일 실전문제 풀이
      – 매주 단답 13문제, 서술 6문제, 총 19문제에 대해 답안 작성 및 교수님 첨삭 받기
      – 답안 작성 후 시간 내(단답 9분 내, 서술 23분 내) 작성 가능한지 확인 및 일주일에 19문제 미루지 말고 공부하기

③ 출퇴근 시
  – 안전보건규칙 만화 및 월간 안전 읽기
  – 안전관련 신문기사 및 뉴스 찾아보기

3) 시험준비
① 3개월 공부로 끝내겠다는 각오로 매일 무조건 합격할 수 있다고 마인드 컨트롤
② 교수님이 지도하는 방향에 대해 믿음을 가지고 시키는 대로 하기
③ 기술사 시험은 쓰는 시험이기 때문에 눈으로 보는 공부보다는 무조건 쓰는 공부를 함
시험 치기 전까지 교수님 첨삭 후 수정 작성한 답안을 기계적으로 쓰면서 외웠음
(약 180문제를 안 보고 90% 이상 동일하게 쓸 수 있도록 5~10번 이상 썼고 답안지로는 약 2천 장 이상 분량)
④ 법, 안전론, 기술론 등 순서대로 전체 범위를 공부하지 않고 답클밴 및 실전반 문제를 풀면서 필요한 부분만 찾아서 공부함
안전은 범위가 방대해서 다 볼 시간도 없고 문제를 풀면서 해당하는 내용을 보는 게 효과적임

9. 답안지 작성을 위한 조언

1) 회사에서 중역들에게 보여줄 보고서를 작성한다고 생각하고 전체적인 레이아웃을 잡아보세요.
2) 보고서는 내가 줄 수 있는 정보를 나열하는 게 아니라 상대방이 원하는 정보를 전달해야 합니다. 즉, 자기만족이 중요한 게 아니라 이 보고서를 읽는 사람에게 주제가 제대로 전달될 수 있겠냐가 중요하다는 거겠죠.
3) 본인이 작성한 답안을 읽어보면서 내가 회사 사장이라면, 중역이라면, 부하직원이 나한테 이 보고서를 제출한다면 나는 이 보고서를 통해 충분히 만족할 만한 의미 있는 정보를 얻을 수 있을 것인가 그리고 사인을 할 것인가 한번 생각해 보신다면 답안의 방향이 잡히지 않을까 합니다.
보고서의 목적이 무엇인가에 따라 다르겠지만 일반적으로는 아래와 같은 흐름을 따를 것입니다.
(새로운 정책에 대한 보고라고 가정해 보겠습니다.)
Ⅰ. 보고하고자 하는 정책의 개요 또는 정의
Ⅱ. 보고하고자 하는 정책의 배경
(이 정책이 왜 필요한지에 대한 당위성, 목적, 필요성, 검토배경, 사전조사, 메커니즘 등등 보고서에서 다룰 주제의 기본 바탕)
Ⅲ. 보고하고자 하는 정책 설명
(이 보고서의 기본 주제, 즉 기술사 문제의 핵심 질문 요지)
Ⅳ. 이 정책과 연관된 중요한 사항 또는 추가로 전달하면 좋은 내용, 이 정책의 활용법 등
Ⅴ. 이 정책을 잘 자리잡게 하기 위한 발전과제, 이 정책이 야기할 수 있는 문제점 및 개선방안, 이 정책에 대해 있을 수 있는 여러 추가의견, 이 정책을 활용한 사례 등등 중에서 하나 적어서 마무리
4) 이런 식으로 기승전결의 흐름을 잡을 수 있는 자신만의 보고서 양식(답안 레이아웃)을 만들고 난 다음에 문제 유형별로 나름의 변형을 주는데, 예로 문제점 유형은 문제점–원인–대책–대책 중 하나 잡고 안전조치, 미치는 영향–영향을 주는 요인–영향을 안 받으려면 어떻게 할까 등등 유연

하게 기승전결을 꾸미시면 훌륭한 답안이 되지 않을까 생각합니다.

5) 정부에서 나오는 각종 보고서나 회사에서 나오는 각종 보고 자료들의 구성도 살펴보고 다른 분들이 작성한 답안을 보면서 앞뒤가 맞아떨어지는 자연스러운 구성과 흐름을 지닌 레이아웃을 만들어 보세요.
6) 답안 구성에 대한 감이 잡히면 단답형, 서술형 상관없이 기본적인 레이아웃에서 단락을 줄여서 작성하면 한 장이 되는 거고, 늘려서 작성하면 3장이 되는 거겠죠.
7) 또한, 마지막에 사례를 적을 때에는 이 사례가 단순히 "나 해봤어~" 자랑하는 것으로 끝나지 않으려면 3장짜리 서술형에서는 가급적이면 사례 다음에 그 효과와 이 사례를 어떻게 발전시키고 적용시키면 좋겠다는 개인 의견을 넣어 주시는 게 더 효과적이지 않을까 생각합니다.

10. 마무리

1) 김정태 교수님과 서울기술사학원을 믿고 따라가다 보면 반드시 합격에 도달한다고 확신합니다.
2) 건설안전기술사는 건설관련 법, 안전이론, 토목/건축 기술분야 등 범위가 상당히 넓어 모든 내용을 다 볼 수는 없습니다.
3) 수업시간에 강조하는 내용과 답클밴, 실전문제만으로도 충분히 중요한 범위는 커버가 됩니다. 이것만 해도 상당한 분량으로 많은 시간과 노력이 요구될 겁니다.
4) 실제 저는 3개월 정도의 시간 동안 일체의 의심을 배제하고 교수님이 강조하는 대로만 따라했으며 기본 180여 문제만으로 합격이란 결과를 얻었습니다.
5) 매일 하는 답클밴과 일요일 실전문제는 미뤄두지 말고 그날, 그 주에 반드시 정리와 이해, 시간 내 답안 작성 가능한지 확인해야 합니다.(암기는 시험이 임박해 올수록 저절로 되게 되어 있으니 처음부터 다 외우려고 할 필요는 없음) 저는 기본적으로 합격을 위해서는 절대적으로 투입되어야 할 시간도 필요하다고 생각합니다.
6) 단기 합격을 위해서는 가족과 친구들에게 양해를 구하고 도움을 받아서 공부를 위한 절대적인 시간을 만들어야 하며, 그 시간 동안은 딱 공부에만 포커스를 맞춰야 합니다.
7) 회사 지인이 저한테 보통 500시간 이상이 필요하다고 한 적이 있는데 계산해보니 전 3개월 동안 약 550시간 정도를 기술사 공부에 할애했네요.
   단, 중요한 점은 올바른 답안 작성 방향성을 가진 상태에서 시간을 투자해야 한다는 점입니다. 잘못된 방향성으로는 투자하는 시간 대비 효율을 얻기가 힘들기 때문입니다.

김정태 교수님께서 수업 시 중요하다고 강조하는 부분 정리, 답클밴 참여와 실전반 풀이 및 첨삭을 통해 방향성을 확실히 잡아 나가며 본인의 노력과 시간 투자가 함께 어우러진다면 좋은 결과가 얻을 수 있으리라 생각합니다. 힘드시더라도 반드시 된다는 믿음을 가지고 학원과 교수님이 이끄는 방향으로 묵묵히 따라가다 보면 빠르게 합격하실 수 있으리라 믿어 의심치 않습니다.

서울기술사학원 분들의 건강과 건승을 항상 기원하도록 하겠습니다.

문제 1 **양중기의 분류 및 안전조치**

번호 문제> 양중기의 분류 및 안전조치

답>

1. 양중기의 정의

양중기는 건설현장 고층 작업시 자재등을 인양하기 위해 사용하는 건설기계를 말함.

2. 양중기의 분류 근거 및 내용.

산업안전보건기준에 관한규칙 제132조 ─ 이동식 크레인. 크레인, 리프트. 곤돌라, 승강기.

3. 양중기의 사용시 안전조치 (산업안전 보건 기준규칙 中心)

- 제133조(정격하중의 표시) : 정격하중. 운전속도 경고 표시.
- 제134조 (방호장치 조정) : 권과방지장치. 비상정지장치 등
- 제135조 (과부하 제한) : 초과 하중양중 금지
- 제37조(악천후 및 강풍시 작업 중지) : 10m/sec이상시.

4. 양중기 작업시 발생하는 재해유형 및 위험요인

재해종류	위험요인
넘어짐.	지브경사각 초과. 지반 지내력부족.
떨어짐.	비상정지 장치 등 방호장치 파손
깔림.	하부 작업근로자 개인보호구미착용 (산업안전보건기준 제32조)

5. 양중기 중 노후화된 이동식크레인의재해예방을위한 안전투자 혁신사업

중대재해 방지, 생산능률향상.] → 최고 1억원 까지.

최근정부 노후화된/리프트 교체 비용지원] (50% 까지지원)

(문제) 양중기의 분류 및 안전조치

(답)

※ 법조항은 써주는 연습을 하세요

→ 연습해 써줘야 시험장에서 사용이 가능합니다

I. 개요

양중작업을 위해 사용되는 기계로 크레인, 리프트, 곤돌라, 승강기 및 이동식 크레인이 있음.

II. 양중기의 분류 [안전보건규칙 제132조]

1. 크레인 (Hoist 포함)　　2. 이동식크레인

3. 리프트　　4. 곤돌라

5. 승강기

III. 양중기 사용 시 안전조치　OK

(정격하중 등의 표시) 1. 양중정보 부착　① 정격하중　② 운전속도　③ 경고표시.

[안전보건규칙 133조]

2. 방호장치 조정 [134조]　① 과부하 방지장치　② 비상정지장치　③ 제동장치

3. 과부하의 제한 [135조]

IV. 양중기 사용 전 검토해야 할 추가사항

1. 기상조건 : 눈. 비. 바람 등 악조건시 작업중지

2. 인양기구 : 와이어로프, 훅크 등 부속

3. 작업지휘자 선임 및 신호수(유도수) 배치 확인

V. 스마트 양중기계 도입에 따른 제도적 마련 제언

1. 무인 양중기계별 안전지침 제도화

2. 현장 적용 전 충분한 안전 검증 선행　"끝"

문제 2 타워크레인 설치 계획 시 고려사항

문제) 타워크레인 설치 계획시 고려사항

답)

I. 개요

타워크레인 설치전 장비간 간섭거리 및 작업계획 수립·준수 하여야 하며 설치·인상·해체시 정기안전점검 실시하여야 함.

II. 타워크레인 설치 계획시 고려사항

- 건축물규모·지반상황
- 양중작업·운전용이한곳
- 양중능력. 장비이동동선
- 작업반경. 간섭사항
- 설치 안전성. 편의성
- 설치.해체 장비 진입로

(고려사항)

III. 타워크레인 구성요소별 재해유형

- 카운터파손 (5), 지브파손 (4), 체결 불가능 (3), 와이어로프 불가능, 강풍 무너짐, 수직도 불가능 무너짐 (2), 기초앵커파괴, 지반침하 (1)

① 기초 : 지반침하 무너짐

② Mast : 수직도불가능 무너짐

③ 텔레스코픽케이지 : 레일손상

④ 메인지브 : 안전대미착용 떨어짐

⑤ 카운터지브 : 카운터파손 맞음

IV. 타워크레인 작업시 주요 안전대책

1. 사전준비 : 작업계획. 특별안전교육
2. 설치 ┌ 구조계산. 구조보강
   └ 수직도유지. 제로사가이드 준수
3. 인상 : 인상중 지브 선회 금지
4. 해체 : 양쪽지브 균형유지

정기안전점검
- 건설기술진흥법에 의거
- 1차 : 설치시
- 2차 : 인상시마다
- 3차 : 해체시

"끝"

문제 3 타워크레인의 정기안전점검

문제) 타워크레인의 정기안전점검

답)

※ 관련근거
· 건설기술 진흥법 시행령 100조
· 건설공사 안전관리 업무수행지침

1. 개 요

시공자는 타워크레인 사고예방위해 타워크레인 설치·인양·해체시 정기안전점검을 실시하여야 함.

2. 타워크레인 안전검사 관련 법·제도적 사항

구분	산업안전보건법	건설기계 관리법	건설기술 진흥법
신규등록·설치	안전인증	신규등록검사	정기안전점검
사용중	안전검사	정기검사	

3. 타워크레인 정기안전점검 실시시기, 자격 및 내용

구분	1차	2차	3차	비고
정기안전점검	설치시	인상시 마다	해체시	·건설안전점검기관 → 발주자 지정
보고서	○	(해체에 포함)	○	

· 점검원자격 : 건설기계 관리법에 따른 검사원 이상

· 점검내용 : 작업절차 및 전도·붕괴 예방조치

4. 타워크레인 정기안전점검시 중점 확인 사항

1) 안전작업 계획서 사전작성, 타당성, 준수여부

2) 작업팀 - 교육이수 유자격자 6인이상 여부

3) 특별안전교육 (신호수, 작업자) 시행 여부

5. 소형 타워크레인 빈번한 사고예방위한 법·제도적 개선과제

1) 문제점 : 등록말소, 시정조치 장비 지속사용

2) 개선과제 : 불시점검 확대 및 즉시 폐기 처리 "끝"

문제) 타워크레인의 정기안전점검

답)

* 관련 지침
- 건설공사 안전관리 업무수행지침

I. 개요

타워크레인 설치, 해체까지의 작업 시 재해로 인한 사망자가 지속적으로 발생, 유도목에서 점검시기 요청 함

II. 타워크레인 작업에 의한 주요 재해위험요인

1. 설치 작업 중 수직도 불량으로 전도
2. 인상작업 중 근로자 떨어짐, 맞음
3. 해체 작업 중 Jib 하중 불균형 전도

→ (지침개정 '21. 6.)

III. 타워크레인의 정기안전점검

1. 정기안전점검 실시시기

구 분	1차	2차	3차
점검시기	설치작업시	매 인상 시	해체작업시

2. 정기안전점검 보고서
   - 2회 작성 (설치, 해체 시)
   - 인상시 점검결과는 해체 보고서포함

IV. 타워크레인 설치, 운용, 해체 안전 제고 위한 현장대책

작업 안전	기계 안전.	신호수
· P.T.W, Hold point · T.B.M, 작업계획서	· 비파괴 검사. · LOTO, 방호장치	· 특별안전교육 (신호수 8시)

V. 관리주체별 책임 명확화를 통한 안전확보

· 원청사 - 영상기록보존, 충돌방지조치, 전담신호수
· 임대업체 - 안전 정보 서면 제공, 작업절차 준수 "끝"

문제 4 텔레스코핑 작업의 재해유형

번호 (문제) 텔레스코핑 작업의 재해유형

(답)

I. 개요

타워크레인에서의 재해는 설치·해체 작업시 또는 텔레스코핑 작업 시 발생이 통계상 빈번하므로 안전대책 수립이 필요함.

II. 텔레스코핑 작업의 재해유형 및 원인

재해유형	원인
1. 추락	① 고소작업자 안전대 미착용 · 안전난간 미설치
2. 낙하비래	① 와이어로프 · 인양기구 파단
	② 상하 동시작업 중지 수칙 위반
3. 본체 낙하비래	① 본체 수직도 불량, 불균형

III. 텔레스코핑 작업 시 구성부위별 점검을 통한 안전대책

카운터지브, 메인지브, 트롤리, 평형추, 텔레스코핑 케이지, 타워마스트, 기초

구성부위	점검
Boom	· 평형성 검토 · 회전반경 검토
Mast	· 수직도 유지(1/1000 이하) · Jack 안정확인
와이어로프	· 폐기기준 준수 · 안전계수 확인

IV. 텔레스코핑 작업시 안전대책

구분	안전대책
운반·설치시	① 인양물 하부 통제 ② 인양부속장치 연결확인
Mast 연결	① 규격품 조립용 볼트사용 ② 연결핀 대칭결합·분해
기타	① 악천후·강풍시 작업중지 ② 주체별(임대업체, 원도급사, 점검자) 책임의무

"끝"

문제 5 건설작업용 리프트 사용 시 주의사항

문제) 건설작업용 리프트 사용시 주의사항

답)

I. 개요 (안전보건규칙 151 ~ 159조)

건설작업용 리프트는 동력을 사용 사람 및 물건을 운반하는 건설기계로 떨어짐. 무너짐. 맞음 등 재해 예방 중요.

II. 건설작업용 리프트 주요 방호장치

부위	방호장치
기초부	완충장치
방호울	출입문연동장치
마스트	전도방지, 운반구이탈방지
운반구	낙하방지, 과부하방지

III. 건설작업용 리프트 사용시 유해·위험요인

부위	유해·위험요인
기초부	침하. 뒤집힘 - 지내력 부족. 미보강
마스트	무너짐 - Wall Tie 미설치. 연결볼트 누락
운반구	떨어짐. 맞음 - 방호장치 손상. 과적재

IV. 건설작업용 리프트 사용시 주의사항

1. 안전인증. 안전검사 (6개월)
2. 방호장치 점검 (관리감독자)
3. 풍속 35m/sec 초과시 받침수 증가 등 조치
4. 정격하중 표시 및 과적재 운행금지
5. 전담 운전원
6. 지반 보강.

V. 건설작업용 리프트 재해 예방위한 현장 자체검사 강화사례

- 산업안전보건법상 안전검사 (6개월) 외 자체 검사추가 (수원 00 APT)

→ 매일검사 (방호장치) / 매월검사 (장비전체) "끝"

문제 6 고소작업대의 안전조치사항

문제) 고소작업대의 안전조치 사항

답)

고소작업대 종류: 차량탑재형 / 시저형

I. 개요

고소작업대는 끼임, 떨어짐등 재해빈번한 건설기계로 특히 안전난간, 과상승방지 장치 점검·유지관리 중요.

II. 고소작업대 구성요소 및 주요 방호장치 (시저형 중심기술)

작업대 / 지브 / 하대 (그림: 안전난간 ①~⑥)

주요방호장치:
① 과상승방지장치
② 비상정지스위치 ③ 발판스위치
④ 경광등 ⑤ 주행차단장치
⑥ 강제하강 장치

III. 고소작업대 재해유형 및 원인

재해유형		원인
떨어짐		· 안전난간 임의해체. 안전대미착용
끼임		· 방호장치 불량 (과상승방지)
넘어짐		· 아웃트리거 미흡. 지반침하

IV. 고소작업대의 안전조치 사항

작업전	사전조사 및 작업계획, 안전인증확인, TBM
떨어짐	4면 안전난간 점검, 안전대 착용·체결
끼임	과상승 방지 장치 설치·점검
넘어짐	아웃트리거 최대 확장. 지반다짐, 정격하중 준수

V. 소규모 현장 고소작업대 사고예방위한 정부지원사업 (50인미만)

구분	클린사업장 조성지원	안전투자 혁신사업
지원	과상승방지장치 설치	노후기계 교체 비용

"끝"

문제2) 고소작업대의 안전조치 사항

답)

I. 개요

고소작업대에서의 작업 시 전도, 감전, 낙하 추락 등 재해 예방을 위해 안전조치 후 작업 추진

II. 고소작업대 작업에 따른 재해위험요인

1. 지반침하, 불균형으로 전도
2. 전선 등 이설 미조치로 감전
3. 안전난간·안전대 미착용으로 추락

→ 중대재해 가능성

III. 고소작업대의 안전조치 사항

설치 시	· 수평유지, 아웃트리거 최대인출
이동 시	· 작업자 탑승금지, 가장 낮게 내릴 것
사용 시	· 보호구 착용, 구명줄 · 작업자 外 출입금지 · 조도(150lux) 유지 · 정격하중 초과 금지 · 정기적 안전점검 작업 감시자 배치

※ 주요 방호장치
- 비상정지
- 권과방지
- 과상승방지
- 비상하강

IV. 안전설계 기법 활용한 재해(사고) 직접원인 제거(Heinrich)

구분	Fail Safe	Fool Proof
제거대상	· 불안전한 상태(기계)	· 불안전한 행동(사람)
방호장치	· 비상정지, 권과방지	· 과상승 방지장치 끝

문제2) 고소작업대의 안전조치 사항

답)

I. 개요

고소작업대에서의 작업 시 전도, 감전, 낙하 추락 등 재해 예방을 위해 사전조치 후 작업 추진

II. 고소작업대 작업에 따른 재해위험요인

1. 지반침하, 불균형으로 전도
2. 전선 등 이설 미조치로 감전.
3. 안전난간·안전대 미착용으로 추락

→ 중대재해 가능성

III. 고소작업대의 안전조치 사항

설치시	· 수평유지, 아웃트리거 최대인출
이동시	· 작업자 탑승금지, 가장 낮게 내릴 것.
사용시	· 보호구 착용, 구명줄 · 작업자 外 출입금지 · 조도(150lux) 유지 · 정격하중 초과 금지 · 정기적 안전검사 · 작업 감시자 배치

※ 주요 방호장치
- 비상정지
- 권과방지
- 과상승방지
- 비상안전

구명줄 150lux
1.1m
Jib
정격하중
outrigger 최대인출

IV. 안전설계 기법 활용한 재해(사고) 직접원인 제어 (Heinrich)

구분	Fail Safe	Fool Proof
제어대상	· 불안전한 상태(기계)	· 불안전한 행동(사람)
방호장치	· 비상정지, 권과방지	· 과상승 방지장치

"끝"

문제 7 건설용 곤돌라 안전장치

번호 (문제) 건설용 곤돌라 안전장치

(답)

I. 개요

사업주는 건설용 곤돌라 안전장치를 설치하고 운전방법, 고장 시 처치방법을 사용하는 근로자에게 주지시켜야 함.

II. 건설용 곤돌라의 구성요소 및 안전장치 종류

생명줄, 달기 강선, 달기 로프, 권과방지 장치, 과부하 방지장치, 컨트롤판넬, 기계적 보호장치

안전장치 종류
- 권과방지장치
- 과부하 방지장치
- 권과 리미트
- 기계적 보호장치

III. 건설용 곤돌라 사용시 재해유형과 원인 및 안전대책

재해유형 및 원인		안전대책
추락	와이어로프 파단	와이어로프 손상여부 점검 (color coding)
	생명줄 미설치	생명줄 설치. 안전대 체결 후 작업
낙하비래	하부공간 통제실패	작업장 통제. 신호수 배치
	신호수 미배치	특별안전 보건교육 실시

IV. 건설용 곤돌라 사용 시 재해 예방을 위한 안전장치 활용

1. 정격하중 등의 표시 (안전보건규칙 제133조) : 정격하중, 운전속도, 경고표시 등을 표시

2. 방호장치의 조정 (안전보건규칙 제134조) : 과부하방지 장치, 권과방지장치 제동장치 등 정상작동 되도록 조정

"끝"

문제 8 차량계 건설기계의 작업계획서 내용

문제) 차량계 건설기계의 작업계획서 내용

답)

1. 개요

건설사업주는 건설기계 작업시 근로자 위험방지 위해 안전 작업계획서 작성 및 근로자 교육, 준수하여야 함.

2. 건설기계의 분류

차량계 건설기계	차량계하역운반기계	양중기
굴삭기, 덤프트럭	지게차, 구내운반차	이동식크레인
항타.항발기 등	고소작업대 등	리프트, 곤돌라 등

3. 차량계 건설기계의 작업계획서 내용 (안전보건규칙 38조)

1) 건설기계 종류, 성능
2) 운행경로
3) 작업방법

< 사전조사 내용 >

넘어짐, 지반붕괴 등 근로자 위험 방지위한 지형, 지반상태

4. 차량계 건설기계 중 굴삭기 작업시 안전준수 사항

1) 안전장치 설치, 점검
① 후진경보, 후방카메라
② 버킷이탈 방지 등
2) 목적외 사용금지
3) 운전석 이탈시 시동키 분리

< 굴삭기 안전점검 point >

5. 건설기계 안전확보 위한 스마트 기술 활용 사례 (OO청사현장)

1) 장비근접 알림센서 → 작업자·운전자 알람 → 끼임 예방
2) 작업자 위치 센서 → 건설기계 작업 위험구간 통제 "끝"

문제 9 항타기 및 항발기 넘어짐 방지 및 사용 시 안전조치 사항

문제1) 항타기 및 항발기 넘어짐 방지 및 사용시 안전조치사항

답)

1. 개요 (안전보건규칙 제 310조)

항타기 및 항발기는 기초공사용 건설기계로 넘어짐 재해 빈번함에 따라 사업주는 이에 대한 방지대책 수립·준수필요

2. 항타기 및 항발기 작업시 재해유형 및 원인

재해유형	원인
인양물에 맞음	· 걸이도구 불량
항타기 넘어짐	· 지반 처리 미흡
감전	· 가공전선 방호 미조치
지하매설물 파손	· 사전조사 미실시

3. 항타기 및 항발기 넘어짐 방지 조치

1) 깔목·깔판 설치
2) 시설물내 설치시 내력보강
3) 레일클램프, 쐐기 등으로 고정
4) 버팀대·버팀줄 3개이상으로 고정
5) 평형추 가대에 견고히 부착

권과방지장치
와이어로프 점검
아웃트리거
깔목
깔판
[illegible]

<고속국도 00현장 항타기 모식도>

4. 항타기 및 항발기 안전조치 사항

· 작업계획서. PTW. TBM (근로자 주지)
· 맞음 | 와이어로프 점검 → <폐기기준> 소선수 10% 이상절단, 손상·부식, 꼬인것, 공칭지름 7% 초과감소
· 감전 | 가공전선 방호. 감시인배치
· 넘어짐 | 지내력조사·치환 등
· 지하매설물조사 (GPR 등)

"끝"

문제 17 항타기·항발기 조립·해체 시 점검사항

답)

I. 개요

항타기·항발기 조립·해체 시 권상기 및 본체·리더에 대한 점검을 통해 작업 中 근로자 재해 예방

II. 항타기·항발기 작업에 따른 주요 재해위험요인

1. 권상기 역회전으로 자재 편심 ⌉
2. 와이어 로프 파단으로 말뚝 낙하 | → (조립·해체 점검 요)
3. 본체 및 리더의 부식 등으로 전도 ⌋

III. 항타기·항발기 조립·해체 시 점검 사항 (규칙 제207조)

구분	점검 사항
권상기	1) 쐐기장치, 역회전 브레이크, 흔들림 방지
	2) wire rope, 도르래 상태
	3) 설치 상태 이상 유무
본체	1) 연결부 풀림 손상유무
	2) 부속장치 등 강도, 마모손상
	3) 리더(leader)의 버팀 방법, 고정상태

<wire rope 폐기>
- 이음매 꼬인것
- 소선 10% 이상 절단
- 지름 7% 초과감소

IV. 항타기·항발기 사용 시 무너짐 예방위한 조치사항 (규칙 209조)

1. 연약지반 설치 시 깔판·깔목 → · 장비(기계) 투영면적의 1.5배 이상.
2. 시설·가설물에 설치 시 내력보강
3. 말뚝·쐐기 사용하여 지지물 고정
4. 이동시 불시 이동 방지용 레일클램프, 쐐기
5. 상단 : 버팀대, 버팀줄, 하단 : 말뚝, 철골 등으로 고정 "끝"

문제 10 화재위험 작업 시 준수사항

문제 1) 화재위험작업시 준수사항

※관련근거
안전보건규칙 제241조

1. 개요

사업주는 가연성·인화성물질 취급 등 화재위험작업시 환기시행 및 방호조치 등을 수행하여야 한다.

2. 건설현장 화재위험작업 종류 및 재해유형

1) 가연성물질 인근 용접·용단 작업

2) 인화성 물질 사용 도장작업

※재해유형
① 화재 ② 폭발
③ 질식 ④ 추락

3. 화재위험작업시 준수사항

1) 환기충분하지 않은 장소에서 통풍위한 산소사용 금지

2) 작업계획서 수립·시행 → ① 작업내용 ② 작업일시 ③ 안전점검사항

3) 위험물 현황파악

4) 가연성물질 방호조치(불티비산방지)

5) 근로자 화재예방·피난교육 사항

4. 건설현장 화재위험 작업시 화재감시자 배치를 통한 안전확보

1) 가연성 물질 확인

2) 가스검지·경보장치 작동여부

3) 화재시 근로자 대피유도
(확성기·휴대용 조명기구·방연마스크)

※배치기준
① 11m 내 가연성물질
② 바닥하부 발화우려
③ 금속칸막이 열전도

5. 냉동·냉장창고 용접작업시 화재예방위한 정부정책 방향

1) 단열재 시공 등 위험작업 동시금지

2) 난연성 건축자재 사용·월 1회 비상대피훈련 시행 "끝"

문제 2) 화재 위험 작업시 준수사항

답)

1. 개요

· 안전보건규칙 제241조의2 화재 감시자

화재 위험 작업시 화재예방 위해 (전담) 화재감시자 배치 및 가연성 물질 (단열재)와 동시작업금지.

2. 화재위험 작업시 (용접 용단) 불티에 의한 화재확산 Mechanism.

[점화원: 용접불티] → [가연물: 단열재 등] → O_2 → (훈소) → O_2 불티축열 → 화재 확산

* 용접불티와 단열재 차단 중요 → 동시작업금지

3. 화재 위험 작업 시 준수사항

1) 작업장 내 위험물의 사용, 보관현황 파악
2) 작업계획서 수립, 서면게시 → · 작업 내용 · 작업 일시 · 안전점검 사항 등
3) 화기작업 인근 가연물 방호조치
4) 용접 불티 비산방지덮개 설치
5) 근로자 화재예방 및 피난교육 등 비상조치.

4. 화재 위험 작업 시 (용접 용단) 화재감시자 배치기준 및 업무

배치기준		업무
· 작업반경 11m 가연성 물질	· 가연물 물질 여부 확인	
· 11m 이상이격의 발화유력장소	· (가스검지) (경보장치) (작동확인)	
· 열전도·열복사로 발화우려	· 화재시 근로자 대피 유도.	

5. 화재 위험 예방을 위한 최근 법개정 및 정책 방향

· 임시소방시설 → "건설현장 화재안전기준" 강화

⇒ 임시소방시설 7종 (방화포 등 3종추가), 소방안전 관리자 업무신설.

문제 4) 화재위험작업시 고려사항

· 안전보건규칙 241조의2
- 화재감시자.

답)

Ⅰ. 개요

화재위험작업시 화재예방위해 전담 화재감시자 배치 및 가연성물질(단열재)와 동시작업 금지

화재 중요 사유 → Ⅱ. 화재위험작업시(용접·용단) 불티에 의한 화재확산 Mechanism

점화원 / 용접불티 → 가연물 / 단열재 등 → O_2 → 훈소 → O_2 / 불어넣어 → 화재 확산

* 용접불티와 단열재 차단 불요 ⇒ 동시작업 금지

Ⅲ. 화재위험작업시 고려사항

고려사항:
- 밀폐공간 작업
- 인화성가스 발생
- 작업자 안전 설비
- 화재감시자 배치
- 출입제한구역 설정
- 소화시설 비치

화재 중요 사유 → Ⅳ. 화재위험작업시(용접·용단) 화재감시자 배치기준 및 업무

배치기준	업무
· 작업반경 11m이내 가연성 물질	· 가연성 물질 여부 확인
11m이상 이격되었으나 발화우려 장소	· 가스검지·경보장치 작동확인
· 열전도·열복사로 발화우려시	· 화재시 근로자 대피 유도

사례 중요 사유 → Ⅴ. 용접·용단시 화재예방 활동 사례 (중도 OO APT 현장)

1. 휴대용 소화기 지참·휴대 → 신속대응
2. 가스이동대차에 비누거품기 일체화 → 상시점검 "끝"

문제 11 화재감시자의 업무

문제 1) 화재감시자의 업무

· 안전보건규칙 241조의2. (화재감시자)

답)

I. 개요

용접·용단에 의한 불티로 화재발생을 예방하기 위해 화재감시자를 배치하여 관리해야 함.

II. 건설현장 용접·용단에 의한 화재발생 Mechanism

가연물(단열재) + 점화원(불티) → 혼소 → 화재

· 동시작업 차단 ✕

III. 화재감시자의 업무

1. 작업장소(11m 내) 가연성물질 유무 확인
2. 가스 검지, 경보장치 작동 여부 확인
3. 화재 발생 시 근로자 대피유도.

<사업주 지급 물품>

1. 화재대피용 Mask
2. 휴대용 조명등
3. 확성기

IV. 화재감시자의 배치기준

1. 11m 내 가연성 물질 있는 경우
2. 11m 이상 이격되었으나 발화가 우려될 구역
3. 연면도·연통사로 인해 화재 우려 시

작업자가 측면 11m 11m 용접, * 가연물 방호조치, 감시자

<배치 기준>

V. 건설현장 화재예방을 위한 Action의 중점 안전관리 대책

· 임시소방시설 설치·운용 → [소화기, 비상소화시설, 방화포, 가스누설경보기, 피난유도선, 비상경보장치]
· 소방안전관리자 선임·배치
· 동시작업(단열재, 용접) 금지, 대피훈련 (1회 / 월) "끝"

문제 12 화재감시자의 배치기준

문 제 1) 화재감시자 배치기준

답)

1. 개요 (산업안전규칙 제241조 2)

사업주는 대상장소에서 용접·용단 작업을 하는 경우 화재감시자 업무만을 수행하는 자를 지정·배치해야 한다.

2. 용접·용단시 발생되는 불티비산 특성과 화재 Mechanism

1) 수천개의 불티 비산 + 풍향·풍속

2) 1600°C 이상의 고온체 + 직경 0.3~3mm

3) 시간 경과 후에도 축열에 의한 화재발생가능

용접·용단 작업 → 불티가 가연물에 비산 → 축열 등에 의한 화재

3. 화재감시자 배치기준

1) 작업반경 11m 내 가연성물질 + 모든 L

2) 바닥하부에서 11m 이내, 발화우려

3) 금속칸막이 등 열전도·복사 우려

(더 높이서 ↓)

※ 단, 같은 장소 상시·반복 및 소화설비시 생략가능

4. 화재감시자 업무수행 내용 등 최근 법 개정사항 ('21.5)

1) 가연성 물질 확인 2) 가스검지·경보장치 작동여부

3) 화재발생시 근로자의 대피유도 (휴대용조명기기) + 확성기 + 방연마스크 + 손전등

4) 사업주는 확성기 등 대피용 방연기구 지급

5. 철골공사 용접작업시 화재감시자 배치를 통한 안전확보사례 (실효성 강화방안 제언)

① 인건비 → 안전관리비 반영 (건진법)

② 확성기, 조명기구, 방연마스크 지급

③ 특별안전보건교육 시행 "골"

용접 <화재감시자> 동시작업금지.

① 전문인력 교육

② 소규모현장등 배치불가시 발주자 주도 신임 유도. 법제화

문제 13 용접 · 용단 작업 시 불티의 특성

번출제) 용접 용단 작업시 불티의 특성

안전보건규칙 241의2 : 화재감시자

답)

I. 개요

용접 용단작업시 불티에 의한 화재 예방위해 전담 화재 감시자 배치 및 가연성 물질(단열재)와 동시작업 금지

II. 용접 용단 작업시 불티에 의한 화재 확산 Mechanism

산화된 용접불티 → 가연물 단열재 → (O_2) 훈소 → (O_2, 불티축열) → 화재 확산

※ 불티와 단열재 차단중요 ⇒ 동시 작업 금지

III. 용접 용단 작업시 불티의 특성

불티 특성
- ~~수천개 불티 발생 비산~~
- 풍향 풍속에 따라 비산거리 증가 (무풍시 11m)
- 1,600℃ 이상 고온
- 직경 0.3~3mm
- 비산후 상당시간 경과해도 축열에 의해 화재 발생

IV. 용접 용단시 화재 감시자 배치기준 및 업무

배치기준	업무
· 작업반경 11m내 가연성 물질	· 가연성 물질 여부 확인
· 11m이상 이격되었으나 발화위험장소	· 가스검지 경보장치 작동 확인
· 열전도, 열복사로 발화우려시	· 화재시 신호와 대피유도

V. 용접 용단 작업시 화재 예방 활동 사례 (송도 00 APT현장)

1. 작업자 휴대용 소화기 지급·휴대 → 신속대응
2. 가스운반대차에 비누거품기 일체로 거치 → 상시점검 "끝"

문제 14	건설현장의 화재안전기준(NFSC 606)

문제) 건설현장의 화재안전기준(NFSC 606)

답)

I. 개요

최근 지속적으로 발생하는 건설현장의 화재로 인한 재해를 예방키 위해 소방청에서 NFSC606 제정.

II. 건설현장 화재발생 Mechanism

가연물 단열재 ↓ 용접 불티 — O_2 — 훈소 — O_2 — 화재

차단적(근본적) 대책 ✓

III. 건설현장의 화재안전기준

1. 임시소방시설 설치 (※ 추가분은 '23.7.1. 시행)

기존	추가
·소화기, 간이소화장치	·가스누설경보기
·비상경보장치	·방화포
·간이피난유도선	·비상조명등

2. 소방안전관리자 세부 업무 (화재예방법 29조)

1) 가연성 GAS 발생 작업과 불꽃 작업 동시 유지 확인

2) 임시소방시설의 설치·유지·관리

IV. 물류창고 데크플레이트 작업 현장에서의 화재안전 point

1. 동시작업금지 (단열재 + 용접·용단)
2. 불티 비산방지, 가연물질의 방호
3. 화재 감시자 배치
4. 월 1회 이상 화재 대피 훈련.

<불티의 특성>
1,600℃ 이상 고온
축열현상 화재

"끝"

번호 문제8) 임시 소방 시설

답)

Ⅰ. 임시 소방 시설의 정의

인시소방 시설은 건설현장에서 발생하는 화재 등의 중대사고를 예방하기 위해 설치하는 소방 시설들(소화기, 자동소화시스 등)를 말함.

Ⅱ. 임시소방 시설의 필요성 및 설치근거.

[필요성]
건설현장 공사중 화재·폭발 사고방지, 중대재해 방지. 사망인원을 감소

[설치근거.]
건축물 구축 시행령.
「임시 소방 시설 설치기준」

Ⅲ. 임시 소방 시설의 설치 기준 및 내용.

1. 소화 시설.
2. 간이 소화 장치 : 소화기 비치 운영. (옥내소화전)
3. 비상경보장치 : 비상벨, 확성기 등 운영. (비상방송)
4. 간이피난유도선 : 축광 비상 유도선. (비상조명등)

→ 공사중 및 소규모 건설 현장 반영 필요

Ⅳ. 소규모 건설현장 화재 예방을 위한 임시소방 시설 설치 기준

비상대피 유지, 11.0m, 11.0m, 소화기구, 출입구, 비상벨, 화재감시자, 방화포 및 패드. 설치, 피복 갖추고, [무선연락체계구축]

Ⅴ. 최근 정부의 임시 소방 시설을 고려한 안전관리 규제개선 사항

가연성물질 사용 시점 부터 1회/월 이상 임시소방 시설 구축 후 비상 대피훈련 시행. ←

문제 15 항타기 및 항발기 조립 · 해체 시 점검사항

문제 6) 항타기 및 항발기 조립·해체시 점검사항

답)

1. 개 요

항타기 항발기는 기초공사용 건설기계로 넘어짐 재해 빈번함에 따라 사업주는 조립·해체, 사용시 예방대책 중요

2. 항타기 및 항발기 작업시 재해 원인

재해유형	원인
· 인양물 낙하	· 걸이 공구 불량
· 항타기 넘어짐	· 지반 다짐 미흡
· 감 전	· 가공전선 방호조치 미흡
· 지하매설물 파손	· 사전조사 미실시

3. 항타기 및 항발기 조립·해체 시 점검사항 (안전보건규칙 신설 개정)

1) 준수사항 (신설조항)

① 권상기에 쐐기장치 / 역회전 방지용 브레이크 부착

② 권상기 들리거나 미끄러지지 않도록 견고 설치

③ 제조사 설치·해체 작업 설명서 준수

2) 점검사항 (개정조항)

① 본체 연결부 풀림, 손상유무

② 와이어로프·드럼·도르래 부착 상태

③ 권상장치 브레이크, 쐐기 장치

④ 권상기 설치상태

⑤ 리더 버팀, 고정상태

⑥ 본체·부속장치 강도

⑦ 본체·부속장치, 부속품 손상, 마모, 변형·부식

4. ○○국도 건설현장 항타기·항발기 무너짐 방지사례

1) 문제점 : N치 10 이하 → Sponge 현상 발생 (무너짐위험)

2) 대 책 : 강판 T=100mm 깔판사용 → 주행성 확보

4. 항타기 및 항발기 무너짐 방지조치

1) 깔목·깔판 설치
2) 시설물 내 설치시 내력보강
3) 레일 클램프·쐐기 등으로 고정
4) 버팀대·버팀줄 고정 철저
5) 아웃트리거·받침등 말뚝·쐐기고정

권과방지장치
와이어로프 점검
아웃트리거
깔목
깔판
지장물 사전조사
〈고속국도 00호선 항타기 모식도〉

5. 항타기 및 항발기 사용시 안전조치 사항

공통사항	: 사전조사, 작업계획서, 위험성 평가, PTW. TBM
맞 음	: 와이어로프 점검 → 〈폐기기준〉
무너짐	: 지내력 조사, 치환
감 전	가공전선 방호 감시인 배치
지하매설물조사	: 사전조사, GPR 등

〈폐기기준〉
- 소선수 10% 이상 절단
- 손상, 부식, 꼬인것
- 공칭지름 7% 초과 감소
- 열, 전기 충격

6. 항타기 항발기 관련 규정 정비(안전보건규칙 개정)

1) 조립시 준수사항 → 조립 해체시 준수·점검사항
2) 버팀대·버팀줄 개수 등 일부조항 삭제
3) 권상용 와이어로프 사용하는 클램프, 클립 등 규격 명확화 (한국산업표준 제품)

문제 16	타워크레인의 신호작업에 종사하는 일용근로자의 교육시간, 교육내용 및 효율적 교육 실시방안에 대하여 설명하시오.

문제) 타워크레인의 신호작업에 종사하는 일용근로자의 교육시간, 교육내용 및 효율적 교육실시 방안에 대하여 설명하시오.

답)

I. 개요

1. 타워크레인 신호작업 일용근로자 특별교육(8hr) 실시로 유해·위험요인 인지, 대처 통한 재해예방 가능
2. 효율적 교육위해 AR/VR 재해 Simulation, 우수교육 참여자 Incentive 등 다양한 방법 도입 필요함.
3. 본고에서는 특히 소규모 현장 안전교육 질적 향상위한 기업·정부간 지원 방안에 대해 기술하고자 함.

II. 타워크레인 신호수 안전수칙

작업전	시운전
· 신호체계 확립 · 출입 작업자, 도구 교차확인	· 무전기 check · 예비시험 참여
· 순간풍속 15m/sec 작업중지 · 작업반경 내 모든 위험 통제	· 즉각 중단 · 교대시 이상 내용 인수 인계
작업시	장비이상시

(중앙: 신호수)

III. 타워크레인 재해발생 원인 분석 (안전보건공단)

- 안전규칙 미준수 34%
- 위험장소 미통제 26%
- 운전오조작 15%
- 신호체계 미준수 12%
- 기타 12%

⇒ 신호수 역할 중요

⇓

특별안전보건 교육 필요

<최근 10년간 타워크레인 재해 통계>

번호 IV. 타워크레인 신호작업 종사 일용근로자 교육시간 및 교육내용

<산업안전보건법 제29조 및 동법 시행규칙 제26조>

1. 교육시간 : 특별교육 8시간 이상

2. 교육내용

특별교육 대상
- 거푸집 동바리 해체
- 밀폐공간 작업
- 2m 이상 굴착
- 석면 해체·제거
- 비계 조립·해체 등

→ 유해·위험 40개 작업

기본내용 (채용시, 작업변경시 교육내용 동일)
- 안전보건관련 내용
- 산업안전보건법
- 작업개시전 점검
- 사고 발생시 긴급조치
- MSDS 등

+

특별교육 (해당작업 유해·위험 내용)
- 신호방법 및 요령
- 타워크레인 기계적 특성 및 방호장치
- 화물의 취급 및 안전작업 방법
- 인양물건의 위험성, 낙하·비래·충돌 예방
- 인양물 적재 지반조건, 인양하중, 풍압 등이
- 인양물과 타워크레인에 미치는 영향

V. 타워크레인 신호작업 종사 일용근로자 효율적 교육실시 방안

1. 안전보건교육의 3요소

주체	매개체	객체
교육실시자	↔ 교재, 방법 등	근로자

⇐ 태도, 지식, 기능

2. 효율적 교육실시 방안 (교육의 3요소 중심 기술)

1) 주체 (교육실시자) 역량 강화

(안전보건 추가 기술 필요)

- 전문성 결여 → 특별교육 대상별로 전문강사 별도 양성

번호

2) 매개체 (교재, 방법 등) 다양화

• 문제점 : 대부분 강의식 교육

• 활성화 방안

① 역할연기법 및 직무교대 실습

- 운전원, 줄걸이작업자, 신호수 간

② AR/VR 재해 Simulation 체험

(체험장 확대 정부 지원 필요)

3) 객체 (근로자) 동기부여

① Pass 제도 법제화 (교육평가) = 불합격시 투입 제한

② 우수 참가자 Incentive (상금) 지급

VI. 소규모 현장 안전교육 질적 향상 위한 제언

1. 대기업 – 중소기업간 연계 교육 program 마련

대기업의 우수한 교육 Infra (체험장, 교보재 등)

중소업체 상생 위한 교육 교류 (정부 Incentive 도입)

2. 지역별, 권역별 Smart 교육 실시 공간 마련

AR/VR 체험관, 특별교육 실습관 등 거점별

확대 운영 (안전보건공단 관리)

VII. 맺음말

타워크레인 재해 예방을 위해 작업 전과정을 통제하는

신호수 역할 중요함에 따라 다양한 안전 교육기법을

활용, 실질적 안전관리 능력 향상 필요함.

"끝"

문제 8) 타워크레인의 신호작업에 종사하는 일용근로자의 교육시간, 교육내용 및 효율적 교육 실시방안에 대하여 설명하시오.

답)

1. 개요

1) 타워크레인 신호작업시 안전수칙 미준수 등에 의해 재해가 빈번히 일어나므로 교육을 수행해야 한다.

2) 신호 일용근로자는 특별교육 8시간을 이수해야 하며, 신호체계 · T/C 구조등의 교육내용을 숙지해야 한다.

3) Flipped learning(플립러닝) 및 Smart 기술을 활용한 체험형 부스 운영을 통하여 일용근로자의 인지능력을 극대화하여 교육효율을 높여야 한다.

2. 타워크레인 안전성확보를 위한 사전조사 및 작업계획서

구분	내용
사전조사	기초설치 지반 지지력 확인 주변 장애물(고압선로 · 지하매설물)
작업계획서	T/C 종류·형식 및 조립·해체 순서 T/C 신호수 배치 · 신호방법

3. 타워크레인 신호작업 교육의 필요성 및 일용근로자 교육종류

기타 / 34% 안전수칙 미준수 / 12% 신호체계 미준수 / 26% 위험장소 미통제

<최근 10년간 T/C 재해원인>

교육종류
- 최초교육
- 정기교육
- 특별교육
- T/C 신호교육

4. 타워크레인 신호작업에 종사하는 일용근로자의 교육시간

T/C 신호수
- 특별교육 : 8시간 이상 (신호수 특별안전보건교육 이수증 발급)
- 정기교육 : 6시간 이상 (분기별)

5. 타워크레인 신호작업에 종사하는 일용근로자의 교육내용

1) 신호수의 역할
2) T/C 구조, 방호장치
3) T/C 신호체계, 무선통신 사용
4) 중량물 작업시 안전사항
5) 재해사례, 대책수립

※ 신호수 안전수칙
① 작업전 : 신호체계확립
② 사용전 : 무전기확인
③ 작업시 : 풍속 체크
④ 장비이상시 : 즉시 중단

6. 타워크레인 신호작업에 종사하는 일용근로자 효율적 교육 시행방안

방법적 측면

1) Flipped Learning 방법 접목
① 1단계 : 사전 동영상 교육자료 학습
② 2단계 : TBM시 위험예지 토론·토의
→ 단계적 학습

2) Smart 기술 활용

체험교육장: AR(증강현실), VR(가상현실), 3D(BIM학습)

① 현장 내 체험교육장 운영 (소규모 현장의 경우 안전공단 체험박스 활용)
② AR 동영상 반복시청

(※ 건설기술진흥법 제62조의 3 스마트 안전장비의 보조·지원) ⇒ 인지능력 강화 (사고사례 공유)

3) 외국인 근로자를 위한 안전팜플렛 제공

제도적 사항

1) 교육 동기부여를 위한 인센티브 제공, pass 제도 법제화 (불합격시 추진 제한)

① 근로자 포상금 지급

② 우수 사업장 정기점검 가점제도 신설

2) T/C 신호작업 교육시간 확대

- (당초) 8시간 ⇒ (개선) 16시간 (8×2회)

7. 소형 타워크레인 등 신호작업 안전확보를 위한 법개선사항

구분	당초	개선안
소형 T/C 조종 자격	20시간 교육이수	20시간 교육이수 + 실기시험
원격조종 T/C	—	원격 조종 국가자격증 도입

8. 코로나 19를 고려한 T/C 신호수 비대면교육 시행 방안

[경남혁신 혁신도시 00블럭 APT 신축현장]

1) 현황 : 코로나 19로 대면교육 지양 · 교육방법 변경

<당초>

① 대면교육

② 강의식 교육

⇒

<개선>

① 비대면 : ~~플랫폼 도입~~ 3D 체험

② 작업전 10분 토의·토론 (실무 시험 시행)

2) 개선효과

① 사전에 교육내용 인지하여 학습효과 높음

② 코로나 19 감염 위험 저감 · 효율적 교육 시행

9. 결론

8. 소규모 건설현장 안전교육의 실적향상을 위한 제언 / 결론

1) 대기업 - 중소기업 연계교육 프로그램 - 우수인프라 제공

2) 지역별, 권역별 Smart 교육 실시방안 마련 (안전공단)

문제 17	타워크레인 설치 · 해체 작업 시 위험요인과 안전대책 및 인상작업(Telescoping) 시 주의사항에 대하여 설명하시오.

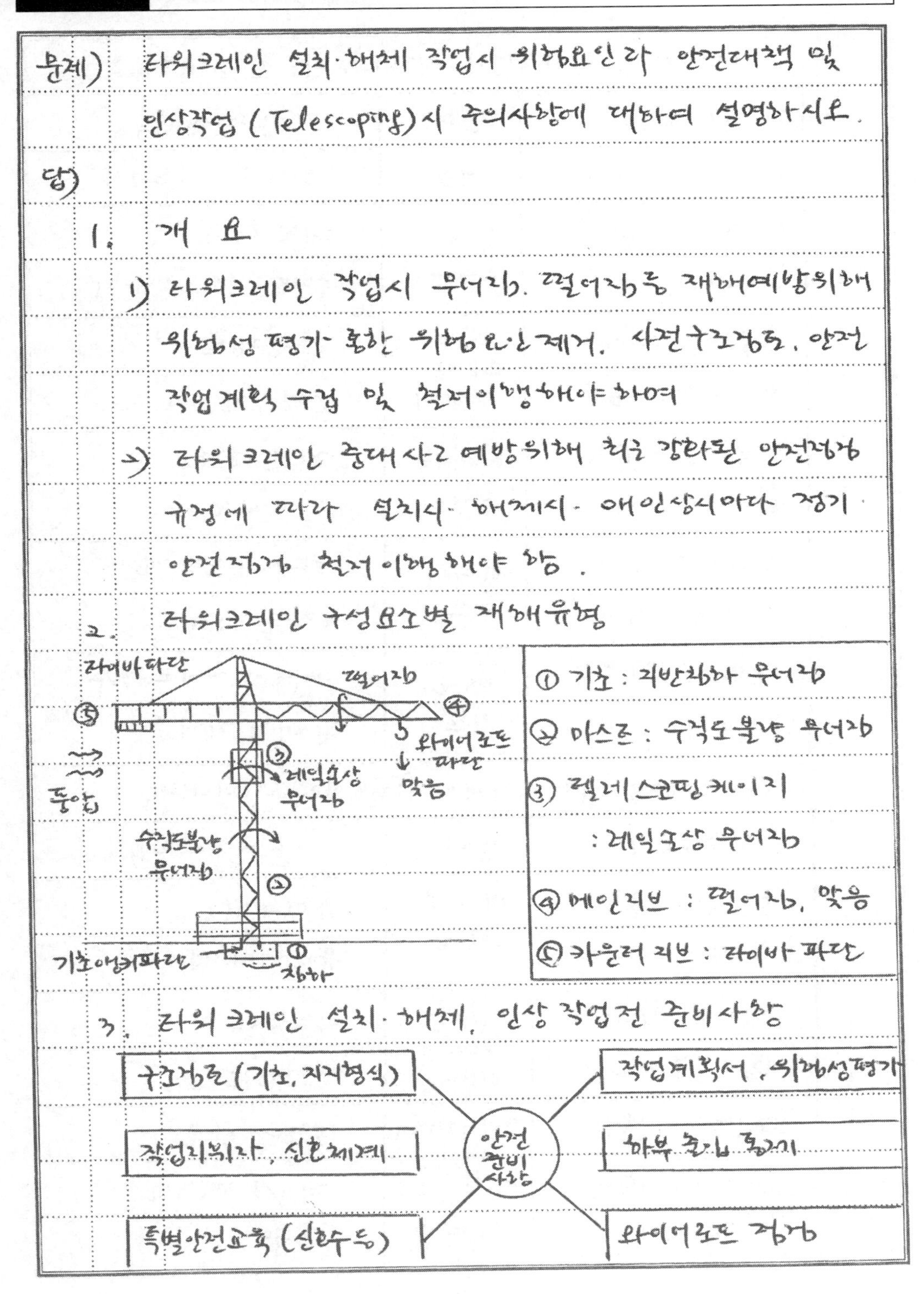
문제) 타워크레인 설치·해체 작업시 위험요인과 안전대책 및 인상작업(Telescoping)시 주의사항에 대하여 설명하시오.

답)

1. 개 요

1) 타워크레인 작업시 무너짐. 떨어짐등 재해예방위해 위험성 평가 통한 위험요인 제거. 사전구조검토. 안전작업계획 수립 및 철저이행해야 하며

2) 타워크레인 중대사고 예방위해 최근 강화된 안전점검 규정에 따라 설치시·해체시·매인상시마다 정기·안전점검 철저이행해야 함.

2. 타워크레인 구성요소별 재해유형

① 기초 : 지반침하 무너짐
② 마스트 : 수직도불량 무너짐
③ 텔레스코핑 케이지 : 레일손상 무너짐
④ 메인지브 : 떨어짐, 맞음
⑤ 카운터 지브 : 라이바 파단

3. 타워크레인 설치·해체, 인상 작업전 준비사항

4. 타워크레인 설치작업시 위험요인과 안전대책

위험요인	단계	안전대책
지지력부족 우너짐	기초	구조계산. 기초보강
핀체결·수직도 불량 → 무너짐	Base Mast	· 체결 확인 · 수직도 (1/1000) 유지
레일손상 우너짐 설치시 떨어짐	텔레스코핑 케이지	· 사전점검 · 안전난간
밀착불량 우너짐 전기장치 감전	턴테이블 운전석	· 체결 점검 · 절연 보호
타이바 맞음 풍압 우너짐	카운터 지브	· 타이바 조립 점검 · 부착물 제거
편심, 연결핀 누락 → 무너짐	메인 지브	· 제조사 가이드 준수 · 핀체결 점검

5. 타워크레인 해체작업시 위험요인과 안전대책

위험요인	단계	안전대책
양측지브 불균형 → 무너짐	해체전 점검	· 균형유지 · 유압장치 정비
· 케이지와 마스트간 이동시 떨어짐	Mast 및 Down 해체	· 이동금지 · 안전난간
· 와이어 자재 맞음	와이어해체	· 달포대 사용
· 인양위치 미준수 → 무너짐	양측 지브해체	· 제조사 메뉴얼 준수

6. 타워크레인 인상작업시 주의사항

타워크레인 지지	· 구조계산, 제조사 설명서 · 벽체지지 / 와이어지지
상승준비	· 유압장치 점검 · 전원공급 케이블 점검
추가 Mast 안착	· 가이드레일 점검 · 작업중 케이지와 마스트간 이동금지
인상작업	· 메인지브 선회금지 · 수평유지 · 인상시 마다 정기안전점검

지지프레임
마스트
벽체고정 브라켓
간격유지 볼트
간격 지지대
벽체
<벽체 고정 지지 설치도>

7. 타워크레인 사고예방 위한 정기안전점검 강화 내용('21.6)

1) 관련근거 : 건설기술진흥법 시행령 제100조

2) 실시시기

1차	2차	3차
설치시	매 인상시 마다	해체시

3) 중점검토
① 안전작업계획서
② 작업팀 구성 (유자격자 6인이상)
③ 특별안전교육 여부 (작업자, 신호수)

8. 맺음말

타워크레인 사고는 사망등 중대재해로 직결됨에 따라 사전구조검토, 안전작업계획서 작성·준수, 안전점검 철저 이행 등 통한 재해예방 중요.

"끝"

번호 (문제) 타워크레인 설치·해체 작업 시 위험요인과 안전대책 및 인상작업 (Telescoping) 시 주의사항에 대하여 설명하시오

(답)

Ⅰ. 개요

1. 타워크레인 설치·해체 작업시 추락, 낙하비래, 본체 낙하 및 전도 등의 재해유형이 발생할 수 있으므로 안전대책 수립필요
2. 특히, 인상작업 (Telescoping)은 사전 작업계획을 수립하고 순서를 준수하여 작업구역을 통제한 후 진행되도록 관리가 필요함.

Ⅱ. 타워크레인의 구성요소 및 설치순서

카운터지브
캣헤드
트롤리
메인지브
운전실
호이스트 로프
호이스트 블록
평형추 (카운터웨이트)
텔레스코핑 케이지
유압 상승장치
타워 마스트
기초

〈설치순서〉

기초앵커설치
↓
Mast 설치
↓
텔레스코핑 케이지설치
↓
운전실 설치
↓
Boom 및 평형추설치
↓
텔레스코핑 작업

Ⅲ. 타워크레인 설치·해체 작업시 재해유형 및 위험요인

재해유형	위험요인
1. 추락재해	텔레스코핑 고소작업
2. 낙하비래 재해	와이어 로프의 파단

번호

3. 본체 낙하 비래 | 본체 수직도 불량, 불균형
4. 전도 재해 | 기초의 결함, 과부하
5. 붕괴손재해 | 붐 충돌

Ⅳ. 타워크레인 설치·해체 작업 시 안전대책 (안전보건규칙 제141조)

1. 타워크레인 구성부위별 안전점검

기초	Mast	Boom	와이어로프
· 앵커매입깊이	· 수직도 유지	· 평형성 검토	· 안전계수 확인
· 방호울, 위험표지	(1/1,000 이하)	· 회전반경 검토	· 폐기기준 준수
· 최대 하중표시	· Jack 안전확인	· 용접금지	
		· 취성파괴금지	

2. 작업 전 안전대책
① 위험성 평가 실시 작업순서
② 크레인 신호수에 대한 교육 확인
(특별안전보건교육 8시간 이상 이수)

3. 작업 중 안전대책
① 안전보호구 착용
② 작업구역 접근제한, 충분한 공간확보.
③ 신호수 배치 및 통신체계 수립
④ Mast 연결핀 대칭 작업 실시

4. 기타 (관련법 준수)
① 설치·상승, 해체작업 영상촬영 및 저장
② 사용 중 충돌방지조치
③ 악천후 시 작업중지

번호 V. 타워크레인 인상작업 (Telescoping) 시 주의사항

텔레스코핑케이지 운반·설치	인양용 하부 접근통제 인양용 부속장치 연결 확인. 고소작업자 안전대 사용. 작업지휘자에 의한 설치.
Mast 연결	규격품 조립용 볼트사용 연결핀 대칭으로 결합.분해

T/c 정기안전점검 실시 횟수 강화 서술 필요.
→ 매 인상마다 안전점검실시.

VI. 악천후 및 강풍시 타워크레인의 작업 중지 기준

1. 순간풍속 10m/s 초과 → 설치·수리·점검·해체작업 중지
   15m/s 초과 → 운전작업 중지
   (안전보건기준 제37조)
2. 비, 눈 등 기상상태 불안정으로 날씨가 몹시 나쁜 경우

VII. 타워크레인 관련 주체별 안전대책 의무 ★

건설사 원도급자 의무	임대업체의 의무	정부의 의무
1. 설치·상승·해체 작업 영상기록·보존	1. 기계 안전정보 서면받음	1. 자격취득 교육강화 (36시간 → 144시간)
2. 충돌 방지조치	2. 설치·해체 작업자 자격 유무 확인	2. 보수교육 (5년마다 3시간)
3. 전담신호수 배치 (교육이수자)	3. 사전작업위험정보와 안전작업절차 주지	3. 벌금형 확정시 재교육 (144시간

VIII. 맺음말 (관련법 제·개정 준수 강화)

1. 타워크레인 정기점검 / 연식별 검사기준 강화
2. 건설기계 관리법 | 내구연한 도입 (20년 - 3년단위 정밀진단)
   | 형식신고 대상 → 형식승인 대상

"끝"

문제 9) 타워크레인 설치·해체 작업시 위험요인 및 안전대책 및 인상작업(Telescoping)시 주의사항에 대하여 서술하시오.

답)

1. 개요

1) 타워크레인 설치·해체 작업시 지지불량에 따른 붕괴·추락·낙하 재해가 빈번히 발생하는 바,

2) 작업계획서 수립·준수 및 설치·해체 단계별 안전대책을 수립하여 안전을 확보해야 한다.

3) 또한 인상작업시 메인지브 손상 등으로 재해가 발생하므로 정기안전점검을 수행하여 재해를 예방해야 한다.

2. 타워크레인 설치·해체시 사전조사 및 작업계획서

사전조사	기초부위 지반 지지력	※ 산업안전보건기준에 관한 규칙 제38조
	주변 장애물, 매설물 현황	
작업계획서	T/C 종류·형식, 지지 방법	
	T/C 설치·조립·해체 순서	

3. 타워크레인 설치 작업시 위험요인 (작업공종별 구분)

작업단계별	기초앵커 설치	강도부족
	Mast 설치	수직도 불량
	텔레스코핑 케이지	작업자 추락
	지브(카운터·메인)	W/R 파단
	인상작업시	불균형·붕괴

카운터지브, 메인지브, 텔레스코핑 케이지, Mast, 기초

<T/C 설치 부위>

4. 타워크레인 해체 작업시 위험요인

작업순서별	해체 전 점검	기상악화 (10m/s 초과)
	Mast 및 Down 해체	· 유압장치 불량 · 작업발판 고정 미흡
	지브 · 텔레스코핑 케이지 해체	· 지브 불균형 · 전도 · 공도구 낙하 · W/R 파단

5. 타워크레인 설치 · 해체 작업시 안전대책

공통사항 → 설치 · 해체 등록면허 (비계기능사 · 경력자 (6개월이상 교육이수자))

1) 설치 · 해체 작업자 자격 여부 · 특별안전보건교육
2) 영상기록 보존 · 충돌방지조치 (방지장치 점검)
3) T/C 안전검사 · 신호수 배치 여부 (작업구역 통제)
4) 악천후시 작업중지 : 풍속 10m/s 초과시

설치 작업

1) 기초 앵커 강도확보 · 볼트체결
2) Mast 수직도 유지 (1/1000)
3) 작업자 스마트 추락방지대 착용
4) 인양 W/R 점검 · 타이바 체결 (연결핀 확인)

베이직 마스트
접지설치
고정용앵커볼트
1.5m이상
<기초 앵커 설치 모식도>

해체 작업

1) 메인지브와 카운터 지브 균형유지
2) Mast 해체시 유압장치 점검 · 작업발판 고정
3) 인양장비 매단 후 King pin 해지
4) 타이바 해체 공도구 보관함 철저 → 낙하방지

6. 타워크레인 인상작업시 주의사항

전용 프레임·브레싱 설치 확인.

1) 벽체지지·와이어로프 지지 (자격인 이상 작업)
2) 전용 부재 사용 및
   안전대 부착설비·안전대 착용

고정프레임 / 벽체 / 브레싱 / 간격 유지볼트 / 간격지지대

마스트 상승작업

1) 텔레스코핑 슈아 브레이싱
   안전히 안착·게이지 작업발판 / 볼트 체결 확인
2) 상승 작업 중 트롤리 이동·선회작업 금지

상승작업 완료 후 ——▷ ※ 건설기술진흥법 제62조에 의거 정기안전점검 시행

1) 사용된 안전핀을 정상편 삽입
2) 고정용 볼트 등 누락 확인

7. 타워크레인 안전성 확보를 위한 정기안전점검 강화내용

1) 정기안전점검 **점검자 자격강화**
   → 건설기계관리법에 따른 검사원 이상
2) 정기안전점검 **실시시기 강화**
   → 3회 시행 (설치·인상시마다·해체시)
3) 공사장 주변 안전조치 등 **점검항목 구체화**

8. 결론

+ 풍속 35m/s 초과시 부재점검·보수

타워크레인 설치 전·작업중·인상시·해체시 단계별로 도급인·수급인·근로자 모두 안전관리계획에 따라 작업을 수행하여 재해를 예방해야 한다.

문제 18 건설현장 수직 Lift Car의 구성요소와 재해위험요인 및 안전대책에 대하여 설명하시오.

문제) 건설현장 수직 Lift Car의 구성요소와 재해위험요인 및 안전대책에 대하여 설명하시오.

답)

1. 개요

1) 건설현장 수직 Lift Car는 기초부, 방호울, 마스트, 운반구 및 방호장치로 구성되며

2) 구조계산, 안전작업계획 수립·준수, 작업지휘자 배치 등 설치·해체시 철저한 안전관리 이루어져야 하며

3) 운영시 각종 방호장치 이상유무 일일점검 통해 운영중 사고 사전 예방해야 함.

2. 건설현장 수직 Lift Car 설치전 사전 구조검토 사항

구조검토
- ① 구조계산서 및 도면검토
- ② 기초설계 (지지력 등 검토)
- ③ 벽체지지 고정부재 구조검토

3. 건설현장 수직 Lift Car의 구성요소

Wall Tie (2층마다)
1,300
2,800
3,400
1,800
300
PHC pile (지지력 부족시)
①
②
③
④

<수원 OO APT 현장 Lift 설치도>

구성요소 및 방호장치

① 운반구 - 낙하방지장치, 과부하 방지 방치
② 마스트 - 운반구 이탈 방지장치, 전도방지 장치
③ 방호울 - 출입문 연동장치
④ 기초부 - 완충장치

번호 4. 건설현장 수직 Lift Car의 재해위험요인

구분	재해유형	재해 위험 요인
조립, 해체시	떨어짐	· 마스트와 건물사이 개구부 미조치
		· 안전대 미착용
	맞음	· 하부 미통제 (방호울 미설치)
		· 와이어로프 폐기기준 미준수
	끼임	· 마스트와 건물사이 미확인
	무너짐	· 지내력부족, 구조계산 미흡
운영시	떨어짐	· 출입문 잠금장치 미작동
	떨어짐 (운반구)	· 마스트 연결불량
		· 정격하중 초과
	무너짐	· Wall Tie 연결불량
	감전	· 분전반 미접지

5. 건설현장 수직 Lift Car의 안전대책

1) 조립해체시 안전대책

공통 사항	· 작업계획서, 작업지휘자
	· 위험성 평가, PTW, TBM
	· 안전인증, 방호장치 점검
	· 구조검토 (기초, Wall Tie)
떨어짐 끼임	· 마스트와 건물이격부 작업발판
	· 안전대 착용
무너짐	· 기초콘크리트, Pile(지내력 부족시)

번호

맺음 · 와이어로프 폐기기준 준수

· 방호울 설치후 작업, 악천후 금지

2) 운영시 안전대책

공통사항 · 일일점검, 안전검사 (6개월)

· 적당운전원

떨어짐 · 과적재 운행금지

· 출입문 닫힘 확인

무너짐 · Wall Tie 체결 확인

· 접지봉매설 (100Ω 이하)

<Wall Tie 설치 기준>

6. 건설현장 수직 Lift Car 일일점검방안 (수원 00 APT 현장)

번호	점검항목	월	화	수	목	금	토	일	비고
1	비상정지장치	o	o	o	o	o	o	o	
2	출입문 연동장치	o	△	o	o	o	o	-	
3	전원차단장치	o	o	o	o	△	o	-	
4	브레이크·클러치	o	o	o	o	o	o	-	

(정상 : o , 미흡 (조건부허용) : △, 불량 (사용중지) : x)

7. 맺음 말

Lift Car 설치전 사전구조검토 및 운영시 일일점검

통한 사고 사전 예방 중요.

"끝"

번호 (문제) 건설현장 수직 Lift car의 구성요소와 재해 위험요인 및 안전대책에 대하여 설명하시오.

(답)

Ⅰ. 개요

1. 건설현장 수직 Lift car는 동력을 사용하여 가이드레일을 따라 상하로 움직이는 운반구를 매달아 사람이나 화물을 운반할 수 있는 설비임. (안전보건규칙 제132조)

2. 수직 Lift car는 운반구, 마스트, 구동부로 구성되며 설치 시, 사용시, 해체시 안전대책 수립이 필요함.

Ⅱ. 건설현장 수직 Lift car의 구성요소 및 방호장치 (00~00 부산지청)

<모터 13마력>

낙하방지장치 (조속기)
운반구 (적재함) (1.3×L3.×H2.7m)
전락방지장치
방호울
수평지지대
마스트 (1.508×150×150)
구동 및 제동장치
과부하장치
안전고리 (4단이상)
접지 및 전기장치
완충스프링

방호장치	
운반구	낙하방지장치
	과부하방지장치
마스트	운반구이탈방지장치
	권과방지장치
방호울 - 출입문연동장치	
기초부 - 완충장치	

Ⅲ. 건설현장 수직 Lift car의 재해위험요인

설치·해체
① 마스트 연결작업 중 근로자 추락
② 방호선반 미설치로 근로자 추락
③ 부재연결 핀, 고정장치가 하부로 낙하
④ 사용전 중 제동장치 미작동으로 끼임

번호

운영 중
① 운반구와 탑승이격 리다로 추락, 끼임
② 각종 안전장치 미작동으로 낙하
③ 정격하중 초과로 급속하강, 충돌
④ 수평지지대 탈락으로 전도, 무너짐

IV. 건설현장 수직 Lift car 주요 구성요소별 안전검토를 통한 안전대책 수립

구성요소	안전대책
운반구	① 낙하방지장치, 과부하방지장치, 권과방지장치의 설치 및 점검 (안전보건규칙 제134조) ② 안전방호망, 방호선반의 설치 ③ 정격하중 등의 표시 (안전보건규칙 제133조) ④ 최대 탑승인원 표시
마스트	① 구조체에 견고한 고정 ② 수직도 관리 (1/1,000 이하) ③ 뒤틀림 방지 및 강성 확보
구동부	① 트롤리, 피니언 기어의 점검 ② 일상점검, 정기점검의 실시 ③ 각종 승하차부 점검
전체	안전점검 (6개월마다)

V. 건설현장 수직 Lift car 설치조립, 사용시 및 해체시 안전대책

1. **설치 조립시**
① 기초부 규격 충분히 (3×3×2m 이상)
② 작업순서 준수

번호

2. 사용시
① 전담운전자 배치 및 이외 사용금지
② 정기점검, 일상점검 실시
③ 초과적재 금지
④ 모든 사용자 대상 안전교육 실시
⑤ 주행로 정지금지 (안전보건규칙 제 155조)

3. 해체시
① 해체작업 순서 준수
② 개인보호구 착용
③ 안전교육 관리자 배치

VI. 건설용 리프트 사용 중 비상 시 안전대책

이상현상 발생 비상상태 발생 정전	→	주전원 차단	→	비상탈출 출입문 사다리 비상탈출구	→	전문가에 의한 수리	→	사용전 (3~5회 정도 상승하강)	→	재운전

· 외부알림
· 비상훈련 시나리오 가동.

· 비상탈출 중 전원인입으로 작동되지 않도록 외부와 통신.

VII. 건설용 리프트의 사용 중 기상악화 등에 대한 안전조치

1. 순간풍속 35 m/s 초과 (지하설치되어 있는 것 예외)
→ 붕괴 등의 방지조치 (받침수 증가 등)

2. 비, 눈, 그 밖에 기상상태 불안정으로 날씨 나쁜 날씨
→ 작업 중지

VIII. 맺음말

1. 건설용 리프트 설치·해체 순서 준수로 재해 사전 예방.
2. 유해위험 기계에 해당으로 안전검사 대상 - 정기검사 필수

"끝"

문제 19 건설현장에서 사용되는 고소작업대(시저형)의 구성요소와 안전작업 절차 및 작업 중 준수사항에 대하여 설명하시오.

문제) 건설현장에서 사용되는 고소작업대(시저형)의 구성요소와 안전작업 절차 및 작업 중 준수사항에 대하여 설명하시오.

답)

1. 개요

1) 고소작업대(시저형)은 작업대, 지브, 차대, 방호장치로 구성되며 떨어짐, 끼임 등 재해빈번한 건설기계로

2) 안전작업 계획 수립·준수하여야 하며 특히 안전난간 및 과상승방지 장치 점검·유지관리 철저 이행 필요.

3) 클린사업장 조성지원 등 정부지원사업 통해 소규모 현장 고소작업대(시저형) 재해예방 기대됨.

2. 건설현장에서 사용되는 고소작업대(시저형) 재해유형 및 원인

재해유형		주요원인
떨어짐	· 안전난간 임의 해제	
끼임	· 과상승 방지장치 등 방호장치 불량	
넘어짐	· 아웃트리거 설치불량, 지반침하	
감전	· 주변 고압선로 방호장치 미흡	

3. 건설현장에서 사용되는 고소작업대(시저형)의 구성요소

작업대, 지브, 차대 / 안전난간 ① ② ③ ④ ⑤ ⑥

〈고소작업대(시저형) 구조도〉

〈주요방호장치〉

① 과상승 방지 장치 (작업자 신장보다 높게)

② 비상정지스위치 ③ 발판스위치

④ 경광등 ⑤ 주행차단장치

⑥ 강제하강장치

번호 4. 건설현장에서 사용되는 고소작업대(시저형) 안전작업 절차

1) 작업계획 수립 및 검토

① 작업계획 및 작업지휘자

② 안전인증 및 안전검사 확인

③ 운전면허, 등록증, 보험증 등 확인

④ 방호장치 및 주요부위 결함 확인

〈안전보건규칙 38조〉
- 운행경로, 작업방법
- 추락·낙하·붕괴·전도
- 협착 등 예방대책

2) 장비반입 및 설치 단계

작업전 확인
- 4면 안전난간 상태 점검
- 안전교육·보호구
- 신호수, 신호체계

설치시 주의
- 충전전로 이격 (3m)
- 아웃트리거 최대확장

A ≥ 2T 권고
최소 2m 이상
고임목
성토부
T
〈아웃트리거 설치도〉

3) 작업실시 단계

① 정격하중 준수

② 악천후 작업중지

강풍	10m/sec
강우	1mm/hr
강설	1cm/hr

③ 안전난간 해체금지 출입문 고정

④ 이동시 작업자 탑승금지

⑤ 용접시 화재감시자, 소화설비

⑥ 충전전로 근접 작업시 감시인 배치

〈화재감시자〉
*안전보건규칙 241조의2
- 11m 내 가연성 물질
- 쉽게 발화 유력 장소
- 열복사, 열전도 우려

4) 작업종료 단계

① 지반약한 곳 주정차금지 ② 작업대내 자재·공구 적재금지

③ 운전실, 출입문 잠금 확인

번호 5. 작업현장에서 사용되는 고소작업대(시저형) 작업중 주의사항

(안전보건규칙 제186조 기준)

사업주		준수사항		작업자
사업주	· 보호구 지급, 점검		· 보호구 착용	작업자
	· 출입 통제		· 안전난간 위 작업금지	
	· 적정 조도		· 과상승방지 장치 충격금지	
	· 정기점검		· 안전난간 임의해제 금지	
	· 정격하중 관리		· 탑승후 출입문 고정	

6. 소규모 현장 고소작업대(시저형) 사고예방위한 정부지원사업

구분	클린사업장 조성지원	안전투자 혁신 사업
대상	50인미만 중소사업장	좌 동
금액	최대 3천만원	최대 1억원
내용	과상승방지 장치 설치	노후기계 교체 비용

〈기대효과〉

방호장치 설치, 교체로 끼임재해 예방기대 ⟸

끼임: 35, 떨어짐: 24, 맞음 (넘어짐): 7 (건)

〈최근 10년간 사망사고, 안전보건공단〉

7. 맺음 말

1) 고소작업대(시저형) 재해예방위해 사전작업계획 수립, 준수, 방호장치 유지관리 해야하며

2) 특히, 안전난간 및 과상승방지장치 점검, 관리 중요.

"끝"

번호 (문제12) 건설현장에서 사용되는 고소작업대의 구성요소와 안전작업 절차 및 작업중 준수사항에 대하여 설명하시오.

(답)

1. 개 요

1) 고소작업대는 차량형 이동식 기계·기구로 고소작업시 주로 사용됨

2) 고소작업대 사용시 떨어짐, 협착 등 재해가 주로 발생하며, 사전 방호장치 적정 설치가 요구됨.

3) 본고에서는 내화피복 시공시 고소작업대 안전·보건 확보사례를 소개하고자 함.

2. 건설현장 고소작업대 사용시 중점 안전관리 Point

안전인증·검사	· 안전검사: 최초 3년, 매년 2년 단위
사전조사 작업계획서	· 운행경로 및 작업방법
W/R 폐기기준	· 소선 10% 초과 끊어짐 등
고장곡선	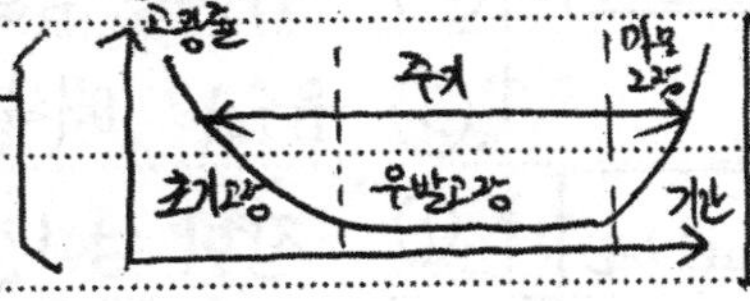 고장별 교체 / 주기 수립

3. 건설현장에서 사용되는 고소작업대의 구성요소

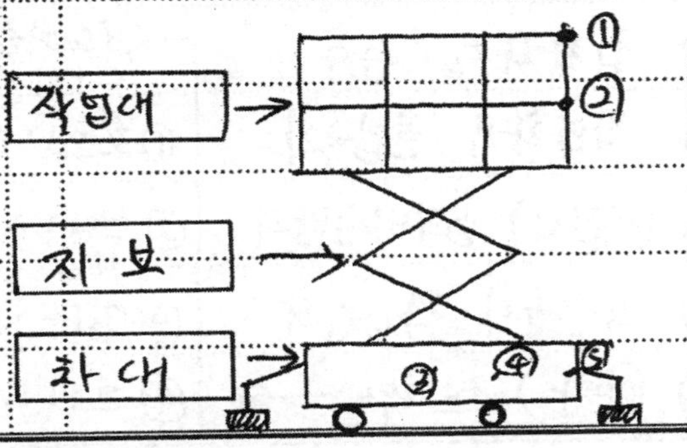

< 주요 방호장치 >

① 과상승 방지장치

② 비상정지장치

③ 경광등 ④ 강제하강장치

⑤ 주행차단 장치

번호

4. 건설현장 고소작업대의 안전작업 절차

위험성평가 → 사전조사, 작업계획 → PTW
- 사전위험요인 발굴
- 운행경로, 작업방법
- 작업허가제

TBM → 장비사전점검 → 출입금지 조치
- 안전미팅
- 방호장치 확인
- 하부 출입금지

유도자 배치 → 안전대 착용 → 작업대 상승
- 무선통신장비

5. 건설현장 고소작업대 작업중 준수사항(4M 중심)

사전준비
① 위험성평가, PTW, TBM
② 관리감독자 작업전 점검
③ 방호장치 설치 및 조정
④ 이동경로 및 작업방법 설정

Man (작업자)
① 개인보호구 착용 및 체결
② 작업대 상승후 이동금지
③ 유도자 배치후 작업대 이동

Machine (기계)
① 장비 넘어짐 방지조치
- 아웃트리거, 깔판. 깔목
② 정격하중 준수

Management (관리)
① 작업하부 출입금지
② (용접시) 불티비산방지

Media (환경)
① 악천후시 작업중지
② (야간) 조도 확보 →

<조도기준>
① 초정밀 : 750Lux
② 정밀 : 300Lux
③ 일반 : 150Lux
④ 그외 : 75Lux

번호

6. 철골 내화피복 시공을 고소작업대 사용시 근로자 안전보건 확보 사례)

수직구명줄 Tap
MSDS게시
위험물
유도자

<내화피복 사용시 설치도>

안전확보

① 아웃트리거, 깔목 설치

② 안전대 체결

보건확보

① 방진마스크(특급)

② 위험물 저장소 MSDS

7. 중소규모 고소작업대 사용현장 추락재해 안전관리 내실화를 위한 정부의 정책 및 지원

1) 법 개정 → '23년 하반기 예정

- 고소작업대 이동시 작업대를 가장 낮게 내리고, 유도원 배치 및 이동경로 확보

2) 지원 정책 · 50인 미만 사업장

클린사업장 조성	안전투자 혁신 사업
- 과상승방지장치 등 방호장치 설치지원	· 노후 고소작업대 교체 비용 지원

8. 맺음말 (스마트 안전기술 도입 제언)

1) 고소작업대 작업시 떨어짐 재해 발생 빈번(7%)

2) 스마트 안전대, AI CCTV 도입 통한 현장 안전관리 자동화 필요.

"끝"

문제 20 산업안전보건기준에 관한 규칙에서 정하고 있는 고소작업대의 안전조치사항, 작업시작 전 점검사항 및 방호장치의 종류에 대하여 설명하시오.

(문제) 산업안전보건 기준에 관한 규칙에서 정하고 있는 고소작업대의 안전조치 사항, 작업 시작 전 점검사항 및 방호장치의 종류에 대하여 설명하시오.

(답)

I. 개요

1. 고소작업대는 5대 사고다발 건설기계의 하나로 현장에서 사용 시 사전점검과 안전관리가 중요함.

2. 특히 시저형 고소작업대는 지면에 접하는 면적 대비 작업높이가 높아 장비의 넘어짐 등의 사고가 빈번함.

3. 작업자에 대한 안전교육과 안전수칙 준수로 안전계획을 수립, 관리함이 중요함

II. 안전보건규칙상 고소작업대의 장비 반입 및 사용승인 절차

장비 설치
작업계획서 작성
↓
작업계획서 검토 — No → 장비 설치
↓ Yes
장비점검 — No → 고치면료 — No → 장비 반출
Yes → 운전원/신호수 교육
↓
운전원/신호수 교육 (신규교육/특별교육)
↓
장비사용 필증 배부 부착
작업 수행.

(안전보건규칙 제86조) — 장비점검:
- 불법개조사용금지
- 불도리 사용금지
- 장비의주정검
- 주행의 비디리 시험

번호 Ⅲ. 안전보건규칙상 고소작업대의 안전조치 사항

	사업주/관리감독자	근로자
공통	안전인증 표시 제품.	방호장치 임의해제 금지
	사전조사 / 작업계획서 작성	안전보호구 착용
	작업지휘자 지정.	
장비사용시	작업반경 접근제한 조치	인출길이, 각도, 적재하중 준수.
	아웃트리거 수평유지	이동중 유도자 배치
	작업대, 리B, 차대 각부의	결함발견시 또는 이상감지시 신고
	이상유무 점검	

Ⅳ. 안전보건규칙상 작업 시작 전 점검사항 (check 1회)

1. 안전인증 받은 장비 여부 (법 제84조)
2. 과상승방지장치 기준 준수 설치 및 작동여부
3. 제어장치는 우발적인 동작이 방지되는 연동구조 여부
4. 추락방지용 개인보호구 안전모, 안전대 지급 및 착용
5. 정격하중 초과시 과부하방지장치 정상 동작 여부..

Ⅴ. 안전보건규칙상 고소작업대의 구성요소 및 방호장치의 종류 (시저형고소작업대 기준)

1. 과부하방지장치
2. 낙하방지 밸브 (안전밸브)
3. 비상정지장치
4. 주행속도 제한장치
5. 경사표시장치
6. 과상승 방지 장치.

작업대 / 리B / 차대 / 과상승방지센서 / 안전대걸이 / 안전난간. / 비상정지버튼 / outrigger

번호 VI. 안전보건규칙상 고소작업대의 주요 유해·위험 요인 및 안전대책

유해위험요인	안전 대책
아웃트리거 설치불량등으로 넘어짐.	① 과부하방지장치, 과상승 방지 장치 설치.
	② 바닥점사, 평탄상태 확인
	③ 아웃트리거 확실한 설치 (받침 수평유지)
안전난간 미설치 등으로 작업자 떨어짐	① 작업대 떨어짐 방지 - 낙하방지 벨트 설치
	① 용접부 균열 발생여부 및 볼트 체결상태점검
안전부주의로 인한 → 떨어짐	① 작업 방향 안전난간 해체 금지
	② 안전대 부착설비 설치 및 사용철저
작업대 과상승 → 끼임·	① 과상승방지장치 작동높이 조정, 임의해체 금지
	② 작업위치 도달 후 비상정지장치 작동

VII. 고소작업대의 안전작업 점검

1. 운전원 자격 | ① 10톤 미만 : 1종 보통
   | ② 10톤 이상 : 1종 대형

2. 안전장치 설치 사용 | ① 높이1. 각도센서 ③ 아웃트리거 작동
   | ② 과상승방지 장치 ④ 작업대 로드셀

3. 안전점검 내용 | ① 안전인증 표시 및 안전검사 확인
   | ② 유도자, 신호수 배치

VIII. 맺음말

1. 고소작업대 관련 재해 예방을 위한 안전투자 혁신사업.

① 내용 : 사망사고 발생 강도/빈도 높은 기계, 기구 교체비용 지원

② 대상 : ① 이동식크레인 ② 고소작업대 ③ 리프트.

③ 기대효과 : 사고위험 장비 안전성, 생산성 향상 끝.

문제 21 **건설현장에서 주로 사용되고 있는 이동식 크레인의 종류를 나열하고 양중작업의 안전성 검토기준에 대하여 설명하시오.**

문제 7. 건설현장에서 주로 사용되고 있는 이동식 크레인의 종류를 나열하고 양중작업의 안전성 검토기준에 대하여 설명하시오.

답)

I. 개요

1. 건설현장에서 주로 사용되고 있는 이동식 크레인은 현장 특성을 고려, 트럭탑재형, 험지형, 크롤러 등이 있음.
2. 이동식 크레인 작업 시 근로자 안전보건 대책, 지반 지지력 검토, 양중시 안전에 대한 검토 및 이에 대한 안전작업절차 계획 수립 후 작업토록 해야 함.

II. 건설현장에서 사용되는 건설장비의 종류

차량계건설	하역 운반기계	양중기
· 굴착기	· 지게차	· 건설용 Lift
· 덤프트럭	· 구내운반차	· Tower crane.
· Pump Car	· 고소작업대	· 이동식 Crane
· 스크레이퍼	· 컨베이어 Belt	· 승강기 등.

III. 건설현장에서 이동식 크레인 작업 시 주요 재해 위험요인

감전
Boom 파단
W/R 파단
전도
Cracks
구조물 부딪힘
근로자 협착
근로자 깔림
지반침하

<주요 재해>

· Crane 지반침하·전도
· Boom대 파손, 감전
· 운반자재 떨어짐
· 근로자 맞음
· 차량에 치임 등

IV. 건설현장에서 주로 사용되고 있는 이동식 크레인의 종류

종류	특징	비고
트럭 탑재형	· 트럭 화물칸에 소형 크레인 설치 · 하역, 운송 가능 (소규모)	※ 고속주행성 + 험지형 ⇓ 전 지형 크레인
험지형	· 주행, 운전실이 하나에서 수행 · 협소 공간, 험한 지형 (산악)	
크롤러	· 무한궤도, 자주식 · 인양능력 큼, 대규모현장(지하철)	

V. 건설현장에서 주로 사용되고 있는 이동식 크레인의 양중 작업의 안전성 검토기준

1. 공통 기준. (작업 前 근로자 안전보건 대책)
   1) 사전조사 · 작업계획서 작성, 근로자 주지
   2) 위험성 평가 (근로자 참여) P·T·W
   3) 중량물 취급계획서, 악천후 작업 중지, 신호수 배치
   4) Permit to work, Hold point 특별안전교육(8h)
2. 지반 지지력 검토 기준.

작용 하중검토

↓ ··· 장비하중+자재하중.

지반 지내력확인

↓ ··· 침하량

지내력 보강

· 깔판 · 깔목 · 철판

1) 지반 기초 자료 조사
- · 과거 설계 D/B
- · 지반 목성치 등

2) 현장조사, 본조사
- · SPT, PBT 확인.

3) 지반의 보강 ($q \leq q_{max}$)

3. 양중에 대한 검토 기준

1) 크레인 Boom 각도 (제조사 manual 기준) 준수

2) 와이어로프 폐기 기준 준수 → 소선 10% 절단, 지름 7% 줄어듦

3) 사물 전단강도 검토 → $S = \frac{V}{A}$

4) 비파괴 검사 검토

Ⅳ. 소규모 건설현장에서 굴착기를 사용한 인양작업 시 준수사항 (안전보건규칙 221조의 5, 신설)

조치사항
1. 굴착기에 퀵커플러, 달기기구 부착
2. 제조사의 정격하중 확인
3. 해지장치 사용 등 낙하우려 없을 것

준수사항
4. 작업설명서에 따라 인양
5. 사람을 지정하여 신호
6. 근로자의 출입금지
7. 정격하중 초과 금지, 평평한 장소 작업

달기기구 부착

Ⅴ. 결론

1. 건설현장에서 장비, 자재 양중 위해 이동식 크레인이 사용은 필수적임

2. 이에 양중작업계획서 수립하여 안전작업토록 해야 하며, 특히 굴착기를 사용하여 인양 시 최근 개정된 기준에 의거 작업토록 해야 함

"끝"

문제 22 건설현장에서 차량계 하역운반기계 작업의 유해위험요인 및 재해예방대책에 대하여 설명하시오.

문제) 건설현장에서 차량계 하역운반기계 작업의 유해위험요인 및 재해예방 대책에 대하여 설명하시오.

답)

1. 개 요

1) 건설현장에서 차량계 하역운반기계 작업시 운전미숙, 유도원 미배치 등으로 부딪힘, 끼임 등 재해발생함.

2) 재해예방 위해 사전작업계획 작성·준수 및 각종 방호장치 설치, 점검 중요하며

3) 작업자 근접 알림 센서, 후방감지 등과 같은 스마트 안전기술 적극 활용 건설기계 재해 예방 필요

2. 차량계 하역운반기계의 종류 및 작업계획서 내용

종류	작업계획서
지게차, 구내운반차	① 운행경로 및 작업방법
화물운반차, 컨베이어	② 추락, 낙하, 전도, 협착 등 예방대책
고소작업대	⇒ 근로자에게 교육·주지 중요

3. 차량계 하역운반기계 작업의 유해위험요인

구분	발생재해	유해 위험 요인
공통 사항	부딪힘/ 끼임	· 무자격자 운전, 과속 · 유도원 미배치
	넘어짐	· 지반 침하, 노면불량 · 허용하중 초과적재
	맞음	· 적재 자재 고정 불량

번호	구분	발생재해	유해위험요인
	지게차	넘어짐	· 경사로 작업
		떨어짐	· 포크이용 고소작업
		부딪힘/끼임	· 시야미확보, 안전벨트미착용
	고소작업대	떨어짐	· 안전난간 제거
		끼임	· 과상승 방지장치 불량
		넘어짐	· 아웃트리거 미고정
	화물운반차	맞음	· 로프 고정능 미흡
		근골격계질환	· 무리한 화물적재

4. 차량계 하역운반기계 작업시 재해예방대책

공통사항
① 위험성 평가, 작업계획서, 운전자격 확인
② 작업지휘자 및 유도원 배치
③ 넘어짐 방지 - 지반다짐 등
④ 접촉방지 - 출입통제
⑤ 최대적재량 준수
⑥ 화물적재, 하역에만 사용
⑦ 수리시 시동끄고 작업
⑧ 운전자 이탈시 시동키 분리

지게차
① 전조등·후미등, 후방감지기 등 설치
② 백레스트, 헤드가드 설치
③ 안전띠 착용
④ 포크위 고소작업 금지

번호

고소 작업대
- ① 안전난간 임의해체 절대금지
- ② 방호장치 및 주요부위 점검 → * 10년경과 차량 → 선회부 분리, 점검, 확인서제출 (끼임재해형)
- ③ 아웃트리거 최대 확장

화물 운반차
- ① 섬유로프 손상 점검
- ② 화물 중간 빼내기 금지
- ③ 교대근무, 휴식

5. 소규모 사업장 고소작업대 사고예방위한 정부지원사업

1) 클린사업장 조성 - 방호장치 설치 지원

2) 안전투자 혁신 사업 - 노후기계 교체 비용 지원

⇒ 기대효과 [떨어짐 (끼임재해형 최대 빈도) / 끼임 (사건형 최대 빈도)] 예방.

6. 신호수 별도 TBM 통한 건설기계 재해예방 사례 (송도00 APT)

· 작업반별 TBM 실시후 신호수간 TBM 별도 실시
(한 구획내 동시 작업 지게차, 고소작업대 등)
⇒ 효과 : 여러 하역운반 기계간 부딪힘 재해 예방

7. 맺음말

1) 차량계 하역 운반기계 작업시 운전자는 운행시 이탈 금지 및 이탈시 시동키 분리해야 하며

2) 스마트 안전기술 활용 작업반경내 근로자 위험인지 자동정지등의 안전설계 적용 필요.

"끝"

[illegible]

번호 (문제) 건설현장에서 차량계 하역운반기계 작업의 유해위험 요인 및 재해예방 대책에 대하여 설명하시오.

① ②

(답)

중요 key point
- 1. 지게차
  - 법 개정사항 (부산 신항 사)
  - 최근 지게차 안전사고 발생
- 2. 시저형 고소작업대 → 사망사고 발생

I. 개요

1. 건설현장의 차량계 하역운반기계로는 지게차, 구내운반차, 고소작업대, 화물자동차 등이 해당되며,

2. 작업의 유해위험 요인으로는 주 목적 외 사용, 허용하중 초과, 작업여건 불량 등이 있음.

3. 각 재해유형별 예방대책을 수립하여 안전사고가 발생되지 않도록 관리함이 중요함.

II. 건설현장에서 차량계 하역운반기계의 작업절차

건설기계 선정 · 작업계획서 제출

↓

작업계획서 검토 — No → 건설기계 선정 · 작업계획서 제출

↓ Yes

장비점검 — No. → 조치 완료 → 장비 반출

↓ Yes (조치 완료 — Yes. → 장비운전자 교육 / 신호수 교육)

장비운전자 교육 / 신호수 교육 (신규교육 / 특별교육)

↓

장비반입필증 부착 / 작업투입

III. 건설현장 차량계 하역운반기계 사용기준

1. 불법개조 건설기계 반입금지

2. 주용도 외 사용금지

번호		
	3. 관련서류 검토	① 등록증, 검사증 ② 보험관련서류
		③ 건설기계 작업계획서, 안전성검토
		④ 운전원 면허증
		⑤ 장비제원

Ⅳ. 건설현장에서 차량계 하역운반기계 작업시 유해위험 요인 (재해유형별) (산업안전보건기준에 관한 규칙 제1편)

재해유형	유해위험 요인
1. 전도	① 허용기준 초과 적재·운반
	② 바닥 또는 지반의 평탄불량, 연약화
	③ 갓길의 붕괴
2. 접촉·끼임	① 신호수 미배치 또는 유도자 유도 미준수
	② 출입제한 조치 미실시
3. 떨어짐	① 주용도 外 사용 (적재공간 탑승 등)
	② 주행속도 미준수, 급회전 (지게차운전원)

Ⅴ. 건설현장 차량계 하역운반기계 재해예방 대책

교육적 대책	① 운전원의 안전교육 (일반적 안전수칙)
	② 신호수 교육 및 배치
기술적 대책	① 지반지내력 검토
	② 장비점검 및 안전점검 실시 (일일)
관리적 대책	① 중량물 운반 작업계획서 작성·검토
	② 위험성 평가·검토
	③ 근로자 이동통로 확보.

※ 지게차 / 고소작업대 등 차량계 하역운반기계 중 하나를 선택해 서술해 보세요 → 차별화

번호		
VI.	차량계 하역 운반기계의 작업계획서 검토 사례 (지게차)	

작업계획서 검토

1. 지게차 운전자
   ① 안전벨트 착용 ② 규정속도 준수
   ③ 무리한 작업 금지
   ④ 급선회·급정지 등 금지
2. 주행시 안전수칙
   ① 마스트 뒤로 젖힌채 낮게 주행
   ② 허용 하중 이내 적재운반
3. 하역 안전수칙 준수

W, G, L_1, L_2

〈안정조건〉

$M_1 = W \times L_1$

$M_2 = G \times L_2$

$M_1 \leq M_2$.

VII. 최근 차량계 하역 운반기계 (지게차) 관련 법 개정 현황

1. 배경. ① 지게차 관련 재해 및 사망사고 빈발
   ② 건설기계 중 사고다발 대상에 대한 법령개선
2. 내용 〈산업안전 보건 기준에 관한 규칙 제 179조〉
   ① 작업중 (근로자와) 충돌위험시 후진경보기와 경광등 설치, 후방 감지기등 후방 확인 조치 의무
   ② 사업주 의무부과 (미조치 시 사용 불가)

VIII. 맺음말 → 최근 지게차 안전사고, 시저형 고소작업대 사고 연속과 중대재해 예방 제도 시행에 따라 → 사고, 최근 이슈 사항 법개정사항 b 중대재해 처벌법 key word로

1. 차량계 하역 운반기계 재해유형별 예방대책으로 스마트 건설안전 등을 도입을 적극적 검토
2. 대부분의 재해가 부주의에서 오는 인재가 주요 요인임. 교육 및 제도 강화로 재해예방 가능함 "끝".

문제 23 건설현장에서 사용되는 차량계 건설기계의 작업계획서 내용, 재해유형과 안전대책에 대하여 설명하시오.

문제 4) 건설현장에서 차량계 건설기계의 종류와 작업 계획서 내용, 재해유형과 안전대책에 대하여 설명하시오.
Q1 Q2 Q3 Q4

답)

1. 개 요

1) 차량계 건설기계 (굴착기, 덤프트럭, 항타기 등) 작업시 운행경로 · 작업순서 등 작업계획서를 작성해야함

2) 주요 재해유형으로는 부딪힘, 끼임 / 넘어짐 / 감전 / 화재 / 물체 맞음 등이 있으며

3) 작업전 안전장치를 확인하고 작업 중 지휘자를 지정하여 종료시 까지 안전대책을 준수하여야 한다.

2. 건설현장에서 차량계 건설기계의 종류

차량계 건설기계	차량계 하역운반	양중기
· 굴착기 · 덤프트럭	· 지게차	· 크레인
· 항타기 항발기,	· 고소작업대	· Lift
· 콘크리트 펌프카	· 구내 운반차	· 곤돌라

3. 건설현장에서 차량계 건설기계의 작업계획서 내용 (안전보건 규칙 제38조)

사전 조사	작업 계획서
• 넘어짐, 지반붕괴 등 근로자 위험 방지 위한 지형, 지반 상태 조사	• 건설기계 종류, 성능, 운행경로, 작업방법, • 운전원 면허 (자격) • 장비 유도자 배치, 신호체계

4. 차량계 건설기계의 재해 유형

재해유형	건설기계	주요 원인
부딪힘	굴착기	후진경보기 미작동, 유도 미실시
끼임	펌프카	스토퍼 미설치
전락	덤프트럭	허용속도 이상 주행
넘어짐	항타·항발기	연약지반 미처리
	펌프카	아웃트리거 지지력 부족
감전	펌프카	고압선 접촉
화재·폭발	항타·항발기	GAS관 파손·유출
붕괴	굴착기	토석 낙하·무너짐
맞음	펌프카	붐대 연결부 파단

5. 차량계 건설기계의 안전대책

공통사항

1) 작업계획서 작성·주지 · 장비 유도자 배치
2) 위험성 평가·특별안전교육
3) 건설기계 안전장치 확인
4) 운전원 자격 확인

〈굴착기 안전장치 종류〉

작업 중

1) 작업 지휘자 지정·제한구역 설정
2) 장비 유도자 배치·펌프카 엔드호수 붙잡고 타설
3) 승차석외 탑승금지 ⇒ 굴착기 버킷 등 탑승
4) 주용도외의 사용제한

5) 넘어짐 우려시 깔판깔목 / 아웃트리거 지지철저
6) 고압선로 절연 · 지하매설물 방호 조치
7) 운전석 이탈시 시동키 분리

수송시 대책

1) 평탄하고 견고한 장소
2) 발판 충분한 길이 · 폭 · 강도
3) 가설대 사용시 강도 · 경사확보

충분한 길이 · 폭 · 강도
건설기계
발판

〈Trailer 사용 건설기계 수송시 안전대책〉

작업 종료후

1) 견고 평탄지반 주차, 버킷 내려 놓음
2) 브레이크 · 경사지 바퀴에 스토퍼 설치
3) 출입문 잠금장치 체결

6. 연약지반 개량공법시 항타기 넘어짐 방지 조치사례

1) 현황 : 경남 OO 우회국도 PBD 공법
2) 넘어짐 방지조치
① 깔판 두께 상향 (20 → 30mm)
② 항타기 주행 안전성 검토 (지내력 Test, 실제주행 시험)

권과방지장치
와이어로프 점검
아웃트리거
깔목
깔판
지장물 조사

〈항타기 넘어짐 방지조치〉

7. 결 론

1) 차량계 건설기계는 재해율이 매우 높으므로 스마트 안전장비 적극 활용하고
2) 기계설비 고장곡선 분석 통해 방호장치 등 고장 예방 위해 주기적 안전검사 시행이 중요. 〈끝〉

문제 24	건설공사장 화재발생유형과 화재예방대책, 화재발생 시 대피요령에 대하여 설명하시오.

문제 1) 건설공사장 화재발생유형과 화재예방대책, 화재발생시 대피요령에 대하여 설명하시오.

답)

1. 개요

1) 화재 발생유형은 전기적, 기계적 요인으로 다양하나, 용접·용단 작업시에 화재 위험성이 가장 높다.

2) 가연성 물질 인근 작업시 화재감시자를 배치하고 화재위험 작업의 준수사항을 수행해야 한다.

3) 본 고에서는 화재 위험성이 높은 냉동·냉장창고 용접·용단 작업과 보온능 건축물의 안전대책을 중심으로

서술 → 4) 서술하고자 한다.

2. 건설 공사장 화재발생 시 내재위험의 복합적 동시성. ← 메커니즘 (비드이론)

용접용단 → 단열재작업 (화재 메커니즘 및 불티 속성 용접)

보온능 건물 →	건설공사장 화재발생	← 용접·용단 작업 ← 불티
밀폐 → 가스 →		← 가연성·인화성 물질
위험 동시작업 →		← 감시자 미배치

3. 건설 공사장 화재 발생 유형 및 주요원인 ← 원인

유형	
전기적 요인	임시가설전로 누전·합선
기계적 요인	중장비 과부하 발생 노후 과열
화학적 요인	도장, 방수 작업 유증기 체류
가스 누출	지하매설물 가스관 파손
부주의 현상 가장 위험	용접·용단 中 불티, 담뱃불 + 가연성 물질

① 공통사항 ② 작업전 ③ 작업중 ④ 작업종료후

4. 건설공사장 화재예방 대책 (※ 사고 위험 높은 현장 중점)

냉동·냉장 창고 건설공사 → 중점 <1차>

1) 유해·위험방지계획서 이행 점검

2) 화재감시자 배치 철저

① ~~용접·용단 작업시 분리 점검~~ (가스검지, 경보장치 / 가연성물질 방산 / 대피경로)

② 소화기·방연마스크 지급 (휴대용 조명기구)

3) 단열재 시공 공사와 용접·용단 작업 동시 금지

4) 화재위험 작업시 준수. 작업계획 수립 — 작업장 세면까지

① 밀폐장소 산소사용 금지

② 불티 비산 방지 조치 (덮개. 방화포)

< 배치기준 >

① 가연성물질 11m 내

② 바닥하부 11m 이격 이나 발화우려

③ 방연재 열전도·복사

초고층 건축공사

1) 임시소방시설 설치 (소방시설법 제15조의5)

소화기	간이소화장치 (연면적 3천m²)
비상경보장치 (연면적 400m²)	간이피난유도선 (바닥면적 150m² 이상 지하층+무창층)

2) 화재우려 장소에 환풍기·배풍기 설치

3) 전기 사용시 누전차단기 설치

4) 스마트 안전장비 적극 활용 — 이동형 CCTV 등.

관리적, 교육적 사항 (일반사항) - 공통사항.

1) 사전작업허가제 시행 (PTW) — 화재작업 승인

2) 용접·용단 작업 전 특별안전보건교육 이수

3) 악천후시 작업 중단 (안전보건규칙 제37조)

5. 건설 공사장 화재발생시 대피요령

1) 비상대피 훈련 월 1회 → 요령숙지
2) "불이야!" 외치며 근로자 전파
3) 화재감시자의 대피유도에 따라 대응.
4) 피난안전구역으로 긴급대피 → 계단활용

초고층 건축물	고층건축물
피난안전구역 ↕ 30층미만	건축물 층수 1/2 1개소 설치
50층 이상, 200m이상	30층 ~ 49층

5) 119신고 및 공기호흡기 착용(필요시)

6. 이천 물류센터 화재(20.04) 이후 정부의 화재대책 사항 <주요사항>

발주자 의무사항	적정 공사기간 · 비용 산정
화재감시자 업무수행 내용명시	① 가연성 물질 확인 ② (가스검지) 경보장치 확인 ③ 대피유도
건축자재	내단열재 화재안전기준 신설(성능평가)
관리·감독 강화	동시작업 금지, 화재안전감리 상주

준불연(난연3급) 패널, · 그라스울(무기단열재)

7. 결론

건설공사장 화재예방을 위해 화재감시자에 대한 교육강화를 통해 실효성있는 감시업무 역할 부여가 필요, 전문인력을 양성화해야 할 것이다. "끝"

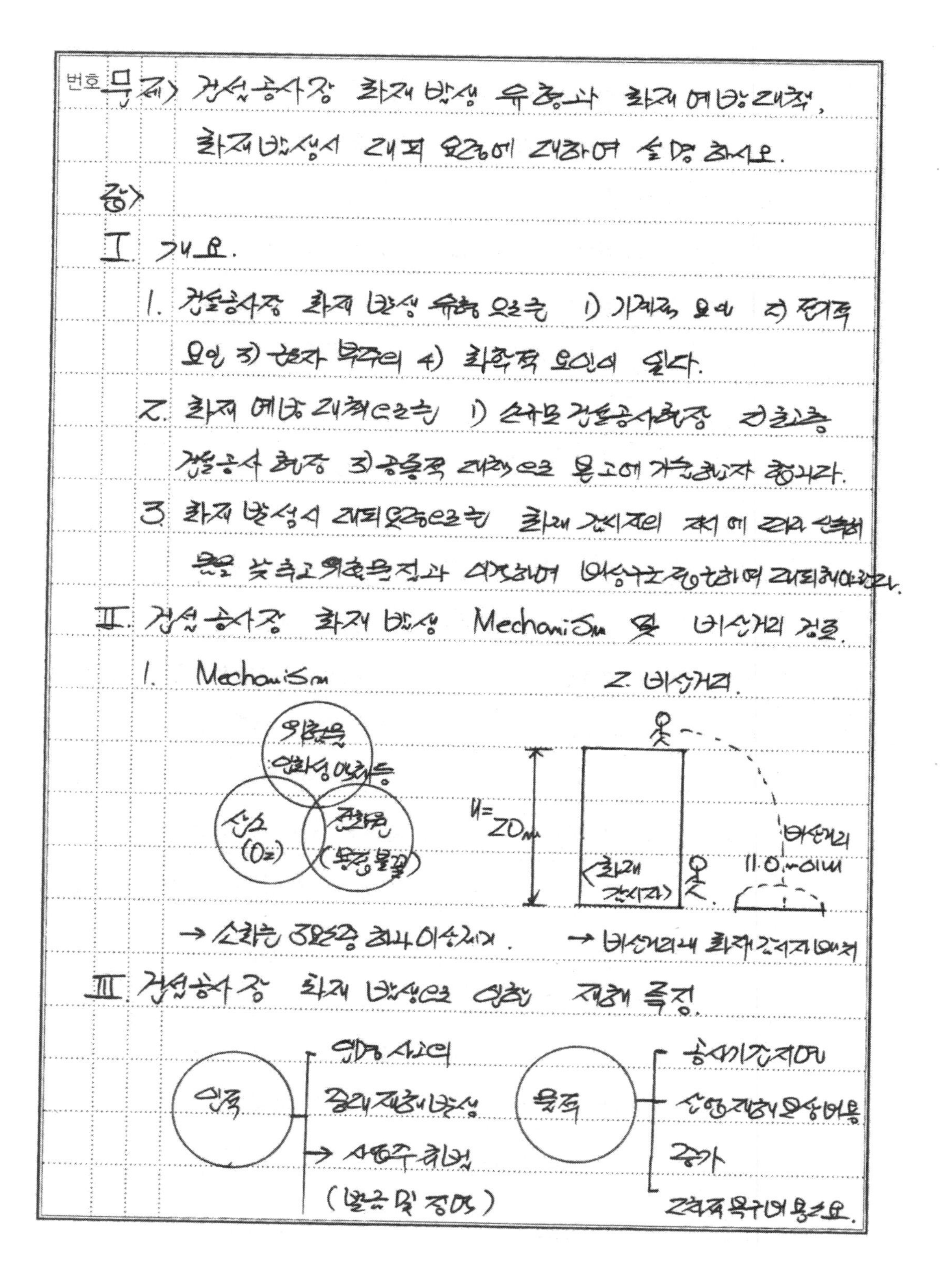

번호 문제) 건설공사장 화재 발생 유형과 화재 예방대책, 화재발생시 대피 요령에 대하여 설명하시오.

답)

I. 개요.

1. 건설공사장 화재 발생 유형으로는 1) 기계적 요인 2) 전기적 요인 3) 인적 부주의 4) 화학적 요인이 있다.

2. 화재 예방 대책으로는 1) 소규모 건설공사현장 2) 초고층 건설공사 현장 3) 공통적 대책으로 본고에 기술하고자 한다.

3. 화재 발생시 대피요령으로는 화재 감시자의 지시에 따라 신속히 몸을 낮추고 외부출입구와 연결하여 비상구로 유도하여 대피하여야 한다.

II. 건설공사장 화재 발생 Mechanism 및 비산거리 검토.

1. Mechanism

2. 비산거리.

→ 소화는 3요소중 하나 이상 제거.

→ 비산거리내 화재감시자 배치

III. 건설공사장 화재 발생으로 인한 재해 특징.

- 인적
  - 인명 사고의 중대재해 발생
  - → 사업주 처벌 (벌금 및 징역)
- 물적
  - 공사기간 지연
  - 산업재해 보상비용 증가
  - 간접적 복구비용 소요.

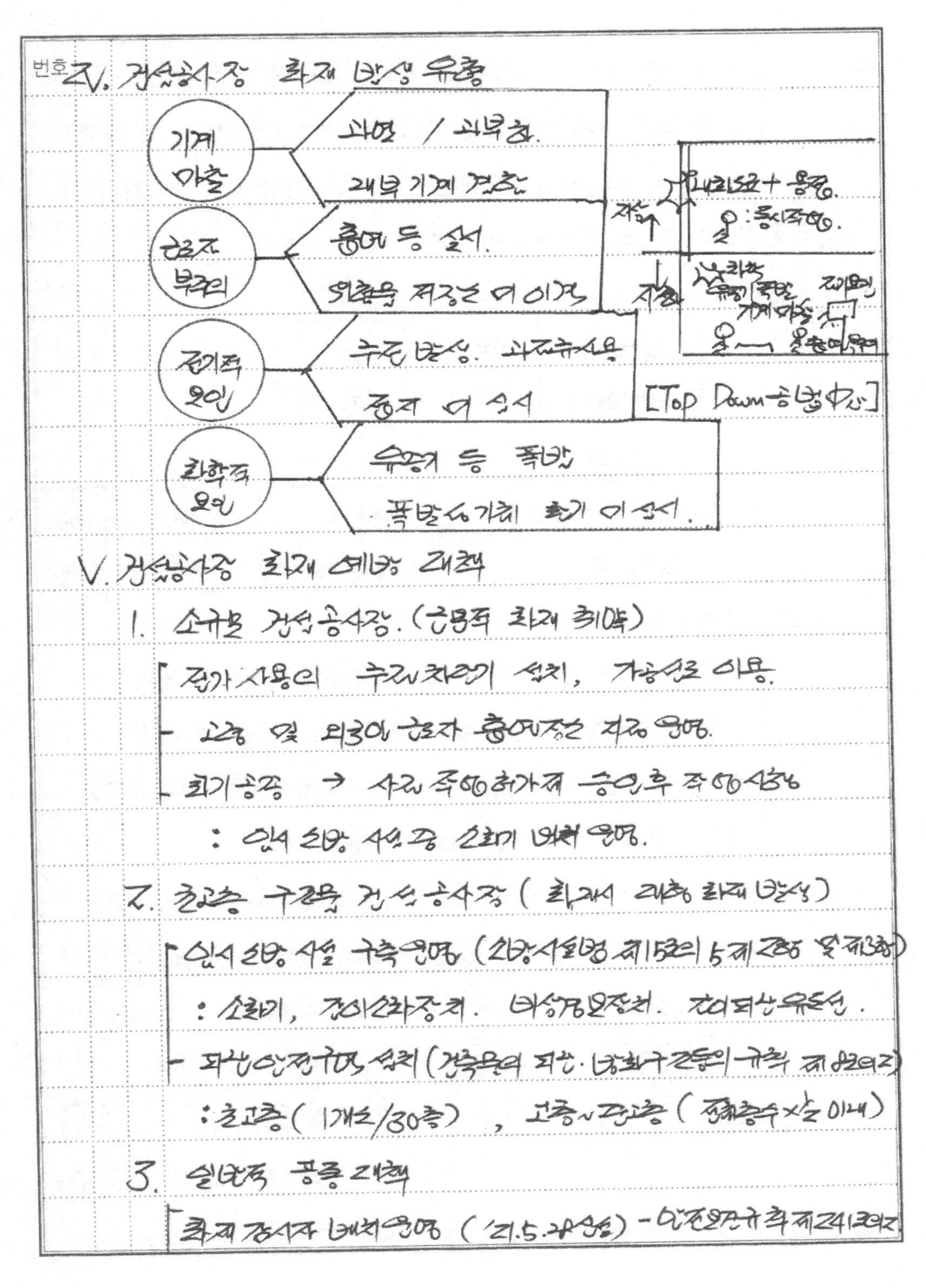

번호 IV. 건설공사장 화재 발생 유형

- 기계 마찰
  - 과열 / 과부하.
  - 내부 기계 결함
- 근로자 부주의
  - 흡연 등 실수.
  - 인화물 저장소 미이격
- 전기적 요인
  - 누전 발생. 과전류사용
  - 접지 미실시
- 화학적 요인
  - 유증기 등 폭발
  - 폭발성가스 환기 미실시.

V. 건설공사장 화재 예방 대책

1. 소규모 건설공사장. (근로자 화재 취약)
   - 전기 사용의 누전차단기 설치, 가공선로 이용.
   - 고층 및 외국인 근로자 흡연장소 지정 운영.
   - 화기공종 → 사전 작업허가제 승인후 작업실시
   - : 임시 소방 시설 중 소화기 비치 운영.
2. 초고층 구조물 건설공사장 (화재시 대형 화재 발생)
   - 임시 소방 시설 구축운영 (화재시설법 제15조의5 제2항 및 제3항)
   - : 소화기, 간이소화장치. 비상경보장치. 간이피난유도선.
   - 피난안전구역 설치 (건축물의 피난·방화구조등의 규칙 제8조의2)
   - : 초고층 (1개소/30층), 고층~준고층 (전체층수 ½ 이내)
3. 실질적 공통 대책
   - 화재 감시자 배치운영 ('21.5. 강화) - 안전보건규칙 제241조의2

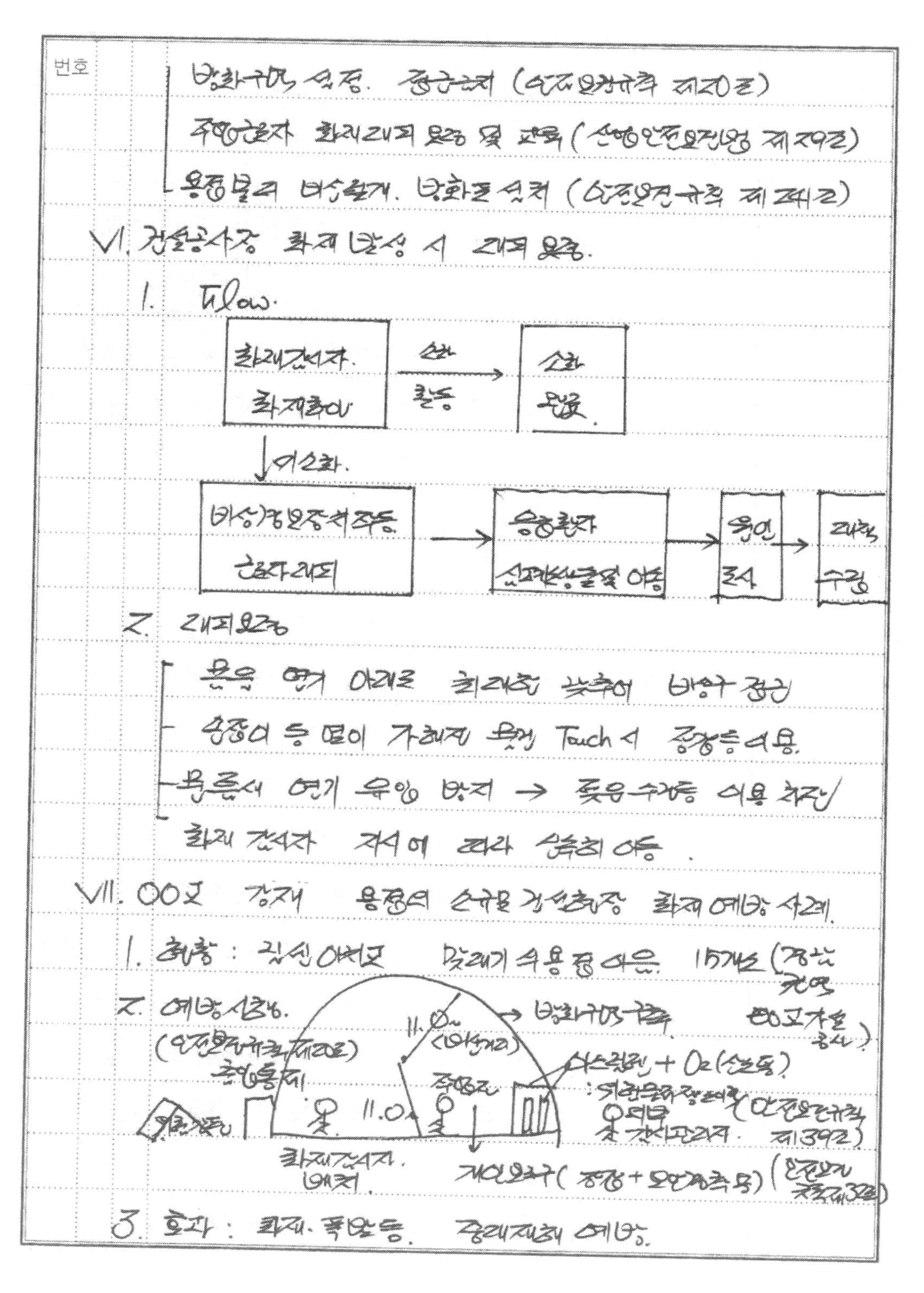

번호

- 방화구역 설정. 점검조치 (산업안전보건규칙 제20조)
- 주변근로자 화재대피 요령 및 교육 (산업안전보건법 제29조)
- 용접불티 비산방지. 방화포 설치 (안전보건규칙 제241조)

VI. 건설공사장 화재 발생 시 대피 요령.

1. Flow.

2. 대피요령

- 몸을 연기 아래로 최대한 낮추어 비상구 접근
- 손잡이 등 문이 가열된 문에 Touch 시 공장등 이용.
- 문틈새 연기 유입 방지 → 젖은 수건등 이용 차단
- 화재 감시자 지시에 따라 신속히 이동.

VII. OO교 강재 용접의 소규모 건설현장 화재 예방 사례.

1. 현황: 강선 아치교 맞대기 용접 이음 15개소 (작업 구역)

2. 예방사례. (안전보건규칙 제20조)

3. 효과: 화재. 폭발 등 중대재해 예방.

문제 25	건설현장에서 화재감시자 배치기준과 화재위험작업 시 준수사항에 대하여 설명하시오.

· 물류창고(선리): 단열재 1회/월 (비상 대응 훈련)
· 철골 / Deck plate
* 용접.용단와 단열재 동시작업금지

건설현장 화재안전기준(강화) (법개정) 소방시설법

Q1

문제2) 건설현장에서 화재 감시자 배치기준과 화재위험 작업시 준수사항에 대하여 설명하시오

Q2

답)

1 개요

1) 용접·용단 작업시 불티 비산에 의한 화재예방 위해 전담 화재 감시자를 배치해야 하며

2) 단열재 등 가연물 작업과 용접·용단 등 화기취급 동시 작업은 절대 금지하여야 함

3) 특히, 주기적 비상대피·대응훈련 통해 화재 등 긴급 상황시 신속 대처가 이루어지도록 해야함

2 건설현장 용접·용단시 불티에 의한 화재발생 Mechanism

<점화원> <가연물> <Smoldering> 불티 축열

(용접 불티) → (단열재) → (훈소) → 화재 확산

O2 O2

* 용접불티와 단열재 차단 중요 ⇒ 동시작업금지

3 건설현장 화재위험 작업시 고려사항

고려사항:
- <밀폐공간 작업> · 산소 및 유해가스 농도
- <용접·용단> · 비산불티, 화재감시자
- <인화성 가스> · 이격조치, 환기
- <주변 가연물> · 차단, 동시작업금지
- <작업장 인근설비> · 인근 위험물질 여부
- <출입제한 구역 설정 및 소화시설 비치>

4 건설현장 화재감시자 배치기준 및 업무

1) 화재 감시자 배치기준 (안전보건규칙 241조의2)

① 작업반경 11m 이내 가연물

② 가연물 11m 이상 이격되었으나 발화 유력장소

③ 열전도·열복사로 발화우려

[예외 : 동일장소 상시반복 용접용단 (경보·소화설비 등 비치)]

2) 화재 감시자 수행 업무

① 가연물이 있는지 여부

② 가스 감지 및 경보장치 작동여부

③ 화재시 근로자 대피유도

< 화재 감시자 지급용품 中 >

· 방연마스크 → 화재 대피용 마스크로 종류 명확화

· 확성기

· 조명등

5 건설현장에서 화재위험 작업시 준수사항 (안전보건규칙 241조)

1) 통풍, 환기위한 산소사용 금지

2) 작업준비, 작업절차수립, 소화기구 비치

3) 작업장 내 위험물 사용, 보관현황 파악

4) 가연물 방호조치

5) 인화성 가스 환기조치

6) 불티·불꽃 비산 방지

7) 비상대피 훈련 (단열재 작업시 : 월 1회) ✓

8) 화재예방 안전조치 후 작업 착수

9) 화재 위험 작업 정보 사업장 내 서면 게시

* 가연성 물질 (단열재)와 화기작업 (용접, 용단) ☆ 동시 작업 절대 금지

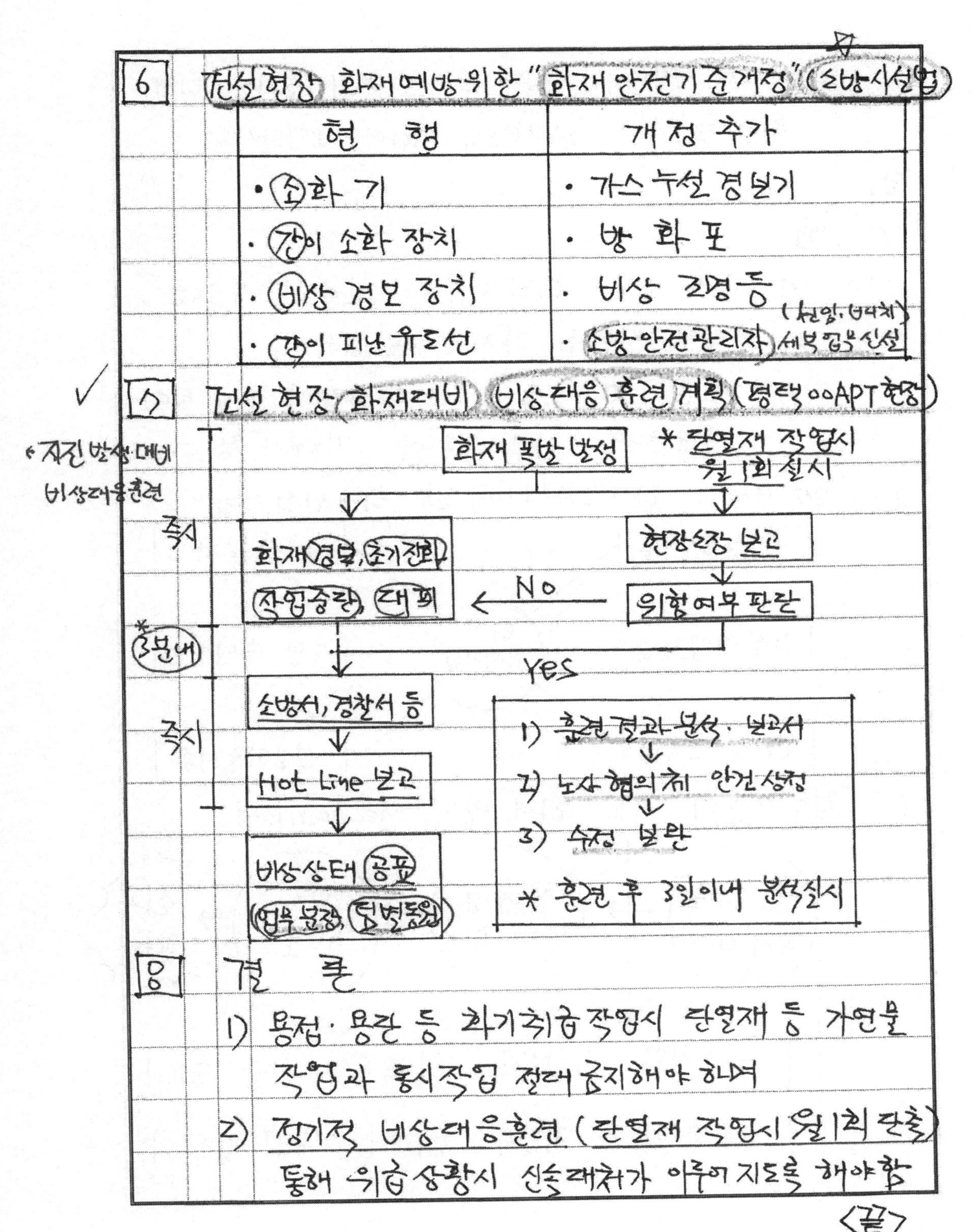

6 건설현장 화재예방위한 "화재 안전기준 개정" (소방시설업)

현 행	개정 추가
• 소화기	• 가스 누설 경보기
• 간이 소화 장치	• 방화포
• 비상 경보 장치	• 비상 조명등
• 간이 피난 유도선	• 소방안전관리자 세부 업무 신설 (선임, 배치)

7 건설현장 화재대비 비상대응 훈련 계획 (평택 ○○APT 현장)

• 지진 발생 대비 비상대응훈련

8 결 론

1) 용접 · 용단 등 화기취급 작업시 단열재 등 가연물 작업과 동시작업 절대 금지해야 하며

2) 정기적 비상대응훈련 (단열재 작업시 월1회 단축) 통해 위급상황시 신속대처가 이루어지도록 해야함

〈끝〉

번호 문 2) 건설 현장에서 화재감시자 배치기준과 화재 위험 작업시 준수 사항에 대하여 설명하시오.

답)

1. 개요

1) 건설 현장 화재사고는 단시간 수많은 인명 피해를 가져올 수 있어

2) 관련 법규 준수 및 화재대피 훈련 등이 중요하며 이에 대하여 기술코자 함

2. 건설 현장 화재감시자 배치 필요 화재위험 작업

3. 건설현장의 주요 화재 발생 Mechanism

[동시 작업 차단으로 위험요인 차단 중요]

[주요 용접용단 작업시 화재감시자배치필수]

번호. 건설 현장에서 화재 감시자 배치기준과 역할

1) 배치 기준	① 11m 내 화재위험 작업시 ② 11m 외 복사열로 화재 발생 위험 ③ 11m 외 화재위험 물질 취급시	전도 복사열 위험 임시 소방시설 화재감시자 용접 인화성 물질 <배치기준 모식도>
2) 배치 역할	① 화재위험 감시 ② 화재 발생시 근로자 대피	

5. 건설현장에서 화재 위험 작업시 준수사항

<개요> 인천 OO 물류창고 마감단계 용접·용단

작업 전

- 위험성 평가, 작업계획서
- PTW, Hold point
- 사전 점검·환기 후 작업
- 동시작업 (단열재 취급 금지)

⇒ <법적사항> 환기시설 상시 가동시 제외 가능

작업 중

- 화재 감시자 → <법 214조의 2> - 화재대피용 마스크 지급 중요
- 보호구 (장갑, 보안경)
- 임시 소방시설
- 작업자 자세등 교육

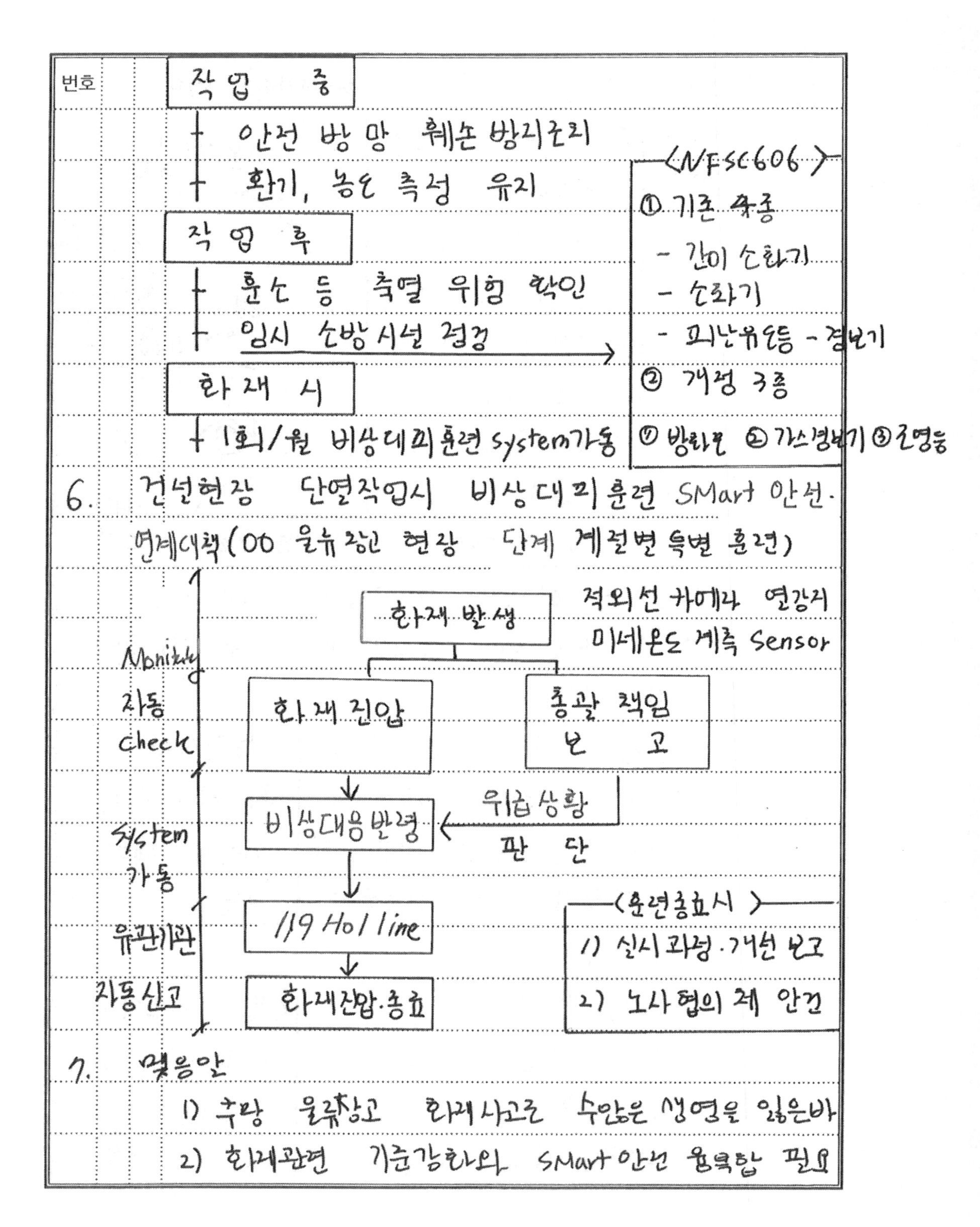
번호
작업 중
안전 방망 훼손 방지관리
환기, 농도 측정 유지
작업 후
훈소 등 축열 위험 확인
임시 소방시설 점검
화재 시
1회/월 비상대피훈련 system가동
<NFSC606>
① 기존 4종
- 간이소화기
- 소화기
- 피난유도등 - 경보기
② 개정 3종
① 방화포 ② 가스경보기 ③ 조명등
6. 건설현장 단열작업시 비상대피훈련 SMart 안전.
연계대책(OO 물류창고 현장 단계 계절별 특별 훈련)
적외선 카메라 열감지
미세온도 계측 Sensor
화재 발생
화재 진압
총괄 책임 보고
위급 상황 판단
비상대응반 결정
119 Hot line
화재진압·종료
Monitoring 자동 check
System 가동
유관기관 자동신고
<훈련종료시>
1) 실시과정·개선 보고
2) 노사협의체 안건
7. 맺음말
1) 추락 물류창고 화재사고로 수많은 생명을 잃은바
2) 화재관련 기준강화와 SMart 안전 융복합 필요

문제 26	대규모 건설현장에서 전기에 의하여 발생할 수 있는 사고의 형태와 안전대책에 대하여 설명하시오.

번호(문제) 대규모 건설현장에서 전기에 의하여 발생할수 있는 사고의 형태와 안전대책에 대하여 설명하시오.

답)

I. 개요

1. 대규모 건설현장 전기에 의해 감전, 화재 및 떨어짐 등의 2차재해 발생 우려됨에 따라
2. 안전작업 계획 수립·준수 및 전담 전기안전관리자 배치 통한 관리 및 근로자 지도·교육 필요
3. 감전사고 발생시 반드시 사고전원 차단후 응급조치 실시로 구조자의 2차 재해 예방하여야 함

II. 대규모 건설현장 전기에 의한 사고발생 취약성

재해 취약성
- 습한 옥외 작업
- 공사진행에 따른 이동
- 가설전기 안전조치 미흡
- 중량물이동 영향 손상
- 굴착 등 영향 손상
- 작업자의 오작동

III. 전기 안전 조치계획 수립시 고려사항

1. 가공전선·매설케이블
2. 현장 적용 접지 시스템
3. 타워크레인 위치·이격거리
4. 임시 배전시스템 보호방법
5. 비상 발전기 필요시
6. 비상연락체계. 관리자

접지대상 전기기계기구·설비
- 수중펌프, 투광등
- 그라인더·절단기
- 파쇄기·가설분전반 배전반 등

번호 IV. 대규모 건설현장 전기사고 형태와 원인

유형	형태	원인
감전	가공전선로 접촉	· 절연방호 미조치
	지중케이블 접촉	· 사전 매설물 조사 미흡
	임시배선 불량	· 피복 노후. 손상
	건설장비 접촉	· 이격거리 미준수
	이동식기계 · 기구	· 누전차단기 미설치. 미접지
	배전반 · 분전반	· 충전부 미절연. 젖은 손 접촉
화재	정전기 발생	· 제전용구 미사용
	아크용접 불티	· 화재감시자 미배치
떨어짐	2차재해	· 감전. 떨어짐 방지시설 미흡

V. 대규모 건설현장 전기사고 안전대책

- 공통사항
  - 작업계획. TBM (전기안전교육)
  - 전기위험표지. 전기안전관리자. 절연보호구.
- 가공전선로: 방호조치. 장비와 이격거리 준수
- 지중케이블: 지중케이블 표지 설치
- 임시배선
  - 피복 손상 여부 수시 점검
  - 접속기구 방수형 사용
- 배전반 분전반
  - 안전표지 · 시건장치
  - 접지 · 절연상태 확인
- 전기기계 기구
  - 누전차단기. 접지
  - 외함접지 및 이중절연구조

〈용도 00 APT 현장 배·분전반 안전관리〉

번호

화재 폭발 { 용접시 화재감시자 배치 (전담) / 정전기 제전용구 사용

VI. 대규모 건설현장 감전사고 발생시 응급조치

1) 응급조치 순서

사고전원차단 → 재해자구출·상태확인 (119 신고) → 응급조치

2) 배전반 전원차단 후 재해자 접근.

3) 심실세동에 의한 사망방지 응급처치 (기도확보. 인공호흡 등)

(감전사고후 응급처치 소생율)

소생율 100, 50 / 분 1 2 3 4 5 6 / 75%

1분이내 96%. 3분이내 75%. 5분이내 25%.

VII. 대규모 건설현장 감전사고 예방 활동 사례 (송도 OO APT 현장)

1. 전선걸이 이용 전선의 효율적 관리

- 전선걸이 이용 지면과 이격 누전·소손 방지

전선걸이 / 전선 / 콘크리트 벽체 / 지면

2. 전선별 사용현황 Tag 부착

- 가설전선 사용현황 확인 및 비상사태시 초기대응 용이

전선 / 2층 A동 / 담당자 / 전화번호 / Tag

VIII. 맺음 말

건설현장 감전등 전기사고 예방위해 사전안전계획 작성. 준수 및 전기안전 전담 관리자 배치 중요 수시 점검. 지도 교육 필요

"끝"

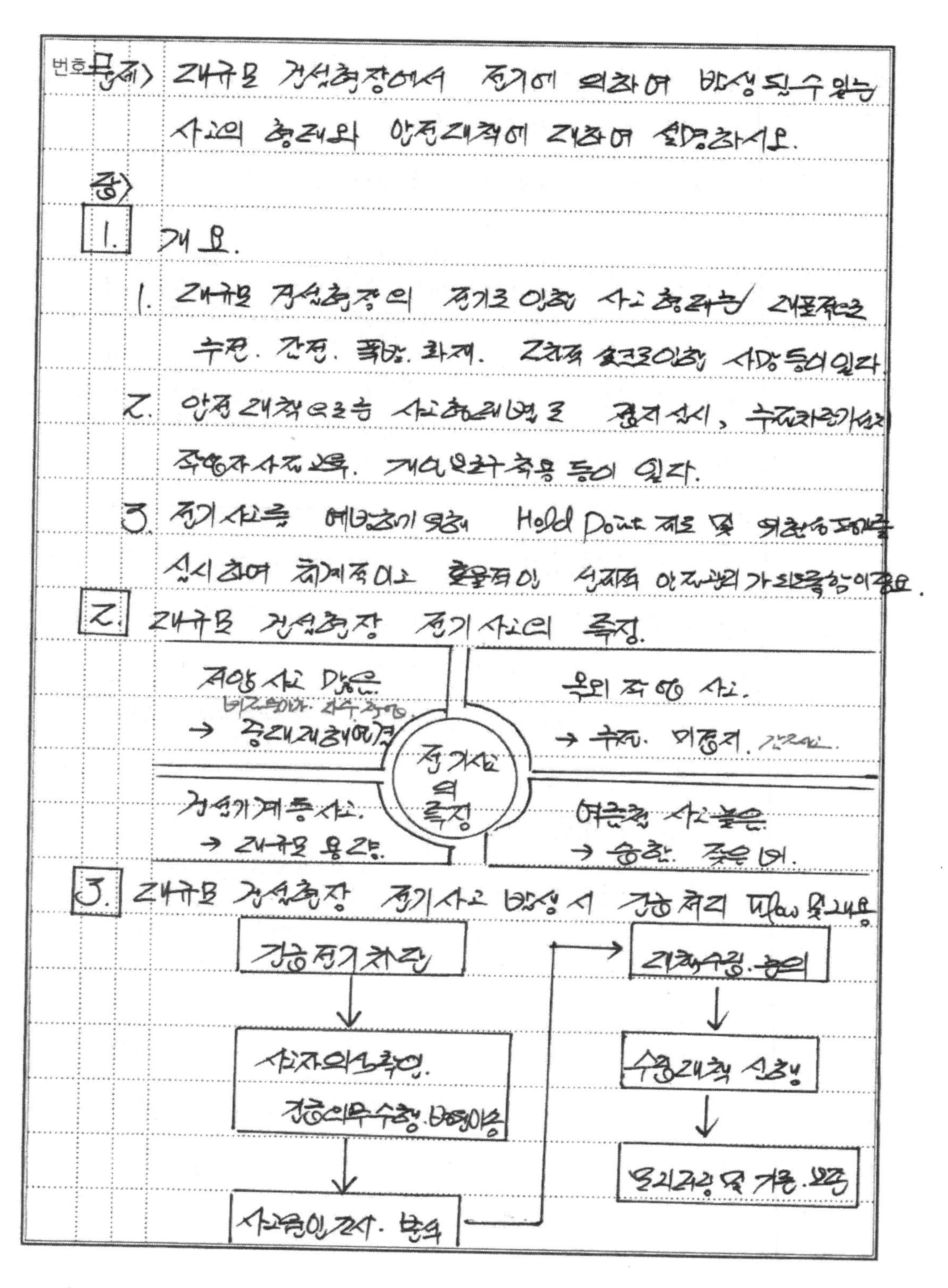

번호

문제) 대규모 건설현장에서 전기에 의하여 발생될 수 있는 사고의 종류와 안전대책에 대하여 설명하시오.

답)

1. 개요

1. 대규모 건설현장의 전기로 인한 사고 종류는 대표적으로 누전, 감전, 폭발, 화재, 2차적 충격으로 인한 사망 등이 있다.
2. 안전대책으로는 사고 종류별로 접지 실시, 누전차단기 설치, 작업자 사전교육, 개인보호구 착용 등이 있다.
3. 전기사고를 예방하기 위해 Hold Point 제도 및 위험성 평가를 실시하여 체계적이고 효율적인 선제적 안전관리가 되도록 함이 중요.

2. 대규모 건설현장 전기사고의 특징

3. 대규모 건설현장 전기사고 발생 시 긴급처리 Flow 및 내용

번호 4. 대규모 건설현장 전기에 의한 사고형태 및 위험요인

사고형태	요인
누전	접지 미 실시 → 피뢰침 불능.
감전	방호장치 미설치, 보호장구 미착용.
폭발·화재	유기용 환경속 스파크 발생 → 화재, 폭발로 이어짐.
쇼크 및 사망	감전 등으로 인한 중대재해 발생.

5. 대규모 건설현장 전기에 의한 사고 안전대책

- 누전
  - 접지 실시, 가공선로 구축 / 지지용 (1.5m, 75cm, 접지봉)
  - 누전차단기설치.
- 감전
  - 작업자 안전·보건교육 실시 (산안법 제29조)
  - 개인 보호구등 착용 (산업안전 보건규칙 제32조)
- 폭발·화재
  - 전기작업지휘자 배치 (산업안전보건규칙 제319조)
  - 사전작업 허가제 시행 (산업안전보건규칙 제3?조)
- 쇼크
  - 작업자 건강검진실시 (산업안전보건법 제130조)
  - 작업환경측정 (산업안전보건법 제125조)

6. Hold Point 시행을 통한 전기 사고 사전 재해예방대책고찰

전기작업계획 수립 → 작업자투입 및 준비 → 작업허가서 확인. → 작업. 시행.

- 접지 계획
- 가공선로계획
- 발전기, 가설계획.

- 개인보호구착용 상태.
- 작업의 사전내용고지.

Hold Point단계 작업지휘자. 10분간 안전점검 - TBM 등.

번호 7. ○○국도건설공사 충격기, 항타기 등 전기사용 니어미스 예방사례.

1. 현황 : A-1/P-1/P-2/A-2 의 강관 Pile 500mm 충격에 따른 부속시설 전기사용 시 감전재해 발생.

2. 사고형태 및 위험요인

사고형태	위험요인
감전, 누전, 폭발	발전기 – 접지 미접지, 분전반 미설치, 발전기 주변 접근금지 가설울타리 미설치

3. 개선대책.
- 발전기 → 임시 분전반 가설 → 전기 사용.
- 발전기 주변 임시 가설울타리 설치 → 접근금지.

8. 위험성 평가를 고려한 전기사고 재해 예방에 대한 제언.

1. 대규모 건설현장은 가설전기 및 발전기 등을 이용하여 전기를 공급하는 실정으로 감전, 누전, 폭발 등의 Hazard가 높음.
2. 안전관리자로서 「산업안전보건법」 제36조 규정에 의한 위험성 평가를 실시하여 전기사고를 예방하도록 함이 중요.

사전조사 → (각종 요소의 위험 검토) → 위험성 추정 → (누전, 감전, 소손) → 위험성 파악 (미접지, 분전반 미설치) → 위험성 결정 (6이상 작업중지) → 허용가능여부 결정 → 기록보존 (허용불가 시 → 위험성 추정)

- 산업안전보건법 제36조, 사업장 위험성 평가지침 제8조.
- * 비고사항 : 작업근로자 반드시 참여 후 의견반영

문제 27 건설현장의 가설전기에 의한 감전사고의 원인과 예방대책에 대하여 설명하시오.

번호

(문제) 건설현장의 가설전기에 대한 감전사고의 원인과 예방대책에 대하여 설명하시오.

(답)

I. 개요

1. 전기의 감전이란 인체 일부 또는 전체에 전류가 흘러 전기적 충격에 의해 일어나는 생리적 현상을 말함.
2. 건설현장에서 전기재해는 분전반 감전, 가공선로 감전, 용접작업 중 화재, 정전기 폭발 및 기계기구의 감전 등임.
3. 분전반의 접지, 가공선로의 방호조치, 기계기구의 안전장치 등 안전점검을 실시하여 전기재해를 예방해야 함.

II. 건설현장 가설전기 인입 과정

변압기 → 변전소 → 메인 분전함 → 분기 분전함 → 기계·기구

(2종접지) (3종접지) (접지) (누전차단기, 전격방지기)

가공선로 → (분기 분전함)

III. 건설현장의 가설전기에 의한 전기재해의 유형

1. 분전반 관리부실 ([illegible], 잠금장치 미설치)
2. 가공선로에 의한 감전
3. 정전기에 의한 화재, 폭발
4. 용접 작업 중 감전
5. 기계·기구 누전에 의한 감전

사고의 형태
- 감전사(사망)
- 화상
- 쇼크 및 의식불명
- 2차재해 (추락, 전도 등)

번호

IV. 건설현장의 가설전기에 대한 감전사고의 원인

1. 노출 충전부의 접촉 (직접접촉)

① 노출형 충전부

② 충전부에 방호망, 절연덮개 미설치

③ 충전부 접근 제한 조치 미설치

2. 특별고압전로의 근접 (비접촉)

3. 전기기계 · 기구의 누전에 의한 감전

① 접지 미설치

② 습기, 분진 등 주변환경 미고려

③ 임시사용 전등 등의 파손

5. 정전기

6. 이동식 전기기계기구

4. 낙뢰에 의한 화상, 화염

V. 건설현장 가설전기에 대한 감전사고 단계별 예방대책

분전반 — ① 접지봉 설치 ② 울타리, 잠금장치 ③ 전담관리자 배치, 관리

↓

가공전로 — ① 작업 전 주변선로 조사 ② 선로 방호조치 ③ 위험표지 설치 (안전표식)

↓

기계 · 기구 — ① 작업 전 안전관리자에 의한 점검실시 ② 기계 · 기구 사용방법 안전교육

↓

배선 — ① 작업 전 배선점검, 피복확인 ② 지지대 사용

↓

~~용접기 사용~~ 이동식 전기기계기구 — ① 3종접지실시 ② 누전차단기, 전격방지기 설치 ③ 용접기 충전부 방호장치 점검

번호

④ 주변 인화성, 폭발성 물질 제거

⑤ 근로자 보호구 착용 점검.

VI. 건설현장 가설전기에 대한 감전사고 예방을 위한 접지

1. 접지 메커니즘

전기기계·기구 절연불량 → 누전 발생 → 외함접지 → 대지로 방전

→ 외함미접지 → 인체 전격/감전

2. 접지의 기준

① 가설전기 저압 배·분전함 외함접지 (제3종접지)

② 접지선 매설 i) 근로자 접촉 우려 시

ii) 지하 75 cm 이하, 동결깊이 고려

VII. 건설현장 가설전기에 의한 전기 재해시 응급조치

1. 감전 쇼크시 심폐소생술 실시

2. 전기 화상시 담요 등을 이용한 소화

3. 구급약품 (화상약 등) 치료

4. 2차재해 예방 (추락 등)

+ 신고 및 응급조치

VIII. 맺음말

1. 건설현장 가설전기에 대한 전 관리감독자 대상 교육필요

① 토목/건축 등 전기분야 비 전공자들의 지식부족

② 소규모 건설현장에서는 전기담당 관리자 부재

2. 전기감전사고 대비 비상대응 훈련 및 매뉴얼 숙지 필요

"끝"

문제 28 작업발판 일체형 거푸집

문제) 작업발판 일체형 거푸집

답)

I. 개요

작업발판 일체형 거푸집 작업전 사전안전성 검토 및 안전작업 계획 수립, 근로자 주지 및 철저 준수하여야 함

II. 작업발판 일체형 거푸집의 종류

1. 갱폼　　2. 슬립폼
3. 클라이밍폼　　4. 터널라이닝폼 등

III. 작업발판 일체형 거푸집 작업전 사전 안전성 검토사항

산업안전보건법	건설기술 진흥법
- 안전보건대장 (67조)	설계 안전성 검토
- 설계변경 요청 (71조)	가설구조물 구조적 안전성 확인

IV. 작업발판 일체형 거푸집 작업시 재해유형·원인

떨어짐: 안전대 미착용, 인양시 케이지내 근로자 탑승
맞음: 자재방치상태로 인양, 출입제한 미조치
무너짐: 인양고리 체결전 고정철물 제거

V. 작업발판 일체형 거푸집 안전조치 (안전보건규칙 337조)

공통: ·작업계획 근로자 주지, 위험성평가 등
갱폼: 갱폼 인양시 근로자 탑승금지, 정리정돈
　　인양장비 매단후 전단볼트 해체
슬립폼 등: 콘크리트 양생기간 준수
　　거푸집 부재, 지지대 이상유무 점검　　"끝"

번호 (문제5) 작업발판 일체형 거푸집 종류 및 조립·해체시 안전대책을 설명하시오.

(답)

1. 개 요

1) 작업발판 일체형 거푸집에는 갱폼, 터널 라이닝폼, RCS·ACS 폼 등이 있으며

2) 조립·해체시 떨어짐, 낙하 등 재해예방 위해 안전시설 및 방호장치를 설치해야 함

3) 본고에서는 RCS 폼 사용중 근로자 보건강화 사례에 대하여 기술하고자 함.

2. 작업발판 일체형 거푸집 시공전 법적 검토사항

산업안전보건법	건설기술진흥법
① 조립도 검토·작성	① 안전관리계획(시행령 제98조)
② 위험성 평가	② DFS(시행령 제75조의2)
③ 감시인 배치	③ 구조적안전성 확인(시행령제 101조의)

3. 작업발판 일체형 거푸집의 종류

Conic 타설층
← 작업발판
유로폼
상부
하부
2600
<RCS 폼 구성>

<작업발판 일체형 거푸집종류>

① 갱폼
② RCS, ACS
③ 터널 라이닝폼
④ 클라이밍 폼
⑤ 슬립폼

번호

4. 작업발판 일체형 거푸집 조립시 안전대책(RCS기준)

- 사전 준비
  - ① 위험성평가, TBM
  - ② 조립도 검토 - 작성
- 자재 반입
  - ① 유도자, 이동경로 확보
  - ② 적치시 버팀목 견고히
- 양중 이동
  - ① W/R 3·3·3법칙
  - ② 하부 출입 통제
- 조립 설치
  - ① 코큰시스템, 아웃리거
  - ② (하래) 하래감시자 배치
- Hold Point: 작업책임자 필수확인
- Conc타설: CPB 분산타설, 양생기간 준수

〈초고층 안전설비〉

- 코큰시스템
  - 안전난간 일체형
- 아웃리거
  - 횡하중 방지
- 벨트트러스
  - 횡하중 방지

5. 작업발판 일체형 거푸집 해체시 안전대책(RCS 기준)

- 사전 준비
  - ① 사전조사 · 작업계획서
  - ② 작업순서 → 근로자주지
- 해체 작업
  - ① 대칭되는 곳부터 해체
  - ② (용단) 하래감시자 ----
- 양중 이동
  - ① W/R 폐기기준 준수
  - ② 악천후 작업중지 →
- 자재 적치
  - ① 버팀목 견고히
  - ② 출입금지 조치
- 반출
  - ① 유도자 배치(하물트럭)
  - ② 과적재 금지

〈하래감시자〉

11m, 11m, 분리비산 범위, 격리, 하래감시자 →

〈악천후 기준〉

강풍 : 10m/s

강우 : 1mm/hr

강설 : 1cm/hr

번호

6. 초고층 건축물 RCS를 활용 CPB타설 현장 근로자 보건 강화를 위한 휴게시설, 화장실 설치 방안 (법 개정)

1) 휴게시설 설치 방안

① 면적 : $6m^2$ 이상
② 온도 : 18~28°C
③ 습도 : 50~55%

⇒ 이동식 컨테이너 <현장 배치> 문

2) 건설현장 화장실 설치 방안

① 300m 마다 설치
② 남녀 구분, 관리자 지정
③ 남자 30명 / 여성 20명 — 1개소 이상

⇒ 남성 근로자
· 간이 화장실 제공

여성 근로자
· 이동식 화장실 설치

7. 초고층 RCS 시공 현장 안전시설 일체형 구조를 활용해야

1) 아웃리거
· 횡 방향 하중저항

2) 벨트트러스
· 횡·종방향 하중저항

3) 골조시스템
· 안전 발판·난간 일체형

아웃리거
코어
골조 시스템
외벽
벨트트러스

· (활용 방안) 산업안전보건관리비 집행

"끝."

문제 29 풍압이 가설구조물에 미치는 영향

번호 (문제) 풍압이 가설구조물에 미치는 영향

(답)

I. 개요

풍압에 의한 풍하중은 가설 구조물 도괴의 원인을 제공할 수 있으므로 사전 안전성 검토가 되어야 함.

II. 풍압에 대한 가설구조물의 안전성 검토 Flow

가설구조물의 규모, 형상, 배치 가정 → 풍압(풍하중) 산정 → 안전성 검토 → (Yes) 가설구조물 형상, 배치 규모 결정 → 설치 및 시공

(No → 가설구조물의 규모, 형상, 배치 가정)

III. 풍압이 가설구조물에 미치는 영향 및 원인

풍압 발생 → 풍하중으로 작용 → 가설구조물 안전성 초과 → 가설구조물 도괴 → 안전·문제 재해

- 풍압산정 오류
- 안전성검토 누락
- 고정장치 미설치
- 이상현상 발생
- 기상 이상시 작업중지 미준수

IV. 건설현장에서 풍압에 대비한 가설구조물의 안전대책

인적
① 기상정보 전파
② 작업축소 . 중지
③ 불안정한 가설구조물에 접근 제한

(풍압 작용 전 점검, 작용 후 점검)

물적
① 가설구조물 고정
② 가설구조물 상태 정기점검. 조치

Anchoring

고정용 와이어로프

비래가능 자재 천막덮개 + Rope 고정

풍압발생 전 - ① 가설구조물 고정조치
② 현장 가설시설물 보강
③ 강풍 시 작업중지

풍압발생 후 - ① 외부전문가 점검 / 보수 후 작업재개.

"끝"

본문제) 풍압이 가설구조물에 미치는 영향

답)

I. 개요

풍압은 가설구조물에 횡방향으로 작용하여 가설구조물의 무너짐 유발함에 따라 안전성 검토 및 사전예방조치 중요

II. 가설구조물에 작용하는 하중의 종류

1. 연직방향하중 - 가설재, 콘크리트등 중량 + 작업자, 기계등 충격하중
2. 횡방향하중 - 진동, 충격, 시공오차 + 풍압, 지진 등
3. 콘크리트 측압
4. 특수하중 등

III. 풍압이 가설구조물에 미치는 영향

풍압 ⇒
U-head 편심
전용철물 미사용
수평재 간격미준수
좌굴
가새 미설치
잭베이스 불량
→ 무너짐

<수원 00 APT 시스템 동바리 풍하중 영향도>

* 풍압 작용
- 구조계산 미흡
- 자재 불량
- 수평재, 가새기준 미준수
- 전용철물 미사용

⇒ 무너짐 재해

IV. 풍압에 의한 시스템 동바리 무너짐 재해 예방대책

사전준비	가설구조물 안전성 확인, 강풍대비 비상 매뉴얼
설치시	수평재, 가새 기준준수, 받침철물 견고히 설치
작업시	외측 수직보호망 해체, 악천후 근로자 작업중지권 철저보장

V. 스마트 건설기술 활용 동바리 무너짐 재해 예방사례 (수원 00 APT)

무선하중 계측기 → IoT 활용 실시간 하중 모니터링 → 강풍시 무너짐 위험 신속대응

"끝"

문제) 풍압이 가설구조물에 미치는 영향

답)

I. 개요

가설구조물에 풍압 발생 시 도괴, 좌굴 등의 재해 발생되므로, 작업 전·중·후 안전점검 실시해야 함

II. 가설구조물에 작용하는 하중의 종류

1. 연직방향 하중 : 고정하중, 작업하중 등
2. 수평방향 하중 : 진동, 충격, 시공오차 등
3. 기타 하중 : 풍하중, 지진하중, 특수하중 등

→ 2D, 3D 구조해석 검토 必

III. 풍압이 가설구조물에 미치는 영향

1. 비계의 도괴
 1) 비계 외측 수직방망, 천막 설치
 2) 공사용 구조체보다 먼저 가설 시

〈풍하중 산정〉

$F = \rho \cdot A \cdot V^2/2$

2. 동바리 좌굴
 1) 층고 높고, 면적 넓은 거푸집 설치 시
 2) 거푸집·동바리 결속 상태 불량 시

〈좌굴하중〉

$P_{cr} = \dfrac{\pi^2 \cdot E \cdot I}{(kL)^2}$

3. 가설재의 손상
 1) 가설재 연결부, 접속부 풀림
 2) 가설지지대의 변위 및 변형

IV. 태풍 등 풍압에 의한 가설구조물 안전 위한 현장 활동

악천후 예고	악천후 시	악천후 종료
·수직방망 제거, 결속상태	·안전대책 모니터링	·결속상태 재점검 "끝"

문제 30 재사용 가설기자재의 폐기기준 및 성능기준

문제) 재사용 가설기자재의 폐기기준 및 성능기준

답)

I. 개요 (재사용 가설기자재 성능기준에 관한 지침)

가설기자재 재사용시 심한 변형·부식 등으로 교정이 불가능하고 안전인증 등 시험성능기준 미달시 폐기하여야 함.

II. 불량 재사용 가설기자재의 구조적 취약성

재사용 가설기자재
- 과소단면
- 연결재 부족
- 낮은 정밀도
- 불안전 결합

III. 재사용 가설기자재의 폐기기준 및 성능기준

폐기기준	· 심한 손상·변형·부식 등으로 교정 불가능시 · 안전인증·자율안전 확인 시험성능기준 미달시
성능기준	· 안전인증, 자율안전 확인 성능기준 100% 이상 만족시 (인증규격 없는경우 KS 기준)

IV. 재사용 가설기자재 점검기준

구분	점검항목	점검주기	점검방법
1. 공통사항	변형·부식·부착물 등	일상.	육안, NDT
2. 부재/부품	균열·마모·치수 등	일상·정기	육안, NDT, 계측
3. 성능기준	압축·인장강도	일상·정기	성능시험

V. 소규모 현장 불량 재사용 가설 기자재 근절위한 발전과제

1. 불량 재사용 가설 기자재 자율폐기 보조금 지원 방안 마련
2. 불시 점검·감사 및 안전 신고 포상 확대 "끝"

문제 31 CPB의 설치방식

고층, 초고층 Zoom, 50층
* 삼성동 현대 자동차

CPB, 펌프빌리티
코어시스템
벨트트러스, 아웃트리거

문제 7) CPB(concrete placing Boom)의 설치방식 Q1

답)

1. 개 요

CPB는 압송 CON'C를 Mast에 설치된 Boom 이용 타설하는 장비로 설치·해체·인상시 붕괴 예방 대책 중요

2. CPB의 설치방식 및 특징

Core Wall 내부	Slab 중앙	Core Wall 외벽
← Core Wall	↖ Slab	Core Wall
· Core Wall 선행 · 개구부 안전 관리	· Core Wall 선행 불가 · 개구부 안전 관리	· 작업 범위 최대 활용 · 설·해체시 위험大

3. CPB 설치 작업 절차별 안전관리 Point

- 공통사항 : 구조계산, 작업계획서, 위험성 평가
- 기초설치 : Anchor Bolt 매입 확인, 하부지지핀 결속
- Mast, CPB 설치 : 악천후 중지(10m/sec), 작업 방법·순서 준수, CON'C 소요강도 확인, 수직도, 와이어로프 점검
- 배관설치 : 용접시 화재 감시자

4. CPB 구조재검토 통한 안전성 확보 사례(송도, ·· 초고층 현장)

당초	Mast 직접 자립식	풍하중 재검토, 구조 재해석 →	Core Wall 외벽 브라켓 추가 설치	변경

문제 32 토석 붕괴의 외적 원인 및 내적 원인

번호 문제> 토석 붕괴의 외적원인 및 내적원인

답>

1. 토석 붕괴의 개념.

토석 붕괴는 내적의 τ_f(전단강도) 감소 또는 외적인 τ(전단응력) 증가로 F_s가 저하되어 붕괴가 발생된다.

2. 토석 붕괴 시 인적 및 물적 피해 내용

- 인적
  - 사망, 사고 중대재해 (산업안전보건법 시행규칙 제3조) → 사망만인율 증가
- 물적
  - 인접시설물 중대결함 (시설물관리법 제12조) 보수, 보강에 소요.

3. 토석 붕괴의 외적원인 및 내적원인

외적원인	내적원인
τ(전단응력 증가)	τ_f(전단강도 감소).
- 사면기울기 급증.	- u증가(지하수 증가)
- 계측 미실시. 지진등작용	- 강우침투.
- 점검 및 진단 미실시.	- 이상응력 발생.

4. 토석 붕괴 방지를 위한 안전관리 대책

- 기술적
  - 선마무리층 시공.
  - 사면구배완화.
  - E/A. S/N 시공.
- 관리적.
  - 계측실시 (산업안전보건규칙 제53조)
  - 점검 및 진단 실시 (시설물관리법 제11조)

5. 최근 중요한 토석 붕괴 방지를 위한 Smart 계측관리 구축방안

산안법 제38조 / 변형률계 / 경사계 / 지표침하계 / 지하수위계 / 간극수압계 / 무선 송수신 → 안전관리자. 실시간 확인 대책 수립

문제 33 벌목작업에 의한 위험방지

문제) 벌목작업에 의한 위험방지

답)

1. 개요 (안전보건규칙 405조)

벌목작업시 벌도목에 의한 깔림사고 등 예방위해 적절한 수구만들기, 안전거리 확보 등 기본 안전수칙 준수해야 함

2. 벌목작업시 발생 재해유형 및 원인

재해유형	원인
· 벌도목에 깔림	· 작업반경내 타작업자 미통제
· 벌쏘임	· 벌목전 주변 미확인
· 장비 넘어짐	· 아웃트리거, 깔목 등 미조치

3. 벌목작업에 의한 위험방지 (법개정 사항)

1) 대피로, 대피장소 확보, 신호체계 확립

2) 가슴높이 지름 20cm 이상 | 수구각도 30° 이상 / 수구깊이 뿌리지름 1/4 ~ 1/3

3) 나무 높이 2배 직선길이 다른 작업 금지

4) 걸려있는 나무 밑 작업금지

4. 벌도목에 의한 사고예방위한 3대 안전수칙

안전수칙
- ① 적절한 수구 → 벌도목 안전한 방향으로 전도
- ② 충분한 안전거리 확보
- ③ 걸려있는 벌도목 안전하게 처리

5. 벌목사고 예방위한 정부 추진 사업

1) 적기불시점검 시행 - 안전수칙안내·교육, 개선지도

2) 개선지도 미이행시 - 사업주 행·사법 조치 "끝"

번호 (문제) 벌목작업에 의한 위험 방지

< 안전보건규칙 개정 >
제405조 벌목작업시 등의 위험방지 (2021. 11. 19)

(답)

I. 개요

벌목작업시 주요 사망사고 요인과 관련된 안전수칙을 강화하고 명확히 규정하기 위한 산업안전보건 기준에 관한 규칙이 개정됨.

II. 벌목작업 중 발생할 수 있는 재해유형 및 원인

벌목작업중 재해

- 맞음: ·의도하지 않은 방향 ·굴러온 나무에 맞음 (벌에 쏘임)
- 베임, 찔림: ·기계톱 튕김 현상에 의해 베임, 찔림
- 깔림: ·벌목중 굴러온 나무에 깔림
- 넘어짐: ·나무, 돌 등에 넘어짐 ·미끄러짐

III. 벌목작업에 의한 위험방지를 위한 법 개정사항

1. 개정조항 및 시행일 : 안전보건규칙 제405조 (21. 11. 19시행)

2. 벌목작업 시 등의 위험방지 O.K.

지름 20 cm 이상
30° 이상
수구깊이

① 벌목 나무 가슴높이지름 20 cm 이상 ─ 수구각도 : 30° 이상, 수구깊이 : 뿌리부분 지름 1/4~1/3이하

② 나무높이 2배이상 안전거리, 타작업자 접근금지

③ 받치고 있는 나무 벌목 또는 걸려있는 나무 밑 작업금지

IV. 벌목작업에 의한 위험방지를 위한 안전수칙

1. 벤 나무 넘어지는 방향결정 + 적절한 대피로/장소 확보
2. 벌도목 주변 장애물 미리 제거 O.K.
3. 인력작업 최소 + 어깨높이 위 톱 사용금지
4. 신호체계 확립, 작업순서, 작업자간 연락방법 구축

"끝"

문제 34 건설현장에서 콘크리트 타설 중 거푸집 동바리의 붕괴재해 원인 및 안전대책에 대하여 설명하시오.

문제(3) 건설현장에서 콘크리트 타설중 거푸집·동바리의 붕괴 원인 및 안전대책에 대하여 설명하시오.

답)

I. 개요

1. 콘크리트 타설중 거푸집·동바리 붕괴원인은 자연적(지진, 풍하중등), 인위적(설치불량, 집중타설등) 원인 있으며
2. 안전대책으로 사전 구조검토·조립도 작성 준수, 집중타설 금지, 측압상승주의(타락장 금지등) 등 필요함.
3. 특히, 동절기·해빙기 동상·융해 대책 중요하며, 수원모현장 동바리 무너짐 예방위한 설치 지원 제안하고자 함.

II. 거푸집 동바리 작업시 재해위험

< 수원 OO APT 신축현장 시스템 동바리 재해검토 >

동바리 작업		거푸집 동바리		콘크리트
	• 설치불량 무너짐		• 집중타설 무너짐	
	• 지반침하 무너짐		• 절연방호 미흡 감전	
	• 안전난간, 작업발판,		• 펌프호스에 맞음	
	안전방망 미흡 떨어짐		• pump car 넘어짐	

번호 Ⅲ. 건설현장에서 콘크리트 타설중 거푸집 동바리 붕괴원인.

1. 자연적
   - 1) 지진, 풍하중 등 수평력 증가
   - 2) 지내력 부족 침하
   - 3) 동절기 동상 융기, 해빙기 융해 연약화

2. 인위적
   - 1) 설계 : 구조계산 오류.
   - 2) 재료 : 비규격품 (안전미인증)
   - 3) 시공
     - 동바리 : 설치기준 미준수
     - 콘크리트 : 집중타설, 과타설등 측압
       pump car 등 장비 전도

Ⅳ. 건설현장에서 콘크리트 타설중 거푸집 동바리 안전대책

공통사항
- · 작업계획, 위험성 평가
- · PTW, TBM, 특별안전교육
- · 상·하 동시 작업금지, 악천후 중지 →

강풍 10m/sec
강우 1mm/hr
강설 1cm/hr

설계
- · 설계 안전성 검토, 가설구조물 안전성 검토
- · 이상하중 (충격·작업등) 반영, BIM Simulation

조립설치
- · 구조검토, 조립도 작성·준수
- · 안전인증, KS규격
- · 지반침하방지 (치환등)
- · 수평·수직재 직각 견고히
- · 전용철물 사용
- · U-head 편심방지
- · 수직재와 잭베이스 겹침길이 전체 1/3 이상

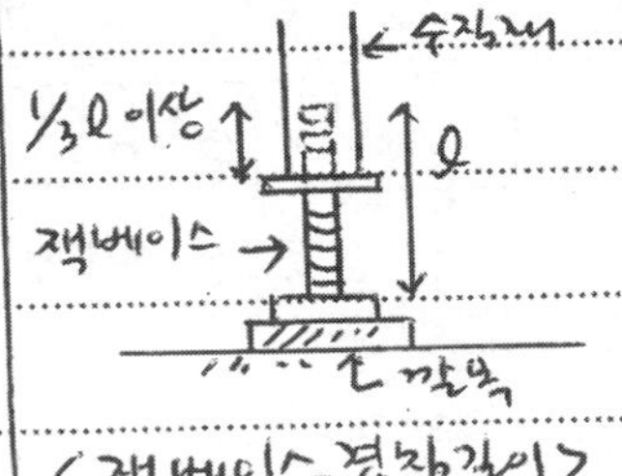

<잭베이스 겹침길이>

번호

콘크리트 타설
- 감시인 배치 (타설 중 거푸집 동바리 변형 감시)
- 거푸집 해체 시기 준수 → 보·기둥 5MPa 이상 / slab 14MPa 이상
- 집중타설 금지
- 측압 상승 주의 (다짐과다 금지, 분할타설 등)
- pump car 전도 방지 (아웃트리거 최대로, 깔목 등)
  ↳ 특히 동절기·해빙기 지반동상·융해시 주의

V. 스마트 안전기술 활용 시스템 동바리 붕괴 예방 사례
(수원 OO APT 신축 현장 사례)

- 스마트 안전기술 : 동바리 붕괴 위험 모니터링 시스템

무선하중 계측센서 → IOT 통신 계측값 → [관리감독자 / 안전관리자 / 작업자] → 정보공유 / 위험경보

신속대응 대피

VI. 맺음말

1. 콘크리트 타설중 거푸집 동바리 붕괴는 특히 동절기·해빙기 지반 동상·융해에 의해 빈번함에 따라 사전 점검 및 치환, 버림콘크리트타설 등 안전대책 중요

2. 또한, 소규모현장 거푸집 동바리 붕괴재해 예방위해 시스템동바리 의무화 및 클린사업장 조성지원 사업 등을 통한 재정지원 제안하고자 함

"끝"

문제 35	철근콘크리트공사에서 거푸집 및 동바리 설계 시 고려하중과 설치기준에 대하여 설명하시오.

번호 문제> 철근콘크리트공사에서 거푸집 및 동바리 설계시 고려하중과 설치기준에 대하여 설명하시오.

답>

1. 개요.

1. 철근콘크리트공사시 거푸집 및 동바리 설계시 고려하중으로는 수직, 수평, Con'c측압, 풍하중, 특수하중이 있으며,
2. 설치기준으로는 「산업안전보건기준에 관한 규칙」 제332조의 동바리 설치기준과 「콘크리트공사 표준안전작업지침」 제6조의 거푸집 설치기준이 있다.
3. BIM 활용, 검증된 제품 사용 및 소규모 건설현장의 관리감독을 통한 점검과 재해방지를 통해 거푸집 및 동바리 사고를 예방할 수 있다.

2. 철근콘크리트공사의 거푸집 및 동바리 설계의 구조검토 Flow.

하중 및 외력 산정 → 하중 계산 → 단면 계산 → 표준 조립상세도

- 하중 및 외력 산정: 휨모멘트, 전단력 / 최대 δ, 과하중
- 하중 계산: 수직, 수평하중 / Con'c측압 등
- 단면 계산: 동바리 배치간격 / 거푸집 널두께
- 표준 조립상세도: 가설재 / 배치도 작성

3. 철근콘크리트공사의 거푸집 및 동바리 설계시 고려하중.

1. 고려하중 [콘크리트공사 표준안전작업지침 제4조(하중)]

1) 수직하중 W = 고정하중 + 충격하중 + 작업하중

(Con'c+거푸집) 중량 + (0.5γt) + (150kg/m²)

2) 수평하중 Max(고정하중 × 2% 와 150kg/m)

3) 측압 P = W(Con'c 견적중량) × H(헤드높이)

4) 풍하중 W = Pf(설계풍압) × A(외곽면적)

번호

5) 특수 하중.

7. 하중 조합

(고정하중 + 활하중 + 충격하중 + 풍하중 + 특수하중)

× 하중증가계수 (1.0 ~ 1.5)

※. 하중 조합시 모든 경우의 수를 고려하는 하중 적용.

4. 철근콘크리트 공사에서 거푸집 및 동바리 설치기준

산업안전보건기준에 관한 규칙 제331조 (조립도)
- 거푸집 동바리 조립 시 구조검토 후 조립도 작성
- → 부재의 재질, 규격, 간격 이음 방법 명시.

산업안전보건기준에 관한 규칙 제332조 (동바리 설치기준)
- 동바리 침하방지 → 깔판/깔목 사용
- 동바리 이음 전용철물 사용
- 상하고정 및 미끄럼 방지조치
- H=3.5m 초과시 수평연결재 2m 이내 설치

콘크리트공사 표준안전 작업지침 제6조 (거푸집 설치기준)
- 작업 안전담당자 배치후 작업
- 작업중지 안전통로 및 비계확보
- 악천후시 작업중지.

5. 철근콘크리트 공사에서 거푸집 및 동바리 설치 불량에 따른 재해 종류 및 원인요인

문제 4) 콘크리트 펌프카를 이용한 콘크리트 타설 작업시 위험요인과/재해 유형별/안전대책에 대하여 설명하시오

답)

1. 개 요 (안전보건규칙 및 콘크리트 공사 표준안전작업지침)

1) 콘크리트 펌프카 이용 콘크리트 타설시 동바리 무너짐, 작업자 추락, 장비 전도 등 주의해야 함.

2) 작업전 사전조사 및 작업계획서 수립, 동바리 설치기준, 콘크리트 안전작업지침 준수하여야 하며

3) 특히, 동절기·해빙기 지반 동상융해에 의한 무너짐 등 예방위해 사전점검, 지반치환등 대책수립 중요

2. 콘크리트 펌프카 이용 작업 시 사전조사 및 작업계획서

사전 조사	작업 계획서
· 작업장소 지형·지반상태 확인 (펌프카 전락 및 지반 무너짐 방지)	· 펌프카 종류·성능, 운행경로 작업 방법, 운전원 자격 유도자 배치 등 안전대책

3. 콘크리트 펌프카 이용 콘크리트 타설시 위험요인

구분	재해유형	위험 요인
1) 거푸집 동바리	무너짐	· 조립도 설치기준 미준수 (가새 등)
		· 지반 침하 미보강
	떨어짐	· 안전난간, 작업발판 미흡
	맞음	· 상하 동시 작업, 공도구등 정리 부실

문제 36 **콘크리트 펌프카를 이용한 콘크리트 타설작업 시 위험요인과 재해유형별 안전대책에 대하여 설명하시오.**

차량계 건설기계, 사전조사·작업계획서, CPB(초고층)

문제 4) 콘크리트 펌프카를 이용한 콘크리트 타설 작업시 위험요인과/ 재해 유형별/안전대책에 대하여 설명하시오

답)

1. 개 요 (안전보건규칙 및 콘크리트 공사 표준안전작업지침)

1) 콘크리트 펌프카 이용 콘크리트 타설시 동바리 무너짐, 작업자 추락, 장비 전도 등 주의해야 함.

2) 작업전 사전조사 및 작업계획서 수립, 동바리 설치기준 콘크리트 안전작업 지침 준수하여야 하며

3) 특히, 동절기·해빙기 지반 동상융해에 의한 무너짐 등 예방위해 사전점검, 지반치환등 대책수립 중요

2. 콘크리트 펌프카 이용 작업시 사전조사 및 작업계획서

사전 조사	작업 계획서
· 작업장소 지형·지반상태 확인 (펌프카 전락 및 지반 무너짐 방지)	· 펌프카 종류·성능, 운행경로 작업 방법, 운전원자격 유도자 배치 등 안전대책

3. 콘크리트 펌프카 이용 콘크리트 타설시 위험요인

구분	재해유형	위험 요인
1) 거푸집 동바리	무너짐	· 조립도 설치기준 미준수 (가새 등)
		· 지반 침하 미보강
	떨어짐	· 안전난간, 작업발판 미흡
	맞음	· 상하 동시 작업, 공도구등 정리 부실

구분	재해유형	위험 요인
2) 콘크리트 타설	무너짐	· 집중타설, 과타집 (측압 상승)
	넘어짐	· 펌프카 아웃트리거 미받침 · 엔드호스 길이 초과
	충돌	· 펌프카 · 믹서트럭 유도인 미배치
	맞·음	· 엔드호스 요동, 배관 미고정
	감전	· 고압선 절연 미조치
	질식	· 보온양생, 밀폐공간 작업프로그램 미시행

4. 콘크리트 펌프카 이용 타설시 재해유형별 안전대책

1) 공통사항

① 사전조사, 작업계획 · 게시

② 위험성 평가, PTW, TBM

③ 작업지휘자, 작업 중 안전표지

④ 출입금지, 악천후 작업금지

철골공사 <악천 후 조건>
- 강풍 10m/sec
- 강우 1mm/hr
- 강설 1cm/hr

2) 거푸집 동바리 관련 안전대책

무너짐
- 구조검토 · 조립도 작성 · 준수
- 안전인증, KS 규격품
- 지반침하방지 (치환, 깔목 등)
- 전용철물, U-Head 편심방지
- 수직재 · 잭베이스 겹침길이 전체 1/3 이상

(그림: 수직재, 1/3ℓ 이상, ℓ, 잭베이스, 깔목 <잭 베이스 겹침길이>)

떨어짐 · 단부, 개구부 등 안전난간, 안전방망설치

맞 음 · 상하동시 작업 금지, 작업도구 정리정돈

3) 콘크리트 타설관련 안전대책

무너짐 | · 타설순서 준수, 과다집중 금지 (측압 방지)
· 감시인 배치 (타설 전·중·후 점검, 변형 등 감지)

넘어짐 | · 펌프카 아웃트리거 깔목, 깔판 등
· 적정 호스길이 준수 (장비사양서)

충돌 : 펌프카와 믹서트럭 차량안내자 배치

낙하 : 엔드 호스 요동치지 않게 견고히 잡고 작업

감전 : 주변 고압선로 절연방호

질식 : 보온 양생시 밀폐공간 작업프로그램 수립·시행

5. 스마트 안전기술 활용 콘크리트 타설시 동바리 붕괴 예방사례
(평택 OO APT 현장 사례 중심)

6. 결 론

콘크리트 타설시 거푸집 동바리 붕괴 및 펌프카 전도 사고는 특히 동절기·해빙기 지반 동상 융해에 의해 빈번함에 따라 사전 지반보강 등 안전대책 중요.

<끝>

문제 37 건설현장에서 펌프카에 의한 콘크리트 타설 시 재해유형과 안전대책에 대하여 설명하시오.

문제 6) 건설현장에서 펌프카에 의한 콘크리트 타설시 재해유형과 안전대책에 대하여 설명하시오.

답)

1. 개요

1) 건설현장 펌프카 작업 시 사전조사 및 작업계획서를 작성·수립하고 위험성평가를 수행해야 한다.

2) 펌프카 타설시 무너짐 및 압성충 질식재해가 일어나므로 철저한 관리감독이 필요하다.

3) 초고층 건축현장의 펌프카 타설시에는 CPB 장비 및 상층부에서 재해예방에 대한 안전대책을 수립해야 한다.

2. 건설현장 펌프카 작업시 사전조사 및 작업계획서 내용

사전조사	、지반 붕괴·전도 등으로 인한 위험방지를 위한 지형조사
작업계획서	、펌프카 종류. 성능. 운행경로 、타설량, 방법 등 작업계획 、안전점검·운전원 자격선임

3. 펌프카 콘크리트 타설 전 위험성평가 수행

(※ OO초고층 건축현장 콘크리트 타설작업 중심)

위험성 파악 → 위험성 평가 → 허용가능여부 ↓No 저감대책 수립

- ACS폼 지지여부 빈도성 × 강도성 (3 × 3)
- CPB 장비 인상후 구조상태

- 외부전문가 구조검토

콘크리트 타설전 시스템동바리 조립도준수 여부점검실시 (안전성확보)

4. 건설현장에서 펌프카에 의한 콘크리트 타설시 재해유형

재해유형	위험요인
떨어짐	개구부 덮개 미설치, 안전대 미착용
물체 맞음	펌프카 붐 연결대 파손 엔드호스 이음, 결속 불량
끼임 부딪힘	장비 유도자 미배치 지반침하로 인한 붐에 끼임
무너짐	콘크리트 집중타설, 조립도 미준수
감전	주변 고압선 방호조치 미흡
화재	한중콘크리트 양생중 열풍기 사용
질식	갈탄양생시 CO 배출, 산소결핍

5. 건설현장에서 펌프카에 의한 콘크리트 타설시 안전대책

공통사항

1) 펌프카 운전원 면허 확인, 특별교육, PTW

2) 작업계획서 근로자 주지, 현장게시

떨어짐	- 펌프용비계 점검, 보수 - 고소 난간 작업시 안전난간 설치
끼임·부딪힘	- 펌프카 유도 차량 안내자 - 지반지지력 확인, 아웃트리거 설치
물체맞음	- 붐 연결대 접합부 안전검사 - 엔드호스 이음길이 초과 금지 - 호스 요동방지 조치, 불안전 타설

무너짐	- 타설전 거푸집·동바리 지지상태 점검 - 변형·변위 등 감시자 배치 및 이상시 작업중지·근로자 대피 - 편심방지, 콘크리트 분산타설
감전	- 이격거리 준수, 방호조치
화재	- 소화기 비치, 화재감시자
질식	- 양생장소 출입시 공기호흡기 착용 - CO농도 측정, 주기적으로 환기

6. 초고층 건축공사현장 펌프카 타설시 안전확보 방안

펌프카에 의한 콘크리트타설시 동바리 무너짐 방지를 위한 Smart 장비

1) 현황 : 서울 OO타워 높이 300m, Con'c 물량 10만m³

2) 장비운영 : CPB 3대, ACS 폼, 펌프카 00대, 고압펌프 4대

3) 안전확보방안

① CPB·ACS 구조검토 확인

② CPB·펌프카간 신호체계

③ 압송배관 파손방지
→ 지속 압력체크(IoT 기술)

④ 추락·낙하 방지 관리시스템

CPB
타설
ACS 폼
고압펌프
압송관

<서울 OO타워 CPB·펌프 콘크리트타설 모식도>

7. 결론

펌프카 타설시 추락·낙하·끼임등 다양한 재해가 발생 가능하므로 작업계획서를 철저히 이행하고 안전대책을 수립하여 재해는 예방해야 함. "끝"

문제 38 시스템 동바리 설치 시 주의사항과 안전사고 발생원인 및 안전관리 방안에 대하여 설명하시오.

문제 37) 시스템 동바리 설치시 주의사항과 안전사고 발생원인 및 안전관리 방안에 대하여 설명하시오.

답)

1. 개요

① System 동바리 설치시 주의사항으로는 단계별로 지지점 지반침하 주의, 연결부 작업시 주의, 작업자 안전에 관한 주의가 있다.

② 안전사고 발생에 대한 구조계산 및 3D 모델링을 통한 안전성을 확인 後 설계기준 준수하여 설치

2. System 동바리의 구성요소 도해

멍에
Slab
장선
U-head
Φ42.2 x 2.3T
수직가새
수평재 0.9~1.2m
0.9~1.2m
Φ48.6 x 2.3T
1.8m
40cm 이하
Jack Base
Φ34 x 4.5T
깔목
깔판

<System 동바리 도해>

3. 가설구조물의 법적 안전성 검토 근거

산업안전보건법	건설기술 진흥법
• 제 117조 및 시행령 제	• 시행령 제 101-2
• 58조(설계변경 요청대상)	• (가설구조의 안전성 확인)
• 안전보건규칙 제 337조	• 제 00 조 (품질검사 시행)

4. System 동바리 설치시 주의사항

1) 공통사항
- ① 작업계획, 위험성평가
- ② PTW, TBM, 특별안전교육

2) 동바리 작업
- ① 안전인증, KS규격
- ② 지반침하 방지(다짐)
- ③ 수평, 수직재 직각 견고히
- ④ 전용철물, U-head 편심방지
- ⑤ 수평연결재 상·하단 40cm 이내

5. System 동바리 안전사고 발생원인

단계별	발생원인	비고
설계 오류	·하중 조합해석 미실시 ·좌굴길이 적용오류 ·form tie 안전성 미검토	해빙기 융해침하 System GL
시공 오류	·조립도 미준수 ·Con'c 집중타설 ·설치기준 미준수 ·지반침하	동절기 동상융기 <해빙기, 동절기 무너짐>

6. System 동바리 안전사고 안전관리 방안

1) 설계단계
- ① 구조적 안전성 검토(3D 모델링)
- ② 복합하중 고려
- ③ 좌굴하중 적용

$$P_{cr} = \frac{\pi^2 EI}{l^2}$$

E: 재료탄성계수
I: 단면형상
l: 기둥의 길이

번호

2) 재료 관리
- ① 자재검수(안전인증대상 가설재확인)
- ② 재사용 가설재 허용응력 저감 적용
- ③ 자율등록제 | 나눔값 → 안전율(≒3)

3) 시공 관리
- ① 지반안정성 (치환. OO AL.C 타설. pile)
- ② 안전보호구 착용
- ③ 추락방지망, 수직방망설치

7. Smart 계측기 설치 초기대응사례(창원OOAPT)

System 동바리 → 자동침하 Sensor설치 → IOT → SNS 통보 → 관리감독자 → 초기대응

침하

8. 클린 임대지원 사업을 통한 System 동바리 안전확보에 대한 안전보건총괄책임자로서의 제언

① 행정부 50억미만 소규모사업장 기업에 한하여 2,000만원까지 (85%) KCS를 획득한 System 동바리지원

② 가설재 → 재사용 금지 → 재해예방 효과

※ 건설기술진흥법 시행령 제101조 2 적용

9. 결론

설계단계에서의 System 동바리 안전확보 작동성강화 → 설계적극 반영 "끝"

번호 (문제3) 시스템 동바리 설치시 주의사항과 안전사고 발생원인 및 안전관리 방안에 대하여 설명하시오.

(답)

1. 개 요

1) 시스템 동바리는 일체형 거푸집·동바리로 설치시 제조사 매뉴얼 준수, 적정 재료 사용 등을 하여야함

2) 시스템 동바리 설치중 떨어짐, 물체에 맞음, 붕괴, 감전재해가 주로 발생하며,

3) 본고에서는 재해 예방 방안과 「선행 안전 난간대」 도입 통한 떨어짐 안전 강화 대책을 기술하고자함.

2. 시스템 동바리 설치시 사전 법적 검토사항

법령	산업안전보건법	건설기술 진흥법
검토사항	① 사전조사 - 작업계획서	① 안전관리계획
	② 위험성 평가	② DFS
	③ 조립도 검토 - 작성	③ 가설구조물 구조적 안전성 확인

3. 시스템 동바리 설치시 주의사항

1) 제조사 설치 매뉴얼 준수

2) 상·하 고정철저

3) 지반 침하방지 조치

4) 잭베이스 접합길이 ≥ 전체 1/3

5) D-Head 멍에 중간에

6) 적정 재료·연결철물 사용

번호

4. 시스템 동바리 설치시 안전사고 발생원인

1) 떨어짐
(1) 개인보호구 미착용
(2) 안전난간 · 방호시설 미설치

2) 물체에 맞음
(1) 상하동시작업
(2) 이동식크레인 W/R파단
(3) 낙하물 방지망 누락

3) 시스템 동바리 붕괴
(1) 사전 구조검토 미흡
(2) 조립도 미준수
(3) 지반 침하, 과적재

4) 감전 재해
(1) 고압선로 접촉

5. 시스템 동바리 설치시 안전관리 방안

사전준비
1) 안전관리계획, DFS
2) 가설구조물 구조적 안전성 확인
3) 위험성평가, TBM, PTW
4) 사전조사 · 작업계획서

떨어짐 예방
1) 안전난간
2) 안전대 부착설비
3) 안전대 착용 · 체결

번호

물체에 맞음 예방
1) 낙하물 방지망
2) 상·하 동시작업 금지
3) W/R 폐기기준 준수 → 〈W/R 폐기기준〉 ① 이음매, 꼬인것 ② 소선수 10% 절단 ③ 지름 7% 감소
4) 중량물 인양 3-3-3 법칙

붕괴 예방
1) U-Head 멍에 중간
2) 적정 재료 사용
3) 상·하 고정 철저
4) 잭베이스 겹침길이 ≥ 전체 × 1/3

〈잭베이스 설치기준〉 수평대, ℓ, $\frac{1}{3}\ell$

감전 예방
1) 고압선로 방호조치 시행
2) 절연보호구 착용

6. 송도 OO APT 외벽 시스템 동바리 설치 현장 「선행안전 난간대」 도입 통한 떨어짐 예방 방안

선행안전 난간대, 안전대 체결, 작업 발판, 1.5m, 1.8m

〈선행안전난간대 설치도〉

1) 사전 자재 준비
↓ KS 인증 확인
2) 하부 작업자 안전대 체결
↓ 2인 1조 작업 (중량물)
3) 상부 난간대 설치
⇒ 안전 사각지대 제거

7. 맺음말 (스마트 안전기술 현장 도입 강화)
1) 시스템 동바리 설치 현장 붕괴 재해 다수 발생 (61%)
2) 무선하중측정 센서 + IoT 통신, AI CCTV, 드론 순동 점검 도입 통한 재해 예방 필요 "끝"

문제 39 **시스템 동바리의 붕괴유발요인 및 설계단계의 안전성 확보방안에 대하여 설명하시오.**

번호 (문제) 시스템 동바리의 붕괴유발요인 ① 및 설계단계의 안전성 확보방안에 ② 대하여 설명하시오.

(답)

I. 개요

1. 시스템 동바리는 규격화, 부품화된 수직재, 수평재, 가새재 등 부재를 현장에서 조립한 거푸집 및 동바리 형식을 말함.
2. 시스템 동바리의 붕괴는 중대재해로 연결되므로 붕괴를 유발할 수 있는 요인을 사전에 제거하는 것이 중요함.
3. 설계단계에서 DfS를 고려한 안전성 확보와 기본관리대장 및 설계관리대장 등 단계별 주체의 노력이 중요함.

II. 시스템 동바리의 구성요소 및 가설부재의 특징

U-head 잭
수평가새
수직재 (L=1200 cm, φ48.6×2.3t)
수직가새 (φ42.7×2.3t)
수평재 (L=90~120 cm, φ48.6×2.3t)
연결핀
180 cm
40 cm 이하
잭베이스 φ34×4.5t STK400

가설부재의 특징

① 연결재가 적은 구조
② 부재결합이 간단 (불완전 결합구조)
③ 조립 정밀도가 낮음
④ 구조적인 문제가 있는 구조

번호 Ⅲ. 시스템 동바리의 단계별 붕괴유발요인

단계	주체	붕괴유발요인
기획·발주 단계	발주자	· 기본 안전보건 대장 작성 부실
설계단계	설계자	1. 안전성 검토 실패 ① 하중누락 ② 구조계산 누락 ③ 부재 단면 부족 2. DfS 미이행 3. 설계 안전보건 대장 작성 부실
시공단계	수급인 (시공자)	1. 시공불량 ① 연결재·가새 미체결 ② 사용자재 불량 ③ 경험인이 미확보 2. 지반 안전성 미확보 3. 콘크리트 타설불량 ① 집중타설 ② 설계두께 초과

Ⅳ. 시스템 동바리 설계단계의 안전성 확보 방안

1. 설계 안전성 검토 (DfS : Design for Safety)

(건진법 시행령 제75조)

① 시공단계에서 고려해야 할 위험요소, 위험성 및 저감대책

② 설계에 포함된 각종 시공법, 절차에 관한 사항

③ 시공과정에서 안전성 확보를 위하여 고시한 사항

설계시 고려사항도 반영 서술하기 것
- 하중
- 작업에 간 등
(설계기준에)

2. 건설안전 위험성 평가 (건진법 시행령 제6조)

기술자문위원회의 평가

번호

3. 가설기자재의 선정

① 안전인증 취득 제품

② 가설기자재 품질시험 대상

설계단계에 안전성을 고려
구체적 내용 제출해야
④ 확정범지

IV. 시스템 동바리의 안전성 확보를 위한 건설안전 위험성 평가 절차

건설안전 고려한 설계 실시 → 리스크항목 확인 → 설계 완료 → 리스크의 잔존여부 → 입찰전 안전관리 도입

① 리스크 항목이 경미한가
② 회피 / 저감할 수 있는가
③ 새로운 리스크가 발생하는가

V. 시스템 동바리 설계 관련 문제점 및 개선사항

문제점	개선사항
1. 시스템 동바리 설치 → 설계도면에 미반영 → 단순 수량 산출만 반영 (공m³)	설계단계에 시스템 동바리 및 가설구조물 반영
2. 설계변경 없음 → 위험성 · 비용은 수급인 부담 → 현행법령 제한적	1. 가설구조물 설계변경 가능하도록 제반법령 정비 2. 산안법 제 71조 (설계변경의 요청) 적용범위 확대

VI. 맺음말.

1. 설계단계의 시스템 동바리 안전확보 작동성 강화
→ ① 설계도면 반영 · 시공시 준수 ② 설계변경 적극 반영

2. 소규모 건설현장 의무 적용 등 강제할 필요

"끝"

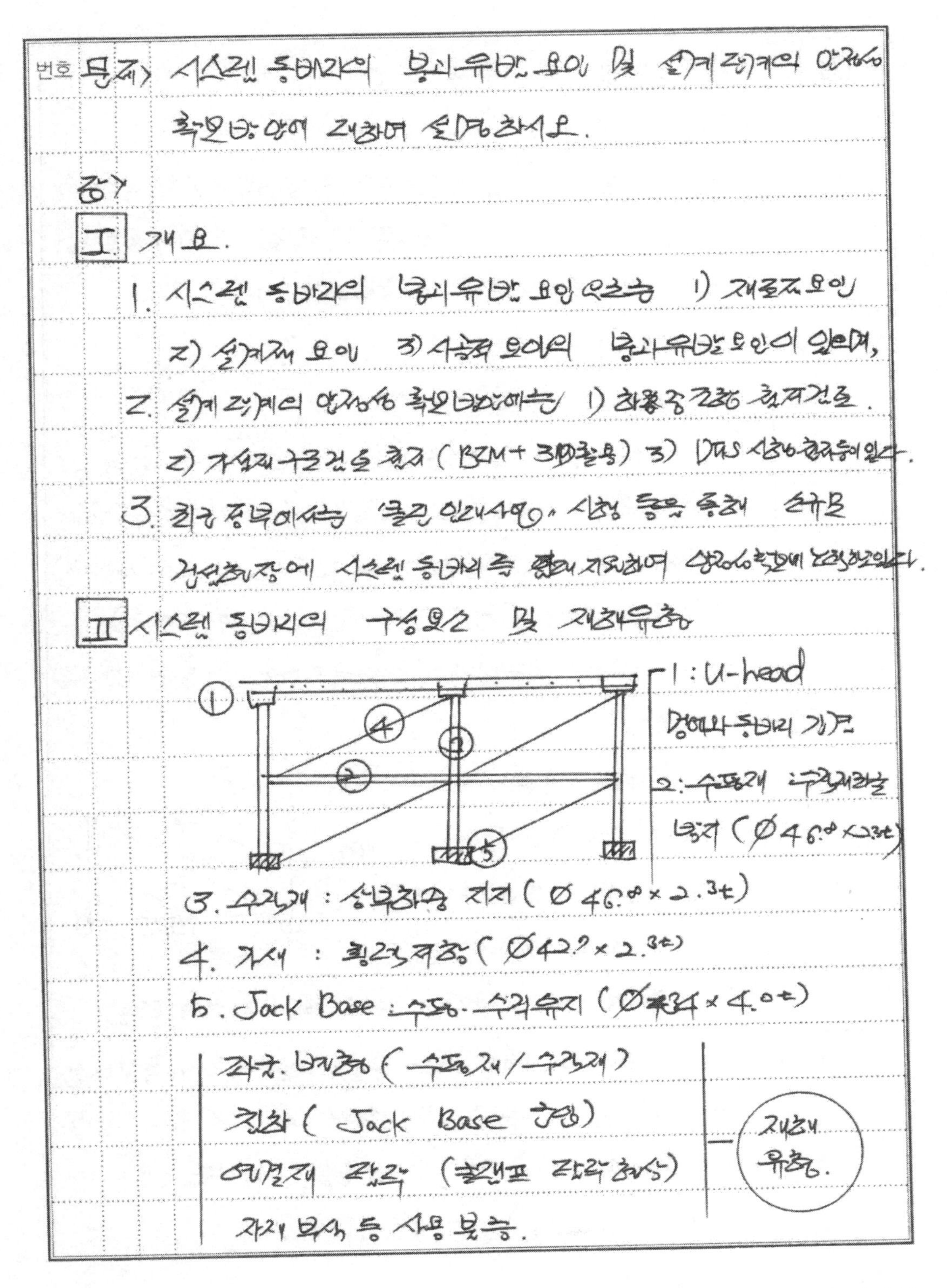

번호 문제> 시스템 동바리의 붕괴 유발 요인 및 설계 검토의 안전성 확보 방안에 대하여 설명하시오.

답>

I 개요.

1. 시스템 동바리의 붕괴 유발 요인으로는 1) 재료적 요인 2) 설계적 요인 3) 시공적 요인의 붕괴 유발 요인이 있으며,
2. 설계 검토의 안전성 확보 방안에는 1) 하중 조건 철저 검토. 2) 가설재 구조검토 철저 (BIM + 3D 활용) 3) DFS 시행 철저 등이 있다.
3. 최근 정부에서는 '클린 인프라사업' 시행 등을 통해 소규모 건설현장에 시스템 동바리를 지원하여 안전성 확보에 노력하고 있다.

II 시스템 동바리의 구성요소 및 재해유형

3. 수직재 : 상부하중 지지 (∅48.6 × 2.3t)

4. 가새 : 횡력 저항 (∅42.7 × 2.3t)

5. Jack Base : 수평·수직 유지 (∅34 × 4.0t)

좌굴·비틀림 (수평재/수직재) 침하 (Jack Base 하부) 연결재 탈락 (클램프 탈락 현상) 자재 부식 등 사용 불능.	재해 유형.

번호 III 시스템 동바리의 붕괴 유발 요인.

1. 재료적 요인

가설재 불량 제품 사용] - 산업안전보건법 제84조 :안전인증제품 성능시험 확인. / 법 제89조. KCs 정품 사용.

→ 재 가설재 사용시 성능확인 후 사용.

2. 설계적 요인

- 하중검토 오류 발생
  - 수직하중 : ((Con'c + 거푸집) 중량 <고정> + 0.5t <충격> + 150kg/m² <작업>
  - 수평하중 : Max (고정하중 × 2% or 150kg/m)
  - 풍하중. P_w = C (풍력계수) × q (속도압) × Af (외측면적)
- DAS 검토 불량 (건설기술 진흥법 시행령 제75조의2).
- 가설재 구조검토 오류발생 (건설기술 진흥법 시행령 제101조의2)

3. 시공적 요인

- 지반처리 관리 부족
- U-head 상부 밀착 불량.
- 접속 연결부 전용 클램프 미사용.
- 풍속 10m/sec 이상 작업시 주의
- Con'c 타설의 순서. 시공 → 이상 및 과재하중 작용.

IV 시스템 동바리의 붕괴에 대한 설계·관리 안전성 확보 방안

- 하중검토 시 최악조건 고려 시행
  → 재사용 가설재 사용시 (하중 경감 저감계수 적용)
- 전문가 (구조기술사) 구조검토 시행.

번호

- BIM 활용 + 3D 이용 → 구조검토 시행.
  (건설기술 진흥법 제62조의 3)
- DFS(설계안전성 평가)체계 및 산업안전보건공단 중점검토.
  * 자문가 검토 의뢰 (산업안전보건법 제67조)
- KCS 인증 제품 가설재 설계 반영.

V. 시스템 동바리 붕괴 유발의 시공단계의 안전성 확보 방안

1. 산업안전보건기준에 관한 규칙 제331조. (조립도 작성)
   : 구조검토 후 조립도 작성 후 조립.
2. 산업안전보건기준에 관한 규칙 제332조 (사용시 안전조치)
   - 수평재와 수직재 직각 유지, 설치 / 가새를 견고히 설치.
   - Jack Base 1/3 물리도록 설치.
   - U-head의 편심, 멍에 → 중심선 설치.
   - 동바리 최상층 수직재와 받침철물 서로 밀착되도록 설치.

1/3
Jack base
깔목

VI 클린 임대 사업을 통한 시스템 동바리 안전확보 방안

1. 취지 : 50억 미만 소규모 건설현장 자재임대 지원
2. 지원 : 노무비를 제외한 20,000원까지 임대 지원.
3. 효과 | 검증된 자재 사용 → 중대재해 방지.
   소규모 건설현장 생산성 향상.

VII. 시스템 동바리 가설재의 특징을 고려한 안전시공에 대하여

연결재 체결. / 부재 결합강도 / 구조적 불안정 → 붕괴사고 우려 → 작업 전 10분 안전미팅 "TBM" Hold Point 제도 활용

↓

작업 전 사전 점검 승인 → 작업시작

문제 40 갱폼(Gang Form) 현장 조립 시 안전설비기준 및 설치 해체 시 안전대책에 대하여 설명하시오.

번호 문 216) 갱폼 현장조립시 안전설비기준 및 설치해체시 안전대책에 대하여 설명하시오.

답)

1. 개요

1) 갱폼 현장조립 전 구조안전성 검토 후, 인양고리 등 각 부재별 기준에 맞게 조립하여야 한다.

2) 설치작업시 추락·갱폼 충돌 등 재해발생위험 요소를 제거하고, 안전대 체결을 철저히 하고,

3) 해체시 인양장비에 매달고, 케이지 내 근로자가 탑승하지 않은 상태에서 작업을 수행해야 한다.

2. 갱폼 설치 전 구조안전성 검토 항목

1) 갱폼부재

① 수평재·수직재·작업발판 등

② 폼타이·앵커볼트

⇒ Con'c 타설 측압 검토

2) 인양고리 ⇒ 갱폼중량 지지여부

폼타이, 1단, 2단, 3단, 4단, 추락방호망, 상부 cage, 안전난간, 하부 cage, 작업발판, 외벽

<○○APT 갱폼설치>

3. 갱폼 설치·해체시 주요 재해위험요인

단계	재해유형	요인
조립	전도	조립작업시 미끄러짐
인양	충돌	인양시 갱폼 충돌·손상
설치	떨어짐	추락방호망 불량
해체	갱폼낙하	인양고리 미리해체

4. 갱폼 현장조립시 안전설비기준

1) 인양고리 (U-벤딩)
   - 안전율 5이상, D22 활용
   (※ 구조검토후 수량·길이 결정)

Ø22mm 인양고리
(길이) 70~200cm
<갱폼 인양고리>

2) 작업발판 (4단)
   - 상부(3단) : 50cm, 하부 : 60cm
3) 수직방호대 (거푸집 이음보다 1.2m 높게)
4) 안전난간대 (상부·중간) 2단
5) 케이지 간격·코너마무리 45°

건물
10cm 이내
45°
수직방호대
1.2m 이상
작업발판
안전난간
폼타이
건물
APT
하부발판
<갱폼 안전설비기준>

5. 갱폼 설치시 안전대책

공통사항 (※ 안전보건규칙 제337조의 1항)

1) 작업계획서 작성·주지, 특별안전교육
2) 근로자 자격·기능 확인, 위험성평가
3) 갱폼 구조안전성 검토 → (※ 건설기술진흥법 시행령 101조의2)

반입·조립
1) 자재·침목 보관·적치장소 확보
2) 조립도 준수·출입통제통로 확보

인양·설치
(※ 인양시 손상부 점검·보수)
1) 와이어로프 폐기기준 준수
2) 케이지 탑승한 채로 인양금지
3) 폼타이 볼트 긴결·수시점검

인양장비에 매단상태로 해체

추락방호대

근로자 탑승시 인양금지

0/10

타설 0/1

안전난간

작업발판 (이)동불리 (설치)

6. 갱폼 해체시 안전대책

공통사항

1) 악천후시 작업중단 · 작업장 출입제한

2) 타워크레인 신호수 배치 : 보조로프 사용

갱폼 추락 방지

1) 인양장비 매단상태에서 해체

2) 매달기전 고정볼트 해체 금지

콘크리트 강도확인 (10MPa이상)

1) 거푸집 양생기간 확인

2) 앵커부 지지력 확인 → 구조검토

낙하물 방지

1) 공도구 정리정돈 (케이지 내 정리정돈)

2) 하부 작업 통제

7. 갱폼 인양 후 전도방지를 위한 안전확보 사례

1) 현황 : 용인 ○○APT A-1BL 신축공사

2) 안전확보방안

① 슬라브에 철근 앵커 사전 매립

② 갱폼위치 확인 후 타이와이어 고정

타이와이어

추락방지대

0/10

< 타이와이어 · 앵커고정을 통한 전도방지 >

8. 결론

1) 갱폼은 T/C의 빈번한 사용으로 재해율이 높으므로 자동상승 거푸집 개발, 연구 필요 (현재 추진중)

2) 최근 RCS · ACS 폼 중대재해 발생 등 콘크리트 강도 확보 후 인양하여 안전확보 필요 "끝"

본문제1) 갱폼(Gang form) 현장조립시 안전설비기준 및 설치 해체시 안전대책에 대하여 설명하시오.

답)

I. 개요

1. 갱폼 현장조립시 인양고리, 안전난간등 안전설비 기준 준수로 작업 중 발생가능 재해 예방해야 하며,
2. 갱폼 설치·해체시 개구부 안전조치, 전단볼트관리 등을 통해 떨어짐, 무너짐등 재해 방지하여야 함.
3. 본고에서는 갱폼 전단볼트 선해체 관리기준 개선을 통한 갱폼 무너짐 Risk 저감사례를 기술하고자 함.

II. 갱폼 작업계획 수립시 포함 사항 (송도00 APT 현장)

개요	+ 인원	+ 장비	+ 안전
작업위치	작업지휘자	중량물제원	재해대책
작업기간	크레인 신호수	줄걸이 용구	(떨어짐, 맞음등)
작업방법	작업자 명단	지반상태	위험성평가

⇒ 문서화, 전체공유 (특별안전교육, TBM. 게시판)

III. 갱폼 작업시 발생 대표적 재해유형 및 원인

떨어짐
- 안전대 미착용, 작업발판 불량
- 인양시 케이지내 작업자 탑승

맞음
- 자재 적치 상태로 인양
- 출입금지 미조치

무너짐 - 인양고리 체결전 전단볼트 제거

번호 IV. 갱폼 현장조립시 안전설비기준

1. 인양고리 - 안전율 5이상
   ϕ22mm이상, U-Bending

2. 안전난간 - 상부 90~120cm
   중간 45~60cm

3. 케이지코너 마무리 - 발판 45°길게

작업발판 / 건물 / 마무리부 / 45° / 20cm이내

<케이지 코너 마무리 모식도>

승강사다리 / 이동 / Hatch Box / 110°

<승강사다리 배치도>

4. 작업발판 - 폭 40cm이상
   (발끝막이판 10cm이상)

5. 케이지간 간격 - 20cm이내

6. 승강사다리 - 엇갈리게 설치

V. 갱폼 설치·해체시 안전대책 (안전보건규칙 337조)

사전준비
- 가설구조물 구조적 안전성 확인 (건설기술진흥법 시행령 101조의2)
- 중량물 취급 작업 계획서
- 위험성 평가, 특별안전 교육

자재반입 조립
- 전단볼트 임의해체 방지 system 설치
- 자재검수(인양고리, 전단볼트)
- 압송관 개구부 안전조치

인양설치
- 신호체계 확립 통일
- 와이어로프 폐기기준 준수
- 전단볼트·폼타이볼트 조임
- 하부 전단볼트 5개층 사용 점검
- 인양시 케이지내 작업자 절대 탑승금지

인양고리 / 전단볼트 / 전단볼트 Box / 잠금장치 / 위험표지

<송도00APT 전단볼트 보호 System>

번호		
	해체 반출	콘크리트 강도 측정 (5MPa이상) 악천후 작업금지 → 악천후 조건: 풍속 : 10m/sec 이상, 강우 : 1mm/hr 이상, 강설 : 1cm/hr 이상 화재감시자 (용접·용단) 갱폼 발판내 잔재물 제거 인양고리 체결후 전단볼트 해제

VI. 「갱폼 전단볼트 해제 관리기준」 개선사례 (송도00APT현장)

구분	당초	변경
현황도	인양전 해체금지 / 상부전단볼트 / 하부전단 해제 / △폼타이볼트	해체금지 / 해체금지
조치	상부전단볼트 / 상부폼타이볼트	상·하부 전단볼트
Risk	갱폼하부 고정력 미확보 → 무너짐 Risk 큼	갱폼하부 고정력 확보 → 무너짐 Risk 저감

VII. 맺음말

1. 갱폼 작업시 사전 안전시설물 설치 및 기준 준수하여야 하며 특히, 해체시 전단볼트 선해체 여부 확인 중요하며,
2. 작업자 떨어짐 재해 예방위해 스마트안전대 등 스마트 안전기술 적용 확대 필요함.

"끝"

문제 41 갱폼(Gang Form) 시공 시 재해예방대책을 설명하시오.

문제) 갱폼(Gang Form) 시공시 재해예방대책을 설명하시오.

답)

1. 개요

1) 갱폼 시공시 사전 구조검토를 통한 안전성 확인 및 안전시설 설치하여야 하며

2) 안전작업계획 준수 시공해야 하며 특히 인양고리 체결전 전단볼트 해체 금지로 갱폼 탈락 예방 중요함

3) 본고에서는 「갱폼 전단볼트 해체순서 관리기준 개선」 통한 갱폼 탈락 Risk 저감 사례 함께 기술하고자 함.

2. 갱폼의 구조

갱폼 → / 유로폼 → / 레일 → / 6.000 / 1.200 / 2.000 / 1.900 / 1.900 / 1.900 / 2,600 / 2,600 / 2,600 / 상부 Cage / 하부 Cage

< 00전산센터 갱폼 모식도 >

1) 갱폼의 구성요소

벽체거푸집 + 작업발판 + 인양고리
+ 안전난간 + 승강사다리 + 수직보호망

2) 사용용도

① 상부Cage : 콘크리트
② 하부Cage : 견출마감

3. 갱폼 구조검토 항목

1) 콘크리트 측압에 대한 부재 안전성 검토

- 수평·수직재, 폼타이, 앵커부 파괴 등

2) 인양고리에 대한 안전성 검토

- 인양고리·갱폼연결부(용접), 갱폼중량 등

번호 4. 갱폼 시공시 발생하는 대표적 재해유형 및 원인

재해유형	원인
떨어짐	• 안전시설 불량 (개구부 미조치, 작업발판 불량 등) • 인양시 케이지내 작업자 탑승
자재에 맞음	. 자재 적치상태로 인양 . 하부 출입금지 미조치
갱폼 무너짐	. 와이어로프 불량 . 인양고리 체결전 전단볼트 해체
화재	. 용접·용단시 화재감시자 미배치

5. 갱폼 시공시 재해예방대책

구분	대책
공통사항	. 가설구조물 안전성 검토 (건설기술진흥법 시행령 101조의2) . 중량물 취급 작업계획서 (안전보건규칙 38조) . 위험성 평가, 특별안전교육 . 작업지휘자, 안전지킴이, 신호수 . PTW, TBM, 하부 출입금지구역 설정
자재 반입 조립	. 자재검수(인양고리, 전단볼트) . 화재감시자 (용접) . 개구부 안전조치 (안전난간) . 수직보호망 설치 . 전단볼트 임의해제 방지 덮개
인양 설치	. 크레인 아웃트리거 최대, 지반다짐 . 와이어로프 폐기기준 준수 . 인양시 케이지내 작업자 절대 탑승금지

전단볼트 덮개
전단볼트
잠금장치
위험
위험표지
<OO건설센터 전단볼트 보호덮개 모식도>

번호

인양 설치	· 안전시설물 설치 확인 (안전난간, 개구부 등) · 절단볼트, 폼타이 조임 상태 확인
해체 반출	· 콘크리트 강도측정 (5MPa) · 갱폼 발판내 잔재물 제거 · 악천후 작업 중지 → <악천후 작업중지> · 풍속 : 10m/sec 이상 · 강우 : 1mm/hr 이상 · 강설 : 1cm/hr 이상 · 인양고리 체결후 절단볼트 해체

6. 갱폼 절단볼트 해체 순서 관리기준 개선사례

(○○전산센터 적용 사례 중심 기술)

구분	당초	변경
현황도	인양전 해체금지 / 상부 절단볼트 / 하부절단볼트 / △ : 폼타이볼트	인양전 해체금지 / 인양전 해체금지
인양전 조치	상부절단볼트, 상부폼타이	상부 및 하부 절단볼트
Risk	갱폼하부 고정력 미확보 → 갱폼 탈락 Risk 큼	갱폼하부 고정력 확보 → 갱폼 탈락 Risk 감소

7. 맺음말

갱폼 시공전 구조검토 통한 사전 안전성 확인하여야 하며 시공시 절단볼트 선해체 되지 않도록 철저한 관리 중요함.

"끝"

문제 42 건축공사 시 연속거푸집 공법의 특징, 시공 시 유의사항과 안전대책에 대하여 설명하시오.

문제) 건축공사시 연속거푸집 공법의 특징, 시공시 유의사항과 안전대책에 대하여 설명하시오.

답)

1. 개요

1) 건축공사시 연속거푸집 공법은 시공속도 빠르며 안전성 높으나 주·야 연속 작업에 따른 근로자 피로증가 단점 있음.

2) 연속거푸집 시공시 가설구조물 안전성 검토 및 거푸집 인상전 콘크리트 강도 확인 통한 무너짐 예방 중요.

3) 특히 야간작업에 따른 근로자 직무스트레스 관리 및 휴식보장 등 통한 보건관리 철저 이행해야 함.

2. 건축공사시 연속거푸집의 종류 및 사전 구조검토 사항

1) 종류
- 수직
  - Slip Form
  - Sliding Form
- 수평 : Travelling Form

2) 구조검토 사항

① 측압, 자중, 풍하중 등

② Anchor 등 연결부 검토

상부 작업대
Rod(Ø35)
Yoke
유압잭(3ton)
2.1m
중간 작업대
Form(1.25)
2.1m
하부작업대
core wall

<00빌딩 Slip Form 설치도>

3. 건축공사시 연속거푸집 공법의 특징

장점	특징	단점
· 시공이음 없음		· 초기 제작비 다대
· 시공속도 빠름		· 숙련공 필요
· 안전성 높음		· 24시간 작업 → 사고 높음.
· 자재절약(반복작업)		· 특수기계 다량 → 사고 높음.

번호 4. 건축공사시 연속거푸집 시공시 유의사항

(OO 빌딩 core wall Slip Form 공사 기술)

시공전 준비
- 시공계획서 (Slip form, Lift. Tower Crane)
- 주·야 교대근무편성. 조명시설
- 상·하부 통신시설. 예비전원시설

Form 제작 설치
- 철근. Jack Rod 간섭검토
- Form Setting시 수평

콘크리트 작업
- 초기강도 Mock up test
- 1회타설 20~25cm

Slip up
- 콘크리트강도 (0.2MPa)
  (철근으로 눌러 흔적 안될시)
- 수평·수직 check (1/2000)

Form 해체
- 장비통신. 야적장 검토

← Form
125cm
미경화 15cm
경화중 65~80cm
초기경화 25~40cm
타설후 5~6시간후 0.2MPa 도달
<OO재료 Mock up test 결과>

5. 건축공사시 연속거푸집 시공시 안전대책

공통사항
- 가설구조물 안전성 확인
- 안전작업계획. 위험성평가
- 숙련공 배치, TBM. PTW

Form 제작 설치
- 작업대·단부 안전난간
- 통로주변 정리. Lift 등 방호시설 점검

콘크리트 작업
- 콘크리트 상·하 운반 신호체계
- 작업반경내 출입금지.
- 밀폐공간작업 프로그램 (갈탄양생등)

번호

Slip up
- 강풍시 (20m/sec) 중단
- Slip up 전·중·후 부재이음 점검
- 연직도 검사 (4시간 마다)

해체
- 용단시 화재감시자
- 개구부 방호조치, 와이어로프 점검

야간작업 관리
- 조도관리 (75lux 이상)
- 휴게시설 (샤워시설, 간이침대 비치)

6. Slip Form 야간작업시 근로자 직무스트레스 관리방안(00빌딩)

1) 직무스트레스 평가 및 조치

- 설문조사 점수 : 67.5
- 조치 (60점이상 고위험)
  - 심리상담프로그램 참여
  - 주기적 추적 관리

2) 작업환경 측정·관리 - 조명 추가 설치

3) 휴게시설 보강 - 간식·혈압계, 샤워실 비치.

7. 맺음말

최근 광주 아파트 붕괴사고 ('22.1) 관련 작업발판 일체형 거푸집 철저한 안전관리 필요

① 작업전 구조적 안전성 검토 및 작업계획서 준수

② 콘크리트 강도 확인 (사전 Mock up, 시공중 비파괴시험)

"끝"

문제 43	초고층 빌딩의 수직거푸집 작업 중 발생할 수 있는 재해유형별 원인과 설치 및 사용 시 안전대책에 대하여 설명하시오.

번호 (문제) (초고층 빌딩의 수직거푸집 작업 중 발생할 수 있는 재해유형별 원인과 설치 및 사용 시 안전대책에 대하여 설명하시오.) ① ②

(답)

Ⅰ. 개요

1. 초고층 빌딩공사의 수직거푸집 작업 전 초고층 건축물공사의 특성을 고려한 후 계획을 수립해야 함.
2. 수직적 거푸집 작업 중 인양물의 떨어짐, 근로자의 추락 위험등의 재해가 발생할 수 있음
3. 각 재해유형별 원인을 분석하고 대책을 수립하여 재해를 예방해야 함.

Ⅱ. 초고층 빌딩공사의 특성 및 수직거푸집 작업을 위한 검토사항

1. 초고층 빌딩공사의 특성
   - ① 작업장 높이에 따른 특성
   - ② 작업공간의 수직적 분포 특성.
   - ③ 재해 발생의 특성
2. 수직거푸집 작업을 위한 검토사항
   - ① 동선계획 (수직거푸집 반입)
   - ② 양중계획 (고층까지 양중 공급)
   - ③ 콘크리트 타설 계획 (수직거푸집 구조적 안전성 검토)
   - ④ 안전보건시설 설치계획 (근로자 재해방지)

번호 Ⅲ. 초고층 빌딩공사에서 수직거푸집 작업 중 발생할 수 있는 재해유형별 원인

재해유형	재해 원인
양중작업중 낙하	① 인양기구 불량 (폐기기준 미준수) ② 양중 용량 초과
근로자의 떨어짐	① 안전난간 미설치 또는 미흡 ② 안전대 미착용 또는 미활용
수직거푸집 떨어짐	① 고정용 Bracket 파손 ② 거푸집 설치 전 매달기선 제거
야간작업중 근로자 떨어짐	① 근로자 피로 누적 ② 휴식 및 휴양 제공 미흡.

Ⅳ. 초고층 빌딩공사에서 수직거푸집 설치 시 안전대책

양중 작업 중 낙하 예방	① 장비 제원, 인양물 최대 중량 확인 ② 인양기구 상태 일일점검 ③ 낙하위험 구간 출입제한
거푸집 떨어짐 예방	① 고정용 Bracket 시공상태 확인 ② 거푸집 설치시 인양장비에 매단후 작업
근로자의 떨어짐예방	① 작업발판 일체형 거푸집 사용 ② 안전난간 설치 ③ 휴식 및 휴게시설 제공으로 피로해소

✓ * 초고층 안전시설물 언급 → 고층 system. SCN . . .

번호

V. 초고층 빌딩공사에서 수직거푸집 사용시 안전대책

1. 수직거푸집 사용 중

① 수직거푸집 구조적 안전성 확인
(건설기술 진흥법 시행령 101조의 2)

② 작업발판 일체형 거푸집 사용 (안전보건규칙 제337조)

③ 장비사용계획서 / 중량물인양계획서 / 작업허가서

2. 수직거푸집 해체

① 소요강도 확보될 때까지 양생

② 인양장비에 매달기 전 고정 철물 해체금지

VI. 초고층 건축물의 수직거푸집 ACS 적용 시 시공단계별 안전관리 Check Point.

OK

ACS 장비 반입 → 인양 및 설치 → 철근 조립 → 콘크리트 타설 → 양생 해체

ACS 장비 반입	인양 및 설치	철근 조립	콘크리트 타설	양생 해체
· 규격 · 용접부 검사	· 인양장비제원 인양물중량	· 작업대설치 · 안전대사용 · 안전난간확인	· 펌프카 배관 점검 · 압송능력확인	양생기간 확보

VII. 맺음말 [초고층의 추락 / 낙하재해예방 시설 → 언급해주세요]

1. 초고층 건축물의 거푸집 설치·해체시 인양장비, CPB, ACS 등의 고장 또는 무너짐 사고시 중대재해 가능 높음.

2. 사전 세부계획 수립 후 작업 착수가 요구됨

"끝."

문제 10) 초고층 수직거푸집 작업 중 재해유형별 원인과 설치 및 사용시 안전대책에 대하여 설명하시오.

답)

1. 개요

1) 초고층 수직거푸집 작업은 장비고장시 중대재해가 발생우려가 높으므로 별도의 안전대책 수립이 요구됨.

2) 떨어짐·낙하·거푸집 붕괴·화재·질식 등의 재해가 발생되며, 설치시 위험성평가를 수행해야 함.

3) ACS폼·CPB 장비의 구조검토를 수행하고 인양시 앵커지지층 강도 확인 등 안전대책이 요구됨.

2. 초고층 수직거푸집의 종류 및 특징

구분	특징
1) ACS 폼	유압기·레일 상승·바람 영향 없음
2) GCS 폼	T/C로 상승·바람영향적음
3) 슬립 폼	양방향 이동·철근조립·Con'c 타설
4) 갱 폼	바람영향 큼, T/C 장기간 사용

3. 초고층 수직거푸집 작업 중 재해발생 특성

1) 화재시 대피 어려움(연돌효과)

2) 장비 고장시 대형재해

3) 한정된 공간 → 장비충돌

4) 무리한 공기단축 → 피로누적 → Con'c 양생부족 → 사고

ACS폼
Con'c 타설
CPB 장비
작업발판
레일

<서울00타워 CPB·ACS폼 사용 모습>

4. 초고층 수직거푸집 작업 중 재해유형별 원인

(※ ACS폼 중점서술)

재해유형	원인
떨어짐	작업발판 불량. 개구부 미관리
	안전난간대 미설치. 안전대 미착용
물체에 맞음	공도구 정리. 낙하물 방지망 손상
거푸집 붕괴	클라이밍 슈 불량. Con'c 강도 미발현
CPB 무너짐	인상시 브라켓 강도 미준수
압송관 파손	압송관 폐색. 점검 미시행
질식	갈탄 양생. 환기 미시행
화재. 폭발	용접시 가연성. 인화성 물질
근골격계	부적절한 작업자세

5. 초고층 수직거푸집 설치시 안전대책

공통사항 작업계획수립. 특별안전보건교육

1) 위험성평가 (1단계: 종합 → 2단계: 공종 → 3단계: 세부)

2) ACS폼. CPB 구조 안전성 확인 → ① 하중조건 ② 앵커볼트위치 Con'c 소요강도

양중작업

1) T/C 구조검토, 매뉴얼 준수

2) 여러대 T/C → 충돌방지센서

3) 와이어로프 점검. 폐기 및 신호수

안전·보건시설

1) 낙하 방지 시설 설치 (SCN. 그물)

2) 작업발판 점검. 개구부 덮개

코어선행 W/R ACS

<서울○○타워 ACS폼 양중작업>

Con'c 강도 확인

1) 클라이밍슈, 앵커 매립 전 콘크리트 강도 확인
(10MPa 이상 → 거푸집존치기간 준수)
2) 클라이밍 슈(월슈)가 콘에 견고히 체결

6. 초고층 수직거푸집 사용시 안전대책

거푸집 인양

1) 매 인양시마다 앵커볼트 강도 확인 → 공시체 활용.
2) 인양속도, 1회인양길이 등 작업절차 준수.

콘크리트 타설

1) 한중콘크리트 보온양생시(갈탄) 출입제한, 산소측정
2) 안전난간 설치 경로 설정, 정기 점검 및 보수
3) 순간풍속 10m/s 초과시 작업중단.

7. 초고층 수직거푸집 재해예방을 위한 제언 (결론)

1) 계획, 설계 단계시 BIM기술 활용 → 3D 도면 검토
① 협업공간 충돌방지
② 계획수립 용이, 시각화
2) 수직거푸집 인양시 콘크리트 강도 실시간 체크 (IoT) 센서 개발 → 인양 강도 확보

CPB 장비
이격
여유
ACS 등
안전거리 확보
GL
x
y
z

<BIM(3D) 활용한 초고층 건축물 안전확보 방안>

"끝"

문제 44 **RCS(Rail Climbing System) 폼의 특징 및 시공 시의 안전조치와 주의사항에 대하여 설명하시오.**

문제) RCS (Rail Climbing System) 폼의 특징 및 시공시의 안전조치와 주의사항에 대하여 설명하시오

답)

I. 개요 (시스템폼 안전작업 지침)

1. RCS폼은 고층공사 공기단축, 품질확보 유리하나 사고시 중대재해로 연결됨에 따라 철저한 안전대책 중요.
2. 작업전 RCS폼 안전성 검토 및 안전작업계획 수립, 준수 등 재해예방 중점관리 해야하며
3. 특히 RCS폼 인상전 콘크리트 소요강도 및 Anchor, Cone 체결 확인 통한 RCS폼 무너짐 재해 예방중요.

II. RCS폼 작업계획 수립시 포함 내용 (송도 OO APT 현장)

개요	인원	장비	안전
작업위치	전문숙련자	중량물제원	재해대책
작업기간	작업지휘자	준비용구	(무너짐, 맞음 등)
작업방법	전담신호수	이동동선	위험성평가

⇒ 무너짐: 근로자 주지 중요 (특별안전교육, TBM, 게시판 등)

III. RCS폼 작업시 재해유형

유형	원인
떨어짐	안전대 미착용
맞음	와이어로프 파손
	작업발판위 자재 방치
무너짐	콘크리트강도미달
	Anchor, Cone 불량

2100 콘크리트 타설작업대
2910 2200 1960 상부작업대
2910 레일 매설앵커 중간작업대
2910 1100 하부작업대

〈송도OO APT RCS 설치도〉

번호 IV. RCS 폼의 특징

장점	· 코어선행 공기단축	특징	· 숙련전문가 필요	단점
	· 작업발판 일체		· 정밀구조검토 중요	
	· 고층공사 유리		· 사고시 중대재해	
	· 기계화 → 품질확보		· 높은 초기 투자비	

V. RCS 폼 사용시 안전조치

1. 공통사항

1) 가설구조물 안전성 검토 → 풍압, 작업하중 등 모든하중 / 앵커 등 매입물 안전성 / 폼 존치기간

2) 위험성 평가, 특별안전교육

3) 유해·위험 작업 취업제한 규칙 적합 전문가숙자 배치

2. 제작·설치시

1) 앵커, 클라이밍콘·shoe, 월슈 등 위치, 체결 확인

2) 크레인 인양하중 검토, 작업발판 설치

3) 콘크리트 최소강도 10MPa 확인

4) 유도로프 활용, Form 위 자재·공구 정리

3. 운용 작업시

1) 숙련공 3인 1조

2) 개구부 덮개, 통로설치 (사다리, 계단등)

3) 작업발판위 자재·공구 정리, 중량물 집중 적치금지

4) 콘크리트 타설용 발판에 탑승금지

5) 보양 난로에 의한 화재대비 소화설비 비치.

6) 악천후 작업금지. 재개시 점검.

번호

4. 해체시

1) 해체 작업계획서 준수. 교육

2) 작업 발판위 부산물 제거. 하부 출입통제

3) 크레인 인양고리 체결후 해체. 유도로프 2개소

4) 절단시 불티비산방지 덮개 및 소화기 비치

VI. RCS 폼 시공시 주의사항 (동절기 중심기술)

RCS 폼	매뉴얼 준수 (인양속도, 1회 인양길이 등)
	강풍 (순간풍속 30m/sec) 시 가림막제거.
콘크리트 타설	CPB 작업계획서 준수 (하부지지 및 적정 걸침길이)
	압송관 폐색 방지 - 방동제, 온수로 예열
	폼 인상 -- 콘크리트 강도 확인 (매 인상시 마다)
	↳ Maturity. 공시체. 반발경도법.
한랭 질환	화기에 의한 화재. 질식 → 환기. 소화시설
	휴게시설 확충 (따뜻한음료. 핫팩 등)

VII. 맺음말

최근 발생한 RCS 폼 무너짐 재해 사례 Lesson & Learn 통해 철저한 안전관리 필요.

콘크리트 / Anchor plate / Climbing cone / Cone bolt

1. 매인상시 마다 강도 확인

2. Anchor. Cone 체결 확인

3. RCS 전문기술. 교육이수자 배치

4. 동절기 무리한 공기단축 금지

"끝"

번호 (문제) RCS (Rail Climbing System) 폼의 특징 및 시공시의 안전조치와 주의사항에 대하여 설명하시오.

(답)

Ⅰ. 개요

1. RCS 폼은 Rail과 Shoe가 맞물려 크레인 없이 유압을 이용한 작업발판 일체형 벽체 거푸집용 폼을 말함

2. RCS 폼을 사용할 시 대형거푸집이므로 양중관리, 풍하중에 의한 운용관리 등 안전대책이 수립되어야 함.

3. 최근 고층 건축물 붕괴사고 등 재해 발생 시 중대재해로 이어질 수 있으므로 안전수칙 준수가 필요함

Ⅱ. RCS 폼의 구성요소 및 특징

+1레벨, 타설용 발판, 0레벨, 클라이밍 슈, -1레벨, 클라이밍 레일 (2개이상), -2레벨

장점	단점
① 자립 인상, 탈형, 설치 가능	① 대형거푸집 → 취급 어려움
② 작업발판 일체형 거푸집	② 풍압 등 외기 영향 많음
③ 시공속도 빠름	③ 단계별 안전조치 마련

Ⅲ. RCS 폼 이용 작업 중 발생할 수 있는 재해유형 및 원인

재해유형	재해원인
양중작업 중 낙하	① 인양기구 불량 (폐기기준 미준수)
	② 양중 용량 초과

번호

근로자 떨어짐	① 안전대 미착용 또는 미사용
	② 안전난간 탈락 또는 체결 미흡
폼 탈락 떨어짐	① 고정용 앙카 파손, 탈락
	② 제작 시 체결 미흡
타워크레인 인양 기구에 작업자 부상	① 타워크레인 신호체계 불량
	② 강풍 등 외기조건 급변.

Ⅳ. RCS 폼 제작 · 설치시 단계별, 안전조치 ~~및 주의사항~~

안전조치 / 주의사항은 분리해서 서술해 주세요 !

- **폼 선정**
  - ① 3D 구조해석
  - ② 유압 펌프 용량 검토
  - ③ 설치 시공계획서 작성

↓

- **폼 반입 · 검수**
  - ① 설계도면 일치 여부 확인
  - ② 변형. 마모. 부식. 손상 여부 확인 · 반출

↓

- **폼의 설치**
  - ① 제작사의 기술 / 안전교육 받은 숙련자
  - ② 안전대 착용 , 양중관리
  - ③ 앙카 매립 위치. 체결 확인

↓

- **콘크리트 타설**
  - ① 타설속도 관리.
  - ② 측압관리

↓

- **양생**
  - ① 한중콘크리트 지양
  - ② 소요강도 확보후 폼 탈형, 이동

↓

- **폼이동 / 탈형**
  - ① 풍하중 고려
  - ② 잡자재. 공구 등 정리

ok.

번호

V. RCS 폼 해체 시 단계별 안전조치 및 주의사항

해체준비	① 해체 작업계획서 작성 ② 간섭되는 공구, 거푸집 유무 확인
해체(탈형)	① 타워크레인 인양로프 인양고리 연결. ② 작업반경 확보 + 하부 신호수배치
하역. 정리	① 크레인 인양능력 검토 ② 하역 장소 확보

안전조치
주의사항
↓
구분필요

VI. RCS 폼 사용 시 안전한 작업을 위한 제반사항

1. 타워크레인
   ① 신호작업 종사자 특별안전 보건교육 (8시간 이상)
   ② 안전점검 보고서 작성. 제출. → 정기안전점검 실시 (설치 / 해체 / 인상시)
2. 낙하물 방호시설
   ① 방호선반
   ② 낙하물 방지망.

VII. 동절기 시스템 폼 (RCS, ACS)을 적용하는 고층 건축물의 안전 중점 관리 Point (광주 ○○동 건축물 붕괴사고 사례)

1. 콘크리트 타설 관리
   ① 한중콘크리트 타설 지양
   ② 고층 저기온 대비 특별양생관리
   ③ 소요강도 확보 후 다음 단계 진행
2. 무리한 공기단축 지양

VIII. 맺음말.

OK

1. 중대재해처벌법 ('22.1.27 시행) 계기 안전문화 재정립 필요
2. 무리한 공기단축에 대한 지체상금 부과 완화 기간 처벌 합대

"끝"

PART

04

안전보건 규칙 [3. 보건기준]

합격수기

◇◇

1. **성명** : 한○○

2. **근무지** : ○○건설

3. **합격일** : 2022년 3월 17일

4. **취득점수** : 60.58점(126회 합격) / 48점(125회) / 53점(124회)
   - 총 3회 응시
   - 학원 등록 후 첫 시험에서 합격

5. **학습교재**
   1) 강의교재 및 학원 홈페이지 건설안전자료존 자료(Main)
   2) 국가법령정보센터(관련법), 한국산업안전보건공단(안전보건작업지침)

6. **학습기간**
   1) 독학(2021년 5월~2021년 9월)
      - 123회 토질 및 기초 기술사 합격 후 건설안전기술사를 만만하게 보고 독학
      - 혼자 공부할 시험이 아니라는 교훈만 얻음
   2) 학원 등록(2021년 10월~)
      - '21년 10월~'22년 1월까지 4개월 학습 후 126회 응시 & 합격

7. **학습방법**
   1) 김정태 교수님이 시키는 대로 따라하기
      - 토요일 수업, 일요일 실전반에 대부분 참여
      - 수업 시 강조하는 법 개정사항, 최근 사고 사례 등은 가급적 다 숙지
   2) 답안클리닉 활용
      - 숙제는 늦더라도 풀어서 제출
        총 3일치 정도 숙제를 생략하였으나 이 경우에도 혼자 대제목은 잡아보고 다른 수강생 답안 참고
      - 숙제 지적 사항은 내용 확인 후 타 수강생 우수 답안과 함께 개인 밴드로 옮겨서 저장
      - 실전반 풀이, 지적 & 보완사항도 개인 밴드에 업로드

– 출퇴근 시 생각나면 보고 시험 일주일 전에는 개인 밴드에 저장한 것들만 반복해서 숙지

8. 합격 소감

1) 전적으로 교수님이 시키시는 것만 믿고 따라한 4개월이었습니다.
   하루 학습량은 다른 합격자 분들에 비해 턱없이 모자랐으나, 이 정도만 공부해도 합격했음에 스스로도 놀랐습니다.(평일 기준 2~3시간/일)

2) 기존의 기술사 자격증에 대한 자만 & 틀 버리기
   건설안전기술사 특성상 타 기술사 자격증을 가지고 있는 상태에서 추가로 도전하는 응시생이 많습니다.
   안전은 안전만의 답안구성과 틀이 있으며 빨리 기존 틀에서 벗어나 안전 답안에 적응해야 합니다.
   예 토목시공, 토질 및 기초, 건설안전 모두 '측방유동'이 출제되나 각 종목별로 다 요구하는 답안이 상이함
   이때에도 답안클리닉의 이전 합격자들 답안을 보는 게 도움이 됩니다.

9. 마무리

1) 토목시공, 토질 및 기초에 이어 건설안전까지 3번째 합격을 맛보게 되었습니다. 안전 김정태 교수님과의 인연으로 여기까지 올 수 있었습니다. 감사합니다.

2) 신경수 원장님, 조준호 부원장님, 서울기술사학원의 마스코트 상냥한 김은선 실장님 및 모든 직원 여러분께도 감사의 인사 올립니다.

3) 지치고 힘들어서 포기하고 싶을 때마다 힘이 되어주고 응원해준 모든 (예비) 기술사님들께도 진심으로 감사드립니다.

문제 1 야간작업의 유해위험요인과 관리방안

문제4) 야간작업의 유해위험 요인과 관리방안

답)

1. 개 요

사업주는 야간작업으로 인한 근로자 사고및 건강장애 예방위한 관리방안 수립·준수하여야 함

2. 산업안전보건법상 야간작업의 정의

(6개월간) – 밤12시~오전5시까지 연속 8시간작업, 월평균 4회이상 / 오후10시~오전6시까지 작업 월평균 60시간이상

3. 야간작업의 유해위험 요인

작업환경 요인	낮은 조도, 휴게시설/편의시설 미확보
작업조건 요인	야간안전시설 미확보, 교대근무 미실시
건강문제 요인	피로누적, 직무스트레스

4. 야간작업의 유해위험요인 안전보건 관리방안 (송도00 APT)

작업환경개선	휴게시설 확충 (기존100m이내 → 50m 이내) / 간이침대·샤워시설 확보, 조명증설
작업조건 관리	야간 시인성 보호구 (발광 엑스밴드 등) / 야간작업조 순환근무 및 전환배치
건강문제 관리	직무스트레스 평가 및 전문기관 상담 연계 치료 / 민감군(고령자, 고혈압등) 전환배치, 건강진단

5. 야간작업시 근로자 「작업중지권 보장」 강화 활동 (송도00APT)

1) 노사합동 점검 및 작업중지권 캠페인 실시
2) TBM시 교육 및 야간작업장내 안내 플래카드 설치

(철저 보장)

"끝"

문제 2 | **석면의 조사대상 기준 및 해체 작업 시 준수사항**

번호 문제> 석면의 조사 대상기준 및 해체 작업시 준수사항.

답>

I. 석면의 조사 대상기준.

Item	산업안전보건법	석면안전관리법
근거	법 제119조 및 같은법 시행령 제89조	제21조.
대상 기준	일반건축물: 연면적 50㎡ 이상 주택: 200㎡ 이상 설비 등 설비 [부피: 1㎥ 이상 / 면적: 15㎡ 이상 / 길이: 80m 이상	연면적 430㎡ 이상: 학교, 어린이집 연면적 500㎡ 이상: 공공기관 문화집회시설, 노유자시설. 연면적 2,000㎡ 이상: 지하상가.

II. 석면의 해체 작업 시 준수사항 (산업안전보건기준규칙 제495조).

격리 및 밀폐시설
안전난간
근로자 보호구
비산방지제 (습식작업)
사다리.
(안전보건규칙 제49조) 위험표지판
경고 관리
고성능 집진기 (음압유지)
밀봉처리
작업장 흡연금지

- 출입금지 / 기준초과 관리
- 격리 및 밀폐시설
- 안전보건 교육 및 보호구 착용
- 비산방지제 (습윤작용)
- 고성능 필터 / 밀봉처리.

III. 석면의 해체 작업시 발생하는 재해 종류 및 안전·보건대책.

재해 종류
- 작업성 질병 발생
- 떨어짐 사고.
- 화재·폭발사고

안전 및 보건대책
- 방진·송기마스크 등 안전보호구 착용 (안전보건규칙 제491조)
- 환풍기 P/A 설치 (규칙 제610조)
- 위생 및 세척시설 (안전보건규칙 제494조)

IV. 석면해체/작업시 안전 및 보건 대책의 중점 안전관리 Point.

1. 공사장 출입 금지 인원 및 통행의 안전대책 수립 (산업안전보건규칙 제60조)
2. 근로자의 특수건강진단 실시 (최초: 12개월 내 / 이후: 12개월마다)

문제 4) 석면의 조사대상 기준 및 해체작업시 준수사항

답)

1. 개요

석면(Asbestos)는 일급 발암물질로 유해위험 방지를 위하여 수입을 금지하고 있으며 해체시 엄격한 기준에 의하여 작업을 진행한다

2. 석면 해체 작업시 절차 및 주요 안전보건관리 대책

사전조사 → 석면지도 → 전문업체

* 조사기관과 처리기관은 다르다

전문업체 → 주변 보양 (- 음압시설등 설치) → 해체 → 폐기물 처리 → 잔여물 검사 (NG → 해체 / OK → 기록 · 보관)

3. 석면의 조사대상 기준

1) 건축물내 200m² 이하시 합출 200m² 발생시

2) 주택의 경우 50m² 이하시 합출 50m² 발생시

3) 전체 크기량 1m³ 발생시 조사, 150m²

4) 배관 파이프의 길이 80m 이상시 실시

4. 해체작업시 준수사항

1) 작업자 석면 방지 마스크, 일체식 작업복, 장갑등

2) 마스크, 보안경 착용후 작업투입 원칙

3) 음압시설 또는 살수하여 석면의 정체식 작업 원칙

4) 작업 전후 현장 보양 - 비석면의 분리 수거 "끝"

문제 3 산소 및 유해가스 농도의 측정 및 평가

문제) 산소 및 유해가스 농도의 측정 및 평가

답)

1. 개요 (안전보건규칙 619조의 2)

사업주는 밀폐공간에서 근로자 작업시 산소 및 유해가스 농도측정 및 환기 등 재해예방 조치 취해야 함.

2. 건설현장 밀폐공간 작업시 유해·위험요인

질식·중독재해	산소결핍, 유해가스
폭발·화재재해	인화성 가스

3. 산소 및 유해가스 농도의 측정 및 평가

		측정 평가	
대상	한중콘크리트 양생, 터널, 지하도장, 맨홀, 앙거 등 밀폐공간	·관리감독자 ·안전/보건관리자 ·전문기관 등	자격
시기	·작업 시작전 ·일시중단 후 재시작시	·O_2 : 18 ~ 23.5% ·CO_2 : 1.5% 미만 ·CO : 30 ppm 미만 ·H_2S : 10 ppm 미만	적정농도

4. 건설현장 밀폐공간 작업시 안전보건관리사항

1) 밀폐공간 작업프로그램 수립·시행 → 〈포함내용〉
   - ·위치·관리방안
   - ·유해위험요인·대책
   - ·안전교육, 훈련 등

2) 산소 및 유해가스 농도측정, 환기

3) 감시인 배치, 연락설비, 출입대장

4) 보호구 (안전대, 송기마스크 등)

5. 스마트 안전기술 활용 밀폐공간 안전확보사례 (00전산센터현장)

- ·스마트유해가스 탐지설비
- ·CCTV, 작업자위치센서

] IOT 실시간 전송 (신속대응가능)

"끝"

문제 6) 산소 및 유해가스 농도의 측정 및 평가

1. 개요

사업주는 밀폐공간 작업시 산소 및 유해가스 농도를 측정하여 적정 수준의 공기가 유지되는지를 평가해야 한다.

2. 산소 및 유해가스 농도의 측정 및 평가 장소 및 시기

평가 장소(밀폐공간)	실시시기
· 지하실, 기계실, 맨홀	· 당일 작업 시작 전
· 터널 공사(깊은 굴착)	· 작업 일시 중단 후
· 동절기 콘크리트 양생작업	다시 시작 전

3. 산소 및 유해가스 농도의 측정 및 평가자 및 적정수준

1) 관리감독자 · 안전(보건)관리자
2) 안전(보건)관리 전문기관
3) 작업환경측정 기관
4) 공단 측정 교육 이수자(※ 신설)

※ 적정공기 수준
- O_2 : 18~23.5%
- CO_2 : 1.5% 미만
- H_2S : 10ppm, CO : 30p

4. 건설현장 밀폐공간 작업 수행시 안전보건확보방안

1) 밀폐공간 작업프로그램 수립 · 시행
2) 작업장 환기 · 적정공기 유지
3) 외부 감시인 배치 · 연락설비 구비
4) 공기호흡기 · 사다리 · 섬유로프 지급

관리감독자 FAN 감시인 산소 가스 농도측정 환기 출입금지

<하수도 맨홀 작업시 안전>

5. 소규모 현장 질식재해 예방을 위한 One-call 서비스

1) 절차 : 사업주 → 안전보건공단에 요청(3일 전)
2) 지원내용 : 산소 · 가스농도측정 및 장비대여 "끝"

문제 4	밀폐공간의 정의 및 밀폐공간 작업 프로그램

문제 2) 밀폐공간의 정의 및 밀폐공간 작업 프로그램

1. 밀폐공간의 정의와 장소.

산소결핍·유해가스로 인한 질식·화재·폭발 등 위험이 있는 장소.

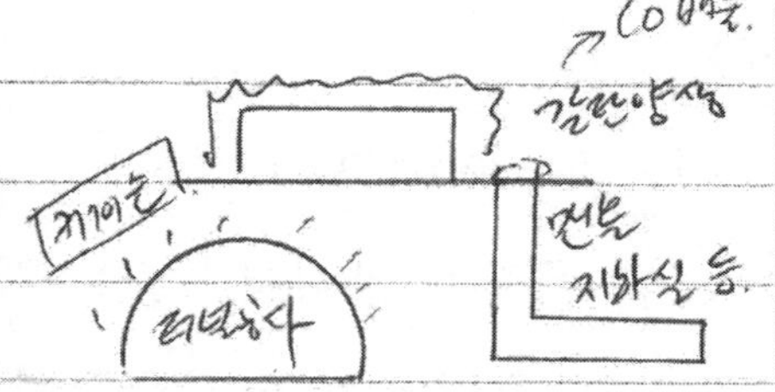

※ 산업안전보건규칙 제618조 < 건설현장 밀폐공간 >

2. 밀폐공간 작업시 재해유형과 적정공기수준

재해유형 — 질식 / 중독 / 화재·폭발 — 유지필요 ⇒

O_2 : 18~23.5%
CO_2 : 1.5% 미만
H_2S : 10ppm 미만
CO : 30ppm 미만

3. 밀폐공간 작업 프로그램 수립·시행

대상 선정 → 유해·위험 요인도출 → 대책 수립 → 교육 훈련 → 작업시 모니터링 ※ 규칙 제619조

1) 사업주는 사전에 작업자 정보·작업 정보 파악

2) 작업상황을 종료시까지 출입구에 게시

관리감독자 → 유해·위험요인 점검

4. 건설현장 밀폐공간 작업 수행시 ~~상수도 맨홀 작업, 보수시~~ 단계별 안전관리 대책 (※ 상수도 맨홀 중점)

출입 전	작업 중	작업종료 후
- 환기조치	- 감시인 배치	- 출입인원 점검
- 산소농도측정	- 보호구 지급·착용	- 건강상태체크

5. 스마트 안전장비를 활용한 밀폐공간 안전확보 방안.

이동형 CCTV (실시간 감시) ⊕ 스마트 유해가스측정기 (위험정보알림) ⇒ 위기대응 시스템구축

↳ 동절기 한중콘크리트 양생 작업시 근로자 질식재해 예방방안

"끝"

1) 스마트 안전장비 활용 → 실내는 어두울 때. CCTV 설치.

2) 갈탄양생 → 갈탄 금지. 열풍기 사용 (CO 적게 배출)

문제) 밀폐공간의 정의 및 밀폐공간 작업프로그램

답)

1. 밀폐공간의 정의

밀폐공간이란 산소결핍, 유해가스로 질식·화재·폭발위험 장소로 밀폐공간 작업프로그램 등 재해예방조치 필요

2. 건설현장 밀폐공간 작업유형

〈적정공기〉

〈적정공기〉
O_2 : 18~23.5%
CO_2 : 1.5% 미만
CO : 30ppm 미만
H_2S : 10ppm 미만

3. 밀폐공간 작업프로그램 (안전보건규칙 619조)

1) 밀폐공간 위치, 관리방안
2) 유해위험요인·관리방안
3) 안전보건 교육, 훈련
4) 사전 확인 필요사항 → ① 작업/작업자 정보 ② 산소·유해가스 농도 ③ 유해가스 유출입 가능성 ④ 보호구, 비상연락망 등

4. 밀폐공간 작업시 안전보건 관리사항

1) 산소 및 유해가스 농도 측정, 환기
2) 근로자 입장·퇴장 인원점검 (출입대장)
3) 감시인, 연락설비, 보호구 (안전대, 송기마스크 등)

5. 스마트 안전장비 활용 밀폐공간 안전확보사례 (대구00전산센터)

- 스마트 유해가스 감지설비
- CCTV, 작업자위치센서

→ IOT 실시간 전송 (신속대응 가능)

"끝"

번호 (문제1) 밀폐공간의 정의 및 밀폐공간 작업 프로그램

(답)

<적정공기 기준>
① O_2 : 18~23.5%
② CO_2 : 1.5% 미만
③ H_2S : 10ppm 미만
④ CO : 30ppm 미만

1. 개요

밀폐공간은 질식재해를 유발하는 공간으로 출입전 적정공기 확인, 환기 등을 철저히 하여야 함.

2. 밀폐공간의 정의

- 산소 결핍 및 유해가스 발생에 의해 질식재해를 유발하는 장소

<건설현장 밀폐공간 유형>

3. 밀폐공간 작업 프로그램 주요내용

1) 밀폐공간 유형·위치·관리번호
2) 유해·위험요인 및 안전대책
3) 작업전 확인사항 점검 절차
4) 비상구조 훈련 및 교육
5) 근로자 건강장해 예방

<작업전 확인사항>
① 적정공기 여부
② 감시인 등 인원 배치
③ 보호구, 구조장비
④ 비상연락체계 등

4. 송도 OO APT 외벽 한중 Conc 양생시 밀폐공간 안전대책

AI CCTV	· 실시간 모니터링
탐지기	· 적정공기 확인
하중센서	· 관계자외 출입금지

5. 초소규모 밀폐현장 질식예방 위한 정부의 지원정책

정책명	· 「One - Call」 서비스
주요지원	· 적정공기 확인, 보호구 대여, 교육 지원 "끝"

문제 5	폭염의 정의 및 열사병 예방 3대 기본수칙

(문제) 폭염의 정의 및 열사병 예방 3대 기본수칙

(답)

I. 폭염의 정의

폭염이란 여름철 불볕더위를 말하며, 통상 33°C 이상의 고온을 말함. 폭염 단계별 대응으로 근로자의 재해를 예방해야 함

II. 폭염특보 발효기준 및 폭염 영향

1. 폭염특보

① 폭염주의보 : 일 최고 체감온도 33°C 이상 2일 이상 지속예상시

② 폭염경보 : 일 최고 체감온도 35°C 이상 2일 이상 지속예상시

2. 폭염에 장시간 노출시 영향

① 온열질환 (열사병, 열탈진, 열실신) 등 심할 경우 사망

② 초기증상 : 어지러움, 발열, 구토, 근육경련

III. 열사병 예방 3대 기본수칙

1. 물
- ① 시원하고 깨끗한 물
- ② 규칙적으로 마실 수 있게 할 것

2. 그늘
- ① 일하는 장소에 가까운 곳
- ② 휴게시설 (위험환경에서 분리된 같은 장소, 100m 이내)

3. 휴식
- ① 폭염특보 발령시 10-15분/시간 마다 규칙적으로 쉼
- ② 근무시간 조정 또는 단축
- ③ 무더위 시간대 (14~17시) 옥외작업 자제
- ④ 노동자가 건강상 이유로 작업중지 요청시 즉시 조치

(내용 줄여도 됨 → 시간관계)

IV. 폭염 위험단계별 대응요령

관심 (31℃ 이상)	주의 (33℃ 이상)	경계 (35℃ 이상)	심각 (38℃ 이상)
물, 그늘 제공	물, 그늘 제공	물, 그늘 제공	물, 그늘 제공
민감군 사전확인	민감군 추가휴식	민감군 실외작업제한	민감군 실외작업제한
	옥외작업 자제	옥외작업 단축 조정	옥외작업 중지
	10분/시간 휴식	15분/시간 휴식	15분/시간 휴식
	개인보호구 착용 소홀에 주의		

V. 폭염에 의한 응급상황 대비

1. 발생 전 : ① 건강상태 수시 확인 ② 초고령근로자 채용 재고
2. 발생 시 : 신속한 응급처치.

"끝"

※ 휴게시설 설치 또는 코로나19 언급도 좋습니다.
→ 현장과 연계해서 차별화 해보세요.

VI. 코로나19 거리두기 정책 준수에 따른 휴게시설 사용제한 대책

번호 문제) 폭염의 정의 및 열사병 예방 3대 기본수칙

답)

I. 폭염의 정의

폭염은 일평균 기온 33°C 이상 2일 이상 지속시 발령되며 이때 폭염주의보 발령과 35°C 이상 2일이상은 경보가 발령된다.

II. 폭염으로 인한 건강장해 종류 및 특징

종류	특징
열경련	체온 36.5°C 정상. 근육의 경련
열탈진	체온 38°C 이상. 현기증. 구토.
열사병	체온 40°C 이상, 혼수상태. 두통
열발진	장기간 노출. 붉은반점. 수포. 화상.

III. 열사병 예방 3대 기본수칙

물: 산업안전보건규칙 제571조.

3대기본수칙.

그늘: 산업안전보건규칙 제566조. —— 휴식: 산업안전보건규칙 제5[illegible]

* 산업안전보건법 시행규칙 제5?조. (산업안전보건비 사용) 규정 사용가능.

IV. 여름철 폭염 예방을 위한 ○○국도건설공사 사례.

1. RMR 활용 5이상 → $R_{(min)} = \frac{60(E-4.0)}{E-1.53}$

[휴식시간 제공] – [10분 휴식 / 1hr 작업후]

2. IT기술 접목.

휴게시설운영.

에어컨

온도계

습도계

무선전송

WiFi

안전관리자 PDA.

실시간 모니터링 확인

문제 6 한랭 질환 예방 기본수칙

문) 제19) 한랭 질환 예방 기본수칙

1. 개요

겨울철 건설현장 옥외작업시 동상 등 한랭질환 예방을 위해 따뜻한 옷·물·장소를 제공해야 한다.

2. 동절기 한파특보 발표기준 및 건강장해

한파 특보	건강장해
1) 한파주의보 : 최저 영하 12°C	1) 저체온증 · 동상
2) 한파경보 : 최저 영하 15°C	2) 동창 · 침족병
⇒ 2일 이상 지속예상시 발표	침수병

3. 한랭 질환 예방 기본수칙

- 따뜻한 옷 – 보온장갑, – 여러겹의 방한복, – 보온병
- 따뜻한 물
- 따뜻한 장소 – 휴게장소 설치

<한랭질환 예방 3대수칙>

※ 근로자 추가예방조치
1) 동료간 상호관찰
2) 혈액순환 운동지도
3) 민감군 수시관리
(※ 산업안전보건법 제128조의 2)
– 고혈압 · 당뇨 · 뇌심혈관 질환 등 근로자.

4. 건설현장 근로자 한랭질환 예방을 위한 단계별 안전대책

(추가예방조치)

작업개시 전	작업 중	긴급상황 대응
– 스트레칭 시행	– 휴식시간 제공	– 119 신고
– TBM시 건강체크	– 수시로 건강확인	– 동상시 따뜻한 물

5. 도심지 OO 현장(구)사 동절기 긴급공사시 휴게시설 설치방안 (한랭질환 예방 제안)

1) 이동형 휴게시설(컨테이너) 설치, 난방기구 / 핫팩 구비
2) 코로나 19 예방을 위한 칸막이, 위생용품 구비 "끝"

5. 동절기 고령근로자 한랭질환 예방을 위한 휴식시간 가중치 부여.

문제 7 동절기 건강장해의 종류 및 보건대책

문제) 동절기 건강장해의 종류 및 보건대책

답)

I. 개요

동절기에는 기온이 급격히 내려가는 한파로 인해 동상 등 근로자 한랭질환 우려됨으로 방한장구, 난방시설 등 보건조치 필요

II. 동절기 한파특보 발표기준

한파주의보	영하 12℃ 이하 2일이상 지속
한파경보	영하 15℃ 이하 2일이상 지속

} 옥외 작업 최소화 필요

III. 동절기 건강장해의 종류

1. 저체온증 : 장시간 저온 노출. 혈압하락
2. 동상 : -10℃ 도달시. 피부조직 동결-손상
3. 수지 백지 증후군 : 진동유발 기계공구 사용시 신경통증
4. 동창 : 추위 반복 노출 가려움증 유발

IV. 동절기 건강장해 보건대책

1. 방한장구 착용, 젖거나 습기찬시 즉시 교체
2. 작업전 준비운동, 적정휴식 → ＜휴식시간 산출＞ $R(분) = \frac{60(E-4)}{E-1.5}$, E: 평균에너지 소비량
3. 난방시설 구비
4. 다과는 피하고 충분한 영양섭취

V. 동절기 근로자 건강장해 예방 위한 안전보건사례 (송도 OO APT 현장)

1. 휴게시설 확충 (한랭질환 및 코로나 19 대응)
   → 기존 100m 마다 → 50m 마다, 따뜻한 음료, 핫팩 비치
2. 민감군 (고령자) 수시 보건관리 3. 영양제 지급 "끝"

문제 8	건축물 리모델링 현장에서 발생할 수 있는 석면에 대한 조사대상 및 조사방법, 안전작업기준에 대하여 설명하시오.

번호 문제2) 건축물 리모델링 현장에서 발생할 수 있는 석면에 대한 조사대상, 조사방법, 안전작업 기준에 대하여 설명하시오.

답) 화재추락

I. 개요.

1. 석면의 조사대상으로는 산업안전보건법 제119조와 석면안전관리법 제22조에 대한 대상이 있으며,

2. 조사방법으로는 편광_현미경을 이용한 정밀방법과 육안으로 조사하는 방법이 있다.

3. 안전작업기준으로는 방진복착용, 비닐 Sheet 설치, 작업장소 출입금지 위험표지판설치 등의 안전기준이 있다.

II. 건축물리모델링 현장의 재해 특징.

	건축물 리모델링	
추락재해/질식재해. → 중대재해 발생		화재, 폭발 및 질식재해 많음.
도심지 작업 → 교통 대책 수립.		소음, 진동 환경문제의 민원이 많음
용접작업 화재안전 확보필요 → 비상대처.		

III. 건축물 리모델링 현장 석면 처리 작업 flow.

신고대상 여부확인 → 허가·승인 → 석면작업 시행 → 석면후 안전조사.

- 신고대상 여부확인: 산업안전보건법 제119조 대상, 석면안전관리법 제22조.
- 허가·승인: 구청장 승인, 처리계획서 제출.
- 석면작업 시행: 방진복, 집진기, 비산억제제도포
- 석면후 안전조사: 0.01개/cc 기준, 고용노동부지정기관실시.

번호

IV. 건축물 리모델링 현장 석면 조사 대상

산업안전보건법 제119조.	석면안전관리법 제21조.
건축물 : 50㎡ 이상	연면적 : 430㎡ 이상 학교, 어린이집.
주택 : 200㎡ 이상.	연면적 500㎡ 이상 ┬ 공공시설 / ├ 문화시설. / └ 종교시설
단열재 등 설비 ┬ 부피 : 1㎥ 이상 / ├ 면적 : 15㎡ 이상 / └ 길이 : 80m 이상.	연면적 2000㎡ 이상 지하상가.

V. 건축물 리모델링 현장 석면 조사 방법

구분	정밀법	간이법.
종류	편광현미경.	육안조사.
방법	시료채취 이용.	건축물 구조도. 설계도면 이
장점	조사 정밀도 우수.	간편하게 조사.
단점	비용고가	정밀도 저하.
적용성	대규모 현장	소규모 현장.

VI. 건축물 리모델링 현장 안전 작업 기준

비산방지제 도포.

보호복 착용.

방호울타리

[산업안전보건법 제 25조]

작업현장 출입금지

안전대 착용.

고소작업대

비닐Sheet

접근위험표지판

1. 근로자 보호복 착용
2. 작업현장 출입금지 설치
3. 바닥 비닐 Sheet 설치 방호울타리.
4. 비산방지제 도포.
5. 접근위험표지판 설치
6. 안전대 착용.(추락방지).

번호

VII. 건축물 리모델링 현장 작업의 환경재해 中 사전 안전관리 방안

관련법	문제점	대책
대기환경보전법	비산/먼지 발생.	비산방지포 설치
수질환경보전법	세륜수 → 지하수 오염.	수질오염조사.
폐기물관리법	폐Con'c 등 발생	성상별 처리.
소음/진동규제법	건설기계 소음/진동 발생	계측기 설치운영

VIII. 건축물 리모델링 현장 작업의 근로자 보건 재해 中 사전 안전관리 방안

1. 산업안전보건법 제130조 (건강검진실시)
   - 작업 후 근로자 건강검진 실시.

2. 산업안전보건기준에 관한 규칙 제567조 (휴게시설설치)
   $6m^2$ /1인 이상 // $R_{(min)} = \frac{60(Z-4.0)}{Z-1.53}$ 휴식공간 확보. / 작업장 100m 이내 거리 / 75lux 이상 조도확보.

IX. 건축물 리모델링 현장 감리제도 강화를 통한 안전확보 제언

1. 대부분 리모델링 현장 소규모 현장으로서 500m² 미만의 감리원을 미배치로 안전사고 발생.

2. 건축물관리법 제30조 (해체공사 감리인배치) 규정 개선필요
   의무적 감리원 배치 적용 / 500m² 미만도 4층이상 배치.
   하여 리모델링 등의 해체공사시 안전관리 강화가 필요하다.

문제 9 석면 건축물 조사, 방법, 해체 · 제거

번호 (문제) 석면 건축물 조사, 방법, 해체 · 제거

(답)

I. 개요

1. 석면 건축물 소유주 또는 시업주는 사용단계, 건축물 해체 · 철거 단계, 폐건축 자재 처리 단계에 고용노동부 장관이 지정하는 기관에 석면조사를 거쳐 적절한 조치를 해야 함.

2. 해당 건축물의 해체, 철거 시 석면 함유량을 조사, 기록, 보존 후 작업 전 안전시설 설치 후 기준에 적합한 작업을 실시, 환경폐기물로 처리해야 함.

II. 석면의 특징과 인체에 미치는 유해성

〈석면의 특징〉	〈인체에 미치는 유해성〉
· 불연의 물질	· 폐손상, 질환유발
· 맛과 향이 없음	· 악성 중피종
· 머리카락 1/5,000 굵기 석면섬유	· 석면폐
· 열과 불에 강함	· 폐암
· 불활성으로 화학적 반응 없음	

III. 석면 조사대상 건축물 (산업안전보건법 제119조)

1. 공공기관 (국가, 지자체) 소유 · 사용 중 500 m² 이상 건축물

2. 유. 초. 중. 고교 및 대학교

3. 다중이용 시설

4. 문화 · 집회시설, 의료시설, 노인/어린이시설 중 500 m² 이상 시설 (어린이집은 연면적 430 m² 이상)

번호

Ⅳ. 석면조사 및 관리의 업무 절차

대상건축물 확인 → 석면조사 실시 → 석면건축물 여부 확인 조사결과 제출 → 석면건축물 관리

↓ (해체·철거시)

감리인 지정 해체·철거 → 지자체장 보고

Ⅴ. 석면조사 실시의 주체, 기준, 방법

1. 석면 농도 기준	비산시료 측정법 0.01 개/cc
2. 조사의 주체	① 건축물 소유주 또는 사업주 ② 석면조사기관에 의뢰
3. 조사 방법	① 일반석면조사 (육안, 설계도서, 자재이력) ② 기관석면조사 (지정석면 조사기관) ③ 감리인 지정

Ⅵ. 석면건축물 여부 확인을 위한 기준, 유해성 평가 및 조사결과 제출

1. 석면건축물의 기준.

① 석면건축자재 면적 합 50 m² 이상

② 석면이 1% (무게) 초과 함유 분무재/내화피복재 사용

2. 석면건축물 유해성 평가

기준	유해성·등급	조치방법
11 이하	낮음	유지관리
12-19	중급	제거, 출입금지
20 이상	높음	폐쇄, 철거

번호

3. 조사결과 제출

① 조사 후 1개월 이내 (자치도지사, 시장, 군수, 구청장)

② 건축물 소유주 / 사업주에 결과 알림 (1주일 이내)

VII. 석면건축물의 해체 및 철거시 안전대책 (산업안전보건법 제122조, 123조)

계획수립
- ① 석면 함유 물질 사전조사 내용
- ② 공사기간, 투입인력
- ③ 절차 및 방법
- ④ 근로자 보호조치

안전시설·설비
- ① 출입구에 경고표지
- ② 석면 설치·해체 작업 장소 표지
- ③ 개인보호구 지급·착용
  - -. 호흡용 보호구 (특급방진마스크, 송기마스크)
  - -. 보호복, 보호장갑, 보호신발, 보호안경.

위생설비 : 평상복 탈의실 ⇄ 샤워실 ⇄ 작업복 탈의실

VIII. 석면해체·제거 작업시 유의사항

1. 개구부 밀폐, 인근 작업장소와 격리조치

2. 작업장소 → 음압 밀폐 시스템 구조 (외부 석면방출차단)

3. 석면비산 차단 (습식작업, 고성능필터 석면분진 포집장비)

4. 석면함유 잔재물 처리

① 폐기용기 + 밀봉

② 석면함유 잔재물 표지부착

번호

② 폐기물 관리법에 따라 적합처리

IX. 석면 건축물의 관리 방법 및 조치 내용

1. 안전시설, 설비기준 준수

2. 관리기준 ① 안전관리인 지정 + 석면관리 교육

② 평가 (6개월마다) → 조치 (보수, 밀봉, 구역폐쇄 등)

③ 석면 건축물 관리대장 기록, 보관

3. 석면 비산 방지 조치

4. 석면조사결과 기록, 보존 (철거, 멸실시까지)

"끝"

문제 10 밀폐공간 작업 시 안전작업절차, 주요 안전점검사항 및 관리감독자의 유해위험 방지 업무에 대하여 설명하시오.

문제) 밀폐공간 작업시 안전작업절차, 안전점검사항 및 관리감독자의 업무에 대하여 설명하시오.

답)

1. 개요

1) 사업주는 밀폐공간에서 근로자 작업시 산소 및 유해가스 농도 측정, 환기 등 재해예방 조치 취해야 하며

2) 관리감독자는 유해가스 측정 확인, 기구점검, 근로자 교육 등 밀폐공간 작업을 안전하게 지휘하여야 함.

3) 스마트 유해가스 감지기, 작업자 위치 센서 등 스마트 안전기술 활용 밀폐공간 작업자 보호위한 다양한 노력 필요.

2. 건설현장 밀폐공간 작업유형 (안전보건규칙 별표 18에 의거)

〈적정공기〉

- O_2 : 18 ~ 23.5%
- CO_2 : 1.5% 미만
- CO : 30ppm 미만
- H_2S : 10ppm 미만

3. 건설현장 밀폐공간 작업시 재해유형 및 원인

재해유형	주 원 인
질식	산소결핍, 분진, 유해가스 등
중독	유해가스 과다 흡입 (CO 중독)
화재, 폭발	인화성 가스 불꽃 접촉 등

번호 4. 밀폐공간 작업시 안전작업 절차

안전보건교육 실시 → 사전작업허가제 → 출입금지표지설치
특별안전보건교육 / 위험성평가 포함 / 관계자외 금지

→ 안전장구 구비 → 산소·유해가스측정 → 환기 실시
안전대, 송기마스크 등 / 작업전·중·후·필요시 / 작업전·중·후 계속

→ 감시인 배치 (연락설비, 출입원 관리등) → 작업

5. 밀폐공간 작업시 안전점검 사항 (안전보건규칙에 의거)

1) 사전점검사항

① 밀폐공간 작업 프로그램
- 밀폐공간위치·관리방안
- 유해위험요인·관리방안
- 사전확인 필요사항 →
  1) 작업정보
  2) 작업자 정보
  3) 산소·유해가스 농도
  4) 유해가스 유출입 가능성
  5) 보호구
  6) 비상연락체계 등
- 안전보건교육·훈련
- 프로그램평가, 기록 보존

② 대피용 기구 준비·관리

③ 밀폐공간 단위 작업 허가서 (일일 단위 발행 관리)

2) 작업 수행시 점검사항

① 산소 및 유해가스 농도측정 (장비 검교정 확인 포함)

② 충분한 환기 (환기량 검토 보고서)

③ 작업자 인원점검 (출입대장), 출입금지표지

④ 감시인 배치 및 연락설비

⑤ 적정 호흡용 보호구, 대피용 기구

번호	
	3) 사고시 조치 점검사항
	① 사고시 대처 : 구조용 장비없이 절대 출입금지
	② 긴급구조 훈련 : [비상연락 119구조대] → [구조장비 착용] → [응급조치 (심폐소생등)] ※ 6개월 1회이상.
6.	밀폐공간 작업시 관리감독자의 업무 (안전보건규칙 제135조)
	1) 작업 방법 결정, 해당근로자 지휘
	2) 적정공기 측정 확인
	3) 측정 장비, 환기장치 등 사전점검
	4) 공기호흡기, 송기마스크 등 착용 지도·점검
	⇒ [부적합시 작업중단], 즉시 환기, 설비보수 등 조치
7.	스마트 안전장비 활용 밀폐공간 안전확보 사례 (OO전산센터)
	경보기 / 감시인 (연락설비) / 출입금지 / FAN / 조명 / CCTV / C.C.T.V. / 스마트유해가스 감지기 (실시간전송) / 작업자 위치 센서 / 급기
	{스마트유해가스 감지설비, CCTV, 작업자위치센서} → 실시간 전송 → [비상시 즉각 대응가능]
8.	맺음 말
	동절기 갈탄양생 등 밀폐공간 작업시 밀폐공간작업프로그램 수립·이행 및 스마트 안전장비 활용 통해 작업자 질식 및 중독 재해 예방 노력 해야 함.
	"끝"

문제 9) 밀폐공간 작업시 안전작업절차, 안전점검사항 및 관리감독자의 업무에 대하여 설명하시오.

답)

1. 개요

1) 밀폐공간 작업은 동절기 한중콘크리트 양생 및 맨홀작업, 피트 굴착 등이 있으며, 질식·추락·화재 발생 우려됨

2) 사전작업허가제·밀폐공간 작업프로그램의 수립·운영을 통해 작업 전 점검하고, 작업시 관리감독자가 지휘하여야 함.

3) 관리감독자는 근로자의 보호구 착용 상태 등을 점검하여야 하며, Smart 안전장비를 적극활용·재해를 예방하여야 한다.

2. 건설현장 밀폐공간 작업 종류 및 재해유형

1) 한중콘크리트 보온양생 (CO 배출 → 산소결핍)

2) 지하실·기계실 작업

3) 맨홀 작업(상·하수관로)

4) 피트 내부·깊은 굴착 작업. <하수관로 맨홀작업 재해유형>

산소결핍
질식
추락
인화성 가연성
화재·폭발

3. 밀폐공간 작업시 안전작업절차.

사전 작업허가제 특별안전보건교육 → 산소농도 측정 및 환기 실시 → 감시인 배치 출입인원 점검

↓

출입 금지표시 설치(표지설치) ← 사고시 대응 근로자 대피 ← 밀폐공간 프로그램 보완·개선

↑ (※ 지속적 모니터링 시행)

4. 밀폐공간 작업시 안전점검사항.

작업 전

1) 밀폐공간 작업프로그램 수립·시행 (※안전보건규칙 제619조)

밀폐공간 위치파악 → 유해·위험 요인파악 → 사전확인 절차 → 안전보건 교육·훈련

지속 모니터링·개선 시행

2) 작업계획서 확인·근로자 주지 (특별안전교육)

3) 작업장 출입구 개시 → 작업 종료시까지.

4) PTW·위험성평가·관리감독자 지휘

작업 중 대책 (※측정자: 관리감독자, 안전관리자)

1) 충분한 환기, 산소·유해가스 농도 측정

구분	O_2	CO_2	H_2S	CO
적정수준	18~23.5%	1.5% 미만	10ppm 미만	30ppm 미만

2) 근로자 입장·퇴장시 마다 인원점검

3) 관계자 외 출입금지 및 표지설치

4) 외부 감시인 배치, 연락설비 구비

5) 안전대·구명줄·공기호흡기 등 근로자 지급·착용

하수관로 맨홀

출입금지

<밀폐공간 출입금지 표지>

재해시 대책

1) 질식·화재·폭발 우려시 작업중지·근로자 대피

2) 비상연락체계 운영 등 긴급구조훈련 6개월 1회

3) 위급한 근로자 구출시 반드시 공기호흡기 착용.

5. 밀폐공간 작업시 관리감독자의 업무 (※ 안전보건규칙 제35조 ; 유해위험방지업무)

1) 작업시작전 해당 근로자 지휘

2) 해당 작업장소 공기 측정 → 적정여부 확인

3) 측정장비 · 환기장치 · 공기호흡기 점검

4) 근로자 공기호흡기(송기마스크) 착용 지도 · 점검

6. Smart 안전장비를 활용한 밀폐공간 안전확보 사례

1) 현황 : 수원시 OO 하수관로 맨홀 점검작업

2) 스마트 안전장비 활용

① 이동형 CCTV 설치

② 실시간 유해가스 감지기 (IoT기술 활용)

3) 기대효과 → 밀폐공간 질식재해 예방

< 스마트 장비를 활용한 밀폐공간 안전확보 >

7. 소규모 현장을 위한 질식재해 예방 One-call 서비스

1) 절차 : 사업주 ⟶ 안전보건공단에 요청(3억원)

2) 지원내용 ① 가스농도 측정 · 안전교육

② 장비대여(FAN · 송기마스크 · 가스측정기)

8. 맺음말

1) 겨울철 한중콘크리트 CO 배출(갈탄 양생)로 인한 질식재해 증가 → 근로자 교육 · 열풍기 등 방법 모색

2) 사업주는 밀폐공간 작업프로그램을 지속 보완 · 개선시켜 추락 · 질식 · 화재 · 폭발 재해를 예방해야 한다. "끝"

문제 11 건설현장의 작업환경측정기준과 작업환경개선대책에 대하여 설명하시오.

문제 4) 건설현장의 작업환경측정 기준과 작업환경개선대책에 대하여 설명하시오.

답)

I. 개요 (산업안전보건법 제125조 작업환경의 측정)

1. 사업주는 유해인자로 부터 근로자 건강보호, 쾌적한 작업환경조성위해 작업환경 측정 및 개선해야 함.
2. 측정 기준 초과시 공학적 대책 포함 개선계획 수립 및 각종 건강관리 program 실시하여야 함.
3. 특히, 소규모현장 근로자 건강보호위해 건강디딤돌 사업 건설업규모별 세분화 지원 확대 의견제시하도록 함

II. 건설현장 작업환경 측정 필요성 및 기대효과

필요성	기대효과
· 공기중 유해물질 종류 농도파악 · 건강장해 유발 가능성 평가 · 작업 환경 개선 필요성 판단	근로자의 건강보호 + 쾌적한 작업환경 조성

III. 건설현장 작업환경 측정 기본 Flow (측정기관 의뢰시)

<측정자 자격>
1. 사업장 소속
   - 산업위생관리 산업기사이상
2. 고용노동부지정 측정기관

사업장 → 측정의뢰 (반기별) → 측정기관
측정기관 → 결과 송부 → 사업장
측정기관 → 시료채취후 30일이내 결과보고 → 지방고용노동관서
사업장 → 기준초과 → No → 자율개선
기준초과 → Yes → 개선계획, 개선결과
개선계획, 개선결과 → 60일이내 보고 → 지방고용노동관서
지방고용노동관서 → 경고, 시정조치 → 개선계획, 개선결과

번호 IV. 건설현장의 작업환경 측정기준

1. 작업환경 측정 대상 사업장 (유해인자 노출 사업장)

화학적인자	유기화합물, 금속류, 산·알칼리 등
물리적인자	소음 (8시간 시간가중평균 80dB이상), 고열
분진	석면, 용접흄, 광물성·곡물 분진 등

2. 작업환경 측정시기 및 횟수

측정 시기		측정횟수
대상사업장 된 날 이후		30일 이내, 이후 반기별
측정주기 변경	발암성 물질 노출 초과 / 기타 화학물질 2배 초과	1회 / 3개월마다
	최근 2회 측정결과 기준 미만	1회 / 1년 마다

3. 측정시간 및 시료 채취 근로자 수

측정 시간	시료채취 근로자수
· 1일 작업 시간 동안 6시간 연속 · 작업시간 등간격 나누어 6시간 이상 연속분리 측정	· 최고노출근로자 2명 · 10명초과시 5명당 1명 · 100명초과시 최대 20명

V. 건설현장 작업환경 개선대책

1. 노출기준 미만시 → 현재상태 유지·정기측정

2. 노출기준 초과시

1) 시설·설비의 개선 - 조명·환기시설등 공학적대책

2) 안전보건진단 (자율, 명령), 안전보건개선 계획

3) 근로자 건강진단 실시 (일반, 특수 등)

번호

4) 근로자 건강장해 Program 실시

구분	건강장해 예방활동	
화학적인자	산소결핍, 유해가스	밀폐공간 작업 프로그램
물리적인자	소음초과	청력보존 프로그램
분진	갱내 굴착 등	호흡기보호 프로그램
기타		근골격계질환 예방프로그램
		건강증진 프로그램

VI. 터널작업 환경 개선 사례 (고농도 미세먼지 저감)

1. 현장명 : 고속국도 OO호선 OO터널
2. 작업환경측정결과 : PM10 995 μg/m³
3. 터널내 임시 환기시설 개선 (목표 PM10 50% 이상저감)

구분	당초	개선
방법	송기식	송기식 + 이동식 분사형 살수
내용	축류팬 + 환기덕트	축류팬 + 환기덕트 + 분사 살수
		(발파후 분사형 살수차 운행)

4. 효과 : PM10 995 μg/m³ → 280 μg/m³ (72% 개선)

VII. 맺음말

근로자 건강보호 취약한 소규모 현장 작업환경 개선위해 건강디딤돌 사업을 공사금액별로 세분화하여 작업환경측정 및 개선비용 지원방안 마련 의견 제시하고자 함

"끝"

번호 (문제) 건설현장의 작업환경측정기준과 작업환경 개선 대책에 대하여 설명하시오.

(답)

I. 개요

1. 작업환경 실태를 파악하기 위하여 사업주가 측정계획을 수립하여 시료채취, 분석, 평가하는 것임.

2. 작업환경 개선의 필요성 여부를 판단하여 시설 및 설비의 개선, 안전보건개선 계획의 수립, 수행 등의 조치를 함

3. 유해인자 기준치 초과시 근로자에 대하여 안전보건 진단 및 건강진단을 실시하여야 함.

II. 건설현장의 작업환경 측정대상 유해인자

화학적 인자	물리적 인자
유기화합물, 금속류, 산 및 알칼리류, 가스상태 물질, 허가대상 유해물질, 금속가공유	고열, 소음(80dB이상/8시간 가중평균)
분진	**기타**
광물성분진, 곡물성 분진, 용접흄, 나무분진, 유리섬유, 석면분진, 면분진	고용노동부 장관이 정하여 고시하는 인체 해로운 인자

(중앙: 사업장의 유해인자)

III. 건설현장의 작업환경 측정 기준

측정 주기 기준

① 작업장, 신규작업 후 30일 이내

② 1회/6개월 이상 정기측정

③ 측정일로부터 1회/3개월 이상 (화학적 인자 측정치 > 노출기준)

번호

유해인자별 노출기준

유해인자	노출기준
화학적 인자	$\sum_{i=1}^{n} \frac{C_i}{T_i}$ (C : 측정치, T : 노출기준)
	(각 유해인자 노출시 유해성 가산작용 고려)
소음	일 노출시간 / 8시간 / 4 / 2 / 1 / 30분 / 15분 기준치(dB) / 90 / 95 / 100 / 105 / 110 / 115
충격적인 소음	일 노출횟수 / 10,000회 / 1,000회 / 100회 기준치(dB) / 120 / 130 / 140

일 노출시간	8시간	4	2	1	30분	15분
기준치(dB)	90	95	100	105	110	115

일 노출횟수	10,000회	1,000회	100회
기준치(dB)	120	130	140

IV. 건설현장의 작업환경 개선대책

1. 안전보건 개선계획 (산안법 제49조, 제50조)
   ① 안전보건 관리체계 정비
   ② 안전보건 조직 및 교육
   ③ 개선계획의 구체적 사항, 자금계획, 사안별 실행·단료예정
2. 설비·시설의 개선
3. 적정 보호구 지급·착용 관리
4. 안전보건 진단 (명령진단) 실시
5. 근로자 건강진단 실시

V. 건설현장 작업환경 개선대책으로의 근로자건강장해예방프로그램

구분	근로자 건강장해 예방활동
화학적 인자	산소결핍·유해가스 → 밀폐공간 보건작업 프로그램
물리적 인자	소음초과 → 청력보존 프로그램
분진	각종 분진 → 호흡기 보호 프로그램

번호

기타
① 근골격계 질환예방 프로그램
② 건강증진 프로그램
③ 직무스트레스 프로그램

VI. 건설현장의 작업환경 측정방법 및 측정원칙 (산업안전보건법 제125조)

1. 측정방법

유해인자 확인 → 작업환경 측정의뢰 → 유해인자별 주기적 측정 → 작업환경측정 결과보고 (관할지방노동관서) → 현재작업 상태유지

(30일이내 측정, 이후 6개월마다)

(노출기준 초과) ↓ ↑ (60일이내 보고)

시설·설비개선 / 안전보건개선계획수립 시행 / 안전보건진단 / 건강진단 → 건강진단 실시 (일반, 특수, 수시, 임시)

※ 근로자대표 참석
서류보존(5년, 발암물질관련 30년)

2. 측정원칙
① 예비조사 실시
② 정상적 작업 중에 실시
③ 개인시료 채취방법 우선 적용
④ 작업환경 측정에 필요한 정보 제공

VII. 맺음말

1. 시대상에 맞는 다양한 작업환경 측정 유해인자 확대 검토
ex) 초미세먼지, 황사, COVID-19 확산 지역

2. 작업환경 측정방법 개선
① 등록업체 전문성 강화 ② 사전 통보없이 실시 등

"끝"

문제 12 근골격계 부담작업의 종류 및 예방프로그램에 대하여 설명하시오.

문제) 근골격계 부담 작업의 종류 및 예방프로그램에 대하여 설명하시오.

답)

1. 개요

1) 근골격계 부담 작업은 작업시간, 빈도, 강도 등에 따라 고용노동부 장관이 지정·고시하는 11종 작업으로

2) 유해요인 조사 통한 작업환경 관리 등 예방프로그램 통한 근로자 보호 필요함.

3) 특히, 예방프로그램 실효성 강화 위해 경영진 리더쉽, 근로자 참여 통한 자율관리 시스템 구축 중요

2. 근골격계 부담 작업시 발생 질환 및 증상

질환종류	증상	작업대상	비고
근육질환	통증	전작업	※ 부담작업 평가방법
	피로감	반복작업	① 설문조사
신경질환	두통	정밀작업	② 촬영 (등간격 외크샘플링)
골격질환	경련	진동작업	
혈관질환	감각마비	착암기, 함마	

3. 건설현장 근골격계 질환 예방위한 필요조건

필요조건:
- 경영자 리더쉽
- 근로자의 참여
- 전사적인 지원
- 자율관리 시스템 구축
- 시스템적 접근, 문서화
- 지속적 관리 및 평가

4. 근골격계 부담작업의 종류 (11종)

작업시간	종류	비고
하루에 총2시간	· 1kg이상 손가락으로 집어 드는 작업 · 4.5kg이상 한손으로 드는 작업 · 시간당 10회이상 손·무릎 반복 충격 · 목, 어깨 등 사용 같은 동작 방법 · 목, 허리 구부린 상태 작업 外	* 제외 ① 2개월내 종료 단기작업 ② 연간 작업일수 60일이하 간헐적 작업
총 4시간	자료입력 (키보드, 마우스 조작)	
하루중	하루 10회이상 25kg이상 드는작업 하루 25회이상 10kg 이상 드는작업	

5. 근골격계 질환 예방프로그램

1) 의무대상
- 질환 환자 연간 10명 이상
- 5명이상 발생으로 사업장 근로자수 10% 이상

→ 근골격계 질환 예방프로그램 시행 절차

- 유해요인 조사 → 질환 우려 → No: 현행 유지
- Yes → 예방·관리 정책 수립 → 교육 / 훈련 실시 → 초기증상자 및 유해요인 관리 → 의학적 관리 / 작업환경개선 → 평가 → Feed Back (예방·관리 정책 수립)
- * P-D-C-A 지속적개선

유해요인 조사:
- 최초: 1년이내 최초
- 정기: 3년마다
- 수시
  - 질환자 발생시
  - 새로운 작업시
  - 작업 환경 변경시

3) 근골격계 질환 예방프로그램 통한 작업환경개선 방안

⇒ 개선계획서 작성·시행 (근로자의견, 전문가 자문 반영)

공학적개선	관리적개선	행동·심리
공구·장비	RMR 고려 배치	직무스트레스관리
인간공학적 대책	휴식, 순환근무	심리상담
부품·제품	작업공간 개선	건강진단

6. 건설현장 근골격계 질환 유해요인에 따른 작업환경 개선 사례

1) 현장명 : 하남 OO 신축현장

2) 유해요인 및 평가 <천장에 설비 앙카작업>

인간공학적 평가	점수	결과
REBA	8	개선필요
OWAS	코드 2161	지속관찰
RULA	7	즉시개선

어깨·목 손목 부하

3) 개선
- 목리리 보호구 지급
- 머리위 작업 일 4시간 제한
- 천장작업 → 벽체작업 순환

⇒ 근골격계 질환예방

7. 맺음말 (건설현장 근골격계 질환 저감위한 제언)

- 건설자동화 관련 정부 기술지원·재정지원 확대 필요
  - · 불편한 자세 장시간 단순반복 → 로봇개발 투입
  - · 해당 근로자 → 재교육 (로봇관리 등) → 재취업 지원

"끝"

문제 13 근골격계 질환의 대상별 질환, 조사방법과 원인별 안전대책에 대하여 설명하시오.

번호 (문제) 근골격계 질환의 대상별 질환, 조사방법과 원인별 안전대책에 대하여 설명하시오.

(답)

I. 개요

1. 근골격계 질환은 반복적인 동작, 부적절한 작업자세, 날카로운 면과의 신체접촉, 무리한 힘의 사용 등의 요인에 의하여 근골격계에 나타나는 건강장해로,

2. 고용노동부 고시(제2014-21호)에서 총 11가지로 규정하고 주 1회 이상 지속적으로 이루어지거나 연간 총 60일 이상 이루어지는 작업에 대해 근골격계 질환 재해 예방대책을 수립토록 함.

II. 근골격계 질환 발병 요인

작업특성 요인	· 부적절한 자세 · 반복적인 동작	· 인센티브 제도 · 기계의 공정 작업속도	작업통제 요인
· 정적인 동작 · 무리한 힘	근골격계 질환발생		· 장시간 작업 + 부적절한 휴식시간
· 직무 만족도 · 상사·동료와 관계			· 복합적 요인 → 근골격계 질환 발생 가능성 증가
사회 심리적 요인	· 업무적 스트레스		복합적 위험 요인

III. 근골격계 질환의 종류 및 원인과 증상

종류	원인	증상
1. 근막통 증후군	목, 어깨 과다사용 굽힘의 자세	목이나 어깨 부위 근육 통증, 움직임 둔화
2. 요통	중량물 인양, 앉은자세 허리 비틀거나 구부림	신경압박 허리부위 염좌로 통증

번호

3. 수근관증후군	반복, 지속적인 손목 압박 및 굽힘 자세	손가락저림 감각 저하
4. 내상과염 외상과염	손목ㆍ손가락의 다양한 동작	팔꿈치 내외측 통증
5. 수완진동증후군	진동공구 사용	손가락혈관수축, 감각마비

Ⅳ. 근골격계 질환의 조사방법 및 유해요인 조사흐름도.

조사방법

1. 작업장 상황조사
2. 작업조건조사
3. 면담 및 설문조사 (징후.증상)

조사 Flow

유해요인 기본조사 (근골격계 질환 증상조사) → 유해도 평가 → 개선 우선 순위 결정 → 개선대책 수립.실시 → 개선 효과 평가 → 유해요인 기본조사

유해도 평가 —No→ 3년이내 정기적 조사 (신규 : 1년이내 최초조사) / 질환자 발생 / 새로운 작업 설비 도입 / 작업환경 변경시 수시조사.

Ⅴ. 근골격계 질환 원인별 안전대책

유해요인	원인	안전대책
반복 동작	같은동작 반복 동일한 유형동작 되풀이수행	신체부위 사용빈도 줄이기 작업량 줄이기 짧고 잦은 휴식 제공 양손 번갈아 사용

번호			
	부자연스런 자세	중립자세를 벗어난 자세 (쪼그려앉기, 장시간서서일하기 정적인자세, 손-니기, 무릎꿇기)	도구·물건·작업 높이를 신체에 맞추어 조정 높이조절의자, 작업대 제공
	과도한 힘 사용	근육을 과도하게 사용 (들거나 내리기, 운반하기, 지렛대)	지각대 사용, 롤러선반사용 경량화, 올바른손잡이, 무게중심고려)

VI. 근골격계 질환 재해예방 일반 대책

1. 부적절한 자세 및 고정된 동작 금일.
2. 무리한 힘 가하지 않고, 반복적인 작업 지양
3. 작업 전중후 스트레칭 + 휴식시간
4. 5kg 이상 중량물 → 중량과 무게중심 표시·게시
5. 근로자 대상 교육 (근골격계 부담작업 유해요인, 증상, 대처요령 등)

VII. 근골격계 질환 예방관리 프로그램

1. 시행조건
   - ① 근골격계 환자 10명/연간 발생
   - ② 5명이상 발생 + 사업장 근로자수 10% 이상
   - ③ 노사 협의.

2. 프로그램 절차

유해요인 조사 → 작업환경 개선 → 의학적 관리 → 교육 및 훈련 → 평가

VIII. 맺음말.

작업환경 개선 조치 (사업주) 시 개선 우선순위 결정.

1. 유해도 높은 작업
2. 다수의 근로자가 노출 또는 불편해 하는 작업
3. 비용 편익 효과가 큰 작업.

"끝".

문제 14	건설근로자의 직무스트레스 요인 및 예방을 위한 관리감독자의 활동에 대하여 설명하시오.

문제) 건설근로자의 직무스트레스 요인 및 예방을 위한 관리감독자의 활동에 대하여 설명하시오.

답)

1. 개요

1) 건설근로자의 직무스트레스 요인은 열악한 작업환경, 높은 사고위험, 불안정한 고용·보상 등 있으며

2) 직무스트레스 예방위해 관리감독자는 작업환경개선, 사고 예방조치, 직무스트레스 평가 및 상담 등 실시하여야 함.

3) 직무스트레스 높은 근로자의 작업중지권 인정 통한 직무 스트레스로 인한 재해예방 노력 필요.

2. 직무스트레스에 의한 건강장애 예방조치 필요 작업 범위

안전보건 규칙 669조
- 장시간 근로
- 야간작업 포함 교대 근무
- 차량 운전 (전업시)
- 정밀기계 조작 작업

3. 중대재해 발생시 근로자 급성 스트레스 조기대응 조치

고위험군 발견 → 고위험군선별 → 응급처치 및 관리

고위험군 발견	고위험군선별	응급처치 및 관리
① 기본면담 ② 1차 선별검사 - PC-PTSD 등 ③ 2차 선별검사 - 정신건강설문 등	1, 2차 선별검사 점수별 분류 (전문가 의뢰)	① 신체안전 확인 - 쇼크반응 등 ② 심리안정 - 편안한 환경제공 - 전문 심리상담

번호 4. 건설근로자의 직무스트레스 요인

<열악한 작업 환경>
소음, 진동, 휴게시설 부족

<사고위험 노출>
공기단축, 옥외작업, 작업간섭

<불안정한 고용>
일용직, 고령/외국인 근로자

<부적절한 보상>
불황시 실업증가, 임금체불

<관계갈등>
관리감독자와 근로자간 갈등

<기타>
잦은 현장이동, 휴일보장X 등

(중심: 직무 스트레스)

5. 건설근로자 직무스트레스 예방위한 관리감독자의 활동

<○○우회도로 현장 사례 중심>

구분	활동
작업환경 개선	· 휴게시설 확충 (기존 100m 이내 → 50m 이내 추가) · 야간근로자 위한 샤워시설, 간이침대 등 제공
사고 예방	· RMR에 따른 업무분담, 순환근무 · TBM시 보호구 착용 지도, 안전작업 교육 · 관련 법규 준수 (서약서 제출)
고용과 보상	· 고용기간, 임금 설명, 안내 · 부당 대우 관련 신문고 운영
관계갈등 해소	· 근로자간 업무분할, 협조체계 구축, 강화 · 의사소통 기회제공 (TBM 활용, 회식 실시 등)
기타	· 직무스트레스 평가 (전문기관 활용, 반기별) · 정신보건센터 연계 상담 운영 · 감성안전보건 프로그램 운영 (칭찬한마디, 동료사진컨테스트, 가정의 날 등)

번호

6. 직무 스트레스 요인 평가 및 관리 (OO우회도로 현장)

1) 설문조사 (8개 항목 43개 문항, 반기별 실시)

항목	문항	전혀 그렇지않다	그렇지 않다	그렇다	매우 그렇다
물리환경	근무장소 깨끗, 쾌적	4	3	②	1
직무요구	일이 많아 시간에 쫓김	1	②	3	4
관계갈등	고충을 나눌 동료가 있음	4	③	2	1

2) 평가 결과 및 관리

물리환경, 직무요구, 직무자율, 관계갈등, 직무불안정, 조직체계, 보상부적절, 직장문화

- 점수: 67.5 (현장평균 59.2)
- 조치 (60점이상 고위험)
  - 심리상담 프로그램 참여
  - 주기적 사후관리

7. 근로자 건강상태 이상시 작업열외권 운영 (OO우회도로 현장)

1) 대상: 심리적/신체적 이상시 근로자 작업 열외 신청

2) 절차: 근로자 요청 → 관리감독자 1차 면담 → 보건관리자 상담, 발효 → 회복후 투입

3) 작업열외기간중 근로자 급여 70% 지급 (당사에서 협력업체 지원)

4) 기대효과: 근로자 스트레스등 심리적 불안에 따른 재해 예방

8. 맺음말

직무스트레스 높은 근로자 작업중지권 (산업안전보건법 52조) 발효 가능토록 (스트레스평가 등 2개) 법 적용 확대 필요

"끝"

PART

05

건설안전 관련법

합격수기

◇◇◇

1. 성명 : 김○○

2. 근무처 : (주)○○ 종합건축사사무소

3. 수험기간 : 2020년 11월~2021년 5월

(실제 교재구입, 정리 등은 2018년부터 준비, 실전반 개강부터 강력하게 준비)

4. 취득점수

123회 불합격 : 1교시 165점, 2교시 167점, 3교시 170점, 4교시 145점, 총점 647점(53.92)

124회 합격 : 1교시 184점, 2교시 199점, 3교시 186점, 4교시 165점, 총점 734점(61.16)

5. 학습교재

학원 강의자료, 포캠자료, 고득점 답안자료(학원 교재) 등

6. 학습방법

1) 학원 강의 출석(100%)
   - 학원 강의 출석(안전은 법률 개정이 많아 자료가 매번 업데이트 됨)
   - 매주 100분 테스트 참석
   - 시험 전 포커스캠프 참석(김정태 교수님 답안첨삭이 많은 도움이 됨)

2) 개인적 공부
   - 과년도 기출문제 분석(110회~123회)
     A3에 좌측에 문제, 우측에 요점만 정리하는 식으로 생각날 때마다 정리(시공 내용이 가물가물하여 기출문제를 풀면서 시공에 대한 기억 재생)
   - 시험 보기 2일 전 연차를 사용하여 대제목만 정리
   - 법령(산안법, 건진법 등)에 대해 시험 일주일 전부터 한 번씩 쓰고 외우기
   - 정책적 사항 보기(국토부장관 10분 전 TBM 실시 등)
   - 관련 자료(산업안전보건공단 월간자료 등 보기 → 단답형에 기출됨)

7. 합격원인 분석

저보다 공부 시간도 많으시고 답안 작성이 훌륭하신 선 · 후배님들이 많으신데 저는 정말 운이 좋게 된 것 같습니다.

1) 가장 먼저 학원에서 이끄는 대로 가는 것을 강추드립니다.
2) 안전은 건축시공과 토목시공에 안전에 관한 기준 등을 공부해야 하는 종목이기 때문에 어느 하나를 놓치면 장수만세가 될 수 있습니다.
3) 새롭게 개 · 제정된 법령이나 건축시공과 같이 문외한인 과목을 공부할 수 있는 시간이 되므로 반드시 학원 강의에 참석해야 하고, 저 또한 그렇게 했던 게 빠른 합격의 길이었던 것 같습니다.
4) 실제로 학원 자료만으로도 충분하고 학원에서 실시하는 100분 테스트, 테스트 후 문제해설로도 충분히 합격할 수 있다고 저는 생각합니다.(교수님이 최근 보도자료 등 자료를 매주 주십니다.)
5) 또한 코로나로 인해 답안을 교수님께 카톡으로 보내드리고 설명을 받는 방식도 많은 도움이 되었습니다.

학원에서 열심히 하는 만큼 학원을 믿고, 교수님과 멘토들을 등에 업고, 각자의 조그마한 노력이 더해진다면 합격이라는 시너지 효과가 나올 것이라고 생각합니다.

문제 1 **건설기술진흥법상 소규모 안전관리계획서 작성대상사업과 작성내용**

문제) 건설기술진흥법상 소규모 안전관리계획서 작성대상 사업과 작성내용

답)

1. 개요 (건설기술진흥법 62조의2)

안전관리계획 수립하지 않는 소규모 공사중 사고위험 있는 있는 공사는 착공전 소규모 안전관리계획 수립·준수해야 함

2. 소규모 안전관리 계획서 도입배경 및 기대효과

도입배경			기대효과
120억이상 20%, 20억미만 62%, 20~120억 18% (공사규모별 중대재해)	소규모현장 중대재해 비율 높음	소규모 현장 안전의무 부과 ⇓ 사고예방 기대	

3. 소규모 안전관리 계획서 작성대상사업과 작성내용

대상사업	작성내용
• 2층이상 10층미만 건축물 1) 연면적 1천m^2 이상 — 공동주택, 1.2종 근린생활, 공장 2) 5천m^2 이상 창고	1) 공사개요 2) 비계 설치계획 - 시공상세도, 절차 3) 안전시설물 계획 - 안전방망, 난간 등

4. 소규모 안전관리 계획서 제출시기 및 승인절차

1) 제출시기 : 착공전 최소 15일전

2) 승인절차 : 수립 → 제출 → 승인 → 착공

* 작성비용
- 안전관리비 정산

5. 소규모 현장 안전향상위한 소규모 안전관리계획서 개선과제

• 내용추가 = 5대건설기계(크레인, 고소작업대등) 안전작업계획

⇒ 서울시 추가 시행중 → 전국 확대 필요 "끝"

번호 (문제6) 건설기술 진흥법상 소규모 안전관리계획서 작성대상 사업과 작성내용

(답)

〈소규모 현장 안전관리제도〉
① 건설재해 예방 기술지도
② 소규모 지하안전평가

1. 개 요

건설사업자 및 주택건설등록업자는 소규모 안전관리계획서를 작성·제출하고, 발주청 등은 이를 확인하여야 함.

2. 건설기술 진흥법상 소규모 안전관리계획서 작성대상

연면적 1000m² 이상	1) 공동주택, 공장
	2) 제1·2종 근린생활시설
2000m² 이상	· 산업단지의 공장
5000m² 이상	· 창고

〈작성 절차〉
시공사 → 제출 → 발주청 → 심사 → 적정: 승인, 착공 / (조건부적정, 부적정) → 시공사 재작성

3. 건설기술 진흥법상 소규모 안전관리계획서 작성내용

1) 건설공사 개요
2) 비계 설치 계획
3) 안전시설 설치계획
4) 굴착·T/C 사용계획 등

〈안전시설물의 종류〉
① 안전난간, 낙하물 방지망
② 안전대 부착설비
③ 개구부 방호장치 등

4. 소규모 안전관리 계획 실효성 향상 위한 위험성 평가 활용 방안

물류 단지 신축공사

소규모 계획 작성 + 위험성 평가 → 유해·위험 저감

* 근로자 참여 통한 재해 예방 효과 상승

5. 소규모 안전관리계획 외 「소규모 유해위험 방지계획서」 도입 제언

문제점	· 소규모 현장 재해 발생 빈번 (전체 80%)
개선방향	· 소규모 유해위험방지계획서 도입 및 적정성 확인

"끝."

문제 6) 건설기술진흥법상 소규모 안전관리계획서 작성 대상사업과 작성내용. (건진법 제62-2)

1. 정 의

안전관리계획을 수립하지 않는 소규모 공사는 착공 15日前 소규모 안전관리계획서를 제출해야됨.

2. 소규모 안전관리계획서 도입배경

120억이상 → 20%
20~120억 → 18%
20억 미만 → 62%

⇒ 소규모 현장 중대재해 높음

〈'21년 규모별 중대재해〉 〈사고예방 기대〉

3. 소규모 안전관리계획서 작성대상 사업과 작성내용

작성 대상 사업	작성 내용
◦ 2~10층 미만	◦ 공사 개요
◦ 1,000m² 이상	◦ 비계설치계획, 상세도
◦ 5,000m² 창고	◦ 안전시설물 계획
◦ 공동주택, 공장, 근린생활시설	(안전방망, 난간, 개구부)

4. 소규모안전계획서 제출시기 및 승인절차

① 제출시기 : 착공 前 15日 이내

② 승인절차 : 수립 → 제출 → 승인 → 착공

5. 안전향상을 위한 소규모 안전계획서 개선과제

① 사업주 재정적 부담감소 ③ 소외된 사업장

② 정부지원으로 참여효과 확대 └ 끌어안기

문제 2 건설기술진흥법상 안전관리비 사용항목

문제) 건설기술 진흥법상 안전관리비 사용항목

답)

I. 개요 (건설기술 진흥법 제63조)

시공중 시설물의 안전관리 및 주변 안전 확보를 위해 안전관리비는 계상, 반영, 집행해야 함

II. 안전관리비와 산업안전보건관리비의 비교

구분	안전관리비	산업안전보건관리비
관련법	건설기술 진흥법 63조	산업안전보건법 72조
관할	국토교통부	고용노동부
목적	공사중 시설물 주변안전	근로자 안전보건 확보

III. 건설기술진흥법상 안전관리비 사용항목

1. 안전관리계획서 작성, 검토(소규모 포함)
2. 안전점검(초기, 정기 등)
3. 발파, 굴착 등 주변 건축물 피해방지대책
4. 공사장 주변 통행 안전관리 대책
5. 계측장비, CCTV 등 안전모니터링 장치의 설치, 운용
6. 가설구조물 구조적 안전성 확인
7. 무선통신 설비 이용 안전관리 체계 구축, 운용

IV. 안전관리비 실효성 향상 위한 개선과제

- 문제점 : 공사원가 작성시 미계상, 사후정산 기준 미비
- 개선 : 안전관리비 요율제 적용 검토 — 추후 검가
- 기대효과 : 법적 최소한 비용 확보 실질적 사용기여 "끝"

문제 3	설계안전성검토(Design For Safety) 절차

문제) 설계안전성검토 (Design For Safety) 절차

답)

1. 개요 (건설기술진흥법 시행령 제75조의2)

발주자는 실시설계시 시공상 위험요소 발굴 및 안전성 확보위해 사전에 설계안전성을 검토해야 함

2. 설계안전성 검토 대상

- 1, 2종 시설물 (시설물 안전법)
- 지하 10m 이상 굴착
- 10~16층 건축물 등
- 가설구조물 구조적 안전성 확인대상

* 건설기술진흥법 시행령 101조의2
- 높이 31m 이상 비계
- 작업발판 일체형 거푸집
- 터널 지보공
- 동력사용 가설구조물 등

3. 설계안전성 검토 절차

- 설계자 → 발주자: 설계안전검토보고서
- 발주자 → 설계자: 위험요소제공
- 발주자 → 국토안전관리원: 검토의뢰
- 국토안전관리원 → 발주자: 위험요소 프로파일
- 국토안전관리원 → 판정: 의견 (20일 이내)
- 판정 → 설계자: 부적정 (보완지시)
- 판정 → 적정 → 승인·제출, CSI 등록

4. 설계안전성 검토결과 공사 시행 단계 적용

발주자	설계안전검토보고서 잔존위험요소·통제수단	제공 →	· 안전관리계획서 작성 · 잔존위험요소 저감 이행	시공자

5. 건설공사 안전관리 향상위한 설계안전성 검토 발전과제

- 건설기술진흥법 : 설계 안전성 검토
- 산업안전보건법 : 설계 안전보건대장

⇒ 법령간 통합필요

"끝"

문제7) 설계안전성검토 절차 (D.F.S)

※ 관련근거
건설기술진흥법 제62조

1. 개요

설계단계에서 시공중의 유해요소를 사전에 발굴하여 제거·저감하는 활동으로 법령상 절차를 준수해야 함.

2. 설계안전성검토 목적 및 대상

목적	대상
1) 설계단계의 유해요인 발굴 2) 계획-설계-시공 및 유지관리 안전체계 구축	안전관리계획서 수립대상(1.2종 시설물 등) T/C(설치·가설구조물)

3. 설계안전성검토 절차 및 포함내용

설계자 ↓ D.F.S 작성 → 발주자 ↓ 검토의뢰 → 국토안전관리원

(국토안전관리원 → 발주자: 검토결과 (20일내) / 발주자 → 설계자: 승인여부 통보)

※ 보고서 포함내용
① 시공단계 고려필요 위험요소·저감대책
② 시공법·절차
③ 기타 안전확보사항

4. 설계안전성검토 보고서 작성시 주체별 중점 Check 사항

발주자	설계자	시공자
· DFS 자료 제공 · 총괄관리	· 위험요소 프로파일 · 제거·저감대책	· 시공시 DFS 이행·확인

5. 설계안전성검토 제도의 문제점 및 향후 발전방향

1) 문제점 : 시공단계의 이행여부 점검 미흡

2) 발전방향 : 정기안전점검·안전관리계획서상 면밀한 [illegible]

"끝"

문제) 설계안전성검토 (Design for Safety)

답)

* 관련법
→ 건설기술진흥법 제62조

I. 개요

고유해·위험 작업에 대해 근로자 및 시설물의 안전성 확보 위해 설계안전성검토 수립·이행 해야함

II. 설계안전성 검토를 포함한 사전 법적 안전성 검토 사항

산업안전보건법	건설기술진흥법	지하안전법
·설계안전보건대장	·설계안전성 검토	·지하안전평가
·위험성 평가	·가설구조물안전성 확인	·소규모지하안전평가

III. 설계안전성검토(D·F·S)의 절차 및 대상

설계자 → 발주자 → 국토안전원
작성 / 검토의뢰 / 검토
판단 — No → 작성
판단 — Yes → 제출(C.S.I)

<주요 대상>
· 1·2종 시설물 공사
· 10m 이상 굴착공사
· 10~16층 건축공사
· 가설구조물 공사 등
(31m 이상 비계, 지보공…)

IV. 설계안전성 검토(D·F·S)의 주요 포함 사항

1. 시공단계별 위험요소 · 저감방안 → 위험성 평가
2. 각 시공법과 안전 시공 절차 → 유해·위험 요인
3. 시공 안전성 확보 방안 등 → 저감 대책 등

V. 설계안전성 검토(D·F·S) 제도의 실효성 강화 방안

· 건설기술진흥법 : 설계안전성검토
· 산업안전보건법 : 설계안전보건대장
→ 일원화 → 건설안전 통합법제정 필요

문제 4 건설기술진흥법상 가설구조물의 안전성 확인

문제) 건설기술 진흥법상 가설구조물의 안전성 확인

답)

1. 개요 (건설기술진흥법 시행령 제101조의 2)

건설사업자등은 동바리·비계 등 가설구조물 설치전 관계 전문가에게 구조안전성 확인 및 표준조립도 작성·준수해야 함

2. 가설구조물의 안전성 확인 대상

1) 높이 31m 이상 비계, 브라켓 비계
2) 작업발판일체형 거푸집, 높이 5m 이상 거푸집·동바리
3) 터널지보공, 높이 2m 이상 흙막이 지보공
4) 동력이용 가설구조물, 현장제작·조립·설치 복합가설구조물
5) 높이 10m 이상 외부작업용 발판·안전시설물 일체화 가설구조물

3. 가설구조물 안전성 확인 관계전문가 및 제출서류

1) 관계전문가 : 토목구조, 건축구조, 토질및기초, 건설기계기술사
2) 제출서류 : 시공상세도면, 구조계산서

* 가설구조물 재해위험시 설계변경요청 (산업안전보건법 71조)

4. 가설구조물 (시스템동바리) 작업시 무너짐 원인 및 대책

원인	대책
지반 지지력 부족	· 지반다짐, 버림콘크리트
조립도 미준수	· 조립도 작성·견고히 조립
콘크리트 집중타설	· 콘크리트 타설 순서 준수

5. 스마트 안전기술 활용 동바리 무너짐 예방사례 (수원○○APT)

무선하중 계측기 → 실시간 위험모니터링 → 무너짐위험 신속대응

"끝"

번호 문제) 건설기술진흥법 상 가설구조물 안정성 확인

답)

1. 가설구조물 안정성 확인 개념.

공사 등을 위해 임시로 설치되는 가설구조물의 붕괴 등 재해가 빈번하게 발생되므로 건진법 제62조제11항에 의해 안정성 확인을 의무화.

2. 건설기술진흥법 상 가설구조물 안정성 확인 근거 및 내용.

건설기술진흥법 제62조11항 같은법 시행령 제101조의2

- H=31.0m 이상 비계
- H=2.0m 이상 흙막이 지보공
- 설치하는 작업발판 거푸집
- 터널지보공
- 동력을 이용하여 움직이는 가설구조물

3. 건설기술진흥법 상 가설구조물 안정성 확인 절차 및 내용.

대상여부 확인 → 시공전 구조검토 → 보강 및 시공 → 결과 입력.

- [건진법 시행령 제101조의2]
- 전문가 및 가설시공자 검토 → 도면, 상세도, 구조계산서
- 설계변경 반영
- CSI 입력 관리, 건진법 시행령 제101조의4

4. 건설기술진흥법 상 가설구조물 안정성 확인을 통한 붕괴재해예방사례

(Racker 보강 전) $R+P_p < P_a$ ⟶ $R+P_p > P_a$ (안정확보)

[불안정 → 붕괴] 가설구조물 안정확인. Racker 설치

R, P_a, P_p, OO4DU 보강, Racker 보강, H=5.0m 흙막이

문제 11) 건설기술진흥법상 가설구조물의 안전성확인

1. 개요

건설사업자는 동바리·비계 등 가설구조물 설치시 관계전문가에게 안전성확인 후 감독자에게 제출해야함.

2. 가설구조물의 안전성 확인 필요성 및 확인절차

필요성	절 차
1) 임시구조물·불완전결합	건설사업자 ⇄ 발주청 (승인)
2) 붕괴·전도·침하 방지	구조검토·서류제출

3. 가설구조물의 안전성 확인 대상

구 분	대 상
비계	높이 31m이상·브라켓
거푸집	작업발판 일체형·5m이상
지보공	터널·2m이상 흙막이
기타	동력사용·높이 10m이상 외부작업용

V-head 편심방지
가새재설치
수직도 유지
연결철물
1/3이상 결합
용인 OOAPT <시스템 동바리>

4. 가설구조물 안전성 확인 관계전문가 및 첨부서류

관계전문가	서류
1) 토목·건축 구조기술사	1) 시공상세도면
2) 토질및 기초 기술사	2) 관계전문가 서명 구조계산서
(※ 해당 용역 미고용 인정)	

5. 가설구조물 구조검토시 한계점 및 보완방향

1) 한계점 : ① 재사용 기자재 ② 하중 조합 미반영

2) 보완방향 : ① 안전율 향상 ② 3D 해석 모델링 "끝"

문제 5 사전작업허가제(PTW : Permit To Work)

문제 12) 사전작업허가제 (PTW : Permit To Work)

답)

> ※ 송도 OO APT 현장 PTW 운영지침 기준 중심 기술

I. 개요

PTW는 유해·위험공정 작업수행시 잠재적 위험 조기발견 및 안전조치 이행위해 사전작업허가를 받도록 하는 제도

II. PTW Process 및 R&R

〈협력업체〉 : [PTW 작성] → [TBM 실시] → [작업 실시]

〈관리감독자 / 안전관리자〉 [검토·승인] → [이행확인]

(검토·승인 → PTW 작성과 TBM 실시 사이 화살표, 이행확인 → TBM 실시 및 작업 실시)

III. PTW 대상 작업 선정

- 위험성평가 위험등급 "상" 대상 (화기·밀폐공간 필수)

위험성 평가	관리기준	PTW 기준	
		주간단위	고위험(일일단위)
상	허용할수 없는 위험		O
	중대 위험	O	
	수용불가 위험	O	

IV. PTW 운영 현장 주요 규정

1. 작업반별 PTW 교육 표지판 비치 →
2. 기본 안전조치 PTW 승인전 완료
3. PTW상 위험요인·대책 → 근로자 교육
4. 고위험작업 PTW는 현장소장 포함 직책자 직접 점검, 서명.

위험요인

- - - -

안전대책

- - - -

〈외국어 번역 포함〉

V. 위험성평가, PTW, TBM 연계 통한 재해예방 활동

[PTW 작성시 위험성평가] → [위험저감대책 사전점검] → [TBM시 PTW 지참 근로자 소통] → (재해 예방)

"끝"

문제 1) 사전작업허가제(PTW: Permit To Work)

답)

1. 개요

고소작업, 굴착작업 등 유해·위험 공종 작업 前 안전조치 이행여부 등에 대해 발주기관의 허락을 받아 작업.

2. 사전작업허가제의 운영 절차

P·T·W 대상공지 (도급인) → 작업허가 요청 (수급인) → 안전조치 조치확인 (현장부서) → P·T·W 허가·승인 (현장부서)

3. 사전작업허가제 대상작업

1) 2m이상 고소작업, 도장작업
2) 1.5m이상 굴착, 가설공사
3) 철도공사, 승강기 공사
4) 밀폐공간 外 유해·위험공종

빈도	강도	위험	PTW
2	1	2	×
3	2	6	대상
3	1	3	×
3	3	9	대상

4. 사전작업허가제 대상 선정 시 고려사항

1) 중대재해 등 사고 발생 위험이 큰 공종
2) 위험성평가 결과 상위등급 공종
3) 하도급·위탁 작업 등 안전보건 관리 취약 공종

5. 용접·용단 작업 시 P·T·W 중점 확인 사항(상수도 관로공사)

· 임시소방시설 배치 여부 · 화재감시자 배치 여부 · 화재 대피로 확보 여부	+	· 인화성 물질 제거 여부 · 특별안전보건교육 여부 · 안전보호구 지급·착용 "끝"

문제 6	건설현장 발생재해의 많은 비중을 차지하는 소규모 건설현장의 재해발생원인 및 감소대책에 대하여 설명하시오.

문제) 건설현장 발생재해의 많은 비중을 차지하는 소규모 건설현장의 재해원인 및 감소대책에 대하여 설명하시오.

답)

1. 개 요

1) 소규모 건설현장은 법·제도적 한계, 사업주 및 근로자의 안전의식부족 등 원인으로 재해발생 빈도 높으며

2) 산업안전보건법 등 법·제도적 관리강화, 안전보건관리 체계 구축 지원 등 통한 재해예방 대책 필요.

3) 정부는 패트롤 점검, 기술·재정지원 등 소규모현장 재해 예방위한 각종 사업 추진중에 있음.

2. 소규모 건설현장 안전·보건 관리 취약성

구분	소규모 (20억미만)	중규모 (20억~120억)	대규모 (120억이상)
근로자 이동빈도	높음	중간	낮음
전담 안전관리자	부재	소수 보유	다수 보유
사업주 안전의식	낮음	보통	높음
안전설계반영	거의 없음	일부	중간

3. 건설현장 공사금액별 안전사고 발생현황 (안전보건공단)

1억 미만 24%
1억~20억 37%
20억~120억 18%
120억 이상 21%

→ 소규모 전체 61% 차지 → 소규모현장 안전관리 중요성 증대

〈2020년 중대재해 발생현황〉

번호 4. 소규모 건설현장의 재해발생 원인

원인	세 부 내 용
법·제도적 한계	· 산업안전보건법 : 안전관리자 50억미만 제외 · 중대재해처벌법 : 5인미만 사업장 제외 · 건설기술진흥법 : 소규모안전관리계획서 비대상공사
부적절한 공사운영	· 가설구조물 검토 미흡, 불량자재 재사용 · 작업절차, 방법 미작성·미준수
사업주 인식부족	· 사업주 의무 미숙지·미준수 · 안전보건관리체계 구축 투자미비 (재정문제)
근로자 인식부족	· 교육참석, 보호구 착용 기피 경향 · 사업장 잦은 이동, 숙련도 부족

5. 소규모 건설현장 재해감소 대책

· 법·제도 관리강화, 안전보건관리체계구축 기술·재정지원 중요

법·제도적 측면

1) 산업안전보건법

① 안전관리자 선임대상 확대 → 50억미만

② 건설재해예방지도 1억미만 포함 내실화

2) 중대재해처벌법, 근로기준법

- 5인미만 사업장 포함

3) 건설기술진흥법

- 소규모안전관리계획서 대상확대, 검토의무부여

4) 지하안전평가

- 소규모 지하안전평가 확대 (10m미만 의무화)

번호		
	공사운영 개선	· 안전보건지킴이 (안전보건공단) 권한 강화
		· 불시점검 확대 (우수현장 Incentive 도입)
	사업주 안전의식	· 사업주 정기교육 의무화
		· 기술지원 확대 (위험성평가, TBM 멘토링 등)
		· 안전보건관리체계 구축 재정지원 (평가도입등)
	근로자 안전의식	· 근로자 의무 미준수시 법적 제재 강화
		· 작업중지권 교육 · 지원 확대

6. 소규모 건설현장 안전보건관리 역량강화 방안 ('22년 정부추진사업)

1) 현장 위험요인 중심 점검 · 감독 강화

① 중소현장 (1억~50억) : 불량현장 선별관리

② 초소규모현장 (1억미만) : 지붕공사, 달비계 집중관리

2) 클린사업장 조성 지원 확대 : 채광창 안전덮개 포함 등

3) 건강디딤돌 사업 확대 : 20인미만 → 30인미만

4) 산업안전 지도단 신설 추진

7. 맺음말

1) 소규모 건설현장 재해예방위해 정부의 적극적 기술· 재정지원과 함께 사업주의 철저한 안전보건관리체계 구축·이행 노력 필요하며

2) 근로자는 '작업전 10분 미팅'등 통한 기본적인 안전수칙 준수 등 노·사·정 협력 중요함.

"끝"

문제 6) 건설현장 발생재해의 많은 비중을 차지하는 소규모 건설현장의 재해발생원인 및 감소대책에 대하여 설명하시오.

답)

1. 개요

① 소규모 건설현장은 법, 제도적 한계, 사업주 및 근로자의 안전의식 부족등의 원인으로 재해발생.

② 산업안전보건법등 법 제도적 관리강화, 안전보건관리 체계구축, 지원등을 통한 재해예방 대책이 필요하다.

2. 소규모 건설현장의 안전관리의 취약성

취약성
- 근로자 이동빈도↑
- DfS 없음
- 안전관리자 부재
- 사업주의식 낮음
- 안전관리계획불이행
- 만연된 사고

※ 중대재해 로드맵

3. 소규모 안전관리 계획서 수립 및 제출대상

제출대상	포함사항
◦ 2층이상 10층미만	1) 공사개요
◦ 연면적 1000m² 이상건축물	2) 비계설치 계획
◦ 공동주택, 창고, 공장	3) 안전시설물 설치계획

4. 소규모 건설현장 재해발생 원인

원 인	세 부 내 용
법.제도적 한계	◦ 산안법 : 50억 미만 안전관리자 제외 ◦ 중처법 : 5인 미만 사업장 제외 ◦ 건진법 : 안전관리 계획서 미대상
부적절한 공사운영	◦ 작업절차. 방법 미준수
사업주의 인식 부 족	◦ 사업주의무 미숙지. ◦ 안전보건 관리체계 미구축
근로자의 인식 부 족	◦ 교육미참석 ◦ 숙련도 부족 ◦ 사업장 잦은이동

5. 소규모 건설현장 재해발생 대책

1) 법.제도적 측면
- ① 산업안전 보건법 안전관리자 선임확대 → 50억미만
- ② 중처법 : 사업장 포함 → 5인미만
- ③ 지안법 : 소규모 확대 → 10m 미만

2) 공사운영 개선
- ① 안전보건지킴이 권한강화
- ② 우수현장 Incentive 도입

3) 사업주 안전의식
- ① 사업주 정기교육 의무화
- ② 기술지원확대 (위험성평가)
- ③ 안전보건관리 체계구축

4) 근로자안전의식
- ① 근로자 의무 법적제재 강화
- ② 작업중지권 교육, 지원 확대.

번호 |
---|---

6. 소규모 건설현장 안전보건관리 역량강화 방안

1) 감독 강화

① 1억~50억 : 불량 중소현장 선별 관리

② 1억미만 : 초소규모 현장 (지붕, 달비계 집중)관리

2) 지원 확대 → 클린사업장 조성지원

　◦ 채광창 안전덮개 포함 등 (70 %)

3) 사업 확대 → 건강디딤돌 사업 확대

　◦ 20인 미만 → 30인 미만 확대

4) 제도 신설

　◦ 산업안전지도관 신설추진 (무효)

　◦ 소규모 건설현장 지도관리 전담부서 개설

7. 소규모 건설현장 안전보건 강화사례 (제주 00 수련원)

1) 공사금액 (도급금액) = 45억원

2) 강화 사례 (내역 계상)

① 입찰조건 : 안전관리자 유자격증 소지자 1인 상시배치.

② 안전비계상 : 총괄안전관리자 6,000만원/년

3) 효과 ① 1대1 (1인 면담) 안전교육 가능

② 무재해 달성 (감성교육 성과)

8. 결론

소규모 건설현장 재해예방을 위해 정부의 적극적 기술, 재정지원과 사업주의 의식개혁 필요함. "끝"

문제 7 「공공 건설현장 일요일 휴무제」 시행에 따른 건설현장에 미칠 파급 효과와 예외근거 및 일요일 공사현장의 안전관리에 대하여 설명하시오.

문제) 「공공 건설현장 일요일 휴무제」 시행에 따른 건설현장에 미칠 파급효과와 예외근거 및 일요일 공사현장의 안전관리에 대하여 설명하시오.

답)

1. 개요 (건설기술 진흥법 65조의2 일요일 건설공사 시행제한)

1) 「공공 건설현장 일요일 휴무제」 시행으로 근로자 피로누적 및 관리감독기능 약화에 따른 안전사고 예방 기대됨.

2) 사고, 재해복구 등 일요일 공사 불가피할시 발주처 승인 및 안전관리자 상주 등 안전관리 철저 이행해야 함.

3) 민간공사로의 확대 시행 위해 재정부담지원 및 예외조항 남용 방지위한 법·제도적 장치 마련 필요.

2. 「공공 건설현장 일요일 휴무제」 도입 배경 및 기대효과

도입배경			기대효과
· 근로자 피로누적	사고 빈번	· 사고예방	
· 관리감독기능 약화		· 주 52시간 정착	
· 주말 소음민원		· 민원감소	

3. 공공 건설현장 일요일 작업위한 승인 Flow

1) 사전승인

현장	발주청	현장	발주청
D-3(목)	D-2(금)	일요일	D+2(화)
요청	승인	안전관리자 상주	공사일지 검토

(현장 D-3(목) 요청 → 발주청 D-2(금) 승인 → 현장 일요일 안전관리자 상주 → 발주청 D+2(화) 공사일지 검토)

2) 사후승인

현장	현장	현장	발주청
D-1(토)	일요일	D+1(월)	D+2(화)
긴급공사 결정	안전관리자 상주	보고	사후검토

(현장 D-1(토) 긴급공사 결정 → 현장 일요일 안전관리자 상주 → 현장 D+1(월) 보고 → 발주청 D+2(화) 사후검토)

번호 4. 「공공 건설현장 일요일 휴무제」 시행에 따른 건설현장 파급효과

긍정적 효과	부정적 효과
· 근로자 근무여건 개선	· 일용직, 프로젝트 계약직
· 피로회복 작업성향상	수입감소
· 휴일 소음 민원 해소	· 예외승인으로 제도 유명무실화
· 가족돌봄 가능	· 소규모 현장 공기·공사비
· 사고위험 감소	증가 → 경영악화

5. 「공공 건설현장 일요일 휴무제」 예외근거

(건설기술 진흥법 시행령 103조의 2)

1) 사고·재해복구 등 안전확보 위한 긴급 보수·보강
2) 날씨·감염병등 환경조건에 따라 추가작업 필요시
3) 교통·환경 문제로 평일공사 어려운 경우
4) 공법·공사 특성상 연속 시공 필요시
5) 외부요인으로 인한 공정지연
6) 낙후지역의 10일미만 단기공사

6. 「공공 건설현장 일요일 휴무제」 시행에 따른 일요일

공사현장의 안전관리

구분	시공자	발주청
공사전	· 휴일작업 계획서	· 안전관리자 상주,
준비	-인원, 장비, 단계자	안전시설물 배치 등
	안전시설물 계획	안전확보방안
	· 비상대응체계 확립	검토 후 승인

구분	시공자	발주청
공사중	· TBM (휴일안전) · 보호구, 안전시설물 점검 · 안전관리자 상주	· 불시 점검 · 화상전화 등 활용 안전관리자 상주 확인
공사후	· 공사 종료 보고 (공사일지 등)	· 일요일 공사 적정성 사후 검토

7. 일요일 노후 도로 정비공사시 안전개선사례 (OO고속화도로)

• 평일 상습 정체부 일요일 정비공사 시행 (포트홀 보수)

→ 차량명

분리판

(로봇신호수 설치

← 드럼·유도봉 10m 간격

작업

변화부 250m, 완충부 50m, 종결부 30m

〈안전시설물〉
- 로봇신호수
- 이동식 도로전광표지
- 운전자 위험 인지배려
- 작업자 보호자동차

• 개선사항

로봇신호수 높이 : 1.2 → 1.7m
안전분리판 높이 : 1.5 → 1.8~2.0m

⇒ 운전자 시거 증대 → 사고위험 감소

8. 맺음말 (민간공사 현장으로 확대 시행 위한 제언)

1) 공기 증가에 따른 재정부담 지원 방안 수립

→ 관리비 증가 부담 완화 위한 세제 혜택 등

2) 예외조항 남용방지 법·제도적 장치 마련

→ 무분별한 예외 신청·승인 방지 위한 특별감사·점검 등

"끝"

문제 5) 「공공건설현장 일요일 휴무제」 시행에 따른 건설현장에 미칠 파급효과와 예외근거 및 일요일 공사현장의 안전관리에 대하여 설명하시오.

답)

1. 개요

1) 건설현장 일요일 휴무제 시행시 긍정적·부정적 효과가 있으나, 사고예방 측면에서 긍정효과가 더 크다.

2) 긴급공사·공법특수성의 사유로 일요일 휴무가 불가시 예외근거를 마련하여 공사를 수행할 수 있다.

3) 일요일 공사시 재해발생 위험성이 높아 건설사업자와 발주자 모두 안전관리를 강화하여 관리감독해야하며 특히, 화재위험이 높으므로 본 건에서는 집중기술하겠다.

2. 건설현장 일요일 휴무제 시행도입 배경

1) 근로자 피로누적, 주 52시간 시행

2) 관리감독 기능 약화

3) 주말이 평일대비 중대사고 1.4배 더 발생

⇒ 사고예방

3. 「공공건설현장 일요일 휴무제」 시행에 따른 건설현장 파급효과

긍정적인 효과	부정적인 효과
1) 근로여건 개선	1) 공기연장 가능성
2) 근로자 피로 감소	2) 일용직 임금감소
3) 현장 소음·분진 감소	3) 연속타설시 방해
4) 중대사고 예방	4) 교통민원 우려

→ 예외조건 마련

4. 「공공 건설현장 일요일 휴무제」 시행 예외규정

1) 사고·재해 긴급 보수 등
2) 날씨·감염병 사유로 추가 작업
3) 교통·환경 등 야간 작업 곤란
4) 공법 특성상 연속시공 (타설 등)
5) 민원·소송, 10일 미만 단기 공사

※ 건설기술진흥법 시행령 제103조의2

5. 일요일 공사현장의 안전관리방안 (건설사업자)

(※ 화재사고 예방을 위한 안전대책 사항 중심 기술)

1) 사전작업승인 절차

D-3(목) D-2(금) D-day(일) D+1(월)

(발주청에 공문송부) → (현장 승인통보) → (안전작업 시행) → (공사일지 사후검토)

2) 관리감독자 지휘, 화재위험 작업계획서 사전게시
3) 화재감시자 배치 철저 → ※ 배치기준
   ① 11m 내 가연성
   ② 바닥하부 발화우려
   ③ 벽면격재 연소우려

   ① 가스검지·경보장치 확인, 가연성물질 확인
   ② 방화기·방연마스크 지급·착용
4) 밀폐장소 산소사용 금지 (불티비산방지)

6. 일요일 공사현장의 안전관리 방안 (발주자)

1) 현장 불시점검 → 안전관리자 현장상주 확인
2) 스마트 안전시스템을 활용한 관리·감독 시행
   ① 이동형 CCTV : 화재위험작업시 준수여부 확인
   ② App 기반 안전작업허가제 승인·검토 (PTW)

7. OO시 상수도 누수로 인한 일요일 긴급복구공사 시행방안

1) 현황 : OO시 OO구 상수도 누수, 일요일 17:00

2) 예외근거 : 사고로 인한 긴급복구 → 발주청 승인

3) 공사 안전확보 방안

① 교통신호수 · 장비유도사 배치

② 작업구역 통제 · 안전시설물

③ 인근주민 · 방송안내 (※ 시안법 제23조)

④ 야간/돌관작업 수행시

- 조명시설 설치로 적정조도 확보 (150Lux 이상)

- 항시 관리감독자 · 안전관리자 상주

8. 공공공사 일요휴무제 조기정착을 위한 항목별 개선방향 제언

1)	정부	(인센티브) 일요휴무시 입찰 가점제 도입 (민간공사) 공공공사 확대로 분위기 조성
2)	발주자	(적정공기) 일요휴무를 감안한 공사기간 산정 (비용산정) 안전시설물 설치비용 추가반영
	건설사업자	(안전확보) 관리자 항시 상주 · 안전관리 (스마트장비) IoT 기술 활용, 안전체계 구축

9. 결론

공공 건설현장 일요휴무제가 '20.12 시행됨에 따라 근로자 근무여건 개선 및 재해가 감소할 것으로 보이며, 일요일 예외공사 수행시에는 관리자 현장상주 등 안전관리를 강화하여 공사를 시행해야 한다. "끝"

문제 8 안전관리계획서

(문제) 안전관리 계획서

(답)

I. 개요

1. 안전관리 계획서는 건설기술 진흥법 (제62조) 에서 건설공사 착공부터 준공까지 안전사고 예방을 위한 사전 안전성 평가 자료로 정의함.

2. 건설기술 진흥법에 의한 일정규모 이상 사업장에 대해 건설공사 안전관리계획서를 발주청에 제출할 의무가 있음.

II. 안전관리계획서의 작성 및 제출대상

1. 제1종, 제2종 시설물 (시설물 안전 및 유지관리에 대한 특별법)

2. 지하 10m 이하 굴착공사

3. 폭발물 사용으로 주변 영향 주는 공사
(20m 이내 시설물, 100m 이내 가축사육)

4. 건설기계가 사용되는 건설공사
(10m 이상 천공기, 항타, 항발기, 타워크레인)

5. 가설구조물을 사용하는 건설공사 (건설기술진흥법 제101조의 2)
① 31m 이상 비계 ② 5m 이상 거푸집 및 동바리
③ 작업발판 일체형 동바리. ④ 터널 지보공
⑤ 2m 이상 흙막이 지보공 ⑥ 동력이용 가설구조물 (RCM, LH)

6. 10층 이상 건축물 리모델링, 해체 및 증축

7. 발주자가 필요하다고 인정할 경우

비고

Ⅲ. 안전관리계획서의 승인절차

건설업자 → 공사감독자 → 발주청 또는 인허가기관장 → 건설안전점검기관

승인서 발급 (20일이내) → 건설업자

제1종, 제2종 시설물 검토의뢰 → 국토안전관리원

국토교통부장관 ← (승인서발급 7일이내)

Ⅳ. 안전관리계획서의 총괄안전관리 계획

1. 공사개요
2. 안전관리조직
3. 공종별 안전점검계획
4. 공사장 주변 안전관리계획
5. 통행안전시설 및 교통소통계획
6. 안전관리비 집행계획
7. 안전교육계획
8. 비상시 긴급조치계획

Ⅴ. 안전관리계획서의 세부안전관리계획 공사의 종류

1. 가설공사
2. 굴착 및 발파공사
3. 콘크리트 공사
4. 강구조물 공사
5. 성토, 절토 공사
6. 건축설비공사
7. 해체공사

Ⅵ. 안전관리계획서 작성시 문제점 및 개선사항

문제점 (현황)	개선사항 (안)
1. 형식적 작성 (외부용역, 실무자 미참여)	공사특수성에 맞게 작성
2. 환경사항 미고려	환경대책 고려 반영

번호		
	3. 모델 자체의 다양성 결여	다양한 모델 개발
	전문가 활용 부족	전문인력 확보. 참여 활동
	4. 타법령 혼재	관련법의 조화 있는 체계 추진
	(산업안전보건법 제42조	점검목록의 표준화
	유해위험방지 계획서)	

VII. 안전관리계획서 작성. 제출 관련 법 개정

1. 안전관리계획서 승인 전 착공 금지 (2019. 7. 1 개정)
2. 안전관리계획서 검토의뢰 시스템 변경 (20. 7. 6 개정)
   건설공사 안전관리 종합정보망 (www.csi.go.kr)

안전관리계획 수립·작성 → 공사정보 입력 계획서 업로드 수수료 납부 → 계획서 검토 확인 → 검토 의뢰

VIII. 소규모 건설현장에 대한 안전관리 활동

건진법 제62조의 2 (소규모 건설공사의 안전관리) (2021. 6. 17 시행)

1. 소규모 건설현장의 문제점
   ① 건설재해 발생 빈번 (전체 61% 이상)
   ② 체계화된 안전관리 활동 미흡
   (~~안전관리계획서 제출 대상 규모 아님~~)

소규모 건설현장 안전관리계획 수립의무화 (2020. 12. 10)

2. 개선사항 최근 개정된 소규모 건설공사의 안전관리 제고 철저 필요
   ① 유해위험방지계획서 간소화 Check Point 적용
   ② 시스템 동바리 등 필수항목 의무 적용

IX. 맺음말
1. 유해위험방지계획서의 현장 실정에 맞는 실질적 작성 절차
2. 소규모 건설 현장에 적용가능한 간소화 양식 적용 검토 필요

"끝"

문제 9	건설기술진흥법에서 정한 설계의 안전성 검토 대상과 절차 및 설계안전검토 보고서에 포함되어야 하는 내용에 대하여 설명하시오.

(문제) 건설기술진흥법에서 정한 설계의 안전성 검토 대상과 절차 및 설계안전검토보고서에 포함되어야 하는 내용에 대하여 설명하시오.

(답)

I. 개요

1. 설계단계에서 설계자가 시공과정의 위험요소를 찾아내어 제거, 회피, 감소를 목적으로 하는 안전설계를 말함
2. 설계의 안전성 검토는 시공단계의 유해위험방지계획서와 안전관리계획서와 함께 사전 안전성 평가의 하나임.
3. 사용자의 안전까지 고려한 전 생애과정 단계로 확장됨

II. 건설기술진흥법의 설계 안전성 검토 법적근거

1. 설계도서의 작성 (건설기술진흥법 제48조)
2. 설계의 안전성 검토 (건설기술진흥법 시행령 제75조의2)
3. 안전관리계획의 수립 (건설기술진흥법 시행령 제98조)

건설기술진흥법 제62조 (가설구조물의 구조적 안전성 확인) 시행령 제101조의2

III. 건설기술진흥법상 설계의 안전성 검토 대상

1. 시설물 안전법상 제1종, 제2종 시설물 건설공사
2. 지하 10m 이상 굴착 건설공사
3. 폭발물을 사용하는 건설공사
   (20m 이내 시설물, 100m 이내 가축사육)
4. 10층 이상 16층 미만의 건축물 건설공사
5. 천공기(10m 이상), 항타·항발기, 타워크레인 사용 건설공사

4-1. 10층 이상인 건축물의 리모델링 또는 해체공사

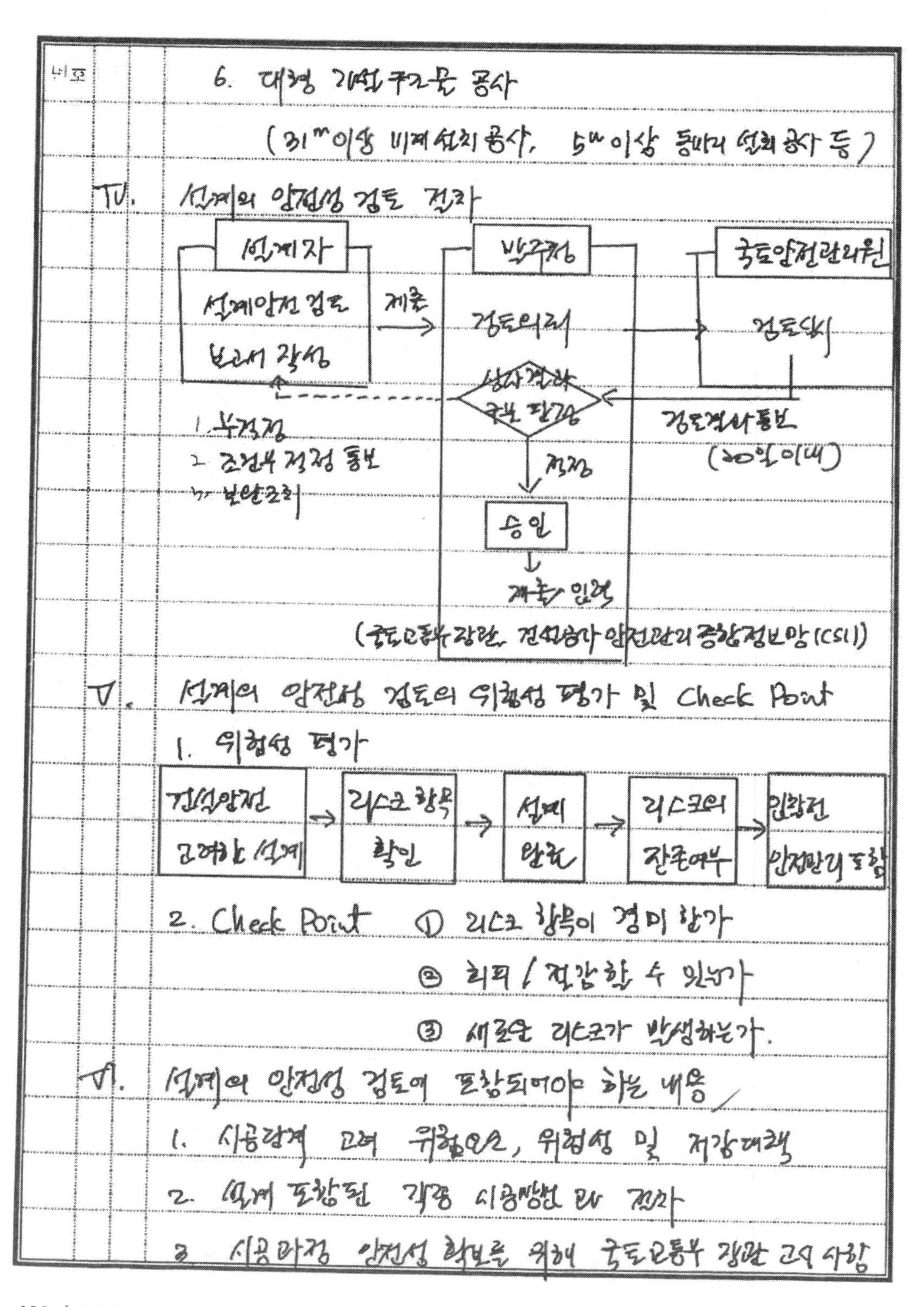

비고

6. 대형 건설구조물 공사

(31m 이상 비계 설치공사, 5m 이상 동바리 설치공사 등)

IV. 설계의 안전성 검토 절차

V. 설계의 안전성 검토의 위험성 평가 및 Check Point

1. 위험성 평가

2. Check Point ① 리스크 항목이 경미한가

② 회피/저감할 수 있는가

③ 새로운 리스크가 발생하는가.

VI. 설계의 안전성 검토에 포함되어야 하는 내용

1. 시공단계 고려 위험요소, 위험성 및 저감대책

2. 설계 포함된 각종 시공방법 및 절차

3. 시공과정 안전성 확보를 위해 국토교통부 장관 고시 사항

번호 VII 설계의 안전성 검토 제도의 시행시 문제점 및 개선사항

구분	시행 문제점	개선사항
설계자	1. 건설안전분야 지식·경험부족	건설안전 전문가 참여
	2. 업무확대에 대한 대가	업무확대에 대한 대가 개선
	3. 설계후반부 검토 → 설계저감	설계 초기부터 검토
	4. 제도시행 부적정	건설안전 패러다임 변화
발주자 · 검토자	1. 공사비 증가 → 원설계 고수	안전분야 투자 확대
	2. 민간분야 미적용	건설전 분야 확대 추진
	3. 검토자질 부족	건설안전 전문가 참여

VIII. 맺음말

1. 건설공사 설계 초기부터 설계안전성검토 시행으로 시공단계에서의 안전관리 대책 수립 마련.
2. 설계안전성검토 제도의 민간 분야 확대로 건설 전 분야 재해율 감소 노력 필요

"끝"

문제 10	건설기술진흥법상 구조적 안전성을 확인해야 하는 가설구조물의 종류를 설명하시오.

문제 5) 건설기술진흥법상 구조적 안전성을 확인해야 하는 가설구조물의 종류를 설명하시오.

답)

1. 개요

1) 구조적 안전성을 확인해야 하는 가설구조물은 31m 비계, 5m 거푸집 동바리, 터널 지보공 등이 있다.

2) 건설사업자는 관계전문가에게 구조적 안전성을 확인받고 발주청 승인 후 시공하여야 하며,

3) 가설구조물 별로 지지 방법, 토압·풍압 등 취약부분을 중점검토하여 도면 등을 작성해야 한다.

2. 가설구조물의 구조적 취약성

1) 흙막이(H-pile) 파괴

2) 비계·좌굴·전도

3) 동바리 지반 침하·붕괴, 작업자 추락

4) 강풍·RCS폼 좌굴·추락

<건설현장 가설구조물 취약성>

3. 가설구조물의 구조적 안전성 확인 절차

대상 확인 → 구조검토 요청 → 관계전문가 검토 → 시공 승인

(건설사업자) (발주자)

관계전문가: ① 토목구조기술사 ② 건축구조기술사 ③ 토질 및 기초기술사

※ 건설기술진흥법 시행령 제101조의 2

4. 건설기술진흥법상 구조안전성 확인 가설구조물 종류

구분	가설구조물 종류
비계	높이 31m 이상, 브라켓 비계
거푸집	높이 5m 이상, 작업발판 일체형
지보공	높이 2m이상 흙막이, 터널지보공
가설구조물	높이 10m이상 작업발판 · 시설물 일체형 동력이용 가설구조물(FCM, ILM, MSS)
기타	관계자 · 인허가기관장 인정

5. 구조 안전성 확인시 가설구조물 종류별 중점 검토사항

1) 비계(높이 31m, 브라켓)

① 풍하중에 대한 지지

② 자재낙하 · 안전난간 등 결속상태

③ 브라켓 소요강도(Con'c 지지)

④ 벽 연결 간격 · 이음방법

안전난간
풍하중
작업발판
지지력
<시스템비계>

2) 작업발판 일체형 거푸집(갱폼)

① 안전고리(D22 철봉) — 수량/길이

② 앵커 · Tie 볼트 지지

Tie볼트
안전고리
건물
<갱폼>

3) 흙막이(2m 이상 버팀대식)

①토질조건 · 지하수위

② 5t/m² 과재영향

③ 연약지반에 의한 Heaving

Boiling 발생 여부

지하수위
근입깊이
과재하중
버팀대
흙막이
토압

4) 동력이용 가설구조물 (FCM)

① 지지 브라켓 소요강도

② 불균형모멘트 처리

→ 가벤트 · 카운터웨이트

스테이케이블 설치)

카운터웨이트
Stay cable
브라켓
가벤트

<FCM 시공 단계>

③ 이동식 작업대차 구조검토

6. 가설구조물 붕괴위험시 산업안전보건법상 설계변경 요청

1) 시기: 가설구조물 붕괴 등 산업재해 발생 우려시 (※ 산업안전보건법 제71조)

2) 실시절차

수급인 → (요청) → 도급인 → (요청) → 발주자

(승인) (승인)

3) 첨부서류 ① 설계변경요청서

② 당초설계문제점 · 변경내용서

③ 전문가 구조계산서

7. 가설구조물 구조안전성확인시 안전확보방안

1) 재사용기자재의 안전율 상향 (1.2→1.5)

2) 3D 하중해석 (모든 방향의 하중검토)

→ BIM 기술 활용 (Modeling)

3) 전체 승인 검토 : 관계인 선정 "끝"

번호 문제) 건설기술진흥법 상 구조적 안전성을 확인해야 하는 가설구조물의 종류를 설명하시오.

답)

1. 개요.

1. 건설기술진흥법 제62조 제11항 규정에 의거 가설구조물의 안전성을 위한 검토가 필요하며,

2. 그 종류로는 1) H=31.0m 비계 2) 작업발판 3) H=2.0m 이상 흙막이 지보공 4) 동바리를 거푸집 등이 있다.

3. 본고에서는 00년차의 착.토장공사의 00교 교각 시공 시 흙막이 가설구조물의 구조적 안전 확보 사례를 기술하고자 함.

2. 건설진흥법과 산업안전보건법의 가설구조물 안전성 확인내용

구분	건설기술진흥법	가설구조물
법조항	법 제62조 제11항	법 제71조.
관계부처	국토교통부	고용노동부.
검토범위	세부적	광의적
거푸집 동바리	H=5.0m 이상	H=6.0m 이상

3. 건설기술진흥법 상 가설구조물 안전성 확인 법률근거.

1. 건설기술진흥법 제62조 제11항.

2. 건설기술진흥법 시행령 제101조의2.

3. 건설기술진흥법 시행규칙 제60조.

→ [토질, 지질, 토목구조, 건축구조 외 전문가 확인 검토 필요.

번호 **4.** 건설기술진흥법 상 가설구조물 구조적 안전 확인 종류.

*근거 : 건설기술진흥법 시행령 제101조의2.

- H = 31.0m 이상 비계.
- 작업발판 일체형 거푸집 또는 H=5.0m 이상 거푸집 동바리
- 터널지보공 또는 H=2.0m 이상의 흙막이 지보공
- 동력이용 움직이는 가설구조물
- 그 밖의 발주자가 필요하다고 인정하는 가설구조물.

5. 건설기술진흥법 상 가설구조물 구조적 안전 확인 Flow.

가설구조물 설치 의뢰서 → 요청주체
- 관계수급인
- ↓
- 도급사
- ↓
- 발주체

요청주체 → 첨부서류

첨부서류
- 설계변경 요청 도면
- 변경 요청 사유서
- 전문가 검토의견 (자격증 사본)
- 구조계산서 등 증명서류.

6. 안전관리자로서 가설구조물 구조적 안전 확인 시 유의 사항.

1. 건설기술진흥법 상 전문가 참여 검토 확인 필요.
   → 학위 이수자 검토 지양, 자격증 소지자 우선 검토
2. 재사용 가설재 품질시험 및 기준충족 자재 사용.
   → 작업발판, 거푸집, 비계 등.
3. 실작업자 의견 청취 반영

번호 7. 최근 중복되는 가설구조물 안전성 확보를 위한 정책방향.

1. 흙막이 사용 인허 지원·사용 추진.

: 공사금액 500억 미만 건설현장 가설구조물 인허지원

→ 최대 조치비용 이내 (65% → 80% 상향지원)

2. 스마트 장비 지원 및 확충.

(건설기술 진흥법 제62조의 3)

3. 품질시험 및 KCs 획득 가설재 사용.

: 건설기술 진흥법 제50조 (품질시험 실시)

8. ○○ 4차선 확·포장 공사의 ○○교 교각 기초기의 흙막이 벽 가시설의 구조적 안전성 확보 사례

1. 현황 : ○○ 교각 기초기의 가시설 H-Beam.

150 × 150 × 10T H = 5.0m. 근입길이 2.0m 현장.

2. 현장 : 토질주상도 Boring 과정에 N = 20 이하.

→ 주동토압 과다 작용 → H-Beam 변위.

3. 대책

$Pa < Pp + Racker$

→ 구조적 OK.

Pa ∴ Racker 추가 시공.

Racker

Pp.

문제 11 안전점검의 종류

(문제) 안전점검의 종류

(답)

I. 개요

1. 안전점검의 종류로는 산업안전보건법, 건설기술진흥법, 시설물의 안전 및 유지관리에 관한 특별법에 각각 명기되어 있음.
2. 각 법령의 목적에 맞는 안전점검을 수행하고 그 결과에 따라 적정한 조치를 취하여 근로자의 안전과 보건, 국민의 공공복리를 증진시킴.

II. 법률상 안전점검의 종류 및 적용대상

구분	산업안전보건법	건설기술진흥법	시설물특별법
법조항		제62조 (건설공사의 안전관리)	제3장 제1절 (안전점검 등)
안전점검 종류	일상점검 정기점검 특별점검 임시점검	자체안전점검 정기안전점검 정밀안전점검 초기점검 공사재개전 안전점검	 정기안전점검 정밀안전점검 정밀안전 진단 성능평가
적용대상	근로자의 안전·보건	구조물 자체	제1, 2종시설물 제3종시설물

III. 산업안전보건법상 안전점검의 종류, 점검주기 및 내용

종류	점검주기	점검내용
일상점검	매일	기계·작업에 대한 전반
정기점검	1회/주 1회/월	① 기계·설비 안전상 중요부분 ② 피로, 마모, 손상
특별점검	신설, 변경시	① 기계기구 설비 신설, 변경 ② 고장수리 등 점검
임시점검	이상, 재해 발생시	① 이상유무 확인 ② 작동상태 확인

IV. 건설기술진흥법상 안전점검의 종류, 점검주기 및 내용

종류	점검주기	점검내용
자체안전점검	매일	건설공사 전반
정기 안전점검	안전관리계획서에서 정한 횟수	① 시설, 공법의 안전성 ② 품질, 시공 안전관리 적정성
정밀 안전점검	보수, 보강 필요시	① 결함원인 분석 ② 보수, 보강, 재시공 계획
초기점검	점검기준 초기치 설정시	① 외관조사망도, 육안조사 ② 기본조사, 추가조사
공사재개전 안전점검	1년이상 중지된 공사재개시	정기안전점검의 점검항목

비고

V. 시설물 특별법상 안전점검 종류 및 안전등급별 점검주기

안전등급	정기안전점검	정밀안전점검		정밀안전진단	성능평가
		건축물	그외시설물		
A	6개월	4년	3년	6년	1회/5년 이상
B, C	6개월	3년	2년	5년	
D, E	4개월	2년	1년	4년	

VI. 시설물 특별법상 안전점검 내용

- 시설물 개요, 이력사항 / 설계도면 보수보강 이력 / 외관조사 결과 분석 + 종합결론 → 정기안전점검
- (위 항목) + 재료시험 측정 결과 분석 / 콘크리트, 강재시설물 상태평가 + 종합결론 건의사항 → 정밀안전점검 및 긴급안전점검
- (위 항목) + 시설물 구조해석, 안전성평가 / 시설물의 종합평가 / 보수, 보강 방법 + 종합결론 건의사항 → 정밀안전진단

VII. 안전점검 시 주의사항

1. 최신 기술의 적용
2. 구조물 형식, 현장특성 고려
3. 책임있는 기술자의 참여
4. 점검시 점검자의 안전확보.

VIII. 맺음말

1. 법률상 안전점검 대상 외 취약시설에 대한 안전점검 기준, 제도 마련 필요
2. 소규모 건설현장의 안전점검 강화로 재해율 저감 노력 필요

"끝"

문제 12	해저드(Hazard)와 리스크(Risk)를 비교하고, 위험감소대책(Hierarchy of Controls)에 대하여 설명하시오.

문제) 해저드(Hazard)와 리스크(Risk)를 비교하고 위험감소 대책(Hierarchy of controls)에 대하여 설명하시오.

답)

1. 개요

1) 위험성 평가 통해 해저드와 리스크 파악 및 위험 감소 대책 수립. 시행해야 하며

2) 위험감소 대책 수립시 본질적 대책 → 공학적 대책 → 관리적 대책 → 개인보호구 순으로 대책수립 필요.

3) 건설공사 전 생애주기에 걸친 HRA 활동 통한 지속적 안전보건 관리체계 개선해야함

2. 건설공사 단계별 해저드 및 리스크 활용 방안

- 계획
  - HRA 발굴
  - 설계 안전성 검토
- 발주
  - 설계 안전성 검토 반영
  - 안전보건 기준·규정
- 시공
  - 안전관리 계획서
  - 공종별 위험성 평가
  - 추가 HRA 도출
- 준공
  - 전단계 HRA 정리 → CSI 등록

P-D-C-A Cycle 지속적 개선

* HRA ; Hazard (위험요소), Risk (위험성) Alternative (감소대책)

번호 3. 해저드와 리스크 비교

구분	해저드	리스크
정의	· 잠재적으로 손실을 입힐수 있는 "위험요소"	· 실제 손실 발생 가능성 및 중대성 (위험성)
구성	· 위험발생 객체 · 위험발생 위치 · 작업 프로세스	· 사고발생 (빈도) · 심각성 (크기) → 빈도 × 크기
평가	· 발굴자의 정성적 평가	· 정량적 (ETA, FTA 등)

Hazard —발현→ Risk → 위험성 평가 → 위험감소 대책수립

4. 위험감소대책 (Hierarchy of controls)

1) 위험감소 대책 수립 방법 (우선순위 단계별)

(00전산센터 외벽작업 비계 공사)

(대 ↑ 감소효과 ↓ 小)

단계	대책	내용	현장 반영
1	본질적 대책	· 제거 · 회피) 설계 단계	· 고소작업 제거 불가 → 시스템비계 반영
2	공학적 대책	· 안전장치 방호설비	· 선행안전난간 고려 · 안전방망 등 추가설치
3	관리적 대책	· 매뉴얼정비 교육훈련	· 안전점검 · TBM, 작업계획서
4	개인 보호구	· 이전단계 대책불가시	· 스마트 안전대 적용 · 건강상태 확인

번호

2) 위험감소 대책 수립·시행시 고려사항

① 위험성 크기가 큰것부터 대책 수립

② 안전보건상 중대문제 즉시 시행

③ 법령에 규정된 사항 반드시 실시

④ 근로자 참여 보장

5. 아차사고 분석 통한 위험감소대책 수립 사례 (○○전산센터)

< 아차사고 시간 분석 >

① 작업시작직후

→ 걸려넘어짐 빈번

② 10시 ┐ 집중력저하

③ 15시 ┘ (피로)

감소 대책

① TBM 실시후 작업장 정리정돈 → 넘어짐 예방

②,③ : RMR 고려 작업반별 휴식부여 (10~30분)

· 신고된 아차사고 → 노사협의체 → 위험성평가반영

6. 맺음말

1) 건설사고 예방위해 경영자의 적극적 안전의식, 리더쉽 바탕으로 한 안전보건 관리체계 구축 중요하며

2) 건설공사 전 생애주기에 걸친 HRA 활동 통한 지속적 안전보건 관리 개선 이행해야 함

"끝"

문제 13 중대한 결함의 종류

문제 3) 중대한 결함의 종류

1. 개요

시설물의 구조안전에 중대한 영향을 미치는 것으로 인정되는 기초의 세굴 · 부등침하 · 파이핑 등 결함을 말한다.

2. 시설물 안전점검 업무 절차

정기 · 정밀 안전점검 → 긴급안전점검 정밀안전진단 → 중대결함 발견 → 긴급조치 보수 · 보강

3. 중대한 결함의 종류 (※ 시설물 안전법 시행령 18조)

1) 시설물 기초 세굴
2) 교량교각 부등침하, 교량 받침 파손
3) 터널 부등침하, 벽체 파이핑
4) Con'c 열화 · 탄산화, 옹벽균열
5) 교량난간 파손, 신축이음부 파손, 환기구 파손

4. 중대한 결함 발견시 관리주체의 조치사항

1) 긴급안전조치 (법 제 23조)
① 사용제한, 금지, 철거 ② 주민대피 · 안전
2) 위험표지의 설치 (법 제 25조)
3) 보수 · 보강 조치 이행 (법 제 24조) — 2년내 착수, 3년내 완료

5. 중대한 결함 발견을 위한 긴급점검시 점검원 안전보건 대책

안전대책
— 교통통제 · 신호수
— 안전모 · 안전대 등 개인보호구 착용

보건대책
— MSDS 교육
— 밀폐 작업시 환기 · 산소측정

"끝"

문제 14 시설물의 중대한 결함

문제) 시설물의 중대한 결함

답)

I. 개요 (시설물 안전법 22조 ~ 24조)

시설물 중대결함은 안전점검 등 결과 발견된 중대한 하자로 관리주체는 사용제한, 보수보강 등 조치를 해야함

II. 시설물 중대결함에 따른 재해발생 Mechanism (염해)

부동태 →(CO_2↓) 활성태 →(Cl^-↓) 철근분해 →(H_2O, O_2↓) 철근부식 → 박리 블리

<중성화> <염해> <팽창, 내구성상실>

III. 시설물의 중대한 결함

- 기초세굴, 교각/터널 부등침하
- 교량받침, 신축이음 등 파손
- 댐·하천 누수, 파이핑
- 염해/탄산화, 구조내력 손실 등

강선부식, 용접불량, 재료분리, 균열, 철근량 부족

<구조안전상 주요부위 결함>

IV. 시설물 중대결함 발견시 관리주체 조치사항

긴급안전조치 · 사용제한, 안전표지판

↓

보수 보강 실시 (2년내 실시) [보수: 표면처리, 충진 등 / 보강: 강판부착, 단면확대 등

↓

보수 보강 완료 착수후 3년내, FMS 등록

1.2 M, 어두운 도장 (글씨: 검정), 1.0 M, 2M 이상, D100mm

<표지판 규격>

V. 시설물 중대결함 보강사례 (OO물류창고)

600 × 600 기둥, ← 강판 (20t), 채움콘크리트, 보강철근 (H25)

* 염해 구조내력 손실에 따른 보강

→ 강판부착

"끝"

번호 문제> 시설물의 중대결함

답>

1. 시설물의 중대결함의 정의.

각 시설물에 구조적 안정성을 저해시키는 결함을 말하며 시설물의 붕괴 및 전도 등으로 부터 즉시 보수·보강이 필요함.

2. 시설물 안전관리법상 시설물의 중대결함 종류 및 대상.

시설물안전관리법 제22조 및 같은법 시행령 제18조. (중대결함)

- 제방의 Piping 발생.
- 댐 본체 누수, 침식 Piping
- 철근구조물 염화물 → 내력저하.
- 사면 이완 등으로 옹벽의 안정성 저하시

3. 시설물의 중대결함 발생시 피해 내용 및 특징

- 직접적
  - 시설물 붕괴.
  - 인적·물적 피해 발생
- 간접적
  - 정부 및 지자체 신뢰 손상.
  - 보수·보강비용 증가 → LCC 저하.

4. 시설물의 중대결함 발생시 보수·보강 Flow 및 안전관리대책

성능평가 및 정밀점검 시행 → 실외시험 구조검토 시행 → 보수·보강 방법결정 → 공사, 추적관리

- 시설물안전관리법 제17조 및 제40조. : 기존 보수이력조사.
- 근로자 개인보호구 착용 MSDS 교육 : 염화, Piping 등
- 안전관리계획 수립 건진법 시행령 제98조. : 공사비·안전성.
- CSI 및 FMS 활용 시특법 제55조

5. 경남 함안 OO 제1제방 Piping 중대결함 보강 사례

성능평가결과 D등급 Piping 발생

침윤선 / Piping → (보강) → H=18m L=70m / 차수 보강 / Sheet pile 시공

문제 15 시설물의 안전점검 결과 중대한 결함 발견 시 관리주체가 하여야 할 조치사항

문제 8) 시설물의 안전점검 결과 중대결함 발견시 관리주체가 하여야 할 조치사항

답)

I. 개요 (시설물 안전법 22조 ~ 25조)

시설물 중대결함은 안전점검 등 결과 발견된 중대한 하자로 관리주체는 사용제한, 보수보강 등 조치를 해야함

II. 시설물 중대결함에 따른 재해발생 Mechanism (염해)

부동태 →(CO_2, 중성화)→ 활성태 →(Cl^-, 염해)→ 철근부식 →(H_2O, O_2, 내구성 상실)→ 철근부식 → 박리 붕괴

III. 시설물 중대결함의 종류

- 기초세굴, 교각/터널 부등침하
- 교량받침, 신축이음등 파손
- 염해/탄산화, 구조내력 손실
- 댐·하천 누수, 파이핑 등

강선부식, 용접불량, 균열, 재료분리, 철근피복 부족

〈구조안전상 중요부위 결함〉

IV. 시설물 중대결함 발견시 관리주체 조치사항

- 긴급안전조치: 사용제한, 안전표지판
- 보수, 보강실시 (2년내 실시): 보수: 표면처리, 충전등 / 보강: 강판부착, 단면확대등
- 보수.보강완료: 착공후 3년내. FMS 등록

1.2M, 이용을 보강 (글씨: 검정), 1.0M, 2M 이상, Φ100mm

〈표지판 규격〉

V. 시설물 중대결함 보강사례 (○○물류센터)

600 × 600 기둥: 강판(20t), 채움콘크리트, 보강철근(H25)

- 구조내력 손실에 따른 보강 → 강판부착

"끝"

문제 3) 시설물의 안전점검 결과 중대결함 발견시 관리주체가 하여야 할 조치사항

1. 개요

관리주체는 시설물 중대결함 발견시 사용제한, 금지, 철거, 주민대피 등의 안전조치를 하여야 한다.

2. 시설물의 안전점검 업무 수행 절차

정기 · 정밀 안전점검	→	정밀안전진단 긴급안전점검	→	중대결함 발견	→	긴급조치 보수, 보강

3. 중대결함 발견시 관리주체가 하여야 할 조치사항

1) 긴급 안전조치 (제23조)
① 사용제한, 금지, 철거
② 주민대피 · 미디어(방송) 알림
2) 보수, 보강 시행 (제24조)
3) 위험표지의 설치 (제25조)

※ 시설물 중대결함
① 기초의 세굴
② 부등침하, 파괴점
③ Con'c 열화 · 탄산화
④ 안전난간대, 교량장치 파손

4. 시설물 안전점검 수행시 점검원 안전 · 보건 확보방안

안전 대책
- 작업구역 통제
- 교통신호수 배치
- 안전대 착용

보건 대책
- 분진마스크
- 밀폐작업시 환기, 산소측정

5. 해빙기 대비 OO콘크리트교량 점검시 중대결함 조치사항

교량받침 장치 파손	→	차량통행 제한	→	파손부위 교체
(중대결함)		(긴급조치)		(보수, 보강)

"끝"

문제 16 시설물의 정밀점검 실시시기

번호 문제> 시설물의 정밀점검 실시시기

答>

1. 시설물의 정밀점검 정의

시공중과 공용중 시설물의 안전확보를 위해 실시하는 점검으로서 점검자의 안전 및 보강대책 확보를 통한 점검이 중요하다.

2. 시설물의 정밀점검 실시시기

Item.	시설물안전관리법	건설기술진흥법
근거	법 제11조 ~ 제13조	시행령 제100조.
시기	1·2종 시설물 → 준공후 3년이내 실시	정기안전점검 결과 → 보수·보강 필요시.

※ 시설물안전관리법 상 실시시기.

[시설물안전관리법 제11조]

	건축물	건축물 외.
A	1회/4년	1회/3년
B.C	1회/3년	1회/2년
D.E.	1회/2년	1회/1년

3. 시설물의 정밀점검의 주요 내용

1. 시설물안전관리법 정밀점검 : 상태·평가 등급 결정
2. 건설기술진흥법 상 정밀점검 : 물리적, 기능적 결함 내용 파악.
   → 시공중 : 건진법 점검 / 공용중 : 시특법 점검.

4. 공용중 교량 시설물의 정밀점검 Flow 및 내용.

예비조사 → 계획 → 현장조사 → 상태평가 → FMS입력.

- 예비조사: 기존점검, 자료분석.
- 계획: 장비·인원, 교통대책
- 현장조사: Con'c, 강재, 품질·결함확인
- 상태평가: 결함분석, A~E등급 결정
- FMS입력: 시설물안전관리법 제55조.

문제 7) 시설물의 정밀점검 실시시기

1. 개요

1.2종 시설물의 관리주체는 실시주기에 따라 면밀한 육안 점검수준의 점검을 정기적으로 실시해야 한다.

2. 시설물의 정밀점검 실시 절차

사전조사 → 현지조사 → 상태평가 → 결과보고

- 설계도면 - 비파괴 - 결함부위 - 등급산정
- 과업수행계획서 - 측정·시험 - 외관망도 작성 (A~E)

3. 시설물의 정밀점검 실시 시기 (시특법 제11조, 시행령 8조)

안전등급	건축물	건축물 외
A	4년에 1회	3년에 1회 이상
B, C	3년에 1회	2년에 1회 이상
D, E	2년에 1회	1년에 1회 이상

4. 시설물의 정밀점검 수행시 근로자 안전·보건 확보 방안

1) 2m 이상 고소작업시 안전대 등 보호구 착용

2) 도심지 교량·터널 점검시 교통 신호수 배치

3) 밀폐공간 등 출입시 환기·산소농도 측정

5. 00 콘크리트 옹벽의 정밀점검 실시시 중점 점검사항

정밀안전점검 → 중대결함발견 → 정밀진단 요청

- Con'c 균열
- 기초부 침하

구분	점검사항
지반	기초 침하·세굴여부
전면부	손상·누수·균열
배수로	배수여부·관리상태

"끝"

문제 17 시설물의 성능평가

문제 3) 시설물의 성능평가.

1. 시설물 성능평가의 정의

시설물의 성능을 종합적으로 평가하여 시설물의 객관적인 현재상태와 장래의 성능변화를 파악·예측하는 것을 말한다.

2. 시설물의 성능평가 목적 및 실시시기

목 적	실시시기
1) 객관적인 현재상태 파악	매 5년마다 시행
2) 합리적 유지관리 전략 마련	(주로 1.2종 시설물대상)

3. 시설물의 성능평가의 절차 및 내용

자료수집·분석 — 준공도면·보수/보강 이력 (기존 정밀진단 자료 활용 가능)

↓

현장조사·시험 — 기본과업 및 선택과업 (콘크리트 구조물 / 강재 구조물)

↓

성능평가 — ①안전성능 ②내구성능 ③사용성능

(A등급~E등급) → 유지관리 전략제안 (성능목표)

4. 시설물의 성능평가 수행자의 안전관리방안

1) 안전관리계획 수립
2) 보호구 착용(안전대·안전모 등)
3) 밀폐작업시 환기·유해가스 배기

※ 실시자 자격
① 성능평가 교육 이수
② 특급기술인 이상

5. 소규모 취약시설의 성능평가 필요성과 발전과제

1) 필요성 : 안전점검 미흡·사고시 피해확대 큼
2) 발전과제 : 성능평가 지원 사업 추진 필요 "끝"

문제 18	기둥의 좌굴(Bucking)

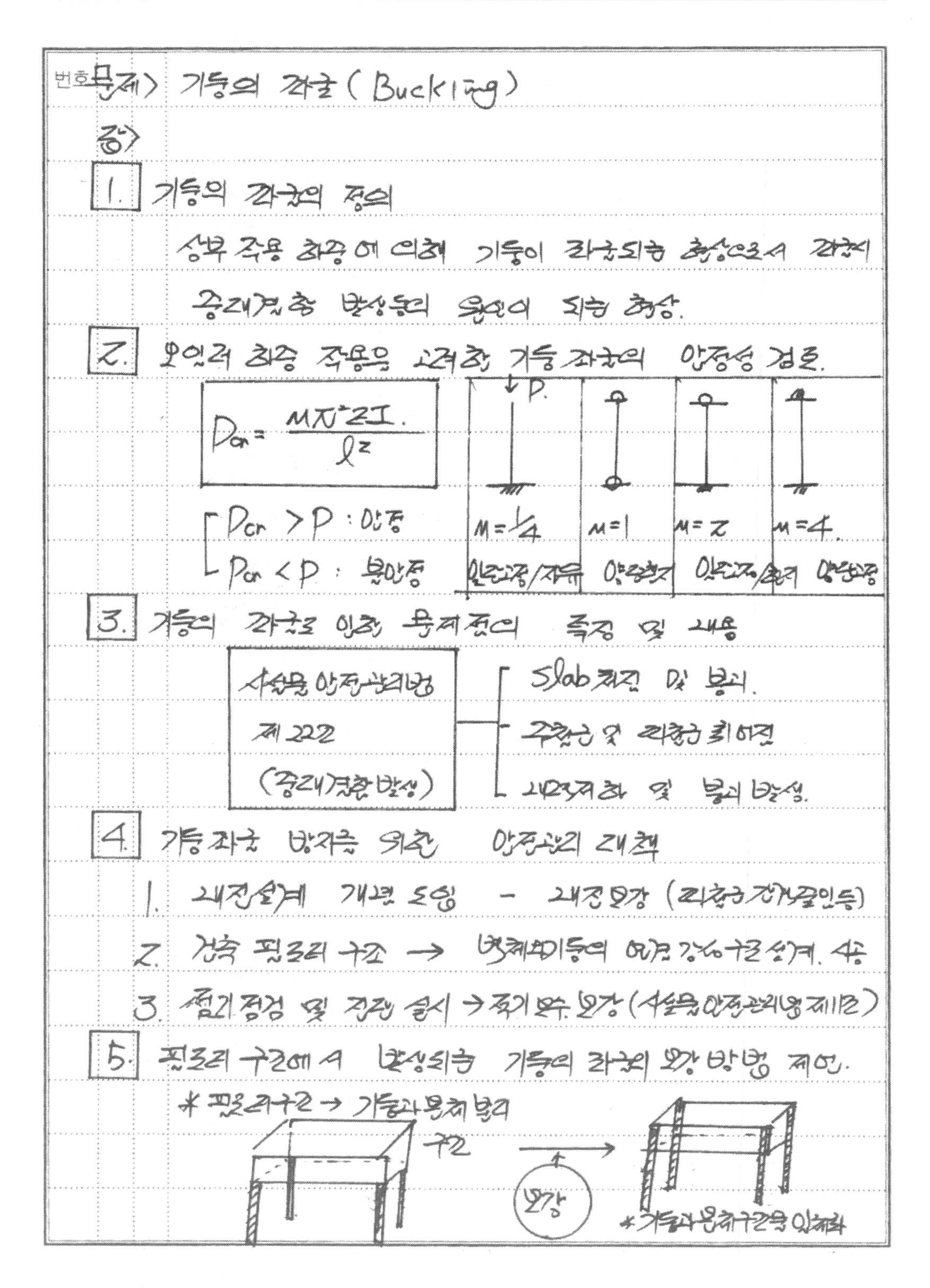

번호 문제> 기둥의 좌굴 (Buckling)

답>

1. 기둥의 좌굴의 정의

상부 작용 하중에 의해 기둥이 좌굴되는 현상으로서 좌굴시 중대재해 발생등의 원인이 되는 현상.

2. 오일러 하중 작용을 고려한 기둥 좌굴의 안정성 검토.

$$P_{cr} = \frac{m\pi^2 EI}{l^2}$$

- $P_{cr} > P$: 안정
- $P_{cr} < P$: 불안정

$m = 1/4$	$m = 1$	$m = 2$	$m = 4$
일단고정/자유	양단힌지	일단고정/힌지	양단고정

3. 기둥의 좌굴로 인한 문제점의 특징 및 내용

시설물 안전관리법 제22조 (중대결함 발생)
- Slab 처짐 및 붕괴.
- 주철근 및 띠철근 휘어짐
- 내력저하 및 붕괴 발생.

4. 기둥좌굴 방지를 위한 안전관리 대책

1. 내진설계 개념 도입 - 내진보강 (띠철근 간격줄임등)
2. 건축 필로티 구조 → 벽체와 기둥의 연결 강성 구조설계, 시공
3. 정기점검 및 진단 실시 → 적기 보수 보강 (시설물안전관리법 제11조)

5. 필로티 구조에서 발생되는 기둥의 좌굴의 보강 방법 제언.

* 필로티구조 → 기둥과 벽체 분리 구조

보강

* 기둥과 벽체구조를 일체화

번호 문제> 기둥의 좌굴 (Buckling)

답>

I. 기둥의 좌굴 정의

외적, 내적 요인에 의해 기둥에 발생하는 구조적 현상으로 시설물 안전관리법 상 중대결함의 요인이 되며 긴급 보수·보강이 필요함

II. 기둥 좌굴시 문제점 및 대응

1. 구조적
   - 중대결함 발생 (시설물안전관리법 제22조)
   - 종·횡단면 등 균열 발생.
   - 2차응력, 내구성 부족

slab.
좌굴
균열.

2. 비구조적
   - 사용 중지 비용 → 보수·보강비용소요.
   - 주민 긴급대피 → 사용제한에 따른 기회비용 상실

III. 기둥 좌굴의 원인 및 대응.

설계적	시공적	유지관리적
ㅇ내진설계 미적용	ㅇ피복두께 미확보	ㅇ시설물안전법 상
→ 띠철근 미보강	ㅇ지반 보강 불량	점검진단 및 정기 미실시
→ 철근정착 미고려	→ 지하수 미처리	ㅇ 균열 등 발생 시
→ 구조 전문 미흡.	→	즉시 미보수·보강

IV. 기둥좌굴 발생시 시설물 안전관리법 상 안전조치사항

사용중지, 긴급대피 [법 제23조] → 점검 및 진단 [법 제11조 및 제12조] → 보수·보강대책 [법 제24조] → DMS알림 [법 제15조]

V. 내진설계 반영을 통한 기둥좌굴에 대한 중점안전관리 대책

1. BIM+3D 활용 → 지진에 대한 외력구조검토 시행 (관련법 제22조의3)
2. 지하안전 평가를 통한 → 지반거동 영향평가 → 내진설계 반영

문제 19 『시설물의 안전관리에 관한 특별법』에 따른 긴급안전점검과 소규모 취약시설의 안전점검에 대하여 설명하시오.

문제 1) 「시설물의 안전관리에 관한 특별법」에 따른 긴급안전점검과 소규모 취약시설의 안전점검에 대하여 설명하시오.

답)

I. 개요

1. 시설물 안전법 上 긴급안전점검은 손상점검과 특별점검으로 구분됨.
2. 소규모 취약시설에 대한 안전점검 대상은 전통시장 경영촉진법에 따른 조합 시설 등이 포함되며,
3. 정기안전점검 수준으로 점검 시행하고, 그 결과를 SFMS에 입력, 활용해야 함

II. 공용中 시설물에 대한 관리주체의 안전점검 사항

시설물 안전법	지하 안전법
· 정기, 정밀안전점검	· 지하 안전 점검
· 정밀안전진단	· 지반 침하 위험도 평가
· 긴급안전점검 ┌ 손상점검	–
└ 특별점검	–

III. 「시설물의 안전관리에 관한 특별법」에 따른 긴급안전점검

1. 긴급 안전점검 실시 Flow 및 종류

공중의 위험 → 긴급안전 점검명령 → 긴급안전 점검실시 → 관리주체 통보

· 손상점검 : 구조적 손상에 따른 점검.
· 특별점검 : 구조물 결함 의심, 사용제한 판단.

2. 긴급안전점검 시 점검사항

조사 방법	조사 내용
· 육안 조사	· 콘크리트 균열, 박리, 박락, 백태, 층분리 등
· 기본 조사	· 반발경도, AAR, 중성화, RT, UT, PT 등
· 추가 조사	실내 물성 시험 : Gs, rA, e, n 등 수치 해석 : MIDAS, ABAQUS, LUSAS.

IV. 「시설물의 안전관리에 관한 특별법」에 따른 소규모 취약시설 안전점검

1. 소규모 취약시설 대상(1·2·3종 시설물 外)

1) 사회복지 시설 (사회복지사업법)
2) 전통시장 (전통시장특별법)
3) 교량 (농어촌도로정비법) ※ 기타 안전 및
4) 지하도 및 육교(도로법) 재난 취약 시설.
5) 옹벽 및 깎기비탈면 등

2. 소규모 취약시설 안전점검 Flow

안전점검 요청: 시설물 관리자 소유자 행정기관장에 요청
↓
안전 점검 실시: 국토안전관리원 실시 (정기안전점검 수준)
→ 결과통보 (2개월 내) →
보수·보강 등: 조치계획 제출 (3개월 內)
↑
보수·보강 등: 조치이행 결과 보고

※ SFMS 활용 입력

Ⅴ. 소규모 취약시설 안전점검 결과 중대결함 발견 시 조치사항

1. 통보내용

1) 관리 등급, 내용, 조치사항

2) 관리주체, 소재지, 명칭 등.

2. 관리주체의 조치 사항

1) 긴급안전조치 이행

· 긴급안전점검, 사용제한

· 안전표지판의 설치 ⟶

1.2m

글씨: 검정

바탕: 노랑

1.0m

D10cm 이상

2.0m 이상

(안전표지판)

2) 보수·보강 (내하력 개선 용도) ─ 2년 내 착수

3) SFMS 입력, 유지관리 └ 착수 3년 내 완료

Ⅵ. 소규모 취약시설에 대한 긴급안전점검 시 작업자 주의사항 (점검시설 해빙기 중심)

1. 대피공간의 확보

2. 배부름 현상 주변 접근금지

3. 2차 재해 예방

4. 계측기 설치 분석

5. 접근 기험 자제

→ Drone 활용

Ⅶ. 결론

1. 시설물 안전법에 의한 긴급안전점검 시 지하안전법과 병행하여 원인 조사·조치 방안 마련 필요.

2. 아울러 소규모 취약시설의 경우 관리주체의 예산 지원 방안, 이에 따른 조치 신속 관리 추진 해야 할 것으로 판단됨

"끝"

문제 2) 시설물의 안전 및 유지관리 특별법에 따른 소규모 취약시설의 안전점검에 대하여 설명하시오.

답)

1. 개요

1) 소규모 취약시설은 1·2·3종 시설물 외의 안전에 취약한 시설물로 관리주체는 정기적으로 안전점검을 요청하여 국토안전관리원의 점검을 받아야 한다.

2) 소규모 취약시설의 관리주체는 매년 안전점검 계획을 수립하고 필요시 보수·보강을 시행하여 시설물의 중대한 결함발생으로 인한 재해를 예방해야 한다.

2. 소규모 취약시설의 안전점검 목적 및 종류

1) 소규모 시설의 효율적 유지관리

2) 안전사각지대 해소

3) 밀집시설 재해 피해 최소화

정기점검 / 정밀점검 / 긴급점검

3. 소규모 취약시설의 안전점검 수행 절차 (법 제19조, 시행규칙 제16조)

안전점검 수행요청 (관계기관) (관리주체) → 점검대상 선정 — 우선순위 고려 (위험도, 경과연수, 사용인원 등)

↓

시기·계획 통보

↓

안전점검 실시 — 정기점검 수준 (육안점검)

↓

결과 통보 — 등급산정 (A, B, C, D, E) → 보수보강 조치계획

↓

보수·보강 시행 — 소규모 안전관리시스템 등록

계획제출

4. 소규모 취약시설의 범위 (동법 시행령 제15조)

1) 사회복지시설 - 경로당, 마을회관

2) 전통시장 - 아케이드, 건물주차장

3) 농로교량 - 연장 20m 미만

4) 보도육교·지하차도/보도
(준공연도 10년 미만)

옹벽, 절토사면
H=5m 미만
L=20m 미만

5. 소규모 취약시설의 안전점검 및 유지관리계획수립 (제19조)

1) 관리주체는 매년 계획 수립

관계 행정기관의 장 (시장·군수) —제출 (10월 15일까지)→ 시·도지사 —제출 (10월 31일)→ 국토부장관

2) 수립 내용

① 취약시설 종류·현황 ② 관리자/행정기관 정보

③ 설계도서 ④ 안전점검 실시계획 및 비용

6. 소규모 취약시설의 보수·보강 조치 계획 수립 및 이행

1) 안전조치 통보시 관리주체는 30일 내 계획수립.

관계 행정기관의 장 (시장·군수) —제출 (15일 내)→ 시·도지사 —제출 (15일 내)→ 국토부장관

2) 소규모 취약시설 안전관리시스템 활용하여 제출

① 보수·보강 조치계획서 등록·제출
- 조치방법, 재원대책, 예정일

② 안전조치 이행실적 등록
- 조치사진, 내용·일자 등

7. 소규모 취약시설의 안전 및 유지관리 교육

1) 국토안전관리원은 매년 교육 계획 수립(2월 말)

2) 교육 내용

① 안전점검 및 유지관리 내용·방법

② 구조적 위험 발생시 조치 방법.

8. 소규모 취약시설 점검시 자율안전점검 App 활용 사례

1) OO동 노인복지시설 정기 안전점검 (국토안전관리원 대상 미선정으로 자체점검)

2) App 안전점검 활용절차

시설물 현황 등 정보 입력 → 안전점검 체크리스트 작성 → 구조부위 사진촬영·등록

↓

결과 분석 → 점수등급 산정 (55점 미만) → 국토안전관리원 상담문의 신청

3) App 활용 기대효과 및 개선방향

① 비 전문가도 수행 가능, Data 이력 관리체계 구축

② 고령 사용자를 고려한 글씨크기 및 설명 보강.

9. 소규모 취약시설 안전점검 실효성 강화 제언

1) 자율점검 활성화를 위한 점검요령 등 교육동영상을 지속 배포 (국토안전관리원의 취약시설 전수점검 곤란)

2) SMS 와 소규모 취약시설 관리시스템 연동을 통한 유지관리 / 보수·보강 기술 정보 등 공유 "끝"

문제 20 시설물의 안전 및 유지관리에 관한 특별법의 토목분야 제3종 시설물에 대한 대상범위 및 안전관리절차와 안전점검방법에 대하여 설명하시오.

(문제) 「시설물의 안전 및 유지관리에 관한 특별법」의 토목분야 제3종 시설물에 대한 대상범위 및 안전관리절차와 안전점검 방법에 대하여 설명하시오.

(답)

1. 개 요

1) 최근 정부는 법 개정 통해 준공 10년 경과 토목 구조물을 제3종 시설물로 지정 의무화 함.

2) 안전 취약한 제3종 시설물은 정기안전점검, 정밀안전점검 등을 통해 주기적 점검해야 하며

3) 특히 점검 수행 중 점검원 산업재해 예방을 위해 안전시설 설치, 개인보호구 착용 등 하여야 함.

2. 최근 강화된 시설물 안전법상 제3종시설물 관리 기준

1) [지정 해제] · 관리주체 및 소유수 등 취약시설 대상 → 3종 시설물 지정 및 해제 가능

2) [신규 지정] · 준공 10년 경과 토목, 15년 경과 건축 구조물 → 3종 시설물 관리 의무화

3) [점검강화] · 정기안전점검 결과 D, E 등급시 → 1년 이내 정밀안전점검 실시

3. 토목 분야 제3종 시설물에 대한 대상범위 (법 개정)

종 류	대 상 범 위	비고
터널	1) 300m 미만 터널 2) 100m 미만 지하차도	

번호	종류	대상 범위	비고
준공 10년 경과 대상	교량	1) 20~100m 미만 도로교량	
		2) 20m 이상 도로외 교량	
		3) 100m 미만 철도교량	
	옹벽	1) 높이 5m 이상 부분 연장 길이 100m 이상 옹벽	
		2) 높이 5m 이상 부분 연장 길이 40m 이상 복합옹벽	
	육교	1) 보도육교	

4. 토목분야 제3종 시설물 안전관리 절차

1) 안전점검 계획 — 정기안전점검 실시 계획 수립

등급	A·B·C등급	D·E등급
주기	반기 1회	1년 3회

↓

2) 정기안전점검 · 육안점검 중심

↓ * 중대한 결함 발견시 → <중대한결함>
① 기초 세굴
② 교량 받침 파손
③ 교각 / 교대 부등침하
④ Con'c 열화, 탄산화 등

3) 긴급안전조치
- (1) 긴급대피, 사용제한
- (2) 사용금지표지 설치

↓

긴급안전점검 — 손상 / 특별점검

↓

정밀안전진단
- (1) 결함 원인 파악
- (2) 보수·보강 대책 수립

↓

보수·보강
- (1) 2년내 착수
- (2) 3년내 FMS 등록

번호

5. 토목분야 제3종 시설물 안전점검 방법

점검 종류	안전 점검 방법
정기 안전 점검	1) 과거 점검 이력 조사 2) 보수·보강 이력 파악 3) 취약 부재·분야 집중점검 4) 육안 점검 중심 진행
긴급·정밀 안전 점검	1) 설계도면, 구조계산서 검토 2) 육안점검 + 재료시험
정밀 안전 진단	1) 긴급-정밀 안전점검 수준 포함 2) 시설물 구조해석 → 안전성 평가 3) 보수·보강 방법 수립

6. 도심지 170m 도로교량 정기안전점검시 점검원 안전보건 확보 방안 (○○시 ○○교)

안전난간 → 거더점검 안전대 그늘막

<안전보건 확보 개념도>

안전 확보	1) 안전대 체결 2) 하부 출입통제 3) 안전난간 설치
보건 확보	1) (폭염) 물-그늘-휴식 → 주의보 : 10분/1hr 휴식

7. 스마트 기술 활용한 제3종시설물 점검 실효성 강화 방안

1) 노후 3종 시설물 안전사각지대 다수 존재

2) [드론 수중 계측], [빅데이터], [무선하중측정 센서] 등 스마트기술 활용 통한 무너짐 사전 감지 필요 "끝."

문제 6) 「시설물의 안전관리에 관한 특별법」상 제3종 시설물의 지정 권한 대상 및 시설물의 범위와 준공 후 10년 경과 소규모 교량·터널의 안전점검에 대하여 설명하시오

Q1 Q2 Q3

답)

· 소규모 취약시설 · 소규모 안전관리 계획서 · 소규모 지하안전평가

1. 개 요

1) 시설물 안전법상 3종시설물은 크게 토목과 건축분야로 나뉘며, 교량, 터널, 옹벽, 공동주택 등 범위 지정.

2) 특히, 3종 시설물은 공공 및 민간분야에서 관리가 부족한 사각지대 시설물로 점검·진단 안전관리 필요.

3) 소규모 취약시설에 대해서도 정부나 지자체에서 안전관리 위해 예산편성 등 법·제도적 정비 필요.

· 삼성 대중B/D
· 마우역 인근 상가
긴급안전점검

2. 3종 시설물의 (지정 권한 대상) 및 (시설물의 범위)

관련 법 규정 : 시설물 안전법 제8조

· 3종시설물 대상은 되지만 ↓ (준공후 10년경과) 교량, 터널은 의무적으로 관리

지정권한 대상
- (토목): 준공 후 (10년) 경과된 시설물
- (건축): 준공 후 (15년) 경과된 시설물

토목분야

구 분	대상 범위
교량	· 연장 20m이상 100m 미만 (도로교량) · 연장 20m 이상 (교량), 연장 10m 미만 철도교량
터널	· 연장 300m 미만 지방도, 시도 등 (터널) · 연장 100m 미만 (지하차도)
옹벽 등	· 노출높이 5m이상 연장 100m 옹벽 / 보도육교

	구분	대상 범위
건축 분야	공동주택	· 5층 이상 15층 이하 아파트 · 연면적 660m² 초과 · 4층 이하 (연립주택)
	공동주택 외 (대중B/D 다중이용 상가)	· 11층 이상 16층 미만 / 연면적 5천m² 이상 3만m² 미만 건축물 · 연면적 1천m² 이상 5천m² 미만 문화·집회시설 등

* 기타 중앙행정기관의 장 또는 지자체 장이 재난 예방 위해 안전관리 필요 인정 시설물

3. 준공 후 10년 경과 소규모 교량, 터널의 안전점검

1) 시설물 안전법 시행령 개정 주요 내용

① 소규모 노후 교량, 터널 의무관리 (반영)

- 준공 후 10년 경과 소규모 교량, 터널을 시설물 안전법 상 3종 시설물로 지정, 관리

② 소규모 상태불량 시설물 정밀점검 의무화

정기안전점검 →(결과) D, E 등급 판정 → 정밀안전점검 (1년 이내) → 보수, 보강 방법 결정

* (D) 주부재 노후화, (E) 주부재 심각한 결함

2) 소규모 교량, 터널 안전점검 및 점검시기

안전등급	정기안전점검	정밀안전점검		비고
		건축물	건축물 외	
A	1회/반기	4년	3년	* 정밀안전점검 후 필요시
B, C		3년	2년	
D, E	3회/1년	2년	1년	정밀안전진단 실시

4. 소규모 교량·터널 (3종 시설물) 정기안전점검 과업내용

기본과업
- 자료수집 및 분석
- 현장 조사 (평가항목 외관조사)
- ✓ 상태 평가 (외관조사 결과 분석, 등급지정)

선택과업 : 실측도면 작성 (설계도서 없는 경우)

5. 3종시설물 정기안전점검에 의한 상태 평가

법개정사항

등급	✓상태 평가	조 치
A	최 상	유지 관리
B	경미한 손상	지속적 관찰
C	보 통	보수·보강
D	주부재 노후화	사용제한 여부 관찰
E	주부재 심각한 결함	사용제한, 개축, 교체

6. 시설물 중대결함 발견시 관리주체 조치사항

✓ 긴급 안전점검 → 정밀안전 진단 —중대 결함→ 관리 주체 → 긴급안전조치 / 보수보강 실시 → 완료, FMS 등록

7. 소규모 취약시설인 3종시설물 관리 한계성 및 대책 제언

한 계 성	대 책
· 관리주체의 애매함	· 공공·민간 분야 전수조사
· 현황조사의 한계성	→ 관리주체 명확
· 예산 및 처리 부서 신설 비용	· 법·제도적 예산 반영·처리

<끝>

'23. 3. 13 (월)

문제 6) 『시설물의 안전관리에 관한 특별법』상 제3종 시설물의 지정권한, 대상 및 시설물의 범위와 준공 후 10년경과 소규모 교량, 터널의 안전점검에 대하여 설명하시오.

1. 개요

① 시설물안전관리법 상 3종시설물은 크게 토목, 건축분야로 나누어 지며 도로, 터널, 공동주택, 옹벽 기타 시설물의 범위로 지정된다.

② 소규모 취약시설에 대해서도 정부나 지방자치 단체는 안전관리를 위해 법적 정비가 필요하다.

2. 시설물안전법상 안전점검의 종류 및 점검시기

안전등급	정기 안전점검	정밀/긴급 안전점검		정밀 안전진단	성능평가
		건축물	건축물 外 시설물		
A 등급	6 개월	4 년	3 년	6 년	5년/1회 이상
B.C 등급	6 개월	3 년	2 년	5 년	
D.E 등급	4 개월	2 년	1 년	4 년	

3. 시설물안전법상 긴급안전점검 flow chart

정기안전점검 → 정밀안전점검 → 정밀안전진단 → 등급부여 → 보수/보강 → FMS 등록

(← 긴급안전점검, 등급부여 → 사용제한 표지판설치, FMS 등록 ← CSI 연계)

4. 3종 시설물의 지정권한 대상 및 시설물의 범위
〈법적근거 : 시설물의 안전 및 유지관리에 관한특별법제8조〉

1) 대상
토목 : 준공 後 10년 경과된 시설물
건축 : 준공 後 15년 경과된 시설물

2) 시설물의 범위

종류(대상)	시설물 범위
도로, 교량	◦ 일반교량 : 20m ~ 100m 미만 ◦ 철도교량 : 100m 미만
터널	L=300m 미만, 지하차도 L=100m미만
공동주택	◦5~15층이하 APT, 660m²초과 4층이하 연립주택
공동주택 外	◦ 5,000m² 미만 지하도 상가
옹벽	◦ H=5m 연장 100m 이상
기타	◦ 지방자치단체장, 중앙행정기관의 장이 안전관리가 필요한것으로 인정하는

5. 10년경과 소규모 교량, 터널 안전점검 (3종 시설물)

1) 법개정 사항 ('22 . 11. 8)
- 준공 後 10년 경과한 소규모, 교량, 터널을 시설물 안전법상 제3종시설물로 지정/관리

2) 법개정 사유
- 관심 부족시 사각지대로 놓일수 있음.

3) D, E 등급 판정시
- 판정 後 1년이내 정밀안전점검 실시 의무화

번호 6. 제3종 시설물에 대한 긴급안전점검 실시의 검토.

구 분	점 검 내 용	점검시기
1) 손상점검	① 구조적 손상시 긴급점검 ② 사용제한/금지=보수보강결정	결함과 심각성을 고려하여 결 정
2) 특별점검	① 기초침하, 세굴결함 의심시 ② 사용제한/사용여부 판단	

7. 제3종시설물 안전점검에 준한 소규모취약시설 안전점검

1) 소규모 취약시설의 범위
① 사회 복지 시설 ② 전통시장
③ 교량(농어촌 정비법) ④ 지하도·육교(도로법)
⑤ 옹벽 및 절토사면
⑥ 그 外 안전에 취약하거나 재난 위험이 있어 안전점검 실시가 필요한 시설

2) 소규모 취약시설의 안전점검 절차

소유주, 관계 행정기관의 장 → 안전점검 요청 → 검토 (〈국토안전관리원〉) → 안전점검 실시 → 결과 통보 (30日內) → 소유주·관리자: 보강 / 보존 / 보고

8. 결론

점검단계별 점검자의 수준 및 역량 Level UP 위한 제도적 장치가 필요한 시점이다." 끝"

문제 21 공용 중인 교량구조물의 안전 확보를 위한 정밀안전진단의 내용 및 방법에 대해서 설명하시오.

문제(6) 공용중인 교량구조물의 안전확보를 위한 정밀안전진단의 내용 및 방법에 대해서 설명하시오.

답)

I. 개요 (시설물의 안전 및 유지관리 실시등에 관한 지침)

1. 공용중인 교량구조물의 안전확보위해 시설물안전법에 의거 주기적인 안전점검·진단 실시해야 하며

2. 중대결함 및 안전취약시설물 (D.E등급)에 대해서는 사용제한등 긴급조치 및 보수·보강 실시하여야 함

3. 특히, 공용중 교량구조물내 안전진단시 점검자 고공사고 등 재해 예방위해 면밀한 안전·보건 대책 수립·시행 중요.

II. 시설물 안전법상 안전점검 종류 및 대상시설물

구분	1종시설물	2종시설물	3종시설물	비고
정기안전점검	의무	의무	의무	
정밀안전점검	의무	의무	-	
정밀안전진단	의무	필요시	필요시	
긴급안전점검	필요시	필요시	필요시	

III. 공용중인 교량구조물의 정밀안전진단 내용 및 방법

1. 정밀안전진단 대상 및 시기

1) 의무대상 : 1종 시설물

등급	A.	B.C	D.E
시기	1회/6년	1회/5년	1회/4년

2) 안전점검 결과 필요시

시설물안전법상 대상교량 종류

·1종 - 특수교량, 500m 이상

·2종 - 100m 이상

·3종 - 10년경과 (20~100m)

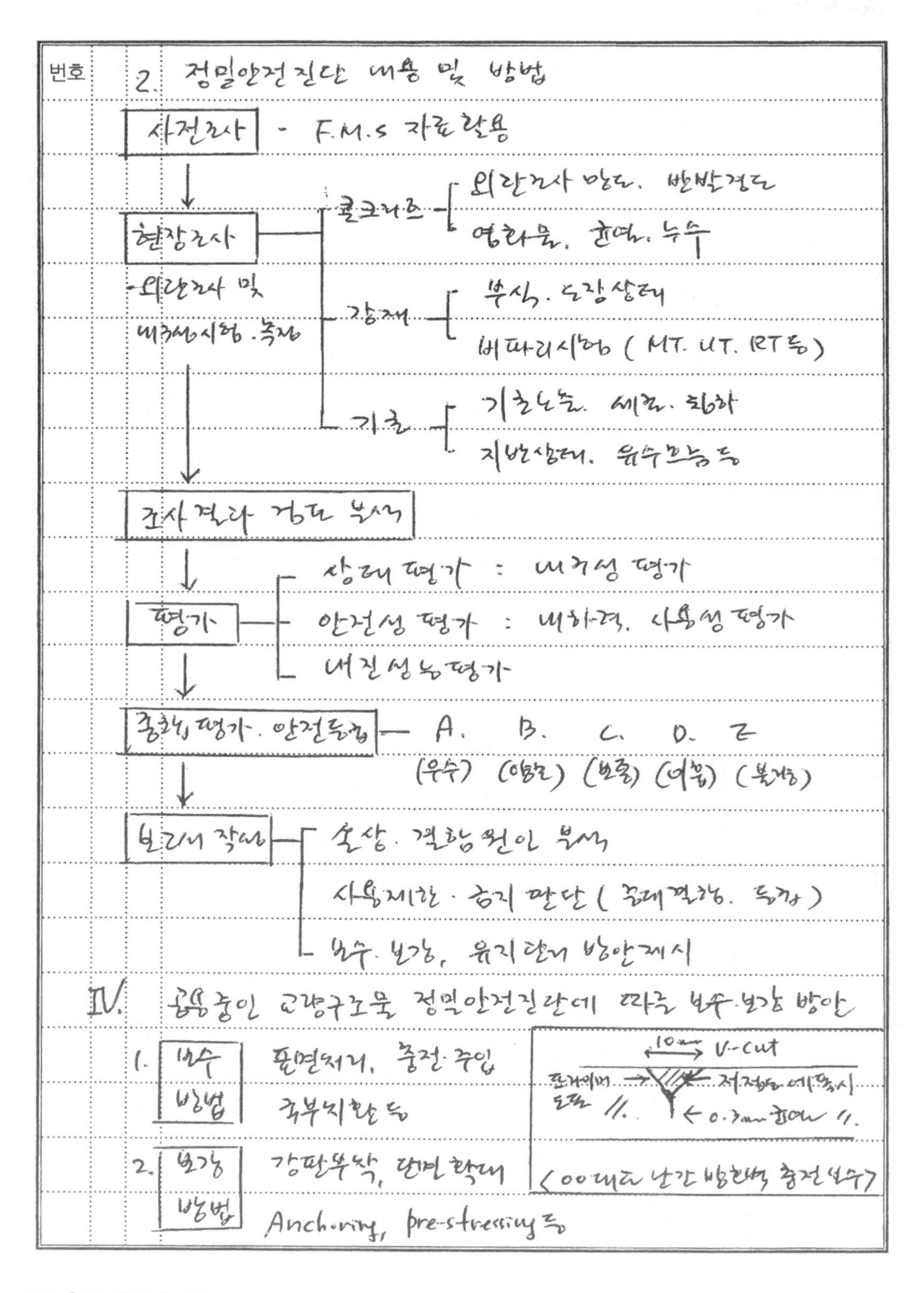

번호 2. 정밀안전진단 내용 및 방법

- 사전조사 - F.M.S 자료 활용
- ↓
- 현장조사
  - 외관조사 및 내구성시험, 측정
  - 콘크리트 ─ 외관조사 망도, 반발경도 / 염화물, 탄산화, 누수
  - 강재 ─ 부식, 도장상태 / 비파괴시험 (MT, UT, RT 등)
  - 기초 ─ 기초노출, 세굴, 침하 / 지반상태, 유수흐름 등
- ↓
- 조사결과 검토 분석
- ↓
- 평가
  - 상태평가 : 내구성 평가
  - 안전성 평가 : 내하력, 사용성 평가
  - 내진성능평가
- ↓
- 종합평가, 안전등급 ─ A. B. C. D. E (우수) (양호) (보통) (미흡) (불량)
- ↓
- 보고서 작성
  - 손상, 결함 원인 분석
  - 사용제한, 금지 판단 (중대결함, 등급)
  - 보수, 보강, 유지관리 방안제시

IV. 공용중인 교량구조물 정밀안전진단에 따른 보수·보강 방안

1. 보수방법: 표면처리, 충전·주입, 국부치환 등
2. 보강방법: 강판부착, 단면확대, Anchoring, pre-stressing 등

번호 V. 정밀안전진단 결과 중대결함 발견시 관리주체 조치사항

정밀안전진단 → 중대결함 → (필요시) 사용제한, 금지, 대피 → 보수, 보강 → 완료, FMS 등록

〈교량구조물 중대한 결함〉

1. 기초세굴, 부등침하
2. 교량받침, 신축이음장치 손상
3. 염해, 탄산화, 난간손상
4. 공중의 안전에 영향을 미치는 부위

(그림: 길장재 손상, 균열, 용접결함, 재료분리, 철근량부족)

VI. 공용중인 교량구조물 신축이음장치 보수시 안전대책 (경부고속도로 00에 초청강)

교통표지판 200m 간격 → 차량 / 드럼, 유도봉 (10m 간격) / 작업
주의부 1.5km, 변화부 250m, 완충부 50m, 종결부 70m

〈안전시설물〉
- 교통신호수
- 충격흡수시설
- 이동식 도로 전광표지
- 작업보호자동차 등

1. 교통통제계획, 작업계획, 안전교육
2. 안전관리자, 신호수 상주
3. 안전장구(반광 엑스밴드, 신호봉 등), Box 내부 밀폐공간작업프로그램
4. 야간작업시 : 점멸경고등, 외부조명 및 차량등 설치

VII. 맺음말

1. 공용중 교량구조물의 안전점검/진단은 교통사고 등 점검자의 재해위험 노출이 큰 작업으로
2. Smart 점검기술(드론, 로봇 등), 자동계측 등 무인점검 기술 향상, 적용 중한 재해예방 노력 필요함

"끝"

문제 22 지하안전평가의 종류 및 평가항목

문제) 지하안전평가의 종류 및 평가항목

답)

I. 개요

지하안전에 영향을 미치는 굴착공사 수반 사업 시행시 지하안전 확보를 위해 지하안전평가 실시하여야 함

II. 지하안전평가의 종류, 대상 및 시기

구분	지하안전평가	소규모 지하안전평가	착공후 지하안전조사
대상	20m이상굴착 터널	10~20m 굴착	지하안전평가 대상
시기	사업계획 승인전 (건축: 착공신고전)		착공후~사용승인
주내용	지하안전성 검토 및 지하안전 확보		이행여부 확인

III. 지하안전평가의 평가항목 및 평가내용

평가항목	평가내용
지반·지질 현황	시추조사, 투수시험, 물리탐사 등
지하수 변화 영향	국가관측망 조사, 광역지하수 흐름 분석 등
지반안전성	굴착공사 지반안전성, 주변시설물 안전성

IV. 지하안전평가 재협의 대상 ('20. 7 추가 확대)

1. 깊이 : 3m이상 증가, 20m미만 → 20m이상 변경

2. 면적 : 30% 이상 증가

3. 공법 : 흙막이, 차수 공법 변경시

V. 소규모 굴착현장 (20m미만) 지반침하사고 저감위한 개선대책

착공후 지하안전조사 비대상	→	착공후 지하안전조사
현장 침하사고 높음 (전체 74%)		소규모 (20m미만) 확대포함

"끝"

문제 7) 지하안전평가의 종류 및 평가항목

1. 개요

지하개발 사업자는 지반침하 예방을 위해 일정규모 이상의 굴착공사 수행시 지하안전평가를 수행해야 한다.

2. 지하안전평가의 종류와 대상사업규모

착공 전	착공 후
지하 안전평가 소규모 지하안전평가	착공후 지하 안전조사 (필요시 지반침하 위험도 평가)

⇒ 굴착깊이 20m 이상 (소규모는 10m) 터널공사 수반

3. 지하안전평가의 평가항목 및 방법

1) 지반·지질 현황 : 시추조사, 지하물리탐사
2) 지하수 변화 영향 : 지하수조사, 흐름분석
3) 지반 안전성 : 굴착공사 영향, 시설물안전
4) 지하안전확보방안 이행여부 → 착공후 지하안전조사

※ 지하안전법 제14조

4. 지하안전평가 실효성 강화를 위한 최근 법개정 사항

재협의 확대	법개정사항('22.1)
① 굴착규모 변경시 (소규모 → 일반)	① 건축물 사업 승인 특례 → 착공신고 수리전으로 개정
② 흙막이, 차수 공법 변경시	② 시·도지사의 지반침하 조치명령 권한

5. 구리시 지반침하에 따른 사고조사위원회 결과 발표 → 제언

지반침하 원인
- 부실한 터파기 공사 영향 (지하수·토사 유출피해)
- 지반조사·관리미흡

재발방지 대책
- 지하안전영향평가 지반조사 강화
- 전문가 참여

"끝"

문제 23 지반침하 위험도 평가

문제) 지반 침하 위험도 평가

답)

I. 개요 (지하안전법 제35조)

시설물 관리자는 지반침하 우려시 지반침하 위험도 평가 실시 및 결과에 따라 안전 조치 이행.

II. 지반침하 위험도 평가 실시대상

1. 긴급 복구공사 완료한 경우
2. 지하안전점검 결과 지반침하 우려시
3. 실시 명령시

〈평가자 자격〉
- 특급기술인 (토질·지질분야)

III. 지반침하 위험도 평가 항목 및 평가 방법

평가항목	평가 내용
지반·지질현황	지하정보 통합체계 정보분석, 시추조사
공동조사	물리탐사, 내시경 카메라
지반안전성	공동에 의한 지반안전성

IV. 지반침하 위험도 평가 지반조사시 안전보건대책

사전준비	시추계획, 위험도평가, TBM
매설물 손상	관계기관 자료 확인, GPR 탐사
장비 넘어짐	지반침하 방지 깔판 깔목
근골격계 질환	조사시 장시간 동일자세 → 스트레칭, 교대근무

V. 지반침하 위험 저감 방안 제고 (구리시 지반침하 사고계기)

1. 사전지반조사 강화 : 시추간격조정, 입찰시 자료 공유
2. 착공후 전문기술자 상주, 지도·조언, 자동계측반영 "끝"

문제 6) 지반침하 위험도 평가

1. 개요

지하시설물 관리자는 지반침하 우려시 위험도 평가를 수행하고 결과 제출 및 안전조치를 해야한다.

2. 지반침하 위험도 평가 시기 및 절차

1) 긴급복구공사 완료
2) 안전점검 후 지반침하 우려
3) 실시명령 있시

(※ 지하안전특별법 제 35조)

대상지역선정 → 평가항목 조사 (지질·공동조사) → 방안수립 (안전확보) → 종합평가

3. 지반침하 위험도 평가 항목 및 방법

평가 항목	평가 방법
지반·지질 현황	지하정보체계 분석 · 시추조사
공동 조사	지하물리탐사, 내시경카메라
지반 안전성	(레이더·전자파) 공동 등으로 인한 안전성 분석

점검범위 ←

H, H/2, H/2, 시설물

4. 지반침하 위험도 평가 수행자의 안전·보건 대책

안전 대책
- 교통통제·신호수
- 안내표지판 설치 (위험)
- 안전모 등 개인보호구

보건 대책
- 분진마스크
- 청력보호구
- MSDS 교육

5. 지반침하사고 방지를 위한 최근 법령 개정사항('21)

용어변경	지하안전평가 (재해의 대상확대)
지하안전평가(소규모)	굴착규모 변경시
착공후 지하안전조사	흙막이, 차수공법 변경시 "글"

↔ 5. 지반침하사고 방지를 위한 제도개선 강화 등 제언

1) 경쟁입찰시 지표
2) 시공시 토질전문가 상시 상주, 조사·유관기관시 남다 누지.

(문제) 지반침하 위험도 평가

(답)

<지반침하 발생 현황>

- 하수관 파손 42%
- 다짐미흡 35%
- 상수관 파손 15%
- 기타매설물 파손 3%
- 기타

Ⅰ. 개요

지하시설물 관리자는 지반침하 우려 대상에 대하여 지반침하 위험도 평가를 실시하고 평가서를 관할시장, 군수, 구청장에게 제출함

Ⅱ. 지반침하 위험도 평가 실시 대상 (지하안전법 제33조)

1. 긴급공사 필요한 경우

2. 지하안전점검 결과 지반침하 우려가 있다고 인정하는 경우

3. 지반 침하 위험도 평가 실시명령을 받은 경우

Ⅲ. 지반침하 위험도 평가의 절차

대상지역 선정 → 지반·지질 현황조사 → 공동 조사 → 지반안전성 검토 → 지하안전 확보 방안수립 → 평가 결론

Ⅳ. 지반침하 위험도 평가의 항목 및 방법

평가항목	평가 방법
1. 지반 및 지질현황	① 지하정보 통합체계 정보분석 ② 시추조사
2. 공동	① 지하물리탐사 ② 내시경 카메라 조사
3. 지반 안전성	공동 등으로 인한 지반 안전성 분석

Ⅴ. 최근 지반침하사고 사례에서의 안전관리 개선안 고찰

사고조사 개선안 (구리침하사고)	고찰
① 시추조사 간격	• 민간투자사업 공사비의
② 토질분야 전문가 상주 자문	현실적 반영 기대
③ 자동계측 → 실시간 관리	• 자동계측 실효성 제고

"끝"

문제) 지반침하위험도평가의 실시시기와 평가방법 및 절차

(답)

I. 개요

지하안전점검 결과 지반침하 우려시 지반침하위험도 평가를 실시함

* 유지관리 시 점검
→ 지하안전점검(34조)
→ 지반침하위험도 평가(37조)

II. 지반침하위험도평가의 실시시기

1. 건물목구들 원출한 경우
2. 안전점검 실시결과, 지반침하 우려시
3. 실시 명령을 받은 경우

(조사 범위)

H/2 ↔ H ↔ H/2

III. 지반침하위험도평가방법

평가항목	평가 방법	비고
지질 지반 현황	·지반정보통합체계, 시추조사	* 안전성분석
공동	·지하물리탐사(GPR, 탄성파 등)	→ MIDAS
	·내시경 카메라 조사	Lusas
지반안전성	·공동에 의한 안전성 분석	Abaqus

IV. 지반침하위험도평가의 절차.

대상 지역 선정 → 지질 지반 현황조사 → 공동 등 조사 → 안전확보 방안수립 → 종합평가 결론

V. 하수도 화학적 침식에 의한 지반침하 지속 시 관리주체 조치사항

회학적 침식 관련 방지
* 시설물안전법시행령 18조(중대한 결함)

1) 긴급안전조치(주민대피, 표지판)
2) 굴착·보수·보강
3) 이력관리 활용

"끝"

문제 24	지하공간통합지도

번호 문제> 지하공간 통합지도.

답>

I. 지하공간 통합지도의 정의

지하공간 통합지도는 지하매설물 관리와 지반 침하등에 대처하기위해 작성하는 통합 지도를 말함.

II. 지하공간 통합지도의 작성 근거 및 목적.

작성근거	목적
1. 지하안전특별법 제43조. (통합. 지도 작성)	1. 지반침하지역 파악.
2. 같은법 제44조. (통합지도활용)	2. 통합 system 구축활용.
	3. 광케이블 및 상수도등 구축물 보호.

III. 지하공간 통합지도의 작성 Flow 및 내용.

지하공간 조사. → 지반침하위험도평가. → 지하공간 통합지도작성 → 전문가심의 및 승인 → CSZ 등재.

- 지하공간 조사: GPR 및 전기비저항, 지반 Boring 및 TSP.
- 지반침하위험도평가: 지하안전특별법 제35조.

IV. 지하통합지도 작성에 따른 근로자의 안전 및 보건대책.

1. 안전대책 : 지하공간조사자 밀폐공간P/G운영. 상부야간 경광등확보.
2. 보건대책 : 건강검진실시 (산업안전보건법 제130조), 휴식실시

V. IT기술을 접목한 지하공간 통합지도 작성에 대한 제언

1. GPS 이용 → 외부 관리자 PDA수신 → 회사 Cpu저장.
2. 3D 스캐너 지하매설물 → 통합관리 system 구축실시

문제 25 지하안전관리에 관한 특별법에 따른 지하안전평가 대상의 평가항목 및 평가방법, 안전점검대상 시설물을 설명하시오.

문제) 지하안전관리에 관한 특별법에 따른 지하안전평가 대상의 평가항목 및 평가방법, 안전점검대상 시설물을 설명하시오.

답)

1. 개 요

1) 지하안전평가 대상의 지반·지질현황, 지하수 영향 등 평가 통해 지하안전 확보 방안 수립되어야 하며

2) 유지관리 단계에서 주기적 안전점검 통해 지반 및 주변시설물 안전 확보하여야 함.

3) 본고에서는 소규모 지하안전평가 대상 확대 통한 침하사고예방 의견 제시하고자 함.

2. 지하안전관리에 관한 특별법에 따른 지하안전관리 규정

시기	관리규정	주요 내용
착공전	지하안전평가	· 20M 이상 굴착, 터널 · 지반안전성, 지하안전 확보
	소규모 지하안전평가	· 10M ~ 20M 미만 · 지하안전성, 지하안전 확보
시공중	착공후 지하안전조사	· 지하안전평가 대상 · 이행 여부 점검
유지관리	지하안전점검	· 1회/1년 육안검사 · 1회/5년 공동조사
	지반침하 위험도 평가	· 지반침하 우려시 · 안전성 검토, 대책수립

번호 3. 지하안전평가 대상의 평가항목 및 평가방법

- 평가시기 : 사업계획 승인전 (건축공사 : 착공신고전)

평가항목	평가 방법	비고
지반 및 지질현황	· 지하정보통합체계 분석 · 시추조사, 투수시험 · 지하 물리탐사	* 재협의 대상 1) 굴착깊이 증가 ① 3M 이상 ② 20M 미만 → 20M 이상
지하수 변화영향	· 국가관측망조사, 조사시험 · 광역지하수 흐름 분석	2) 굴착면적 : 30% 이상 증가
지반 안전성	· 굴착에 따른 지반 안전성 · 주변 시설물 안전성	3) 흙막이, 차수 공법 변경시

4. 지하안전점검 대상 시설물, 범위 및 시기

도로 및 철도 선로 지하시설물
- ① D500mm 이상 – 상·하수도, 전기·통신설비 가스·수송관 등
- ② 지하시설 – 공동구, 지하차도, 지하광장 도시철도, 지하상가 등

점검범위 ½H ½H H

범위 – 지하매설물 깊이 ½ 범위 지표

시기
- 육안검사 1회 / 1년
- 공동조사 1회 / 5년

5. 굴착공사시 지하안전평가 협의내용 중점관리사항 (송도 OO APT 현장)

공사 준비
- · 지하안전평가와 현장여건 일치 확인
- · 작업계획, 가설구조물 안전성 확인
- · 지하안전평가 관련 서류 현장내 비치

번호

공사 관리	· 주요 자재 반입 품질관리 (안전인증 등) · 유출 지하수, 지표수 처리 · 매설물 GPR 탐사 주기적 실시 · 시공순서, 연락도 확인
계측 관리	· 지하안전평가 제시 기준 준수 · 계측 책임자 선임, 자동계측 반영

5. 스마트 계측관리 통한 도심지 굴착공사 지반침하 관리 사례

지표침하계 / 변형률계 / 경사계 / crack Guage / 지하수위계 / 지중침하계 / 지중경사계 / Hold point / 경사계 / 하중계 / 소음 진동

〈송도00 APT 현장 계측도〉

> 〈기존〉 주 2회 수동계측 → 즉각 대응 어려움
> 〈변경〉 자동계측센서 + IoT 통신 → 실시간 모니터링
> ⇒ 기대효과 : 침하 등 이상 징후 사전감지·예방

6. 맺음 말 (소규모 지하안전평가 대상 확대 제언)

1) 소규모 지하안전평가 + 비대상 공사 침하사고 전체 사고 74%로 평가대상 확대 필요
(서울시 10m → 5m로 확대 시행중)

⇒ 착공후 지하안전조사에 소규모 지하안전평가 포함하여 지반침하·붕괴 등 재해 예방 필요

"끝"

문제 26 중대재해처벌법

문제) 중대재해처벌법 (중대재해 처벌에 관한 법률)

< * '22. 1. 27 시행 >

답)

I. 개 요

중대재해 발생시 사업주와 경영책임자 등의 처벌을 규정한 법으로 중대재해 예방 및 시민·종사자의 생명 신체보호목적.

II. 산업안전보건법과 중대재해 처벌법 비교

구분	산업안전보건법	중대재해처벌법
주체	사업주	사업주, 경영책임자 등
범위	전 사업장 적용	5인미만 사업장 제외
중대재해	. 사망 1명이상 - 3개월 요양부상 2명이상 . 부상, 직업성질병 동시10명	. 사망 1명 . 6개월 치료부상 2명이상 . 직업성질병자 1년내 3명이상
처벌	. 사망: 7년이하, 1억이하	. 사망: 1년이상, 10억이하 . 부상: 7년이하, 1억이하

III. 중대재해 처벌법상 경영책임자등의 안전·보건 확보 의무

법 제4조
- 안전보건관리 체계 구축이행 → 경영자의 리더쉽 중요
- 재해재발 방지대책 수립·이행
- 개선, 시정등 명령 사항 이행
- 법령에 따른 의무이행에 필요한 관리상의 조치

IV. 중대재해 처벌법 한계성 및 사각지대 해소위한 개선과제

1. 가해자 처벌에만 초점 → 피해자 보호·지원방안 보강필요
2. 5인 미만 사업장 제외 → 일하는 모두의 안전권리 보장 필요

⇒ 근로자, 시민 실질적보호위한 추가적 보완방안 마련필요 "끝"

문제 4) 중대재해처벌법 (중대재해 처벌법 등에 관한 법률)

1. 제정 배경

중대재해 발생시 사업주와 경영책임자 등을 처벌함으로써 재해예방을 위한 법률 제정('22.1 시행)

2. 중대재해처벌법상 중대재해 정의

중대산업재해	중대시민재해
1) 사망 1명	1) 사망 1명 이상
2) 6개월 부상 2명	2) 2개월 부상 10명
3) 직업성 질병 3명	3) 3개월 질병 10명

※ 산업안전보건법
1) 사망 1명 이상
2) 3개월 부상 2명
3) 부상, 질병 10명

3. 중대재해처벌법상 사업주 안전·보건 확보의무

5인 이상 사업장
- ① 안전·보건 관리체계 구축·이행
- ② 재해 재발방지대책, ③ 개선개정 이행 (중앙행정기관)
- ④ 안전·보건 관계법령 의무이행

(※ 도급·용역·위탁 관계에서도 적용)

4. 중대재해처벌법 시행('22.1)으로 기업의 안전관리 강화 방안

1) 안전·보건관리 시스템 구축
① 기업의 안전조직·규정정비 ② 안전보건경영시스템과 연계 (KOSHA-MS 연계)

2) 아차사고 포함 사고보고 및 대책수립

5. 경영계와 노동계 주요 쟁점사항 및 향후 발전방향

구분	경영계 vs 노동계
5인 미만 사업장	시기상조 vs 안전사각지대 발생
경영책임자 범위	모호하고 더 구체화 필요

향후 발전 ⇒ 쟁점해소로 중대처벌법 실효성 강화

1. 개요

2. 제정배경 및 건설업에 미치는 영향

3. 중대법상 중대재해 정의 (※ 산안법과의 차이점) ↓ 개정법 — 간략하게

4. 사업주 (경영책임자) 의무 4개

제언

"끝"

번호 문제> 중대재해 처벌법

답>

I. 중대재해 처벌법의 정의

종사자 및 일반 이용자의 안전 확보와 사업주 및 경영 책임자의 처벌 의무 강화를 위해 '22. 1. 27일부터 시행하는 법률.

II. 중대재해 처벌법의 시행 시기 및 범위.

1. 시행시기 : 2022년 1월 27일부터 시행.

2. 범위 ─ 상시근로자 5인이상 사업장의 사업주 및 경영책임자.
   └ 상시근로자 ┌ 50인이상 : 22. 1. 27 시행
               └ 50인미만 : 24. 1. 27 시행.

III. 중대재해 처벌법의 주요내용 및 특징.

주요내용	특징
1. 소규모 사업장 안전관리 재정지원 확대	1. 사업주, 경영자의 책임강화.
2. 지자체, 민간 산재예방 역할	2. 산업안전보건법 보다 벌금 및 징역 강화.

IV. 중대재해 처벌법의 중대재해 내용.

중대시민재해	중대산업재해
사망자 1인 이상 / 2개월 이상 치료 부상자 10인 이상 3개월 이상 치료 부상자 10인 이상.	사망자 1인 이상 / 6개월 이상 치료 부상자 2인 이상. 급성중독 등 직업성 질병자 1년 내 3명 이상

V. 중대재해 처벌법의 조기 정착을 위한 개선사항의 제언

1. 5인미만 소규모 사업장 → 경영여건을 고려한 선택적 중대재해 시행

2. 산업안전보건법의 중대재해 및 중대산업재해 범위 중복으로 혼란우려.

번호 (문제) 중대재해처벌법. (중대재해 처벌 등에 관한 법률)

(답)

I. 개요.

안전, 보건조치 의무를 위반하여 인명피해를 발생하게 한 사업주, 경영책임자, 공무원 및 법인 등의 처벌 등을 규정함.

II. 중대재해 처벌법의 목적

사업주/경영책임자에게 안전·보건 확보 의무 부과 → 중대재해예방

시민과 종사자의 생명과 신체보호.

III. 중대재해 처벌법에서의 중대재해 정의

	중대산업재해	중대시민재해
사망	1명이상 발생	1명이상 발생
부상	동일사고 6개월이상 치료×2명이상	동일사고 2개월이상 치료 ×10명이상
질병	동일한 유해요인	동일한 원인
	직업성 질병자 1년이내 3명이상	3개월 이상 치료 ×10명이상

IV. 산업재해와 관련 건설공사 관련법의 비교

	산업안전보건법	건설기술진흥법	중대재해 처벌법
의무	사업주	건설사업자	사업주, 경영책임자
보호대상	노무 제공자 등		
적용범위	전 사업장	건설 사업장	5인 미만 제외
재해정의	산업재해	건설사고	중대 산업재해
	중대재해	중대한 건설사고	중대 시민 재해
보고처	노동부	국토부	노동부

번호				
	법령	산업재해조사표 등	CSI	산업재해조사표 등
	의무 내용	사업주의 안전조치 사업주의 보건조치		사업주 또는 경영책임자 등의 종사자에 대한 안전보건 확보 의무

V. 중대재해 처벌법의 적용범위 및 처벌기준

1. 적용범위

① 상시근로자 50명 이상 단위사업 : '22.1.27 부터 적용

② 상시근로자 50명 미만 사업장 : '24.1.27 부터 적용

(건설공사 금액 50억원 미만 공사)

2. 처벌기준

① 경영책임자 처벌 | 사망 : 1년 이상 징역, 10억원 이상 벌금
부상·질병 : 7년이하 징역, 1억원이하벌금

② 소속기관 벌금형 | 사망 : 50억원 이하 벌금
부상·질병 : 10억원 이하 벌금

VI. 중대재해 처벌법에서의 안전 및 보건 확보 의무 내용

1. 안전보건 관리 체계의 구축 및 이행에 관한 조치

2. 재해 재발방지 대책의 수립 및 이행에 관한 조치

3. 중앙행정기관 등이 관계법령에 따라 시정을 명한 사항 이행

4. 안전·보건 관계법령상 의무이행에 필요한 관리상 조치

문제 27 중대재해 감축로드맵의 자기규율 예방체계 구축

번호 (문제 5) 「중대재해 감축로드맵」의 자기규율 예방체계 구축

(답)

1. 개 요

〈중대재해 감축로드맵 추진방향〉
· 산업안전 패러다임 전환

최근 정부는 국내 중대재해 저감을 위한 감축로드맵을 발표하였고, 4대과제 와 14개 세부목표로 구성됨.

2. 「중대재해 감축로드맵」 도입배경

1) 8년째 사고사망만인율 0.4~0.5‱
2) 사망자수 800~900 명대
3) 산업안전 패러다임 전환 필요

〈달성목표〉
'26년 사고사망 만인율 0.29‱ 달성

3. 「중대재해 감축로드맵」의 자기규율 예방체계 구축

1) 위험성 평가 활용 → 〈위험성평가 고시 개정〉
① 다양한 평가 도입 - OPS, 3단계, check-list
② 전단계 근로자 참여
③ 평가결과 근로자 공유

2) 처벌 중심 → 예방 중심 감독
3) 현장에 맞는 법령 개편

⇒ 노·사 협력 통한 예방체계 구축

4. 송도 OOAPT 현장 '자기규율 예방체계' 효과적 정착을 위한 「위험성평가 경진대회」 실시방안

접수·평가		포상		게시
· 도·수급인 근로자 대상 · 외부 전문가 평가	→	· 우수사례 3작품 포상(50만원)	→	작업장 내 게시

5. 초소규모 현장 '자기규율 예방체계' 확립 위한 컨설팅 실시제안

· (문제점) 1억 미만 현장 재해 발생 다수 (71%)
· (제언) 위험성평가 정착 위한 무료 컨설팅 지도 "끝"

문제 28 중대재해처벌법의 안전보건관리체계 구축 이행

문제) 중대재해처벌법의 안전보건관리체계 구축 이행

답)

1. 개요 (중대재해처벌법 시행령 제4조)

경영책임자는 기업스스로 위험요인 파악, 대책수립·이행, 지속적 개선하는 안전보건관리체계 구축·이행해야함.

2. 중대재해처벌법의 안전보건관리체계 구축 필요성

경영자의 기본적 의무 + 기업의 사회적 책임 + 안전은 경영의 일부 ⇒ 근로자 안전보건 확보

3. 중대재해처벌법의 안전보건관리체계 구축 이행

안전보건 목표 및 경영방침
- 위험성 평가 실시
- 안전·보건 예산 편성
- 근로자 의견 청취
- 도급시 안전·보건 조치
- 안전보건 관리 전담조직
- 안전·보건 총괄 책임자 권한
- 안전·보건 관리자 전담업무
- 재해 대응 매뉴얼 및 훈련

4. 관계수급인 안전보건관리체계 구축 지원사례 (송도 OO APT)

- 지원: 협력사 안전담당자 인금지원
- 대상: 계약금액 100억미만 협력사 (안전관리자 선임의무 없음)
- 효과: 협력사 안전관리 강화

5. 소규모 건설현장 안전보건관리체계 구축 위한 개선대책

산업안전관리비 착공시 50% 이상 선지급 제도 도입

⇒ 공사초기 안전보건관리체계 구축 이행력 확보 "끝"

'23. 3. 12 (日) AM 8:23.

문제 17) 중대재해처벌법의 안전보건관리체계 구축 및 이행

답)

1. 정 의

안전보건관리체계의 구축 이행은 중대재해처벌법의 기업 및 경영책임자의 핵심의무사항임.

2. 중대재해처벌법의 안전보건관리체계 중요성 및 목적

중 요 성	목 적
◦ 경영자의 기본적 의무 ◦ 안전보건관리는 경영의 일부 ◦ 기업의 사회적 책임	◦ 근로자의 생명과 건강보호 ◦ 중대재해 예방

3. 안전보건관리체계와 전통적 안전보건활동과의 비교

구분	안전보건관리체계	안전보건활동	비 고
책임	경영 책임자	안전보건 담당자	중대재해처벌법시행령 제4조
평가	자체 점검	고용노동부 점검	
목적	안전.쾌적환경조성	처 벌 회 피	

4. 안전보건관리체계의 구축 및 이행을 위한 7가지 핵심요소

5. 중대재해예방을 위한 근로자 참여 안전활동

문제) 중대재해처벌법의 안전보건관리체계 구축 이행

답)

* 관련법
→ 중대재해처벌법 시행령 4조

I.

중대재해처벌법 시행령 4조에 의거 경영자는 사업장 내 재해 예방 위해 안전보건관리체계를 구축 이행 해야함

II. 사업주와 경영책임자 등의 안전 및 보건 확보의무(법 4조)

1. 재해예방 인력 예산 등 안전보건관리체계 구축·이행
2. 재해 발생 시 재발방지 대책 수립 및 이행
3. 안전·보건 관계 법령에 따른 의무이행 관리상의 조치 등

III. 안전보건관리체계 구축·이행 사항 (시행령 4조)

1. 안전·보건 목표, 경영방침 설정
2. 안전·보건 업무 총괄·감독 전담 조직 설치
3. 유해·위험요인 확인 개선 절차 마련, 점검 및 조치
4. 인력·시설·장비 구비 및 유해·위험요인 개선 예산 편성·집행
5. 안전보건관리책임자 등의 충실한 업무수행 지원 등 9항목

IV. 웨버(Weaver)의 재해 발생 Mechanism에 관련한 경영자의 역할

재해원인	· 관습과 환경 → 경영자의 의지미비	역할	· 안전보건관리체계 구축 · 현장여건 반영한 안전보건규정 · 위험성 평가 점검 이행

V. 근로자 참여제도 활성화를 통한 안전보건관리 제고 방안

위험성 평가 및 안전보건관리규정 등 → 근로자 참여를 통한 현장위주 안전보건관리 확대

"끝"

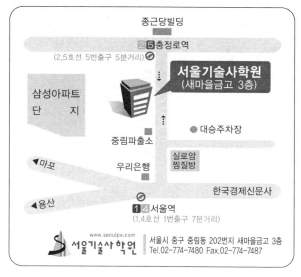

PROFESSIONAL-ENGINEER

21세기

건설안전기술사

고득점 기출문제 [Ⅱ]

김정태

서울기술사학원
합격자
모범답안

PROFESSIONAL-ENGINEER

21세기

건설안전기술사

고득점 기출문제 [Ⅱ]

김 정 태

www.seoulpe.com
서울기술사학원

서울기술사학원
합격자
모범답안

샘플강의

고득점 답안작성 요령

PROFESSIONAL-ENGINEER

들 머 리

2022년 1월 27일 시행된 중대재해처벌법과 2023년 11월 30일 정부에서 “안전하고 건강한 일터, 행복한 대한민국”을 만들기 위한 “중대재해 감축로드맵”을 발표하고, ‘규제와 처벌’ 중심의 중대재해 감축 정책의 패러다임을 ‘자기규율과 엄중책임’, ‘참여와 협력’을 기반으로 하는 ‘자기규율 예방체계’로 전환하고, 이를 실천하기 위해 ‘산업안전보건기준에 관한 규칙’ 개정 및 건설현장의 교육 및 적극적 지원을 통해 근로자가 참여하는 현장 중심의 안전관리가 추진되고 있습니다.

또한, 2024년 1월 27일부터는 2년간 유예되었던 상시 5인 이상 50인 미만 사업장까지 중대재해처벌법이 적용되면서, 이러한 사회현상을 반영하듯 건설안전분야의 전문인력의 수요가 폭발적으로 늘어나고 있어, 이에 따라 건설안전분야의 최고 자격증인 건설안전기술사에 관심이 많아지고, 도전하는 수험자가 늘어나고 있는 추세입니다.

건설안전기술사 시험의 특징은 건설안전분야뿐만 아니라, 건축, 토목 등 다양한 분야의 기술자들이 도전하고 있고, 특히 건축 또는 토목 시공기술사를 취득한 기술사들이 쉽게 생각하고 접근하는 시험입니다. 한편으로는 시공기술사 공부방법과 답안 작성으로 쉽게 시험을 보고, 쉽게 접근했다가 고생하는 수험생들이 유난히 많은 시험이기도 합니다.

최근 건설안전기술사 시험의 출제경향은 「산업안전보건법」을 바탕으로 「건설기술진흥법」, 「시설물안전법」, 「지하안전법」과 「중대재해처벌법」 등 건설안전 관련 법령과 건설안전 관리론과 건축 및 토목공사와 정책, 시사까지 다양하고 폭넓은 분야의 문제가 출제된다는 것입니다. 또한 매년 수차례 법 개정이 되고 있어, 이러한 법 개정사항을 바탕으로 출제되고 있습니다.

건설안전기술사 시험을 준비하는 수험생들은 효율적인 합격답안 작성 연습과, 나만의 답안 틀을 만들어 가는 과정이 중요합니다. 즉, 올바른 공부방향과 효율적인 공부방법이 여러분의 합격을 보장할 수 있는 가장 중요한 요소입니다.

건설안전기술사의 빠른 합격을 위한 Key Point는 다음 3가지입니다.

1. 하나의 완성된 답안은 최소 2~3개 이상의 문제에 차별화 아이템으로 활용
2. 현장 내용(현장 사례)이 담긴 답안의 구성 연습
3. 「산업안전보건법」 등 건설 관련 법령을 바탕으로 정책, 시사 내용의 반영 연습

21세기 건설안전기술사 "고득점 기출문제"는 이러한 합격 요소와 변화되고 있는 출제경향을 반영하여 최근 법개정이 반영된 고득점 합격자의 답안으로 구성하였으며, 이는 합격 답안 틀을 잡아가는 길잡이가 될 것이라 확신합니다.

끝으로 이번 21세기 건설안전기술사 "고득점 기출문제" 발간을 위하여 도움을 주신 서울기술사학원 신경수 원장님과 조준호 부원장님, 도서출판 예문사의 장충상 전무님께 감사드리며 고득점 답안을 공유해주신 김진모 기술사, 이기황 기술사, 박상혁 기술사, 이종순 기술사와 김정수 기술사, 김상아 기술사, 강환희 기술사 및 21세기 건설안전기술사 합격자 모임 회원님들께 깊이 감사드립니다.

2024. 6
저 자

차 례

Part 06 건설안전관리론

Part 07 철근콘크리트공사

Part 08 토공사 및 굴착공사

Part 09 건축 및 토목공사

Part 10 시사/정책 건설안전 Point

PART

06

건설안전 관리론

합격수기

◇◇

1. 성명 : 길○○

2. 학원학습기간 : '21년 9월 26일~

3. 합격점수 : 60.0(167+183+173+197=720)

4. 학습교재 : 본서, 실전문제풀이

5. 학습방법 : 토요일 정규강의 및 일요일 실전반 참석

6. 합격요인

   1) 1 page, 3page에 적용할 공통 대제목을 정리하여 1일 1회 보기
   2) 토요일 정규강의 노트를 참고하여 일요일 실전문제를 작성하여 쓰는 연습을 하였음

7. 맺음말

   1) 아직도 1차 합격을 하였다는 것이 실감이 나지 않지만 김정태 교수님의 열강에 매료되어 약 4개월간의 주말 문제풀이로 빠른 결실을 맺었다고 생각되며 진심으로 김정태 교수님께 감사함을 전합니다.
   2) 720점 턱걸이한 사람으로 감히 말씀드리면 공부량이 부족하여도 꼭 시험을 보아야 하며, 포기를 하지 않으면 누구든 합격할 수 있다고 생각됩니다.
   3) 끝으로 2관왕(건설안전기술사/토목시공기술사)의 영광을 안겨준 서울기술사학원의 무궁한 발전을 기원합니다.

문제 1 하인리히(Heinrich)의 사고발생 연쇄성 이론

번호 (문제) Heinrich의 사고발생 연쇄성 이론

(답)

Ⅰ. Heinrich의 사고발생 연쇄성 이론의 정의

재해는 사고요인의 연쇄반응 결과로 발생하고 불안전한 행동과 불안전한 상태를 제어하여 재해를 수반하는 사고 대부분의 예방할 수 있음.

Ⅱ. Heinrich의 연쇄성 이론 Mechanism

유전적 요인 사회적 환경 → 개인적 결함 → 불안전한 행동 (88%) 불안전 상태 (10%) → 사고 → 재해

(간접원인) (직접원인)

직접원인 제거 → 재해예방

Ⅲ. Heinrich와 Birds의 연쇄성 이론 비교

	Heinrich	Birds
간접원인	① 유전적, 사회적 요인 ② 개인적 결함	제어의 부족
직접원인	불안전한 행동, 상태	불안전한 행동, 상태
재해예방	직접원인 제거	기본원인 제거
구성비	1 : 29 : 300	1 : 10 : 30 : 600

Ⅳ. Heinrich의 재해 예방관리 5단계

조직 — 사실의 발견 — 분석 — 대책 선정 — 대책의 적용

(안전관리조직) (현상파악) (원인분석) (기술적, 교육훈련개선) (목표설정, 3E 적용)

Ⅴ. Heinrich의 재해 예방 4원칙

1. 손실우연의 원칙 : 재해손실 크기는 우연성에 의해 결정

2. 원인 계기의 원칙 : 사고와 원인의 관계는 필연적

번호

3. 예방 가능의 원칙 : 재해는 원인만 제거하면 예방 가능

4. 대책선정의 원칙 : 재해 예방을 위한 대책 선정이 가능.

※ 하인리히의 사고방지대책 5단계

안전 조직	① 경영자의 안전 목표설정 ③ 안전의 라인 및 참모조직 ⑤ 조직을 통한 안전활동 전개	② 안전관리자의 선임 ④ 안전활동 방침 및 계획 수립
사실의 발견	① 사고 및 활동기록 검토 ③ 점검 및 검사 ⑤ 각종 안전회의 및 토의	② 작업 분석 ④ 사고 조사 ⑥ 근로자의 제안 및 여론조사
분석	① 사고원인 및 경향분석 ③ 인적, 물적, 환경적 조건 분석 ⑤ 교육훈련 및 적정배치 분석	② 사고기록 및 관계자료 분석 ④ 작업공정 분석 ⑥ 안전수칙 및 보호장비의 적부
시정방법의 선정	① 기술적 개선 ③ 교육훈련의 개선 ⑤ 규정 및 수칙, 제도의 개선	② 배치 조정 ④ 안전행정의 개선 ⑥ 안전운동의 전개 기타
시정책의 적용	① 교육적 대책 ③ 단속 대책 (3E 적용단계)	② 기술적 대책

〈 Heinrich 와 Birds의 연쇄성 이론 비교 〉

단계	Heinrich	Birds
1	유전적 · 사회적 환경 요인	제어의 부족 / 안전관리부족
2	개인적 결함	기본원인 (4M)
3	불안전한 행동, 불안전한 상태	〃 직접원인
4	사고	사고
5	재해	재해
재해예방	직접원인을 제거 → 예방가능	기본원인을 제거 → 예방 가능.

문제 2	재해 발생이론 중 Frank E. Bird의 신도미노 이론

문제 4) 재해발생이론 중 Frank E. Bird's의 신도미노 이론

답)

I. 개요

버드는 손실제어요인의 연쇄반응 결과로 재해발생된다는 신도미노이론 제시, 관리철저 및 기본원인 제거로 사고예방 주장.

II. 재해발생이론의 종류 및 사고요인 핵심이론

구분	하인리히	버드	아담스	웨버
사고요인 핵심이론	직접원인 (불안전 상태, 불안전 행동)	기본원인 및 제어의 부족	경영시스템내 관리적 실수	경영자 의지여부 → 운영의 실수

III. 버드의 신도미노이론에 의한 재해발생 Mechanism

통제부족 → 기본원인 → 직접원인 → 사고 → 재해

↳ 기본원인 제거위한 경영자 역할 (관리·통제) 중요.

IV. 버드와 하인리히의 연쇄성에 대한 재해발생 비율

〈버드〉 1 / 10 / 30 / 600 — 중상, 경상, 무상해사고, 무상해 무사고

〈하인리히〉 1 / 29 / 300 — 중상, 경상, 무상해

* 600건(300건)의 아차사고 관리 매우 중요

V. 아차사고 저감위한 경영진 직접 관리 사례 (송도 00 APT 현장)

본사 경영층	아차사고	현장
아차사고 직접 모니터링 개선조치, 우수현장포상	↔ 서버시스템 등록·관리	아차사고 등록 대책수립, 시행

"끝"

문제 4) 재해발생이론 중 Frank E. Bird's의 신도미노 이론.

1. 개념

버드는 기본원인(4M)을 제거하기 위해서는 관리자의 통제를 강화하여 재해를 예방할수 있다는 주장.

2. 재해 발생 이론 종류 및 특징

1) 하인리히의 도미노이론 : 직접원인 제거 필요

2) 버드의 신도미노 이론 : 기본원인 제거가 중요.

3) 아담스 이론 : 관리적 실수 4) 웨버 이론 : 경영자의지.

3. 버드의 신도미노 이론의 재해발생 메커니즘

통제 부족 → 기본 원인 → 직접 원인 → 사고 → 재해

↑ 기본원인을 제거하기 위해 관리자 통제 강조.

4. 버드의 신도미노이론에 의한 재해방지 관리적 사항 (대책)

1) 윤리 : 안전·보건에 대한 경영자 자세

2) 기술 : 본질적 안전설계기법

3) 조직관리 : 안전조직·교육활동

1 사망
10 심각
300 경미
600 무상해

⇒ 즉, 안전관리시스템·경영자의지 중요. <버드 재해구성비율>

5. ○○터널 조명시설 보수시 신도미노이론을 적용한 대책수립.

조명 시설
안전난간대 설치
<시저형 고소작업대>

1) 통제관리 강화 (추락·감전 예방)

① 작업지휘자 지정 ② 감시유도자

2) 기본원인(4M) 제거

① 방호장치 (누전차단기·접지) ② 안전대 등 보호구 착용 (감전용)

문제 3 아담스(Edward Adams)의 사고연쇄반응 이론

문제 8) 아담스(Edward Adams)의 사고연쇄반응 이론

답)

I. 개요

아담스는 경영분야의 운영실수(작전적에러)에 의해 재해 발생함에 따라 경영층의 안전에 대한 확고한 관리 강조함.

II. 사고연쇄반응이론의 종류 및 사고요인 핵심이론

구분	하인리히	버드	아담스	웨버
사고요인 핵심이론	직접 원인 (불안전 행동, 불안전 상태)	기본원인 및 제어의 부족	경영시스템내 관리적 실수	경영자의 의지미비 → 운영의 실수

III. 아담스의 사고연쇄반응 이론에 의한 재해발생 흐름

경영 구조 → 운영 실수 → 관리 기술적 실수 → 사고 → 재해

〈작전적에러〉 〈전술적에러〉

→ 전술적에러 예방위한 경영층과 관리자 의지·관리 중요

IV. 아담스의 사고연쇄반응 이론의 작전적 에러 예방대책

경영층
- 확고한 안전보건정책·목표수립
- 안전보건 성과개선 의지 제시

⇒ 모든 구성원에 공표

관리감독자
- 분명한 책임과 권한, 업무분장
- 안전에 대한 기술, 전문지식

V. 기업의 자율적 안전보건경영 시스템 구축위한 법·제도적 장치

1. 산업안전보건법 14조 : 회사의 안전·보건에 관한 계획 수립·보고·시행
2. 중대재해처벌법 4조 : 경영자의 안전 및 보건 확보의무 "끝"

문제 4 웨버(Weaver)의 사고연쇄반응 이론

문제) 웨버(Weaver)의 사고연쇄 반응이론

답)

1. 개요

웨버는 경영분야의 운영실수(작전적에러)에 의해 재해 발생함에 따라 경영층의 확고한 안전관리 의지 강조

2. 사고연쇄 반응이론의 종류 및 사고요인 핵심이론

구분	하인리히	버드	아담스	웨버
사고요인 핵심이론	·직접 원인 (불안전 상태, 불안전 행동)	·기본원인 및 제어부족	·경영시스템내 관리적 실수	·경영자의 의지 미비 → 운영실수

3. 웨버의 사고연쇄 반응이론에 따른 재해 발생 Mechanism

관습 다 환경 → 인간의 실수 → 불안전상태 불안전행동 → 사고 → 재해

<경영자의 의지미비> <작전적에러> <전술적에러>

↳ 전술적 에러 예방위한 경영자의 의지·관리 중요

4. 웨버의 사고연쇄 반응이론의 전술적 에러 예방 대책

- 경영자
  - 확고한 안전보건 정책·목표
  - 안전보건 성과개선 의지제시
  - → 모든 구성원에 공표
- 관리감독자
  - 명확한 책임과 권한
  - 안전에 관한 기술, 전문지식

5. 기업의 자율적 안전보건경영 시스템구축위한 법·제도적 장치

1) 산업안전보건법 제14조 : 안전보건 계획 수립·이사회보고, 이행

2) 중대재해처벌법 제4조 : 경영자의 안전 및 보건 확보 의무 "끝"

문제 8) 웨버(Weaver)의 사고연쇄 반응이론

답)

1. 개요

웨버는 재해 발생의 주요 핵심 요인은 사업주, 경영 관습으로 지적, 우리 중대재해 처벌법과 관련이 있음

2. 웨버의 사고 연쇄 반응이론과 연쇄이론 비교

구 분	하인리히	웨버 ✓	버 드
핵심요인	직접 요인 제거 중요	경영. 사업주 관습 영향	기본 요인 관리 운영 중요

3. 웨버(Weaver)의 사고 연쇄 반응이론

경영 관습 → 운영 실수 → 불안전 [행동, 환경] → 사고 손실

경영 관습 ▷ [경영인의 의지와 역할 강조] ▷ 중대재해 감축. 자기규율예방체계 접목

4. 웨버 이론 근거 사업주의지 반영 본사 중심 안전강화 방안

본사 · 사업주	본사 & 현장	본사 & 현장	
월 2회 현장안전점검 ▷	-점검사항 Data -현장 지적 반영 ▷	·안전 DB화 ·현장 방침반영	안전 보건 체계

5. 웨버이론에 따른 경영인 중심 안전강화 법 제도적 장치

현황		
·중대재해 처벌법 -안전 보건 관리 체계 ·산업안전 보건법 4조	KOSHA-MS, 안전관리 수준평가 등 통합인증 관리 System 도입	발전과제

문제 5 | 알더퍼(Alderfer)의 ERG 이론

번호 (문제10) 알더퍼의 ERG 이론

(답)

1. 개요

알더퍼 ERG 이론은 인간의 존재, 관계, 성장 욕구가 상호 진행, 퇴행된다는 이론으로 동기부여 강화시 활용.

2. 알더퍼의 ERG 이론의 3단계 욕구

저 ↓ 고

- 1단계 | 존재욕구(E) | · 음식, 임금, 작업조건
- 2단계 | 관계욕구(R) | · 대인관계
- 3단계 | 성장욕구(G) | · 승진, 자기계발, 포상

3. 알더퍼의 ERG 이론과 매슬로우 이론의 비교

구분	알더퍼	매슬로우
욕구진행	욕구좌절 → 퇴행가능	하위욕구 만족 → 상위 진행
공통점	욕구계층화 (3단계)	욕구계층화 (5단계)
차이점	하향(퇴행) 과정 제시	상향 과정만 제시

4. 알더퍼 ERG 이론의 작용원리

- 욕구좌절: 고차원 욕구 좌절시 → 저차원 욕구 원함
- 욕구강도: 저차원 욕구 충족시 → 고차원 욕구 진행
- 욕구만족: 각 욕구 미충족시 욕구 갈망 증대

5. 건설현장 ERG 이론 적용 통한 동기부여 강화 사례

1) 존재욕구 : 화장실내 화분, 클래식음악
2) 관계욕구 : TBM 시 "칭찬 한마디" 프로그램 운영
3) 성장욕구 : 안전 제안 우수사례 포상 "끝"

문제 6 Maslow의 동기부여 이론

문제 6) Maslow의 동기부여 이론

1. 정의

인간의 욕구는 계층적 구조를 가지고 있어, 하위단계의 욕구가 충족되면 상위단계의 욕구로 동기부여된다는 이론

2. 동기부여 이론의 종류 및 특징

1) 매슬로우 이론 · 알더퍼 ERG → 생존. 관계. 성장

2) 맥그리거 X·Y이론 (성악설. 성선설)

3) 허츠버그 위생 - 동기이론

3. Maslow의 동기부여 이론과 레윈 행동방정식

자아실현
5단계 인정욕구
4단계 사회적
욕구충족 3단계 안전
2단계 생리적
1단계
동기부여

※ $B = f(P \cdot E)$
안전욕구 → 동기부여
→ 불안전행동제어
(P : 인적, E : 환경요인)

4. Maslow의 동기부여 이론을 활용한 건설현장 안전관리방안

단계	안전관리 방안
생리적 · 안전욕구	휴게시설 . 안전시설물 설치
사회적 · 인정욕구	위험예지(TBM) · 안전Q 이름표
자아실현 욕구	명예산업안전감독관 · 포상제

5. 위험예지훈련(TBM)시 근로자 참여 향상을 위한 Safety point제도

1) 개요 : 동기부여위해 point 지급 → 상품제공

2) 기대효과 : TBM의 브리핑 스크립이 도움. 재해예방

"끝"

문제 7 안전심리 5대 요소

문제) 안전심리 5대 요소

답)

1. 개요

안전심리는 인간행동에 영향을 미치는 요인으로 심리요소 파악, 통제로 안전사고 예방가능

2. 인간심리 특성의 취약성

<행동 방정식>

심리특성		안전 → 심리요소		안전 → 행동 영향	
	간결성		동기, 기질		B=f(P·E)
	주의의 일점집중		감정, 습관		P: 인적요인
	Risk Taking		습성		E: 외적요인

3. 안전심리 5대 요소

- 동기: 마음을 움직이는 원동력
- 기질: 인간의 성격·능력등 개인의 특성
- 습성: 인간행동 영향요인
- 감정: 희·노·애·락 (안전과 밀접)
- 습관: 성장과정에서 형성된 특성

4. 안전심리검사 Program 통한 안전보건 관리

검사항목 → 검사절차 → 검사활용

검사항목	검사절차	검사활용
안전행동	동기·스트레스	적정 업무배치
안전성향	불안전 행동 등	정기적 교육
주의집중 성향	심리상태	동기부여 활동

5. 「근로자 감성 안전 프로그램」 통한 동기부여 사례 (송도 00 APT현장)

- 커피트럭운영, 동료사진컨테스트
- 찾아가는 의료/이발 서비스

→ 소속감·동기고취 → 자율안전 향상

"끝"

문제 5) 안전 심리 5대 요소

답)

1. 개요

인간 심리 근거 안전 심리 5대 요소를 파악·활용하여 근로자 안전 보건 대책에 활용 가능

2. 인간 심리 근거 안전 5대 심리의 재해연계 Mechanism

[인간심리: ·간결성 ·Risk taking] → [안전 심리: 동기, 기질, 습관, 습성, 감정] → [불안전행동 · Near miss] → [산·재해] "관리 필요"

3. 안전 심리 5대 요소

습관	성장 과정에서 생성	제어 개선 어려움
습성	어떤 행동에 미치는 영향	
기질	강정적 개인 특성	
감정	희·노·애·락	활용 가능
동기	어떤 행동의 원동력	

4. 안전심리 5요소 중 "감정" 활용 "안전 감수성 radio" 사례

[휴게, 점심 시간]
- → 안전 radio 방송 진행
- → 아차 사고 사연 접수 → 경품
- → 나라별 음악 play

휴게실

5. 근로자 안전심리 中 "동기" 변화에 따른 제어

과거 경제적수단 관점 근무보상 > 최근 자아실현 인정 욕구 추세 > "청년층 유도위한 건설업 디지털전환 필요"

"끝"

문제 8	동작경제의 3원칙

문제) 동작경제의 3원칙

동작분석 방법
· 관찰법 : 육안
· Film 분석 : 촬영

답)

1. 개 요

동작경제란 작업자의 불필요한 동작으로 인한 위험요인을 발견 가장 경제적인 표준동작을 설정 근로자를 재해에서 보호하는것

2. 건설현장 동작경제 활용통한 기대효과

불필요한 동작감소 작업량 환경개선	위험요인 제거 ⇒	근로자의 안전보건 확보

3. 동작경제의 3원칙

동작경제
- 동작능력 활용
  - · 양손 동시 사용
  - · 발·왼손 가능시 오른손 금지
- 작업량 절약
  - · 동작의 수·양 조절
  - · 재료·공구 취합
  - · 정리 정돈
- 동작 개선
  - · 작업량 높이 적당히
  - · 관성·중력·기계력 이용

4. 건설현장 근로자 동작실패 요인 및 방지대책

실패요인			방지대책
실패요인	· 망각·오판단	· 안전 및 기능교육	방지대책
	· 의식적 태만	· 휴식, 휴게시설	
	· 작업기피, 생략	· 작업환경개선 (조도등)	

5. 동작경제 활용 근로자 근골격계 부담 저감사례 (송도00 APT)

1) 유해요인 : 천장 앙카설치 → 목·어깨 근력손실

2) 개선대책
- 작업량절약 : 2인1조, 작업시간제한
- 동작개선 : 스트레칭, 목지지보호구

"끝"

문제 7) 동작경제 3원칙

1. 개요

작업자의 불필요한 동작으로 발생되는 위험요인을 제거하고, 경제적인 표준동작을 설정하여 안전·보건 확보.

2. 동작경제의 필요성과 재해에 미치는 영향 ↔ 메커니즘

불필요 동작 → 판단오류, 오작동
→ 불안전 행동 → 재해.

1) 동작 개선
2) 위험요인 제거
3) 근로자 안전·보건 확보

→ 재해 예방

① 판단오류
② 오동작
③ 간결성

3. 동작경제 3원칙

- 동작능력 활용
  - 양손 동시 사용
  - 발·왼손 사용 가능시 오른손 사용 안함.
- 작업량 절약
  - 동작수와 양 조절
  - 재료·공구 정리정돈
- 동작 개선
  - 관성·중력·기계력
  - 작업장 높이 적당히

4. OO 현장 Con'c 타설시 동작경제 실패요인 및 대책

실패요인		개선 대책
1) 철근 인력 운반(작업강도)	⇒	1) 기계·지게차 운반
2) 작업발판 낮게 설치		2) 작업발판 높이 조정
3) 자재적치로 장소 협소		3) 작업장 정리정돈

5. 동작경제 3원칙에 기반한 근로자 안전·보건 확보방안.

1) 휴식시간 설정 : $R = 60(E-4)/(E-1.5)$
2) 작업환경 측정 및 RMR(작업강도) 고려한 배치
3) 근골격계 질환 프로그램 운영 → 고령·질병근로자 "끝"

번호 1) 동작 경제의 3원칙

답)

1. 개요

동작경제는 근로자의 동작 량 · 자세 등의 개선으로 불안전 행동을 최소화하는데 사용 할 수 있음

2. 동작경제 3원칙 필요성

(관리 부족) → [기본 원인 : 동선 · 기계 기구 동작 불일치] → [불안전환경 행동유발] → [사고 재해]

3. 동작경제 3원칙

동작 개선 원칙	- 기계 · 기구 · 관성 최대 활용 - 순서는 자연스럽게 이어지도록
작업량 절약	- 동작량 절약 - 동작 범위 절약
동작활용	- 두 손 동시 작업 동시 종료

4. 동작경제 3원칙 현장 적용시 관리 감독자의 업무

근로자 동작	· 근로자 동작 개선 작업계획서
동선 layout	· 불필요한 장애물 제거
기계·기구설계	· 안전 설계 & 방호장치 점검

5. 철근 콘크리트 공사 철근공 동작경제 활용 근골격계 개선대책

〈현황〉 2000세대 APT 골조단계

〈개선〉 반자동 갈고리 (2m) 적용

〈효과〉 허리 숙임, 쪼그려 앉기 동작개선

문제 9 휴먼에러(Human Error) 예방의 일반원칙(Wiener)

문제 7) 휴먼에러 (Human Error) 예방의 일반원칙 (Wiener)

답)

I. 개 요

휴먼에러란 시스템의 안전 등 저하시킬수 있는 부적절한 인간 행동으로 훈련, 동기부여 등 통한 예방 필요.

II. 휴먼에러는 일으킬수 있는 인간심리 특성

• 간결성 • 열광집중 • Risk Taking	→	불안전 행동 유발	→	Human Error 발생	→	사고 · 재해

III. 휴먼에러 예방의 일반원칙

(일반원칙)

- • 선발
  - 직무적성 → 적재적소 배치
- • 동기부여 캠페인
  - 인간의 욕구이론 활용
- • 훈련
  - 작업에 대한 올바른 교육, 훈련
- • 직무분석 및 인간공학적 설계
  - 아차사고 분석
  - 인간공학적 기기설비 디자인

IV. 휴먼에러 배후요인에 대한 방지대책 (4M기준)

1. Man : 피로 → 적정휴식, 심리검사
2. Machine : 안전설비 미흡 → Fail Safe 적용
3. Media : 작업 방법 오류 → 작업계획 구체적 작성 · 교육
4. Management : 낮은 안전의식 → 동기부여 활동 · 관리

V. 휴먼에러 예방위한 동기부여캠페인 실시 사례 (송도○○APT)

1. TBM시 '칭찬 한마디' 프로그램 운영
2. 우수 안전제안 포상 · 게시 (이름 · 사진) "끝"

문제 10 불안전한 행동에 대한 예방대책

문제) 불안전한 행동에 대한 예방대책

답)

I. 개요

불안전한 행동은 재해를 일으킬수 있는 직접원인 중 약 88%를 차지함에 따라, 그 배후요인 분석·관리 중요

II. 하인리히의 연쇄성 이론에 의한 재해발생 Mechanism

사회적 환경·유전적 요소 → 개인적 결함 → 불안전 상태(10%)·불안전 행동(88%) → 사고 → 재해

III. 불안전 행동의 종류 및 배후요인

종류	배후요인 (K. Lewin 행동방정식)
1. 지식의 부족	· $B = f(P \cdot E)$
2. 기능의 미숙	P (인적원인) = 생략, 망각, 피로 등
3. 태도불량·의욕결여	E (외적요인) = 작업방법, 안전설비
4. Human Error	인간관계, 교육 등

IV. 불안전한 행동에 대한 예방대책 (4M 기준)

1. Man = 피로 → 적정휴식, 사내카페
2. Machine = 안전설비 미흡 → 안전설계(Fail Safe 등) 적용
3. Media = 작업방법 오류 → 작업계획서 구체적 작성·적용
4. Management = 낮은 안전의식 → 동기부여 활동·관리

V. 불안전한 행동 저감위한 동기부여 캠페인 사례(송도 OO APT)

1. TBM시 "칭찬 한마디" 프로그램 운영
2. 우수 안전제안 포상·게시 (이름, 사진) "끝"

문제 11 사고자와 무사고자

번호 (문제) 사고자와 무사고자

(답)

I. 개요

사고는 재해 빈발자에 의해 발생하며 무사고자는 위험한 환경을 잘 극복하고 불안전한 행동을 하지 않는 반면 사고자는 재해 빈발 특성을 가짐.

II. 사고자와 무사고자의 특성

사고자	무사고자
① 지능 낮고, 주의력 산만	① 판단력 명확하고 추진력 있음
② 괴팍하고 성급한 성격	② 온순한 성격, 통제 가능
③ 공격적이고 본능적인 욕구 추구	③ 몸과 마음이 건강하고 절제력 있음
④ 피해망상, 원한 소유	④ 겸손하고 모든 일을 슬기롭게 극복
⑤ 책임회피, 불평불만 소유	⑤ 의욕이 강하고 친절, 책임감이 강함
⑥ 모든 일에 근심, 걱정, 불안, 우울	⑥ 법규와 규정을 잘 지키고 질서 이행

III. 사고자(재해 빈발자)의 유형

1. 상황성 빈발자 : ① 작업어려움 ② 설비결함
2. 습관성 빈발자 : ① 신경과민 ② 슬럼프
3. 미숙성 빈발자 : ① 기능 미숙 ② 환경 부적응
4. 소질적 빈발자 : ① 소질적 부적응자 ② 특수성격 소유

IV. 사고자(재해빈발자)의 예방 대책

1. 교육적 대책 (안전교육·훈련 실시)
2. 관리적 대책 (사고우려자 집중관리, 적성검사 후 배치) + 심리적 대책 (개별면담 등)
3. 기술적 대책 (위험성 큰 작업 배제)

"끝"

문제 12 부주의의 특징

(문제 5) 부주의의 특징

(답)

Ⅰ. 개요

부주의는 불안전한 행동 및 상태를 유발시켜 재해가 발생할 수 있으므로 예방 대책이 중요함.

Ⅱ. 부주의에 의한 재해발생 메커니즘

안전관리상 결함 → 부주의 → 불안전한 상태 / 불안전한 행동 → 사고 → 재해

Ⅲ. 부주의의 특징

1. 의식의 단절 2. 의식의 우회
3. 의식수준 저하 4. 의식의 혼란
5. 의식의 과잉

주의의 특징: 선택성, 방향성, 변동성

Ⅳ. 부주의의 원인과 대책

구분	원인	대책
내적	① 의식의 우회 ② 경험, 미경험자 (경험부족) ③ 소질적 문제 (기능, 성격, 질병)	① 안전 Counseling ② 안전교육 훈련 ③ 적정 작업 배치
외적	① 작업환경불량 ② 작업순서 부적당 ③ 작업순서 부자연성	① 작업환경 정비 ② 작업순서 정비 ③ 인간공학적 접근

Ⅴ. 의식수준과 부주의 현상 (의식레벨의 관계)

의식수준	부주의 현상	의식수준	부주의 현상
0단계	의식의 단절, 우회	2단계	정상상태
1단계	의식수준 저하	3단계	주의집중상태
		4단계	의식의 과잉

"끝"

문제 13 인간의 착각과 착시현상

문제 7) 인간의 착각과 착시현상

답)

I. 개요

인간의 착각과 착시현상은 인지, 판단, 조작과정의 착오로 발생하는 불안전한 행동의 배후요인으로 제거대책 필요.

II. 건설현장 근로자 착각·착시에 의한 떨어짐 재해 Mechanism

안전결함 — 불안전 상태 — 기인물 — 가해물 — 떨어짐

안전결함 — 불안전 행동 — 생략 : 안전대 미체결 / 착각 : 안전난간에 로프체결 / 착시 : 걸려 넘어짐 — 사고 — 재해

〈송도 OO APT 비계작업〉

III. 인간의 착각과 착시현상의 요인

1. 인지과정의 착오 - 감각차단, 정보량능력한계, 정서불안
2. 판단과정의 착오 - 자기합리화, 능력부족, 자기과신
3. 조작과정의 착오 - 기능미숙, 경험부족, 피로

IV. 건설현장 근로자 착각·착시에 의한 재해 방지 대책

인지과정	1. 안전기준 준수. 2. 작업환경 개선 3. 적정 휴식 보장
판단과정	1. 안전교육 실시. 2. 상담
조작과정	1. Fail Safe 등 안전설계 2. 기능훈련

V. 철근가공시 착각에 의한 사고예방 Fail Safe 사례 (송도 OO APT)

- 철근 절곡기 가동전 3초간 경고음 발생장치 설치

⇒ 효과 : 착각에 의한 오조작에 의한 사고 예방 "끝"

번호 (문제2) 인간의 착각과 착시현상

(답)

1 개요

인간의 착각·착시 현상은 인지, 판단 및 조작과정의 착오로 발생하는 불안전 행동으로 예방위한 안전대책 중요

2 건설현장 근로자 착각·착시에 의한 재해발생 Mechanism

안전·보건 관리부족 → 불안전 상태 → 기인물 → 가해물

안전·보건 관리부족 → 불안전 행동

- 생략 : 안전대 미착용
- 착각 : 고리 미체결
- 착시 : 걸려 넘어짐

→ 작업자 ↔ 가해물 → 접촉 → 재해 (떨어짐)

<외부 비계 설치 작업시>

3. 인간의 착각과 착시현상 발생요인

1) 인지과정의 착오 – 건강상태, 정서불안

2) 판단과정의 착오 – 자기합리화, 능력부족

3) 조작과정의 착오 – 기능미숙, 경험부족, 피로

4. 건설현장 근로자 착각·착시 의한 재해 예방 안전대책

인지 과정	· 작업환경개선, 적정 휴식시간 제공
판단 과정	· 안전교육, TBM, Hold Point
조작 과정	숙련공 + 비숙련공 1조 작업실시
	Fail Safe 등 안전설계

5. 지게차 작업시 근로자 착각에 의한 재해 예방 사례

· 지게차 안전벨트 inter-Lock 시스템 적용

⇒ (효과) 착각에 의한 안전벨트 미착용 사전 방지 "끝"

번호 (문제) 인간의 착각과 착시현상

(답)

Ⅰ. 인간의 착각과 착시현상의 정의

인간의 착각 : 어떤 대상을 실제와 다르게 인지하는 것.

착시 현상 : 시각의 착각 현상

Ⅱ. 인간의 착각현상 종류 및 개념 (+ 착시현상의 종류도 서술)

1. 자동운동	광점, 광도가 낮을 때 또는 단조로울 때의 착각 (암실의 소광점)
2. 유도운동	기준에 의해 유도되어 움직이는 것처럼 보임. (플랫폼의 출발열차)
3. 가현운동	정지해 있는 물체의 착시에 의한 움직임. (α, β, γ, δ, ε 운동)

Ⅲ. 인간의 착각과 착시현상에 의한 재해유형 및 원인

OK

1. 개구부 착각 (거리나 깊이 착시)
2. 고소작업에서의 추락 (안전난간 일부 미설치, 누락구간 착시)
3. 타워크레인 Hook 충돌 (대형 중장비의 속도 착각)
4. 충돌, 전도 재해 (조명, 조도, 채도 기준 변화)

Ⅳ. 인간의 착각과 착시현상에 의한 건설재해 예방대책

1. 안전교육, 안전관리 조직 시스템 구축 시행
2. 안전표지 설치 및 안전설비 점검, 조명기준 확보
3. 건설기계의 방호장치 정기점검, 작동여부 확인
4. 안전설계기법 (Fail Safe) 활용, 안전시스템 보완

"끝"

문제 14 가현운동

문제 6) 가현운동

1. 개요

정지하고 있는 대상물이 급속히 나타나는 등 마치 대상물이 운동하는 것처럼 인식되는 인간의 착각현상

2. 가현운동시 인간의 착오요인 ↔ 인간의 착오현상의 종류

1) 심리적 불안감 2) 작업자 기능 미숙

3) 수면부족. 피로누적 4) 직무 스트레스

3. 가현운동으로 인한 건설현장 재해위험

떨어짐	안전난간 일부 미설치, 누락구간 착시
부딪힘	T/C 등 양중작업시 양중물 착시
넘어짐	조명시설 조도기준 변화

4. 가현운동에 따른 재해방지를 위한 중점안전관리 사항

작업 시행 전	작업 중	작업 종료 후
- 위험예지 (TBM)	- 위험작업 2인 1조	- 충분한 수면
- 안전시설 점검	- T/C 신호수 배치	- 영양섭취
- 조명시설 점검	- 안전표지 설치	- 건강관리 프로그램

5. 비계 설치시 가현운동에 따른 추락재해 방지대책

1) 안전난간 선행공법 적용

- 하부 작업 발판에서 상부난간 먼저 설치

↑ 하부에서 선조립

2) 엘리베이터 설치용 시스템비계 도입

- 외부에서 조립하여 내부로 밀어넣어 설치 <교차가새형>

"끝"

문제 15 모럴 서베이(Morale Survey)

(문제) 모럴 서베이 (Morale Survey)

(답)

I. 모럴 서베이의 정의

종업원, 근로자의 근로의욕 및 태도를 측정하고 조사하는 것으로 구성원의 불만을 해소하고 노동의욕을 고취, 경영관리 개선을 목적으로 함.

II. 모럴 서베이의 목적

1. 구성원의 심리, 욕구 등 파악
2. 불만해소 및 근로의욕의 고취
3. 기업발전 촉진

III. 모럴 서베이의 주요기법

1. 통계에 의한 방법 – 생산량, 사고발생량, 결근, 지각, 이직 등 분석
2. 사례연구법 – 제안, 고충처리의 사례를 연구 파악
3. 관찰법 – 종업원의 근무실태를 관찰, 문제점을 찾아내는 방법
4. 실험연구법 – 실험그룹과 통제그룹으로 나누어 태도 변화 조사
5. 태도조사법 – 질문지법, 면접법, 집단토의법 등에 의해 의견조사

IV. 모럴 서베이를 통한 경영관리 개선 시 고려할 Hawthorne 실험

1. 미국 호손지역에서 1924~1932 8년간 4차례 실험
2. 실험결과 및 의미
   ① 작업능률을 지배하는 것은 임금, 작업환경이 아닌 인간관계
   ② 인간은 심리적, 사회적 존재

V. 인간관계 관리와 건설안전의 관계

기업규모 거대 + 작업기계화 → 인간소외 노동조합 발전 → 노사 이해관계 성립	→ 인간관계 관리 →	건설안전 경영관리

"끝"

문제 16 K. Lewin의 인간행동에 의한 내적, 외적 특성

번호 (문제2) K. Lewin의 인간 행동에 의한 내적, 외적 특성

(답)

I. 개요

K. Lewin의 인간 행동 법칙이란 인간 행동은 그 사람이 가진, 즉 개체와 심리적 환경과의 상호함수 관계임을 말함

II. K. Lewin의 인간행동 법칙

$$B = f(P \cdot E)$$

⇢ P와 E를 제어

- P : 사람이 가진 자질, (개체)
- E : 심리적 환경
- B : 인간의 행동

행동B의 안전수준 > 작업B수준

III. K. Lewin의 인간행동에 의한 내적 특성

1. 심리적 특성
   - ① 소질적 결함 ② 주변적 동작
   - ③ 의식의 우회 ④ 무의식 행동
   - ⑤ 억측 판단 ⑥ 망각
2. 생리적 특성
   - ① 피로 ② 영양과 에너지 대사
   - ③ 적성과 작업

IV. K. Lewin의 인간행동에 의한 외적 특성

1. 인간적 특성 2. 설비적 특성
3. 작업적 특성 4. 관리적 특성

V. 인간 행동 법칙을 통한 안전관리 Flow

인간행동 특성 파악 → 불안전 행동 원인 파악 → 불안전한 행동통제 → 사고 예방 → 재해 예방

"끝"

문제 17 인간행동방정식과 P와 E의 구성요인

문제) 인간행동 방정식과 P와 E의 구성요인

답)

1. 개요

인간행동 방정식은 불안전행동 배후요인인 P와 E의 함수관계로 P와 E의 제어로 불안전행동 방지 가능.

2. 하인리히의 연쇄성 이론에 의한 재해발생 Mechanism

사회·환경 유전적요소 → 개인적 결함 → 불안전상태(10%) 불안전행동(88%) → 사고 → 재해

3. 인간행동 방정식과 P와 E의 구성요인

인간행동 방정식	P와 E의 구성요인
〈불안전행동 배후요인〉 B = f(P·E) P : 인적요인 E : 외적요인	Ⓟ 심리적 : 생략, 망각 등 생리적 : 피로, 영양부족 등 Ⓔ 작업방법, 안전설비 인간관계, 교육 등

4. 불안전 행동 배후요인인 P와 E 제어대책 (4M기준)

1) Man : 피로 → 적정휴식, 심리검사

2) Machine : 안전설비 미흡 → 안전설계 적용

3) Media : 작업 방법 오류 → 작업계획서 구체적 작성

4) Management : 낮은 안전의식 → 동기부여 활동

5. 불안전 행동 예방위한 동기부여 캠페인 활동 (송도 00 APT)

1) TBM시 "칭찬 한마디" 프로그램 운영

2) 우수 안전제안 포상, 게시 (이름, 사진) "끝"

문제 18	고원현상

문제) 고원현상

답)

1. 고원현상의 정의

고원현상은 인적, 외적요인으로 학습효과가 일정수준에서 정체되어 머무는 현상으로 동기부여 등 활동 필요.

2. 고원현상이 안전에 미치는 영향

$B=f(P \cdot E)$ (P: 인적, E: 외적) → 학습효과 정체 → 불안전상태 및 행동 증가 → 사고·재해 위험증가

3. 고원현상에 영향주는 요인

1) 인적요인 (P) | 피로, 휴식부족 / 심리 불안

2) 외적요인 (E) | 환경불량 / 주위 산만 등

학습효과 / 동기부여 필요 / * 고원현상 / 학습효과 정체구간 / 시간

<고원현상 그래프>

4. 고원현상 극복위한 인적·외적요인 제어대책 (4M기준)

1) Man : 피로 → 적정휴식, 장소 제공

2) Machine : 오감을 통한 다양한 안전체험시설 (VR/AR)

3) Media : 교육시간·장소·방법 등 다양화

4) Management : 감성안전 등 통한 안전 동기부여

5. 감성안전프로그램 실시 통한 안전동기부여 사례 (송도 00APT)

· 커피트럭운영, · 동료사진 컨테스트, · 찾아가는 의료/이발 서비스 → 소속감 · 동기고취 → 고원현상 극복.

"끝"

문제 19	주의와 부주의

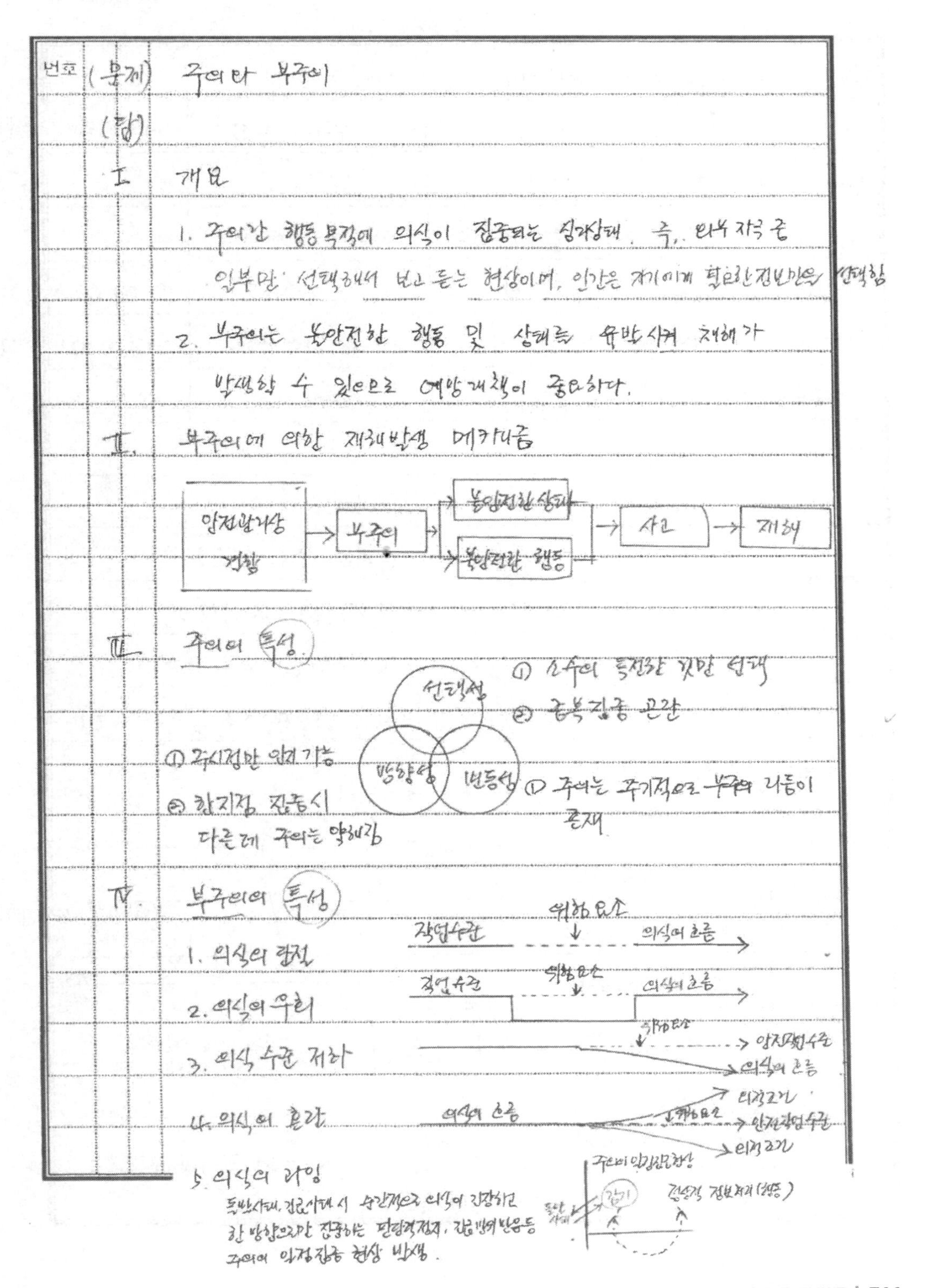

번호 (문제) 주의와 부주의

(답)

I. 개요

1. 주의란 행동목적에 의식이 집중되는 심리상태. 즉, 외부자극 중 일부만 선택해서 보고 듣는 현상이며, 인간은 자기에게 필요한 정보만을 선택함

2. 부주의는 불안전한 행동 및 상태를 유발시켜 재해가 발생할 수 있으므로 예방대책이 중요하다.

II. 부주의에 의한 재해발생 메카니즘

III. 주의의 특성

- 선택성: ① 소수의 특정한 것만 선택 ② 중복집중 곤란
- 방향성: ① 주시점만 인지 가능 ② 한지점 집중시 다른데 주의는 약해짐
- 변동성: ① 주의는 주기적으로 부주의 리듬이 존재

IV. 부주의의 특성

1. 의식의 단절
2. 의식의 우회
3. 의식 수준 저하
4. 의식의 혼란
5. 의식의 과잉

돌발사태, 긴급사태 시 순간적으로 의식이 긴장하고 한 방향으로만 집중하는 판단력정지, 긴급방위반응 등 주의의 일점집중 현상 발생.

번호

Ⅴ. 의식수준과 부주의 현상 (의식레벨의 단계)

의식의 모드	의식수준	생리적 상태	부주의 현상	대책 채널의 관계
무의식, 실신	0단계	수면, 뇌발작	의식의 단절 의식의 우회	. .
의식흐림	1단계	피로, 졸음상태, 단조로움	의식수준의 저하	
이완상태	2단계	일상생활	정상상태	①, ②, ③ 채널
상쾌한상태	3단계	적극활동시	주의집중상태	①, ②, ③, ④, ⑤ 채널
과긴장상태	4단계	과긴장시, 긴급방위반응 당황해서 Panic	의식의 과잉	

Ⅵ. 부주의의 원인

1. 내적요인
   - ① 의식의 우회 (부주의)
   - ② 소질적 조건 (지능, 성격, 질병)
   - ③ 경험, 미경험 : (경험부족, 주의력 산만)

2. 외적요인
   - ① 작업환경 불량 (불쾌감, 신체적 기능저하)
   - ② 작업순서 부적당 (판단의 오차 및 조작실수)

Ⅶ. 부주의 예방대책

1. 내적요인
   - ① 안전교육 실시
   - ② 안전 Counseling
   - ③ 적정작업 배치
   - ④ 정기적인 건강진단, 검사

2. 외적요인
   - ① 작업환경 정비 ② 근로조건 개선
   - ③ 작업순서 정비 ④ 작업방법 습득

주의깊이

100

주의집중

50

(여러사물에 대한 주의)

주의확장

0

주의범위

주의가 내향일때 (사고의 상태)

-50

-100

<주의력 및 집중과 배분>

Ⅷ. 결론.

문제 20 간결성의 원리

(문제) 간결성의 원리

(답)

I. 개요

간결성의 원리는 인간이 최소한의 에너지로 목표를 달성하려는 경향을 말하며 사고의 심리적 요인임.

II. 간결성의 원리에 의한 사고발생 Mechanism 및 사례

안전관리의 결함 → 간결성 심리 → [불안전한 행동 / 불안전한 상태] → 사고 → 재해

현장에서의 간결성 원리에 의한 재해 사례
① 정상통로 아닌 경로로 이동 중 추락재해
② 추락방지설비 미이용 중 추락재해

III. 간결성의 원리에 의한 불안전한 행동의 종류, 사례

1. 지정 이동통로 미 사용, 최소거리 이동
2. 근로자 안전대 미착용
3. 고소 작업 시 이동식 틀비계 미사용
4. TBM 및 위험성 평가 미참여

IV. 간결성의 원리에 의한 재해발생 방지 및 안전대책

교육적 대책 ① 안전교육 실시 ② 작업전 10분 TBM

관리적 대책 ① 안전보호구 착용 및 활용확인

기술적 대책 ① 기계설비 Fool proof, fail safe 설계 도입

V. 근로자에 대한 관심을 통한 간결성의 심리 관리

1. 작업자 면담 실시 → 동기부여 (모럴서베이)
2. 작업강도 고려한 배치 → 충분한 휴식, 피로회복시간 부여

"끝"

문제 21 무재해운동의 세부추진기법

문제) 무재해 운동 세부추진기법

답)

1. 개 요

무재해 운동은 사업주와 근로자가 다같이 참여하여 재해 근절위한 자율적 운동으로 P-D-C-A 통한 지속적 개선 중요

2. 무재해 운동의 목적, 3원칙 및 3요소

3원칙	←	목적	→	3요소
무의 원칙		인간존중		최고경영자의 의지
안전제일의 원칙		재해근절		관리감독자의 적극성
참여의 원칙				자율활동 활발화

3. 무재해 운동 세부추진기법

1) 위험예지훈련 - 작업장 잠재 위험요인 토의 (가장기본)
2) STOP - 안전관찰훈련 프로그램
3) 브레인스토밍 - 소집단 토의식 아이디어 창출
4) TBM - 작업전 10분 안전미팅
5) 5C 운동 - 복장단정, 정리정돈, 청소청결, 점검확인, 전심전력

4. 무재해위한 위험예지훈련 활용방안 (송도 OO APT 용접작업)

〈위험예지 4Round〉

현상파악 → 본질추구 → 대책수립 → 목표설정

현상파악	본질추구	대책수립	목표설정
브레인스토밍	TBM실시	브레인스토밍	지적확인
- 화재 폭발	- 작업전·후	- 화재감시자	- 무재해.

5. PTW, 위험성평가, TBM 연계통한 무재해 운동 사례 (송도 OO APT)

PTW 작성시 위험성평가 → 위험저감대책 사전검토 → TBM시 근로자 주지·소통 → 무재해

"끝"

문제 22 작업 전 안전점검회의(Tool Box Meeting)의 단계별 활동 내용

문제 1) 작업 전 안전점검회의(Tool Box Meeting)의 단계별 활동 내용

* 관련 지침
→ 작업전안전점검 가이드(23.2.)

답) I. 개요

작업 현장 근처에서 작업 前 관리감독자를 중심으로, 작업내용·안전작업 절차 등에 대해 Meeting 하는 활동

II. 무재해 운동의 종류 및 T.B.M의 필요성

종류		필요성	
	· Brain Storming		· 위험요인 재확인
	· Tool Box Meeting		· 안전문화, 인식수준 향상
	· S.T.O.P, 5C 등		· 예방대책의 점검

III. 작업 전 안전점검회의의 단계별 활동내용

단계	주요 활동내용
T.B.M 사전준비	◦ 작업·공정별 위험성 평가(OPS, check list) ◦ 최근 유사사고 확인, ◦ 작업현황 파악 등
T.B.M 실행과정	◦ 작업자 건강상태 ◦ 작업내용·안전사항 ◦ TBM 숙지여부 점검 ◦ 위험요인 발견 시 확인.
T.B.M 확류조치	◦ 작업자의 불만, 질문, 제안사항 검토 ◦ TBM 결과 기록·보관·Feed Back

IV. 작업전 안전점검회의의 현장 실효성 강화 방안

사망 만인율(‰): 0.43 ('21) → 0.29 ('26)

〈정부의 감축 목표〉

→ 위험성평가 기반

1) 현장여건 반영한 OPS 개발
→ 근로자 참여 ↗

2) TBM시 Brain Storming "필"

문제 2) 작업 전 안전점검회의 (Tool Box Meeting)의 단계별 활동 내용 (로드맵 이후 TBM 기준)

1. 개요 Q1 보완

TBM은 작업 위험요소를 사전점검, 대책 수립하는 작업 전 10분 안전미팅 (산안법상 안전보건교육 인정)

2. TBM 효과

1) 오조작·오작동 방지
2) Human Error 예방
3) 작업 정확성, 안전성 향상

파지율
100%
30%
* 지속반복교육(TBM)
⇒ 망각 오류 방지
1일 약 70% 망각
1일
1달
<에빙하우스 망각곡선>

3. 작업 전 안전점검회의(TBM)의 단계별 활동 내용

사전준비	• 위험성 평가, 최근 사건·사고 내용 확인 • 작업현황 파악, 자료작성 및 내용숙지
실행과정	• 건강상태 확인, TBM 내용숙지 확인 • 작업내용/위험요인/안전작업절차/대책 공유·전달 • 위험요인, 불안전 상태 발견시 행동 요령 확인
환류조치	• 불안, 질문사항 검토 • TBM 결과 기록·보관, 조치결과 피드백

4. TBM 방법

1) 소집단 미팅 : 10명 이하 (작업·공정별)
2) 실행 시기 : 작업 전 5~15분, 작업 후 3~5분
3) 사전준비 : 위험성 평가, PTW와 연계
4) 참가 방식 : 전원참여 브레인 스토밍

5. 위험성평가, PTW, TBM 연계통한 자율안전활동 사례 (평택 OO APT)

PTW 작성시 근로자 참여 위험성평가 → 위험저감대책, 합동점검 → TBM시 근로자 주지·토의 → (자율안전 강화) <끝>

번호 11. 작업전 안전점검회의(Tool Box Meeting)의 단계별 활동내용.

답)

1. 개요.

작업전 안전점검회의(TBM)는 시작전 작업내용과 위험요인을 재확인하고, 안전한 작업절차를 확인하는 활동임.

2. TBM 효과.

1) 오판단, 오조작 예방

2) 자신·작업의 안전성 확보

3) 작업의 정확성·안전성 확인

3. TBM의 단계별 활동내용

사전준비	· 위험성 평가, 최근 사건·사고 내용 확인 · 작업현황 파악, 자료작성 및 내용숙지
실행과정	· 작업자 건강상태 확인, TBM 내용 숙지 확인 · 작업내용 / 위험요인 / 안전작업절차 공유 · 위험요인, 불안전 상태시 행동요령 확인
환류조치	· 작업자 불만, 질문, 제안 검토. · 결과 기록·보관, Feed back.

4. 서울시 00교 정밀안전진단 TBM 연계 '자기규율 예방체계' 사례

낙찰자 결정 → 안전보건활동 계획서 제출 → 평가 승인 → 계약 → TBM시 이행확인

· 위험성평가등 / · 부적정시 보완 지시

-끝-

문제 23 브레인스토밍(Brain Storming)

문제) 브레인스토밍

답)

〈위험예지훈련의 주요기법〉
① 브레인스토밍 ② STOP
③ 지적확인 ④ 5C운동 등

1. 브레인스토밍의 정의

브레인스토밍은 위험예지를 위한 소집단 토의식 아이디어 창출기법으로 잠재적 위험 발견, 대책 수립에 활용

2. 브레인스토밍의 필요성

· 다양한 아이디어 · 팀워크 향상	⇒	· 잠재적 위험도출 및 대책수립	⇒	무재해 무사고

3. 브레인스토밍의 4원칙

(4원칙)

· 비판금지
- 타인의견 비판, 평가금지

· 자유분방
- 편안한 마음, 어떤의견 o.k

· 대량발언
- 최대한 많이 (질보다양)

· 수정발언
- 타인의 아이디어 편승, 수정

4. 위험예지를 위한 브레인스토밍 활용방안

현상파악	본질추구	대책수립	목표설정
· 브레인스토밍 - 화재·폭발 - 질식	· TBM 실시 (오전 1회 오후 1회	· 브레인스토밍 - 화재감시자 - 비산멈개 - 비누거품기 등	· 지적확인 · Touch & call

〈중도 OO APT 현장 용접·용단 작업 위험예지 활동〉

5. 근로자 브레인스토밍 활성화위한 동기부여활동사례 (중도OO APT)

1) 커피트럭 운영 tea time 병행실시

2) 내성적 근로자위한 브레인스토밍 게시판 운영 "끝"

문제 8) 브레인 스토밍

답)

1. 정 의

브레인 스토밍은 위험예지를 위한 소집단 토의식 아이디어 창출기법으로 잠재적위험을 발견하기 위함

2. 브레인 스토밍의 4원칙

3. 브레인 스토밍의 필요성

4. 브레인 스토밍을 포함한 동기부여 방안

①	브레인스토밍	의견제시 → 반 영
②	TBM	10분 前 안전미팅 시행
③	연극제	아침인사하기. 안전가족 연극제
④	포상제도	우수자 포상시행 → 게시판알림

5. 근로자 브레인스토밍 활성화를위한 활용사례

<현장명 = 동탄 2도시 OO APT 신축>

① 커피트럭 운영

② tea time

→ 병행실시 → 무재해

③ 내성적 근로자를 위한 게시판 운영 "끝"

문제 24 LOTO(Lock-Out, Tag-Out) 작업절차

번호 (문제10) LOTO (Lock - Out - Tag - Out) 작업절차

(답)

1. 개 요

LOTO는 위험기계·기구, 전기작업시 재해예방을 위해 차단기에 설치하는 시건장치임.

2. LOTO 적용이 필요한 건설현장 위험작업의 유형

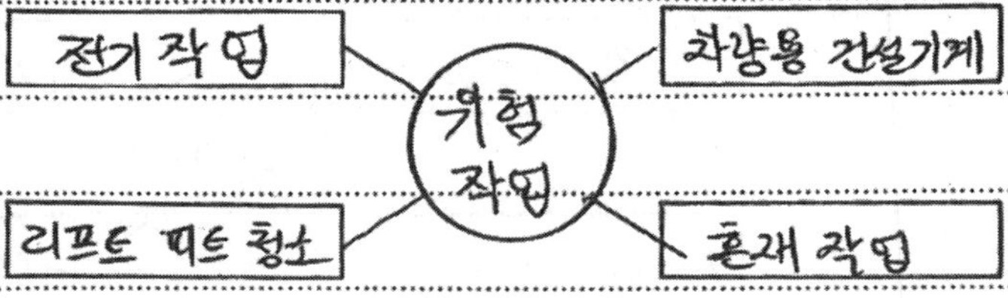

(위험 작업)
- 전기 작업
- 차량용 건설기계
- 리프트 피트 청소
- 혼재 작업

3. LOTO(Lock-Out-Tag-Out) 작업절차 (리프트 피트청소 작업)

① 사전 준비 · 위험성평가, PTW, TBM
↓
② 전원 차단 · 차단기 No.와 리프트 No. 확인
↓
③ LOTO 설치 · 시건장치 및 경고표지 →
↓
④ 고임목 설치 · 높이 30cm 이상
↓
⑤ 작업 종료 · 현장 근로자 LOTO 해제

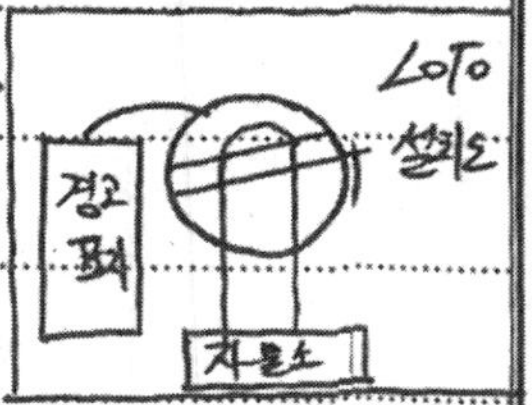

(그림: LOTO 설치, 경고표지, 차단소)

4. OO공항 E/L 하부 청소작업시 LOTO 시건장치 이중화사례

· (기존) 관리감독자만 LOTO 시건장치 열쇠 소지

· (문제점) 현장 안전성 확인 안된상태에서 협착 우려

· (변경) 시건장치 이중화 및 열쇠 현장 근로자 소지

5. 초소규모 현장 LOTO 문화 확산을 위한 정부의 제도개선

클린사업장 조성지원	LOTO 문화 확산
· LOTO 장비 추가	- 포스터 제작 및 배포

"끝"

번호 10. LOTO(Lock-Out, Tag-Out) 작업절차.

답) 실시목적 / 적용성 대상 / 재해유형

1. 개요.

LOTO(Lock-Out, Tag-Out)는 작업시 유해위험요인 제거를 위한 예방대책으로 적극 활용 필요함.

2. LOTO 작업절차.

PTW → TBM → 작업중 문제발생 → LOTO → 작업 재개.

- PTW: 사전위험요인 분석 등
- TBM: 위험요인 근로자 주지
- 작업중 문제발생: 문제발생 즉시 작업중지·안내
- LOTO → 작업 재개: 문제해결, 위험요인 제거

3. LOTO를 인한 재해위험 예방 방법.

구분	내용
사전 조사	· 작업계획 수립시 유해·위험 요인 조사. · 안전관리 계획 수립.
시공 단계	· 문제점 발견시 즉시 작업중지 · 작업지휘자에게 즉시 보고·대응(표지판 부착).
환류 조치.	· 작업 완료 후 근로자에게 해당 사항 전파. · Feed back.

4. 서울시 OO교가 보수공사중 LOTO 활용 재해예방 사례.

1) 현황 : 서울시 OO교가 (PSC박스거더교) 외부텐던 교체 공사

2) 유해·위험요인 : 밀폐공간 공사중 공기질 위험 모니터링

3) 대응 : 관리감독자 공기질 확인후 즉시 대피. 현장 입구에 위험 표지판 설치후 환기 -끝-

문제 25 에빙하우스의 망각곡선

문제 4) 에빙하우스의 망각곡선

1. 정의

인간의 기억은 시간에 반비례하여 감소하며,
장기기억으로 전환시키기 위해서는 적절한 반복이 중요하다는 이론

2. 망각현상이 재해에 미치는 영향

[교육 미실시 / 망각현상] → [절차 생략 / 간과하 무시] → [불안전 행동] → [사고 재해]

- 기억력 감소 (추락·충돌·낙하·화재)

3. 에빙하우스의 망각곡선 및 특징

파지율(%)
100
50% 망각
반복 필요
66% 망각
80% 망각
시간
10분 1시간 1일 1달

1) 학습후 10분부터 망각
2) 1시간 → 50%,
1일 → 66%.
3) 지속적인 반복학습을 통한 망각방지 중요

4. 에빙하우스 망각곡선을 활용한 재해예방 대책

<관리적 대책>
1) TBM(위험예지) 반복
- 작업 전·중식후·종료후
2) 안전표지, 관리감독 강화

<공학적 대책>
1) 안전설계기법
(Fail Safe·Fool proof)
2) Smart 안전장비(IoT)

5. 망각에 의한 재해방지를 위한 교육수행 방법 제언

1) Flipped learning 활용 : 사전학습 → 토론·토의
2) 체험형 학습 : AR/VR 활용·재해체험 "끝"

문제 26 STOP(Safety Training Observation Program)

문제 19) STOP(safety training observation program)

답)

1. STOP의 정의

STOP란 작업자의 행동을 관찰, 안전행동은 칭찬과 격려 불안전행동은 작업자 스스로 시정조치 하는 행동중심 안전관리

2. STOP의 행동중심 안전관리 Program의 절차

안전한 행동 측		불안전한 행동 측
· 안전한 행동 ⇓ · 안전한 상태 ⇓ · 칭찬 / 격려 ⇓ · 안전 강화	⇒ 안전문화 형성 ⇐	· 불안전한 행동 ⇓ · 불안전한 상태 ⇓ · 원인파악, 대회 ⇓ · 작업자 스스로 행동변화

3. STOP 행동중심 안전관리의 기본원칙

1) 작업자 행동 중심으로 관찰
2) 관찰자 피관찰자 의사소통이 중요
3) 먼저 칭찬 / 격려
4) 행동변화 유도, 징계와 연계금지

⇒ * 안전행동을 칭찬하는 것이 불안전 행동을 처벌하는것보다 효과적

4. STOP 안전관리 Program 건설현장 적용시 문제점 및 대책

1) 문제점 : 작업자의 수시 변동, 전가공종 혼재
안전관리자 구축 및 관리감독자 업무 가피

2) 대책 : 안전관리자 법적배치 증원 및 관리감독자 교육 법제화

5. STOP의 안전관리 개념으로 본 중대재해 처벌법의 개선과제

: 현행 중대재해 처벌법 칭찬이 안전행동에 효과적 임을 반외하는 행정 ⇒ 처벌보다 우수현장, 회사 가점확대(PQ)

번호 (문제) STOP (Safety Training Observation Program)

(답)

I. STOP 활동의 정의

관리자 및 근로자를 위한 안전관찰 훈련 프로그램으로 관리자 및 모든 근로자들을 위험으로부터 보호하는 것을 목적으로 한 안전활동

II. STOP의 관찰 사이클

결심 → 정지 → 관찰 → 조치 ↔ 보고

- ·위험요소 발견
- ·중지
- ·직접 관찰 ·간접 관찰
- ·위험요소제거
- ·Feed back

III. STOP의 기본적인 안전 원칙

1. 모든 안전사고와 직업병은 예방할 수 있다.
2. 안전에 대한 책임은 각자에게 있다.
3. 관리자는 모든 근로자들이 안전하게 일하도록 훈련시킬 책임이 있다.
4. 모든 공사현장과 생산현장은 적절한 안전대책을 마련할 수 있다.
5. 안전재해 및 사고의 예방은 기업의 성공에 기여한다.

(다른공종에서도 기술가능 기본안전원칙 + 효과)

IV. STOP의 효과

(☆ 기재효과에 가중 가능)

1. 위험요인의 감소 및 제거
2. 부상의 위험도 감소
3. 근로자의 안전의식 향상
4. 직무안전 및 안전자세 향상
5. 현장 무재해 및 안전수준 향상

V. STOP의 향후 방안

1. 관리자와 근로자의 재해예방 노력
2. 위험요인의 파악 및 평가

"끝"

문제 27 파지와 망각

(참고) 파지와 망각

I. 파지와 망각의 정의

1. 파지 : 과거의 학습경험이 현재와 미래의 행동에 영향을 주는 작용 (기억의 단계)
2. 망각 : 파지의 행동이 지속되지 않고 경험내용, 인상 등이 약해지거나 소멸되는 현상

II. 기억의 과정

기명 (memorizing) → 파지 (retention) → 재생 (recall) → 재인 (recognition)

- 기명 : (사물의 인상을 마음에 간직)
- 파지 : (간직, 인상이 보존)
- 재생 : (보존된 인상을 다시 의식으로 떠오름)
- 재인 : (과거경험과 비슷한 상태에서 떠오름)

III. 망각방지법 (파지를 유지하기 위한 방법)

1. 적절한 지도 계획 수립, 연습
2. 연습은 학습한 직후에 시키며, 간격을 두고 때때로 연습
3. 학습자에게 의미를 알게 지식있게 학습시킴

IV. 에빙하우스 (H. Ebbinghaus)의 망각곡선

파지율 (%)

100, 60, 50, 40, 30, 20, 10, 0

20분 (58%)
1시간 (44%)
9시간 (36%)

1일 (33%)   2일 (28%)   6일 (25%)   31일 (21%)

1시간경과 : 50% 이상 망각
48시간경과 : 70% 이상 망각
31일 경과 : 80% 이상 망각

문제 28 건설근로자의 직무스트레스 요인 및 예방을 위한 관리감독자의 역할

번호 (문제) 건설근로자의 직무스트레스 요인 및 예방을 위한 관리감독자의 역할

I. 개요

II. 직무스트레스로 인한 재해 발생 가능 메커니즘

III. 직무스트레스 요인 | 내적 (4M) / 외적 (환경)　K.Lewin B=f(P.E)

IV. 직무스트레스 예방을 위한 사업주의 조치 (안전보건규칙 제669조)

1. 직무스트레스 요인 평가 (작업환경 · 작업내용 · 근로시간) → 개선대책 마련
2. 작업 계획 수립 시 근로자 의견 반영
3. 휴식 적절 배분
4. 근로시간 외 근로자 복지 지원
5. 근로자 배치 시 건강진단결과, 상담자료 참고 적정 배치
6. 건강증진 프로그램 (금연, 고혈압 관리 등)

V. 직무 스트레스 예방을 위한 관리감독자 역할 (○○-○○건설현장)

작업전 | 작업예고 (임금 50% 지급) 제도.

작업 중 | ① 휴게시설, ② 휴식시간, ③ 교대근무, ④ 순회점검, ⑤ RMR 작업강도

작업후 | 작업환경 측정

VI. 소규모 건설현장 근로자 직무스트레스 예방 활동 방안.

건강디딤돌 사업 (작업환경측정, 특수건강진단 → 무상지원)

건강관리 상담 지원센터 (전국 16개 사업장 → 무료상담, 전문치료 프로그램)

VII. 산업재해 발생시 근로자의 직무스트레스 감소조치 방안.

1. 산업재해 트라우마 관리프로그램
2. 급성스트레스 조기대응 지침 마련

"끝"

문제 29 의무안전인증대상 보호구

문제 1(1) 의무안전인증대상 보호구

답)

I. 개요 (산업안전보건법 제84조, 안전인증)

사업주는 근로자를 위험으로부터 보호하기위한 보호구 지급시 안전인증 및 자율안전확인 대상 보호구 지급해야 함.

II. 의무안전인증대상 보호구 종류 및 구비조건

종류 (12종)	구비조건
안전모 (추락·감전), 안전화, 안전대	1. 목적에 적합
안전장갑, 보안경, 보안면, 보호복	2. 착용이 간편
송기마스크, 방진마스크, 방독마스크	3. 내구성, 작업성
방음용 귀마개, 전동식 호흡기	4. 유해·위험 방호

III. 의무안전인증대상 보호구 지급·사용시 주의사항

사업주 지급시
- 근로자의 수 이상지급, 사용법 교육
- 필터 등 언제든 교환가능 비치
- 질병 감염 우려시 전용 보호구 지급

근로자 사용시
- 반드시 착용, 점검·청결유지

IV. 안전인증 및 자율안전확인 대상 제품 표시 내용

1. 형식·모델명 2. 규격 (등급) 3. 제조자

4. 제조번호·제조년월 5. 안전인증·자율안전확인 번호

V. 안전미인증 보호구 사용 근절위한 법·제도개선 강화 개선대책

* 미인증제품을 인증제품으로 속여 유통사례 다수 (KCs 도용 등)

⇒ 유통망 지속적 불시점검 통한 처벌강화·즉시 퇴출 "끝"

문제 30 방진마스크의 종류 및 안전기준

번문제) 방진마스크의 종류 및 안전기준

답)

I. 개요

사업주는 유해물질로부터 근로자의 호흡기 보호 위해
안전인증을 받은 호흡용 개인보호구는 지급해야 함

II. 방진마스크의 종류

1. 분리식 [격리식 / 직결식] → 산소 18% 이상만 사용 → 산소 18% 미만 송기마스크 사용
2. 안면부 여과식

III. 방진마스크의 안전기준

등급	분진포집율	누설율	차단물질
특급	99% 이상	5% 이하	석면, 베릴륨 등 발암물질
1급	94% 이상	11% 이하	금속흄 등
2급	80% 이상	25% 이하	그 밖의 분진

IV. 방진마스크 지급·사용시 주의사항 (안전보건규칙 32~34조)

사업주 지급시
- 안전인증확인, 사용법 교육, 근로자수 이상 지급
- 필터등 언제든 교환가능 비치, 상시점검
- 질병 감염 우려시 개인전용 보호구 지급

근로자 사용시: 반드시 착용, 점검·청결유지

V. 건설현장 코로나19 대응위한 방진마스크 관리사항 (송도OO APT)

1. 방진마스크 - 작업시에만 착용 (밸브로 바이러스 배출가능)
2. 작업 완료 TBM 시 KF94 마스크 별도지급 (외근용) "끝"

(문제) 방진마스크의 종류 및 안전기준

(답)

I. 개요

산업현장에서 분진등이 호흡기를 통하여 체내에 유입되는 것을 막을 목적으로 사용되는 마스크를 말함

II. 방진마스크의 종류

종류		형태	사용조건
분리식	격리식	전면형 또는 반면형	산소농도 18% 이상인 장소
	직결식		
안면부 여과식		반면형	

III. 방진 마스크의 안전기준

등급	특급	1급	2급
포집효율	99.9%	94%	80%
사용장소	강한독성 발생, 석면 취급 장소	연광, 기계적 분진 발생장소	특급/1급 착용장소 제외장소

IV. 방진 마스크의 사용 및 관리방법 ┌ 보호구의 관리

1. 사용전 흡기누설 점검 (안전보건규칙 제33조)
2. 필터가 손상되거나 흡,배기 저항 크면 교체
3. 흡배기 청결유지, 중성세제 세척, 그늘 건조

V. 맺음말 (※ 의무안전인증 보호구 대상)

방진 마스크 선택 시 유해위험요소 분석 및 수준, 보호구 사용빈도, 보호성능 선정후 적정 마스크 적용

"끝"

문제 31 안전인증 및 자율안전 확인신고대상 가설기자재의 종류

문제) 안전인증 및 자율안전 확인신고대상 가설기자재의 종류

답)

I. 개 요

가설구조물 무너짐 등으로 인한 재해예방위해 안전인증 및 자율안전 확인대상 가설기자재 사용해야 함.

II. 안전인증 및 자율안전 확인 대상 제품 표시 내용

1. 형식·모델명 2. 규격(등급) 3. 제조자
4. 제조번호·제조연월 5. 안전인증, 자율안전 확인 번호 등

III. 안전인증 및 자율안전 확인신고 대상 가설기자재의 종류

안전인증 (8종)	자율안전 확인 (8종)
· 파이프 서포트, 동바리용 부재	· 선반지주, 측벽용 브라켓
· 조립식/이동식 비계용 부재	· 단관비계용 강관
· 작업발판, 조립식 안전난간	· 고정형 받침철물
· 조임철물, 받침철물(조절형)	· 단기체인, 단기틀, 방호선반
· 가설기자재 시험용 지그	· 엘리베이터 개구부용 난간틀

IV. 가설기자재 현장 반입·사용시 담당별 안전지도·확인

자재반입 — 안전인증확인 — 품질시험 — 현장사용

〈안전담당〉 〈품질관리자〉 〈관리감독자〉

·KCs, 인증번호등 품질시험 육안검사 (변형, 부식등)

V. 소규모 현장 불량 재사용 가설기자재 근절위한 발전과제

1. 불량 재사용 가설기자재 자율폐기 보조금 확대 방안 마련
2. 불시점검·검사 및 안전신고 포상 확대 "끝"

문제 32 생체리듬(Biorhythm) (=인간주기율)

번호 (문제) 생체리듬 (Biorhythm) (= 인간주기율)

(답)

I. 생체리듬의 정의

인간의 생리적 주기 또는 리듬에 관한 이론으로 신체(Physical), 감성(sensitivity) 지성(Intellectual) 3개의 PSI 학설이라고도 함.

II. 생체리듬의 곡선 표시

육체적 P, 감성적 S, 지성적 I

위험일

(+) positive phase

11.5, 14, 16.5, 23, 28, 33

(−) negative phase

위험일

III. 생체리듬의 구성과 특징

구성	주기	표기	특징
육체적 리듬	23일	① 파란(청)색 표기 ② 실선(—)	식욕, 소화력, 활동력, 지구력 증가·감소 반복
감성적 리듬	28일	① 빨간(적)색 ② 점선(---)	감정, 주의성, 창조력, 희노애락이 증가·감소 반복
지성적 리듬	33일	① 초록(녹)색 ② 일점쇄선(-·-)	상상력, 사고력, 기억력, 의지력, 판단력 등이 증가·감소 반복

IV. 위험일과 사고발생빈도 높은 시간대를 고려한 안전관리

1. 위험일 (critical day)

   안정기 ↔ 불안정기 변곡점

2. 사고발생 높은 시간대

   오전 10-11시

   오후 15-16시

   03-05시 (24시간 작업체계)

⇒
- 작업휴식시간 제공
- 관리자 순찰 강화
- 작업 탄력적 전환
- 작업 교대

"끝"

문제 33 스위스 치즈 이론

문제 6) 스위스치즈 이론

1. 개념

스위스치즈를 하나의 끈으로 연결하려면 다양한 구멍이 필요하듯, 사고도 복합적인 요인들이 발생해야 나는 이론.

2. 재해 발생 이론의 종류 및 특징

1) 하인리히 도미노 이론: 불안전한 행동·상태 중점

2) 버드의 신도미노 이론: 통제 관리강화 중점

3) 아담스 이론: 경영시스템 4) 웨버: 경영자 의지

3. 스위스치즈 이론의 재해발생 메커니즘

조직의 문제 → 감독의 문제 → 불안전행위 유발조건 → 불안전 행위 → 재해 발생

(잠재적 요인) (직·간접적 요인)

4. 스위스치즈이론에 의한 재해위험요인 및 안전대책

단계	재해요인	안전대책
조직	안전규칙·절차 미흡	안전절차 수립
감독	안전관리 소홀	관리감독 철저
행위유발	신체적 피로·스트레스	충분한 휴식
불안전 행위	보호구 미착용	보호구·안전시설물

5. 00철도 점검수행시 스위스치즈이론을 활용한 안전확보 방안.

1) 전기작업 안전계획서 수립

2) 작업지휘자 지정·특별교육 시행

3) 절연보호구 지급·착용 점검 "끝"

문제 34 휴식시간 산출방법

문제 4) 휴식시간 산출방법.

1. 개요

사업주는 건설현장 근로자의 안전·보건 확보를 위해 적절한 휴식시간을 산출하여 제공해야 한다.

2. 휴식시간 미확보시 재해발생에 미치는 영향

1) 작업강도 증가

2) 피로누적·스트레스 증가

⇒ $B=f(P \cdot E)$ 불안전한 행동 증가, 재해발생 <레윈의 행동방정식>

3. 휴식시간 산출방법.

$$R = \frac{60(E-4)}{E-1.5}$$

R : 휴식시간(분)

E : 작업시 평균 에너지 소비량(kcal/분)

※ RMR과 작업강도

RMR	0~2	2~4	4~7	7이상
작업강도	경	보통	중	초중작업

4. 건설현장 휴식시간 확보를 위한 안전대책

<관리적 대책>

- 작업환경 측정 및 개선
- 휴게시설 설치 (코로나19 고려한 위생용품 비치)

<공학적 대책>

- RMR 4이상 기계사용
- 단순·반복작업이 로봇 사용화 → 첨단공법

5. 휴게시설 설치 의무화 관련 법 개정사항 ('22.08 시행)

↑ 고령근로자 연계

산업안전보건법 제128조의 2 (휴게시설의 설치)

1) 신체적 피로와 정신적 스트레스 해소를 위한 휴게장소 설치

2) 크기·위치·온도·조명 기준 준수

5. 건설현장의 고령근로자를 위한 휴식시간 [illegible]

1) 안전교육·고령근로자 고려하여 작업계획 수립

2) 고령근로자 휴식시간 가중치 부여 (Smart기술 심박수 밴드 착용)

문제 35 휴식시간 산출식

문제 8) 휴식시간 산출식

답)

안전보건규칙 79조, 567조 (휴게시설설치)	신체·정신적피로시
	고열·한랭 작업시
	옥외 작업시

I. 개요

불안전한 행동의 배후요인인 피로는 안전사고의 원인이 되므로 적정 휴식시간 보장 필요

II. 불안전한 행동의 배후요인인 피로의 원인, 문제점 및 대책

<원인>		<문제점>		<대책>
· 작업적 - 중노동 · 환경적 - 고온·한랭 · 개인적 - 심리불안	➡	의식수준 저하 · 재해발생	➡	· 적정 휴식 · 휴게시설 · 심리상담

III. 적정 휴식보장위한 휴식시간 산출식

$$R = \frac{60(E-5)}{E-1.5}$$

- R : 휴식시간 (분)
- E : 작업시 평균에너지 소비량 (kcal/분)

IV. 휴식시간을 위한 휴게시설 설치기준

공간	최소 6m²/1인, 작업장 100m이내 마다
시설	냉·난방, 환기, 조도(100~200lux) 소음 50dB이하
관리	주기적 청소·소독, 화재감시인

V. 동절기 근로자 피로저감위한 안전보건 사례 (송도00APT현장)

1. 휴게시설 확충 (한랭질환 및, 코로나19 대응)
   → 기준 100m → 50m마다, 따뜻한음료 핫팩 비치
2. TBM시 영양제 지급, 민감군 수시보건관리 "끝"

번호 (문제) 휴식시간 산출식

(답)

Ⅰ. 개요

사업주는 근로자의 신체적 피로와 정신적 스트레스를 해소하기 위한 휴식시간을 부여하고 휴게시설을 제공하여야 함.

Ⅱ. 휴식시간 산출식 및 산출 근거

RMR/작업강도 keyword 반영할 것

ex) RMR을 고려한 휴식시간 산출

1. 휴식시간 산출 (Murrel)

$$R = \frac{60 \cdot (E-4)}{E-1.5}$$

R : 휴식시간 (min)

E : 작업시 평균에너지 소비량 (kcal/분)

2. 휴식시간 산출근거

① (E-4) : 작업시 분당 평균에너지 소비량 : 4 kcal/분

② (E-1.5) : 휴식시간 중 에너지 소비량 : 1.5 kcal/분

Ⅲ. 휴식시간 미부여에 따른 유해위험요인 및 안전대책

유해위험요인	안전대책
· 작업자 피로누적으로 과로 재해	· 충분한 휴식시간 부여
· 집중력 저하로 고소작업시 추락	· 휴게시설 제공
· 건설기계 졸음 운행으로 인한 협착사고	· 작업시간 조정
· 작업자간 불화로 인한 재해	· 작업환경정비

Ⅳ. 휴식시간 활용도를 높이기 위한 휴게시설의 설치 (안전보건규칙 제79조)

1. 공간 | ① 작업공간, 위험반경 외 작업장내
② 100m 이내, 도보 3~5분 이내

2. 환경 | ① 쾌적한 실내공기, 실내조명, 실내소음 o.k
② 비품 및 관리 - 표지부착, 냉난방장치, 관리자 마련

"끝"

휴식시간 휴게시설 운영 강화 관련 강화 → * 고령근로자 언급

문제 36 RMR(Relative Metabolic Rate)과 작업강도

번호15) RMR(Relative Metabolic Rate)과 작업강도

답)

I. 개요

RMR은 작업수행시 소모되는 에너지 양으로 작업강도의 단위로 값이 클수록 중작업 (피로의 원인)

II. 작업강도에 의한 피로 누적시 재해발생 Mechanism

안전결함 ─ 불안전상태 ─ 기인물 ─ 가해물 ─ 사고 ─ 재해 (떨어짐)

안전결함 ─ 불안전행동 (생각: 안전대 미체결 / 부주의: 걸려 넘어짐) ─ 사고

(송도00APT 비계작업) (피로에 의한)

III. RMR 산정식

$$RMR = \frac{\text{작업대사량}}{\text{기초대사량}} = \frac{\text{작업시 소모에너지} - \text{안정시 소모에너지}}{\text{기초대사량}}$$

IV. RMR과 작업강도의 상관관계

RMR	작업강도
0~2	경작업 (정밀 사무작업)
2~4	보통작업 (연마, 재단 등)
4~7	중작업 (일반적 전신작업)
7이상	초중작업 (천공, 해머작업)

작업지속시간 / 피로도 / 작업강도

<작업강도-피로-시간관계>

V. 작업강도에 의한 근로자 피로저감위한 안전보건사례(송도00APT)

1. 휴게시설 확충 (한랭질환, 코로나19 대응 효과)

→ 기존 100M마다 → 50M마다 설치, 따뜻한 음료, 핫팩비치

2. 고령자 보건관리 및 경/보통작업 전환배치 "끝"

문제 4) RMR과 작업강도.

1. 정의

RMR은 작업강도의 단위로서, 산소 소모량을 측정 및 에너지 소모량을 산출하여 작업강도를 나타낸다.

(공식 추가) 3. RMR과 작업강도 (※ 거푸집·동바리·Con'c 타설작업에서)

RMR = 작업대사량 / 기초대사량

RMR	0~2	2~4	4~7	7이상
작업강도	경작업	보통작업	중작업	초중작업
현장공종	도면도작성	양중, 운반	조립·해체	진동다짐

(위로)

2. 건설현장에서 작업강도가 재해발생에 미치는 영향

작업강도 증가 → 피로 누적 → B=f(P·E) 불안전한 행동 (개인의 행동방정식) → 재해 발생

4. 작업강도 저감을 위한 공정안전관리 대책

관리적	공학적	교육적 대책
- 작업계획서 작성 (인원·범위·시간)	- 건설기계·기구 사용 (운반·절단시)	- TBM 시행 (올바른 작업방법)
- 작업환경 측정	- 휴식시간 보장	- 건설업 기초교육

5. 작업강도에 따른 재해방지를 위한 정부의 법개정사항 (정책방향)

1) 공공공사 일요일 휴무 의무화 → 건설기술진흥법

2) 휴게시설 설치 의무화 → 산업안전보건법

3) 건설현장 반복작업에 로봇투입. "끝"

번호 (문제) RMR과 작업강도

(답)

I. 개요

작업강도는 작업수행에 필요한 에너지 양을 말하며. 에너지 대사율(RMR)에 의해 그 정도를 나타내는데 RMR이 클수록 중작업임.

II. RMR의 정의와 산출식

1. 정의 : 작업강도의 단위로 산소호흡량을 측정하여 에너지소모량을 결정.
2. 산출식

$$RMR = \frac{작업대사량}{기초대사량} = \frac{작업시\ 소비에너지 - 안정시\ 소비에너지}{기초대사량}$$

III. RMR과 작업강도의 상관관계

RMR	작업강도	작업 내용	비고
0-2	경작업	주로 앉아서 하는 작업(사무실)	RMR 7 이상
2-4	중등작업	동작속도가 작은 작업 (연마작업)	→ 기계화 권고
4-7	중작업	동작속도가 큰 작업 (전신작업)	RMR 10 이상
7 이상	초중작업	과격작업 (철공, 해머작업)	→ 반드시 기계화

IV. RMR과 작업강도에 영향을 주는 요인

1. 작업지속시간　　2. 에너지소모량
3. 작업강도, 속도　　4. 작업 정밀도, 자세
5. 작업의 위험도　　6. 작업자의 숙련도

<차별화 필요>

V. RMR과 작업강도를 고려한 안전관리 방안

→ 노령근로자 keyword로 반영 필요

1. 작업환경개선 (노후설비. 시설 교체. 개선, 작업강도, 시간)
2. 휴식시간 및 휴게시설 제공 (한랭기 노령근로자 특별관리)
3. 자동화를 통한 작업강도 개선

"끝"

문제 37 피로의 분류와 원인

문제 4) 피로의 분류와 원인

1. 개요

피로는 증상기간과 유발원인에 의해 분류되며
사업주는 피로의 원인을 파악하여 재해를 예방해야 한다.

2. 피로의 분류 및 재해에 미치는 영향

증상기간	유발원인
1) 만성피로	1) 신체적 피로
2) 급성피로	2) 정신적 피로

불안전한 행동 → 사고·재해

3. 피로의 원인 (Hersey 이론)

구분	원인
1) 신체적 활동·긴장	작업강도(RMR) 과다
2) 정신적 노력·긴장	휴게장소 미설치
3) 환경과의 관계	작업환경 불량
4) 영양 불충분 등	수면부족·동기부여 부족

4. 건설현장 근로자의 피로에 의한 재해예방대책

<관리적 대책>
1) 휴식시간 보장 (RMR 고려)
2) 휴게시설, 건강검진시행

<기술적 대책>
1) 기계·기구 사용 (인력운반 지양)
2) 작업환경 측정·개선

5. 고령근로자 증가를 고려한 휴식시간 가중치부여 방안

1) 필요성 : RMR 산정시 가중치 반영 → 휴식시간 확대
2) 기대효과 : 고령근로자 피로로 인한 재해 감소 "끝"

문제 38 작업자의 스트레칭(Streching) 필요성, 방법 및 효과

문제) 작업자의 스트레칭(Streching) 필요성, 방법 및 효과

답)

1. 개요

스트레칭은 근육이나 건을 펴주는 운동으로 신체 상해의 방지, 유연성 증대 등 효과위해 작업 전·중·후 수시 실시.

2. 작업자의 스트레칭 필요성

작업전		작업중·후		
· 관절의 가동역 상승 · 돌발상황 대응력 향상	+	뭉친 근육 이완 피로 회복	⇒	· 근골격계 질환예방 · 재해예방

3. 작업자의 스트레칭 방법 및 효과

스트레칭 방법	스트레칭 효과
① 준비운동으로 체온올린 후 실시	① 동절기 상혈관 질환예방
② 몸에 반동주지 않고 천천히	② 근육부상, 사고예방
③ 1회에 10~30초 정도 유지	③ 스트레스, 피로해소
④ 평상시 호흡유지	④ 근골격계 질환 예방

4. 작업자의 스트레칭 종류 및 특징

종류	방법	상해위험	저항	효과	실용성
동적	관절가동범위 이상	높음	높음	좋음	좋음
정적	관절 가동범위 이내	낮음	낮음	좋음	우수

5. TBM시 작업군별 맞춤 스트레칭 배포 활용 사례 (송도00 APT현장)

작업군별 근골격계 유해요인 조사 → 작업군별 맞춤 스트레칭 배포 → 근골격계 질환예방

"끝"

문제 39 건설현장의 지속적인 안전관리 수준 향상을 위한 P-D-C-A 사이클

문제) 건설현장의 지속적인 안전관리 수준향상 위한 P-D-C-A 사이클

답)

1. 개 요

안전관리란 위험요소의 조기발견 및 예측으로 재해 예방위한 안전활동으로 P-D-C-A 통한 지속적 개선 중요

2. 건설현장의 지속적인 안전관리의 중요성

안전보건 경영시스템 + 현장 안전보건 관리체계 ⇒ 재해예방 / 사회복지증진 / 인간존중

〈대표이사의 리더쉽〉 〈근로자 참여〉

3. 안전관리 수준향상 위한 P-D-C-A 사이클

지속적 개선

- PLAN(계획) — 현장실정고려
- DO(실시) — 안전활동·교육
- CHECK(검토) — 점검·결과검토
- ACTION(실행) — 수정·개선

(A P / C D 사이클 반복) → 지속적 수준향상 개선 필요

4. 교량공사시 떨어짐 예방위한 P-D-C-A 사이클 활용 (OO우회도로현장)

PLAN → DO → CHECK → ACTION

PLAN	DO	CHECK	ACTION
안전관리계획	TBM	안전대·보호구	안전방망 재검검
작업내용파악	안전교육	개구부 덮개	단부추가로
	안전체험	안전난간확인	난간설치

5. 「근로자 작업중지권」 보장 통한 지속적 안전관리 수준향상 (OO우회도로)

산업재해 발생위험 → 작업중지 (근로자) → 긴급대피 보고 → 개선조치 (사업주) → 지속 개선

"끝"

문제 40 안전설계기법의 종류

(문제10) 안전설계 기법의 종류

(답)

〈안전설계 도입 목적〉
- 3대사고(떨어짐, 끼임, 부딪힘)
- 예방 → 「중대재해 감축로드맵」

1. 개요

안전설계 기법은 휴먼에러, 오작동시 재해 예방을 위해 도입되는 기법으로, Fail-Safe · Fool-Proof 등이 있음.

2. 안전설계 적용이 필요한 건설기계·기구

건설기계·기구: 굴착기, T/C, 이동식크레인, 고소작업대, 리프트, 승강기

고소작업대 → 작업대, 지브, 운전대

3. 안전설계 기법의 종류

- Fail-Safe · 2·3중 방호장치
- Fool-Proof · 휴먼에러 방지 설계
- Fail-Soft · 고장시에도 정상작동
- Temper-Proof · 간섭시 작동 중지
- Back Up · 경보음 등 위험 알림

〈Fail-Safe 구성요소〉
① Fail-Passive → ② Fail-Active → ③ Fail-Operational

4. 고소작업대 활용 철도 용접시 안전설계 기법 적용을 통한 안전확보방안

- Fail-Safe · ② 비상정지장치 ③ 발판스위치
- Fool-Proof · ① 과상승방지장치
- Back Up · ④ 경광등

5. 초소규모 현장 안전설계 정착을 위한 정부지원 정책

정책	클린사업장 조성	안전동과 혁신 사업
지원	· 방호장치 설치 지원	- 노후기계·기구 교체지원

"끝"

문제(11) 안전설계기법의 종류

답)

1. 정 의

Human Error란 기계고장등 오류시 멈추지 않고 기능을 유지하도록 하는 안전설계기법

2. 안전설계기법의 종류 및 특징

종 류	특 징
Fool proof	• Human Error 방지
Fail Safe	• 설비, 장비고장시 안전유지
Fail Soft	• 고장시 정지하지 않고 기능유지
Back up	• 고장시 기능대행 및 유지

3. 안전설계기법의 System 안전프로그램 5단계

구상단계 → 사양결정단계 → 설계단계 → 제작단계 → 조업단계

- 구상단계: • 기능검토
- 사양결정단계: • 사양 및 목표선정
- 설계단계: • 안전성 신뢰성확보
- 제작단계: • 설비 제작
- 조업단계: • 시운전

4. 건설현장 안전관리를 위한 안전설계 적용방안

① 주엔진고장 (소방펌프) → 보조엔진가동(소방)

② Lift Car 과부하정지, Crane 잠김방지

5. 안전설계기법의 4대 요구조건

4대 요구조건: 신뢰성, 시공성, 경제성, 무재해성

"끝"

문제 41 위험성 평가 기법 중 결함수 분석기법(FTA)

번호(문제) 위험성 평가 기법중 결함수 분석기법 (FTA)

답)

I. 개요

FTA는 사고 원인간 상호 연관성을 연역적으로 나타내는 도해적 분석법으로 원인파악 용이하나 숙련전문가 필요.

II. 위험성 평가 기법중 사건수분석과 결함수 분석 차이점

초기 사건 → ① → 사고 재해
사고 재해 → ② → 초기 사건

① 사건수분석 (ETA) : 귀납적

② 결함수분석 (FTA) : 연역적

III. 결함수 분석기법 수행절차

Top Event: 교량파손
OR Gate
Intermediate Event: 가교각파괴 / PC사장재파괴
OR Gate (가교각파괴), And Gate (PC사장재파괴)
Basic Event: 접합 파괴 / 강B 파괴 / 부적합 구조 / 과대 인장

<고속국도 00호선 FTA 활용 모식도>

<절차>

1. Top Event 설정
2. 1차원인 분석
3. 논리 Gate 연결
4. 2차원인 분석
5. Basic Event 도출까지 반복

IV. 결함수 분석기법 장·단점

장점	FTA	단점
· 원인규명 간편화		· 복잡공정시 시간소요
· 연쇄파악 용이		· 숙련된 전문가 필요
· 직관적·정량적		· 시간 한계 불명확

V. 대규모 건설현장 결함수 분석기법 활용위한 발전과제

(근로자 참여 활성화 위한)

문제점	과제
통계·확률·전산등 전문가 필요 (근로자 접근 애로)	AI 자동분석기술 개발로 접근성 향상

"끝"

문제 3) 위험성평가 기법 중 결함수 분석기법(FTA)

1. 정의

위험요인의 파악 및 대책수립시 특정한 사고의 원인을 찾아서 확률을 정량적으로 예측·분석하는 (연역적) 기법.

2. 위험성평가 기법 종류 및 특징

정성적	· 체크리스트 : 경험비교 · What-If : 예상질문 · HAZOP : 연구·조사	정량적	· FTA : 원인규명 · ETA : 사고예측·평가 · 4M : Man/Machine/Media/Management

3. 결함수 분석기법 수행절차 및 장·단점

갱폼 탈락 —(Top event)

논리게이트 — ※ 갱폼탈락 원인규명

와이어로프 손상 / 연결고리 불량 —(1차원인)

(Basic event)

(재료불량) (과하중) (구조미흡) (용접불량)

장점
: 원인파악 간편
: 노력·시간 절감

단점
: 숙련전문가 필요
: FT도표 작성 곤란

4. FTA를 통한 갱폼추락 재해 예방대책 수립 방안(사례) (위험성평가 사례)

FT도표 작성 → 분석
1) 1차원인
①와이어로프 ②연결고리
2) Basic event 결정

대책 수립
① 재료검사
② 구조검토
③ 과하중 금지

5. 소규모 건설현장의 FTA 활성화를 위한 제언(발전방향)

한계점 → 활용 → 자율시스템(KRAS)

한계점	자율시스템(KRAS)
· 통계, 확률 · 전산 어려움	· 위험성평가 건설업·산업
· 숙련된 전문가 필요	· 자율사업 신청

"끝"

번호 (문제) 위험성 평가 기법 중 결함수 분석기법 (FTA)

(답) ↳ 2개의 질문 ※위험성 평가기법의 종류 등을 서술해야 함 ⇓ 대제목 1ea 정도

I. 개요

어느 특정사고 원인을 순차적, 확률적, 연역적으로 검토, 분석하여 정량적 안전성을 평가 진단하는 방법.

II. 결함수 분석기법 (FTA)의 기대효과 및 특징

기대효과	특징
1. 사고원인 규명 → 간편화, 일반화, 과	1. Top Down 형식 (연역적)
2. 사고예방 시간·노력 절감	2. 정량적 해석 기법
3. 시스템 결함 진단	3. 논리기호 사용 / 서식간단
	4. 휴먼에러 검출 어려움

III. 결함수 분석기법 (FTA)에 의한 재해사례 연구 순서 / 작성예시

연구순서	FT도 작성 예시
톱사상 선정 → 재해 원인 규명 → FT도 작성 → 개선계획 작성 → 개선안 실시계획	(TOP 사건선정) (1차원인 논리 GATE) (TOP사건

IV. 중대재해 예방을 위한 결함수 분석기법의 안전관리 활용방안

인적관리	물적관리	작업환경 개선
안전수칙 준수 교육	·기계·기구 안전점검 강화	정리정돈, 작업범위
피로→휴식·휴게실	·유해위험 물질관리	온도·습도·환기·소음.

"끝"

문제 42 ETA(Event Tree Analysis : 사건수 분석기법)

번호 (문제) ETA (Event Tree Analysis : 사건수 분석기법)

(답)

I. 개요.

사건초기부터 마지막 결과까지 여러가지 결과의 발생 경로를 추론하며 발생확률을 산정하는 귀납적, 정량적 분석기법.

II. ETA의 기대효과 및 단점

기대효과	단점
1. 초기오류에 대한 대처 효과적	1. 자료수집에 시간 소요
2. 발생가능 사건 유추	2. 기술자의 지식과 경험에 따라 다른 결과
3. 재해 확대요인 분석에 적합	

III. ETA에 의한 안전성 분석 순서 및 작성예시

작성 순서	ET 작성 예시
초기사건 확인 → 설계 안전기능 확인 → ET 작성 → 사고사건 경로결과 기술	성공 – 성공 – 성공 → 목표달성; 성공 – 성공 – 실패 → 실패; 성공 – 실패 – 성공 → 목표달성; 성공 – 실패 – 실패 → 실패; 실패 → 목표달성 실패

IV. 중대재해 예방을 위한 사건수 분석 기법의 안전관리 활용방안.

인적 관리	물적 관리	작업환경 관리
안전수칙 준수	· 기계 기구 설비 안전점검	정리정돈.
오동작, 부주의, 피로	· 유해위험물질 관리	작업면적
→ 휴식제공, 휴게시설	· 안전설계	온도, 습도, 환기
안전교육 강화	· 안전인증보호구 사용	진동, 소음

"끝".

번문제) 사건수 분석 (Event Tree Analysis)

답)

I. 사건수 분석의 정의

사건수 분석은 초기 사건으로 인한 사고를 귀납적으로 귀명하는 위험성 평가 기법 (사고종류, 빈도, 예상시나리오 도출)

II. 위험성 평가 기법중 사건수 분석과 결함수 분석 차이점

초기 사건 —①→ 사고 재해
사고 재해 —②→ 초기 사건

① 사건수분석 (ETA) : 귀납적
② 결함수 분석 (FTA) : 연역적

III. 사건수 분석기법 수행절차 및 방법

초기사건 정의 → 안전조치 확인 → 사건수 구성
(불안전 상태·행동) (사건대응 안전조치) (상부: 성공, 하부: 실패)

→ 사고결과 확인 → 상세분석 → 평가·보고
(사고결과 분류) (빈도·안전요소) (조치계획, 문서화)

IV. Qatar oo plant project 사건수 분석기법 활용사례

·초기사건	A. 화재감시자	B. 소화기	C. 방호커튼	결과

용접 비산불티
- S(0.9)
  - 0.95 — 소화 — 안전 (유리)
  - 0.05
    - 0.9 — 불티 소멸 — 안전 (C조치)
    - 0.1 — 화재 — 위험 (B.C조치)
- F(0.1) — 화재 — 고위험 (A.B.C)

V. 건설현장 사건수분석기법 근로자 참여 향상위한 발전과제

문제점	·통계 확률, 계산등 전문가 필요 (근로자 접근어려움)	AI 자동분석기술 개발로 접근성 향상	발전과제	"끝"

문제 6) 사건수 분석(Event Tree Analysis)

1. 사건수분석 정의

위험성평가 기법 중 정량적 기법으로, 사건초기부터 결과까지 경로를 추정하여 발생확률을 산정함.

2. 위험성평가 기법의 종류 및 특징

정성적	· 체크리스트 : 경험비교 · What-If : 예상질문 · HAZOP : 표준·주의	정량적	· ETA : 사고예측(귀납적) · FTA : 원인규명(연역적) · 4M : Man / Machine Media / Management

3. 사건수 분석(ETA) 수행절차 및 장·단점

초기사건 지정 (추락·화재, 충돌·낙하)
↓
안전조치 확인 (방호장치, 안전시설)
↓
사건수 구성 → (확률분석, 대책수립)

장점	- 사고유추 용이 - 확률적 분석
단점	- 전문가 구성필요 - 자료수집 시간소요

4. OO냉동창고 화재예방을 위한 ETA 활용사례

용접불티확산 (초기사건)
- 1) 안전장치 : 화재경보기 · 화재감시자
- 2) 확률분석 : 용접작업시 위험 50%
- 3) 대책수립 : 화재위험 동시작업 금지.

5. 소규모 건설현장의 ETA 활성화를 위한 제언

문제점	대책 수립	위험성평가 지원 시스템(KRAS)
· 자료수집 어려움	⇒	· 건설업 교육 시행
· 전문가 필요		· 평가지원사업 신청

5. 건설현장 사건수 분석 기법 활용시 근로자 참여 향상을 위한 방안과제.

문제 43 예비위험분석(PHA : Preliminary Hazards Analysis)

(문제) 예비 위험분석 (PHA : Preliminary Hazards Analysis)

(답)

I. 개요

PHA는 모든 시스템안전 프로그램의 최초 단계의 분석으로서 시스템 내의 위험 요소가 얼마나 위험한 상태에 있는가를 정성적으로 평가하는 것.

II. PHA의 목적

1. 시스템 개발 단계에서 시스템 고유의 위험 영역 식별.
2. 예상되는 재해 위험 수준을 구상단계에서 적용, 평가

III. 위험분석 방법별 적용단계

PHA → 시스템구상

SSHA → 시스템 정의

FMEA / HAZOP (Hazard and Operability study) 위험성 평가 → 시스템 개발

시스템 생산

시스템 운전

FHA (Fault Hazards Analysis)

평가시점

IV. PHA의 기법

1. Check list에 의한 기법.
2. 기술적 판단에 의한 기법
3. 경험에 따른 기법.

V. PHA의 카테고리 분류

1. Case 1 : 파국적 – 사망, 시스템손상
2. Case 2 : 위기적 – 심각한 상해, 중대 손상
3. Case 3 : 한계적 – 경미한 상해, 성능 저하
4. Case 4 : 무시 – 경미상해, 시스템 저하 없음.

* FHA (Fault Hazards Analysis ; 결함위험분석)

1. 정의

Subsystem 간의 interface를 조정하여 각각의 서브시스템 및 전 시스템의 안전성에 악영향을 끼치지 않게 하기 위한 분석기법

2. FHA 적용단계

시스템구상
시스템정의
시스템개발
시스템 생산
시스템운전
FMEA
FHA

3. FHA 기재사항

① 서브시스템의 요소　　② 그 요소의 고장형

③ 고장형에 대한 고장률　　④ 요소 고장시 시스템의 운용형식

⑤ 서브시스템에 대한 고장영향　　⑥ 2차고장

⑦ 고장형을 지배하는 뜻밖의 일　　⑧ 위험성의 분류

⑨ 전 시스템에 대한 고장의 영향　　⑩ 기타.

★ IoT 기술을 이용한 실시간 현장안전관리 시스템

주요기능

- 근로자 위치 확인
  - 근로자에게 블루투스 태그지급, 등록
  - 무선 AP (Access Point)로 근로자 현재위치 확인
- 실시간 가스농도 모니터링
  - 지하/밀폐 공간에 가스농도감지 센서 설치
  - O_2, CO, H_2S, CH_4, 온도, 습도 측정 및 경보
- 실시간 환경 모니터링
  - 환경센서를 통한 각종 환경정보 모니터링
  - 미세먼지, 진동, 소음 측정 및 일정수치 이상시 알림.

기대효과

입찰단계
1. IoT 현장안전 관리기술 적용이 필수인 공공/민간 발주 공사
2. 4차 산업혁명과 관련된 기술의 도입에 따른 입찰가점.

수행단계
1. 사고예방적 현장 안전 관리로 재해 발생 저감.
2. 근로자 출입 데이터 이용 출역인원 파악 및 생산성 분석 등에 활용 가능

문제 44 고장형태와 영향분석(FMEA : Failure Modes and Effects Analysis)

(문제) FMEA (Failure Mode and Effects Analysis, 고장모드 및 영향분석)

(답)

I. FMEA의 정의

서브시스템 위험분석이나 시스템 위험분석을 위하여 일반적으로 사용되는 전형적인 정성적, 귀납적 분석방법으로 시스템에 영향을 미치는 모든 요소의 고장을 형태별로 분석하여 그 영향을 검토하는 것.

II. FMEA의 특징 (장, 단점)

장점	단점
1. 정성적, 귀납적 분석	1. 논리부족
	2. 두 가지 이상시 곤란
2. 서술간단	3. 인적원인 분석곤란

III. FMEA 고장등급의 결정

고장등급	고장구분	판단기준	대책
I	치명고장	임무 수행 불능, 인명 손실	설계변경 필요
II	중대고장	임무 중요한 부분 불완성	설계 재검토 필요
III	경미고장	임무의 일부 불완성	설계변경은 불필요
IV	미소고장	영향이 전혀 없음	설계검토 불필요

IV. FMEA의 실시 순서

대상시스템의 분석 (1단계) → 고장형태와 그영향 해석 (2단계) → 치명도해석, 개선책 검토 (3단계)

V. FMEA 고장영향과 발생 확률

고장의 영향	발생 확률 (β의 값)	비고
실제의 손실	β=1.0	자주
예상되는 손실	0.1 < β < 1.0	보통
가능한 손실	0 < β ≤ 0.1	드물게
영향 없음	β=0	무

"끝"

문제 45 Man-Machine System(인간 · 기계통합체계)

(문제) Man-Machine System. (인간·기계의 통합체계)

(답)

Ⅰ. 개요.

인간과 기계를 하나의 계로 취급하여 인간과 기계를 조화있는 일체 관계로 연결시키는 것

Ⅱ. Man-Machine System의 체계도

Ⅲ. Man-Machine system의 유형

1. 수동시스템 (manual system) : 수공구나 기타 보조물로 구성
2. 기계 시스템 (반자동 시스템)
   - 기계 : 동력 전달
   - 인간 : 운전기능, 조정, 제어
3. 자동시스템 (automatic system).
   - 기계 : 감시, 처리과정 감독.
   - 인간 : 감시, 처리과정 감독.

	수동시스템	기계시스템 (반자동시스템)	자동시스템
인간	수공구, 보조물	운전기능, 조정, 제어	감시, 처리과정 감독
기계		동력전달	자동 작동 체계

IV. 인간과 기계의 기능 비교

	인간	기계
감지기능	감각기능	전지장치, 기계장치
정보보관	두뇌에 기억	자기테이프, 형판, 기록, 펀치카드 등
정보처리 및	판단	프로그램에 따라 정보처리
의사결정	귀납적 처리	연역적 처리
행동기능	의사결정에 따라 조작행동	통신 및 조정장치

V. 인간-기계 시스템 설계 6단계

시스템의 목표와 성능 명세 결정 → 시스템의 정의 → 기본설계 (작업설계, 직무분석, 기능할당) → 인터페이스 설계 → 보조물 설계 → 시험 및 평가

VI. 인간-기계 시스템의 신뢰도

1. Man-Machine 시스템의 신뢰성

$$R_S = R_H \times R_E$$

R_H : 인간의 신뢰성

R_E : 기계의 신뢰성

(인간의 신뢰성과 기계의 신뢰성이 상승적 작용에 의해 나타남)

2. 인간·기계 통합체계의 신뢰도 개선·유지방안

① 기계 < 인간의 안전 (여유있는 설계 - 여유용량, 안전계수)

② 부품개선

③ 중복설계 ┌ 단일체계 - 체계중복, 부품중복
　　　　　 └ 직렬체계

"끝"

* 시스템에서의 재해사고 원인

인적원인	물적원인	환경조건
① 규칙무시	① 구조불량	① 정리정돈
② 오동작	② 강도 부족	② 작업 면적
③ 부주의	③ 마모 · 열화	③ 색채 . 조명
④ 피로	④ 위험물, 유해물	④ 온도, 습도
⑤ 육체적 결함 등	⑤ 안전장치 불량	⑤ 진동, 소음
	⑥ 보호구 결함 등	⑥ 환기 등

문제 46 통계적 분석 방법

(문제 2) 통계적 분석 방법.

(답)

I. 통계적 분석 방법 개요.

개별적 분석자료를 활용하여 각 재해간의 요인들의 상호 관계와 분포상태 등을 거시적으로 분석하는 방법.

II. 통계적 분석 방법의 목적

1. 재해 원인 분석 및 자료의 활용

2. 동종 및 유사 재해의 예방

III. 통계적 분석 방법의 분류

1. 파레토도 : 사고의 유형, 기인물 등 분류항목을 큰 순서대로 도표화

2. 특성요인도 : 특성과 요인 관계를 어골상 도표로 세분화

3. 크로스분석 : 요인별 결과내역을 크로스 그림을 작성하여 분석

4. 관리도 : 재해발생 건수 등의 추이 파악.

Man Machine Media Management 재해

재해건수 UCL 관리상한 LCL 관리하한

<파레토도> <특성요인도> <크로스분석> <관리도>

IV. 재해 통계 시 유의사항

1. 재해 통계 내용은 그 목적이 충분해야 함.

2. 재해 통계를 근거로 조건, 상태 추측 금지

3. 재해 통계의 성실한 활용 (안전 활동 추진자료)

"끝".

문제 47 | 시스템 공학

번호

* 시스템 공학

1. 정의

① 신뢰도 : 시스템, 기기 및 부품 등이 정해진 사용조건에서 의도하는 기간에 정해진 기능을 수행할 확률, $R(t) = e^{-\lambda t} = e^{-t/t_0}$ (λ: 고장률, t: 가동시간, t_0: 평균수명)

② 고장률 $h(t)$: 현재 고장이 발생하지 않은 제품 중 단위시간 동안 고장이 발생한 제품의 비율, $h(t) = \frac{f(t)}{R(t)} = \frac{f(t)}{1-F(t)}$

③ 누적고장률 함수 $F(t)$: 처음부터 임의의 시점까지 고장이 발생할 확률을 나타내는 함수 $F(t) = 1 - R(t)$

④ 고장밀도 함수 $f(t)$: 시간당 어떤 비율로 고장이 발생하고 있는가를 나타내는 함수 $f(t) = \frac{d}{dt}F(t)$

⑤ 신뢰도 함수 $R(t)$: 임의의 시점에서 고장을 일으키지 않고 남아있는 제품의 비율. $1-F(t)$로 정의 ($F(t)$: 누적고장률 함수) $R(t) = 1 - F(t)$

⑥ 평균수명

MTTF (Mean Time to Failure) : (평균동작시간, 평균수명) 평균고장시간. 즉, 수리 불가능 아이템이 고장 날 때까지의 평균시간

직렬계 시스템수명 $MTTF = \frac{n}{\lambda}$

병렬계 시스템수명 $MTTF(1+\frac{1}{2}+\frac{1}{3}+\cdots+\frac{1}{n})$

MTBF = MTTF (평균동작시간) + MTTR (평균수리시간)

MTBF (Mean Time to Between Failures) : 평균 고장 간격

└ $\frac{1}{\lambda}$ (λ: 고장률) $(\frac{1}{\lambda_1}+\frac{1}{\lambda_2}+\cdots+\frac{1}{\lambda_n})$

즉, 수리 가능 아이템의 고장간 평균시간

평균잔여수명 (Mean Residual Life) : 시스템이 고장날 때까지의 잔여 기간에 대한 평균값

가용도 (Availability) : 시스템 전체 운영시간에서 고장없이 운영되는 시간의 비율

가용도$(A) = \frac{MTTF}{MTBF} = \frac{MTTF}{MTTF + MTTR}$

MTTR (Mean Time to Repair) : 평균수리시간

Available / Not available — MTTF, MTTR, MTBF

번호

2. 고장률 패턴과 수명분포 고장률에 관한 욕조곡선 (Bathtub Curve)

증가고장률 (IFR : Increasing Failure Rate)

감소고장률 (DFR : Decreasing Failure Rate)

상수고장률 (CFR : Constant Failure Rate)

기타고장률 (BTR : Bath-Tub Failure Rate)

고장률 λ(t)

DFR　　CFR　　IFR

규정의 고장률

내구수명

t

초기고장기간　우발고장기간　마모고장기간

(감소패턴)

디버깅 (Debugging)
번인 (Burn-in)

사용 및 보전작업 수행
극한상황 대비 설계
안전계수를 고려한 설계
Degrading.

예방보전

문제 48 시스템 안전

번호 (문제) 시스템 안전

(답)

I. 개요

1. 시스템 안전이란 어떤 system에서 기능, 시간, cost의 제약조건 하에서 인원, 설비의 손상 발생을 가장 적게 하는 것을 말함.
2. 시스템 안전은 전체 Program 요건과 모순없이 달성하기 위하여 시스템 안전 Program 요건을 설정, 계획 실행 및 달성토록 관리함.

II. 시스템 안전에서의 위험 분류

분류	의미	비고 (예)
Risk	("위험을 부담한다"라고 하는 경우의 위험) ① 사고발생 가능성, 사고발생의 불확실성 손해 또는 피해의 가능성	화재나 폭발의 가능성을 위험이라 인식하는 경우
Peril	("위험이 발생하였다"라는 경우의 위험) ② 사고 그 자체 가치상실 개념과 직접관련 있는 우발적	화재, 폭발, 충돌, 사망 등의 우발적 재해나 사건
Hazard	("위험이 증가하였다"라는 경우의 위험) ③ 위험한 것의 조건으로 위험한 것의 존재 (위험요소)	화재 시 건물구조, 용도, 보관물품, 입지 주위상황, 주의능력, 기상조건 등

III. 시스템 안전 Program

구상 단계 → 사양결정 단계 → 설계 단계 → 제작 단계 → 조업 단계

- 구상 단계: (설비 요구 기능검토)
- 사양결정 단계: (사양 및 목표의 결정)
- 설계 단계: (안전상 설계상 목표 검토)
- 제작 단계: (설비제작)
- 조업 단계: (사용전 실시)

번호

IV. System 안전 program 포함사항

1. 계획의 개요　　2. 안전조직
3. 계약조건　　4. 안전 기준
5. 안전해석　　6. 안전성 평가
7. 수집 및 분석　　8. 관련부문과의 조정

V. System 안전 해석 기법

1. 인간-기계 시스템 해석 (Man-Machine system analysis)
2. 정성적 해석 및 정량적 해석
3. 연역적 해석 및 귀납적 해석
4. 결함수 분석 (FTA), 사건수분석 (ETA).
고장형태와 영향해석 (FMEA)
중요도해석 (FMECA), 특성요인도
MORT 해석

* 안전해석 기법의 종류

① FTA (결함수 분석법) : 정량적, 연역적 분석법
② PHA (예비사고분석) : 최초단계 (개발단계) 분석법, 정성적 분석법
③ FMEA (고장형과 영향분석) : 정성적, 귀납적 분석법
④ FHA (결함수 위험분석) : 서브시스템 분석법
⑤ DT와 ETA (사상수분석법) : 정량적, 귀납적 분석법
⑥ THERP (인간과오율 예측기법) : 인간과오의 정량적 분석법
⑦ MORT (경영소홀 및 위험수분석) : 광범위한 안전도모 및 고도의 안전달성.

문제 49 페일세이프(Fail Safe)

번호 문 8) 페일 세이프 (Fail safe)

답)

1. 개요

페일 세이프는 기계·장비의 고장 때도 기능 대해 비상 정지 등 안전성을 확보 할 수 있도록 설계하는 기법

2. 페일세이프 등 안전설계 기법 종류와 필요성

1) Fail safe, Fail soft
2) Fool Proof
3) Back-up

불안전 행동, 상태 → 차단 / 사고 재해

3. 페일 세이프 종류·특징 (양중기 中心)

Fail passive	비상 정지 ; 과적제시 과부하방지장치
Fail Active	기능회복 ; 유압 실린더 압력 회복
Fail Operational	기능 유지 ; 충돌방지 Sensor → 자동선회

4. 양중기의 페일세이프 적용 방호장치 점검시 관리 감독 고려사항

크레인 점검	리프트 점검	비 고
- 권과 방지 장치 (0.25m 이상)	- 출입문 연동장치	'LOTO' 적용
- 과부하방지	- 운반구 이탈방지 장치 등 점검	전원 off, 2중 차단

5. 중대재해 감축위한 건설현장 페일세이프 연계 안전요구

작업계획서 P-T-W → Hold point 적용 → 잔재 Risk 안전설계 적용 → 무재해

문제 50 Fool Proof와 Fail Safe

(문제) Fail Safe

(답)

I. 개요

Fail Safe는 기계설비가 오조작, 오작동이 있어도 안전사고가 발생하지 않도록 2중, 3중으로 통제토록 한 설계로 기계설비의 안전성 향상을 위한 설계기법

II. Fail Safe를 고려한 안전설계 요구조건

1. 안전성　　2. 방호성
3. 신뢰성　　4. 작업성
5. 보수성　　6. 경제성

III. System 안전 프로그램을 이용한 Fail Safe 설계절차

구상 → 사양결정 → 설계 → 제작 → 조업

설비에 요구되는 기능검토,	사양 및 목표 결정,	안전성 신뢰성	사용전 점검

IV. Fail Safe 기능 및 기구

1. 기능

① Fail Passive (수동적 방어 ; 고장발생 시 정지)

② Fail Active (능동적 방어 ; 고장발생 시 경보장치 + 단시간 운전지속)

③ Fail Operational (병렬구조 : 부품고장 있어도 안전한 기능유지)

2. 기구

① 구조적 Fail Safe (강도와 안전성의 유지를 목적)

② 기능적 Fail Safe (기능의 유지를 목적)

"끝"

(문제) Fool Proof와 Fail Safe

(답)

I. 개요

1. Fool Proof 란 인적 오류가 발생할 경우에도 사고나 재해와 연결되지 않도록 설계하는 것이며,

2. Fail Safe 는 기계설비가 오조작, 오작동이 있어도 안전사고가 발생하지 않도록 2중, 3중으로 통제토록한 시스템임.

II. Fool Proof와 Fail Safe를 고려한 안전설계 요구조건

1. 안전성　　2. 방호성

3. 신뢰성　　4. 작업성

5. 보수성　　6. 경제성

III. System 안전 프로그램을 이용한 Fool Proof와 Failsafe 설계

구상 → 사양결정 → 설계 → 제작 → 조업

구상	사양결정	설계	조업
설비에 요구되는 기능검토	사양 및 목표 결정	안전성, 신뢰성	사용전 실시

IV. Fool Proof와 Fail Safe의 종류기구

구분	종류 기구
Fool proof	① Guard 기구 ② 조작기구 ③ Lock 기구 ④ Trip 기구
Fail safe	① Fail passive (자동감지) 수동적방어 : 고장시 정지 ② Fail active (자동제어) 능동적방어 : 경보장치 + 단시간운전 ③ Fail Operational (차단 및 조정) 안전한 기능 유지

"끝"

문제 51	하인리히(H. W. Heinrich)의 사고발생 연쇄성 이론 5단계 및 사고예방원리 5단계에 대해서 설명하시오.

문제4) 하인리히 (H.W. Heinrich)의 사고발생 연쇄성이론 5단계 및 사고예방원리 5단계에 대하여 설명하시오.

답)

I. 개요

1. 하인리히는 재해발생을 사고요인의 연쇄반응 결과로 보고 불안전한 행동/상태 제거 중심 예방 주장하였으며

2. 안전보건관리조직 → 사실의 발견 → 평가 → 대책선정 → 대책적용의 사고예방원리 5단계 방법 제시함.

3. 사고의 직접적 원인인 불안전한 행동 제거위해 모랄세베이 동기부여 등 근로자 안전의식 고취활동 필요함.

II. 재해예방위한 동치성 이론과 연쇄성이론 비교

동치성 이론 (개별요인) → 발전	연쇄성 이론 (Domino)
• 재해는 여러요인으로 발생	• 하인리히 : 사고요인의 연쇄반응 직접요인제거
• 한가지 요인 제거 → 재해예방	
• 동치 아닌 요인은 재해 아님	• 버드 : 손실제어요인의 연쇄반응 관리제어, 기본원인제거
(집중형, 연쇄형, 복합형)	

III. 하인리히와 버드의 연쇄성에 대한 재해구성비율 비교

하인리히		버드	
1	중상	1	
29	경상	10	
300	무상해	30	무상해 사고
		600	무상해무사고

* 300건 (600건)의 아차사고 단계가 중요.

번호 IV. 하인리히의 사고발생 연쇄성이론 5단계

사회·환경 유전적 요소 → 개인적 결함 → 불안전한 상태(10%) 불안전한 행동(88%) → 사고 → 재해

간접요인 / <직접요인> ⇒ 제거중요

1단계 사회·환경·유전적 = 인적결함 원인

2단계 개인적 결함 : 지식/기능부족, 태도불량

3단계
- 불안전 상태 = 안전장치 결여
- 불안전 행동 = 안전장치 기능제거
  - 배후요인 B=f(P·E)
    - 인적 = 생각, 망각, 피로 등
    - 외적 = 작업방법, 교육 등

4단계 사고(손실예상) → 5단계 재해(손실발생)

V. 하인리히의 사고예방원리 5단계

- 안전보건 관리조직 < 안전보건 관리 조직 구성·운영 / 안전보건 관리 계획 수립·운영
- 사실의 발견 < 위험요소 확인 / 사고조사, 점검
- 분석 평가 < 위험성 평가, 작업환경 측정 / 사고원인 분석
- 대책 선정 < 재발방지 대책 / 기술개선, 교육, 훈련 등
- 대책 적용 < 대책 실행, 재평가, 보완 / 3E, 4M 적용

번호

V. 사고발생 직접원인 불안전한 행동에 대한 안전보건대책

1. 인적요인 개선
   1) 모닝시버이, 상리조사
   2) 휴식시간 준수 → $R = \frac{60(E-4)}{E-1.5}$ (E: 에너지 소모량)

2. 외적요인 개선
   1) 인간관계 : TBM 통한 협력조성
   2) 설비적 : 안전시설 설치·점검
   3) 작업적 : 위험성평가, 작업방법 교육
   4) 관리적 : 안전점검·동기부여 활동

VI. 불안전행동 배후요인중 피로저감 통한 동절기 재해 예방사례

- 현장명 : 송도 OO APT 현장

1. TBM시 영양제, 방한장갑 지급
2. 작업단별 맞춤 스트레칭 개발·실시
3. 민감군(고령자, 고혈압등) 사전조사, 수시 보건관리
4. 휴게시설 확충(저체온증 및 코로나19 대응)
   - 기준 100m → 50m마다 간이휴게소 설치
   - 따뜻한 음료, 핫팩 비치.

VII. 맺음말

1. 사고발생의 직접원인인 불안전 행동은 재해의 88%를 차지함에 따라 불안전한 행동 관리 중요하며
2. 근로자 안전의식 고취통한 자발적인 불안전한 행동 제어 위해 모닝시버이, 동기부여등 상리활동 필요함.

"끝"

문제 52	재해손실비용 산출방식의 종류를 쓰고, Heinrich 방식과 Simonds 방식을 비교 설명하시오.

(문제) 재해 손실비용 산출방식의 종류를 쓰고, 하인리히 방식과 시몬즈 방식을 비교 설명하시오.

(답)

I. 개요

1. 재해손실 비용은 사고가 나지 않았더라면 지출되지 않는 손실 비용임.
2. 재해손실비는 재해발생을 원인별, 요인별로 분석한 몇 개의 이론에서 시작됨.
3. 재해 손실비용의 산정 방식은 보편적이고 객관적이며 사회가 신뢰할 수 있는 방식이어야 함.

II. 재해 손실 비용 산정시 고려사항

1. 쉽고 간편하게 산정할 수 있는 방식
2. 규모에 관계없이 일률적 적용 가능한 방식
3. 집계나 추계가 용이할 것.
4. 사회가 신뢰할 수 있는 확률방법.

III. 재해 손실 비용 산출방식의 종류 및 산출방식 요약

산출방법	재해손실 비용 산출 방식
하인리히 방식	총재해 비용 = 직접비 + 간접비 (직접비 : 간접비 = 1 : 4)
버드방식	총재해 비용 = 직접비 + 간접비 (직접비 : 간접비 = 1 : 5)

번호

시몬스 방식	총재해비용 = 산재보험비용 + 비보험비용 (산재보험비용 < 비보험비용)
콤페스 방식	총재해비용 = 개별비용 + 공용비용비 (개별비용 : 직접손실, 공용비용 ; 간접손실)

IV. 재해손실 비용 산출의 하인리히 방식과 시몬스 방식의 비교

	하인리히 방식	시몬스 방식
재해손실비 평가방법	총재해비용= 간접비 + 직접비	총재해비용 = 산재 보험비용 + 보험외 비용
비교	직접비 : 보상비 일체 간접비 : 기업이 입은 손실비용	산재 보험 보상비용과 그 외 보험에 해당되지 않은 비용

V. 재해손실 비용 평가방법 중 하인리히 방식의 개요.

1. 평가방법

총재해 비용 = 직접비 (1) + 간접비 (4)

2. 직접비 : 보상비 일체

3. 간접비 : 재해손실, 생산중단 등으로 기업이 입은 손실

① 인적손실 (작업대기, 복구정리)

② 생산손실 (생산감소, 생산중단, 판매감소)

③ 특수손실 (신규채용, 교육훈련비)

④ 기타손실 (여비, 통신비 등)

번호

Ⅵ. 재해손실비용 평가방법 중 시몬스 방식의 개요

1. 평가방법

총재해비용 = 산재보험비용 + 비보험비용

2. 산재보험비용 : 산재보상보험법에 의해 보상된 비용

3. 비보험비용 : 산재보험 외 비용

① 손상받은 재료, 설비 수선, 교체비용.

② 신입 작업자 교육, 훈련비

③ 기타 소송비용 등

Ⅶ. 하인리히의 재해손실 비용의 직, 간접 비율에 대한 고찰

1. 우리나라 재해손실 비용 실태 — 문제점, 개선사항 서술은 중 시 강조

하인리히 재해손실 비용	우리나라 재해손실 비용
직접비 : 간접비 = 1 : 4	직접비 : 간접비 = 1.6 ~ 1.7 ('15~'19년 재해손실비용 자료)

2. 재해손실비용 중 간접비 해당 비용 월등히 높음.

Ⅷ. 맺음말

1. 산업재해 및 건설재해로 인한 손실비용 과다

2. 사회적 재해손실비용 → 개인의 부담.

3. 객관적이고 신뢰할 수 있는 재해손실 비용 재검토 필요.

"끝"

건설현장에서 재해손실비용 발생이 경제적 피해효과 / 문제점 / 개선방안

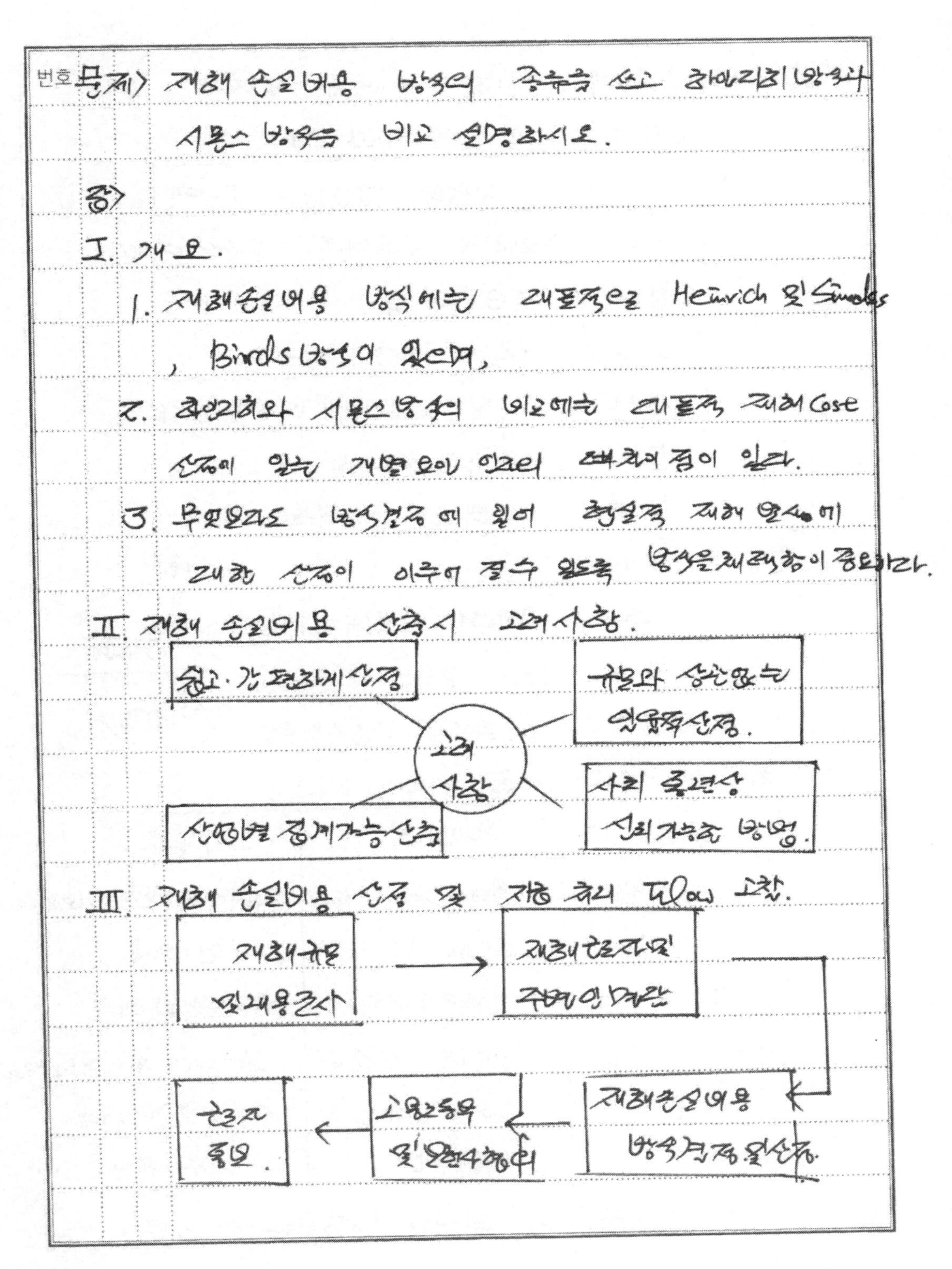

번호 문제> 재해 손실비용 방식의 종류를 쓰고 하인리히 방식과 시몬스 방식을 비교 설명하시오.

답>

I. 개요.

1. 재해손실비용 방식에는 대표적으로 Heinrich 및 Simonds, Birds 방식이 있으며,
2. 하인리히와 시몬스 방식의 비교에는 대표적 재해 Cost 산정에 있는 개별 요인 인자의 채택 차이점이 있다.
3. 무엇보다도 방식결정에 있어 현실적 재해 손실에 대한 산정이 이루어 질 수 있도록 방식을 채택함이 중요하다.

II. 재해 손실비용 산출시 고려사항.

III. 재해 손실비용 산정 및 자료 처리 Flow 고찰.

번호 IV. 재해 손실비용 산출방식의 종류 및 특징.

1. Heinrich 방식 : 우리나라 적용.

재해 Cost = 직접비 : 간접비 = 1 : 4.

- 직접비 : 치료비 및 장해비등 보상비 일체
- 간접비 : 기업손실비 등

2. Simonds 방식 : 평균치 계산법.

재해 Cost = 보험 Cost + 비보험 Cost

- 보험 Cost = 산재보험비용.
- 비보험 Cost = 비산재 보험 비용.

3. Birds 방식

재해 Cost = 직접비 : 간접비 = 1 : 5.

- 직접비 : 의료비. 보상금.
- 간접비 : 건물손실비 및 조업중단손실.

[빙산이론]

→ 직접비

→ 간접비.

V. 하인리히 방식과 시몬스 방식의 비교.

Item.	하인리히	시몬스.
분류방법	직접비 : 간접비 = 1 : 4	재해 Cost = 보험 + 비보험 Cost
직접비	보상비 일체	산재보험 비용
간접비	기업손실비등	산재보험외 비용.
총 재해비용	직접비 + 간접비	보험가능비용 + 비보험비용
장점	계산이 용이	사업장별 계산가능
단점.	적용제한	계산이 곤란

※. 우리나라는 하인리히 방식 채택하고 있음.

번호 VI. 국내 재해손실비 산출의 문제점 및 개선대책

문제점	개선대책
1. 실정을 고려하지 않는 일률적 방식 채택	1. 현 여건을 고려한 실제적인 방식 채택.
2. 고령 및 외국인 근로자 사각지대 근로자 미산정	2. 고령자 및 외국인 근로자의 맞춤. 산출 방식 개선.
3. 우리나라 실정에 맞는 방식개선	

VII. 고령자 및 외국인 근로자를 고려한 재해손실비 산출의 제언

1. 현시대 건설공사 특성상 고령자 및 외국인 근로자들이 대다수 투입되어 작업이 이루어지고 있는 실정이라,
2. 산업안전보건법 시행규칙 제3조에 의한 사망 등의 중대재해 발생시 건설사의 입찰 PQ 제한 등의 사유로 사각지대에 놓여있는 것이 현실임.
3. 향후 시행될 중대재해 처벌법과 연계하여 산업안전보건법 제14조의 (이사회 보고 승인) 규정에 따라 사업주의 의식 및 의무 강화가 필요할 것으로 사료된다.

문제 53 재해손실비용 산정 시 고려사항 및 Heinrich 방식과 Simonds 방식을 비교 설명하시오.

문제 9) 재해손실비용 산정시 고려사항 및 하인리히 방식과 시몬스 방식을 설명하시오.

답)

1. 개요

1) 재해손실비용은 업무상의 재해로서 인적상해를 수반하는 재해 발생시 비용이 발생된다. 산정 종류에는 하인리히, 버드, 시몬스 방식 등이 있다.

2) 하인리히 방식은 직접비와 간접비로 구성되고, 시몬스 방식은 보험비용과 비보험 비용으로 평가된다. 현재 우리나라는 하인리히 방식을 사용하고 있어, 개산적이고 산출이 쉬운 방식으로 검토가 요구된다.

2. 산업재해로 인한 재해손실 비용 추정액

<출처 : 고용노동부 자료>

3. 재해 손실비용 산정방법 종류 및 내용

하인리히	직접비 + 간접비 (1 : 4)
버드	직접비 + 간접비 (1 : 6 : 5 : 3)
시몬스	보험비용 + 비보험비용
콤페스	개별비용 + 공동비용

4. 재해 손실비용 산정시 고려사항

1) 쉽고 간편하게 산정할 수 있는 방식
2) 기업 규모나 관계없이 일률적 채택
3) 전 산업별 집계가 용이할 것.
4) 사회적으로 신뢰할수 있는 방식.

[대한민국 재해손실비용 산정방식]

⇓ 고용노동부 통계기준 방식

하인리히 방식 채택 (1970년대 도입)

5. 하인리히 방식에 의한 재해손실 비용 산출

재해 손실 비용 = 직접비(1) + 간접비(4)

1) 직접비 항목 : 법적 산재보상 비용
① 치료비 ② 휴업보상비 ③ 유족보상비
④ 장해보상비 ⑤ 장례비

2) 간접비 항목 : 산재로 인해 발생(간접)
① 인적손실 ② 물적손실
③ 생산손실 ④ 특수손실(기타)

6. 시몬스 방식에 의한 재해 손실비용 산출

재해손실비용 = 산재보험비용 + 비보험 비용

1) 산재 보험비용 : 산업재해보상법상 보험금액
2) 비보험 비용 : 산재보험 외 비용
① 제 3자의 임금손실 ② 손상재료 / 설비 교체비
③ 새로운 근로자 교육비 ④ 기타 소송비용 등

7. 재해 손실비용 최소화를 위한 하인리히 재해 예방 5단계 활용 사례

1) 안전보건관리 조직

① 산업안전보건위원회 (노사협의체) 구성

② 안전보건관리책임자 · 안전관리자 선임

2) 사실의 발견

① 정기 안전점검 (산업안전보건법 · 건설기술진흥법)

② 위험성 평가 및 평가표 작성

3) 평가 · 분석

① 작업환경 측정 · 안전보건개선 계획 수립

② 산업재해 발생시 원인조사 · 규명

4) 시정책의 선정

5) 시정책의 결정 → 하비의 3E 대책 (관리적 · 기술적 · 교육적)

8. 재해 발생 최소화를 통한 손실비용 감소를 위한 제언(결론)

1) 기업의 안전문화 확산 및 예방비용 투자 유도 → 인식전환

① 산업안전보건관리비 · 안전관리비 집행 확대

② 대표이사 등 경영진의 전문교육 이수제 도입

2) 건설 재해 손실 비용 산정방식 재검토

- 간접비용 산출이 현재 과소되어, 버드방식으로 비용 산출 연구 필요

"끝"

문제 54 매슬로(A. H. Maslow)의 욕구단계 이론 중 안전의 욕구를 설명하시오.

번호 문제> 매슬로의 욕구단계 이론 중 안전의 욕구를 설명하시오.

답>

1. 개요.

1. 매슬로의 욕구단계는 5단계로서 생존, 안전, 사회적 존재욕구, 자아실현의 욕구가 있다.
2. 안전욕구는 각종 유해 위험으로부터 자신을 보호하려는 일련의 행동을 말한다.
3. 최근 정부는 안전의 욕구를 충족하기위해 1)사업주 2)발주자 3)근로자 측면에서 안전욕구 충족행위를 법제화하였다.

2. 매슬로 이론과 알더퍼 이론의 특징 및 차이점.

Item	매슬로	알더퍼
단계	5단계	3단계
개념	하위욕구 충족시 → 상위욕구진행	욕구 불충족시 퇴행가능
진행 과정	만족 → 진행 상향적 과정	좌절 → 퇴행 하향적 과정

3. 매슬로 안전욕구 불충분으로 인한 재해발생 Mechanism

안전욕구 불충분 안전요인결함 → 불안전상태 → 기인물 → 가해물 → 재해발생.

(물적) (인적) — (직접원인)

(간접원인) → 불안전행동 → 사람 → 재해발생.

번호 4. 매슬로의 욕구단계 이론 중 안전욕구.

1. 개념 : 사람이 목적 달성을 위해 유해위험으로부터 안전을 유지하려는 심리

[욕구단계]
- 자아실현욕구
- 안전의 욕구
- 사회적욕구
- 안전욕구
- 생리적 욕구

2. K. Lewin 법칙과 연계한 특징.

$$B = f \times (P \cdot E)$$

- f : 함수관계. B : 안전행동욕구
- P (인적요인)
  - 교육실시 → 안전 확보.
  - 심리교육. 관계개선. 건강검진실시.
- E (외적요인)
  - 작업환경 개선. (산업안전보건법 제12조)

5. 매슬로의 안전욕구 불충분으로 인한 재해유형 및 위험요인

재해유형	위험요인
Pump카 넘어짐	지반 지내력 부족
거푸집 붕괴	Con'c 측압 계산오류
동바리 좌굴 붕괴	이상하중 및 과재하중 작용.
근로자 끼임.	개인보호구 (안전모) 미착용.

[OO교 RC Slab 타설 中]
- 거푸집 붕괴
- 동바리 좌굴
- 간접
- 넘어짐.

6. 매슬로우의 안전욕구를 고려한 안전관리 재해예방대책

[OO교 RC Slab타설]

1. Pump카 지반 지내력 보강
2. 거푸집 측압 구조검토 시행.
3. 동바리 BIM 활용 사전 변형 Check
4. 고압 가공선 방호조치 계획 수립 - 한국전력 협의.

건설기술진흥법 시행규칙 제60조 (가설구조안전 확인)

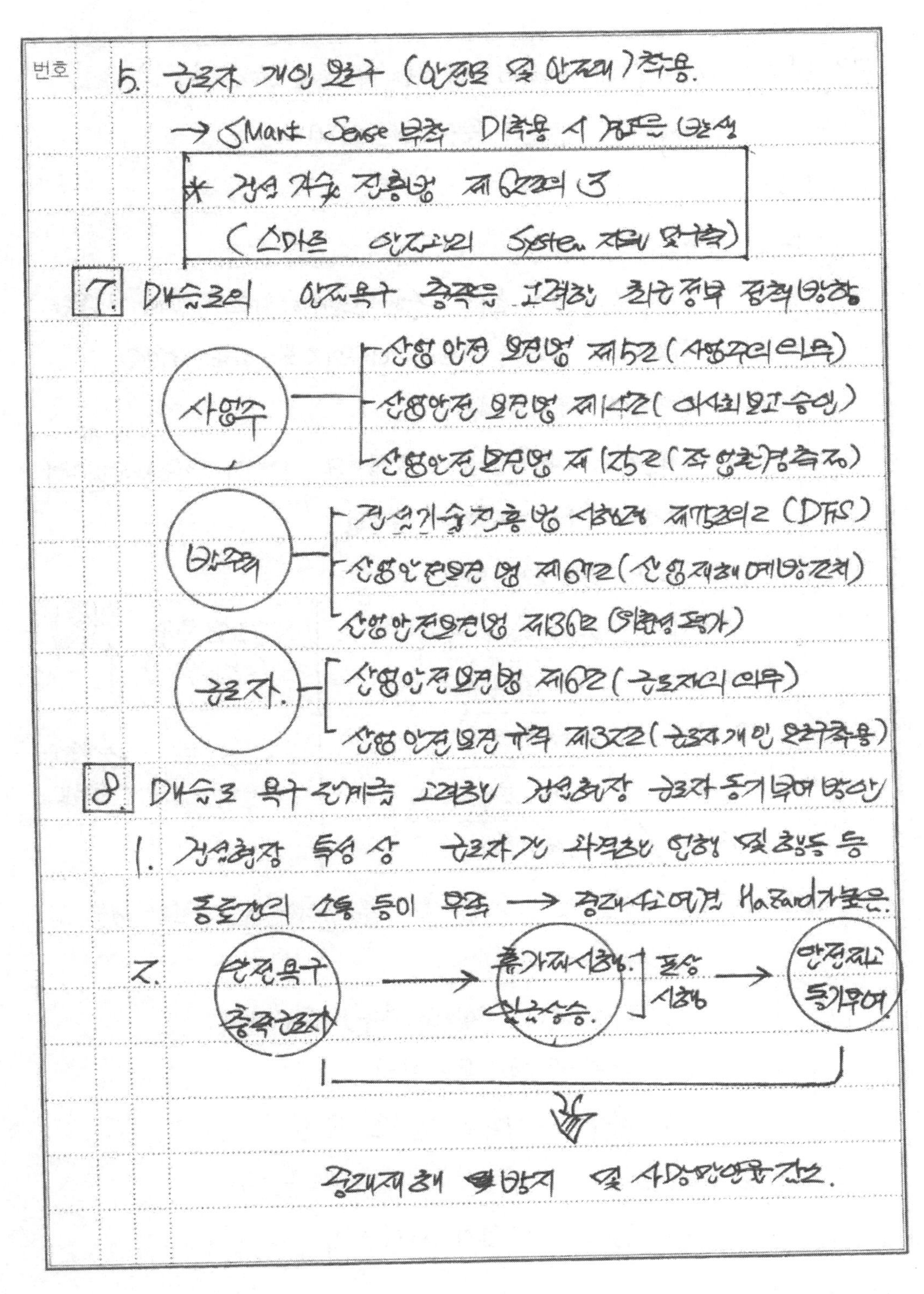

번호

5. 근로자 개인 보호구 (안전모 및 안전대) 착용.

→ Smart Sense 부착 미착용 시 경보음 발생

* 건설기술 진흥법 제62조의 3
(스마트 안전관리 System 지원 및 구축)

7. 매슬로의 안전욕구 충족을 고려한 최근 정부 정책방향

사업주
- 산업안전보건법 제5조(사업주의 의무)
- 산업안전보건법 제14조(이사회 보고 승인)
- 산업안전보건법 제125조(작업환경측정)

발주자
- 건설기술진흥법 시행령 제75조의2 (DfS)
- 산업안전보건법 제67조(산업재해 예방조치)
- 산업안전보건법 제36조 (위험성 평가)

근로자
- 산업안전보건법 제6조(근로자의 의무)
- 산업안전보건규칙 제32조(근로자 개인 보호구 착용)

8. 매슬로 욕구 단계를 고려한 건설현장 근로자 동기부여 방안

1. 건설현장 특성 상 근로자 간 외국인 인력 및 청년층 등
중고령자의 소통 등이 부족 → 중대사고 연결, Hazard 가능성.

2. 안전욕구 충족 근로자 → 휴가제 시행, 임금 상승 | 포상 시행 → 안전제고 동기부여

↓

중대재해 방지 및 사망만인율 감소.

번호 (문제) 매슬로 (A.H. Maslow)의 욕구단계 이론 (hierarchy of needs theory) 중 안전의 욕구를 설명하시오

(답)

I. 개요

1. 어떠한 행동의 동기를 불러 일으키게 하고 일어난 행동을 유지시켜 일정한 목표로 나아가도록 하는 과정을 동기부여 이론이라 함.

2. 매슬로는 욕구단계를 5단계로 나누어 이론화하였으며 안전의 욕구는 2단계에 해당됨.

II. 매슬로의 욕구단계 이론

5단계 자아실현의 욕구
4단계 인정의 욕구
3단계 사회적 욕구
2단계 안전의 욕구
1단계 생리적 욕구

고차원 욕구 (성장욕구) ↑ 만족시 진행
저차원 욕구 (결핍욕구) ↓ 불만족시 퇴행

III. 매슬로의 욕구단계 이론 중 안전의 욕구 조건과 내용

1. 안전의 욕구 조건

① 하위단계 (생리적 욕구) 욕구 충족

② 높은 수준의 욕구 갈망

③ 욕구가 인간의 행동을 유발

2. 내용

① 일상의 안전에 대한 욕구

번호

② 신체적 안전에 대한 욕구

③ 보호받고 안정된 것에 대한 욕구

IV. 매슬로의 욕구단계 이론 중 안전의 욕구가 안전 동기를 유발하는 방법

1. 안전의 근본이념을 인식시킴
2. 안전목표 설정을 명확하게 함
3. 안전활동 결과를 근로자에게 알려줌
4. 상과 벌
5. 경쟁과 협동유도

→ 활용 →

- 10분 TBM
- 근로자 안전교육
- 협의체 회의
- 위험예지훈련

V. 매슬로의 욕구단계 이론 중 안전의 욕구가 현장에서의 안전관리 활용 모식도

근로자의 목표		현장의 목표
근로에 대한 소득	노력 →	안전, 품질, 공정관리
무사고 작업 완료	교환 모형	무사고 준공
	← 보상	회사의 이익

VI. 동기부여 이론을 활용한 근로자 안전작업 활동 유도의 한계점과 개선(안)

※ 건설현장 재해의 안전관리 사슬/연결고리 필요함 !! (keyword로)

1. 한계점
   ① 단순 노무 제공 근로자 많음
   ② 소속감, 책임감이 상대적 약함
   ③ 안전 수칙 미준수에 대한 제재 실효 없음

2. 개선(안)
   ① 근로자에게 소속감 부여 (인센티브 등)
   ② 안전 수칙 준수 의무화 (미이행시 제재 벌개화)

번호 VII. 매슬로의 욕구단계 이론과 타 동기부여 이론의 비교

Maslow 이론	Alderfer ERG 이론	McGregor X.Y 이론	Herzberg 위생·동기이론
생리적 욕구 안전의 욕구	생존의 욕구	X 이론	위생요인
사회적 욕구	관계욕구	Y 이론	동기요인
인정받으려는 욕구 자아실현의 욕구	성장욕구		

VIII. 맺음말

1. 근로자의 안전한 작업활동 유도를 위한 다양한 동기부여 방안 연구·발굴 필요

2. 사업주의 책임이 강조되고 있는 분위기에서 근로자에게도 안전한 작업 의무부여를 위한 제도강화 요구됨.

"끝"

※ 이론 측면의 서술이 좋음.

단, 건설현장과 연계한 서술이 좀 더 필요함.

재해유형 → 안전조치 사항 등 서술 병행해 볼 것. (동기부여 활동연계로)

문제 55 재해손실비 산정 시 고려사항 및 평가방식의 종류에 대하여 설명하시오.

번호 (문제) 재해손실비 산정 시 고려사항과 평가방식의 종류에 대하여 설명하시오.

(답)

I. 개요

1. 재해 손실비는 사고가 발생하지 않았다면 지출되지 않는 손실 비용임
2. 재해 손실비는 재해발생을 원인별, 요인별로 분석한 몇 개의 이론에서 시작됨
3. 재해 손실비 산정 방식은 보편적이고 객관적이며 사회가 신뢰할 수 있는 방식이어야 함.

II. 재해 손실비 산정 시 고려사항

1. 쉽고 간편하게 산정할 수 있는 방법
2. 규모에 관계없이 일률적 적용 가능한 방법
3. 집계나 추계가 용이할 것
4. 사회가 신뢰할 수 있는 확률방법

III. 재해 손실비 산정을 위한 하인리히의 사고연쇄반응과 버드의 사고연쇄반응의 비교

	하인리히	버드
간접원인	유전, 사회적 요인, 개인적결함	제어의 부족
직접원인	불안전한 행동, 상태	불안전한 행동, 상태
재해예방	직접원인 제거	기본원인 제거
재해손실비	1 : 29 : 300	1 : 10 : 30 : 600

번호

IV. 재해손실비 평가방법의 비교

산출방법	재해손실비 평가방법
하인리히 방식	총재해 비용 = 직접비 + 간접비 (직접비 : 간접비 = 1 : 4)
버드 방식	총재해 비용 = 직접비 + 간접비 (직접비 : 간접비 = 1 : 5)
시몬스 방식	총재해비용 = 산재보험비용 + 비보험비용 (산재보험비용 < 비보험 비용)
콤페스 방식	총재해비용 = 개별비용 + 공용비용비 (개별비용 : 직접손실, 공용비용 : 간접손실)

V. 재해손실비 평가 방법 중 하인리히의 방식의 개요

1. 평가방법

총재해비용 = 직접비(1) + 간접비(4)

2. 직접비 = 보상비 일체

3. 간접비 : 재산손실, 생산중단 등으로 기업이 입은 손실

① 인적손실 (작업대기, 복구정리 등)

② 생산손실 (생산감소, 생산중단, 판매감소)

③ 특수손실 (신규채용, 교육훈련비)

④ 기타손실 (여비, 통신비 등)

VI. 재해손실비 평가 방법 중 버드방식의 개요

1. 평가방법

총재해 비용 = 직접비(1) + 간접비(5)

번호

2. 직접비 : 의료비, 보상비

3. 간접비 : ① 건물손실비, 기구 및 장비 손실

② 제품손실

③ 조업 중단 손실

VI). 재해손실비 평가방법 중 시몬스 방식의 개요

1. 평가방법

총재해비용 = 산재보험비용 + 비보험비용

2. 산재보험비용 : 산업재해보상보험법에 의해 보상된 비용

3. 비보험비용 : 산재보험 외 비용

① 손상받은 재료·설비 수선·교체비용

② 신입작업자 교육훈련비

③ 기타 소송비용 등

VII). 재해손실비 평가방법 중 콤페스 방식의 개요

1. 평가방법

총재해비용 = 개별비용비 + 공용비용비

2. 개별비용비 | ① 작업중단 손실비용

② 사고조사, 수리비용, 치료비용

3. 공용비용비 | ① 보험료

② 유지비용

"끝"

문제 56 **불안전한 행동의 배후요인 중 피로의 종류, 원인 및 회복대책에 대하여 설명하시오.**

문제) 불안전한 행동의 배후요인 중 피로의 종류, 원인 및 회복대책에 대하여 설명하시오.

답)

1. 개요

1) 불안전한 행동의 배후요인 중 피로의 종류에는 정신피로, 육체피로, 급성피로, 만성피로 등 있으며

2) 작업강도, 작업환경, 개인적 요인에 의해 발생하며 대책으로 적정휴식, 환경개선, 심리상담 등 있음.

3) 근로자 피로로 인한 재해예방위해 일요일 휴무제 연간 공사 확대 및 소규모 현장 재정적 지원방안 마련 필요.

2. 불안전한 행동의 배후요인

- 불안전 행동
  - 인적요인
    - 심리적 - 생략, 망각 등
    - 생리적 - 피로, 영양부족 등
  - 외적요인
    - 인간관계적 - 직장 인간관계
    - 설비적 - 안전시설 불량
    - 작업적 - 작업방법 부적정
    - 관리적 - 안전교육, 감독부실

<K. Lewin 행동방정식>

$B = f(P \cdot E)$

· P : 인적 / E : 외적요인

3. 건설현장 근로자 피로에 의한 떨어짐 재해 Mechanism

- 안전 결함
  - 불안전 상태 — 기인물 — 가해물 — 사고
  - 불안전 행동 <피로에 의한>
    - 생략 : 안전대 미체결
    - 착각 : 난간에 로프체결
    - 부주의 : 걸려넘어짐
    - → 사고 → 떨어짐 → 재해

<공도 00 APT 비계작업>

번호 4. 불안전한 행동의 배후요인중 피로의 종류

1) 정신피로 : 단순반복작업
2) 육체피로 : 근육노동
3) 급성피로 : 단시간 다부하
4) 만성피로 : 과로

<작업강도-피로-시간관계>

5. 불안전한 행동의 배후요인 중 피로의 원인

작업요인
- 작업형태 - 단순반복, 야간작업
- 작업강도 - 중노동, 잔업
- 작업자세 - 입위작업

<작업 강도>

※ RMR = 작업대사량 / 기초대사량

- 0~2 : 경작업
- 2~4 : 보통
- 4~7 : 중작업
- 7이상 : 초중작업

환경요인
- 고온, 다습, 한랭
- 소음, 진동, 낮은조도
- 유해물질 - 석면, 분진

개체요인
- 생활조건 - 수면, 휴식
- 신체조건 - 연령, 영양상태
- 정신·생리적 조건 - 인간관계

6. 불안전한 행동의 배후요인 중 피로의 회복대책

작업요인
- 적정 휴식시간
- 교대근무
- 일요 휴무제
- 근골격계 질환 예방 프로그램.

$$R(\text{휴식시간}) = \frac{60(E-5)}{E-1.5}$$

E : 작업시 평균 에너지 소모량

환경요인
- 청력보존, 호흡기 보호 프로그램
- 폭염 - 클로시, 제빙기 등 (산업안전보건관리비)

번호			
	환경요인	작업환경 측정, 조도개선 →	(안전보건규칙 8조)
			· 초정밀 : 750 lux
		휴게시설 확충	· 정밀 : 300 lux
	개체요인	건강진단,	· 보통 : 150 lux
		모럴서베이, 심리검사	· 그외 : 75 lux
		민감군(고혈압, 고령자) 정기관리	

7. 야간작업 근로자 피로저감 위한 안전보건 활동 사례
(OO 우회도로 slip form 작업시)

1) 직무스트레스 평가 및 관리

물리환경
직무요구
직무자율
직무불안정
조직체계
관계갈등
직장문화
보상부적절

• 설문조사 점수 : 64.5
(8개항 43문항)
• 조치 (60점이상 고위험)
심리상담프로그램 참여
주기적 추적 관리

2) 작업환경 측정·관리 - 조명 추가 설치

3) 휴게시설 보강 - 간식, 혈압계, 샤워시설 비치

8. 맺음말

1) 근로자 피로누적에 의한 사고예방위해 일요일 휴무제 민간공사로의 확대시행 필요하며

2) 공기 및 관리비 증가에 따른 소규모 현장 초기 재정부담 지원위한 세제혜택 등 지원방안 마련 필요.

"끝"

Key W (하인리히 도미노
고령근로자, 휴게시설 개정
인간행동 방정식 B = f(P·E)

충전기, 야간작업(철관) RMR(작업강도) [ex. 도로보수. 터널. Slip For

문제 2) 불안전한 행동의 배후요인 중 (피로)의 종류(Q1), 원인(Q2) 및 회복대책(Q3)에 대하여 설명하시오.

1 개 요

1) 불안전 행동의 배후요인 중 피로의 종류로는 정신적 피로, 육체적 피로 등이 있으며

2) 피로 원인에는 신체적 활동, 정신적 노력 등이 있고 수면시간 확보, 휴식 등의 대책이 있음

3) 근로자 피로로 인한 재해 예방 위해 필요인 휴무제 민간공사 확대 및 소규모 현장 재정 지원 방안 마련 필요

2 불안전한 행동의 (배후 요인)

- 불안전 행동
  - 인적 요인
    - 심리적 – 생각, 망각 등
    - 생리적 – [피로], 영양부족 등
  - 외적 요인 (4M)
    - 인간관계적 – 직장 인간관계
    - 설비적 – 안전시설 불량
    - 작업적 – 작업방법 부적정
    - 관리적 – 안전교육, 감독부실

〈K-Lewin 행동방정식〉

B = f(P·E)

P: 인적 / E: 외적요인

3 건설현장 근로자 피로에 의한 추락재해 Mechanism

- 안전 결함
  - 불안전 상태 → 기인물 → 가해물 → 사고
  - 불안전 행동 〈피로에 의한〉 → { 안전대 (미체결), (걸려) 넘어짐, 개구부 덮개 (개방) } → 사고

사고 → 추락재해

〈 평택 ○○ APT (비계) 작업 〉

4 불안전한 행동의 배후요인 중 피로의 종류

1) 정신피로 : 단순 반복작업
2) 육체 피로 : 근육노동
3) 급성 피로 : 단시간 과부하
4) 만성 피로 : 과로

작업지속 시간 / 피로도 / 작업강도

<작업강도 - 피로 - 시간관계>

5 불안전한 행동의 배후요인 중 피로의 원인

작업요인
- 작업형태 - 단순반복, 야간작업
- 작업강도 - 중노동 잔업, 돌관작업
- 작업자세 - 입위 작업

작업환경
- 고온, 다습, 한랭
- 소음, 진동, 낮은 조도
- 유해물질 - 석면, 분진

인적요인
- 생활조건 - 수면, 휴식 부족
- 신체조건 - (고령근로자,) 연령, 영양부족
- 정신·심리적 조건 - 인간관계 충돌

<작업강도>

$$* RMR = \frac{작업대사량}{기초대사량}$$

- 0~2 : 경작업
- 2~4 : 보통
- 4~7 : 중작업
- 7이상 : 초중작업

6 불안전한 행동의 배후요인 중 피로의 회복대책

작업요인
- 적정 휴식시간
- 교대 근무
- 일요 휴무제
- 근골격계 질환 예방 프로그램

$$R(휴식시간) = \frac{60(E-5)}{E-1.5}$$

E : 작업시 평균에너지 소모량

작업환경
- 청력보존 · 호흡기 보호 프로그램
- 한랭질환 예방

작업환경	(작업환경 측정,) (조도개선) → · 휴게시설 (확충) (200m → 100m 미만)	<안전보건규칙 8조> · 초정밀 : 750 LUX · 정밀 : 300 LUX · 보통 : 150 LUX · 그외 : 75 LUX
인적 요인	· 건강진단 · 모럴서베이, 심리검사 · 민감군(고혈압, 고령자) 정기관리	

7. 건설현장 근로자 피로회복 위한 휴게시설 설치 기준 개정 주요내용 (안전보건규칙 566조, 시행 22.8.10)

00이상

0m 미만

이 2.1m 이상

1) 개정 주요내용

종 전	개 정
· 옥외 장소인 경우만 사업주 휴식 제공 조치	· 근로자 질병 발생 우려 있는 옥·내외 모든 작업장소

2) 휴게시설 설치대상 (설치위치)

① 한랭, 고열, 다습 작업

② 폭염노출, 열사병 등 질병 발생 우려시

8. 결 론

1) 근로자 피로누적에 의한 사고예방위해 일요일 휴무제 민간공사로의 확대 시행 필요하며

2) 공기 및 관리비 증가에 따른 소규모현장 초기 재정 부담 지원을 위한 세제혜택 등 지원방안 마련필요.

<끝>

문제 57	건설현장에서 작업자의 피로발생 원인과 예방대책에 대하여 설명하시오.

번호 (문제) 건설현장에서 작업자의 피로발생 원인과 예방대책에 대하여 설명하시오.

(답)

I. 개요

1. 피로란 일정시간 작업 지속 시 정신적, 육체적, 노동으로 인하여 생산의 양과 질은 저하, 작업능률저하, 주의력 감소를 가져오는 현상이며
2. 불안전한 행동을 유발하는 건설재해 원인으로 충분한 휴식과 수면 등 피로방지 대책을 수립, 재해를 예방해야 함.

II. 작업자의 피로에 의한 재해발생 Mechanism

안전성 결함 → 피로 → (불안전한 상태 / 불안전한 행동) → 사고 → 재해

III. 건설현장에서의 작업자 피로분류 (Hershey의 피로분류)

1. 신체적 활동 및 긴장의 피로
2. 정신적 노력 및 긴장의 피로
3. 환경 관계의 피로
4. 영양 및 배설의 불충분
5. 질병에 의한 피로
6. 천후에 의한 피로
7. 단조감, 권태감에 의한 피로

IV. 건설현장에서의 작업자 피로의 주요 인자 (피로발생 원인)

작업부하 (정밀도, 작업속도, 방법)	노동시간 (작업시간)
휴식과 휴양 불충분	개인적 적응조건

(중앙: 작업자 피로)

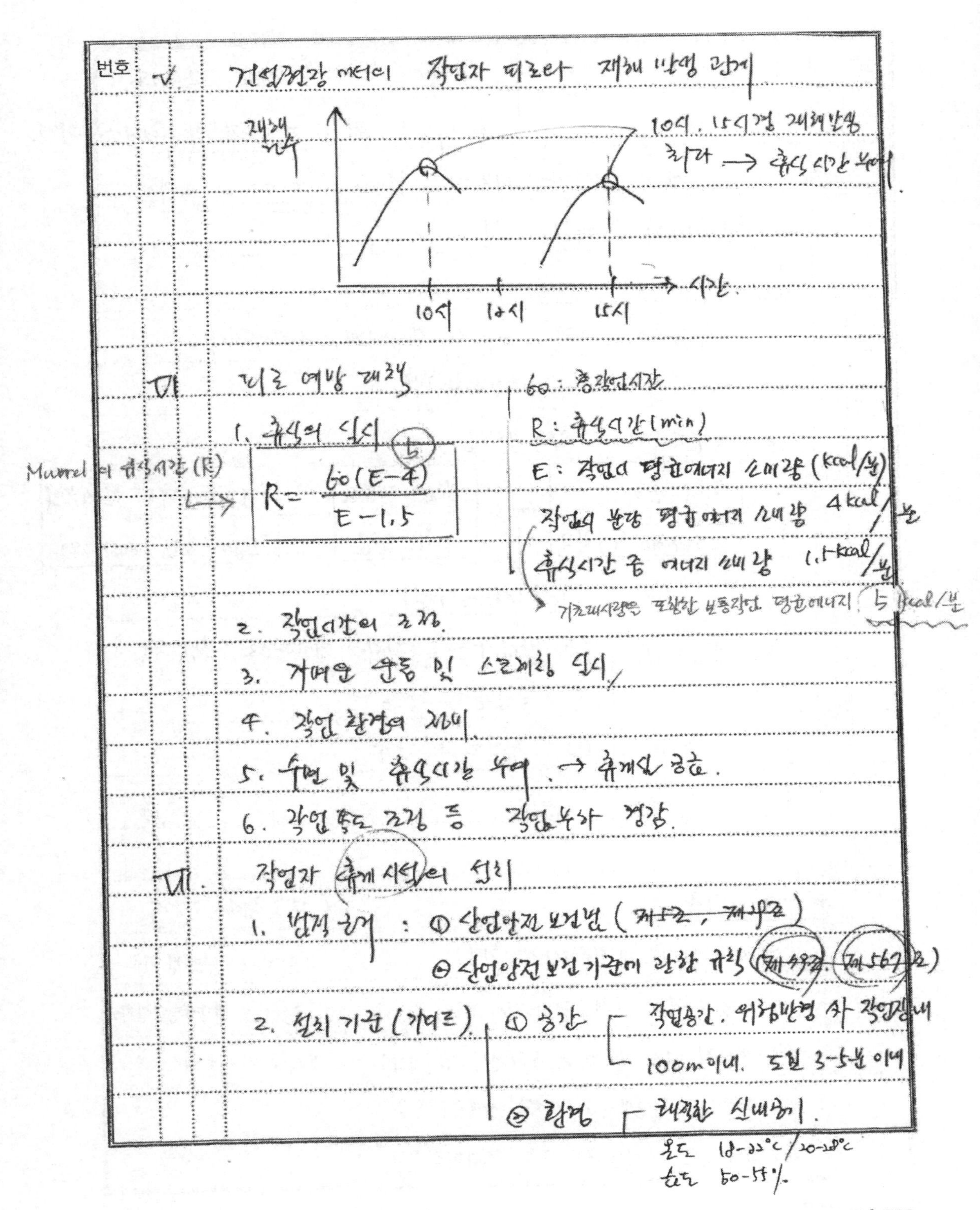

번호 Ⅴ. 건설현장에서의 작업자 피로와 재해 발생 관계

재해 건수 / 시간 / 10시 / 12시 / 15시

10시, 15시경 재해발생 최다 → 휴식시간 부여

Ⅵ. 피로 예방 대책

1. 휴식의 실시

Murrel의 휴식시간(R) → $R = \frac{60(E-4)}{E-1.5}$

60 : 총작업시간

R : 휴식시간(min)

E : 작업의 평균에너지 소비량(kcal/분)

작업시 분당 평균 에너지 소비량 4kcal/분

휴식시간 중 에너지 소비량 1.5kcal/분

기초대사량을 포함한 보통작업 평균에너지 5kcal/분

2. 작업시간의 조정
3. 가벼운 운동 및 스트레칭 실시
4. 작업 환경의 정비
5. 수면 및 휴식시간 부여 → 휴게실 공급
6. 작업속도 조정 등 작업부하 경감

Ⅶ. 작업자 휴게시설의 설치

1. 법적 근거 : ① 산업안전보건법 (~~제5조, 제128조~~)
   ② 산업안전보건기준에 관한 규칙 (제79조, 제567조)
2. 설치 기준(가이드) ① 공간 ─ 작업공간, 위험반경 外 작업장내 / 100m 이내, 도보 3~5분 이내
   ② 환경 ─ 쾌적한 실내공기.
   온도 18~22°C / 20~28°C
   습도 50~55%

번호

100~200Lux　　60dB이하

└ 실내조명. 실내소음.

③ 미흡 및 관리. ─ 토지부착, 환기규정 마련

VIII. 건설현장 작업자의 피로나 Human error를 고려한 현장관리에 대한 고찰.

1. 개요

작업자 피로 누적 ──→ 산업재해, 생산성 저하.

불안전한 행동

2. 작업자 피로도 관리 시스템

작업시간 내 Wearable 기기 활용	←→	작업자 피로도 data 수집	→	작업효율 - 피로도 단계 분석 / 작업시간 조정, 배치 조정

IoT (사물인터넷)

3. 기대효과
① 작업자들이 최적의 컨디션으로 작업 가능
② 작업능률 향상
③ 건설재해 감소

"끝"

(III)

* 피로의 종류

① 주관적 피로 (피곤하다라는 지각)
② 객관적 피로 (생산량과 질의 저하)
③ 생리적 피로 (생체기능, 물질변화 검사결과)
④ 근육피로 (근육의 자각적 피로, 휴식욕구 등)
⑤ 신경피로 (신경계통 통증, 정신피로 등)

* 피로 현상의 3단계

1단계 : 중추신경 피로
2단계 : 반사운동신경피로
3단계 : 근육피로

PART

07

◇◇◇◇◇◇◇◇◇◇◇◇◇◇◇◇◇◇◇◇◇◇◇◇◇◇◇◇◇◇◇◇◇◇◇◇

철근콘크리트 공사

합격수기

◇◇

1. 성명 : 양○○

2. 근무처 : ──

3. 합격일 : 126회

4. 응시횟수 : 8회(119회~125회 : 53점~55점 / 126회 : 60.2점)

5. 학습기간 : 2019. 07~2022. 01(2년 7개월)

6. 학습방법

1) 119회(53점)
   - 토목시공기술사에 합격하고 준비기간 없이 바로 시험을 봄
   - 안전에 대한 언급이 전무한 상태에서 토목시공 쪽의 내용으로 기술함

2) 120회~123회(53~55점)
   - 정규반 강의를 들으면서
   - 모범답안과 강의노트에 의존하여 외우기 위주로 학습함

3) 124회~125회(51~53점)
   - 문제풀이 위주로 단답형, 서술형 문제를 나만의 노트로 정리함
   - 합격인원이 적어서인지 점수는 오히려 나빠짐
   - 한 페이지에 모식도나 절차도, 그래프 등을 하나씩은 넣으려고 함

4) 126회(60.2점)
   - 처음부터 다시 시작한다는 마음으로 한 문제라도 정확히 작성하려고 노력함
   - 모식도를 크고 정확하게 그리는 연습을 함
   - 현장에서의 경험을 최대한 살릴 수 있는 문제를 선택함
   - 남들이 많이 선택할 것 같은 문제(예 중대재해처벌법, 산안법)는 배제하고 기술 위주의 (콘크리트, 터널) 문제를 선택하고 한 페이지를 알차게 작성하려고 노력함
   - 퇴근 후 집에서 2시간, 주말에는 도서관에서 학습
   - 시험 시 문제지에 주요 1~3페이지에 작성할 key word, 분류를 적어 놓고 시험 시작, 물어본 질문을 한 줄이라도 더 쓴다는 생각으로 임함

7. 합격소감

기술사 시험은 포기하지 않고 꾸준히 노력한다면 누구나 합격할 수 있는 시험이라 생각합니다. 저 또한 포기하고 싶은 생각이 들고 시험과 나는 안 맞는다고 생각도 하고, 채점기준에 의문도 들 때가 있었으나, 공부하는 중에 붙는 시험이 기술사 시험이라는 교수님과 선배 기술사님 말처럼 꾸준히 하면 되는 시험이라 생각됩니다.

8. 감사의 글

갈 길을 못잡고 방황할 때 힘이 되어준 황○○ 기술사께 감사드리고 합격에 길로 인도해 주신 교수님, 멘토님, 학원 관계자분께 다시 한번 감사드립니다.

문제 1 콘크리트의 소성수축

KW: 균열.. 미치는 영향, 발생원인, 점검·조치
안전보건관리 (타설시..)
→ 타설 양생 / 시설물 안전점검

문제 10) 콘크리트의 소성수축

1 콘크리트의 소성수축 정의

콘크리트 타설후 (급격한 수분증발)이 원인이며 미경화 Con'c (수분증발량이) (Bleeding 속도보다 클때) 발생 균열

2 콘크리트의 (소성수축) (발생 Mechanism)

▽ water gain
Bleeding
레이턴스
소성수축
골재 이동

수분증발 > Bleeding 속도
↓
골재 등 이동
↓
소성수축 균열

※ 발생시기 : Con'c 타설직후 / 양생 시작 전 / 마감공사 시작전

3 콘크리트의 소성수축이 (미치는 영향) 및 (발생 원인)

영향			발생원인
영향	소성수축 균열 ⇓ 염해·철근 부식 ⇓ 내구성 저하, 중대결함 발생	· W/C 적은 경우 · 건조한 바람, 고온 다습 · 표면적 넓은 구조물 등	발생원인

4 콘크리트의 소성수축 저감대책 (기술적 대책)

1) 재료 : 골재, 거푸집 습윤
2) 배합 : W/C, Con'c 온도 (적정)
3) 시공 : 다짐 준수, 습윤양생
4) 환경 : 바람막이, 그늘막

〈타설시 안전보건 관리〉
· 위험성 평가, PTW 실시
· 안전난간, 안전대 착용
· 타설 순서, 과다짐 금지
· 온열질환 예방 3대 수칙

5 소성수축 균열의 점검 및 발생시 조치방안

· 교량 중대한 결함으로 연계

자체안전점검 (건설기술진흥법 시행령)	육안 → 점검	소성수축 균열 check	→	보수 조치

〈끝〉

⑰
실전반-10 3/29(수)

답출-단-27

문27) 콘크리트의 소성수축

답)

1. 개요

콘크리트 타설후 수분 증발 속도가 블리딩 속도보다 빠를때 발생하는 현상을 소성수축이라 한다.

2. 콘크리트 소성수축 Mechanism

콘크리트 타설 → 외력작용(바람)
→ 수분증발 > 블리딩
→ 소성수축 → 표면결함, 균열

바람, water gain, Bleeding, 소성수축균열, Laitance, 골재

3. 콘크리트 소성수축이 구조물과 재해에 미치는 영향

중대결함	사고	상해
구조물 내구성저하	구조물 무너짐	조사자 떨어짐
정기점검, 진단실시	중대재해 발생	근로자 맞음

4. 콘크리트 소성수축 방지 및 처리 대책

방지대책	처리대책
· 골재, 거푸집 타설전 살수	· 보수 ┌ 표면처리 └ 주입공법
· 그늘막 설치 (보양)	
· 피막양생제 사용	· 보강 ; P.S 도입

5. 소성수축균열을 방지하기 위한 양생제 사용시 안전보건 대책

양생제	
경고 빨강	1) 산안법 제41조 규정 경고표지
	2) MSDS 자료비치
• 유해·위험문구	3) 방진마스크 착용
• 예방조치문구	4) 환기주의, 환기철저

서부내륙 고속도로 OO교량 Slab 타설시

번호 (문제10) 콘크리트 소성수축

(답)

1. 개요

콘크리트 소성수축은 증발속도가 Bleeding 속도보다 클때 발생하며, 균열 등 중대결함의 원인으로 예방 중요함.

2. 콘크리트 소성수축 모식도 및 균열 발생 Mechanism

증발 / Crack / Bleeding / 철근

증발속도 > Bleeding 속도
↓
철근 밀림·이동
↓
직상부 균열 발생

3. 콘크리트 소성수축 인한 문제점 및 안전대책

문제점	안전대책
· 구조적 : 내구성 저하 → 중대결함	· ~~재료~~ 적정 재료 사용
· 경제적 : 유지·보수 비용 증가	· 정기적 점검·진단 실시
· 운영상 : 사용제한, 출입금지	· 습윤 양생 실시

4. 콘크리트 소성수축인한 중대결함 발견시 업무 Flow

소성수축 → 정밀안전점검 / 긴급안전점검 → 중대결함 발견 → 정밀안전진단 → 보수보강

※ 중대결함 발견시 시설물 관리주체 통보

5. 콘크리트 중대결함 발견시 관리주체 조치사항

① 긴급안전조치 | 사용제한, 출입금지
↓
② 보수·보강 | 2년내 착수, 3년내 FMS 등록 "끝"

문제 2 콘크리트의 침하균열(Settlement Crack)

문제) 콘크리트의 침하균열 (Settlement Crack)

답)

1. 콘크리트의 침하균열의 정의

침하균열은 굳지않은 콘크리트 침하시 철근 등의 국부적 방해에 따른 인장력 발생으로 표면에 생기는 균열

2. 콘크리트의 침하균열 발생 Mechanism

블리딩, 인장, 균열, 철근, 하부공극, 블리딩에 의한 체적감소

· 블리딩 → 콘크리트 침하 → 철근방해 → 인장력 → 균열

※ 타설직후 1~3시간 정도 발생

3. 콘크리트의 침하균열이 미치는 영향 및 영향요인

영향		침하균열		영향요인
영향	· 침하균열 발생 ⇓ 염해 · 철근부식 ⇓ 내구성저하 · 부리재해	침하균열	· 골재, 철근직경 클수록 · W/B 클수록 · 다짐 불량시	영향요인

4. 콘크리트의 침하균열 저감 대책 (기술적 대책)

1) 설계 : 피복두께 확보
2) 배합 : W/B 적게 배합
3) 시공 : 다짐 준수 →
4) 발생시 처리 : 두드려서 폐색

다짐시 안전보건 관리
· 감전 - 진동기 접지
· 무너짐 - 과다다짐 금지 (측압증가 방지)
· 손목관계질환 - 휴식, 교대

5. 침하균열의 점검 및 발생시 현장조치 방안

자체안전점검 (건설기술진흥법 시행령 100조) —육안 점검→ 침하균열 발견 → 보수조치 → 시설물 안전법 안전점검 자료 활용

"끝"

문제 3 복합열화

문제) 복합열화

답)

1. 복합열화의 정의

복합열화는 열화인자들이 복합적으로 작용하여 균열, 부식 등 콘크리트 내구성 저하를 가속시키는 현상을 말함.

2. 복합열화 현상이 구조물에 미치는 영향

원인	현상
AAR, 화학적 침식	콘크리트 팽창
+ 염해, 중성화	철근 팽창
+ 동해	공극 수분 팽창

→ 팽창압 > 인장강도 ↓ 균열 · 박리 ↓ 내구성 저하

3. 콘크리트 내구성 저하 원인으로서 복합열화 관계도

(○○항 컨테이너 부두 안벽 염해부식)

- 철근부식 ← H_2O, O_2 침입 ← 중성화
- 화학적 침식 ↔ 중성화 (산성, PH저하)
- 중성화 ↔ 염해 (CO_2, Cl^- 이동)
- 화학적 침식 ↔ 철근부식, 염해 → 철근부식

4. 복합열화에 의한 콘크리트 내구성 저하 방지대책

재료적	시공적	유지관리적
폴리머함침, 고로slag	콘크리트 Coating	안전점검 / 보수보강
Epoxy Coated Rebar	피복두께, 다짐, 양생관리	(시설물 안전법 준수)

5. 정밀안전진단에 따른 안벽 복합열화부 보강사례 (○○항 컨테이너 부두)

〈안벽 염해부식 보강도〉

1) 열화 : 화학적침식+중성화+염해 (중대결함)

2) 보강 : Anchoring + 피복

3) 안전 : 작업계획, 위험성평가 장수 안전관리자 배치

"끝"

문제 11) 복합열화

1. 복합열화의 정의

콘크리트 구조물의 열화인자들이 복합적으로 작용하여 내구성저하를 촉진시키는 현상을 말한다.

2. 복합열화 발생 메커니즘

Cl⁻, CO_2 침투 / 균열 / 철근부식, 팽창 / AAR	염해 ← 철근부식 / AAR ← 중성화 ↔ 동해 / 화학적 침식

< 복합열화 발생시 콘크리트 >

3. 복합열화 발생 원인 및 열화 저감 대책

구 분	발생원인	저감대책
건설단계 (재료, 배합 설계, 시공)	· 염화물 과다 · 실리카골재 · W/B 과대 · 콘크리트 이상응 · 초기동해 · 다짐불량	· 염화물 준수 (양질재료) · W/B 하도 · 내구설계 · 콘크리트양생 · 다짐철저
공용단계 (유지관리)	· 지진 · 이부충격 · 화학적 침식 (유기화합물)	· 내진설계 · 보강 · 정기점검 · 유지관리

4. 복합열화 평가를 위한 콘크리트 교량 성능평가 절차

자료 수집 분석 → 현장조사 재료시험 → 사용성 · 안전성 내구성 평가 → 유지관리 잔존수명

- 균열지도 - 중성화 시험 등 (※ 시설물 중대결함시 조치)

5. 노후 및 취약시설의 복합열화 발생시 문제점과 관리방안 제언

1) 문제점 : 성능평가 미시행 · 전문인력 부족으로 대응곤란

2) 개선방안 : 국토안전관리원의 자문시행 추진 필요 "끝"

번호 (문제) 복합열화

(답)

I. 개요

두 가지 이상의 열화가 동시에 작용하여 구조물의 내구성을 저하시키는 것으로 시설물의 안전점검 중요성이 커짐.

II. 복합열화 발생 Mechanism 및 분류

Cl^- 염해 ↔ 철근부식

CO_2

AAR ↔ 구조물 탄산화 ↔ 동해

알칼리 / 밀실성 / pH / 수분침투

화학적 침식

분류
- 상승적 복합열화
- 독립적 복합열화
- 인과적 복합열화

III. 복합열화 발생시 문제점 및 원인

문제점
- (구조적) 복합열화 → 콘크리트 팽창 → 인장균열발생 → 열화가속
- (비구조적) 내구성 저하 → 유지·보수비용 발생

원인
- (내적) AAR, 철근부식
- (외적) 물리적 원인 : 온도/습도, 진동, 충격, 이상하중
- 화학적 원인 : CO_2, 산성비, 하수, 해수 침투

IV. 복합열화에 의한 시설물 내구성 저하에 대한 대책

기술적 대책	안전관리적 대책
재료 : 분말도 높은 시멘트 사용	- 안전점검 실시
배합 : W/B 작게, S/a 적게	공사중 : 정기안전점검, 초기점검
시공 : 다짐간격, 타설높이 준수	공용중 : 정기안전점검
설계 : 부식두께 고려한 피복설계	· 중대한 결함 발견시 즉시보고, 조치

문제 4	콘크리트 구조물에서 발생하는 화학적 침식

문제9) 콘크리트 구조물에서 발생하는 화학적 침식

답)

I. 개요

화학적 침식이란 침식성 물질이 콘크리트에 침투하여 시멘트 조성 물질이나 강재와 반응하여, 체적 팽창에 의한 균열, 박리 현상

II. 콘크리트 구조물에서 발생하는 화학적 침식의 피해 유형

1. 구조적 - 침식성 물질(H_2S, H_2SO_4), 팽창 및 수축
   내구성 저하, 균열, 열화 발생
2. 일반적 - 구조재의 단면 보강 저하, 밀폐공간 질식
   구조물 내구성 저하에 따른 붕괴, 전도, 낙하 부식

III. 콘크리트 구조물에서 발생하는 화학적 침식의 대상

1. 해상구조물 - 방파제, 안벽 등
2. 육상구조물 - 동결융해
3. 지하구조물 - 하수관거, BOX

※하수도 시설 구조의 화학적 침식

IV. 콘크리트 구조물에서 화학적 침식 안전관리 방안

1. 교육적: 특별안전교육, 밀폐공간 program (점검, 예방)
2. 관리적: 안전감시자 배치, 산소 농도 측정
3. 기술적: 염해에 강한 Cement, 내황산염 cement, 혼화제

V. 콘크리트 하수도 구조물 공사시 '밀폐공간 program' 안전 작업 방안

1. 밀폐공간 보건 작업 program (제619조 밀폐공간 수립·시행)
2. 출입전 산소 및 유해 가스농도 측정 "환기"

문제) 콘크리트 구조물에서 발생하는 화학적 침식

답)

1. 개요

콘크리트 구조물의 화학적 침식은 해수, 오·폐수 등 유해환경 노출시 부식·팽창 등 열화에 의해 성능저하되는 현상

2. 콘크리트 구조물 화학적 침식에 의한 재해발생 Mechanism

[구조적] $Ca(OH)_2$ + 하수(유기물) → H_2SO_4 → [부식]
+ 해수($MgSO_4$) → $CaSO_4$ → [팽창]
→ (내구성 저하)

[일반적] 유해가스 발생 → [밀폐공간 작업] → [질식·폭발]

3. 콘크리트 구조물에 발생하는 화학적 침식 대상 시설물

1) 해양구조물 - 방파제, 안벽 등
2) 육상구조물 - 동결융해
3) 지하구조물 - 하수관거, Box 등

<○○하수관거 BTL현장 화학적 침식> →

기중부
수중부
결로
H_2SO_4
H_2S+O_2
퇴적오니
열화
고위험 부위

4. 콘크리트 구조물에 발생하는 화학적 침식 저감대책

[재료] 내황산염시멘트, 포졸란, 폴리머 혼합

[배합] 소요 Workability 내 W/B 작게 (45% 이하)

[시공] 내황산코팅, 다짐·양생 관리

5. 하수관거 화학적 침식 보수·보강시 안전보건 방안 (○○하수관거 BTL)

1) 작업계획, 위험성평가, PTW, TBM, 호흡용보호구 등
2) 밀폐공간 작업 프로그램 수립·이행
3) 산소·유해가스 농도 측정, 환기, 감시인 배치 "끝"

문제 5	철근콘크리트의 부동태 피막

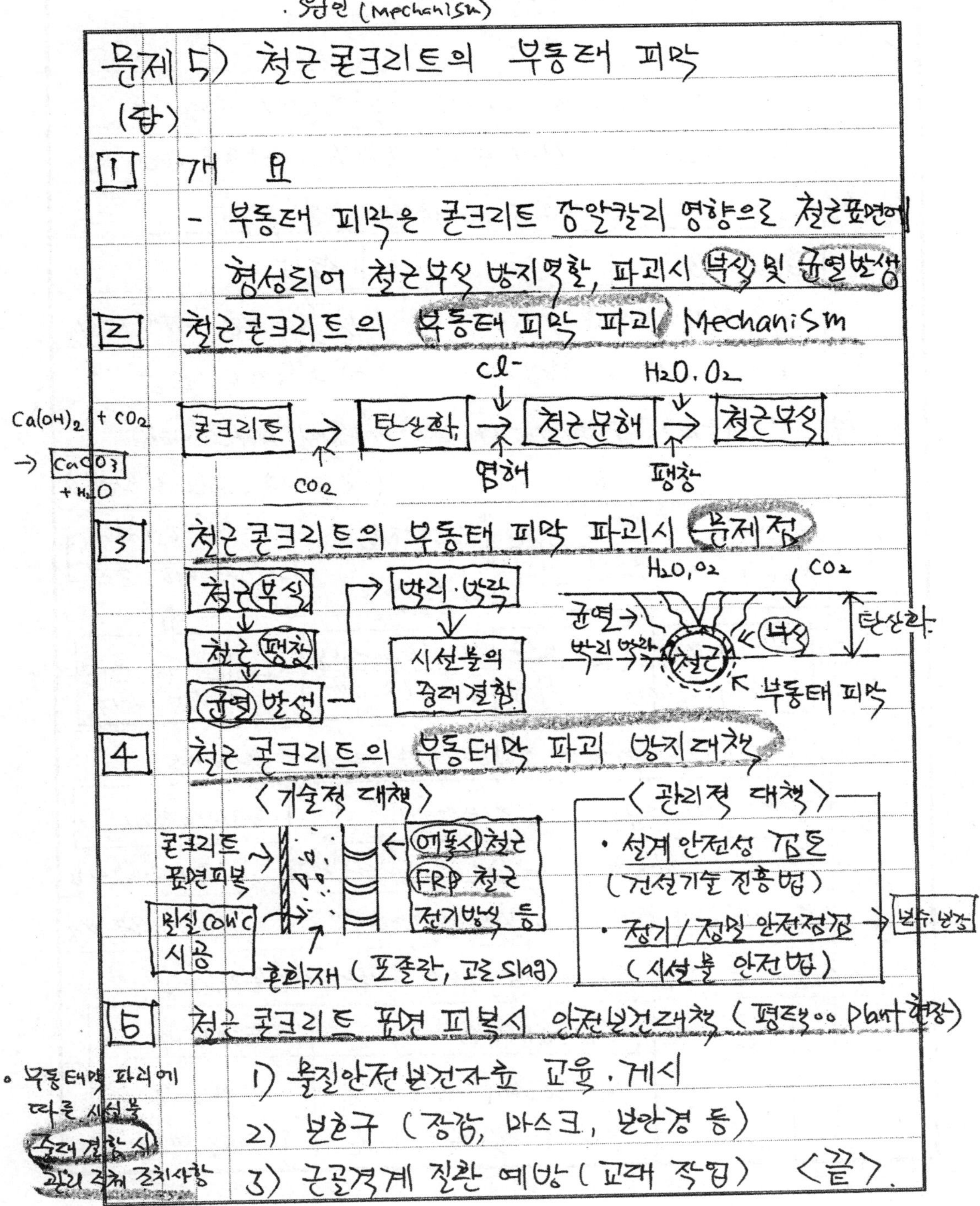

CO_2 ↓, Cl ↓

부동태피막 → 탄산화 → 철근부식 → Con'c 균열

(부동태피막 → 탄산화 : 중성화)

문제 1) 철근콘크리트의 부동태피막

1. 개념

콘크리트의 강알칼리 영향으로 철근 표면에 생성되는 산화피막으로서, 철근의 부식을 방지하여 내구성을 증진시킴.

2. 철근콘크리트의 부동태피막 생성환경 및 역할

생성환경	역할
1) 강알칼리 성분 (pH 12.5)	1) 철근 보호 · 부식 방지
2) Con'c 경화 中 철염 생성	2) 부착강도 향상

3. 철근콘크리트의 부동태피막 파괴시 구조물에 미치는 영향

(※ 시설물 안전법 중대결함)

CO_2, H_2O → 철근팽창 / 균열 / 부동태피막 파괴 / 중성화 진행 / 알칼리

[내구성 저하, 구조물 내력 손실]

부동태 피막 파괴(탄산화) → 철근 부식 → 부피팽창 (2.6배) → 콘크리트 균열 박리 · 박락

중대결함시 조치사항

4. 철근콘크리트 부동태피막 파괴 방지를 위한 안전대책

재료 · 설계단계	시공단계	유지관리단계
- 해사사용시 염화물제거	- 습윤양생, 다짐철저	- 정기 · 정밀 점검
- 최소피복두께 확보	- 배합설계 철저	- 균열시 보수 · 보강

유지관리단계 - 1) 중성화시험 2) 염화물시험 3) 알칼리골재 반응시험

5. OO 콘크리트 교량 부동태피막 확보를 위한 시험측정 수행

(그림: 1%, 비, 철근, 시험 위치)

중성화 시험	측정결과
페놀프탈레인 용액 1% 분사 후 색상유무 판단	적색검출 (중성화 미진행)

문제 6	스마트 콘크리트

(문제) 스마트 콘크리트

(답)

I. 개요

콘크리트가 살아있는 유기체처럼 거동하게 하기 위해 콘크리트 내부에 센서를 내장하여 온도조절, 습기조정 기능 및 외부 자극 또는 환경변화에 스스로 대응하는 콘크리트.

II. 스마트 콘크리트의 종류 및 원리.

1. 종류
 - ① 내장형 광섬유 센서 스마트 콘크리트.
 - ② 캡슐형 스마트 콘크리트.
 - ③ 광촉매를 적용한 스마트 콘크리트

2. 원리

외부환경변화 → 내장센서 감지 → 대응결과 출력 → 대응실시

- 외부환경변화: 기온변화, 습도변화, 균열 등
- 대응결과 출력: 센서로부터 정보습득
- 대응실시: 온도·습도 조절, 외부유해물질 차단, 내장캡슐 등 이용, 보강

III. 스마트 콘크리트 시공 Flow.

재료·배합 → 재료시험 → 타설 → 양생 → 성능확인

IV. 스마트 콘크리트 타설시 유해위험 요인

1. 이질재 혼합 사용 → MSDS 관리 미흡. 근로자 건강장애.
2. 신소재 콘크리트 사용 → 시공순서, 타설불량으로 거푸집, 동바리 변형, 붕괴
3. 과도한 하중 → 거푸집, 동바리 붕괴

V. 스마트 콘크리트 사용 시 안전관리대책

1. 설계 불량 : 여러가지 시공 조건 고려한 설계
2. 기초지반 불량시 버림콘크리트 타설 등 보강조치
3. 조립시 조립도에 따라 견고하게 조립
4. 동바리 설치 시 구조검토 실시, 연결재의 표준재료 사용
5. 콘크리트 타설 순서에 맞추어 편심작용 억제

I. 개요

II. 스마트 콘크리트 원리 및 시공순서

III. 시공단계별 안전관리대책

재료·배합
가푸집·철근
타설
양생

IV. 스마트 콘크리트 등 4차산업혁명기술이 건설안전에 기여하는 영향
순기능 / 부작용,

V. 맺음말

문제 7 **서중 콘크리트**

번호 문제) 서중 콘크리트

답)

I. 서중 콘크리트의 정의

서중콘크리트는 기온 25°C 초과시 관리되는 콘크리트로서 재료선택 및 양생관리 등이 요구되는 관리사항이 많음.

II. 서중 콘크리트와 한중 콘크리트의 차이점 및 특징

Item	서중콘크리트	한중콘크리트
온도	25°C 초과	4°C 미만
혼화제	유동화제	AE제
문제점	Pumpability 저하	강도 발현시기
Key Point	양생관리 (습윤)	초기동해 방지

III. 서중 콘크리트 타설에 따른 유해위험 요인

단계	재해유형	위험요인
타설전	펌프카 - 지머리 충돌	신호수 미배치
타설중	협착, 추락 발생	개인보호구 미착용, 안전대 미착용
타설후	근골격계질환 발생	산업안전보건기준규칙 - 제662조 P/R 미실시

IV. 서중 콘크리트 타설에 따른 안전 및 보건관리대책

1. 안전대책 : 근로자보호구 지급 (산업안전보건법 제32조), 작업지휘자배치 (규칙 제39조)
2. 보건대책 : 근로자 혼화제 MSDS교육, 건강검진실시 (산안법제130조)

V. 초고층 공사 서중 콘크리트 타설의 Pumpability 저하 방지방안.

1. 날씨·온도등 고려한 BIM 활용 사전검토시행
2. CPB 시험배합운영 → 유동화제 등 양 Check.

번호 (문제) 서중콘크리트.

(답)

I. 개요

일평균 기온 25°C 초과하는 조건에서 타설. 관리하는 콘크리트로 수화반응과 증발과다에 대한 대책이 필요한 콘크리트.

II. 서중콘크리트 타설 시 기술적 문제점 및 대책

1. 문제점 | 내적 : 수화반응 촉진 → 온도균열, Cold Joint
   | 외적 : 수분증발 과다 → 소성수축 균열

2. 대책 ① Pre cooling (재료) ③ 낮은 W/B (배합)
   ② Post cooling (양생) ④ 물공급 (양생)

III. 서중콘크리트 타설 시 안전관리적 문제점 및 대책

1. 문제점 | ① 혹서기 작업 → 근로자의 온열질환
   | ② 노령근로자 피로 쓰러짐 → 2차 재해

2. 대책 | ① 혹서기 작업 제한 및 조정
   | ② 작업 중 휴식, 물, 그늘 수시 제공

IV. 서중콘크리트 시공 단계별 ~~중점관리~~ 안전관리 Point

거푸집 동바리 준비 → 콘크리트 반입 → 타설 → 양생

· 가설구조물 안전성검토
· 하중계산

· 장비 전도로 확보
· 펌프카 장비점검

· 근로자 작업관리
· 물, 그늘, 휴식 수시제공
· 고온기연시 안전보호구사용

(건강장해 예방대책) (안전보건규칙 566조, 567조, 571조)

V. 맺음말

서중콘크리트 타설 중 혹서기 작업환경 확인 후 작업착수.

"끝"

문제 8 **한중 콘크리트**

문제) 한중 콘크리트

답)

1. 한중 콘크리트의 정의

한중콘크리트는 일평균 4℃ 이하시 타설콘크리트로 초기 동해, 양생 중 질식, 동절기 건강장애 등 관리 중요함.

2. 한중콘크리트 동해 발생시 구조물에 미치는 영향

1) 굳지 않은 콘크리트 : 초기동해 → 양생지연
2) 굳은 콘크리트 : 동결팽창 → 응력 > 강도

→ 균열·박리, 내구성저하

3. 한중콘크리트 내구성 확보방안

재료	동결융해 저항제
배합	W/B 작게, 물·골재 가열
시공	Maturity 관리
	보온양생 (증기양생 등)

Sch 〈 OO 건설 Maturity 관리도 〉

5MPa, 450, M (℃·day)

$M = \Sigma(\theta + A)\Delta t$ (적산온도)

- θ : Δt 기간 일평균 양생온도
- A : 상수 (10 ~ 15℃)

4. 한중콘크리트 작업시 재해위험요인 및 안전보건대책

재해유형	위험요인	대책
질식	보온양생 (갈탄)	· 밀폐공간작업 프로그램
중독	방동제 용융수 요인	· MSDS 교육, 경고표지
무너짐	거푸집 조기 탈형	· 주기적 보건관리
한랭질환	고령자, 고혈압 등	· 휴게시설 확충, 건강검진

5. 양생 방법 변경통한 질식재해 예방사례 (OO 복선 전철현장)

당초	갈탄사용 양생 → 질식위험 높음	→	변경	마이크로웨이브 거푸집 적용 → 질식재해예방, 공기단축

"끝"

문제 9) 한중콘크리트

1. 정의

일 평균 4°C 이하 일시 사용하는 콘크리트로 동결기 보온양생시 질식재해의 우려가 있음

2. 한중콘크리트 동해발생시 구조물에 미치는 영향

1) 굳지않은 Con'c : 초기동해 → 양생지연

2) 굳은 Con'c : 동결융해 → 팽창 > 인장강도

→ 콘크리트 균열·박리 및 장기내구성 저하

3. 한중콘크리트 내구성 확보 방안

1) 재료 : 동결융해 저항성

2) 배합 : 골재가열, W/B 작게

3) 시공 : 적산온도 관리, 보온양생 $M = \Sigma(\theta + A)\Delta t$

Con'c 강도 발현후 거푸집 탈형 [θ : Δt 기간 일평균 양생온도, A : 상수]

압축강도 fck
5MPa
M(°C·day)
45°D
적산온도

4. 한중콘크리트 작업시 재해위험요인 및 안전대책

재해위험요인	안전대책
갈탄양생 · CO 배출 · 질식	환기시설 · 산소측정
Con'c 응결지연 · 측압증가	거푸집 · 동바리 구조검토 철저
동절기 한랭질환	휴게장소 · 따뜻한물

5. 한중콘크리트 갈탄양생시 질식재해 방지위한 안전확보 제언

1) 밀폐공간 작업프로그램 수립 · 시행 (※ 안전보건규칙 제619조)

2) 갈탄양생 → 열풍기 변경 (CO 적게 배출)

3) Smart 유해가스 감지기 → 실시간 농도측정, 경보 "끝"

문제 9	온도제어양생의 종류 및 특징

문제) 온도제어양생의 종류 및 특징

답)

I. 개요

온도제어 양생은 콘크리트 양생시 급격한 온도변화에 의한 영향 받지 않도록 하는 양생으로 서중, 한중 관리 중요.

II. 온도제어양생의 목적

	제어 양생	
· 초기동해 방지		· 급격한 건조수축 방지
· 온도 응력 저감		· 외기온도와 차이 최소화

III. 온도제어양생의 종류 및 특징, 적용성

종류	방법	특징	적용성
가열양생	갈탄등 가열	밀폐공간 질식 우려	한중 콘크리트
pipe cooling	내부 냉각수	온도차 클시 균열	서중 콘크리트
증기양생	고온증기 사용	단시간 강도 발현	프리캐스트

IV. 한중콘크리트 온도제어양생시 재해위험요인 및 예방대책

재해	위험요인	예방대책
질식	갈탄사용. 밀폐공간	환기. 밀폐공간작업프로그램
감전	양생수에 콘센트젖음	방우형 콘센트
붕괴	강도 미확보 조기 탈형	강도검사. Maturity 관리

V. 갈탄 사용 양생시 근로자 질식재해 예방조치(○○문화센터)

1. 밀폐공간 작업프로그램 수립·시행
2. Co 농도 30ppm 이하 확인. 환기
3. 유해가스 배출적은 열풍기로 교체

"끝"

문제) 온도제어 양생

답)

I. 온도제어양생의 정의

온도제어 양생은 콘크리트 양생시 급격한 온도변화에 의한 영향을 받지 않도록 하는 양생으로 서중·한중시 관리 중요

II. 온도 제어 양생의 목적

· 초기 동해 방지	제어 양생	· 급격한 건조수축 방지
· 온도 응력 저감		· 외기 온도와의 차이 최소화

III. 온도제어 양생의 종류 및 적용성

1. 온도공급 : 가열 / 단열 양생 ⇒ 한중콘크리트
2. 온도저감 : pipe cooling ⇒ 서중 콘크리트
3. 증기양생 : 상압(1기압) / 고압(10기압) ⇒ 프리캐스트

IV. 한중콘크리트 온도제어 양생시 재해위험요인 및 예방대책

발생재해	위험요인	예방대책
질식	갈탄·열풍기 밀폐공간	환기, 밀폐공간작업프로그램
감전	양생수 전선·콘센트 젖음	절연보호구, 방우형콘센트
맞음	강풍에 갱폼 보양 천막이탈	로프에 견고히 설치, 유지관리
무너짐	강도 미확보 거푸집 탈형	강도검사, Maturity관리

V. 동절기 RCS폼 인상시 양생부족에 따른 무너짐 방지대책

· RCS 폼 인상시 앵커층 콘크리트 강도 10MPa 확보 준수

- 공시체 제작 및 매인상시 마다 강도시험실시 (반발경도법 등)
- 양생관리 (양생온도 자동 check)

"끝"

번호 (문제) 온도제어양생

(답)

I. 개요

콘크리트 타설 후 소요강도를 얻기 위해 온도제어양생을 적용하며 양생작업 중 질식재해 등에 대한 예방대책 수립 필요.

II. 온도제어양생의 종류 및 필요성

온도제어 양생 종류
온도공급 (한중/서중콘크리트)
온도저감 (Pre cooling)
촉진양생 (고압/상압 증기)

⇨

필요성
1. 콘크리트 강도 확보
2. 동바리, 거푸집 해체시기 확보
3. 콘크리트 품질 제어

III. 온도제어 양생 작업에서의 재해유형 및 원인.

질식 ① 양생공간 내 산소결핍
② 부적절한 양생방법 및 환기부족.

화재 ① 양생기구가 보온덮개/천막에 화재 (감전)

감전 ① 보일러용 전선 습기에 노출.

IV. 온도제어 양생작업에서의 재해예방 안전대책

1. 양생공간 투입 전 유해가스농도/산소농도 측정.
2. 보일러용 전선 피복확인. 습기 노출 주의
3. 안전한 양생방법 적용, 양생 중 담당자(2인) 지정.

V. 온도제어 양생 실패 및 소요강도 미확보 방지대책

1. 동절기 (-)4℃ 이하 타설 지양
2. 동절기 보온양생 및 충분한 양생기간 확보.

"끝"

문제 10 펌퍼빌리티(Pumpability)

문제) 펌퍼빌리티(Pumpability)

답)

1. 개요

굳지 않은 콘크리트의 펌프압송성을 말하며 불량시 펌프 폐색으로 작업중단, 호스탈출에 의한 재해 우려됨.

2. 펌퍼빌리티 저하시 미치는 영향 및 영향요인

미치는 영향		영향요인
· 펌프 폐색 발생	· 시멘트량 : 적으면 저하	
콜드조인트 → 내구성 저하	· 슬럼프 : 작으면 저하	
펌프요동 → 작업자 맞음	· 입도 : 불연속시 저하	

3. 펌퍼빌리티 저하에 따른 펌프폐색 방지대책

일반적 · 배관청소, 이음부 확인, 적정압력 산출

계절적
- 서중 : 지연제 사용, 배관외부 살수·보냉
- 한중 : 방동제 사용, 온수로 예열, 보온

4. 콘크리트 펌프카 이용 타설시 재해유형별 안전대책

거푸집 동바리
- 1) 무너짐 - 구조검토, 조립도, 지반다짐
- 2) 떨어짐 - 개구부, 단부 안전난간

콘크리트 타설
- 1) 무너짐 - 타설순서 준수 (집중타설금지)
- 2) 넘어짐 - 펌프카 깔목, 호스길이 준수
- 3) 맞음 - 호스요동 방지 (펌퍼빌리티 확보)

5. CPB 사고 관련 (부산 00 APT등) 안전증거 확인 사항

1) 작업계획서, 시공상세도 (특히, 하부지지핀 적정결합길이)

2) 펌퍼빌리티 사전검토 (Mock-up test 등) "끝"

CPB

안전기준 (제335조 콘크리트 펌프 등 사용시 준수사항)

사고사례 (부산) - 작업계획서, 고위험 작업 관리감독 체계 개선, 이탈방지된 설비 등 기준적 개선

문제 11. 펌퍼빌리티 (pumpability)

답)

I. 펌퍼빌리티의 정의 및 펌퍼빌리티 필요성

1. 정의

펌프에 의한 운반으로 콘크리트의 압송성의 판단 (압송 잘 되는 콘크리트)

2. 필요성

1) 고유동, 고층 건물에 대한 안전성

2. 펌프의 성능, 배관, 압력, 장비 선정

II. 펌퍼빌리티 불량시 재해 유형

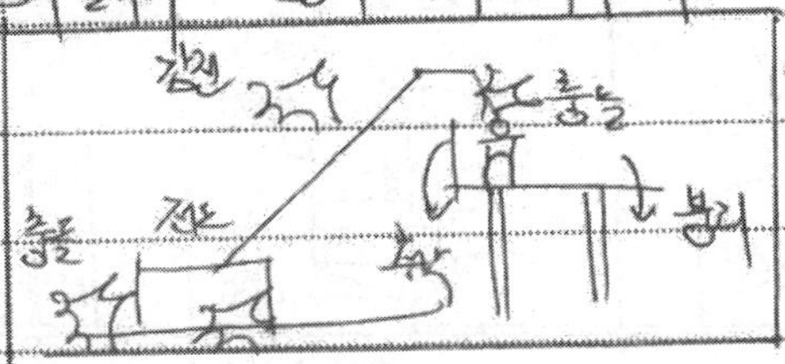

[그림: 감전, 추락, 충돌, 전도, 붕괴]

※ 재해유형

1. 충돌 2. 추락 3. 붕괴

4. 감전 5. 충돌 6. 전도

III. 펌퍼빌리티 기준

1. 토출력 ≥ 저항력

1) 최대 압력의 80% 관내 압력손실

2. pumpability의 영향을 주는 요인

1) 재료 2) 설계 3) 배합 4) 시공

[그림: ← slump, 관경 / → pumpability ← 재료력 / ← 배관, 기울기]

IV. 콘크리트 펌퍼빌리티의 현장 사용시 안전준수사항 (규칙) (제335조 준수사항)

1. 작업 시작 전 콘크리트 펌프 등 부재 점검

2. 지축 등의 부분 등 설비의 용도 변경 위한 안전시간 준수

3. 주변 전선 위험 예방, 지반의 침하 방지

V. 최근 부산 00현장 'CPB 붕괴' 사고 사례

1. CPB - (Concrete Placing Boom) 타설 중 재해 발생

2. Pumpability의 사전 검토 및 작업계획서 작성 (하루 처리 된 것 자세히) "끝"

문제 11 CPB(Concrete Placing Boom)의 설치방식

'23. 2. 28 (火)

문제 ⑺ CPB의 설치방식

답)

1. 정 의

CPB란 초고층 건물등의 CON.c 타설에 필요한 장비로서 배관내 펌프폐색, 유압등을 고려해야 됨.

2. CPB 설치방식 종류 및 특징

Item	T/C 형	Slab 중앙	core 형
도해	T/C, LNG	Slab open, CPB	core, CPB
장점	◦장비범위 우수	◦소규모공사, 비용↓	◦간섭 최소화
단점	◦비용 고가	◦Slab 배곰	◦공사비 고가

3. CPB 설치·해체·이동시 고려사항

- 설계 ― Con.c 폐색, 장비자중, 충격(맥동현상)
- 인상 ― 단계별 상승속도 및 상승길이
- 해체 ― 구조기술사 검토, 승인 (가설구조)

4. CPB 재해의 종류 및 위험요인

설치	넘어짐	◦브라켓 강도미흡 ◦MAST 기울어짐
운용	끼임·충돌	◦폐색 → 꺾임 → 막음 호스끼임

5. CPB 설치·이동시 안전관리 재해예방 대책

① pump car 폐색방지 → pump압 BT계 확보

② 풍속10m/sec 인상작업 중지 → 〃

문제 12 거푸집의 측압

문제) 거푸집의 측압

답) (콘크리트 헤드)

측압 표준값 (설계)	구분	벽(t/m²)	기둥(t/m²)
	외부진동기	3	4
	내부진동기	2	3

1. 개요

측압은 콘크리트 타설시 거푸집에 가해지는 수평압력으로 과다시 거푸집 무너짐 원인으로 사전검토 대책 필요.

2. 콘크리트 타설에 따른 콘크리트 헤드와 측압분포

3. 콘크리트 타설시 측압이 거푸집에 미치는 영향

측압 과다 미고려시 → [거푸집 처짐·변형 / 거푸집·동바리 무너짐] → 중대재해 경제적 손실

4. 거푸집 측압에 영향주는 요인

1) Slump 클수록, 다짐시
2) 타설속도 빠르고 온·습도 낮을수록
3) 부재단면·콘크리트 비중 클수록

〈측압측정방법〉
① 수압판, 수압계
② 죄임철물 변형
③ OK식 측압계

5. 콘크리트 타설시 거푸집 측압고려 안전성 확보 대책

사전준비 · 구조계산(측압고려), 조립도작성(보강 반영)

타설
- 분할타설계획 (콘크리트 헤드 고려), 속도조절
- 자동계측 (측압 및 동바리 무너짐 감지 센서)
- 감시인 배치

"끝"

문제 13 거푸집 존치기간

문제 1) 거푸집 존치기간

1. 정의

콘크리트 타설 후 소요강도가 확보될때까지) 타부영향이 없도록 존치하는 기간을 말한다.

2. 거푸집 존치기간이) 안전에 미치는 영향

거푸집 조기탈형 → Con'c 강도 발현 저하 → 균열·결함 발생 → 내구성 저하

- 존치기간 미준수　　　　　- 콘크리트 중성화 · AAR

3. 거푸집 존치기간 (※ 콘크리트공사 표준시방서)

구 분	존치기간
Con'c 압축강도 시험시)	1) 측면 (기초·보·기둥) : 5Mpa이상 2) 밑면 (슬라브·보) : 14Mpa이상
미시험시) (평균기온 10℃이상)	1) 20℃이상 : 4일 (※ 보통시멘트 기준) 2) 10~20℃ : 6일

4. 거푸집 존치시 재해위험요인 및 안전대책

재해위험요인	안전대책
거푸집 변형·침하로 인한 붕괴	감시자 배치 · 근로자대피유도 콘크리트 분산타설
갈탄양생 · 질식	유해가스측정 · 지속환기

5. 동절기 한중콘크리트 보온양생시 근로자 질식재해 예방지침

1) CO를 적게 배출하는 열풍기 적극도입

2) Smart 유해가스감지기 설치 → 상시 모니터링 "끝"

문제 14 철근의 이음과 정착

(문제) 철근의 이음과 정착

(답)

I. 개요

사전 철근 배근도 검토를 통해 이음방법과 정착길이를 결정하고 소요의 강도를 가질 수 있도록 관리하여야 함.

II. 철근의 이음 원칙과 이음방법 종류

이음원칙	이음 방법 종류
1. 강도 : 소요 설계기준 만족	재래식 : 겹이음, 용접이음
2. 응력 : 응력 집중 금지	특수식 : 기계이음, 충전이음

III. 철근의 정착 원칙과 정착방법 종류

정착 원칙	정착방법의 종류
철근콘크리트가 외력을 받는 경우 철근과 콘크리트 분리 방지	갈고리에 의한 방법 매입길이에 의한 방법 기계적인 정착

IV. 철근의 이음과 정착 기준 미준수시 구조물 안전에 미치는 영향

구조물 소요강도 외부응력 저항 부족 → 구조안전성 미확보 안전율 초과 → 구조물 파괴 인적·물적 피해

V. 철근 이음 및 정착 작업시 관리방안

기술적 방안	안전관리적 방안
· 작업 계획서, 시공상세도 준수	· 근로자 근골격계·심혈관 보건 관리
· 품질안전 중요성 근로자 교육	· 작업절차, 순서, 방법 준수
· 시공단계별 점검	· 철근 인양 작업시 줄걸이 취급 수칙 준수

"끝"

문제 15 철근의 정착길이

문제) 철근의 정착길이

답)

I. 철근의 정착길이의 정의

위험단면에서 철근의 설계기준 항복강도 발휘위해 필요한 길이로 철근을 더 연장하여 묻어넣은 길이

II. 철근의 정착길이 및 정착방법

• 정착길이(l_d) = 기본정착길이(l_{db}) × 보정계수

1. 매입길이에 의한 정착 : 압축 200mm이상, 인장 300mm이상

2. 표준갈고리에 의한 정착

- 주철근용 180°, 90°
- 띠철근/스트럽 135°, 90°

4db(철근지름)

내면반지름

〈180° 표준갈고리〉

D25이하 : 3db

D35이하 : 4db

D35이상 : 5db

III. 현장에서 철근 정착·부착 시공시 유의사항

1. 원형봉강 대신 이형봉강 사용
2. 갈고리 가공시 절곡기 사용, 상온에서 절곡. ← 상시 점검
3. 콘크리트내 일부 매립철근 현장에서 구부리기 금지 ←

IV. 현장 철근 작업시 안전보건 대책

- 운반 : 와이어로프 폐기기준 준수. 다리걸쇠금지
- 가공 : 절곡기 Foot Switch 점검 및 보호덮개
- 조립 : 작업발판설치. 휴식·교대근무 (근골격계 질환예방)

V. 철근 정착길이 부족에 따른 중대결함시 관계주체 조치사항

정밀안전진단 등 — 중대결함(내력부족) → 사용제한·금지·주민홍보 / → 2년내 보수보강 → 3년내 완료. 국토부 통보

"끝"

문제 16 철근콘크리트공사에서의 철근피복두께와 간격

KW: 미치는 영향, 작업시 안전보건
(과소, 과다시)
V 시공 안전관리 / 유지관리: 시설물 안전, 유지관리
(타설, 양생)

문제 4) "철근 콘크리트 공사"에서의 철근피복 두께와 간격

1 정의

1) 피복두께 : 콘크리트 외측에서 철근표면까지 최단거리
2) 철근간격 : 부재내 배근되는 철근표면간 최단거리

2 철근 피복 두께와 간격이 콘크리트에 미치는 영향

구분	피복 두께	간격
과소	부착력 감소, 염해·중성화	할렬 균열, 재료분리
과다	처짐, 내력 저하	설계 강도 부족

3 철근 피복두께와 간격 설계규정 (콘크리트 구조 설계기준)

철근 피복두께
- 수중타설 con'c : 100cm
- 지중 con'c : 80cm
- 흙·물의 노출 : 40~60cm
- 물의 미노출 : 20~40cm

철근 간격
- 최소 25mm 이상
- Gmax 4/3 이상
- 주철근 직경 이상

中에서 큰 값 적용

4 철근 작업시 안전 보건 중점 관리 사항

운반	와이어로프 폐기기준 준수, 근골격계 질환 예방
가공	절곡기 Foot 스위치 점검 및 보호덮개
조립	철근전도방지 버팀대 및 작업발판

5 철근 피복두께 부족에 따른 중대결함시 관련주체 조치사항

정밀안전 진단 등 → 중대결함 (염해, 균열) → 사용 제한, 금지 등
→ (2년내) 보수·보강 → (3년내) 완료, FMS 등록

<끝>

문제 8) 철근의 피복두께

1. 정의

피복두께 / 순간격

콘크리트 철근 표면에서 이를 감싸고 있는 콘크리트 부재 표면까지의 최소거리를 말한다.

2. 철근의 피복두께 확보 목적

1) 철근의 부식방지
2) 내화성 · 내구성 확보
3) 부착력 · 골재유동성 확보

CO_2, O_2, Cl^- ↓ 침투

균열

부식 → 부피팽창

$Fe(OH)_2 + \frac{1}{2}H_2O + \frac{1}{4}O_2$
→ $Fe(OH)_3$: 녹발생

3. 철근의 피복두께 기준

1) 수중 콘크리트 : 100mm
2) 지중 콘크리트 : 75mm
3) 흙접합 · 옥외공기노출 : 40mm
4) 흙 · 공기 접촉 X : 20~40mm

※ 콘크리트 구조설계기준 ('21.2 개정사항)

4. 철근의 피복두께 확보를 위한 중점안전관리 사항

<건설중>
재료 · 설계 시공
- 염해물 함유량 준수 · 보온양생
- 도면 · 시방서 준수

<공용중>
시설물 유지관리
- 정기점검 · 진단 정기적 시행
- 피복두께 측정

5. OO 콘크리트 교량 정밀안전진단시 피복두께 측정 사례

피복두께 확보 작업시 건설 안전대책

철근

① 전자기 유도법
② 전자파 레이더법 ⇒ 피복두께 준수여부 확인
③ 초음파법

< 비파괴검사 >

→ 중대결함 ①안전진단 ②재료...

"끝"

문제 17 철근의 유효높이와 피복두께

번호 (문제) 철근의 유효높이와 피복두께

(답)

I. 철근의 유효높이와 피복두께의 정의

1. 유효높이 : 압축측의 콘크리트 표면 – 정철근/부철근 도심까지의 거리
2. 피복두께 : 콘크리트 표면과 철근 표면의 최단거리

II. 철근의 유효높이와 피복두께의 모식도 및 거리 준수 이유

보높이 h, 유효높이 d, 피복두께, b

철근 유효높이	피복두께
① 중립축 확보	① 철근 산화 방지
② 균형철근비	② 내화구조
③ 설계안전성	③ 부착응력 확보

III. 철근의 유효높이와 피복두께 미준수시 구조물 안전에 미치는 영향

철근 유효높이 미준수 ▷
- 과다 철근보 → 콘크리트 취성파괴
- 과소 철근보 → 철근의 인장파괴

피복두께 미준수 ▷ 철근 산화, 부착응력 저하 → 내구성저하 → 구조물 파괴

IV. 철근의 유효높이 및 피복두께 확보를 통한 구조물 안전성 확보 대책

기술적 대책	안전관리적 대책
1. 숙련공 작업	1. 안전보건 교육시 품질안전 강조
2. 단계별 검측	2. 사전 구조적 안정성 검토
3. Design For Safety	

V. 맺음말

1. 안전보건 교육 및 품질교육을 통한 구조물 안전성 확보
2. 단계별 검측으로 확인 후 콘크리트 타설

"끝"

문제 18 보강토 옹벽의 파괴유형/매스콘크리트(Mass Concrete)의 온도균열

문제 4) 보강토 옹벽의 파괴유형

1. 개요

보강재를 이용하여 흙을 쌓아올린 옹벽을 보강토 옹벽이라 하며, 옹벽 전도·침하 등의 파괴유형이 있다.

2. 보강토 옹벽의 파괴에 따른 재해위험 요소

배수불량 ↓ 토압증가 ↓ 균열·누수 ↓ 파괴

파괴 메커니즘	재해위험요소
· $\tau = c + \sigma' \tan\phi$ (쿨롱법칙) (유효응력 감소 → 전단강도 상실)	1) 인접도로·차량 매몰 2) 구조물 침하

3. 보강토 옹벽의 파괴유형

배수시설 손상, 보강벽체, 뒷채움흙, 보강재, 전면벽체 - 배부름 - 손상 - 부등침하, 전도, 활동, 침하, 배수 pipe, 기초침하, 기초 conc

파괴유형	원인
전체 옹벽 전도	시공·지지 불량
전면벽체 활동	배수층 설계미흡 (유선방향)
옹벽 침하	지지력 부족
벽체 균열·변형	불균등 토압

4. 보강토 옹벽의 파괴유형별 안전관리 대책

1) 전체 옹벽 전도 : 구조 안전성 검토 - 지반조사 철저
2) 전면 벽체 활동 : 배수층 시공 철저·다짐관리
3) 옹벽 침하·균열 : 기초부 치환·유지관리 철저

5. OO 고속도로 보강토옹벽 파괴예방을 위한 정밀점검 시행

(시설물 안전법상 2종시설물) H=5m 이상, L=100m 이상 보강토 옹벽 ⇒

구분	내용
기본과업	재료시험(블록, 보강재)
선택과업	진행성 배부름 현상

↔ 5. 해빙기대비 소규모 취약시설 보강토 옹벽 중점 점검사항

1) 배수시설 점검·관리 (상부 표층수·하부 유공관)
2) 전면벽체 진행성 배부름 현상 여부.

문제) 보강토 옹벽의 파괴유형

답)

I. 개요

보강토옹벽은 뒷채움흙과 보강재, 전면벽체가 일체화 되어 토압 및 외력에 저항구조로 배부름, 침하, 활동 등 파괴유형 있음.

II. 보강토 옹벽의 안정조건 (안정검토 항목)

내적	안정조건	외적
· 인발파괴 (마찰력)		· 활동 Fs > 1.5
· 보강재파단 (인장력)		· 전도 Fs > 2.0
· 연결부 파괴		· 지지력 Fs > 3.0

III. 보강토 옹벽의 파괴유형

전면벽체
- 벽체손상
- 배부름
- 보강토유실
- 보강재파단
- 전도

배수시설 손상
보강블럭
표층침하 (0.3m)
H=8m
보강토
배면토
뒷채움재 (25mm~)
지오그리드
유공관 (Ø150)
기초 con'c

사면
- 활동파괴
- 보강토유실

기초
- 부등침하
- 활동파괴

< 00국도 우회도로 보강토 옹벽 모식도 >

IV. 보강토 옹벽 파괴유형별 원인 및 기술적 대책

파괴유형	주원인	기술적 대책
벽체손상, 배부름	배수불량, 다짐부족	배수시설 보완, 다짐관리(95%)
부등침하	지반지지력 부족	기초부 치환 및, 다짐
보강재파단	하중검토 미비, 배수불량	보강재 강도 확보, 배수시설 보완
활동파괴	사면검토미비, 배수불량	사면활동여부검토, 배수시설 보완

번호 V. 準 우기시 보강토옹벽 파괴 예방 위한 수방대책

비닐깔기

플룸관(3.00m/m)
정기 정비

Monitoring

(00국도 우회도로 사례 중심)

1. 상부 배수시설 정비

- 플룸관 정비
- 비닐깔기 (보강토내 우수유입차단)

* 우천시 복구위한 장비 및 인력 등 자재비치.

2. Monitoring 및 대기강관리

- 육안검사 (벽체) : 2회/일
- 시설점검 (옹벽전체) : 2회/주

"끝"

번호 (문제7) Mass Concrete의 온도균열

(답)

1. 개 요

Mass Concrete란 수화열에 의해 콘크리트 내·외부 온도차가 25°C 이상 발생하는 콘크리트, 온도균열 관리중요

2. Mass Concrete의 온도균열 발생 Mechanism

〈재령-온도 곡선〉 (°C, 내부, 25°C 이상, 외부, 재령)

- 초기 · 내부온도 증가 → 팽창응력 표면균열 발생
- 후기 · Con'c 냉각 → 수축응력 구속지점 균열 발생

3. Mass Concrete의 온도균열 인한 문제점 및 방지대책

문제점	방지대책
· 콘크리트 강도 저하 · 콘크리트 균열, 붕괴 → 시설물 중대한 결함	· 수화열 저감 ─ Pre-cooling, 저열 Cement · 온도응력 해소 ─ 온도철근

4. Mass Concrete의 온도균열 방지위한 온도 철근 배근시 안전보건 대책

- 안전 대책
  - · 자재 인양시 W/R 3·3·3 법칙 준수
  - · 크레인 넘어짐 방지 (아웃트리거, 깔판·깔목 등)
- 보건 대책
  - · 근골격계 질환 예방 Program
  - · 2인 1조 작업, 적정 휴게시설 설치

"끝"

Mass concrete 수화열, con'c 내·외 온도차 균열 / 온도균열 제어방법 (온도저감, 온도응력 제어, con'c 내력 증대)
온도균열제어, con'c 양생시 위험요인 안전대책 / 질식재해 예방사례
√Hold point 양생전

문제 3) Mass concrete의 온도균열

답)

I. 매스 콘크리트의 온도균열 정의

매스콘크리트의 양생 중 수화열에 의한 콘크리트 내외부 온도차에 의해 발생되는 균열

II. 매스콘크리트의 특수성 및 온도균열 발생 원인

1) 특수성 : $CaO + H_2O \rightarrow Ca(OH)_2 +$ 수화열(과다)

2) 발생 원인

수축 / 800 m/m 이상 / 팽창

<내부구속 균열>

두께 500 m/m 이상 / 수축 / 구속 / 기타설 con'c 또는 지반

<외부 구속 균열>

III. 매스콘크리트 온도균열 제어 방법

1) con'c 온도저감 : 분말도 낮은 시멘트, pipe cooling 등.

2) 온도응력 제어 : 균열유발줄눈, 신축이음, 타설시간·간격 조정

3) con'c 내력 증대 : prestress, 섬유·수지 보강 등

IV. 온도균열 제어 위한 콘크리트 양생시 위험요인 및 안전대책

안전대책	위험요인
· 밀폐공간 작업 프로그램 수립·시행	보온양생시 CO 질식
· 중량물 취급 작업계획서	자재운반시 크레인 전도
· 감시인 배치 및 개인보호구 지급	동절기 보온 양생시 화재

V. 동절기 매스콘크리트 양생시 질식재해 예방사례 (○○복선 전철현장)

종 전			개 선	
갈탄 사용 양생 → CO 질식위험	→		마이크로웨이브 거푸집 적용 → 질식 예방, 공기단축	<끝>

Microwave

문제 19	철근콘크리트공사에서 거푸집 및 동바리 설계 시 고려하중과 설치기준에 대하여 설명하시오.

문제 16) 철근콘크리트 공사에서 거푸집 및 동바리 설계시 고려하중과 설치기준에 대하여 설명하시오.

답)

1. 개요

1) 거푸집 및 동바리 설계시 연직방향 / 수평방향 / 콘크리트 측압 / 특수하중을 고려해야 한다

2) 안전보건규칙 제332조에 의거, 조립도에 따라 동바리 종류별 설치기준을 준수해야 한다.

3) 현재 설계 구조해석상 3D 고려가 미흡한 실정이며, 실효성 높은 구조검토가 필요하다.

2. 철근콘크리트 공사시 거푸집·동바리 법적 사전 검토사항(거푸집·동바리)

1) 구조 안전성 확인 (※ 건설기술진흥법 시행령 제101조 2)

하중계산 → 응력계산 → 단면계산 → 조립도

2) 조립도 작성 (※ 안전보건규칙 제331조)

3) 안전인증 자재 (※ 산업안전보건법 제84조)

4) 작업계획서 수립 (※ 안전보건규칙 제38조)

3. 철근콘크리트 공사 거푸집·동바리 설계오류로 인한 재해유형

1) 지지지반 침하.

2) 중앙 미타설 → 과하

3) 재사용 가설 기자재 미인증 → 붕괴)

4) 구조검토 미흡.

재사용 기자재 미인증
과하
중앙 미타설
조립도 미준수
안전인증 미검증
침하
< 용인 ○○APT 시스템동바리 >

4. 철근콘크리트 공사 거푸집·동바리 설계시 고려하중

1) 종류 : 연직하중, 횡하중, 콘크리트 측압, 특수하중

2) 설계시 산정방법

① 연직하중

= 고정 + 충격 + 작업하중
(거푸집 콘크리트) (타설기계) (작업원) 충하중 P_w

② 횡하중

Max = (고정하중의 2% 와 150kg/m²)

※ 충하중 $P_w = C \cdot g \cdot A_f$

③ 콘크리트 측압 = W × H (헤드)

④ 특수하중 : 시공 中 예상

(※ 2D가 아닌 3D 해석 시행)

5. 철근콘크리트 공사 거푸집·동바리 설치기준

공통사항 (※ 안전보건규칙 제 332조)

1) 변형·부식(손상) 자재 사용금지 → 안전인증(KCS)

2) 침하 방지 (깔목, Con'c 타설), 가새 등 설치

3) 같은 품질 재료 이용, 연결철물

파이프 서포트

1) 3개 이상 이어서 금지

2) 이어서 사용시 4개 볼트·전용철물

3) 3.5m 초과시 수평연결재 < 소규모 현장 pipe support >

시스템 동바리

1) 수평재, 수직재 직각
2) 모델화에 따라 가새 설치
3) 수직재 받침철물과의 결합 길이는 1/3 이상 근입.

가새재
1/3이상
<용인 OOAPT 시스템동바리>

6. 철근콘크리트 공사 거푸집·동바리 설치시 안전확보 방안

떨어짐
1) 안전난간, 개구부덮개
2) 추락방지망, 안전대 착용

안전난간

물체맞음 - 방호·낙하대
상·하 동시작업 금지

붕괴 - 감시인 배치
- Smart 안전장비(IoT)

근골격계 - 2인 1조·기계사용

질식재해 - 산소농도 환기시설

7. 거푸집동바리 설계 안전성 확보를 위한 제언
1) 3D 하중 해석 필요 ⇒ 연직·횡·콘크리트 측압 등 하중조합 필요
(기존 : 2D)
2) 재사용 가시재 안전율 상향 ⇒ 품질 반영 필요
3) 전체 부재 대상 좌굴길이 면밀히 산정
4) 진동·충격하중에 의한 실시간 모니터링 시스템 구축

"끝"

번호 (문제13) 최근 콘크리트 공사에서 거푸집 및 동바리 설계시 고려하중과 설치기준에 대하여 설명하시오.

(답)

<동바리 법 개정예정사항>
① 목재 동바리 삭제
② 동바리 설치순서 확립

1. 개요

1) 거푸집 및 동바리 설계시 풍하중, 좌굴하중, Con'c 측압 등을 고려해야 하며

2) 설치시 산업안전보건기준에 따른 조립도 작성 및 준수, 상·하고정 철저 등을 하여야 함

3) 본고에서 Con'c 타설시 스마트 안전기술을 활용한 거푸집·동바리 안전 사례를 기술하고자 함.

2. 거푸집 및 동바리 시공시 법적 고려사항

법령	산업안전보건법	건설기술 진흥법
고려 사항	① 위험성 평가	① 안전관리계획
	② 설계안전보건 대장	② DFS
	③ 조립도 검토·작성	③ 구조적 안전성 확인

3. 거푸집·동바리의 구조 및 구성요소(시스템동바리 기준)

<구성요소>
① U-Head
② 잭 베이스
③ 수직재 ④ 수평재
⑤ 수직가새
⑥ 수평가새

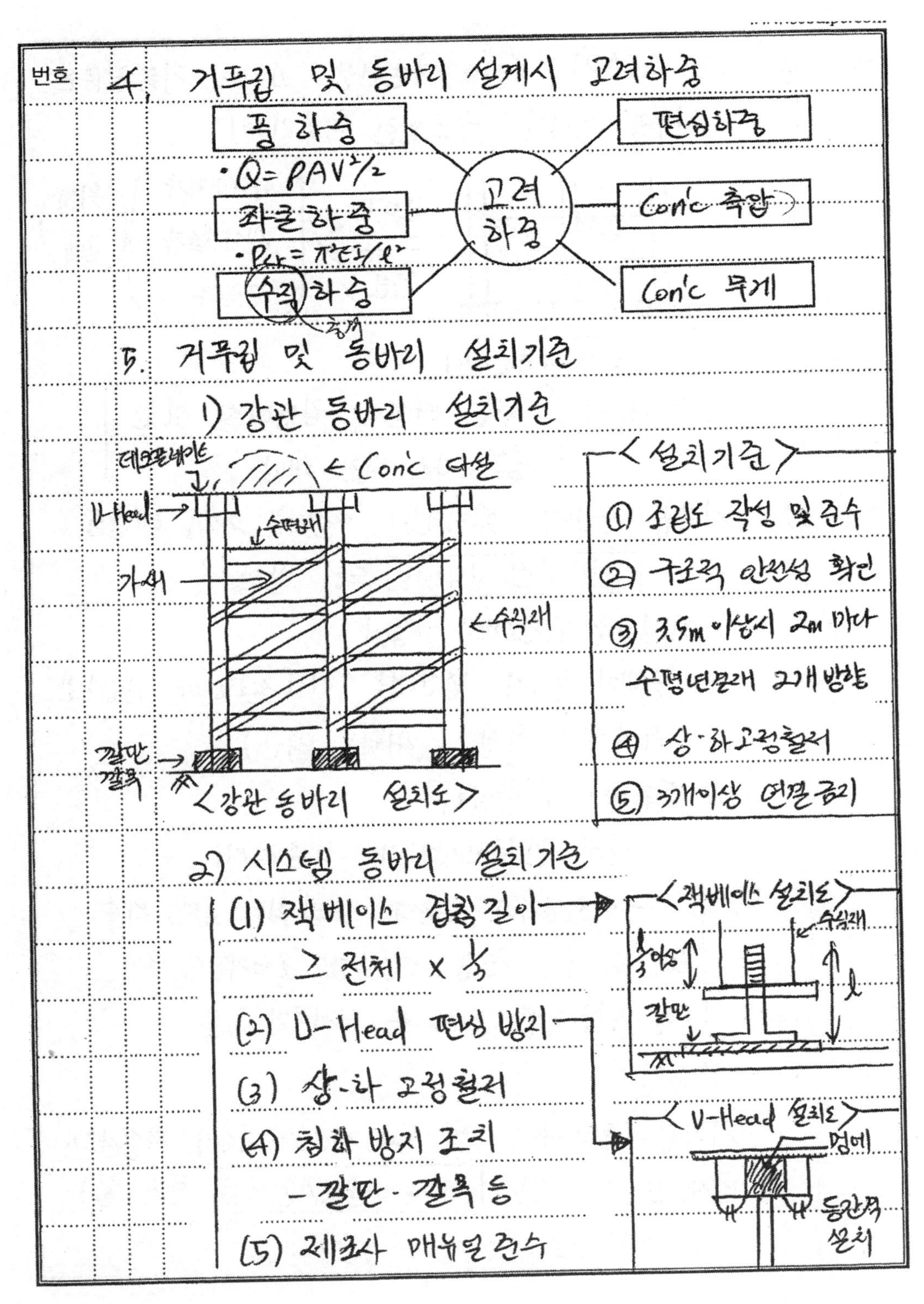
번호
4. 거푸집 및 동바리 설계시 고려하중
풍하중
• $Q = \rho A V^2/2$
좌굴하중
• $P_{cr} = \pi^2 EI/\ell^2$
수직하중
충격
고려 하중
편심하중
Con'c 측압
Con'c 무게
5. 거푸집 및 동바리 설치기준
1) 강관 동바리 설치기준
데크플레이트
Con'c 타설
U-Head
수평재
가새
수직재
깔판
깔목
<강관 동바리 설치도>
<설치기준>
① 조립도 작성 및 준수
② 구조적 안전성 확인
③ 3.5m 이상시 2m 마다
수평연결재 2개 방향
④ 상·하 고정철저
⑤ 3개이상 연결금지
2) 시스템 동바리 설치기준
(1) 잭베이스 접합길이
≥ 전체 × 1/3
(2) U-Head 편심 방지
(3) 상-하 고정철저
(4) 침하 방지 조치
- 깔판 - 깔목 등
(5) 제조사 매뉴얼 준수
<잭베이스 설치도>
수직재
1/3 이상
ℓ
깔판
<U-Head 설치도>
멍에
동관적 설치

번호

6. 송도 OOAPT Con'c 타설현장 스마트 기술 활용한 거푸집·동바리 구조안전 확보사례

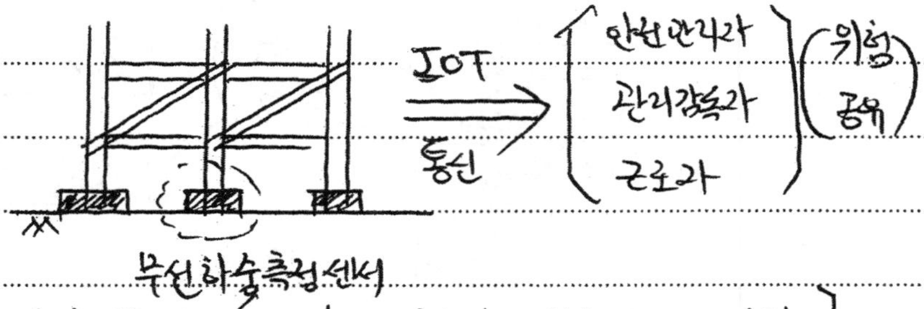

(기대효과) Con'c 타설시 집중하중 인한 붕괴 사고 사전 예방

7. 거푸집·동바리 설치현장 떨어짐 재해 예방을 위해 선행안전 난간대 도입 방안

1) 선행안전 난간대의 정의

- 동바리 설치시 난간대를 먼저 설치하여 안전난간 부착설비 역할 (해체는 역순)

2) 도입방안 (활성화)

(1) 산업안전보건관리비 요율 증대

- 안전관리비 부족으로 도입 힘든 현장 다수

(2) 초소규모 현장 클린사업장 조성지원시 추가

(3) 안전영상 제작 등 대국민 홍보

8. 맺음말

거푸집·동바리는 최근 붕괴 사고로 다수의 사망사고가 발생했기에, 현장 스마트 안전기술 도입 통한 붕괴 사고 예방 필요.

문제 20 콘크리트 타설 후 초기균열의 종류별 발생원인과 예방대책에 대하여 설명하시오.

번호(문제14) 콘크리트 타설후 초기균열의 종류별 발생원인과
예방대책에 대하여 설명하시오.

(답)

1. 개 요

1) 콘크리트 타설후 소성수축균열, 소성침하균열,
동바리 변위 의한 균열이 발생하며

2) 발생원인으로는 설계오류, 작업환경 불량,
사용 불량 등을 들 수 있다.

3) 본고에서는 드론 수송 계측 통한 Con'c 초기균열
조기 파악 방안에 대해 기술하고자 함.

2. 콘크리트 타설작업시 법적 검토사항

산업안전보건법	건설기술 진흥법
① 사전조사 · 작업계획서	① 안전관리계획
② 위험성 평가	② DFS
③ 조립도 검토 · 작성	③ 동바리 구조적 안전성 확인

3. 콘크리트 타설작업시 재해예방을 위한 위험성평가

사전 준비 → 위험요인 발굴 → 위험성 결정

① 펌프카 붐대 고정
② 안전난간 설치
③ 고압선로 방호조치

— 감소대책 실시 → 위험요인 발굴

허용가능여부 → 공표 · 전파 (근로자 전파); 허용가능여부 → 감소대책 실시; 허용가능여부: 협의체

위험성 결정:
① OPS
② check-list
③ 3단계 판단법
④ 빈도 × 강도
(고시 개정)

번호

4. 콘크리트 타설후 초기균열의 종류별 발생원인

종류	발생원인	비고
소성수축 균열	① 건조한 환경, 강풍 ② 증발속도 > 블리딩 ③ 타설부 직사광선 노출	
소성침하 균열	① 블리딩 과다 ② 슬럼프, W/B 적용 ③ 건조한 환경	
거푸집·동바리 변위	① 조립도 미준수 ② 강풍, 좌굴하중	

5. 콘크리트 타설후 초기균열의 종류별 안전대책

- 소성수축 균열
  - ① W/B 높게
  - ② 습윤제어 양생 → 〈온도제어양생〉
    - ① 한중 Con'c
    - ② 서중 Con'c
    - ③ 프리캐스트
  - ③ 타설표면 비닐덮개
  - ④ 균열부 그라우팅 보강
- 소성침하 균열
  - ① W/B 높게
  - ② 습윤제어 양생
  - ③ 다짐관리 철저 → 〈다짐시 안전대책〉
    - ① 기계·기구 누전차단기
    - ② 미끄럼 방지
  - ④ 균열부 그라우팅 보강
- 거푸집 동바리
  - ① 사전 구조 검토(측압, 풍압, 수직하중 등)
  - ② 조립도 작성·준수
  - ③ 적정 연결철물 사용(KS인증)

번호

거푸집 동바리
- ④ 상·하고정철저 (수직재, 수평재)
- ⑤ 감시인 배치
- ⑥ 하부 붕괴방지 - 깔판

6. 하절기 OO APT 기초 Con'c 타설현장 소성수축균열 Grouting 보강시 고령근로자 보건 강화 사례

시정할 줄	현장 비치

그늘
- ① 그늘 천막
- ② 휴게시설 설치

휴식
- ① (주의보) 10분/hr
- ② (경보) 15분/hr
- ③ 14~17시 옥외작업 금지

에어컨, 환풍기, 침대, 혈압계, 냉장고

<휴게시설 설치도>

⇒ 고위험근로자 뇌·심혈관계 질환 및 일사병 사전예방 (휴게시설 내 혈압계 비치)

7. 콘크리트 타설현장 초기균열 효과적 발견을 위한 수동드론 계측 도입 방안

드론, 조작자, 15m, 취약 연결부

수동 드론 계측 → 사진촬영 → 취약 부재

⇒ (기대효과) 안전누락 분야 파악 및 개선가능

8. 맺음말

Con'c 초기균열 방지를 위해 설계 → 시공 → 유지관리까지 3단계 안전관리가 필요함. "끝"

문제 21 콘크리트의 내구성 저하 원인과 방지대책에 대해서 설명하시오.

번호문제(6.) 콘크리트 내구성 저하원인과 방지대책에 대하여 설명하시오.

답)

I. 개 요

1. 콘크리트 내구성 저하원인은 자연적(AAR등), 인위적(설계·시공오류) 원인이 있으며,
2. 내구성 저하 방지 위해서 설계·시공·유지관리 단계에서 유해인자 침투 방지토록 관리해야 함.
3. 본고에서는 염해 피해 인력구조물의 내구성 확보위한 보수·보강 사례 기술하고자 함.

II. 콘크리트 열화에 의한 내구성 저하 단계

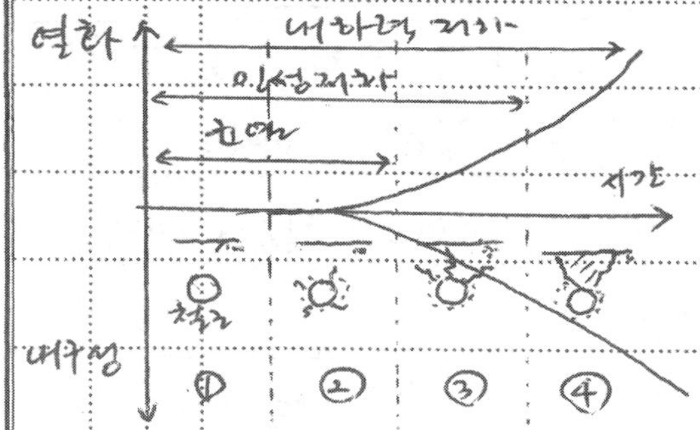

(그래프: 세로축 열화 ↑ / 내구성 ↓, 가로축 시간; 내하력 저하, 미관성 저하, 균열; 철근; ① ② ③ ④)

No	구분	상태
①	잠복기	이상없음
②	진전기	녹, 미세균열
③	가속기	관통균열
④	열화기	피복 떨어짐.

III. 콘크리트 내구성 저하시 정밀안전진단에 따른 보수·보강결정

정밀안전진단
- 육안 검사
  - 균열(길이·폭)
  - 철근부식
- 비파괴 검사
  - 반발경도법
  - 초음파법

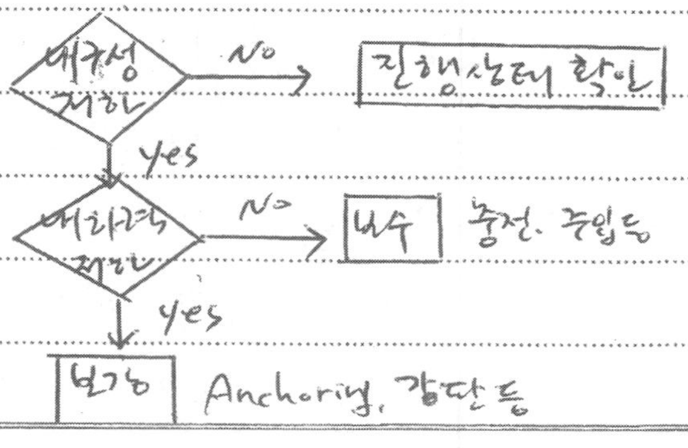

(흐름도)
- 내구성 저하 → No → 진행상태 확인
- Yes → 내하력 저하 → No → 보수: 충전, 주입 등
- Yes → 보강: Anchoring, 강판 등

번호 IV. 콘크리트 내구성 저하시 발생 재해유형

구조적 : 열화 → 균열 → 내구성저하 → 붕괴

비구조적 : 인적·물적 손실

V. 콘크리트 내구성 저하 원인

H_2O, O_2 / CO_2
균열증가 → 박리·붕괴 / 부식 / 철근 / 중성화 깊이 / 부동태피막
<중성화·염해 피해 모식도>

1. 자연적
   - 내적
     - AAR
     - 철근부식
   - 외적
     - 물리적 : 동해, 화재, 지진 등
     - 화학적 : 염해, 중성화, 화학적 침식

2. 인위적
   - 설계 : 피복두께·철근량 부족
   - 재료 : 반응성 골재, 풍화시멘트
   - 배합 : W/B, S/a, Gmax, 공기량 등 부적정
   - 시공 : 다짐·양생·이음 등 관리 불량
   - 유지관리 : 안전점검, 보수 보강 미실시

VI. 콘크리트 내구성 저하 방지 대책

1. 설계 - 적정 피복두께, 철근량 확보
   내구설계 : 내구지수(Dk) > 환경지수(Ek)
2. 재료 - 고로 Slag·포졸란 사용, 반응성 골재 금지
3. 배합 - Workability 만족내 W/B·S/a 낮게, Gmax 크게
4. 시공 - 밀실한 다짐 양생 관리
   이음시기, 운반시간 준수
   거푸집·동바리 안전기준 준수
5. 유지관리 - 시설물 안전법 준수, FMS 이력 관리.

번호

Ⅶ. 콘크리트 내구성 저하시 보수, 보강 대책

1. **보수 대책**
   - 표면처리, 충전, 주입
   - 국부치환 등

〈 OO 컨테이너 부두 충전보수 〉

2. **보강 대책**
   - 강판부착
   - Anchoring, pre-stressing 등

Ⅷ. 콘크리트 내구성 확보위한 염해피해 보수, 보강 사례

1. 현장 : OO항 컨테이너 부두
2. 현황 : 수중드론점검 → 안벽 배면 염해피해 발견
3. 보수, 보강 : Anchoring + 피복
4. 보강작업시 안전대책
   1) 취급 : 근골격계 질환 예방
   2) Epoxy : MSDS 교육
   3) 수중작업 : 응급구호, 감시인 배치
      잠수시간 제한
   4) 공통 : 작업계획, 위험성평가, 기상확인 (악천후 금지)

〈 안벽 염해 보강도 〉

Ⅸ. 맺음말

1. 콘크리트 내구성 저하에 따른 재해예방위해 시설물 안전법상 안전점검 등 유지관리 준수해야 하며
2. 특히 소규모 취약시설에 대한 점검, 유지관리 누락되지 않도록 철저한 관리 필요

"끝"

문제 22 도심지 초고층 현장에서 콘크리트 배합 및 배관 시 고려사항과 타설 시 안전대책에 대하여 설명하시오.

(문제) 도심지 초고층 현장에서 콘크리트 배합 및 배관 시 고려사항과 타설 시 안전대책에 대하여 설명하시오.

(답)

I. 개요

1. 도심지 초고층 현장에서 콘크리트 타설 작업 시 콘크리트 운반, 압송을 고려한 작업계획서를 수립해야 함.
2. 콘크리트 압송성 및 폐색을 고려한 배합으로 공급하고 각 배관은 견고하게 고정, 설치되어야 함.
3. 콘크리트 타설 중 배관의 파손, 이탈 등 이례상황 발생 시에 대비한 안전대책 수립이 필요함.

II. 도심지 초고층 현장의 콘크리트 타설 전 사전조사 및 작업계획서 작성 (안전보건규칙 제38조)

구분	사전조사	작업계획
1. 준비작업	① 거푸집, 동바리 상태	① 콘크리트 받아들이기 계획
	② 배관 설치 상태	② 배관 설치 위치, 고정계획
2. 운반	① 콘크리트 운반차량 진입로, 동선 조사	① 교통처리 계획
		② 보행자 통행 확보계획
3. 타설	① 콘크리트 압송 가능여부	① 압송계획 (배관 직경 등)
		② 콘크리트 배합
		③ 타설시간, 장비, 인원계획
	② 지상 지장물 유무	① 고압선 방호조치 계획

번호 Ⅲ. 도심지 초고층 현장의 콘크리트 (배합) 시 고려사항

기술적 고려사항	안전관리상 고려사항
1. Pumpability 기준 토출력 ≫ 최대압송부하	1. MSDS 작성, 비치
2. 단위시멘트량 290kg/m³ 이상	2. 근로자 건강관리
	3. 고령근로자 투입 제한

Ⅳ. 도심지 초고층 현장의 콘크리트 (배관) 시 고려사항

기술적 고려사항	안전관리상 고려사항
1. 폐색방지 고려 배관직경 선정 (125mm 이상)	1. 배관의 견고한 고정 여부
2. Mortar 전분사	2. 가설 고정물 안전성 검토
	3. 장비점검 및 배관 파손여부
	4. 배관작업 전 작업자 안전교육 및 안전보호구 착용, 사용

Ⅴ. 도심지 초고층 현장의 콘크리트 (타설) 시 안전대책

Man (인력)	Machine (장비)
① 운전원, 근로자 안전교육 ② 숙련자 배치	① 펌프장비 제원, 압송성 확인 ② 배관 파손 여부 확인

타설시 안전대책

Media (방법)	Material (재료)
① 신호체계 구축 (무전기) ② 타설속도 준수	①. 현장 반입 시험 ② 폐색 가능 여부 확인

비고

VI. 도심지 초고층 현장에서의 콘크리트 작업 중 재해발생시 특성

1. 중대재해로 연결 (추락, 화재)
2. 대형 건설 기계 (펌프장비, 타워크레인)에 의한 사고 빈발
3. 도심지 공사 특성상 보행자, 통행차량에 대한 피해 큼
4. 언론, 매스컴 관심으로 건설현장 이미지 실추

VII. 도심지 초고층 현장의 콘크리트 타설장비 설치 및 사용시 안전관리 대책

장비명	안전 관리 대책
1. 고압펌프	① 펌프 연결부 이탈방지 장치 설치 ② 고압펌프 주변 접근 제한 조치
2. CPB (Concrete Placing Boom)	① CPB 고정 장치 결속상태 확인 ② 기상 악화시 작업 중지 ③ 운전원 안전 교육
3. 타워크레인	① T/C의 사용제한 공간 설정 (보행자 보호) ② 강풍 등 돌발상황 대비 방호조치

VIII. 맺음말

1. 도심지 초고층 현장 특성상 공사장 주변에 영향에 대비한 시공계획 수립 필요. (교통영향, 보행자, 소음, 진동 등)
2. Cocoon system 등 초고층 현장에서의 안전시설 활용한 재해예방 활동 필요.

"끝"

줄여도 되겠지 CPB or ACS
ACS
고층
(SCN

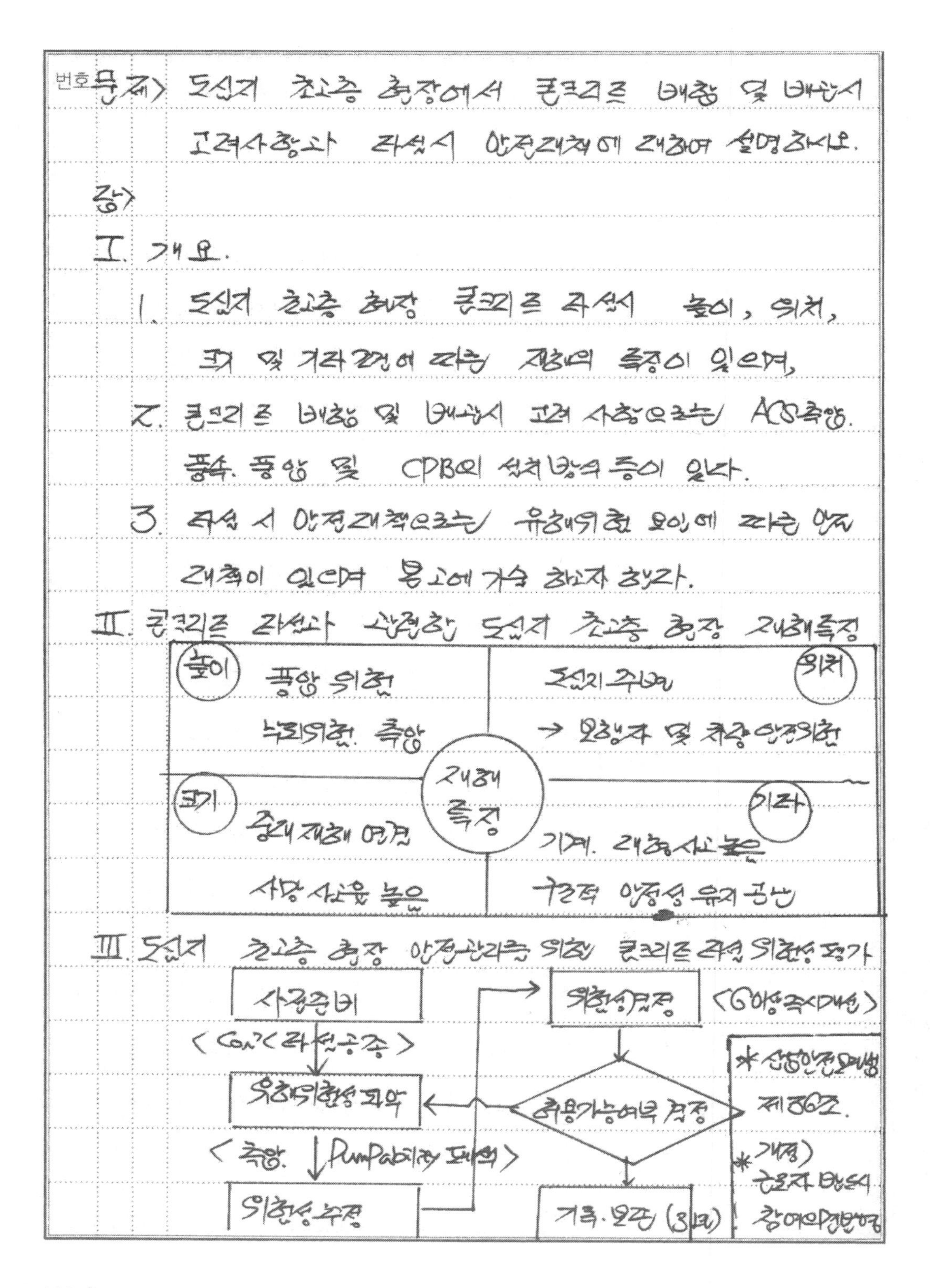

문제> 도심지 초고층 현장에서 콘크리트 배송 및 배관시 고려사항과 타설시 안전대책에 대하여 설명하시오.

답>

I. 개요.

1. 도심지 초고층 현장 콘크리트 타설시 높이, 위치, 크기 및 거리관련에 따른 재해의 특징이 있으며,
2. 콘크리트 배송 및 배관시 고려 사항으로는 ACS측압, 풍속, 풍압 및 CPB의 설치방식 등이 있다.
3. 타설 시 안전대책으로는 유해위험 요인에 따른 안전대책이 있으며 본고에 기술 하고자 한다.

II. 콘크리트 타설과 관련한 도심지 초고층 현장 재해특징

III. 도심지 초고층 현장 안전관리를 위한 콘크리트 타설 위험성 평가

번호 IV. 도심지 초고층 현장 배치 및 배관시 고려사항.

1. ACS의 측압 : $P = \gamma_c \times H$. 즉 거푸집에 작용측압고려
2. 풍압·풍속 등 고려 : P_f = 풍속 × A_f (타워면적)
   → 풍속 10m/sec 이상 시 작업중지 (산업안전보건규칙 제37조)
3. CPB의 설치 방식 고려. (상승속도, 상승길이 등)

구분	Core wall 내부	Slab 중앙	Core wall 외부
모식도			

4. 건축물의 높이, 크기 등 고려.
5. 보행자 및 차량 등 안전관리 고려.

V. 도심지 초고층 현장 콘크리트 타설시 유해위험 요인

재해유형	위험요인
ACS 거푸집 전락	Con'c 타설의 측압 발생.
→ 낙하비래.	벽면결재 인장강도 부족
충돌, 협착	CPB 호스 - 근로자 충돌
추락	근로자 안전대 미착용.
CPB 전도, 붕괴	기상영향 미 고려 작업진행
사망사고, 물피	보행자 및 주변차량 안전시설 미설치

VI. 도심지 초고층 현장 콘크리트 타설시 안전관리 대책.

1. Con'c 측압, CPB 상승속도, 상승길이 등의 적용 구조 기술사 검토 승인
   → 정하중, 풍하중, 충격하중 등 구조검토 실행.

번호

2. 기상상태 고려한 작업 진행 : 풍속 10m/sec 미만 시 작업

3. 화재감시자 배치 (산업안전보건기준에 관한 규칙 제241조의2)

임시소방시설 설치 (소화기, 간이소화장치, 비상경보장치, 간이피난유도선)

→ 소방시설법 제15조의 5 제2항 및 제3항

4. 초고층 현장주변 보행자 안전확보

→ 최근 정부의 안전관리 규정 개선 사항

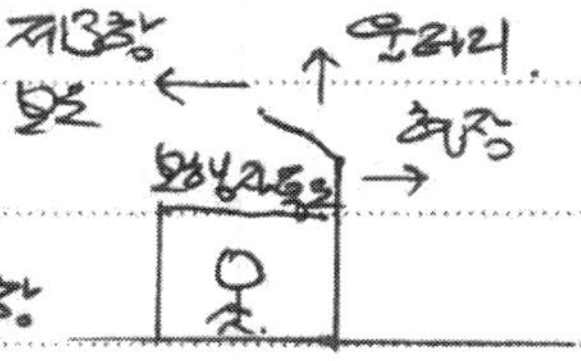

VII. 초고층 현장 콘크리트 타설시 CPB 폐색 방지 중점관리 Point.

1. 문제점 : 레미콘 이동 시간지연 + CPB 압송 지연.

→ 배관 내 폐색 발생 → Pumpability 저하.

2. 관리 Point.

- 배합 : 유동화제 등 혼화제 첨부 (시험배합 후 결정)
- 기준 : 토출력 > 저항력 (최대 압송 부하)

(최대 이론토출력 80%)

VIII. BIM 등을 활용한 초고층 건물 콘크리트 타설 안전관리 제도 개선 제언

1. 초고층 건물 작업 특성상 예상치 못한 풍압, 간섭성 돌발성의 Hazard가 내포되어 있으므로,

2. 사전에 안전관리자로서 BIM 등을 활용하여 작업의 간섭 여부, 타설시 측압 발생 여부를 검토하여 작업추진.

[풍향, 풍속 / 건물높이 / 측압. / CPB 상승속도, 길이] + [BIM 검토] → [작업간섭여부 / Pumpability 확보 / 폐색방안 확보 / 안전작업.]

문제 23 건설현장에서 철근의 가공 · 조립 및 운반 시의 준수사항에 대하여 설명하시오.

번호 (문제13) 건설현장에서 철근의 가공·조립 및 운반시의 준수사항에 대하여 설명하시오.

(답)

1. 개 요

1) 건설현장 철근 가공·조립시 화재 예방을 위한 화재감시자, 임시 소방시설 등이 필요하며

2) 철근 운반 중 맞음, 장비 넘어짐 재해 방지를 위해 W/R 사전점검 등을 실시하여야 함

3) 본고에서는 스마트 기술을 활용한 떨어짐 재해 예방에 대해 기술하고자 함.

2. 건설현장 철근 운반용 기계·기구 관련 법 개정사항

1) 굴착기 인양작업시 안전조치

2) 이동식 크레인 탑승제한 완화

3) 타워크레인 정기안전점검

1차	설치	2차	인상	3차	해체

4) 타워크레인 특별안전보건교육
- 신호수 8시간 이상

→ 현장 중대 재해 예방

3. 건설현장 철골공사시 사전 법적 고려사항

산업안전보건법	건설기술진흥법
1) 설계도, 공작도	1) 안전관리계획
2) 사전조사·작업계획서	2) DFS
3) 위험성 평가	3) 구조적 안전성 확인

번호

4. 건설현장 철근 가공 · 조립 및 운반시의 주의사항

1) 철근 가공 · 조립시 주의사항

용접 용단
- (1) 화재감시자 배치
- (2) 임시소방시설 →
- (3) 불티비산 방지
- (4) 단열재 등 시각작업 금지

<임시소방시설>
① 소화기
② 가스누설경보기
③ 방화포
④ 비상경보장치

고소 조립
- (1) 안전난간, 안전대 부착설비
- (2) 낙하물 방지망 →
- (3) 추락 방호망
- (4) 개인보호구 착용
- (5) 고소작업대 안전조치 사항

<설치기준>
2M 이상, 10M 이내, 방망(K.S.), 20~30°

근골격계 질환
- (1) 근골격계 질환예방 프로그램
- (2) 휴식시간 제공
- (3) (고령근로자) 15kg 이하
  (여성근로자) 10kg 이하

2) 철근 운반시의 주의사항

W/R
- (1) W/R 폐기기준 준수 →
- (2) W/R 3·3·3 법칙
- (3) 관리감독자 작업전 점검
- (4) 안전계수 준수

<W/R 폐기기준>
① 소선 10% 절단
② 지름 7% 감소
③ 이음매
④ 꼬인것

장비 안전
- (1) 방호장치 설치 · 조정
- (2) 악천후시 작업 중지

번호

장비 안전	(3) 넘어짐 방지 조치 →	<넘어짐 방지조치> ① 아웃트리거 ② 깔판·깔목
	(4) 운행경로 확보	

맞음 예방	(1) 하부 출입통제	
	(2) 유도자 배치	
	(3) 악천후 작업중지 →	<악천후 작업중지> ①강풍: 10m/s ②강우: 1mm/hr ③강설: 1cm/hr
	(4) 축 해지장치 점검	

* 관리감독자 주관 작업전 점검 실시

5. 도심지 OO물류센터 신축 현장 고소 철골 조립시 스마트 안전대 및 추락보호복 착용 방안

스마트안전대 / 미착용시 경보음 / 에어백

1) 스마트 안전대
 - 미착용시 경보음
2) 추락보호복
 - 에어백 → 쿠션

· (활성화 방안)

초소규모 현장	· 「클린사업장 조성」 확대 시행
기타 현장	· 산업안전보건관리비 계상

6. 맺음말 (철골 용접 중 직업병 예방 제언)

1) 철골 용접흄으로 인한 용접사 직업병 다수발생 (연 30명 이상)

2) 철골 용접 인원 대상 ① 방진마스크 (1급) 착용 및 ② 스마트 분진포집기 활용한 유해가스 제어 필요.

"끝"

문제 24 중소규모 건설현장에서 철근 작업절차별 유해위험요인과 안전보건 대책에 대하여 설명하시오.

(문제) 중소규모 건설현장에서 철근 작업절차별 유해위험요인과 안전보건 대책에 대하여 설명하시오.

(답)

I. 개요

1. 중소규모 건설현장에서의 재해 발생율은 전체 재해의 70% 이상을 차지할 정도로 안전관리에 취약함.
(건설기술진흥법 제62조2, 동법 시행령 101조의 5)

2. 철근 작업 중 근로자 추락. 낙하. 절단 등의 재해발생 위험이 있어 이에 대한 사전 안전조치와 작업 중 안전관리가 수립. 적용되어야 함.

II. 중소규모 건설현장에서의 철근 작업계획 수립
(안전보건 규칙 제38조)

구 분	작업계획
1. 철근 반입 · 보관	① 지게차 운용시 주의사항 (안전보건규칙 179조)
2. 운반. 양중. 하역	① 양중기 제원. 작업반경내 접근금지 양중기구 상태점검
3. 가공	① 가공. 기계 기구의 점검
4. 조립. 결속	① 근로자 근골격계 질환 예방 작업 환경 (안전보건규칙 제662조) ② 작업장 조도 (안전보건규칙 제8조) ③ 작업자 휴게시설 제공 (안전보건규칙 제79조)

번호 Ⅲ. 중소규모 건설현장의 철근작업 절차별 유해위험요인

철근반입. 하역
① 지게차에 의한 근로자 충돌. 끼임
② 하역 중 철근 낙하로 근로자 깔림

↓

철근절단. 가공
① 절단기 누전으로 감전
② 절단 시 파편으로 안구손상
③ 단순 반복작업에 의한 근골격계 질환발생

↓

운반. 하역
① 양중시 양중기구 파단으로 근로자 깔림
② 인력운반시 무리한 양중으로 근육 손상
③ 상.하부 연락체계 부재으로 하부근로자 재해

↓

조립
① 결속선에 의한 작업자 눈찔림
② 고소작업 중 추락
③ 불안전한 자세로 근골격계 질환.

Ⅴ. 중소규모 건설현장의 철근 작업시 안전관리 대책

단계별 재해예방대책

1. 기술적 대책
① 가공도, 시공상세도 → 작업순서 명기
② 철근이음위치 / 커플러사용 등 명기

2. 관리적 대책
① 지게차 / 양중기 현장반입 장비 점검.
② 철근절단기 방호조치
③ 고소작업시 추락 · 낙하방지 안전방망설치

3. 교육적 대책
① 개인보호구 착용 관련 교육
(절단기 사용 → 보안경, 고소작업자 → 안전대)
② 지게차 운전원 및 신호수 교육
③ 상하 동시 작업 불가 → 작업내용 조정

V. 중소규모 건설현장의 철근작업 시 보건 관련 대책

1. 근골격계 질환 예방관리 프로그램 (안전보건규칙 제662조)

유해요인 조사 → 작업환경 개선 → 의학적 관리 → 교육 및 훈련 → 평가

2. 인력운반 철근 중량의 제한 (안전보건규칙 제663조)

VI. 중소규모 건설현장의 재해 현황 분석

(2020년 산업재해 사고사망 통계, <고용노동부> 사례)

1. 주요특징
   ① 산재사고 사망자 882명
   ② 건설업 사고사망자수 458명 (51.9%)
   ③ 50인 미만 소규모 사업장 714명 (81%)
   ④ 건설현장 재해의 74% 이상 발생

2. 최근 사고사망자 발생 추이

VII. 맺음말

1. 중소규모 건설현장의 재해발생 원인에 대한 포괄적 접근과 감시, 패트롤로 사업주 스스로 안전관리가 될 수 있도록 유도가 중요

2. 철근작업시 양중관리 및 근로자의 근골격계 질환 예방에 노력해야 함

"끝"

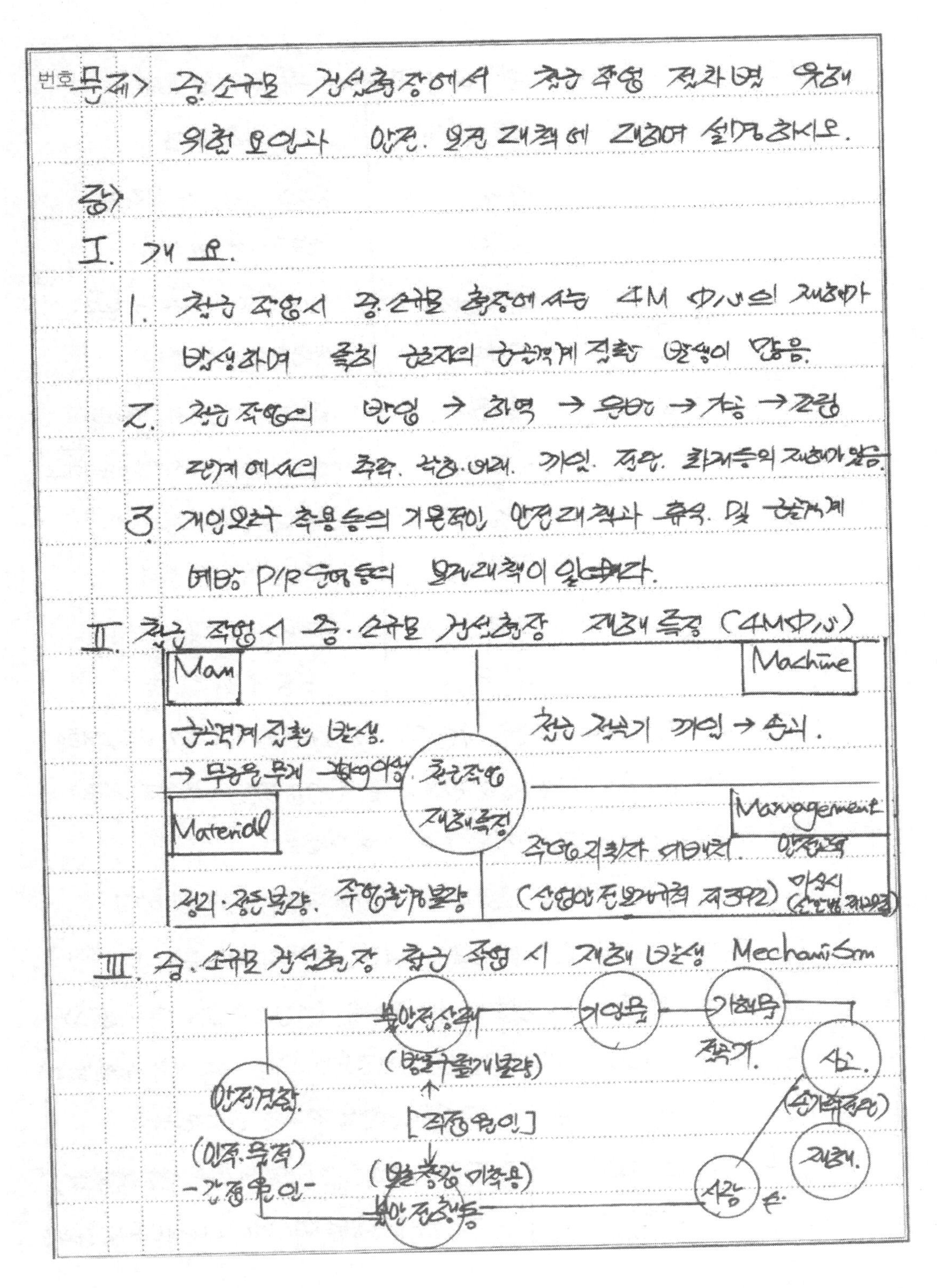

번호 문제> 중.소규모 건설현장에서 철근 작업 절차별 유해 위험 요인과 안전. 보건 대책에 대하여 설명하시오.

답>

I. 개 요.

1. 철근 작업시 중.소규모 현장에서는 4M 요인의 재해가 발생하며 특히 근로자의 근골격계 질환 발생이 많음.

2. 철근 작업의 반입 → 하역 → 운반 → 가공 → 조립 단계에서의 추락. 낙하.비래. 끼임. 절단. 화재등의 재해가 많음.

3. 개인보호구 착용등의 기본적인 안전대책과 휴식. 및 근골격계 예방 P/R 운영등의 보건대책이 필요하다.

II. 철근 작업시 중.소규모 건설현장 재해 특징 (4M 요인)

III. 중.소규모 건설현장 철근 작업 시 재해 발생 Mechanism

번호 IV. 중소규모 건설현장 철근 작업 절차별 유해위험 요인

작업절차	재해유형	위험요인
반입	충돌 추락	차량 - 근로자 부딪힘 신호수 미배치.
하역	낙하비래 끼임	W/R 폐기 기준 미준수. 개인보호구 미착용.
운반	충돌 낙하비래	지게차 - 근로자 부딪힘. 철근 낙하 · 지게차 이동시 미고정 (불량)
가공	절단 끼임	보호장갑 미착용 방호덮개 미설치.
조립	추락 화재	안전대 미착용 용접 용복장 등

V. 중소규모 건설현장 철근 작업의 유해위험에 대한 안전대책

1. 추락 : 철근 조립시 안전대 착용 (산업안전보건규칙 제44조)
2. 낙하비래 : W/R (안전율 5이상) 폐기준수.
   지게차 포크 고정 등 → 철근 낙하비래 방지
3. 충돌 : 차량 이동시 신호수 배치, 운전기계의 유도.
4. 절단 · 끼임 : 보호장갑 및 보호구착용 (산업안전보건규칙 제32조)
5. 화재 : 화재감시자 배치 (산업안전보건기준에 관한 규칙 제241조의2)

작업의 안전에 대한 사업주 의무강화.
- 산업안전보건법 제29조 (근로자교육)
- 같은 법 제64조 (도급에 따른 산업재해예방조치)
- 건설기술진흥법 제62조의2 (소규모 안전관리)

번호

VI. 중·소규모 건설현장 철근 작업의 유해위험 요인에 대한 보건대책

1. 휴식제공 (산업안전 보건 기준에 관한 규칙 제560조)

$$R = \frac{60(E-4)}{E-1.53}$$

R(min) 휴식시간.

2. 휴게시설 설치 운영 (산업안전 보건 기준에 관한 규칙 제567조)

6㎡ 이상/인, 작업장의 100m 이내거리, 75Lux 이상유지.

3. 근골격계 프로그램 운영 (산업안전 보건 기준에 관한 규칙 제662조)

- 남자: 25kg 이상시, 여자: 15kg 이상 중량물 작업시

4. 철근, 가공, 조립 근로자 건강진단 실시

: 산업안전보건법 제130조.

5. 작업환경 측정 및 개선 시행 : 산업안전보건법 제125조.

VII. 동작경제의 3원칙을 활용한 철근작업시 안전, 보건 관리 제언

1. 동작능력 활용 — 작업량 절약 — 동작 개선

[접속기사용시 양손동시사용] [운반시 기계력 이용] [철근가공시 1.5m 이상 작업대 이용.]

2. 안전관리자로서 동작경제 3원칙을 활용해 근골격계 질환 근로자 발생하지 않도록 작업환경을 조성·운영함이 필요.

문제 25 옹벽구조물공사 시 지하수로 인한 문제점 및 안전성 확보방안에 대하여 설명하시오.

문제 6) 옹벽구조물 공사시 지하수로 인한 문제점 및 안전성 확보방안에 대하여 설명하시오.

답)

I. 개요

1. 옹벽 구조물 공사시 지하수로 인해 구조물 전도, 활동 침하 및 작업자 매몰, 감전 등 사고 예상됨에 따라,

2. 옹벽 구조물 내 배수시설 설치로(뒷채움, 배수 pipe 등) 배면 수압저감으로 구조적 안전성 확보하여야 함

3. 특히, 시공중 주기적인 배수시설 정비를 통해 배수불량에 따른 수압증가 문제 예방하여야 함.

II. 옹벽구조물에 작용하는 토압의 종류

구분	주동토압(P_a)	수동토압(P_p)	정지토압(P_o)
변위	전면	배면	없음
적용	옹벽	흙막이	지하구조물
크기	$P_p > P_o > P_a$		

III. 옹벽 구조물의 안정조건

구분	조건	안전율	기본대책
외적안정	활동	$F_s \geq 1.5$	Shear key. pile
	전도	$F_s \geq 2.0$	Anchoring. 높이감소
	지지력	$F_s \geq 3.0$	지반개량. 저판확대
	원호활동	$F_s \geq 1.5$	preloading. pile
내적안정	콘크리트 내구성		균열·열화방지

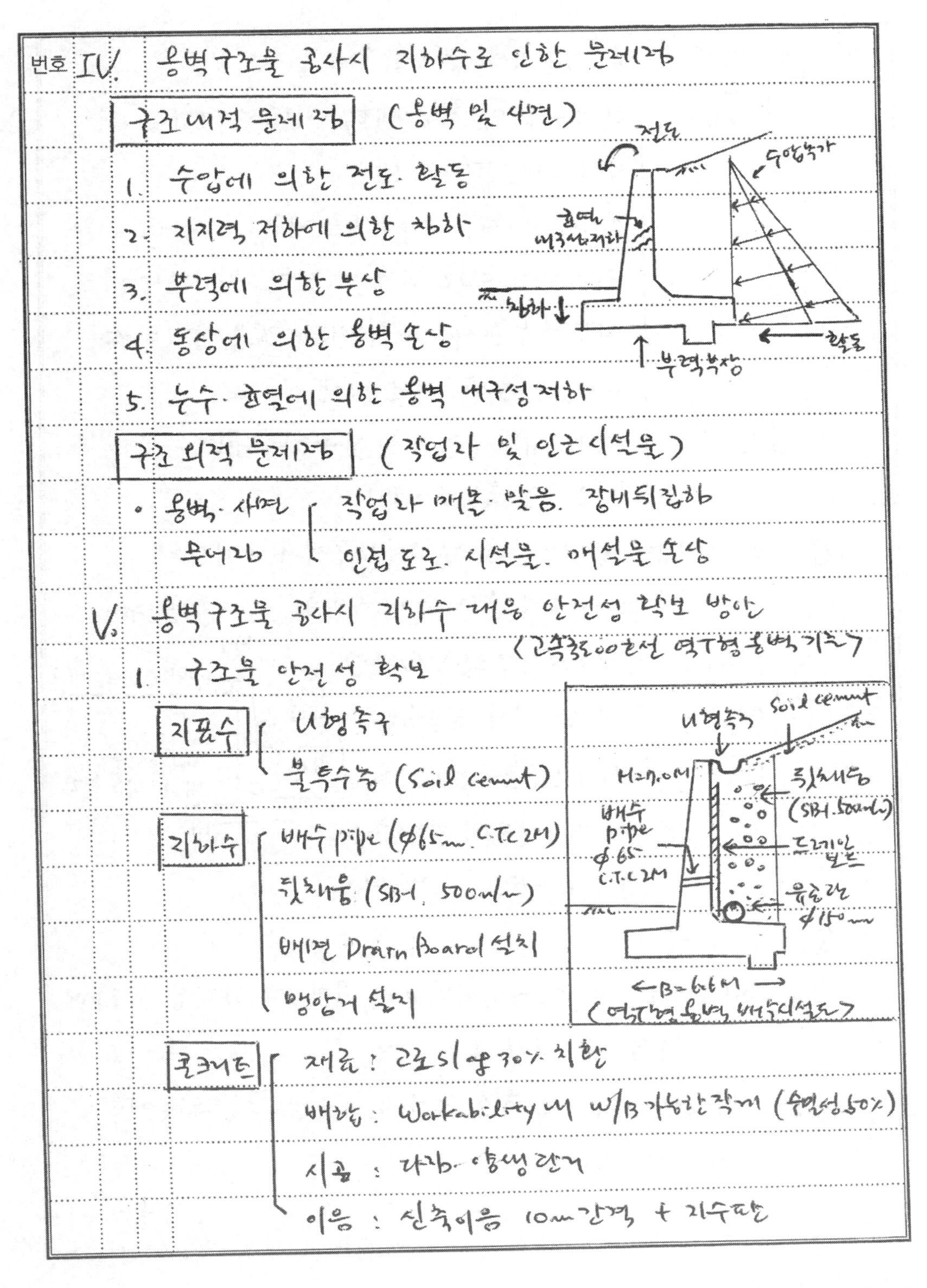

번호 IV. 옹벽 구조물 공사시 지하수로 인한 문제점

[구조 내적 문제점] (옹벽 및 사면)

1. 수압에 의한 전도·활동
2. 지지력 저하에 의한 침하
3. 부력에 의한 부상
4. 동상에 의한 옹벽 손상
5. 누수·균열에 의한 옹벽 내구성 저하

[구조 외적 문제점] (작업자 및 인근 시설물)

- 옹벽·사면 문제점
  - 작업자 매몰·맞음, 장비 뒤집힘
  - 인접 도로·시설물·매설물 손상

V. 옹벽 구조물 공사시 지하수 대응 안전성 확보 방안

<고속국도00호선 역T형 옹벽 기초>

1. 구조물 안전성 확보

[지표수]
- U형 측구
- 불투수층 (Soil cement)

[지하수]
- 배수 pipe (φ65mm C.T.C 2M)
- 뒷채움 (SB-1, 500m/m)
- 배면 Drain Board 설치
- 맹암거 설치

[콘크리트]
- 재료: 고로 Slag 30% 치환
- 배합: Workability 내 W/B 가능한 작게 (수밀성 50%)
- 시공: 다짐·양생 관리
- 이음: 신축이음 10m 간격 + 지수판

번호

2. 작업자 및 인근시설 안전성 확보

작업자
- 사전조사 및 작업계획, 위험성 평가
- 안전교육, TBM, PTW
- 감시인 배치, 가배수로 정비
- 지하수에 의한 감전 → 절연, 누전차단기
- 지반연약 pump car 뒤집힘 → 깔목, 잡석치환

인근 시설물
- 매설물 조사, 이설·보강
- 옹벽 계측 (경사계) → 자동계측
- 인근 도로 유도인 배치

VI. 우기/해빙기 옹벽구조물 취약부 노사합동점검 조치사항
(고속국도 00호선 현장 점검사례)

흙깎이 사면부
- 안전구배 이상 확인 (1:1.5)
- 절개 균열검사, 보강검토

옹벽 구조물
- 배수시설 (측구, pipe) 정비
- 일일점검 (대장 기록관리)
- 균열등 보수 보강, 계측점검.

VII. 맺음말

1. 옹벽 구조물 배면 수압저감위해 옹벽내부 뒷채움, 배수 pipe 외부 U형측구 등 설치 필요하며
2. 주기적인 배수시설 청소·점검등 유지관리 및 옹벽계측 통한 관리 중요.

"끝"

번호 (문제) 옹벽구조물공사 시 지하수로 인한 문제점 및 안정성 확보방안에 대하여 설명하시오

(답)

I. 개요

1. 옹벽구조물 공사시 지하수에 의한 전단응력 증가로 안정성에 문제가 발생할 수 있으며 강우 시 가중될 수 있음.

2. 공사 전 사전조사 및 시공계획 수립 시 지하수 처리를 포함한 배수처리 계획을 수립하여 안정성을 확보해야 함.

3. 옹벽 등 소규모취약시설에 대한 안전점검 및 유지관리로 재해를 사전 예방할 수 있는 시스템 구축이 중요함

II. 옹벽구조물 공사 시 지하수를 고려한 사전조사 및 시공계획서 수립. (안전보건기준 제38조)

사전조사 항목	시공계획서 수립
1. 지질, 지층상태	1. 가시설 흙막이 공법
2. 지하수위 상태	2. 굴착방법 및 순서, 사면안정
3. 기상, 일기 (연강수량)	3. 지하수, 배수 처리 계획
4. 지하, 지중 매설물	4. 비상대피로 확보, 대피계획
	5. 안전시설물 설치 계획

III. 옹벽구조물 공사 시 단계별 지하수로 인한 문제점 및 원인

구분	문제점 및 원인
설계 단계	1. 지하수를 고려한 하중 산정 오류 2. 부력방지 및 양압력 고려 설계 누락

번호

시공 단계	굴착 공사	1. 사면붕괴 (안전한 사면 경사 미확보) (습한 상태 사면경사각 1:1 ~1:1.5) 2. 지중지장물 파손 (지장물이설, 보호조치 미흡)
	가시설 공사	1. 가시설 전도 (흙막이 가시설 파일 근입심도 미달) 2. 용수, 용출수 (배면 배수처리, 차수처리 미흡)
	구조물 공사	1. 침수 (배수처리 불량) 2. 구조물 부상 (부력, 양압력) 방지 장치 불량
	뒷채움 마감공사	1. 구조물 활동 (옹벽 배면 배수공 시설 불량) 2. 배면토압 과잉 (고전토 뒷채움, 배수 뒷채움불량)

IV. 옹벽구조물 공사 시 안정성 확보 조건

1. 전도

저항모멘트 > 활동모멘트

(저판확대) (경량성토)

2. 지지력

지반개량

3. 활동

① 마찰 : 저판 확대, 압성토

② 저항 : Shear key, 사항설치

전도 활동 Pa Pp 지지력

V. 옹벽구조물 공사 시 지하수처리 미흡으로 발생가능한 재해유형 및 원인

1. 붕괴재해

① 사면 경사각 미준수

② 배수시설 막힘으로 배면 토압 상승

③ 가시설 흙막이 근입심도 미달

번호

2. 매몰재해 ① 가시설 흙막이 파괴로 인한 근로자 매몰
② 우기시 또는 우천 후 작업장 점검 불량

3. 침수. 감전재해 ① 배수용 양수기 고장 중 근로자 감전
② 배수 양수 고장으로 작업장 침수

VI. 옹벽구조물 공사시 지하수에 대한 안정성 확보 방안

1. 지하수 영향 검토
① 지하수위 변동 계측 (0.5m/일 이상 변동시 경고)
② Piping 현상 대비 지하수위 저하

① 옹벽에 유선망 및 수압분포에 따라
↓
모식도 (차별화)

2. 구조물 부상 검토
① 양압력 산정 및 구조물 자중 설계
② 양압력 (또는 부력) < 구조물 자중 + 뒷채움

3. 배수체계 점검 → 배수시설 설치 (침투수 / 지하수)
① 공사중 a. 양수기 관리 (주.야 점검)
b. 우천시 점검강화
② 공사후 a. 설계 준한 배수체계 확보

VII. 옹벽구조물 공사 시 지하수 관련 법·제도 및 행정업무 검토

1. 소규모 지하안전 평가 (지하안전법 제23조)
10m 이상 20m 미만 굴착시 지하 안전에 대한 평가

2. 소규모 취약시설의 안전점검
옹벽 및 절토사면 안전점검 후 보강조치 / 보존 조치

3. 중대재해 처벌법 (2022. 1. 27 시행)
옹벽구조물 공사 중 안전시설. 안전교육 강화

"끝"

문제 26 | **강우 및 지하수 등의 침투로 인하여 옹벽의 붕괴가 빈번히 발생하고 있다. 붕괴방지를 위한 배수처리 방법에 대하여 설명하시오.**

(문제) 강우 및 지하수 등의 침투로 인하여 옹벽의 붕괴가 빈번히 일어나고 있다. 붕괴방지를 위한 배수처리 방법에 대하여 설명하시오

(답)

I. 개요

1. 강우 및 지하수 등의 침투로 전단응력이 증가하여 옹벽 붕괴를 가져올 수 있음

2. 옹벽 전면과 배면의 적정한 배수처리로 안정성을 확보할 수 있음.

3. 옹벽 구조물은 규모상 제3종 시설물 또는 소규모 취약 시설에 해당되어 안전점검 및 유지관리가 필요함.

II. 강우 및 지하수 등의 침투가 옹벽 구조물 안정성에 미치는 영향

1. 직접영향

강우 ↓ 침투 ↓ 배면토압 양압력 증가 → 흙의 연약화 / 전단강도 저하 / 전단응력 상승 / 옹벽 붕괴

강우 ↓ 침투 / 양압력 / 배면토압

2. 간접영향 ① 근로자 부상 / 중대재해

② 사회간접 자본 (보상, 복구) 상승

③ 대외이미지 손상

번호 III. 강우 및 지하수에 의한 옹벽 구조물의 유해위험요인

1. 전단강도 저하 / 전단응력 증가로 옹벽 붕괴
2. 옹벽 넘어짐으로 작업자 깔림재해
3. 옹벽 측방유동에 의한 작업자 떨어짐
4. 옹벽 상단에서 작업자 미끄러짐 재해.

IV. 강우 및 지하수에 의한 옹벽구조물 붕괴 예방대책

기술적 대책	안전관리적 대책
1. 배수시설 설치.정비	1. 시설물 점검 · 유지관리
2. 옹벽 안정성 검토	(제3종시설물 / 2m미 취약시설상
(전도. 지지력 · 활동)	옹벽구조물)
3. 보수.보강	2. 관리주체 지정 / 성능평가.
(균열, 배수, Piping)	3. 위험요소 발생시 접근제한조치.
	주의대피. 사용제한.

IV. 강우 및 지하수에 의한 옹벽 구조물 붕괴 예방을 위한 배수처리방법

1. 지표수처리
2. 침투수 억제
3. 지하수 저하

U형측구
배수공 φ100
부직포
배면 골재
U형측구
유공관 φ200

번호

V. 옹벽 구조물 붕괴예방을 위한 배수처리 방법 중 지표수처리

1. 배면 지표수
   - ① U형 측구
   - ② 배면 사면 기울기
   - ③ 배면 성토 다짐

2. 전면 지표수
   - ① U형 측구
   - ② 압성토 다짐

VI. 옹벽 구조물 붕괴예방을 위한 배수처리 방법 중 침투수처리

1. 배면에 투수성 좋은 뒷채움재 사용

2. 배수공 (φ100) 설치, 배수

3. 유공관 설치

VII. 우기철 옹벽의 소규모 취약시설물에 안전점검계획 및 관리계획

안전점검 관리계획 → 안전점검 요청 → 검토 → 안전점검 실시 → 결과통보 및 조치

(시장, 군수, 구청장) (소유주, 관리자, 관계 행정기관 장) (국토안전관리원)

조치: 보강조치, 보수, 보고

VIII. 맺음말

1. 우기철 대비 옹벽에 대한 안전점검 강화 및 관리 필요

2. 점검시 점검자의 안전고려 (교통, 추락 재해 등)

3. 책임 기술자 또는 기술사 참여의 안전점검 및 배수처리 방법 적용되어야 함.

"끝"

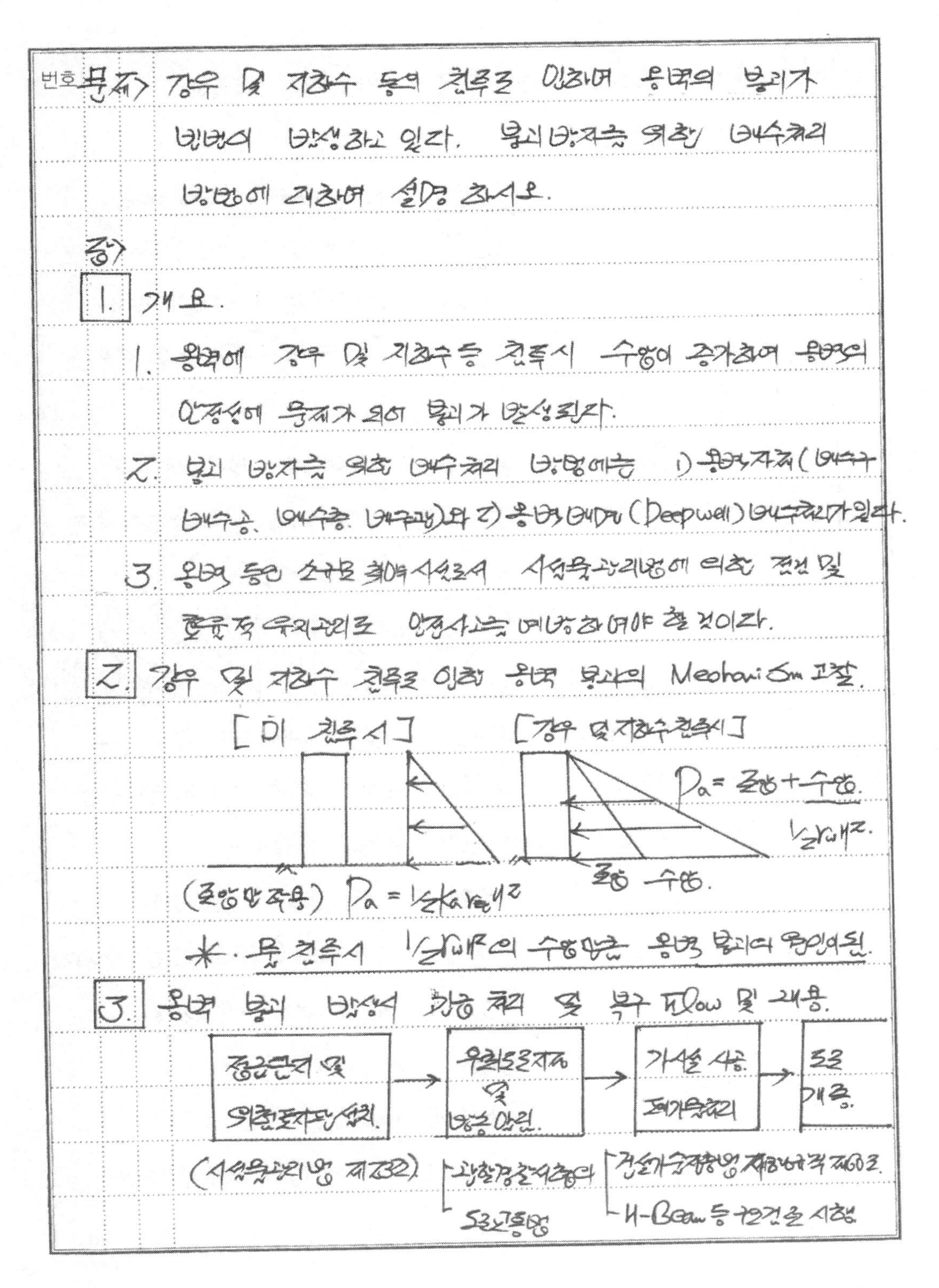

번호 문제> 강우 및 지하수 등의 침투로 인하여 옹벽의 붕괴가 빈번히 발생하고 있다. 붕괴방지를 위한 배수처리 방법에 대하여 설명하시오.

답>

1. 개요.

1. 옹벽에 강우 및 지하수 등 침투시 수압이 증가하여 옹벽의 안정성에 문제가 와서 붕괴가 발생된다.
2. 붕괴 방지를 위한 배수처리 방법에는 1) 옹벽자체(배수구, 배수공, 배수층, 배수관)와 2) 옹벽배면(Deepwell) 배수처리가 있다.
3. 옹벽 등은 소규모 취약시설로서 시설물관리법에 의한 점검 및 효율적 유지관리로 안전사고를 예방하여야 할 것이다.

2. 강우 및 지하수 침투로 인한 옹벽 붕괴의 Mechanism 고찰.

※ 물 침투시 1/2γwH²의 수압만큼 옹벽 붕괴의 원인이 됨.

3. 옹벽 붕괴 발생시 긴급 처리 및 복구 Flow 및 내용.

(시설물관리법 제23조) 관할경찰서협의 도로교통법 / 전문가긴급점검 재해대책 제60조. H-Beam 등 긴급조치 시행.

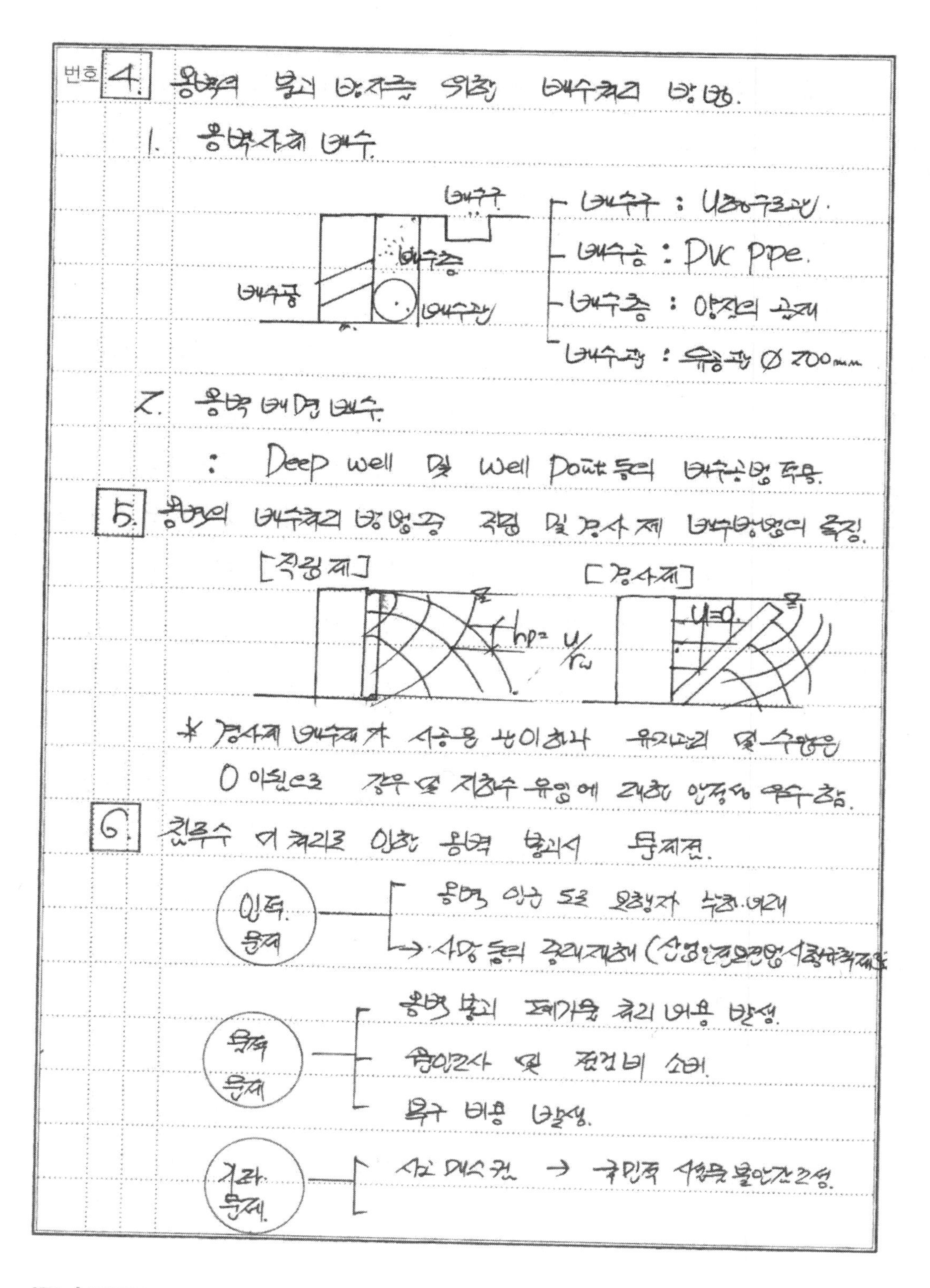

번호 4. 옹벽의 붕괴 방지를 위한 배수처리 방법.

1. 옹벽자체 배수.

- 배수구 : U형 구조관.
- 배수공 : PVC Pipe.
- 배수층 : 양질의 골재
- 배수관 : 유공관 Ø 200mm

2. 옹벽 배면 배수.

: Deep well 및 Well Point 등의 배수공법 적용.

5. 옹벽의 배수처리 방법 중 직립 및 경사제 배수방법의 특징.

[직립제] [경사제]

* 경사제 배수재가 시공은 난이하나 유지관리 및 수압은 0 이되므로 강우 및 지하수 유입에 대한 안정성 우수함.

6. 침투수 미처리로 인한 옹벽 붕괴시 문제점.

- 인적 문제
  - 옹벽 인근 도로 보행자 추락, 매몰
  - → 사망 등의 중대재해 (산업안전보건법 시행규칙 제
- 물적 문제
  - 옹벽 붕괴 폐기물 처리 비용 발생.
  - 공인공사 및 전건비 소요.
  - 복구 비용 발생.
- 기타 문제
  - 사고 매스컴 → 국민적 시설물 불안감 조성.

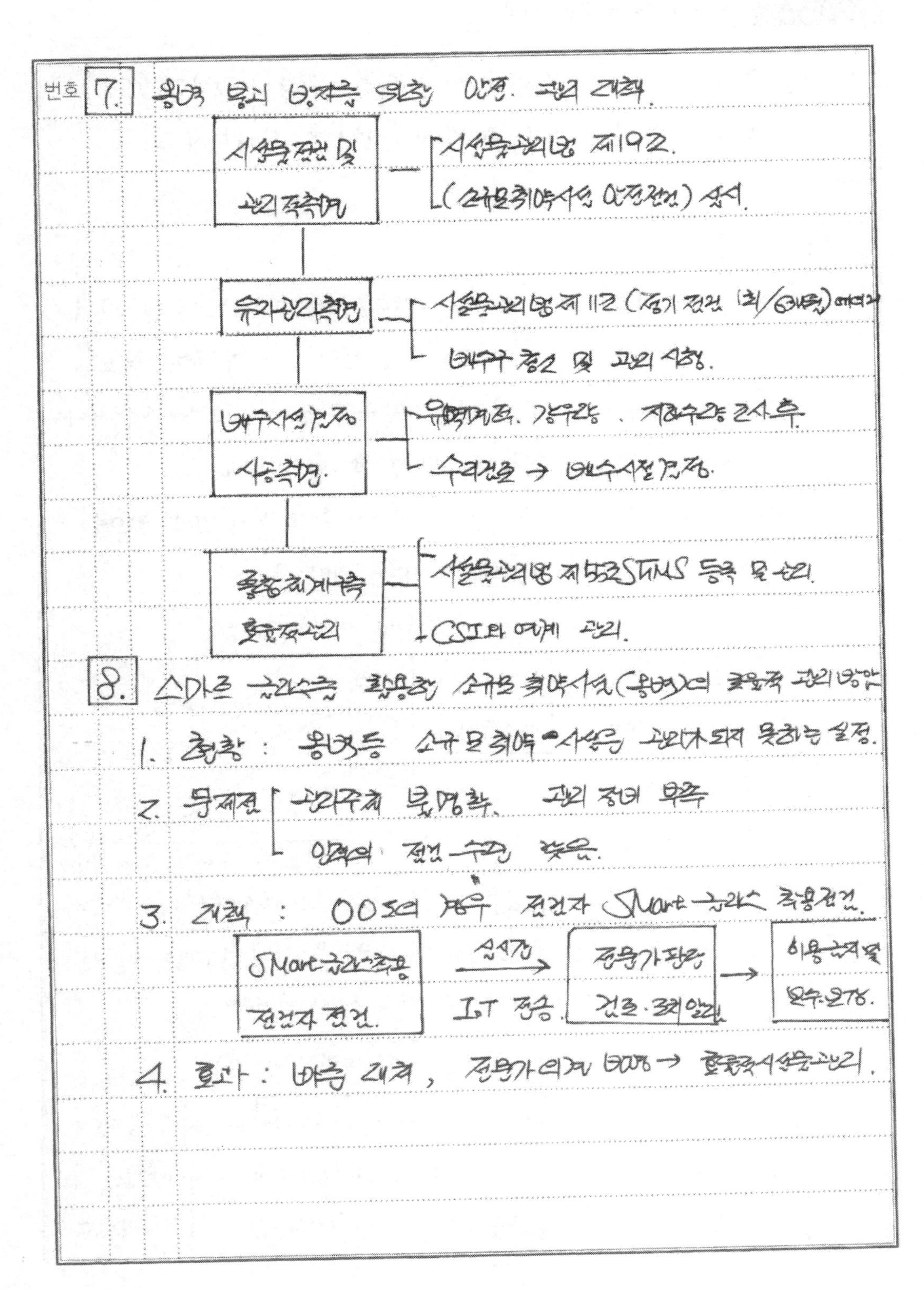

번호 7. 옹벽 붕괴 방지를 위한 안전 관리 대책.

- 시설물 안전 및 관리 측면 — 시설물관리법 제19조. (소규모취약시설 안전점검) 실시.
- 유지관리측면 — 시설물관리법 제11조 (정기 점검 1회/6개월) 배수구 청소 및 관리 사항.
- 배수시설 점검 시공측면 — 우기 전, 강우 후, 지하수위 조사 후. / 수위 점검 → 배수시설 점검.
- 통합 체계 구축 효율적 관리 — 시설물관리법 제55조 FMS 등록 및 관리. / CSI와 연계 관리.

8. 스마트 글라스를 활용한 소규모 취약시설(옹벽)의 효율적 관리방안

1. 현황 : 옹벽 등 소규모 취약 시설은 관리가 되지 못하는 실정.
2. 문제점 [관리주체 불명확, 관리 정비 부족 / 인력의 점검 수준 낮음.
3. 대책 : OO시의 경우 점검자 Smart 글라스 착용점검.

Smart 글라스 착용 점검자 점검 —(실시간 IoT 전송)→ 전문가 판정 결과·조치 알림 → 이용 안전 및 보수 보강.

4. 효과 : 비용 절감, 전문가 의견 반영 → 효율적 시설물관리.

문제 27 **철근콘크리트 구조물의 화재에 따른 구조물의 건전성 평가 방법 및 보수 · 보강 대책에 대하여 설명하시오.**

문제) 철근콘크리트 구조물의 화재에 따른 구조물의 건전성 평가 방법 및 보수·보강 대책에 대하여 설명하시오.

답)

1. 개요

1) 철근콘크리트 구조물 화재시 긴급/정밀안전진단 (외관조사 비파괴시험, 손상평가 등) 통한 건전성 평가 수행 필요.

2) 평가 결과에 따라 충전, 강판부착 등 보수·보강시행해야 하며, 보강후 계측통한 변형 모니터링 필요

3) 조사원, 보수·보강 근로자 안전보건 확보 조치해야 하며 방재시스템 구축 등 화재 사전 예방 중요

2. 화재가 철근콘크리트 구조물에 미치는 영향

- 콘크리트 폭렬
- PC강재 파단

➡ 소방관 사고유발

- 균열, 열해
- 철근 성능저하

⬇

내구성저하 · 물리재해

강도 100%, 50% / 콘크리트, 철근 / 200, 500, 600, 1100 온도 °C

〈강도-화재온도 변화 그래프〉

3. 철근콘크리트 구조물의 화재에 따른 구조물 건전성 평가 방법 (서울 oo 문화회관 화재조사 사례 참조)

1) 건전성 평가위한 긴급 / 정밀안전진단 절차

사전조사 ⟶ 1차조사 ⟶ 2차조사 ⟶ 손상평가

사전조사	1차조사	2차조사	손상평가
FMS 자료	육안(외관)조사	비파괴시험	안전성
발생시간, 원인	균열, 철근, 폭렬	실내시험	보수·보강방안

번호

2) 1차조사 : 육안조사 (외관조사)

① 화재이력 : 발생원인, 경과시간 등

② 손상정도 : 변색, 균열, 철근노출, 폭렬 등

3) 2차조사 : 비파괴검사, 실내시험

구분	검사항목	검사방법	비고
콘크리트	압축강도	공시체, 반발강도, 초음파	※ 검사전 서포트 설치등 검사자 안전사고 예방 필요
	중성화	페놀프탈레인 반응	
철근	인장강도	인장강도 시험	
	피복·배근	RC-Radar 검사	
	부식도	철근 부식도 측정	
골조	처짐	레벨 측정	

4) 화재 피해등급 및 재사용 판정

등급	상태	균열	판정
I급	무피해	0.2mm 이하	무보수, 세척
II급	마감재 피해	0.2 ~ 1.0mm	마감재 보수
III급	철근위치 미도달	1.0 ~ 2.0mm	보수
IV급	주철근 부착문제	2.0mm 이상, 철근노출	보수 / 보강
V급	주철근 좌굴등	철근변형, 분리·탈락	보강 / 교체

4. 철근콘크리트 구조물 화재에 따른 구조물 보수·보강 대책

1) 보수대책 (II~III급)	표면처리 충전·주입 국부치환등	10mm V-cut 프라이머 도포 → 저점도 에폭시 ← 0.5mm 균열 <서울00문화회관 충전 보수>

번호

2) 보강대책 (IV~V급)
- 강판부착
- Anchoring
- pre-stressing

* 보강후 계측 (변형, 변위 점검)

보강강판 (20t) / 600 / 600 / 추가 라서 / 기둥 / 보강철근(H25)

<서울00문화회관 기둥 보강도>

3) 보수, 보강시 안전보건 대책

① 작업계획, MSDS 교육

② 지하실 질식예방 → 밀폐공간 작업 프로그램

③ 시저형 고소작업대 (떨어짐, 끼임 예방)
- 방호장치점검 (과상승방지)
- 안전난간 제거 절대 엄금

④ 근골격계 질환 예방 : 휴식, 교대작업

5. 화재대비 철근콘크리트 구조물 내화성능 확보 방안

1) 내적
- 섬유혼입
- 흡수율 낮은 골재

2) 외적
- 내화피복, 내화도장
- Metal Lath, 강판보강

3) 화재 종합 방재대책 수립

내화대책 / Metal Lath / 내화도장 / 섬유혼입 / 강판부착 / 내화피복

6. 맺음말

1) 화재 정밀조사시 필요부위 서포트설치, 환기 등 통해 조사원의 안전사고 예방해야 하며

2) 보수, 보강하여도 100% 내력증진 한등에 따라 내화대책 반영, 방재시스템 구축 등 사전예방 중요

"끝"

문제 5) 철근콘크리트 구조물의 화재에 따른 구조물의 건전성 평가 방법 및 보수·보강 대책에 대하여 설명하시오

1 개 요

철근 콘크리트 구조물은 자체의 구조로서 내화구조이나 고열과 장시간 화기 노출시에는 콘크리트의 열화, 철근의 강성 변화 등으로 건전성의 부실을 초래하여 이에 대한 대책과 평가 방법을 설명하고자 한다

2 콘크리트의 劣化

< 콘크리트 구조물의 변형 >

3 철근의 열변형

구분	강도변화점	강도고실	비고
철근의 온도	539°c	648°c	강재의 변화

* 화기로 철근의 강도 변화 및 변형점

4 구조물의 건전성 평가 방법

1) 비파괴 시험

① concrete의 화재 노출 시간

② 표면 및 내부 온도 측정

2) core 채취 강도 시험

① 주요 구조 부위 주변 core 채취

② 압축 강도 시험으로 강도 확인

3) 콘크리트 건전성 평가

① 콘크리트 중성화 (탄산화) 열화 측정

② PH 12~13 시약으로 변화 확인

5 콘크리트 보수 보강 대책

1) 치환 工法

2) 전체 보리 재시공 工法

일정 구간을 underpinning 공법으로 재시공

번호 3) piano tension

① 취약부 주변

piano 강선긴장

강판(12T) 이상

② pre tension 또는 post tension 긴장

4) 탄소 sheet 및 강판 부착

탄소 sheet

Epoxy 부착

5) 단면 증설 = 부재의 단면을 키워서 보강

6) 단열재 부착

화재 취약 부위의 마감시 단열재 부착 마감

열 전도율, 함유월티 열저항 고려

6 결언

철근콘크리트 구조물의 화재 발생으로 인한 재사용 여부 및 보수·보강에 대해서는 전문기관과 구조기술사의 화재로 인한 설계의 안전성 평가 및 변형도를 검사후 시공한다.

-끝-

PART

08

토공사 및 굴착공사

합격수기

◇◇

1. **성명** : 신○○

2. **근무지** : ---

3. **합격일** : 2022년 3월 17일

4. **합격회차** : 126회

5. **응시횟수** : 학원 등록 후 첫 시험에서 합격(총 응시 3회)

6. **합격요인**

   김정태 교수님 덕분에 짧은 기간에 답안 구성이 좋아져 합격한 것 같습니다.(학원등록부터 합격자 발표까지 156일, 시험은 3번째 보았습니다.)

   기술사는 공부보다 연습하는 게 중요하다고 말씀하셔서 공부가 안 되어도 무작정 답클밴, 모의고사반을 열심히 참여하고, 써본 것이 중요했고, 여기서 답안이 많이 성장한 것 같습니다.

   1) 강의 sub노트는 최근 자료로 다른 안전기술사 교재에 비해 자료가 충실해 개인적으로 색인을 만들어 쉽게 찾을 수 있게 하여 모의고사나 답클밴 문제풀이 시 활용했습니다.(다른 교재는 전혀 보지 않았습니다.)
   2) 모의고사반의 교수님이 지적한 모식도 연습 등은 시험 전 정리해서 이해를 도왔습니다.(모식도가 장기간 기억하는 데 매우 효과적임)
   3) 시험 직전 교수님이 말씀하신 대로 공통아이템 3~4개를 만들어 단답형과 서술형에 기술했습니다.
   4) 글 쓰는 속도가 늦어 3페이지를 기술하기 힘들었는데 신경수 원장님이 결론 대신 사례를 쓰는 게 좋을 것 같다는 코칭을 하셔서 시험장에서 사례나 공통아이템을 기술(서술형 문제는 1문제를 제외하고 2.5page 기술)한 것이 통한 것 같습니다.

나이 먹어 공부하기가 체력적으로도 쉽지 않았는데 두 분의 도움에 너무너무 감사드립니다.
시공기술사에 합격한 지 15년 정도 되어 감도 많이 떨어졌고, 신체적으로도 많이 힘들었는데 두 분 코칭에 감사드리고, 학원이라는 관계를 떠라 두 분을 만난 인연에 감사드립니다.
공부가 다 돼서 합격하는 게 아니라 공부 중에 합격합니다. 김정태 교수님 어록^^

문제 1 1차 압밀과 2차 압밀

문제(1) 1차 압밀과 2차 압밀

※압밀침하 고려 대상지반
: 고함수비 점성토 (N<4)

답)

I. 1차 압밀과 2차 압밀의 정의

1. 1차 압밀 : 하중재하시 간극수 배출에 따른 흙의 체적감소
2. 2차 압밀 : 1차 압밀 완료후 흙입자 재배열에 따른 침하

II. 연약지반 1차 압밀과 2차 압밀의 비교

구분	1차 압밀	2차 압밀
이론	Terzarghi	Reology
원인	간극수 배출	Creep 변형
침하시간	단기	장기
침하량	많음	적음

III 연약지반 압밀침하에 의한 영향

시공중 급속성토 → 측방유동, 히빙
공용중 허용침하 초과 → 부등침하, 변형
→ 구조물, 인근시설물 파손, 붕괴

IV. 연약지반 압밀침하에 의한 영향 방지대책

1. 설계 : 연약지반 처리공법 (Preloading, 연직배수 등)
 허용 잔류 침하량 결정 ← Feed Back 안전시공관리
2. 시공 : 계측관리 (침하, 안정계측)
3. 유지관리 : 안전점검, 보수·보강 (Grouting 등)

V. 연약지반 도로성토시 계측 통한 안전관리 사례 (순천00도로)

침하계측 (허용침하 15mm) 안정계측 (δS/δt 3m/day)	→	안전시공속도 방법 결정	→	측방유동 전단파괴 방지	"끝"

번호 (문제) 1차 압밀과 2차 압밀

(답)

I. 개요

흙에 하중이 가해져 간극수 유출로 체적이 감소되는 1차 압밀 후 흙입자의 재배열로 creep성 2차압밀이 진행됨

II. 1차압밀과 2차 압밀의 차이점

구분	1차압밀	2차 압밀
개념	간극수 배출	입자 재배열
효과	체적 감소	침하
발생시기	재하중 초기	1차 압밀 후
대상이론	Terzaghi이론	Rheology 이론

<침하량 - 시간 관계 그래프>

O.K

III. 1차 압밀과 2차 압밀의 흐름에 따른 단계별 유해위험요인

단계별 유해위험요인	간극수압 소산	입자재배열
	· 작업로 주행성 불량	· 상부 구조물 기울어짐.
	· 장비 전도	· 가설 시설물 붕락
	· 협착 재해	· 지중지장물 파손. 누출재해

IV. 1차압밀과 2차 압밀에 대비한 안전관리 대책

<기술적 대책>
- 침하량 / 침하시간 산정
- 계측관리 및 모니터링
- 재하공법 후 충분한 방치기간 후 제하

<일반적 대책>
- 장비 주행로 / 전용도로 관리
- 작업자 이동통로 확보
- 안전시설물 관리
- 일상점검 기록. 관리

O.K. "끝"

문제 2 최적함수비

문제 1) 최적 함수비 (Optimum Moisture content)

답)

1 최적 함수비의 정의

다짐시 물이 흙에 윤활작용을 하여 흙이 가장 잘다져지는 함수비를 말한다.

2 함수비가 흙의 다짐에 미치는 영향

함수비
- 과다 : cushion 효과 (스펀지)
- 과소 : 입자간 저항

→ 다짐 곤란 → 도로침하, 제방누수

3 최적 함수비 산출목적 및 영향요인

1) 산출목적 : 다짐기준 수립

2) 영향요인 : 토질, 다짐에너지, 유기질

다짐시험 → γ_d max 결정 → 최적함수비 (OMC)

건조밀도 γ_d max, 영공기 간극곡선, 건조, 습윤, OMC, 함수비 w

4 최적 함수비 활용위한 현장다짐시 재해요인 및 안전대책

재해 요인	안전 대책
· 연약지반 장비 넘어짐	· 깔판·깔목 및 버팀줄 사용
· 다짐장비 근로자 협착	· 후방감지기, 장비유도자
· 유동성 낙반 발생	· 작업구역 통제, 낙하물방지망

5 최적 함수비 활용 현장 안전관리 강화방안

1) 건설기계 : 아웃트리거 지지력 확보

2) 연약지반 : 주행성 확보

3) 비계·동바리 : 기초지지력 확보

2m 이상, OMC 활용 다짐

<끝>

문제 3 흙의 다짐에 영향을 주는 요인

번호 문제 12. 흙의 다짐에 영향을 주는 요인

답)

I. 개요

공극 내의 공기를 배출시켜 토립자 간의 결합을 긴밀하게 함으로써 단위중량을 증가시키는 과정

II. 흙의 다짐의 필요성(목적) 및 적용 대상

1. 다짐 목적	2. 적용 대상(시설물)
1) 흙의 전단강도 증가	1) 장비의 전도, 협착 금지
2) 공극감소 → 투수계수 감소	2) 근로자의 안전 확보

III. 흙의 다짐에 영향을 주는 요인

1. 함수비 ┌ 과다시 - 다짐 곤란
　　　　 └ 과소시 - 다짐 곤란

※ 다짐 - 공기를 빼내는 것(순간적)
　 압밀 - 물을 빼내는 것(시간의존적)

2. 토질 - 조립토, 세립토

3. 다짐에너지

4. ~~유기질~~ 유기물 함량

IV. ~~토공 작업시~~ 흙의 다짐 작업시 단계별 안전관리 방안

1. 다짐 시공 전	2. 다짐 시공 중	3. 다짐 시공 후
① 차량계 건설기계 작업계획서	① 작업지휘자 지정	① 다짐 시험 실시
② PTW, 위험성 평가	② 신호수, 유도원	② 지반의 부등침하 방지

V. 흙의 다짐 작업의 '전도 방지'를 위한 차량계 건설기계 관리방안

1. 산업안전보건기준에 관한 규칙 제199조 (전도 등의 방지)

2. 유도자 배치, 지반의 부등침하 방지, 갓길 붕괴 방지 "끝"

문제 4 아칭(Arching) 현상

문제 6. 아칭 (Arching) 현상

답)

I. 아칭(Arching)현상의 정의와 예상사고

1. 아칭현상의 정의
- 파괴부분이 인접부의 안정된 지반의 토압으로 전이하는 현상

2. 예상사고
- 흙막이 벽체의 토압 변화
- 수압파괴, 관의 매설부, 터널

II. 아칭(Arching)현상의 발생 형태와 효과

1. 발생형태 (토압 재분배)

굴착면

Tie Rod

Ka

Ko

2. Arching 현상의 효과

① 토압의 감소효과

② 벽체 지반 연결부 토압의 증대효과

III. 아칭현상 현상을 고려한 현장 흙막이 공사시 안전관리 방안

1. 법적 관리 방안: 안전보건기준에 관한 규칙 제347조 (붕괴등의 위험방지)

1) 부재의 손상·변형·부식·변위 및 탈락 유무

2) 버팀대의 긴압의 정도

3) 부재의 접속부·부착부 및 교차부 상태, 침하의 정도

2. 기술적 관리 방안

1) 설계단계에 따른 계측 실시, 즉시 보강 조치.

IV. 아칭 현상의 지하안전 관리 System 구축 과제

1. 3D 지하공간 통합지도 구축

2. 스마트 건설 안전 관리 system

3. 계측을 통한 붕괴위험 경보기 작동

끝

문제 5	SMR(Slop Mass Rating) 분류

문제 7. SMR (Slope Mass Rating) 분류

답)

I. SMR의 정의

일반 사면 안정성 해석의 검토 방법의 SMR은 평가 항목에 따라 등급을 분류하여 작업시 '작업지휘자' 배치가 요구됨

II. SMR의 분류 목적과 굴착시 위험 사고 방지 검토 (산업안전보건규칙, 338조)

분류 목적	1. 일반 사면 안정성 해석 2. 근로자의 안전 보건 확보 3. 작업 환경 측정 등	1. 작업시작전에 부석, 균열의 유무 2. 함수, 용수 점검 3. 동결의 상태 변화 점검	토석 붕괴 위험방지

III. SMR의 분류

1. RMR의 측정

① 암석의 강도(15)

② 불연속면 간격(25)

③ RQD 값(15)

④ 불연속면 상태(30)

⑤ 지하수의 상태(15)

2. SMR의 평가

$$SMR = RMR + (f_1 \times f_2 \times f_3) + f_4$$

f_1, f_2, f_3, f_4 - 방향성 계수, 방법(굴착) 계수

※ 일반, 토사 사면 검토 - ① 경험적 (SMR) ② 기하학적, ③ 한계 평형 ④ 수치 해석

IV. SMR 분류를 통한 일반 사면 작업시 '작업지휘자 지정' 관련 법규 분야

1. 법적: 산업안전보건기준에 관한 규칙 제39조 (작업지휘자 지정)

산업안전보건법 제38조(안전조치) - 토사 구축물이 붕괴될 위험, 안전

2. 기술적: 일반 사면의 사고조사 및 작업계획서의 작성

철도용지경계 (굴착, 발파)시 관리감독자 현장 입회, 굴착

장마, 우천시 배수로 점검

"끝"

문제 6 어스앙카 자유장(Earth Anchor Free Length)의 역할

문제 8) 어스앙카 자유장 (Earth Anchor Free Length)의 역할

답)

I. 개요

어스앙카 자유장은 앙카두부에 도입된 긴장력을 정착부에 전달, 안전성 확보 역할하여 시공단계별 안전대책 중요

II. 어스앙카의 구성

1. 앙카두부 : 지압판, 정착구
2. 인장부 : 인장력 전달
3. 앙카체 : 지반저항

<용인 OO APT 어스앙카 모식도>

III. 어스앙카 자유장의 역할

1. 긴장력을 앙카체에 전달
2. 어스앙카 Group Effect 최소화 위한 간격유지
3. 자유장이 예상파괴선 밖에 위치하도록 조정

IV. 어스앙카 시공단계별 유해·위험요인 및 안전보건대책

단계	유해·위험요인	안전보건대책
천공	지하매설물 파손	·작업전 GPR탐사, 이설
삽입	강선에 찔림	·절단부 커버 설치
그라우팅	보호구미착용 호흡기질환	·보호구착용, MSDS교육
인장·정착	정착길이부족 앙카뽑힘	·구조계산, 정착길이 확보

V. 스마트계측관리 시스템 설치통한 어스앙카 안전관리사례(용인 OO APT)

어스앙카 하중계 위험수위 경고시스템

⇒ 이상하중시 적색점멸·경고음 ⇒ 신속대응 "끝"

문제 7 흙의 히빙(Heaving) 현상

문제) 흙의 히빙(Heaving) 현상

답)

I. 흙의 히빙현상의 정의

흙의 히빙현상은 연약점성토 지반에 흙막이 굴착, 고속성토시 흙의 중량차에 의해 전단파괴를 일으켜 융기되는 현상

II. 흙의 히빙현상과 보일링현상의 차이점

구분	히빙	보일링
원인	흙의 중량차	수위차(Δh)
현상	굴착면 융기, 배면침하	굴착면 끓어오름, 지지력 감소
발생지반	점성토	사질토

III. 연약지반상 도로확장시 히빙현상에 의한 예상 문제점

· 교통사고
단차
전단활동파괴
H=8m
기존도로
확장부
Heaving
연약점성토
침하
융기
측방유동
<성남-장호원 확장 00공구>

<1차재해>
침하, 활동
융기
기존도로파손

⇒

<2차재해>
· 붕괴매몰
· 시설물 파손
· 추락
· 교통사고

IV. 연약지반상 도로확장시 히빙 방지대책 (성남-장호원 확장 00공구)

<기술적 대책>

교통통제
확장부
* 계측실시
기존도로
· 층다짐(압축성토방지)
(30cm)
· 층따기
· Sand Mat
(0.5m)
2m
· PBD
(1.4×1.4, L=11m)
지반 PP Mat
<성남-장호원 확장 00공구 히빙방지대책>

<안전대책>

· 위험성평가, 교통통제
- (PBD 시공)
  · 장비전도 - 깔판
  · 지장물파손 - GPR 확인
- (다짐)
  · 장비협착 - 신호수
  · 토사낙하 - 출입통제 등

문제 5) 흙의 히빙(heaving) 현상

1. 흙의 히빙 현상의 정의

연약지반의 점성토 굴착시 흙의 중량차이 등으로 인해 굴착저면이 부풀어 오르는 현상을 말함.

2. 흙의 히빙 현상에 의한 재해위험요인

1) 흙막이 변위, 파손
2) 중장비 넘어짐, 협착
3) 인접 건축물, 매설물 침하

흙막이변위 / 장비전도 / 침하 / Heaving

3. 흙의 히빙 현상 원인 및 안전대책

표토하중 / 흙막이 / 점성토 / 부풀어오름 / 근입부족 / W / MA / MB

$(F_S = \frac{M_B}{M_A} > 1.2)$ 안전율

구분	원인	안전대책
지반	연약지반	지반개량 공법
설계	구조검토	DFS 반영
관리	미흡(흙막이)	구조검토 철저
시공	근입깊이 부족	근입 연장

4. 흙의 히빙현상 방지를 위한 법적 안전성 검토사항

↔ 히빙현상과 보일링현상의 차이점.

산업안전보건법	건설기술진흥법	지하안전특별법
사전조사 및 작업계획서 (규칙 제38조)	가설구조물 구조 안전성확인 (제62조)	지하안전평가 (법 제10조)

5. 흙의 히빙으로 인한 사면붕괴 재해 예방 대책

1) 동시작업 금지 : 작업구역 설정
2) 대피공간 확보 : 수평방향 발등
3) 2차재해 방지 : 안전조치 시행

※ 굴착공사 표준안전지침

"끝"

문제 8	흙의 보일링(Boiling) 현상 및 피해

번호 (문제) 흙의 보일링 (Boiling) 현상 및 피해

(답)

I. 개요

사질토의 지하수위가 굴착저면보다 높아 모래나 지하수가 부풀어 오르는 현상으로 방지대책을 수립, 재해를 예방해야 함.

II. 흙의 보일링 현상에 의한 재해유형

1. 흙막이 파괴 2. 토립자이동 및 구조물 파괴

3. 굴착저면 지지력 감소 4. 지반침하 → 지하매설물 파괴

III. 흙의 보일링 현상의 원인

1. 흙막이 벽체 근입장 부족

2. 흙막이 배면지하수위 > 굴착저면지하수위

3. 굴착저면 하부의 피압수

4. 굴착저면 투수성 좋은 재료 (사질토)

<보일링 모식도>

IV. 흙의 보일링 방지대책

1. 기술적 대책
- ① 흙막이 벽체 근입장 연장 + 차수성 높은 흙막이 설치
- ②. 지하수위 저하 (Deep well, Well point)

2. 안전관리적 대책
- ① 작업순서 준수 (굴착공사 표준안전 작업지침 제15조 6)
- ② 계측관리 (안전보건규칙 제53조).

V. 흙의 보일링 현상 발생시 안전조치 사항

굴착공사 표준안전 작업지침 준수
- ① 제33조 (동시작업의 금지)
- ② 제34조 (대피공간의 확보 등)
- ③ 제35조 (2차재해의 방지)

번호 문제> 흙의 보일링(Boiling) 현상 및 피해.

답>

1. Boiling 현상의 정의.

수두차이에 의해 τ_f(전단강도)가 상실되어 하천 제방 및 댐체의 중대결함을 일으키는 원인 현상.

2. 흙의 Boiling 현상과 Heaving 현상의 특징 및 차이점.

Item	Boiling 현상	Heaving 현상
원인	수위차(Δh)	중량차.
현상	$\tau_f \fallingdotseq 0$ → 굴착면 솟아오름	굴착면 부풀어 오름.
발생지반	사질토 지반	점성토 지반.

3. 흙의 Boiling 현상의 피해 내용

시설물안전관리법 제22조(중대결함)
- 하천, 제방의 붕괴
- 댐체 균열. 누수. 붕괴.
- 차수벽 기초 세굴. 누수.
- 흙막이 붕괴.

4. 흙의 Boiling 현상 피해 재해예방을 위한 안전대책

점검 및 진단 성능평가 → 지반의 안정성검토. → 보수, 보강 대책수립 → CSI 입력.

- 시설물안전관리법 제40조.
  - 점검자 안전.보건조치 (산업안전보건법 제29조.
  - 개인보호구 착용. 지급
- 시공 중 점검. 평가.
  - 건설기술진흥법 시행령 제100조
  - (정기 및 정밀점검 평가)
- DMS.
  - (건진법 시행령 제75조의2.
  - 안전사고 발생 1개월
- 건설기술진흥법. 시행령 제101조의4.

문제 9	파이핑(Piping) 현상

번문제(3) piping 현상 | 개요 대상 | 흙막이, 굴착저면 댐, 제방 기초지반 등

답)

I. 개요 (Quick Sand → Boiling → piping)

piping은 사질토의 지하수위 차로 흙의 전단강도 상실되는 보일링현상 진전되며 토립자 유출로 지반 파괴되는 현상

II. piping에 의한 재해유형 (흙막이 굴착 중심 기술)

구조물 손상 / 벽체변형 / 스트럿변형 / 매설물 손상 / Boiling / 토립자 유출 (piping) / 물길형성

<송도00APT piping에 의한 재해 모식도>

- 수동토압 상실 → 흙막이 파괴
- 토립자 이동 — 구조물 손상 / 매설물 파손
- 굴착저면 지지력 상실

III. piping 발생 원인

1. 굴착저면·흙막이 배면 수위차
2. 흙막이 차수 불량. 저면 피압수
3. 흙막이 벽체 근입장 부족

<안전율 검토 방법>

- 한계 동수경사법
- 침투압 — Terzaghi법 / 유선망 검토

IV. 흙막이 piping 현상 방지 기술적 대책 (송도 00APT)

1. 근입깊이 연장 (+1.5m)
2. 배면 차수 그라우팅 (SGR)
3. 굴착저면 잡석깔기 (150mm~)

SGR → / 차수그라우팅 / 잡석 150mm / 근입장 +1.5M

V. 흙막이 piping 현상에 의한 재해 예방위한 안전관리 point

1. 정기적 안전점검 및 자동계측 실시
2. 무너짐 등 위험징후 감지 감시인 배치
3. 동시작업 금지, 대피공간 확보

"끝"

문제 10 Quick Sand

문제 10) Quick Sand

개요	흙막이, 굴착 기초
대책	지반, 배면 그라우팅

답)

I. Quick Sand의 정의 (Boiling, piping)

Quick Sand는 사질토의 지하수위 차로 흙의 전단강도가 상실되어 흙이 위로 분사하는 현상 (흙막이, Fill Dam 파괴원인)

II. Quick Sand에 의한 재해유형

구조물 손상, 벽체변형, 스트럿 변형, Quick Sand, 수위차, 매설물 손상

<수원 OO APT 흙막이 Quick Sand 재해도>

- 수동토압 상실 → 흙막이 파괴
- 토립자 이동
  - 구조물 손상
  - 매설물 파손
- 굴착저면 지지력 상실

III. Quick Sand 발생원인

1. 굴착저면 · 흙막이 배면 수위차
2. 굴착저면 피압수, 사질토
3. 흙막이 벽체 근입장 부족

<안전율 검토 방법>

- 한계동수 경사법
- 침투압
  - Terzaghi 방법
  - 유선망 검토

IV. Quick Sand 현상 방지 기술적 대책 (수원 OO APT)

1. 근입깊이 연장 (+1.5m)
2. 배면 차수 그라우팅 (SGR)
3. 굴착저면 잡석깔기 (150mm)

SGR → 차수그라우팅, 잡석 150mm, 근입장 +1.5m

V. 흙막이 가시설 Quick Sand 예방위한 안전관리 point

1. 정기적 안전점검 및 자동계측 실시
2. 붕괴 등 위험방지, 감시인 배치
3. 동시작업 금지, 대피통로 확보

"끝"

문제 11	지반 액상화 현상의 발생원인, 영향 및 방지대책

문제) 지반 액상화현상의 발생원인, 영향 및 방지대책

답)

1. 지반 액상화현상의 정의

액상화란 포화된 느슨한 사질토 지반에 지진·발파 등 수평력 작용시 전단강도 상실하여 액체처럼 거동하는 현상

2. 지반 액상화 현상의 발생원인

물 / 외력 / 지반 (포화 비배수, 지진 충격, 느슨사질토)

〈지진·충격〉 → 포화사질토 → 간극수압(u)증가 → 유효응력(σ')감소 → 전단강도(τ) 상실

(점착력 c≒0)

$\tau = c + \sigma' \tan\phi$

($\sigma' = \sigma - u$)

3. 지반 액상화 현상의 영향

액상화 ⇒ [부등침하, 측방유동 / 부마찰력, 시설물 전도] ⇒ 붕괴재해

4. 지반 액상화 현상의 방지대책

간극수압 감소	쇄석말뚝, 연직배수
밀도 개량	Vibro Floatation, 동다짐
입도 조정	치환, 약액주입
배수 공법	Deep well, Well point

증가전단응력(P) / 액상화 범위 / 지반 전단강도 / 지진전단응력 / 심도(Z) / 〈연약지반 처리시 고려〉

〈액상화 발생 범위 그래프〉

5. 지진등에 의한 액상화 발생시 시설물 관리주체의 조치사항

긴급점검 → 정밀안전진단 → 보수·보강실시 (2년내 실시) → (3년내 완료) 완료, FMS 등록

긴급점검 → 사용제한조치

· 지반조사

· 주변시설물조사

"끝"

번호 (문제) 지반 액상화 현상의 발생원인, 영향 및 방지대책

(답)

Ⅰ. 개요

지반 액상화 영향은 매우 크므로 국내 액상화 발생 사례를 고려하여 국내 실정에 맞는 원인분석 및 액상화 대책 수립, 적용이 필요함

Ⅱ. 지반 액상화 현상의 발생원인 및 영향 (경북포항사례, 2017. 11)

<발생원인>

외력 (지진규모 5.4)
액상화
물 (경작논)
지반 (연약지반)

⇒

<영향>

구조물 부등침하, 부상
지반의 이동
구조물 파괴

Ⅲ. 지반 액상화 현상으로 발생할 수 있는 재해의 원인 및 유형

원인		유형
지반의 이동, 부상, 침하	⇒	보행자 부상, 교통사고 발생
구조물 부상, 파괴		장비의 전도
가설구조물 붕괴		깔림재해

Ⅳ. 지반 액상화 현상으로 인한 건설현장에서의 피해 방지 대책

기술적 대책	안전관리적 대책
1. 지반입도개량, 고결방법	1. 근로자 대피통로, 대피공간 제공
2. 배수공법 (Deep well, Well point)	2. 정기안전교육시 액상화대책 포함
3. 발생원 저감 (trench 설치)	3. 비상 대응 훈련 실시 (1회/월)

Ⅴ. 지반 액상화 현상에 대한 국내 맞춤형 재난 방지 대책

1. GIS 기반 액상화 위험지도 완성, 피해 예측 가시화 시스템 구축
2. Big data에 의한 신종 재난 대책 수립, 기존 취약구조물 보강

"끝"

문제 12	부력과 양압력

문제) 부력과 양압력

답)

1. 부력과 양압력의 정의

1) 부력 : 지하수 아래 물에 잠긴 부피만큼 상향으로 작용하는 정수압

2) 양압력 : 지하수 아래 구조물 하부에 상향으로 작용하는 동수압

2. 부력과 양압력의 차이점

구분	부력	양압력
개념	잠긴만큼 뜨는 힘 (정수력)	상향 차둔압 (동수압)
산정식	B(ton) = γw × V (부피)	U(ton/m²) = γw × h (수위차)
주요대상	지하구조물, 앵커 (부상)	댐, 흙막이 (보일링, 파이핑)

3. 흙막이 굴착시 양압력에 의한 재해 발생 흐름

구조물손상, SS, 벽체·스트럿 변형, 침하, 매설물손상, 수위차, ※ 보일링, 양압력

(수원○○ APT 흙막이 보일링 재해 예상도)

양압력에 의한 보일링
⇓
수동토압 상실 → 흙막이 파괴
⇓
지반침하 → 시설물 손상
굴착무너짐 → 근로자 매몰

4. 흙막이 굴착시 양압력에 의한 보일링 방지대책 (수원○○ APT)

1) 근입깊이 연장 (+1.5m)

2) 배면차수그라우팅 (SGR)

3) 굴착저면 잡석깔기

SGR 그라우팅, 잡석 150mm, 근입장 +1.5m 연장

5. 스마트 계측관리 통한 도심지 흙막이 굴착 무너짐 예방 사례 (수원 ○○APT)

· 기존 : 수동계측 → 즉각대응 어려움 (계측공백 발생)

· 개선 : 자동계측 실시간 모니터링 → 사전예방 "끝"

문제 2) 부력과 양압력.

1. 정의

1) 부력 : 수위아래 잠긴 부피만큼 상향시키는 힘

2) 양압력 : 수위아래 구조물 하부에 상향 작용하는 압력.

2. 부력과 양압력 발생에 따른 구조물에 미치는 영향.

발생 원인	구조물 영향
1) 댐, 제방 등 수위차	1) 건축구조물 부상으로 균열, 누수, 내구성 저하 (중대한 결함)
2) 강우에 의한 수위상승 ⇒	
3) 인근 상수도관 파열	2) 흙막이) Heaving, Boiling.

3. 부력과 양압력 비교

구분	부력	양압력
개념	잠긴만큼 뜨는 힘	상향침투압
산정식	$B(ton) = \gamma_w \times V$	$U(ton/m^2) = \gamma_w \times h_s$
주요대상	암거, 지하구조물	댐, 흙막이

↑ 부력

h_s

양압력

4. 건축물 부력과 양압력에 의한 안전확보 대책

설계단계	시공단계	유지관리 단계
- 배수층 설계	- 배수공법	- 시설물 정밀점검
- 부력방지 pile	- 구조물 자중증대	- 누수, 침하 여부진단

5. 부력과 양압력 저감을 위한 배수공법 시 감전재해 예방방안

1) 누전차단기 설치 (30mA, 0.03초), 피복손상여부 확인.

2) 접지 상태 확인 및 절연 보호구 착용 "끝"

하천기 집중호우 인근 (양압력) 부력이 가하는 (손상) 구조물 부상방지를 위한 (응력) 점검방안

1) 배수로 정비) : 막힘상태, 낙엽청소,

2) 벽체 균열, 기초 침하 여부

번호 (문제2) 부력과 양압력

(답)

1. 개 요

부력과 양압력은 유체속에 잠긴 구조물에 작용하는 힘으로, 하절기 우기시 구조물 균열 등 재해를 유발함.

2. 부력과 양압력이 구조물에 미치는 영향

구분	건설현장	시설물
미치는 영향	우물통 양생시 무너짐 → Con'c 균열	댐 균열·누수 → Con'c 균열
위험요인	구조물 붕괴	중대한 결함

3. 부력과 양압력의 정의 및 특징

구분	부력	양압력
개념도	▽ / 잠긴 체적 (V) / ↑ B(부력) ↑	▽ ▽ / P(양압력) / ↑↑↑ P
정의	$B(ton) = \gamma_w \times V$	$P(ton/m^2) = \gamma_w \times h$
특징	잠긴 체적 만큼 물의 무게	상향 정수압

4. 양압력 인한 댐의 중대한 결함 발견시 관리주체 조치사항

후기 ① 긴급안전조치 · 사용제한, 주민대피, 위험표지

↓

② 보수·보강 · 2년내 착수, 3년내 FMS 등록

5. 하절기 3종 시설물 및 소규모 취약시설 양압력 안전성 확보를 위한 스마트 기술 활용 제언

드론 + 카메라 → 접근 취약 지점 균열 점검 "끝"

문제 13 유선망과 침윤선

번출제) 유선망과 침윤선

답)

I. 유선망과 침윤선의 정의

1. 유선망 : 흙속 침투수를 유선과 등수두선으로 표현

2. 침윤선 : 댐, 제방등 최상부 유선

⇒ 활용 : 흙막이 Boiling (근입길이), 댐·제방 piping (Toe drain 등)

II. 유선망과 침윤선이 흙댐, 제방에 미치는 문제점 (재해)

제체 → 침윤선 제내지도달
기초 → 불량암질 침투수통과
→ 누수, piping → 붕괴

침윤선(최상부 유선)
누수, piping
등수두선
침투
piping
불량암질지반 (침투수)
연약지반 (침하)
유선집중

III. 침윤선에 의한 흙댐, 제방 붕괴재해 예방 대책

(00차 제방축조 현장) 대책수립 요약도

<기술적 대책>

- 제체폭 증가 (침윤선 저하)
- 피복 (침투방지)
- 다짐,차수 피복재설치 (누수방지)
- 침윤선 저하
- Blanket (기초침투방지)
- Grouting (침투방지)
- Filter설치 (침윤선저하)

<관리적 대책>

1) 설계 안전성검토 (건설기술진흥법 62조)

⇒ 안전점검 (정밀)

(시설물 안전법 11조)

IV. 스마트 건설기술 활용한 노후제방 재해예방 발전과제

제방 노후화	지속	자동계측	IOT	제내지주민경고
(60년이상:50%)	점검 필요	수중드론점검	활성	선제적안전관리

"끝"

문제 2) 유선망과 침윤선.

1. 정의

1) 유선망 : 흙속 침투수를 유선과 등수두선으로 표현

2) 침윤선 : 유선망 중의 최상부의 유선

2. 유선망과 침윤선 도해 및 활용성 (설명)

제방

침윤선

등수두선 <유선망과 침윤선 도해>

유선망	침윤선
· piping 추정	· 제체폭 결정
· 침투수량 추정	· 거동 파악

3. 유선망과 침윤선 상승으로 인한 하천제방 붕괴 메커니즘

수위상승

침윤선 상승

piping

세굴

침하

집중호우 · 수위상승 → 침윤선 상승 → 누수 · piping

4. 유선망과 침윤선을 활용한 하천제방 붕괴 방지대책

<기술적 대책>

제체폭 증가

침윤선 저하

Blanket

기초 처리

Grouting

Filter 설치

1) Blanket

2) Filter

3) 기초처리

<관리적 대책>

1) 설계안전성검토(D.F.S) (건설기술진흥법 시행)

2) 시설물 정기 · 정밀 점검

5. OO 하천제방 유선망 해석프로그램 활용 사례 (시설물유지관리 방안사례)

1) 하천 제방 단면 · 초기수위 · 재료특성 → 기본조건 반영

2) 유선망 · 침윤선 한계값 설정 → 유지관리 시행 "끝"

번호 (문제) 유선망과 침윤선

(답)

I. 개요

Fill Dam 이나 하천 제방에서 유선과 등수두선의 곡선 군으로

이루어지는 것으로 제체 PIPING 유발함

II. 유선망과 침윤선의 모식도 (Fill Dam)

A, 등수두선, 침윤선, i, B, 유선, 불투수층, C, D, 배수층

AB, CD : 등수두선

BC, AD : 유선

AD : 침윤선 (수압이 0인 유선)

유선과 등수두선은 직교

III. 유선망과 침윤선의 특징

유선망	침윤선
1. 각 유로의 침투량은 같다	1. 유입 경사각은 90°
2. 유선과 등수두선은 서로 직교	2. 자갈층의 침윤선은 상류수면과 동일
3. 유선망 사각형은 이론상 정사각형	3. 배수로 설치하는 경우 침윤선은 포물선

IV. 침윤선과 유선에 의한 제체의 PIPING 발생 메커니즘과 안전상 문제점

토립자 유실 제체 세굴 → 물의 통로 형성 → PIPING 발생 ($i=\frac{h}{L}$) → 제체 누수 붕괴

$i=\frac{h}{L}$, $v=ki$ 　　유속증가

V. 유선망과 침윤선에 의한 제체의 PIPING 예방 기술적 대책

1. 작용력 감소 ① 제방폭 확대 ② 월류제방

2. 저항력 증대 ① Sheet pile 시공 ② 지반그라우팅

③ Cone 층 다짐 (단위중량 다짐, 전단강도 상승)

문제 14 파일기초의 부마찰력

문제) 파일기초의 부마찰력

답)

1. 파일기초의 부마찰력의 정의

파일기초의 부마찰력은 연약지반 압밀침하시 발생하는 하향의 주면마찰력으로 말뚝 및 구조물 파손 원인이 됨.

2. 파일기초의 부마찰력과 정마찰력 비교

구분	부마찰력	정마찰력
작용방향	하향	상향
지지력	감소	증대
구조안정	침하	안정

지반침하 → 말뚝침하
부마찰력
n·H (n: 말뚝 종류에 따른계수)
중립점
정마찰력
지지층

3. 파일기초의 부마찰력이 구조물에 미치는 영향 및 영향요인

영향
- 말뚝침하
- ↓ 지지력 저하
- ↓ 상부구조물 손상

요인
- 연약지반의 큰 성토하중
- 연약지반 압밀침하
- 지하수위 저하

4. 파일기초의 부마찰력 방지대책

1) 사전 - 부마찰력 검토
- pile : pre-boring, slip layer 등
- 지반 : 개량(치환, 탈수 등)

2) 사후 (발생시처리)
- 경미한 경우 : 약액주입, 균열보수
- 중대한 경우 : under pinning (Micro pile 등)

5. 연약지반내 항타기 전도방지위한 주행안전성검토(00택지개발)

- 항타기 이동시 전도 안전성 검토(접지압, 지내력 등)

⇒ 이동시 보강철판 적용 (6.0×6.6m, t=35mm) "끝"

문제 15 측방유동

번호 4) 측방유동

답)

I. 측방유동의 정의

측방유동이란 연약지반이 성토하중에 의해 지반을 수평으로 이동시키는 현상으로 교대, 항만구조물, 매설물등 파손에 영향미침.

II. 측방유동의 문제점 및 원인 (교대중심 기술)

문제점

<포항 OO도로 교대 측방유동 모식도>

원인

1. 내적 — 연약지반 미처리, 급속시공
2. 외적 — 지하수위 변동, 동해, 지진

III. 교대 측방유동 방지 대책 (기술적 대책)

구분	공법	방법	특징
지반강화	연직배수	드레인재 이용 압밀촉진	압밀기간 필요
	치환	연약지반 양질재료대체	고가, 장비사고주의
하중경감	압성토	교대 앞면 성토(수동토압)	부지점용 필요
	EPS 블럭	뒷채움재 → EPS블럭 사용	부력대책 필요

IV. 교대 측방유동 방지위한 EPS블럭 시공시 안전보건대책 (포항 OO도로)

- 끼임 - 운반장비 후방감지기 설치
- 넘어짐 - 우기시 블럭부력영향 → 배수로정비
- 화재 - 블럭 화재 취약 → 개인화기엄금, 소화기
- 근골격계질환 - 인력설치 → 휴게시설설치, 휴식준수

"끝"

번호 (문제) 측방유동

(답)

I. 개요

연약지반에 설치되는 구조물의 말뚝기초가 하중, 토압 및 편재하중으로 유동되는 것을 말함.

II. 측방유동 발생의 모식도 및 문제점

성토층

③ ① ②

연약재

<문제점>

① 배면침하

② 수평이동

③ 전면융기

III. 측방유동의 발생원인 및 기술적 대책

발생원인	기술적 대책
1. 배면침하 (성토층, 연약층)	하중저감대책 (경량성토, 중공구조)
2. 수평이동 (수평저항력 부족)	기초지지력 증대 (기초보강, 치환공법)
3. 전면융기 (수직저항력 부족)	압성토.

IV. 측방유동에 의한 재해유형 및 안전관리 대책

재해유형	안전관리 대책 (설계측면단계)
1. 침하부 → 교통사고 재해	1. 계측관리로 선제적 대응
2. 교량 낙교 → 협착재해	2. 굴착공사 표준안전 작업지침 준수
3. 도로 융기 → 넘어짐, 차량전도	지반개량 → 압밀촉진 공법 (압밀촉진, 기간 필요)

V. 측방유동 발생 시 대응 재해예방 시스템 구축

O.K.

1. 측방유동 실시간 모니터링
2. 재해예방 비상훈련 실시

"끝"

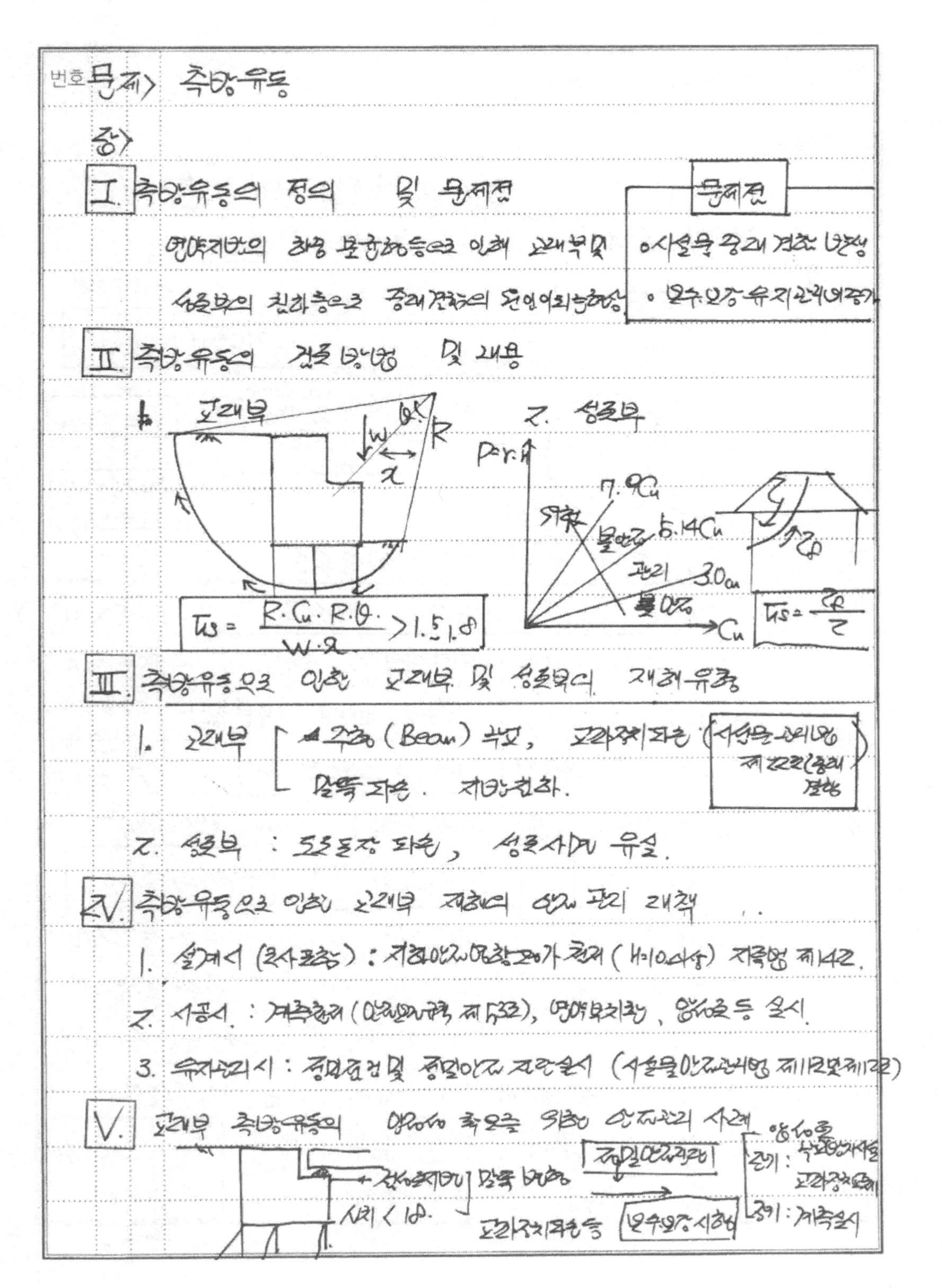
번호 문제> 측방유동
답>
I. 측방유동의 정의 및 문제점
연약지반의 하중 불균형 등으로 인해 교대부 및 성토부의 침하 등으로 중대결함의 원인이 되는 현상
문제점
○ 사용중 중대결함 발생
○ 보수보강 유지관리비 증가
II. 측방유동의 검토방법 및 내용
1. 교대부
W
x
R
$F_s = \frac{R \cdot C_u \cdot R \cdot \theta}{W \cdot x} > 1.5 \sim 1.8$
2. 성토부
7.9Cu
5.14Cu
3.0Cu
Cu
III. 측방유동으로 인한 교대부 및 성토부의 재해유형
1. 교대부 주형(Beam) 낙교, 교좌장치 파손 / 말뚝 파손. 지반침하.
2. 성토부 : 도로포장 파손, 성토사면 유실.
IV. 측방유동으로 인한 교대부 재해의 안전관리 대책
1. 설계시 (조사포함)
2. 시공시 : 계측관리, 압성토 등 실시.
3. 유지관리시
V. 교대부 측방유동의 압성토 축조를 위한 안전관리 사례
말뚝 변형
교좌장치파손 등
보수보강 시행
압성토
장기 : 계측실시

문제 16	흙의 동상현상

문제 7) 흙의 동상현상.

1. 정의

0°C 이하 온도가 지속될 때 지표면 가까이 흙속의 간극수가 동결하며 지반이 융기하는 현상

2. 흙의 동상현상 요인 및 발생 메커니즘.

실트질흙 / 0°C 이하 / 물의 공급 — 동상현상 <3요소>

G.L / 지반융기 / 동결심도 / Ice Lense / 생성 / 지하수위

간극수 동결 → 0°C → Ice Lense → 체적 팽창 지반융기

3. 흙의 동상현상에 의한 유해·위험요소

건설현장 내	공용중인 시설물
흙막이 변위·붕괴	지하매설물 파손
건설기계 넘어짐	건축물 균열·부등침하
절·성토 사면 무너짐	도로 아스팔트 침하

(※ 동결지수) $Z = C\sqrt{F}$ (Z: 동결깊이, C: 정수, F: 동결지수)

4. 흙의 동상현상으로 인한 피해 저감을 위한 안전대책

재료·설계 단계	시공단계	유지관리단계
- 입도양호한 재료로	- 지반 치환(자갈)	- 정기·정밀점검
- 동상방지층 설계 (D.F.S 반영)	- 지하수 차단·배수 (동결심도 고려)	- 중대결함시 사용제한 등 조치

5. OO고속도로 사면의 해빙기 안전점검시 주요 점검사항

1) 낙하위험 부석 및 균열·누수 여부

2) 측구·배수로 단차상태(막힘여부)

⇒ 흙의 동결·융해 피해 방지

끝

문제 17 동결지수

번호 (문제13) 동결지수

(답)

1. 개요

동결지수는 0°C 이하 온도와 지속일수를 곱해 년간 누적하여 환산한 값으로, 작업환경 판단의 척도임.

2. 건설현장 동결 발생 Mechanism

물 흐름 → 흡착수막 → 빙점상승 → 동결발생

④융해 SUN ⑤ 지반침하

②흡착수막

①모세관 현상

③동결팽창 (체적 9%)

3. 동결지수

동결지수 = Σ(0°C 이하온도 × 지속 일수(day))

월	온도	일수	동결지수
11	0°C	15	0
12	-5°C	20	100
⋮	⋮	⋮	⋮
3	-2°C	20	40
			(900)

← 동결지수의미

동결지수(F) / 지속일수 / 동결지수 / 지속일수: 11 12 1 2 3

4. 동결지수가 큰 건설현장의 문제점

1) 가설구조물 무너짐　　3) 구조물 균열

2) 장비 넘어짐　　4) 융해시 지반침하

5. 동결지수가 큰 건설현장 안전대책

구조물 무너짐	· 지반 다짐, 깔판·깔목 등
지반 침하	· 배수시설 점검 → 동결방지

"끝"

문제(4) 동결지수

답)

I. 동결지수의 정의

동결지수는 지반 동결깊이 산출 척도로 동결기간 동안 일평균 기온을 적산한 값으로 클수록 동결심도 깊어짐.

II. 지반 동상현상 발생 Mechanism

0°C 이하 간극수 동결
↓
Ice Lence 형성 (팽창)
↓
지반융기 - 손상

(동결심도, 0°C, 융기 T<0°C, Ice Lense, ⊖, ⊕, 동결지수로 결정)

III. 지반 동상 방지를 위한 동결지수 결정 및 동결심도 산정방법

동결심도 $Z(cm) = C\sqrt{F}$

($C=3\sim5$, F: 동결지수 °C·day)

⇒ 수정동결지수 (F')

$F' = F \pm 0.5 \times 동결기간 \times \frac{표고차}{100}$

(표고차 = 설계지반고 - 측후소 지반고)

(일평균기온누계 °C·day, 200, 동결지수, 동결 지속 시간, 12/1, 1/1, 2/1, 경과일)

<동결지수 결정방법>

IV. 동결지수가 큰 지역 동상현상이 건설현장에 미치는 피해사항

흙깎기 비탈면 무너짐	피해사항	가설구조물 (비계·동바리 등) 무너짐
옹벽 구조물 손상		pump car 등 장비 넘어짐

V. 지반 동상현상에 의한 건설현장 재해 방지대책

1. 가설구조물 : 지반치환 (동결심도 2배)
2. 흙깎기 비탈면 : 절리·균열검사 → 보강 (식생, Soil Nailing 등)
3. 옹벽구조물 : 배수시설 점검·청소 정비 "끝"

문제 18 연약지반 사질토 개량공법의 종류

문제10) 연약지반 사질토 개량공법의 종류

답)

I. 개요

연약지반 사질토 개량공법은 지지력을 향상, 투수계수 저하하여 목적으로 하며, 사전조사 및 작업계획서 [illegible] 철저가 요구됨.

II. 연약지반 사질토 개량공법의 사전조사 및 작업계획서 작성 (제38조)

사전조사	작업계획서
1. 형상, 지질, 지층	1. 굴착 방법, 순서, 토사 반출
2. 균열, 함수, 용수, 동결	2. 시공장비 연약지반 및 보강방법
3. 매설물 등의 유무	3. 그 밖의 안전 보건에 관한 사항

III. 연약지반 사질토 개량공법의 종류

1. 진동 다짐 공법
2. 다짐모래 말뚝 공법
3. 폭파 다짐 공법
4. 전기충격 공법
5. 약액주입 공법
6. 동다짐공법

※ 연약지반 사질토 개량공법의 (우선) 재해 유형

1. 추락
2. 전도
3. 붕괴
4. 낙하

(OO 또는 천공 P.B.D Plastic Board Drain)

IV. 연약지반 사질토 개량공법의 안전관리 방안 (장비 전도 붕괴 방지 위한)

1. [illegible]: 차량계 건설기계 작업계획서, 지반의 부동침하
2. [illegible]: 유도자 배치, 위험성 평가, PTW (Permit to Work)
3. 관리: 산업안전보건법 기준에 관한 규칙 제209조 (무너짐의 방지)

① 연약한 지반에 설치시 각부, 가대의 침하 방지하기 깔판, 깔목 사용

② 내력 부족 내구성 확인, 보강 조치

문제 19 도심지에서 흙막이 벽체 시공 시 근접구조물의 지반침하가 발생하는 원인 및 침하방지대책에 대하여 설명하시오.

(문제) 도심지에서 흙막이 벽체 시공 시 근접구조물 지반침하가 발생하는 원인 및 침하방지 대책에 대하여 설명하시오.

(답)

Ⅰ. 개요

1. 도심지에서 흙막이 벽체 시공을 위한 사전조사 및 작업계획서를 작성하고 안전관리계획을 수립해야 함.
2. 흙막이 벽체 시공 영향으로 인한 인접구조물 지반침하 원인별 적정한 조치를 이행함.
3. 근접구조물의 지반침하 및 재해 발생 징후 감지 시 주민, 근로자 대피 등 재해에 대비하는 훈련 필요

Ⅱ. 도심지에서 흙막이 벽체 시공 시 사전조사 및 작업계획서 작성 <안전보건규칙 제38조>

사전조사	작업계획
1. 지중·지상 지장물 유무	1. 지하안전 영향 평가 보고서 준수
2. 지질·지층 상태	2. 매설물 등에 대한 이설, 보호대책
3. 균열·함수·용수	3. 굴착방법 및 순서, 토사반출 방법
4. 지하수의 상태	4. 인원·장비 사용계획
	5. 흙막이 지보공 설치방법 및 계측관리

Ⅲ. 도심지에서 흙막이 벽체 시공 전 안전관리계획 수립 (건설기술 진흥법 제62조)

1. 작성 대상
   ① 굴착깊이 10m 이상 굴착 건설공사
   ② 건설기계(천공기, 항타 항발기) 사용되는 건설공사
   ③ 가설구조물 건설공사 (2m 이상 흙막이 지보공)

2. 작성내용

① 공사장 주변 안전관리계획

② 굴착공사 안전관리계획 (내적/외적)

Ⅳ. 도심지 흙막이 벽체 시공 시 근접구조물 지반침하가 발생하는 원인 [직접적/간접적]

1. 흙막이 벽체 배면 차수 미흡
2. 굴착에 따른 지하수위 저하
3. 흙막이 벽체 가시설 변형
4. 지중 지장물 파손 (상수도, 오수 및 우수관로)

가시설변형

침하발생

지하수위 저하

E/A.

Ⅴ. 도심지 흙막이 벽체 시공 시 근접구조물 침하방지 대책 및 안전관리 활동

구분	침하방지 대책	안전관리 활동
설계단계	· 설계 안전성 검토 · 가설구조물 안전성 검토	설계 안전 보건대장 작성 (산업안전보건법 제67조)
시공단계	· 흙막이 벽체 배면 차수공법 · 지중지장물 이설, 보호관리 · 굴착 영향범위 산정.관리 · 계측관리 · 공사장 주변 연도변조사 · 과굴착 금지 대피공간 확보	사전조사 및 작업계획서 (안전보건규칙 제38조) 안전관리계획수립 지반침하 위험도 평가 (지하안전법 제35조) 굴착공사 표준안전 작업지침 (제33, 34, 35조)

Ⅵ. 도심지 흙막이 벽체 시공에서의 근접구조물 지반침하 관리를 위한 지반침하 위험도 평가

1. 대상 : 지하시설물 및 주변지반
2. 시기 : 지반침하 우려가 있는 경우
3. 평가항목 : 공동조사, 지반안전성.
4. 평가결과 활용 ① 중점관리대상 지정 및 해제
   ② 근접구조물 지반침하 관리.

안전관리 계획으로 서술하세요.

Ⅶ. 도심지 흙막이 벽체 시공시 발생할 수 있는 재해유형 및 방지를 위한 안전관리 방안

재해유형	안전관리 방안
1. 가시설 붕괴	① 배면 상재하중 제거 ② 출입금지 구역 설정, 근로자 대피
2. 근접 구조물의 붕괴	① 정기점검 (일상 + 정기) 강화 ② 중대결함 발견시 주민대피.
3. 보행자. 통행 차량 피해	① 보행자 통로 우회 설정 ② 유관기관 협조 → 교통통제.

Ⅷ. 맺음말

1. 공사장 주변 안전관리를 위한 안전관리비의 적정 사용.
2. 사전 안전성 평가 (유해위험방지계획서 작성, 설계 안전성 검토, 안전관리계획서 작성) 이행. 준수
3. 재해 예방을 위한 매뉴얼 준수. 모의훈련 실시

끝!

번호 5) 도심지에서 흙막이 벽체 시공시 근접구조물 지반침하가 발생하는 원인 및 침하방지 대책에 대하여 설명하시오.

답

I. 개요

1. 도심지 흙막이 벽체 시공시 사전조사 및 작업계획서 수립 필요
2. 근접구조물에 대한 적절한 거리 보장과 적합한 흙막이 공법 적용이 중요
3. 대통령령 기준 규모 이상 굴착 작업시 중앙지하안전위원회에 의한 재발방지방안 등.

II. 도심지 흙막이 벽체시공시 안전성 확보위한 사전조사 및 작업 계획서작성

사전조사		작업계획서
사	· 지형, 지질, 지층	· 작업 순서, 방법
전	· 지하수위, 용수	· 기계 종류 성능
조	· 지하매설물 조사	· 인원, 장비 계획
사	· 기존구조물 현황	· 계측 계획

산업안전보건규칙 제38조 <사전조사 및 작업계획서작성>

III. 도심지 흙막이 벽체 시공시 근접 영향 범위 검토

벽체로부터 거리

I : 양호 지반

II : 보통

III : 연약지반

흙막이 굴착 깊이

번호 TV

도심지에서 흙막이 벽체 시공시 근접 구조물 피해 발생 원인

③ ④ ① ② 물

① 흙막이 뒷채움 불량

② Heaving, boiling

③ 과대하중.

④ 지하수 유출.

⑤ 흙막이 변위.

▽ 도심지 흙막이 벽체 시공시 근접구조물 피해 방지 대책

1. 흙막이 구조적 안전성 검토.

건진법 시행령 제101조 2.

R. Pa P_p

$P_p + R > P_a$

2. 차수 대책.

- slurry wall, sheet pile.

3. 흙막이 뒷채움

→ 모래 다짐, 채움.

4. under pinning 공법

5. Grouting 보강.

6. 하부 slab 보강. pile 보강.

Grouting 구조물

번호 Ⅵ. 기존 구조물 인접 시공시 안전성 확보 방안.

1. 지하 매설물

1) 줄파기, 유관기관 입회

2) 매설기록, 발견 등

관련법령
매설물 파손 등 방지 상세
안전보건규칙 제341조

2. 기존 구조물

1) 기초 확인.

2) under pinning 공법 검토

3. 소형 구조물 (맨홀 등) : 이설

Ⅶ. 대통령령 지정 규모 이상 지반침하 발생시 조치사항

1. 대상
- 3명 사망
- 10명 부상
- 구조물, 붕괴 등, 재산상 필요 시설물.

2. 중앙사고조사 <지하안전법 제46조>

→ 중앙지하사고 조사위원회 구성·운영.

Ⅷ. 결론.

1. 도심지 흙막이 굴착시공 시 주변 구조물 지반 침하 발생시.

2. 인적, 물적 재해 발생으로 피해가 발생하는 바.

3. 지하 정보 통합 체계 구축·운영 방안으로 사전 조사 와 계측 관리로 사고를 예방하여야 함 "끝"

문제 20 도심지 공사에서 흙막이 공법 선정 시 고려사항, 주변 침하 및 지반 변위 원인과 방지대책에 대하여 설명하시오.

번호 2) 도심지 공사에서 흙막이 공법 선정 시 고려사항, 주변 침하 및 지반변위 원인과 방지대책에 대하여 설명하시오.

답)

I. 개요.

1) 도심지 흙막이 공사는 작업자 뿐만 아니라 제 3자 피해가 발생할 수 있으므로

2) 관계법령에 의한 사전 계획·조사를 면밀히 하여 흙막이 공법을 선정하는 것이 매우 중요

3) 본론에서는 도심지 흙막이 공법 선정과 관련한 사항을 안전측면에서 서술.

II. 도심지 공사에서 흙막이 공사 시 사전 법적 의무사항

산업안전보건법	건설기술진흥법	지하안전법.
1) 유해위험방지계획서	1) DfS	1) 지하안전평가
2) 위험성 평가	2) 안전관리계획	2) 소규모 지하
3) 사전조사·작업계획서	3) 가설구조물 안전성검토	안전평가(10~20m)

III. 도심지 공사에서 흙막이 공법의 종류 및 주요위험요인.

종류	주요 위험 요인
H-pile + 토류판	토류판 설치중 토사 → 매몰.
sheet pile	항타기·항발기 전도.
주열식	천공홀 개구부 떨어짐.
slurry wall	철근망 조립시 떨어짐.

IV. 도심지 공사에서 흙막이 공법 선정 시 고려 사항

1) 지하 지반 고려

① 형상·지질 지층 상태
② 균열·함수·용수 동결유무 ⟹
③ 매설물 유무·상태
④ 지하수위 상태

<착공전>
·지하안전평가 (소규모)
<착공후>
·지하안전조사
·지하안전점검.

2) 인접구조물 고려

① 인근 건물과 거리, 연식, 높이
② 보행자로·도로와 거리·상태
③ 대피공간, 응급차량 진입로 확보

V. 도심지 공사에서 흙막이 공사 시 주변변위·침하원인

1) 주변변위·침하 형태(결과)

자재, ①, ②, 우수침투, ③, ④, 점성토 Heaving, 사질토 Boiling.

⑤기타 도로·보행자로 균열, 파손 등.

① 장비전도
② 건물균열
③ 매설물파손
④ Strut낙하

2) 주변변위·침하 원인.

구분	점성토 지반	사질토 지반.
현상	Heaving 등	액상화·Boiling. piping
원인	①상재하중 증가 ②흙막이근입장부족 ③내·외부 중량차이	① 지하수위 상승 → 간극수압 증가 + 진동. ② 흙막이 수밀성부족 등.

VI. 도심지 공사에서 흙막이 공사 시 주변침하, 지반 변위 안전대책.

1) 기술적대책

① 지하수위 저하 : Deep well, Well point

② 우수침투 방지 : 굴착 저면 grouting, 표면천막

③ 흙막이 근입장 추가, 차수성 높은 흙막이 채택

④ 차수 공법 시행 : LW. SGR 등

⑤ 발파·진동 방지 : 무진동 파쇄공법

2) 관리적대책.

① 부재 연결부 이음·손상 변형 탈락 확인

② 계측관리 실시

VII. 지하도로 현장 개착 BOX 구간 SMART 계측시스템 운영

① 건물 균열계·경사계·소음·진동계.

② 간극수압계

③ 지하수위계

④ 변형률계

⑤ 하중계.

⑥ 토압계

⑦ 지중경사계

⑧ 침하계 등 → SMART 통신 활용 '실시간' 계측.

※ 관리기준치 (1, 2, 3차) 이상 시 관리자 알림.

→ 대피명령 등 선제적 조치 실시(주기적 훈련)

VIII. 결론 및 제언

1) 도심지 공사는 제 3자 피해(중대시민재해) 발생 가능성이 높아 착공전 조사 중요.

2) 착공 후 SMART 계측 통한 실시간 관리 필요.

번호 (문제15) 도심지 공사에서 흙막이 공법 선정시 고려사항과 주변침하 및 지반변위 원인과 방지대책에 대하여 설명하시오.

<강화-함벌기 법개정사항>
(기존) 조립시 점검 · 준수사항
↓
(강화) 해체시에도 점검 · 준수사항

(답)

1. 개 요

1) 도심지 흙막이 공법 사용시 지하수, 지하 매설물, 인접구조물 등을 고려해야 하며

2) 지반침하, 변위 방지를 위해 설계적, 시공적 대책을 준수하여야 함.

3) 본고에서는 스마트 계측 도입통한 지반안전성 확보사례를 기술하고자 함.

2. 도심지 흙막이 공사시 법적 검토사항 및 개정내용

법 개정내용	법적 검토사항
① 굴착기 인양작업시 조치	① 안전관리계획
② 굴착면 기울기 기준	② DFS
습지 - 1:1 ~ 1.5	③ 가설구조물 구조적 안전성 확인
건지 - 1:0.5 ~ 1	④ 조립도 작성 · 준수

3. 도심지 공사에서 흙막이 공법 선정시 고려사항

① 지하수위 상태 - Boiling, Piping	고려사항	② 지하 매설물 유무 - 가스, 상·하수도
③ 인접 구조물 이격거리		④ 보행, 차량 통행 안전 확보

번호

4. 도심지 흙막이 공사시 주변침하 및 지반변위원인

1) 설계 미흡

(1) 사전 지반 조사 미실시

(2) 조립도 미작성

2) 지하수 대책 부적정

(1) Boiling, Piping

(2) 고수위차

3) 시공상 결함

(1) 뒷채움, 밀실시공 · 불량

(2) 근입장부족 (3) 흙막이 주변 과대하중

(4) 흙막이 재료 부적정 → 변위, strut 좌굴

<흙막이 공사시 주변침하, 지반변위모식도>

5. 도심지 흙막이 공사시 주변침하 및 지반변위 방지대책

1) 설계적 대책

(1) 가설구조물 구조적 안전성 확인

(2) 사전지반조사 → 조립도작성

2) 지하수 대책

(1) 차수대책 : Sheet-Pile, Under-Pinning

(2) 배수시 복수공법 실시

3) 시공상 대책

(1) 흙막이 뒷채움, 밀실시공 철저

(2) 근입장 길게 (+1.5m), 적정하중 준수

(3) 감시인 배치, 적정 재료 사용

번호 6. 송도 OOAPT 흙막이 시공후 스마트 계측관리 도입 통한 지반 안전성 확보사례

지표침하계 / 변형률계 / 소음진동 / Crack Gauge

지하수위계 / 지중경사계 / 지층침하계 / 경사계 / 하중계

<계측 설치도>

· (기존) 주 2회 수동계측

· (변경) 무선하중측정센서 + IoT 통신 → 실시간 계측

· (효과) 지반침하 위험시 즉각 대응가능

7. 흙막이 공법 시공 현장 고위험 근로자 (고령) 보건강화를 위한 법 개정 내용

1) 휴게시설 설치기준 신설

① 면적 : 6m² 이상 ② 높이 : 2.1m 이상

③ 온도 : 18~28°C ④ 습도 : 50~55%

⑤ 기타 : 노·사협의를 통한 자율적 개선

2) 건설현장 화장실 설치 기준 개정

남성 근로자	· 30명당	1개소 이상
여성 근로자	· 20명당	

8. 맺음말 (스마트 안전기술 도입 제언)

· 흙막이 설치위한 항타기·천공기 등 기계·기구 작업시 AI CCTV 통한 위험 감지 도입 필요

문제 21 도심지에서 지하 10m 이상 굴착작업을 실시하는 경우 굴착작업 계획수립 내용 및 준비사항과 굴착작업 시 안전기준에 대하여 설명하시오.

문제) 도심지에서 지하 10m 이상 굴착작업을 실시하는 경우 굴착작업 계획수립 내용 및 준비사항과 굴착작업 시 안전기준에 대하여 설명하시오.

답)

1. 개요

1) 도심지 지하 10m 이상 굴착시 착공전 지하안전평가 및 흙막이 가시설 안전성 검토 실시하여야 하며

2) 사전조사 및 작업계획서 작성, 위험성 평가 등 사전 유해·위험 요인에 대한 대책 수립·준수하여야 함.

3) 본고에서는 스마트 자동계측 관리 통한 침하 및 무너짐 예방사고에 기술하고자 함.

2. 도심지에서 지하 10m 이상 굴착작업시 재해위험요인

교통사고
무너짐·매몰
감전
침하
S.S.
주변시설물 손상
도로·지반함몰
장비 넘어짐
떨어짐
좌굴
지하수위 저하
히빙
보일링
매설물파손
· 터널 연약대 무너짐
· 질식·폭발

<도심지 굴착부 재해 모식도>

1) 1차 재해
- 흙막이 굴착 무너짐 - Heaving, Boiling 등
- 터널 무너짐 - 연약대

2) 2차 재해
- 작업자 매몰, 장비 넘어짐
- 주변시설물, 매설물 손상, 지반함몰
- 보행자 사고, 차량손상 등 시민재해

번호 3. 도심지 지하 10m 이상 굴착시 작업계획 수립 내용

1) 사전조사 → 굴착방법·순서 → 사토계획
2) 소요인원, 장비투입계획
3) 매설물 이설·보호
4) 현장내 연락·신호방법
5) 흙막이 지보공, 계측계획
6) 작업지휘자·안전시설물
7) 인근 건축물 안전성 평가 (안전보건규칙 52조)

<사전조사 내용>
- 형상·지질·지층상태
- 균열·함수·용수 및 동결의 유무 상태
- 매설물 유무 상태
- 지하수위 상태

4. 도심지 지하 10m 이상 굴착시 굴착작업 준비사항

1) 사전검토 법적 규정 사항

산업안전보건법	건설기술진흥법	지하안전법
안전보건대장	가설구조물 안전성검토	(소규모) 지하안전평가
유해위험방지계획서	안전관리계획서	

2) 현장 안전 작업 준비 사항

안전관리계획
- 안전한 작업 방법 결정
- 유관기관 협의(매설물)
- 작업장소 노사합동점검

기계·장비 점검
- 장비조합, 방호장치
- 안전인증, 안전검사
- 작업경로, 유작업자

5. 도심지 지하 10m 이상 굴착작업시 안전기준

노천굴착 / 흙막이
- 굴착면 기울기 준수 → 토사 < 습지 1:1~1:1.5, 건지 1:0.5~1:1 ; 암반 < 풍화암·연암 1:1, 경암 1:0.5
  (흙막이 설치시 제외)
- 토석붕괴 위험방지

번호

노천굴착 흙막이
- 흙막이 지보공 조립도 작성·준수, 계측
- 방호시설, 유도인 배치, 보행자 통로
- 우수 침투 방지
- 매설물 보강·이설

터널 굴착
- 사전조사 (TSP, Face Mapping 강화)
- 낙반위험 방지: 지보공, 계측실시
- 정화물질 휴대금지, 화재감시자
- 작업환경 측정, 환기·조명

6. 스마트 계측관리 통한 도심지 굴착공사시 침하예방사례

지표침하계
변형률계
경사계
Crack Guage
지하수위계
지중침하계
지중경사계
경사계
소음 진동
하중계
Hold point
〈송500 APT 현장 계측도〉

- 기존: 주1회 수동계측 → 즉각 대응 힘듬
- 변경: 자동계측센서 + IoT 통신 ⇒ 실시간 모니터링

⇒ 기대효과: 침하·붕괴 사전감지 재해예방

7. 맺음말

1) 도심지 10m 이상 굴착시 지하안전평가 실시로 지하 안전성 검토 및 지하안전 확보 방안 수립하여야 하며

⇒ 사전조사 및 작업계획서 수립·준수 및 계측관리 통해 작업자 및 인근 건축물 안전관리에 만전을 기해야 함

"끝"

문제 22 **지하수위가 높은 도심지 대규모 굴착공사에서 발생할 수 있는 지하수 처리방안과 안전대책에 대하여 설명하시오.**

번호 문제6> 지하수위가 높은 도심지 대규모 굴착공사에서 발생할 수 있는 지하수 처리 방안과 안전대책에 대하여 설명하시오.

답>

I. 개요.

1. 지하수위가 높은 도심지 대규모 굴착공사의 특징으로는 부력과 양압력에 의한 검토, Boiling 현상, 도심지 보행자 등의 안전확보가 필요하며,
2. 지하수 처리 방안으로는 지반조건 및 지하수위 등을 고려하여 방법을 결정하되 대표적으로 강제배수공법, Deep well. well point가 있다.
3. 안전대책으로는 유해위험요인에 대한 대책이 있으며 지하수위에 대한 재해예방 대책, 보행자 안전확보, 추락·낙하·비래, 붕괴 위험대책이 중요하다.

II. 지하수위가 높은 도심지 대규모 굴착공사 특징

(지하수가 높은 도심지 굴착 공사)

- 인접구조물 침하 등 → 중대재해 발생
- [밀폐공간] 산소결핍 영향 질식사고 높음.
- 보행자 및 교통차량 사고 발생 우려 높음. [부력 및 양압력 검토]
- 굴착깊이 (5호. 등) 해당 시 지하안전 영향 평가 필요 (지하안전법 제14조).

III. 대규모 굴착공사의 안전관리를 위한 사전조사 및 작업계획 수립

(산업안전보건기준에 관한 규칙 제38조)

[사전조사]
- 지형·매설물 상태
- 지하수위 상태
- 인접구조물의 구조적 안전상태.

[작업계획 수립]
- 장비 사용 계획
- 굴착토 처리 계획
- 안전·보건관리 체계.
- 비상시 연락체계

번호

IV. 지하수위가 높은 도심지 재개발 굴착공사 유해위험요인

1. 고압전선 미 Cap 씌움으로 인한 C/R 과의 감전재해
2. 지반 미 보강으로 인한 C/R 전도 및 인접구조물 균열
3. 지하안전영향평가 불량으로 인한 지하수위 저하 / Boiling / Heaving
4. W/R 파기로 인해 낙하비래 발생. / 부력 / 양압력 발생 → 구조물 부상.
5. 밀폐공간 P/R 미 실시로 인한 근로자 질식사고 발생.

고압전선, 고압선, W/R 파괴, 균열, 전도, 침하, 질식, 낙하비래, 추락, Boiling / Heaving 발생.

V. 지하수위가 높은 도심지 재개발 굴착공사의 지하수 처리 방안.

Item	상수위 제어공법	Deep well	Well Point
원리	일정이상 수위 배수 유리	강제배수	강제배수
장점	도심지 적용 우수	공사비 저감	배수성 우수
단점	시공성 복잡	사용폭 제한	설비 복잡

※ 굴착 지반의 토질 특성 (사질, 점토) 및 지하수위 상태 등을 고려하여 공법 선정 후 처리.

VI. 지하수 높은 도심지 재개발 굴착공사 유해위험요인의 안전대책

1. 부력 및 양압력 대책에 대한 구조검토 시행.
2. 굴착저면 Boiling 및 Heaving에 대한 토질 정밀 검토 시행.
3. 고압전선 감전 방지의 방호 Cap 씌움. / C/R 전도방지의 지반 보강 시행
4. 지하안전영향평가 및 지반조사 철저. → 지하수위 (조기) 저하 시행 등.
5. 밀폐공간 P/R 운영 및 근로자 개인보호구 착용의 낙하비래 방지

번호 VII. 지하수위가 높은 도심지 대규모 굴착공사의 부력 및 Boiling 대책.

1. 부력. (구조물 부상)

$$F_s = \frac{\text{저항력}}{\text{작용력}} = \frac{D(\text{중량}) + W(\text{기타하중})}{\text{지하수위 } H \times \text{물의 단위중량}} > 1.2 \quad \ldots\text{ok.}$$

2. Boiling 대책. (굴착저면 안정).

$$F_s = \frac{i_{cr}}{i} = \frac{\text{한계동수경사}}{\text{동수경사}} > 1.2 \quad \ldots\text{ok.}$$

VIII. 지하안전영향 평가를 이용한 지하수가 높은 대규모 굴착공사 안전관리 방안

1. 지하안전특별법 제14조에 의거 공사전 10m 이상 굴착시 지하수위상태, 인접구조물 안정성, 흙막이 등 가시설의 안정성을 미리 Simulation을 통해 관계기관과 협의하여 확보하고,

2. 공사 중 건설기술진흥법 시행규칙 제60조 (안전관리비)에 의거 흙막이 가시설의 계측기 설치와 지하수위 계측을 통해 Smart 장비를 도입하여 실시간 안전관리가 될수 있도록 하여 Hazard를 관리 할수 있는 방법입니다.

번호 (문제) 지하수위가 높은 도심지 대규모 굴착공사에서 발생하는 지하수 처리 방안과 안전대책에 대하여 설명하시오.

(답)

I. 개요

1. 지하수위가 높은 도심지 대규모 굴착공사에서 배수공법 또는 차수공법을 적용할 수 있음.
2. 배수 및 차수공법의 목적은 구조물 부력경감, 지반연약화 방지, 작업개선 등이 있음
3. 배수 및 차수공법과 흙막이 가시설의 계측관리 중심으로 안전대책을 수립해야 함.

II. 지하수위가 높은 대규모 굴착공사의 사전조사 및 작업계획서 작성 (산업안전보건기준에 관한 규칙 제38조)

사전조사	+	작업계획서
· 지형, 지질		- 굴착방법 / 인원·장비 계획
· 지하수위 상태		- 흙막이 지보방법
· 지하 매설물 상태		· 지하 매설물 처리 / 보호
· 균열, 함수, 동결유무		· 안전관리자 배치

III. 지하수위가 높은 대규모 굴착공사 시 고려사항

1. 내적 고려사항	2. 외적 고려사항
① 배수로 인한 침하	① 주변 건축물 피해
② 흙막이 (토류벽)의 변형	② 주변 교통안전
③ 강제배수로 인한 침하	③ 인도, 보도의 함몰

Ⅳ. 지하수위가 높은 대규모 굴착공사의 지하수 처리 공법선정

지하수 처리공법 ─ 배수공법 / 차수공법

1. 배수공법
   ① 중력 배수공법 (집수정, Deep well)
   ② 강제 배수공법 (Well point)
   ③ 전기침투공법

2. 차수공법
   ① 차수 흙막이 공법 (Sheet pile, Slurry wall)
   ② 약액주입공법
   ③ 기타 (생석회 말뚝공법, 동결공법)

Ⅴ. 지하수위가 높은 도심지 대규모 굴착공사에서 지하수 처리 미흡으로 발생 가능한 재해유형 및 유해위험요인

① 지반함몰
② 가시설 변형
③ 바닥솟음
④ 지반침하
⑤ 주변건물 균열, 기울어짐
⑥ 지하수위저하
⑦ 지하수 고갈

재해유형	유해·위험 요인
1. 흙막이 붕괴	① 가시설 변형 ② 배면토압 상승
2. 지반 함몰/붕락	① 강제배수로 지하수위 급격저하
	② 지중 지장물의 파손 (상수도, 배수관로)
3. 주변건물 붕괴	① 지반의 전단강도 상실 (간극수압 소산)
	② 차수공법 부실.

번호

VI. 지하수위 높은 도심지 대규모 굴착공사에서의 피해저감을 위한 안전대책

1. 주변지역 안전한 공법 선정
2. 흙막이 안전성 검토
3. 차수, 배수대책 수립, 적용
4. Boiling, Piping에 대한 대응공법 적용
5. 강제배수 시 대책수립 (복수공법 등)

I
II
III
I : [illegible]
II : 연약[illegible]
III : [illegible]

VII. 최근 지반함몰 사고 사례를 통한 지하공간 개발시 지하안전영향평가에 대한 제고 ✓ 변경된 내용 [illegible]

1. 공사 착공전
   ① 지하안전영향평가 (지하안전법 제14조) : 20m 이상 굴착공사
   ② 소규모지하안전영향평가 (지하안전법 제23조) : 10~20m 굴착공사
2. 공사 착공후
   ① 사후지하안전영향조사 (지하안전법 제20조) : 굴착공사 진행중 평가
   ② 지하안전점검 (지하안전법 제34조) : 지하시설물 주변 지반상태 평가
3. 지반침하 위험도 평가 (지하안전법 제35조)
   ① 지반침하 우려가 있는 경우 실시
   ② 공동조사, 지반안전성 평가

VIII. 맺음말

1. 지하수위 높은 대규모 굴착공사 지반침하 위험도 평가 실시
2. 계측자동화 시스템 구축으로 지반침하 정보 사전인지시스템 구축으로 지반침하 등으로 인한 재해예방 활용 필요.

"끝"

구리시 침하사고 keyword
조사의 제안(반토) → 요약 기술

문제 23 소일네일링공법(Soil Nailing Method)의 시공대상과 방법 및 안전대책에 대하여 기술하시오.

문제> 소일네일링공법(Soil Nailing Method)의 시공대상과 방법 및 안전대책에 대하여 기술하시오.

답>

1. 개요.

1. S/N공법의 시공대상으로는 1) 터널 갱구부 사면보강 시 2) 절·성토 사면 보강 시 3) 옹벽(재보수)보강 대상지가 있다.
2. 시공방법으로는 장비setting → 천공 및 굴착 → Nail삽입 → Grouting → 지압판 설치 → 2차 S/C. W/M시공으로 이루어진다.
3. 안전대책으로는 시공관계자, 기계 및 근로자에 대한 안전보건대책을 본고에 기술하였다.

2. 굴착공사 표준안전작업 지침에 의한 굴착공정 안전관리 Point.

굴착공사 표준안전 작업지침
- 제32조 (사전조사)
- 제33조 (동시작업금지)
- 제34조 (대피공간확보)
- 제35조. (2차 피해방지)

3. Soil Nailing 공법 시공의 재해예방을 위한 사전조사 및 작업계획.

	사전조사	작업계획
산업안전보건기준규칙 제38조.	지층 특성.	크레인 등 건설기계
	가용기 고려	사용계획
	지하수위 고려.	천공작업계획.
	지층 상태.	굴착토 처리계획.
사전조사 및 작업계획수립.	공동 상태 조사.	소음·진동, 비산먼지처리계획

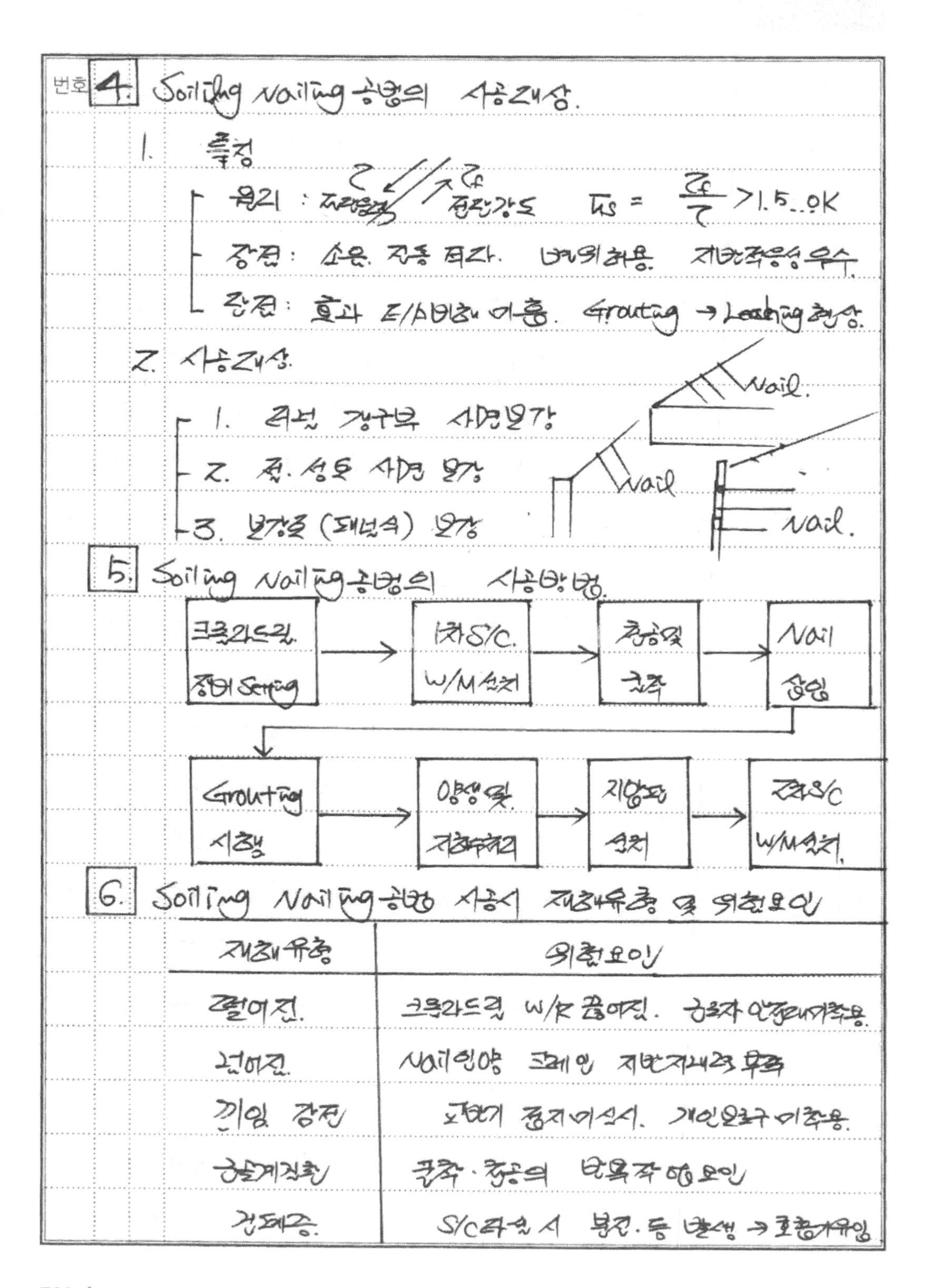

번호 4. Soiling Nailing 공법의 사용대상.

1. 특징
   - 원리: 전단응력 τ, 전단강도 τf, $Fs = \frac{\tau_f}{\tau} > 1.5$ OK
   - 장점: 소음, 진동 적다. 변위허용. 지반적응성 우수.
   - 단점: 효과 E/A비해 미흡. Grouting → Leaching 현상.

2. 사용대상
   - 1. 터널 갱구부 사면보강
   - 2. 절·성토 사면 보강
   - 3. 보강토(재보수) 보강

5. Soiling Nailing 공법의 시공방법.

크롤라드릴 장비 Setting → 1차 S/C W/M 설치 → 천공 및 청소 → Nail 삽입 → Grouting 시행 → 양생 및 지하수처리 → 지압판 설치 → 2차 S/C W/M 설치.

6. Soiling Nailing 공법 시공시 재해유형 및 위험요인

재해유형	위험요인
추락.	크롤라드릴 W/R 끊어짐. 근로자 안전대 미착용.
넘어짐.	Nail 인양 크레인 지반지내력 부족
끼임 감전	교반기 정지 미실시. 개인보호구 미착용.
근골계질환	굴착·천공의 반복작업 요인
진폐증.	S/C 타설 시 분진 등 발생 → 호흡기유입

번호 7. Soil Nailing 공법 사용의 재해예방을 위한 안전대책.

1. 크롤러드릴 등 장비 Setting
   - W/R의 안전계수 5이상 준수.
   - 작업대 수평유지 → 떨어짐 방지.

2. 천공 및 굴착
   - 흙막이재 접촉 예방 P/R (산업안전보건규칙 제66조)
   - 비산먼지 처리.

3. Nail 삽입 및 Grouting 시행
   - 양중 계획수립 시행.
   - 고압기 감전 주의 (산업안전보건규칙 제302조)

4. 지압판 설치 및 고정 S/C 사용
   - 근로자 안전대 착용 작용 - 떨어짐 방지.
   - 근로자 건폐증 방지
     - 마스크 지급. 착용
     - 건강검진 실시 (산안法 제25조)

8. Hold Point 제도를 활용한 S/N 공사재해 예방에 대한 안전관리자로서의 제언

1. S/N 작업 특성상 사면 상부 등에서 이루어져 근로자의 떨어짐과 건설기계의 넘어짐의 Hazard가 많다.

2. 기계안전관리 작업계획 → 장비 Setting 개인보호구착용 → 작업대기 관리자확인 → 작업 시행.

   - 산업안전보건법 제93조. 건설기계 관리법 제2조 및 제4조
   - 산업안전보건규칙 제38조.
   - 현장확인 ↓ Check list 작업.
   - 10월 확인 / 작업 전 안전미팅 - TBM
   - [Hold Point 단계]

3. Hold Point를 통해 공정안전관리 사전 확인을 하여 무재해 준공되도록 노력하여야 할 것이다.

문제 24 지반의 동상(凍傷)현상이 건설구조물에 미치는 피해사항 및 발생원인과 방지대책을 설명하시오.

문제14) 지반의 동상현상이 건설구조물에 미치는 피해사항 및 발생원인과 방지대책을 설명하시오.

답)

I. 개요

1. 지반의 동상현상은 0°C이하 간극수가 동결-팽창하여 지반이 융기되는 현상으로,
2. 지반침하, 도로파손, 사면무너짐, 상하수도 누수 등 피해 발생하므로 치환, 단열 등 적정 대책 필요.
3. 특히, 시공중 가설구조물(비계·동바리등) 무너짐, 건설기계 넘어짐 등 방지위한 안전조치 중요함.

II. 지반의 동상현상 검토를 위한 동결심도 결정방법

1. 현장조사
   - 동결심도계, Test pit
2. 동결심도

$$Z(\text{동결심도, cm}) = C\sqrt{F}$$

(C: 3~5, F: 동결지수 °C·day)

〈동결지수 결정방법 그래프〉

III. 동절기 수분 동결이 구조물에 미치는 영향

콘크리트	구조물공극 수분동결 → 팽창 9% → 팽창도 융기 → 반복 → 균열 열화 → 하중 → 내구성 저하
지반	흙속 Ice lense → 팽창 9% → 지반 융기 → 온도 상승 → 해빙기 융해 → 함수비 증가 → 연약화

번호 IV. 지반의 동상현상이 건설구조물에 미치는 피해사항

1. 구조물기초 - 부등침하, 균열
2. 도로 - 노면파손, 지반함몰
3. 터널 - 라이닝콘크리트 균열
4. 사면 - 절리부 무너짐
5. 매설물 - 이음부 파손 누수
6. 옹벽 - 배면토 동결 무너짐
7. 가설구조물 - 비계, 동바리, 흙막이 등 무너짐

〈동상현상에 의한 피해〉

V. 지반의 동상현상 발생원인

〈동상발생 3요소〉

VI. 지반의 동상현상 방지대책

1. 동상발생 3요소 차단 일반적 대책

치환공법	동결심도 80% 까지 비동결성 흙 치환
차단공법	모관수 차단 안정처리기층, 배수층
단열공법	EPS 등 단열재료, 열선

2. 건설구조물별 방지 대책

1) 구조물 기초 : 동결심도 하부 기초저면 위치

2) 도로 : 동상방지층, 열선포장

번호

3) 터널 - 방수시트 단열재

4) 사면 - Soil Nailing. 식생공

5) 옹벽 - 배면뒷채움. 배수시설

6) 매설물 - 동결심도 이하 설치

7) 비계·동바리 - 지반치환

<구미 00우회도로 보강토옹벽>

VII. 지반의 동상현상 대비 취약부 노사 합동점검 조치사항

(구미시 00우회도로 현장 점검 중심)

흙막이 사면부	· 안전구배 이상 확인 · 절리·균열 검사, 보강검토
가설 구조물	· 비계·동바리 기초치환 (잡석 200mm) · pump car 등 건설기계 - 넘어짐방지 철판, 깔목 등
보강토 옹벽	· 배수시설 점검·정비 · 일일점검 실시 (점검 대장 기록관리)
휴게 시설	· 휴게시설 확충 (코로나19, 한랭질환 대비) · 화재감시인 지정 관리

VIII. 맺음말

1. 지반 동상 현상은 건설구조물의 파손, 무너짐 등 재해 유발함에 따라 사전조사 및 적정 대책 수립해야 하며

2. 특히, 시공중 가설구조물 (비계, 동바리, 흙막이 등) 및 건설기계 넘어짐에 대한 안전조치 중요함.

"끝"

번호 (문제1) 지반의 동상 현상이 건설구조물에 미치는 피해사항 및 발생 원인과 방지대책을 설명하시오.

(답)

I. 개요.

1. 지반 동결심도까지의 처리가 되지 않았거나 연화된 지반 상태에서의 구조물 시공시 부등침하, 지지력 부족 발생함.
2. 동상에 의한 토압, 지지력 연약화는 건설구조물 주변의 토압 불균형을 가져와 구조물 내구성에 영향을 줄 수 있음.
3. 지지력 미확보 및 토압 불균형의 원인 제거로 구조물 안전성을 확보하여야 함.

II. 지반의 동상현상이 건설구조물에 영향을 주는 Mechanism.

지반의 형상: 동상 —(기온 0°C 이상)→ 융해 —(강우량 증가)→ 연화

구조물의 영향 형태	• Frost Heave	• Thawing	• Frost Boil
	• 지반 융기	• 지반연약화	• 지표유출

III. 지반의 동상현상이 건설구조물에 미치는 피해사항 사례

건설구조물 종류		피해사항	
교량	기초	부등침하 지지력부족	① 구조물 종방향 균열 ② 교대 파괴 ③ 교좌장치 파손
	접속부	단차발생 신축이음장치파손	① 평탄성 불량 ② 단차 ③ 교통사고

www.seoulpe.com

번호

옹벽 구조물	기초 및 벽체	부등침하 지지력 부족	① 옹벽벽체 균열, 누수 ② 전도
지중 매설물	가스관로 상·하수도	관로연결부 파손	① 가스 누출 ② 상수도·하수도관 파열 ③ 지중구조물 (지하철, 지하상가) 유출수유입, 감전.
도로 포장	노면 및 슬래브	노면융기 연약화 이음부 파손	① 포장체 균열, 파손 ② 교통사고유발

IV. 지반의 동상현상으로 인한 건설구조물 피해 원인

1. 내적원인

① 전단강도 상실

② Mat 기초 (깊은기초 부재)

③ 동절기 주요 공종 시공

〈동상의 원인〉 0℃이하지속, 동상, 물공급, 지반(실트)

2. 외적원인

① 동결·융해 반복

② 중차량 통행 → 지반 연약화 가속

V. 지반의 동상현상으로 인한 건설구조물 피해 방지대책

기술적 대책	안전관리적 대책
1. 깊은기초 (말뚝) 공법	1. 건설구조물 일상안전점검.
2. 차수공법 (Deep Well, 차수그라우팅 등)	2. 결함 발견시 정밀안전점검
	3. 주행로 정비 (치환. 철판)
3. 동절기 성토. 다짐 지양	→ 장비 전도예방

738 | 건설안전기술사

번호

4. 주간 계측 회의로 이상 유무 확인	4. 연약화된 지반 → 장비 하부 철판깔기
5. 구조물 뒷채움 쏘일 시멘트 적용	5. 계측 연계 안전관리 강화
	6. 안전한 작업통로 확보
	7. 비상 대피 통로 확보.

VI. 지반동상에서의 토공 및 구조물 작업시 안전·보건관리상 유의사항

인적관리 근로자 한랭질환	장비관리
· 고령근로자 뇌혈관질환	· 주행로 연약화 장비 전도
· 신호수 협착	· 신호수 미인식 · 협착
· 예열중 화재	· 작업통로 미끄러짐 재해
· 감전사고.	· 온열기로 인한 화재
기계·기구	작업환경

(중앙: 동절기 토공·구조물)

VII. 지반동상 및 지하유출수 결빙으로 인한 아차사고 사례

(OO-OO 복선전철 수직갱기구)

LIFT

용출수 발생

결빙 / 고드름생성

고드름낙하

작업자 재해 아차사고

TBM ← (2.6 km)

→ NATM (L=100 m)

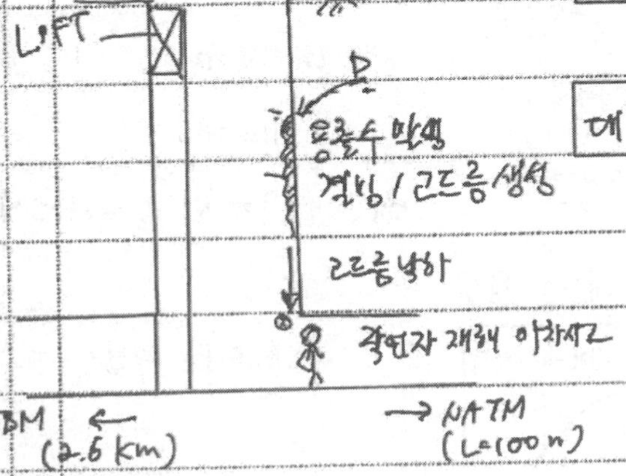

원인 ① 수직구 벽면 지하수유출
② 가물칠 결빙 및 낙하

대책 ① 열풍기 24시간 가동
② 결빙방지 내부온도상승
③ 안전관리 항목기입 및 순찰강화

"끝".

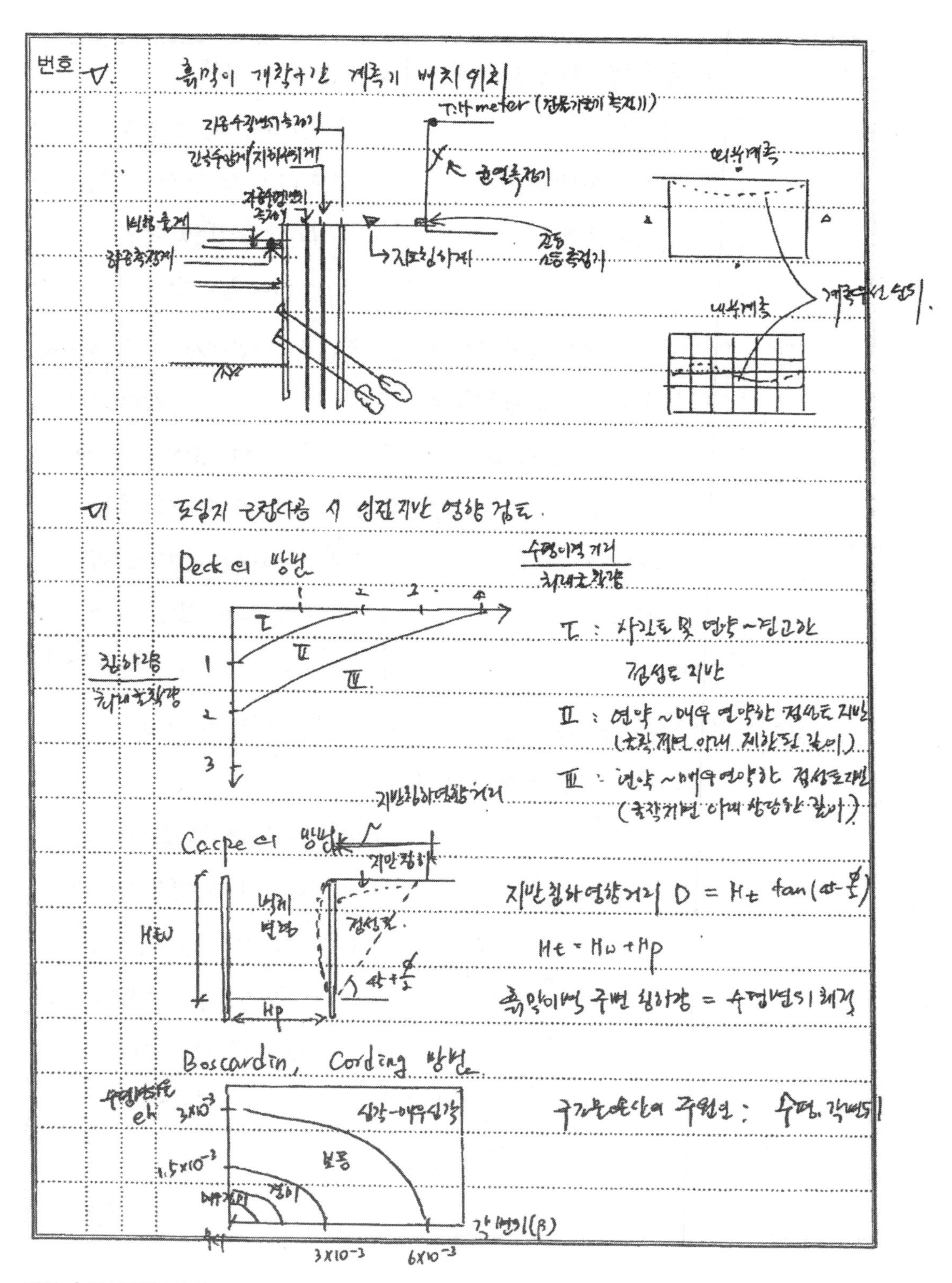
번호
Ⅴ. 흙막이 개착구간 계측기 배치위치
Tilt meter (건물기울기 측정)
균열측정기
지표침하계
외부계측
내부계측
계측단면선정
Ⅵ. 도심지 근접시공 시 인접지반 영향 검토
Peck의 방법
수평이격거리 / 최대굴착깊이
침하량 / 최대굴착깊이
Ⅰ : 사질토 및 연약~견고한 점성토 지반
Ⅱ : 연약~매우 연약한 점성토 지반 (굴착저면 아래 제한된 깊이)
Ⅲ : 연약~매우연약한 점성토지반 (굴착저면 아래 상당한 깊이)
Caspe의 방법
지반침하영향거리
지반침하영향거리 D = Ht tan(45-φ/2)
Ht = Hw + Hp
흙막이벽 주변 침하량 = 수평변위 체적
Boscardin, Cording 방법
수평변형률 εh
3x10^-3
1.5x10^-3
심각-매우심각
보통
경미
매우경미
각변위(β)
3x10^-3
6x10^-3
구조물손상의 주원인 : 수평, 각변위

번호: Ⅴ. 터널 계측기기의 배치

지표침하측정

지중침하측정

록볼트 축력측정

지중변위측정

천단의 침하측정

지중수평변위측정

내공변위측정

<시공 중 계측기기 배치의 예>

S.L

▣ 토압계

▲ 간극수압계

● 철근응력계

○ 콘크리트 응력계

✱ 3차원 내공변위계

<도심지터널 유지관리 계측기기 5점 배치의 예>

Ⅵ. 터널 유지관리 계측 측정 주기 (서울지하철)

구분	정기계측	특별계측
설치후	초기치 측정	· 지진, 홍수, 화재, 사고 등이
준공 시	종합진단	발생하거나 터널 구조물에
최초 1년	년 4회 계절별	인접하여 공사 시행시
~5년	년 1~2회	별도 계측 측정 및
5년	종합조사	분석 빈도를 조정 시행.
6년경과	매 2년마다 1회	
10년경과	매 5년마다 1회	

www.seoulpe.com

서울기술사학원

PART 09

건축 및 토목공사

합격수기

◇◇◇

1. 성명 : 최○○

2. 근무처 : ○○건설

3. 합격일 : 126회(22.01.29)

4. 응시횟수 : 3회(54.72, 51.41, 62.25)

5. 학습방법

1) 교재 : 교수님 강의노트 및 배포자료
2) 학습방법
   - 기본 : 강의노트
   - 강의노트 : 생소한 법 관련 내용 위주로 숙지
   - 배포자료 : 시사, 이슈 사항 및 트렌드 파악
   - 기타 : 안전보건규칙 만화, 사내 안전보건 교육자료
   - 공부시간 : 첫 1사이클은 무조건 학원 출석 및 강의 청취, 2시간/일(3개월), 주말 중 하루 학원 출석, 주중 점심시간 및 출퇴근시간 위주로 공부
   - 학원강의 : 일요일 실전문제 풀이
3) 126회 시험
   - 공부가 길어져 의욕도 없고 시간도 여유치 않아, 답안에 반영할 수 있는 것만 고민했습니다. (필수 법 조항 선별 암기, 공통 대제목으로 적용 가능한 현장 안전 사례)
   - 평소 답안 채우는 데는 자신 있었으나, 의외로 답안이 채워지지 않아 모식도, 문제 관련 중대재해와 그에 대한 소견으로 내용을 많이 기술하였습니다.
   - 케이스마다 다르겠지만, 문제 내용 자체에 매몰되지 않고 여러 부분을 크게 언급한 게 좋은 점수가 나온 것 같습니다.

6. 합격요인

1) 문제와 관련된 내용을 폭넓게 언급
2) 문제점 및 대책, 소견을 매 문제마다 기술
3) 최근 중대재해(광주 철거, 아파트 붕괴 등) 및 계절적(동절기) 사항을 기술

7. 감사의 글

김정태 교수님께 감사합니다. 안전에 대한 지식이 전무한 상태에서 중요한 핵심 포인트와 공부범위를 줄여주셔서 선택과 집중이 된 것 같습니다.

의심하지 마시고, 교수님과 학원 시스템을 따라가다 보면 분명 좋은 결과가 도출될 것입니다.

다시 한번 김정태 교수님과 신경수 원장님, 조준호 부원장님 및 학원 스태프 여러분들에게 감사의 말씀을 드리며, 수험생 여러분들의 건승을 기원합니다.

문제 1 철골의 공사 전 검토사항과 공작도에 포함시켜야 할 사항

문제) 철골의 공사전 검토사항과 공작도에 포함시켜야 할 사항

답)

1. 개 요 (철골공사 표준안전작업지침)

철골공사전 설계도 및 현장여건 고려 안전한 건립계획 수립 하여야 하며 공작도내 안전시설물 포함 사전제작해야 함.

2. 철골공사 작업순서별 중요안전시설 점검사항

공작도 작성 →	제작·운반 →	건립·설치 →	내화·도장
자립도	이동경로	크레인 안전	달비계·개구부
안전시설물	변形방지	화재·감전	Trap

3. 철골의 공사전 검토사항

설계도	부재형상, 치수, 중량
공작도	안전시설물, 자립도 →
건립계획	장비조합, 기간/위치
현장여건	진입로, 지반상태, 민원

< 자립도 검토 대상 >
- 높이 20m 이상
- 폭 : 높이 = 1 : 4 이상
- 철골량 50kg/m² 이하
- 이음부 현장용접 등

4. 철골공사 공작도에 포함시켜야 할 사항

1) Trap, 구명줄 걸이
2) 안전대·안전난간 부착설비
3) 브라켓 (외부비계, 화물승강)
4) 방망부재, 인양고리 등

(그림: 안전대부착·안전난간, 수직 구명줄 걸이, 안전방망 철물, 달대비계 철물, Trap)

5. 철골공사시 떨어짐 예방위한 스마트장비 적용사례 (대전OO 연결선현장)

1) 착용형 인체보호 에어백 - 떨어짐감지 자동 작동
2) 스마트 안전대 - 체결여부 통보, 경고

→ 안전관리비 반영

"끝"

번호	
	* 철골공사전 공작도 포함 사항 (안전시설)
	1. 브라켓 (외부비계 받이, 화물승강용 설비)
	2. 기둥 승강용 트랩
	3. 구명줄 설치용 고리
	4. 안전대 설치용 고리
	5. 난간 설치용 부재
	6. 방망 설치용 부재
	7. 방호선반 설치용 부재
	8. 건립에 필요한 와이어 걸이용 고리
	9. 비계 연결용 부재
	10. 양중기 설치용 보강재
	* 철골 건립전 풍압등 외력에 대한 내력 설계 확인대상
	1. 높이 20m이상 구조물
	2. 폭과 높이의 비가 1:4이상
	3. 단면구조에 현저한 차이
	4. 연면적당 철골량 50kg/m² 이하
	5. 기둥이 타이플레이트형
	6. 이음부가 현장용접

번호 (문제) 철골의 공사전 검토사항과 공작도에 포함시켜야 할 사항

(답)

I. 개요

철골공사는 중량물을 취급하고 고소작업이 이루어지므로 작업전 재해예방을 위한 안전관리를 수립, 사전 계획 및 공작도에 포함해야 함.

II. 철골공사 전 재해예방을 위한 검토사항

부재	건립	작업환경
· 부재 형상, 치수	· 건립방법, 순서	· 풍압등 외력영향
· 부재 연결 방법	· 건립 장비 선정	
	· 건립계획의 안전성확보	

III. 철골공사 전 공작도에 포함시켜야 할 사항

〈안전 시공〉
- 기둥 승강용 Trap
- 외부 비계 받이, 브라켓
- 건립용 와이어 걸이용 고리
- 안전대 설치용 고리

〈안전시설물〉
- 구명줄 설치용 고리
- 난간설치 · 방망설치
- 방호선반 설치
- 양중기 설치용 보강재

IV. 철골공사 전 검토해야 할 시공순서별 Check Point.

철골기초공사	· 기초 앙카 매입 방법, 매입형식, 깊이
부재반입	· 운반, 하역 방법, 적정 여부
철골세우기	· 인양 방법, 순서, 장비 제원, 작업자 숙련도
접합/검사	· 연결방법 적정성, 연결부 검사
철골내화피복	· 고소 작업 주의사항 준수, 안전시설물

'끝'

문제 2 철골구조물의 내화피복

문제) 철골구조물의 내화피복

답)

I. 개요

철골구조물의 내화피복은 내화성능 확보위해 실시하며 고위험 작업으로 철저한 안전보건관리 중요함.

II. 주거시설 내화성능 기준 (기둥·보)

구분	4층 이하	5~12층	13층 이상
시간 / 두께	1시간 / 13mm	2시간 / 24mm	3시간 / 35mm

III. 철골구조물의 내화피복 공법의 종류 및 특징

구분		특징
습식	내화뿜칠	비용. 분진
	미장공법	긴공기. 균열
건식 (PC, ALC판)		품질우수. 고가
합성 내화		이질재 부착 낮음

<내화 뿜칠 두께 측정위치>

<보 : ①~⑨, 기둥 : ①~⑫>

IV. 내화뿜칠 작업시 재해유형 및 안전보건 대책

재해	원인	대책
떨어짐	작업중 이동식 비계 이동	아웃트리거. 스토퍼 설치
넘어짐	뿜칠 호스에 걸림	2인1조, 정리정돈
피부병	뿜칠재 피부 노출	보호구 (방진복등), 환기

V. 내화뿜칠 등 고위험 작업 자동화 (로봇) 위한 발전 단계

1. 중소건설사 진입장벽 높음 → 정부 기술-재정 지원
2. 작업자 실업 → 재교육 - 로봇조정원 재취업 지원 "끝"

번호 (문제) 철골 구조물의 내화피복

(답)

I. 개요

철골조의 기둥, 보 등의 표면을 내화성능을 가진 재료로 감싸 내화성능을 확보하는 것이며 품질시험을 거쳐 판정함.

II. 철골 구조물 내화피복의 목적 및 공법의 종류

1. 목적
- ① 화재열로부터 철골보호
- ② 철골구조 변형 방지
- ③ 내화성능 확보
- ④ 인명, 재산의 보호

2. 공법의 종류
- ① 습식공법 : 타설, 조적, 미장, 뿜칠
- ② 건식공법 : 성형판 붙임공법
- ③ 도장공법 : 내화도료
- ④ 합성공법

III. 철골 구조물의 내화처리시 내화성능기준 만족을 위한 주의사항

시공 전	시공 중	시공 후
① 바탕처리	① 30mm 이상은 분할시공	① 두께 밀도 측정(코아)
② 작업계획서 작성	② 시공 중 박리는 재시공	② 내화시간 기준 준수

⇒ 일반건축물(기둥·보, 슬래브, 내력벽) 성능기준 만족

(12층/50m : 2~3시간
4층/20m 이하 : 1시간)

IV. 철골 구조물의 내화피복시 중점 안전관리 사항

1. 고소작업 안전교육 실시
2. 이동식 비계 설치·사용기준 준수
3. 비산방지 대책
4. 방진마스크 착용, MSDS 관리.

비산방지
개인보호구(방진마스크)
이동식 틀비계
재료 MSDS 관리.

"끝"

문제 3 철골공사의 트랩(Trap)

문제) 철골공사의 트랩 (Trap)

답)

1. 개요

트랩은 철골공사에서 근로자가 수직으로 이동하기 위한 통로로 떨어짐 재해 예방위한 안전대책 중요.

2. 철골 건립전 안전위해 철골부재에 사전부착 철물

공작도 포함사항
- 브라켓 (외부비계, 화물승강설비)
- 기둥승강용 트랩
- 구명줄 설치용 고리, 난간·방망용 부재 등

3. 철골공사 트랩의 설치기준

1) D16 이상 철근, 강봉

2) 폭 30cm 이상

3) 설치간격 30cm 이내

4) 수직 구명줄 고리 사전부착

용접설치
수직구명줄 설치고리
30cm 이내
Trap (D16 이상)
30cm 이상

<Trap 설치 모식도>

4. 철골공사 트랩 이동시 가장 빈번한 떨어짐 재해 예방대책

발생원인	예방대책
· 용접부 탈락	· 용접검사
· 안전시설 미흡	· 안전방망 설치
· 보호구 미착용	· 안전대·구명줄 체결
· 악천후 작업	· 강풍 (10m/sec)시 중지

5. 철골공사시 떨어짐 예방위한 스마트 기술 적용사례 (○○전산센터 현장)

1) 착용형 인체보호 에어백 - 떨어짐 감지 에어백 작동

2) 스마트 안전대 - 체결여부 통보, 경고

"끝"

문제 7) 철골공사의 트랩(Trap)

1. 정의

철골공사 현장에서 철골건립 작업시 근로자가 수직방향으로 이동하기 위해 설치한 수단.

2. 철골공사의 사전검토사항 및 공작도 포함사항

사전검토사항
1) 설계도, 공작도 확인
2) 건립계획 수립

공작도 포함사항
- 외부비계, 트랩, 안전대 부착설비, 와이어걸이용 부재

3. 철골공사의 트랩(Trap) 설치기준

30cm 이내
D16 강봉
30cm 이상
안전난간대
안전대 부착설비(구명줄)
추락방지망

1) 상하 30cm 이내, 폭 30cm 이상
2) 안전대 부착설비
3) 추락방지시설

4. 철골공사의 트랩 설치·사용시 위험성평가 실시예

구분	유해·위험요소	위험저감대책
인적요인	안전대 미착용	안전대체결확인
물적요인	용접불티 비산	소화기비치. 화재감시자
작업방법	Trap 간격 미준수	공작도확인. 간격준수

5. OO물류창고 철골건립공사시 화재사고 예방대책

1) 단열재 작업·용접·용단 동시작업 금지
2) 가연성/인화성 분리보관. 소화기 비치
3) 화재감시자 배치 → 화재대피유도 임무전담 "끝"

번호 문제> 철골공사의 트랩.

답>

I. 철골공사의 트랩 정의.

철골공사의 트랩은 폭 30cm 이상으로 설치하여 근로자 및 자재 등을 이동하기 위해 설치하는 가설통로를 말함.

II. 철골공사의 트랩을 포함한 가설통로의 종류 및 요구조건

구분	경사로	폭원
경사로	30° 이하	90cm 이상
가설계단	30°~45° 이하	1.0m 이상
이동사다리	75° 이하	30cm 이상
트랩	90° 이하	30cm 이상

요구조건

1. 외부 충격에 저항할 수 있는 강도 필요.
2. 부식, 변형되지 않을 것.

III. 철골공사 트랩의 안전 설치 기준.

1. 트랩의 폭 B=30cm 이상 유지
2. 강봉 인장강도 100kgf 이상 확보.
3. 용접부 → 용접 결함 방지.
4. 풍속 10m/sec 이상 저항성 확보.

* 산업안전보건기준에 관한 규칙 제23조 (가설통로구조)

용접부
취약파괴 방지
강봉
강도 100kgf 이상
강풍 10m/sec 이상 저항유지
B=30cm 이상

IV. 철골공사 트랩 설치 시 안전 및 보건관리 대책

안전대책	보건대책
근로자 안전대 착용 후 작업.	용접 작업에 따른 근골격계 질환
작업 전 추락방지 "10분전 안전미팅 TBM 시행"	→ 건강검진 실시 (산안법 제130조)
	휴게시설 설치 운영 (산업안전보건규칙 제567조)

문제 4 강구조물의 비파괴시험 종류 및 검사방법

문제) 강구조물의 비파괴시험 종류 및 검사방법

답)

1. 개 요

비파괴시험은 강구조물 손상없이 강도, 균열 등 검사하는 방법으로 내부검사 RT, UT / 외부검사 MT, PT 등 있음.

2. 강구조물의 비파괴시험 목적

· 시공중 품질평가 (건설기술 진흥법)
· 공용중 안전점검 (시설물 안전법)
⇒ 결함에 의한 붕괴 등 예방

3. 강구조물의 비파괴시험 종류 및 검사방법

	종류	검사 방법	특징
내부	방사선투과(RT)	X, γ선 투과 → 필름현상	방사선 안전관리 필요
	초음파탐상(UT)	초음파투과 반사, 균열확인	결함종류식별 곤란
외부	자분탐상(MT)	자력이용 자분모양 파악	강자성체만 가능
	침투탐상(PT)	침투액도포 직접관찰	강재부식 우려

4. 방사선투과시험(RT) 수행시 안전관리사항

1) 방사선 안전관리자, 감시인 배치
2) 작업구역 설정, 경보기 점검
3) 2인 1조 작업, 보호장구 착용

<방사선 방호 3대원칙>
· 방사선원거리 멀리
· 피폭시간 짧게
· 차폐물 설치

5. 강구조물 비파괴검사후 중대결함 발견시 관계주체 조치사항

시설물 안전법 ⇒ 비파괴검사 ⇒ 중대결함 ⇒ 사용제한

안전점검, 정밀안전진단 / 발진기, 불량부, 검파기 (UT모식도) / 2년내 보수·보강, 3년내 완료 (FMS등록)

"끝"

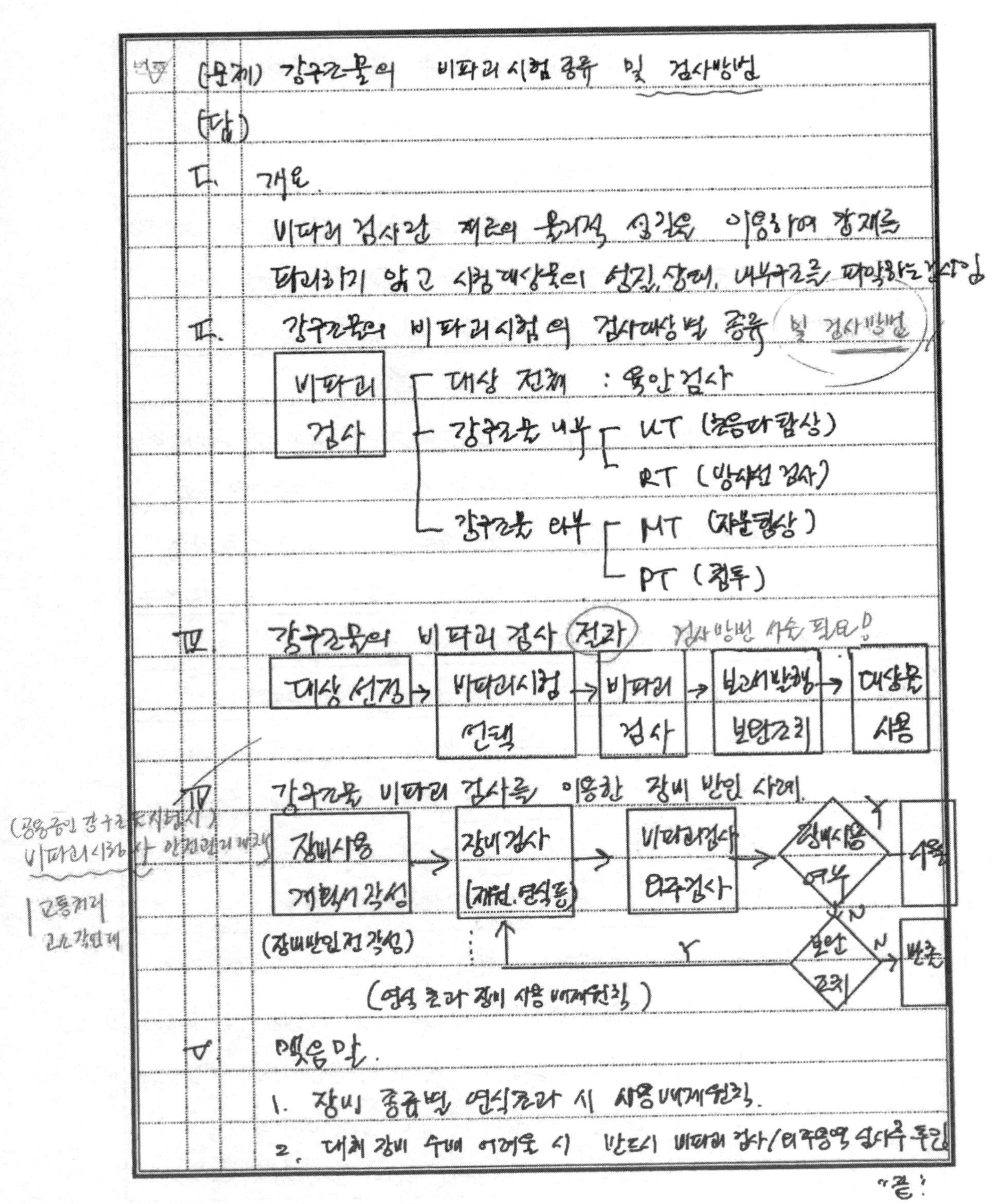

(문제) 강구조물의 비파괴시험 종류 및 검사방법

(답)

I. 개요.

비파괴 검사란 재료의 물리적 성질을 이용하여 강재를 파괴하지 않고 시험대상물의 성질, 상태, 내부구조를 파악하는 검사방법

II. 강구조물의 비파괴시험의 검사대상별 종류 및 검사방법

III. 강구조물의 비파괴 검사 절차 검사방법 서술 필요!

IV. 강구조물 비파괴 검사를 이용한 장비 반입 사례.

V. 맺음말.

1. 장비 종류별 연식초과 시 사용배제원칙.

2. 대체 장비 수배 어려울 시 반드시 비파괴 검사/외주용역 실시후 투입

"끝"

번호 문제> 강구조물의 비파괴 시험 종류 및 검사방법

답)

I. 강구조물 비파괴 시험의 정의

강구조물 비파괴 시험은 용접부 등의 결함을 확인하기 위해 시행하는 시험으로서 UT/ RT/ MT/ PT 등이 있다.

II. 강구조물의 비파괴 시험 종류 및 특징

종류	특징
초음파탐상법(UT) ┐내부	T자형 검사 가능. 비용저렴. 정확성 저하
방사선투과법(RT) ┘	보존용 기록 가능. MSDS 등 관리 필요.
자분탐상 (MT) ┐외부	정확도 우수. 강재만 사용가능.
침투탐상 (PT) ┘	비용저렴. MSDS관리. 내부검사 우수

III. 강구조물의 비파괴 시험 검사 방법 및 내용.

종류	검사방법 및 내용.
UT	$V = \frac{L}{T}$ = Km/sec 4.5이상 우수 3.5이만 불량
RT	방사선 투입 : 내부결함 검사.
MT	자석이용 : 외부결함검사.
PT.	약액침투 : 외부검사.

IV. 강구조물의 비파괴 시험의 목적 및 시험자 안전.보건대책

1. 목적 ┌ 용접결함부 파악 : Under fill. Under Cut. Blow hole
└ 정밀점검 필요여부검사 → 정밀안전진단 → 보수. 보강시행

2. 안전.보건대책 ┌ 검사전 : 개인보호구 착용 (산업안전보건기준 제32조)
└ 검사후 : 건강진단실시 (산업안전보건법 제130조)

문제 5	고력볼트 반입검사

문제) 고력볼트 반입검사

답)

I. 개요

고력볼트는 마찰력 이용 강도확보 우수하며 반입시 볼트장력 등 검사실시 및 시공시 추락, 낙하 등 재해예방대책 필요함.

II. 고력볼트 조임 순서

1차조임 → 금매김 → 본조임

- 표준 볼트장력 70% 조임
- 모든 볼트 금매김
- 토크확인법
- 너트회전법

볼트, 너트, 와셔, 금매김

<금매김 모식도>

III. 고력볼트 반입검사

1. 반입확인 : 포장상태(박스), 외관, 등급, 길이 등
2. 시험성적표 확인
3. 볼트 장력 확인 (토크확인법 활용)
   - 1차 확인 : 1Lot 마다 5set
   - 2차 확인 : 1차 NG시 동일 Lot에서 10Set
4. 검사장비 : 검교정, 정밀도 확인

IV. 철골공사 고력볼트 작업시 발생 재해유형 및 안전보건대책

재해	주요인	대책
추락	·보호구, 안전대 미착용	·안전대착용, 추락방지망 설치
	·악천후 작업	·강풍 10m/sec, 강우1mm/hr 작업중지
낙하	·보 위에 공구 방치	·현장정리 정돈
	·공구·철물 손으로 인양	·달줄, 달포대 사용
근골격계	·불편자세 Wrench 작업	·근골격계 질환예방프로그램 "끝"

문제 1) 고력볼트의 반입검사.

1. 고력볼트의 반입검사 정의 및 필요성

마찰력 이용하여 강도가 우수한 고력볼트 반입시 시방기준 등의 검사

* 필요성 : 자재인증 및 안전성 확보

2. 철골구조물의 접합방법 및 고력볼트 접합 특징

철골 접합방법		특징
1) 리벳접합	2) 용접접합	1) 화재위험 없음
3) 볼트접합	4) 고력볼트접합	2) 설비간단. 수정용이

3. 고력볼트의 반입검사

반입 확인 – ① 비산 ② 종류 ③ 길이) ④ 지름 ⑤ 등급 ⑥ 로트번호

↓

검사 성적표 – 발주조건 확인

↓

볼트 장력 확인 – 1차 / 2차 확인

(토크확인법) – 검사장비 검교정

금매김

<금매김 모식도>

4. 고력볼트 접합시 유해.위험요인 및 재해예방대책

유해.위험 요인	재해예방 대책
1) 볼트 조임시 감전재해	1) 절연보호구. 누전차단기 설치
2) 안전대 미착용 . 떨어짐	2) 안전난간대. 안전대 착용

5. 공용중 교량시설물 정기안전점검시 고력볼트 안전확보 방안 (조치사항)

고력볼트 접합부

1) 점검사항 : 진동.충격에 의한 볼트 풀림여부

2) 조치사항 : 볼트조임 및 정기적 점검 실시 등

"끝"

문제 6 용접결함의 종류

문제) 용접 결함의 종류

답)

1. 개 요

용접결함은 Crack, overlap 등 용접부에 생긴 치수상 구조상 결함으로 파괴, 변형 등 구조물 안전에 영향을 미침.

2. 용접결함에 의한 재해발생 Mechanism

용접속도, 전류불량 재료, 정밀도 불량 → 국부적손상 인장잔류응력 → 응력 부식 → 취성파괴 불리재해

3. 용접 결함의 종류, 원인, 결함 보정 방법

4. 용접결함 발견을 위한 용접단계별 검사법

1) 용접전 - 트임새, 구속법, 청소상태

2) 용접중 - 용접순서, 속도, 용접봉 재질

3) 용접후 - 외관검사 (육안), 비파괴검사 〈 내부: UT, RT / 외부: PT, MT

5. 용접시 근로자 보호위한 안전·보건 중점 관리 사항

화재	화재감시자
중독, 화상	보안면, 보안경, 환기
감전	자동전격 방지기, 누전차단기

* 가연성물질 (단열재) 와 용접 동시 작업 절대 금지

"끝"

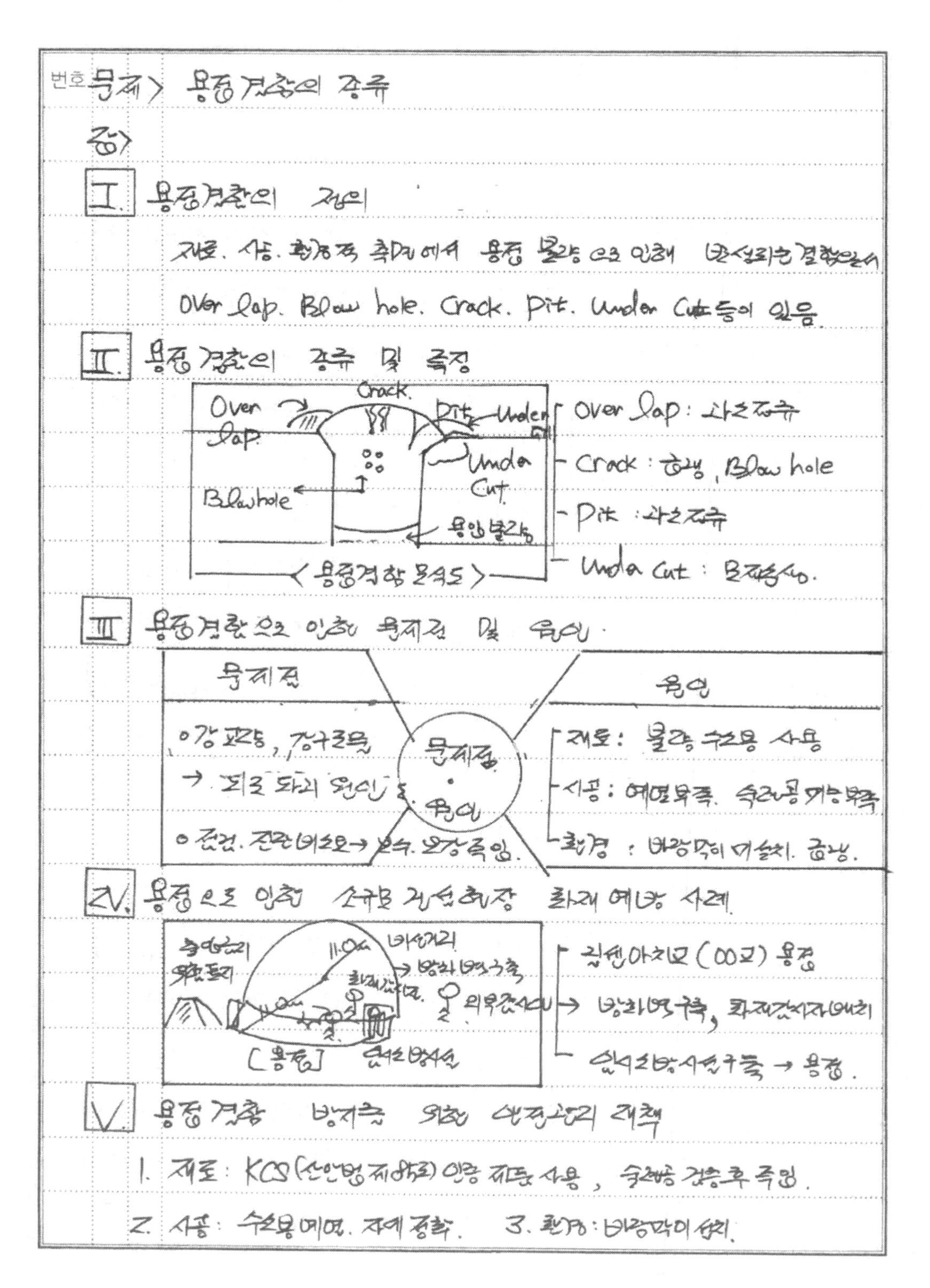

번호 문제> 용접결함의 종류

답>

I. 용접결함의 정의

재료. 사용. 환경적 측면에서 용접 불량으로 인해 발생되는 결함으로서 Over lap. Blow hole. Crack. Pit. Under Cut 등이 있음.

II. 용접결함의 종류 및 특징

- Over lap : 과소전류
- Crack : 급냉, Blow hole
- Pit : 과소전류
- Under Cut : 모재용융.

III. 용접결함으로 인한 문제점 및 원인

문제점	원인
o 강성저하, 강구조물 → 피로 파괴 원인	재료: 불량 수소봉 사용
o 균열. 진동(비드)으로 → 누수. 오장 측임.	시공: 예열부족. 숙련공 기능부족
	환경: 바람막이 미설치. 급냉.

IV. 용접으로 인한 소규모 건설현장 화재 예방 사례

- 길선아치교(OO교) 용접
→ 방화벽구축, 화재감시자배치
- 살수설비시설구축 → 용접.

V. 용접결함 방지를 위한 안전관리 대책

1. 재료: KCS(산안법 제○조) 인증 자재 사용, 숙련공 검증 후 작업.

2. 시공: 수소봉예열. 자세 정확. 3. 환경: 바람막이 설치.

문제 7 용접, 용단작업의 화재대책 방안

(문제) 용접, 용단 작업의 화재 대책 방안

(답)

I. 개요

용접·용단 작업시 비산 불티 및 인화성, 가연성 물질에 의한 화재가능성이 크므로 화재대책 방안 수립 후 작업토록 관리필요.

II. 용접, 용단 작업의 불티 비산의 예

철판두께 : 20mm
산소압력 : 5kg/cm²

작업높이 2.2m — 4.3m, 8m 비산거리
작업높이 20m — 5m, 10m, 15m 비산거리

III. 용접·용단 작업 시 화재발생 요인 및 방지대책

- 화재
  - 불꽃비산
    - ① 불티방지망 또는 방염시트 사용
    - ② 불티비산 구역 내 가연성 물질 제거
    - ③ 소화기 비치
  - 열받은 용접부 뒷면 가연물
    - ① 작업전 점검 ② 작업중 확인

IV. 용접·용단 작업시 화재 감시자 배치 기준 및 임무

배치기준	임무
1. 작업반경 11m 이내 가연성 물질	1. 소화설비 사용법 숙지
2. 작업반경 11m 이상 + 발화위험	2. 주위 소화설비 위치 확인.
3. 용접·용단 반대편 가연성 물질	3. 화재시 근로자 대피 유도.
4. 밀폐공간 작업	4. 용단 용접 작업후 30분이상 확인

"끝"

번호

<화재예방법 · 소방시설법> 제·개정 법률안 주요내용

(기존) 화재예방·소방시설 설치·유지 및 안전관리에 관한 특별법

(제정) 화재의 예방 및 안전관리에 관한 법률 (약칭 화재예방법)

(전부개정) 소방시설 설치 및 관리에 관한 법률 (약칭 소방시설법)

화재예방법	소방시설법
1. 화재의 예방 및 안전관리 기본계획 수립 ((구) 화재안전 정책 기본계획)	1. 관계인의 의무를 법률로 규정
2. 화재안전조사 ((구) 소방특별조사)	2. 건축허가 → 건축법령의 피난·방화시설 및 방화구역 적법성 검토
3. 화재예방 강화지구 ((구) 화재경계지구)	3. 성능위주설계 평가단 구성·운영 ((구) 고시 → 법률 상향)
4. 화재안전영향평가 실시 (소방청장이 법령이나 개선 필요 인정시)	4. 차량용 소화기 설치의무 (5인승)
5. 화재안전취약자에 소방용품 지원	5. IoT 활용 실시간 소방시설정보 관리시스템 구축·운용
6. 건설현장 소방안전관리자 선임	6. 기존건축물 소방시설에 자동화재 탐지 설비 추가
7. 소방안전관리자 자격증 제도 도입 (소방안전관리 대상물 취업)	7. 화재안전기준 (성능기준+기술기준) 중 기술기준 → 국립소방연구원에 위임
8. 소방안전관리자 겸직 금지	8. 소방시설 점검업체 점검능력평가 의무화
9. 불시훈련 실시 (소방훈련 및 교육 결과 소방관서 제출 의무화)	9. 기준미달 소방용품 회수, 교환 등 필요한 조치 가능.
10. 화재예방 안전진단 실시 (특별관리시설물 지정 : 공항, 철도 ...)	

문제 8 철골기둥 부등축소 현상(Column Shortening)

번호 문 4) 철골기둥 부등축소 현상(cloum shortening)

답

1. 개요

철골 기둥의 내외부 신축량 차이, 콘이부 콘크리트의 수축 등에 따른 기둥. 수직부재 축소량이 차이나는현상

2. 철골기둥 부등 축소 현상의 위험성

부등축소 현상 → Slab 처짐 / 수직마감 뒤틀림 / 배관 손상 → 물적 : 구조물 손상, 파괴 → 중대결함 / 인적 : 2차 재해 (인명피해)

3. 철골 기둥 부등축소 현상 원인

탄성 변형	비탄성 변형
· 하중의 차이에 따라	· Creep 현상
· 기둥 형태 : 크기, 높이, 단면적	· 건조수축
· 기둥 재질 : 상하부재질상이	⇒ 콘층부일수록 심화

4. 철골기둥 부등축소 현상 방지 대책(OO 빌딩 초고층 공사)

기술적
- 설계 : DFS단계 변위선반영
- 시공 : 계측관리, 현장 변위후조립

관리적
- 작업계획서, 조립도 작성
- 위험성 평가, Hold point

(회사 강사자) ←

40F / 30F / 20F — 변위량 선제반영 수정

5. 초고층 철골조 현장의 기둥부등 축소 8D BIM 관리방안

8D BIM적용 → 3D Model Data → Activity 반영 → 사전 simulation → 현장 Data Matching

문제 9 **유리 열파손**

번호(문제)(6) 유리 열파손

답)

I. 유리 열파손의 정의

유리 열파손은 중앙부와 주변부 온도 차이로 인한 팽창성 차이로 파손되는 현상으로 파편에 의한 보행자 맞음사고유발

II. 유리 열파손에 의한 재해발생 Mechanism

중앙부 온도상승

상대적 저온

압축응력

고온부 (팽창)

열파손

저온부

인장응력

중앙부 팽창 → 저온부 수축 → 응력차이 파손 → 보행자 파편 맞음

III. 유리 열파손 원인 및 특징

원인	유리 열파손	특징
· 중앙부·주변부 온도 차이		· 동절기 맑은날 오전
· 유리 국부적 결함		· 두께 두꺼울 수록
· 배면 공기순환 부족		· 색유리 주로 발생

IV. 유리 열파손 방지 대책

1. 고층부 배강도 유리 적용 (비산방지)
2. 판유리-차양막 간격 유지 (10cm)
3. 색필름, 페인트 금지

10cm 이상

5cm 이상

차양막

판유리

V. 열파손 유리 교체시 달비계 (작업의자형) 사용 안전관리 사항

1. 고정점 2개이상 견고히
2. 섬유로프 점검 → 사용금지조건
   - 꼬이거나 끊어진 것
   - 심하게 손상·부식
   - 2개이상 연결한 것
3. 로프 구명줄 보호덮개

"끝"

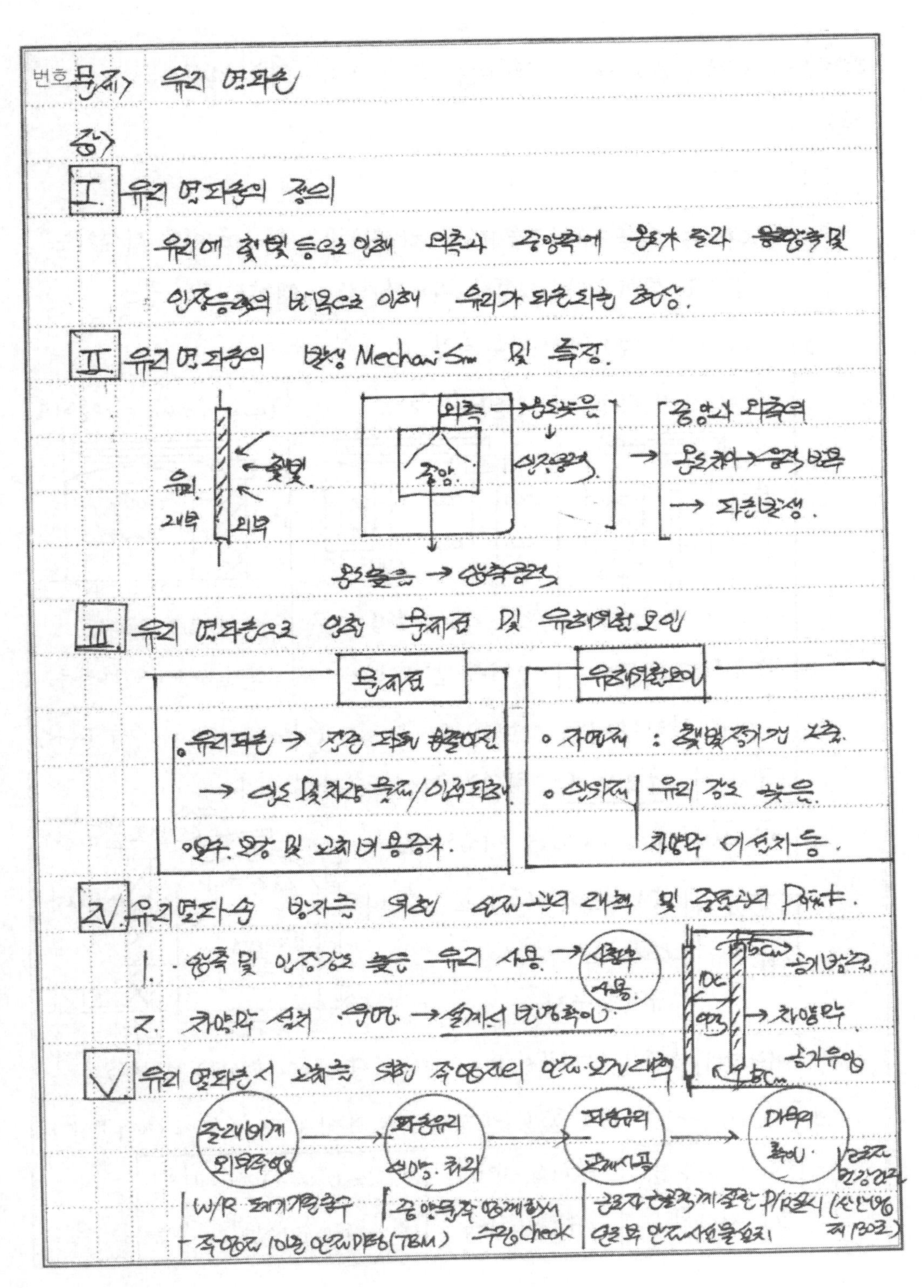
문제> 유리 열파손

답>

I. 유리 열파손의 정의

유리에 햇빛 등으로 인해 외측과 중앙부에 온도가 달라 압축 및 인장응력의 반복으로 인해 유리가 파손되는 현상.

II. 유리 열파손의 발생 Mechanism 및 특징.

III. 유리 열파손으로 인한 문제점 및 유리열화 요인

문제점	유리열화요인
◦ 유리파손 → 건물 파편 추락	◦ 자연재 : 햇빛 장기간 노출.
→ 인명 및 차량 손괴/이차피해	◦ 인위재 : 유리 강도 낮음.
안전, 보수 및 교체비용증가.	차양막 미설치 등.

IV. 유리열파손 방지를 위한 안전관리 대책 및 중점관리 Point.

1. 압축 및 인장강도 높은 유리 사용 → 시험후 사용.
2. 차양막 설치 유의 → 설계시 반영확인.

V. 유리 열파손시 교체를 위한 작업 안전·보건 대책

문제 10 CPB(Concrete Placing Boom)의 설치방식

문제) CPB (Concrete Placing Boom)의 설치방식

답)

1. 개요

CPB는 압송콘크리트를 Mast에 설치된 Boom을 이용 타설하는 장비로 설치·해체·인상시 우려되는 재해 예방대책 중요.

2. CPB의 설치방식 및 특징

Core Wall 내부	Slab 중앙	Tower Crane Mast 이용
Core Wall	Slab	Mast, LNG Tank
· Core Wall 선행가능 · 개구부 안전관리	· Core Wall 선행불가 · 개구부 안전관리	· 반경 넓은 구조물 · 설치·해체 위험성 큼

3. CPB 설치단계별 안전관리 Point (Kuwait 00 LNG Tank)

- 공통사항: 구조계산, 작업계획서, 위험성평가.
- 기초설치: Anchor Bolt 매입확인
- Mast CPB설치:
  - 악천후 중지 (10m/sec)
  - 와이어로프 점검
  - 수직도 유지
- 배관설치: 용접시 화재감시자

CPB (52M), Counter Weight, LNG Tank, 54.3M, Mast, Bracing 설치, 96.5M, 기초, 고압 pump

〈CPB (Mast형식) 설치도〉

4. CPB 구조재검토 통한 안전성 확보 사례 (Kuwait 00 LNG Tank)

당초	Mast 직접 자립식	풍하중 재검토 → 구조재해석	Tank Outer Wall에 Bracing 추가설치	변경

"끝"

문제 11 Lift Up 공법

문제 7) Lift up 공법

답)

I. 개요

Lift up 공법은 구조물을 지상에서 조립, Jack을 이용 고층으로 인양 설치 공법으로 현장 안전 Risk 저감 가능

II. Lifting 공법의 종류

구분	큰지붕 Lift 공법	Lift up 공법
개념	크레인 이용, 제작	Jack, up, strand wire, 기둥
적용성	공장 등 철골조 대지붕 건설	고층부 작업공간 협소시

III. Lift up 공법의 특징

장점	Lift up	단점
· 고소작업이 적어 안전 · 공기단축, 품질향상		· 고정밀도, 숙련도 필요 . Lifting시 하부작업 불가

IV. Lift up 공법 시공순서별 위험요인 및 예방대책

- 공통: 구조안전성 검토, 작업계획, 위험성 평가 등
- 제작·반입: 차량계 운반기계 부딪힘 - 신호수, 작업자 통로 분리
- Jack 설치: 작업대 설치시 떨어짐 - 고층부 안전난간, 방망 설치
- Jack up: strand wire 파단 - 자재검수, 계측실시
- 접합: 용접시 화재 - 화재감시자, 방화커버

V. 건설공사 안전 Risk 저감위한 모듈러공법 활용 발전과제

· 초고층 모듈러 시공기술 개발 및 초기 설비투자 정부 재정지원

⇒ 현장작업 최소화로 건설 안전성 확보 "끝"

번호 문제) Lift up 공법

답)

1. Lift up 공법의 정의.

하부에 Con'c 구조물 등을 축성하여 wire 또는 Jacking을 이용하여 상부로 이동하여 시공 하는 방법.

2. Lift up 공법의 종류 및 특징

Item	Wire rope 방식	Jacking 고정식.
원리	크레인 이용 → 인양.	하부 Jacking → 인양.
장점	사용실적 유수, 간편	정교함, 안전성 우수.
단점	재해우려 높음.	복잡, 시설비 과다.

3. Lift up 공법의 안전관리를 위한 고려사항 및 중요 Point.

고려사항
- W/R의 안전계수.
- Jacking의 압력
- 풍하중, 기상영향.

안전관리 중요 Point
- 전문가 구조검토 시행
- → 검토된 시행 계획에 따른 관리
- 중량물은 작업계획 시 검토.

4. Lift up 공법의 시공 단계별 재해유형 및 안전관리대책.

기초 Con'c 타설 → 본체 및 Rail 시공. → Jacking up → 시공 마무리.

- 부딪힘
  - → 근로자 - Pump카.
  - → 신호수 배치.
- 끼임. 떨어짐
  - 근로자 개인보호구 미착용
  - → 안전대 등 착용.
- 붕괴
  - 하중계산 오류
  - → 전문가 구조검토 시행.

5. Lift up 공정의 하중계 부착을 통한 Smart 안전관리

Rail — Jacking — 하중계 부착 → Sense → 안전관리자 원격확인 → 재해 예방.

문제 12 언더피닝 공법(Under Pinning 공법)

문제) 언더피닝 공법 (Under Pinning 공법)

답)

I. 언더피닝 공법의 정의

언더피닝은 기존구조물 기초 또는 지반 보강으로 기존구조물 보호하는 공법으로 시행전 지반조사, 시행중 계측관리 필요.

II. 언더피닝 공법의 적용성 (목적)

	적용성	
·구조물 침하 복원		·구조물 기초 지지력 보강
·인접 구조물 붕괴 방지		·기존구조물하부 지중구조물 설치

III. 언더피닝 공법의 종류

- 언더피닝
  - 지반보강 - 약액주입, CGS (Compaction Grouting System)
  - 기초보강
    - pile : Micro pile, 영구 Anchor 등
    - 기초확대·보강 : 바로받이, 보받이 등

IV. 언더피닝 공법 적용시 중점 관리 사항

1. 지반조사 및 작업계획서
2. 인접구조물, 지하매설물 조사
3. 계측 관리 (언더피닝에 의한 구조물, 인접 시설 영향)

V. 언더피닝공법 중 CGS 공법 적용시 안전보건관리 (Qatar OO plant)

* pipe rack기초 침하(90~120mm) 복원

- 안전
  - 소형천공기 끼임, 절단 → 넘어짐방지
  - 그라우팅 혼합기 덮개 → 베임방지
- 보건
  - 소음방지용 귀마개, MSDS교육
  - 온열질환예방 → 50분마다 휴식

"끝"

번호 (문제) 언더피닝 공법

(답)

I. 개요

기존 건축물의 기초보강 또는 인접 기존 건물의 침하방지 목적으로 적용하며 시공단계별 재해예방 안전대책이 요구됨.

II. 언더피닝 공법의 적용사례 및 모식도

적용사례

1. 건축물 침하, 복원 필요시
2. 건축물의 위치를 이동 시
3. 기존 건축물의 지지력 부족 시
4. 기존 구조물 하부 지중 지장물 설치시

모식도(가받이공사)

가받이

순차적 기초신설

신설 기초 (내압판)

III. 언더피닝 공법 적용시 사전조사 내용 및 작업계획서 작성 (안전보건 규칙 제38조)

사전조사	작업계획서 작성
1. 균열, 함수, 용수, 동결유무	1. 굴착방법, 순서, 토사반출방법
2. 매설물유무, 상태	2. 매설물 이설, 보호대책
3. 지하수위 상태	3. 흙막이 지보공 설치, 계측계획

IV. 언더피닝 공법시 시공단계별 재해유형, 안전관리 대책

	조사단계	굴착, 지장물보호, 이설	콘크리트 기초 그라우팅	복구
재해유형	가스관로 폭발	사면붕괴, 매몰	지반융기,	지반함몰
	지중지장물 파손	건축물 침하, 붕락	지반함몰	교통사고
안전관리대책	지하안전 평가	흙막이공 (3D 모델링)	착공후 지하안전	다짐관리
	지장물 이설, 보호	배면 차수 그라우팅	조사, 그라우팅	사후 모니터링

"끝"

문제 13	연돌효과

(문제) 연돌효과

(답)

I. 개요

연돌효과는 건물 실내외의 온도, 압력차이로 공기, 연기가 상승하는 현상으로 건물 에너지 손실, 배기불량, 화재시 고속도로 확산되는 문제가 있음.

II. 연돌효과의 개념

건물외부로 공기유출
건물내부로 공기유입
높이
외기의 절대압력
건물내부의 절대압력
중성대 (압력차 0인지점)
절대압력

III. 연돌의 기류 경로

유입부 → 상승부 → 유출부

(지하출입구, 창호) (E/V, 계단실) (개구부)

IV. 연돌효과의 문제점 및 안전대책

문제점	안전대책
1. 공기유입, 유출 → 에너지 손실	1. 지하출입구 공기유입 억제
2. E/V 문 오작동, 배기불량	2. E/V, 계단실 등 공기유출구 설치
3. 화재시 고속도 확산	3. 방화구역 설정

V. 맺음말 (시간관리 O.K → 1개 정도 재연화 되요 / 화재, 초고층은 대제목으로)

1. 초고층건물 화재 방재 시스템 구축설계시 연돌효과 고려
2. 연돌효과 및 화재 확산 속도 → BIM 활용한 사전검토 필요

"끝"

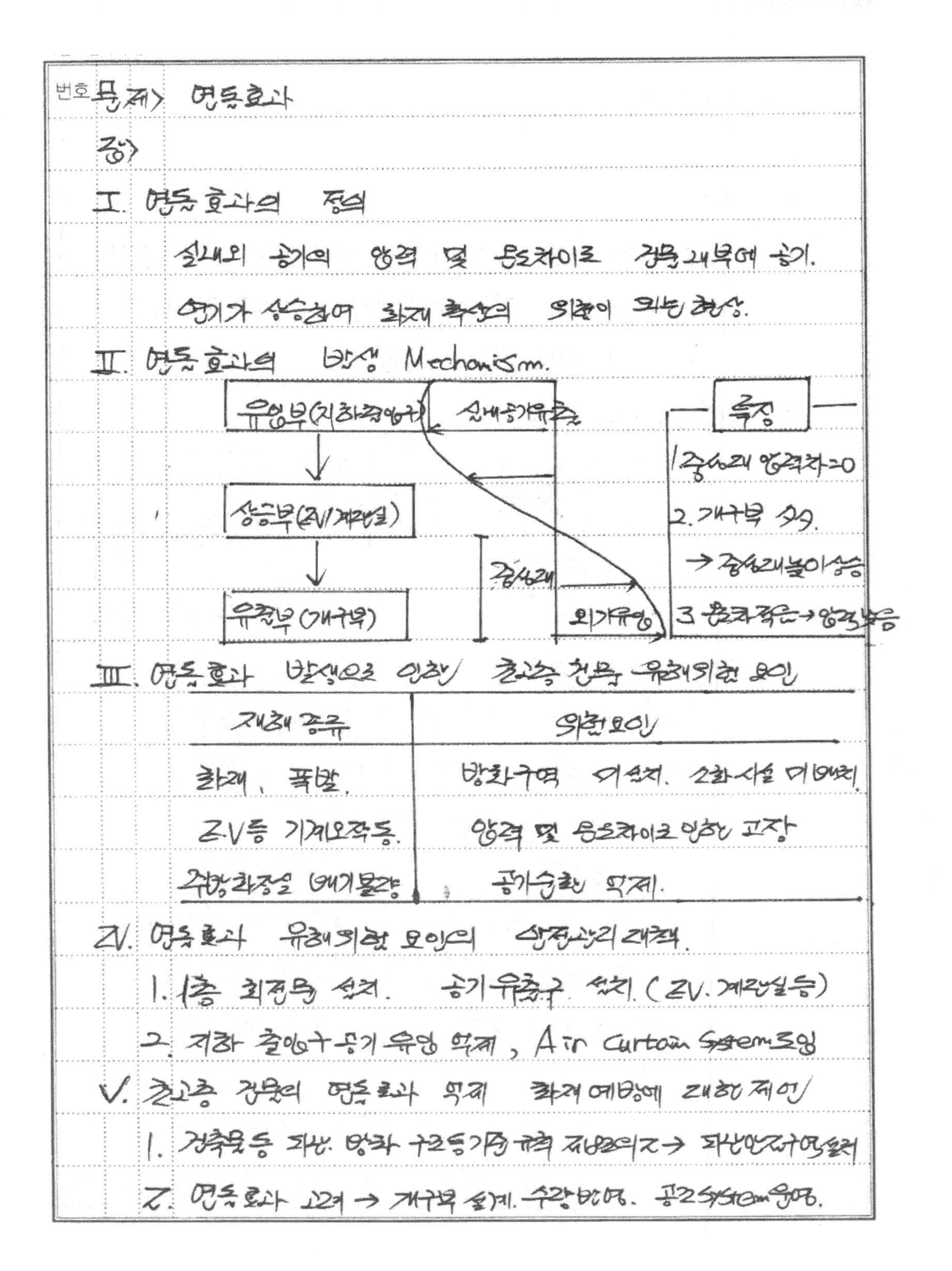

문제> 연돌효과

답>

I. 연돌효과의 정의

실내외 공기의 압력 및 온도차이로 건물내부에 공기.
연기가 상승하여 화재 확산의 원인이 되는 현상.

II. 연돌효과의 발생 Mechanism.

III. 연돌효과 발생으로 인한 초고층 건물 유해위험 요인

재해 종류	위험요인
화재, 폭발.	방화구역 미설치. 소화시설 미배치.
E.V등 기계오작동.	압력 및 온도차이로 인한 고장
주방화장실 (배기불량)	공기순환 억제.

IV. 연돌효과 유해위험 요인의 안전관리 대책.

1. 1층 회전문 설치. 공기유출구 설치 (E.V. 계단실등)
2. 지하 출입구 공기 유입 억제, Air Curtain System 운영

V. 초고층 건물의 연돌효과 억제 화재예방에 대한 제언

1. 건축물등 피난·방화 구조등기준 규칙 재검토 → 피난안전구역설치
2. 연돌효과 고려 → 개구부 설계. 수량변경. 공조 System 운영.

문제 14 초고층 건축물의 피난안전구역

번호 문제> 초고층 건축물의 피난 안전구역

답>

I. 초고층 건축물의 피난안전구역의 정의 및 목적

화재 및 폭발 발생시 임시로 피난할 수 있는 안전구역을 말함

[목적]
- 피난시간 확보
- 연돌효과 방지

II. 초고층 건축물의 피난안전구역 설치근거 및 기준

1. 설치근거
   - 초고층 재난관리법 제 18조 (피난안전구역의 설치)
   - 건축물의 피난. 방화구조등의 기준에 관한 규칙 제8조의 2.

2. 기준

초고층	준고층	고층
50층 이상/200m 이상	30~50층/120m~200m	30층이상/120m 이상

1개소/30층 피난안전구역 [초고층]

전체층수 ½에 해당하는 층 1개소 설치 [고층 – 준고층]

III. 초고층 건축물의 피난 안전구역의 설치도 및 소방시설의 종류

피난층, 2.1m 이상, 비상조명 100Lux 이상, 비상 화장실, 급수대, EV

- 소화설비 : 옥내/옥외소화전
- 경보설비 : 비상경보설비
- 피난구조 : 피난유도선 등
- 소화활동 : 제연설비 등

- 내부마감 불연재로, 특별피난계단 2개
- 내장용승강기. 화장실. 급수대. 인서방송시설. 피난시설 .비상. EV구축.

IV. Smart 기술의 IoT를 접목한 초고층 건축물의 피난안전구역의 관리방안

1. CCTV 설치 운영 → Data 수집관리 (건진법 제 62조의3 : 스마트 건설 기술)
2. 시설물 관리. 점검자. Smart Glass 촬영 → 전문가 송신 : 실시간확인
3. 원격 제어 System 이용 → 가동 및 상태 확인

문제 8) 초고층 건축물의 피난안전구역

1. 개요

50층 이상(200m 이상)의 초고층 건축물은 30층 마다 피난안전구역을 설치하여 화재시 피해를 최소화해야 한다.

2. 초고층 건축물의 피난안전구역 설치 목적과 설치기준

1) 설치목적
① 화재시 대피공간
② 연돌효과로 인한 2차피해 방지

2) 설치기준
① 직통계단 설치
② 30개층 마다 1개소 설치

30개층 1개소
피난안전구역
<초고층 건축물>

3. 초고층 건축물의 피난안전구역 구조 및 설비

1) 상·하층 단열재 시공
2) 특별피난계단 구조
3) 예비전원의 조명설비
4) 내부 마감 불연재료 ±)급수전

급수전, 단열재, 불연재료(내부마감), 조명시설, 2.1m 이상, 배연시설, 경보·통신설비, 소방시설

4. 초고층 건축물 화재발생시 피난안전구역 대피요령

화재발생·비상경보 → 피난계단 대피 → 공기호흡기등 보호구착용 → 피난안전구역 대피
- 주변알림
- 화재감지자 유도

5. 초고층 건축물 건설공사 화재예방을 위한 안전확보 제언.

1) 임시소방시설(간이소화장치, 경보) 및 화재감시자 철저
2) 스마트 안전기술 적극 활용 3) 비상대피 훈련 월 1회
① 화재감지 AI CCTV ② 화재 진압용 드론(연구중) "끝"

문제) 초고층 건축물의 피난안전구역

답)

1. 개 요

초고층 건축물의 피난안전구역은 건물내 화재, 지진등 재난 발생시 대피공간으로 통신, 소방시설등 갖추어야 함.

2. 초고층 / 준초고층 건축물의 피난안전구역 설치위치

(초고층) 50층이상, 200m이상	(준초고층) 30~49층 120~200m
30층이내마다 설치	층수 1/2 상하층 5층이내 1개소

3. 초고층 건축물의 피난안전구역 설치기준

1) 특별피난계단과 연결, 높이 2.1m이상

2) 구역내 비상용 승강기 승하차

3) 소방시설 (옥내소화전, 제연설비등)

4) 급수전, 예비전원, 통신시설등

5) 불연재료, 배연설비

4. 초고층건축물 특별피난계단 기준

1) 11층이상 (공동주택 16층이상)

2) 지하 3층이하 층

(특별피난계단 기준)

11층	특별피난계단
5층	피난계단
	직통계단
지하2층	피난계단
지하3층	특별피난계단

5. 초고층건축물 화재시 연돌효과에 의한 확산방지 위한 발전과제

- 화재시 연돌효과 고려한 설계기준 정립 필요

⇒ 비상 승강기, 피난계단 통한 확산방지구축 "끝"

문제 15 지진의 규모 및 진도

문제(10) 지진의 규모 및 진도

답)

I. 개요

지진의 강도는 정량적인 규모와 정성적인 진도가 있으며

구조물 붕괴 등 재해예방위해 내진설계·시공 필요.

II. 지진의 규모 및 진도

구분	규모	진도	<크기비교>
정의	진원의 에너지크기	지표면 진동	진도 ① > ②
측정	지진단 진폭 기록	느낌. 피해정도	
단계	1.0~9.0 이상	12단계 (I~XII)	진원 규모 ① = ②

III. 지진 발생시 구조물에 미치는 영향

지진 → [측방유동, 액상화 / 구조물균열, 낙교 등] → 시설물 붕괴 → 국가 재난

IV. 지진에 대한 구조물 안전성 확보방안 (목포~광양 00대교)

구분	내진	제진	면진	비고
개념	강성증가	진동감쇠	지진격리	PSC Box교
구성	고정단 + 교각단면증대	Damper + 상부구조철근	LRB 받침 + 상부구조철근	·4차로 ·940m
특징	비용小, 성능小	비용中, 성능中	비용大, 성능大	
선정	안전성 기준 (내진 특등급) 면진구조 적용.			

V. 지진대응위한 기존구조물 내진성능 향상위한 발전과제

1. 국내 지진 분석도, 액상화 지도 작성·보완 요구됨

2. 안전성 우수한 면진 보강 검토 필요 → 예산배정 "끝"

문제 16 건축물의 내진성능평가의 절차 및 성능수준

문제 2) 건축물의 내진성능평가의 절차 및 성능수준

1. 내진성능평가의 정의

지진으로부터 건축물의 안전성을 확보하고 기능을 유지하기 위해 내진성능을 평가하는 것.

2. 건축물의 내진성능평가의 절차

내진성능 목표설정 → 예비평가 → 상세평가 → 보고서 작성

- 재현주기별 성능수준 결정
- 대상 구조물 자료조사
- 1단계 : 선형해석 / 2단계 : 비선형해석

3. 건축물의 내진성능평가의 성능수준

성능 수준	내 용
① 기능수행 · ② 즉시복구	피해 경미 · 인명피해 없음
③ 인명보호	구조부재 손실
④ 붕괴방지	전체적 붕괴임박

(※ 내진성능평가 의무대상) 층수 2층 이상, 연면적 200m² 이상, 13m 이상

4. 건축물 내진성능 강화를 위한 보수·보강 방법

구 분	내진보강	제진보강	면진보강
목 적	지진에 저항	지진력 흡수	지진력 회피
수 단	강도저항 부재	Damper	적층고무
적용범위	제한 없음	철골구조	R.C 구조

5. 내진성능평가를 통한 필로티 구조물 내진성능 향상 방안.

(보-기둥 분리) <내진취약> → 내진성능평가 / 재현주기 100년 기능유지 → (보+기둥 연결) <내진우수>

5. 민간 건축물의 내진보강활성화를 위한 인증지원 사업 활용 제안

1) 지원내용 : 국비 60%, 지방비 30% 등 내진성능평가 비용 지원(자비 10%.)
2) 주요혜택 : 지방세 감면, 신규보험 가입시 감면 등.
3) 기대효과 : 민간건축주의 자발적인 내진보강 유도.

문제) 건축물의 내진성능평가의 절차 및 성능수준

답)

1. 개요 (시설물안전법 및 지진대책법)

지진으로부터 건축물 안전성 확보, 기능유지 위해 내진성능 평가 및 성능수준에 따라 내진보강실시

2. 건축물의 내진성능평가의 절차

자료수집 ⟶ 예비평가 ⟶ 상세평가 ⟶ 보고서

자료수집	예비평가	상세평가	보고서
설계도서검토	우선순위결정	구조성능판정	판정결과
현장조사	(취약도. 영향도등)	보강공법 적용성	보강공법

3. 건축물의 내진성능평가의 성능수준

수준 / 피해	기능수행	즉시 복구	인명보호	붕괴방지
구조손상	매우경미	경미	큰 손상	심각
설비·장비	정상가동	일부정지	손상·정지	사용불가
재사용	즉시	단기복구	장기복구	불가

4. 건축물의 내진성능향상 위한 내진, 제진, 면진 구조 비교

구분	내진	제진	면진
개념	지진력 저항	지진력 흡수	지진격리
방법	부재보강. 강성	마찰. 오일댐퍼	적층고무. LRB
특징	비용·성능 小	비용·성능 中	비용·성능 大

5. 건축물 내진성능향상 위한 제언

1) 지진대책법, 시설물안전법 등 내진관련법 일원화 필요

2) 안전성 우수한 면진개념 보강 접근필요 → 예산배정 "끝"

문제 17 건축 및 토목 구조물의 내진, 면진, 제진의 구분

문제 10) 건축 및 토목구조물 내진, 면진, 제진의 구분

답)

I. 개요

지진으로부터 구조물 안전성 확보, 기능유지 위해 내진설계 및 내진평가에 따라 내진보강(내진, 면진, 제진등) 실시

II. 건축 및 토목구조물 내진성능평가 절차

자료수집 → 예비평가 → 상세평가 → 보고서

- 자료수집: ·설계도서 검토 ·현장조사
- 예비평가: 우선순위결정 (취약도, 영향도 등)
- 상세평가: ·구조성능판정 ·보강공법 적용성
- 보고서: ·판정결과 ·보강공법

III. 건축 및 토목구조물의 내진, 면진, 제진의 구분

구분	내진	면진	제진	비고
개념	강성증가	지진격리	진동감쇠	목포~광양 00대교 (PSC Box교 4차로 940m)
구성	고정단 + 고강단면증대	LRB 받침 + 사부구속 철근	Damper + 사부구속 철근	
특징	비용·성능 小	비용·성능 大	비용·성능 中	
선정	안전성 기준 (내진특등급) 면진구조 적용			

IV. 지진발생직후 구조물에 대한 관리주체 조치사항

긴급점검 → 정밀안전진단 →(결과 통보)→ 관리주체 →(이상 없음)→ 유지관리

관리주체 →(중대결함 (사용제한))→ 보수·보강

- 긴급점검: 액상화, 균열 등, 구조검토
- 정밀안전진단: ·필요시

V. 지진대응위한 기존시설물 내진성능향상위한 제언

1. 지진재난대책법, 시설물 안전법 등 내진관련 법 통합필요.
2. 안전성 우수한 면진개념 보강 접근 필요 ⇒ 예산배정 "끝"

번호 (문제) 건축 및 토목구조물의 내진, 면진, 제진의 구분.

(답)

I. 개요

건축 및 토목구조물의 지진에 대한 안전성을 갖기 위한 방법으로 크게 내진, 면진, 제진으로 구별함.

II. 건축 및 토목구조물의 내진, 면진, 제진의 구분

	내진	면진	제진
기본 원리	구조부재 자체 → 지진력 저항	면진장치가 → 지진력 전달방지	제진장치 → 지진에너지 흡수
시공성	보강면적 넓음	면진층에 집중	설치 자유로움.
경제성	비경제적	고가(비용절감가능)	경제적
효과	대지진 이후 보수/보강 필요	대지진 이후에도 면진장치 점검수준	대지진 이후에도 제진장치 점검수준

III. 건축 및 토목구조물의 지진저항성 보강 방안 및 기대효과

내진보강 : 강도저항부재 배치 → 연성 개선, 저항력 증가

면진보강 : 면진장치(적층고무, 베어링) 사용 → 저감효과

제진보강 : 댐퍼 설치 → 제진에 의한 응답제어

IV. 건축 및 토목구조물의 지진에 의한 예상되는 피해방지대책

기술적 대책	지반입도개량, 발생원 저감(트렌치), 배수공법
일반적 대책	대피통로, 대피공간 마련, 비상대응훈련(1회/월)

V. 맺음말

1. 최근 한반도 지진사례 → 국내 구조물 내진기준 강화 재검토 필요.
(제주지진, '22.4.9 - '21.12.14).

"끝"

번호 (문제10) 건축 및 토목 구조물의 내진, 면진, 제진의 구분

(답)

1. 개요

지진 발생으로 인한 건축 및 토목구조물의 붕괴 등 재해 예방을 위해 내진, 면진, 제진 사용을 하여야 함.

2. 건축 및 토목 구조물의 내진, 면진, 제진의 구분

구분	내진	면진	제진
개념도			
정의	지진력 저항	지진에너지 회피	지진에너지 흡수
특징	진동이 크고 피해 증가	· 지진으로부터 피해 최소	· 지진후 복구 용이

3. 건축 및 토목구조물 지진 인한 중대결함 발생시 조치사항

정밀안전점검 / 긴급안전점검 → 정밀안전진단 → 중대한 결함 → 보수 보강

↳ 비파괴 · 시료채취 ↳ 파괴/비파괴 ↳ 관리주체 통보

* 긴급안전조치 실시 : 사용제한, 출입금지표지 설치

4. 스마트 안전기술 활용 통한 시설물 안전강화 사례 (OO 국제공항 여객터미널 관리 사례)

[드론, AI CCTV / 자동변위측정센서] + IoT 통신 ⟹ (실시간 모니터링 / 위험 예측 가능) "끝"

문제 18 기둥의 좌굴

문제) 기둥의 좌굴 (Bucking)

답)

I. 개요

기둥의 좌굴은 세장비가 큰 기둥이 압축력에 의해 횡방향으로 변형되는 현상으로 무너짐 원인됨에 따라 보강 필요.

II. 기둥의 좌굴 검토 필요 구조물 및 좌굴 영향요인

구조물		영향요인
가설구조물 - 흙막이, 비계, 동바리 등	· 설계(보강 미반영)	
영구구조물 - 필로티 구조물	· 세장비, 집중하중	
고고각 교량 등	· 지진, 화재	

III. 기둥의 좌굴에 대한 안전성 검토 (오일러의 좌굴 하중)

$$P_{cr}\ (\text{좌굴하중}) = \frac{\pi^2 \cdot E \cdot I}{(KL)^2}$$

E : 탄성계수 I : 단면2차 모멘트
K : 유효좌굴길이계수 L : 부재길이

→ P_{cr} 이상 부재 작용시 좌굴 발생

IV. 기둥의 좌굴방지 안전대책

법·제도적	설계안전성 검토, 가설구조물 안전성 확인 등
기술·공학적	가설구조물 : 스티프너, 수평연결재 등 기둥구조물 : 띠철근, 벽체기둥 일체구조, 내진적용 등
유지관리적	- 안전점검/진단 준수, 내진성능평가 및 조치

V. 내진성능 평가에 의한 기둥좌굴방지 보강사례 (○○문화회관)

• 내진성능평가 실시 결과

→ 벽체 : 브레이스 설치
기둥 : 강판 단면보강

600
600
기둥
← 보강강판 (20t)
← 보강철근 (H25)
← 보강철이음
추가콘크리트 타설

"끝"

문 제1(2) 기둥의 좌굴

1. 정의

압축력을 받는 기둥이 최대 압축응력에 도달하기 전 옆으로 휘면서 내력을 잃어가는 현상

2. 기둥의 좌굴검토 필요구조물 및 영향요인

필요 구조물	영향요인(원인)	※오일러 공식
· 흙막이, 비계, 동바리 · 필로티 · 고세장 구조물	· 세장비 · 집중하중 · 지진 · 화재	$P=\frac{\pi^2 EI}{(Kl)^2}$ (l: 길이, k: 상수, I: 단면2차모멘트)

3. 건설현장 구조물 기둥의 좌굴 방지대책

구분	방지대책	비고
설계	가설구조물 구조안전성 · 내진설계	※시설물 안전법 중대결함 항목)
시공	조립도 준수 · 수평재 설치 Stiffner, 고강 면진 받침(지진대비)	
유지관리	내진성능평가 · 시설물 정밀진단	

4. OO빌딩 기둥 좌굴에 의한 중대결함 발생시 점검절차

긴급 안전점검 → 정밀 안전진단 → 상태 평가 (※필요시 시설물 사용제한 및 주민대피)

- 내력손상
- 기둥재료분리 — 현장조사 · 재료시험 — 등급

5. 필로티 구조에서 발생되는 기둥의 좌굴 보강방법 제안

"끝"

문제 19 필로티 구조물

문제 11) 필로티 구조물

답)

I. 개요

필로티 구조물은 1층기둥만으로 건물 하중지지하고 외벽이 개방된 구조로 공간확보 장점있으나 지진, 화재에 취약.

II. 필로티 구조물의 종류

기둥·건물 분리형	기둥·건물 일체형
건물 / 1층기둥	건물 / 1층기둥
⇒ 지진에 불리 (국내 대부분 시공)	⇒ 지진에 상대적 유리

III. 필로티 구조물의 재해 취약성

1. 지진취약 - 분리형 ┃ 지진 발생시 하중전달 곤란 / 기둥에 따라 수평력 ┃ → 불리
2. 화재취약 - 사방으로부터 공기유입 → 화재확산
3. 설계미흡 - 띠철근 부족 (내진설계 미흡)

IV. 필로티 구조물의 구조적 안전성 확보 방안

1. 구조변경 - 기둥 건물 일체형 적용
2. 내진보강 [띠철근 추가 보강 / 기둥 내부 오수배관 설치금지
3. 화재 - 내화설계적용

V. 필로티 구조물 안전관리 대폭 강화 시행 (포항지진대책)

3층 이상 | 설계·감리시 → 전문가 확인 (구조기술사 등)
| 철근 시공 현황 촬영 기록

"끝"

'22.12.18(日) 실전대비

문제 11) 필로티 구조물

답)

1. 정의

필로티 구조물은 상부구조물과 기둥이 분리되어 지진 발생시 문제가 된 구조로 화재취약 내진보강이 필요함.

2. 필로티 구조물의 구조적 특징 및 문제점

필로티 구조물	내진 보강 - 내진설계
트랜스퍼층, 기둥↔보 분리, 분리, column	트랜스퍼층, Slab, 일체타설, 기둥+보+스라브, column, Girder
<V.H 분리 타설>	<V.H 일체 타설>

3. 필로티 구조물의 구조적 유해위험 요인

① 필로티 화재 → 제천화재 → 연돌효과 확산

② 필로층 Slab → 단열재 가연성(압출형)

③ 건설中 대형차량 통행 → 피로누적

4. 필로티 구조물의 안전관리 대책

① 단열재 불연성 도입

② H: 4m이상 Column → 수평 Girder 설치

③ V/H 일체(동시) 타설, 구조적 일체

5. 필로티 구조물 화재 및 내진보강 사례(동탄 OOB/L APT)

① PF 단열재 <내화 15분 - 준불연> 천장 시공

② 내진: 기둥과 기둥 사이 수평보 배치 - 트랜스퍼층

끝.

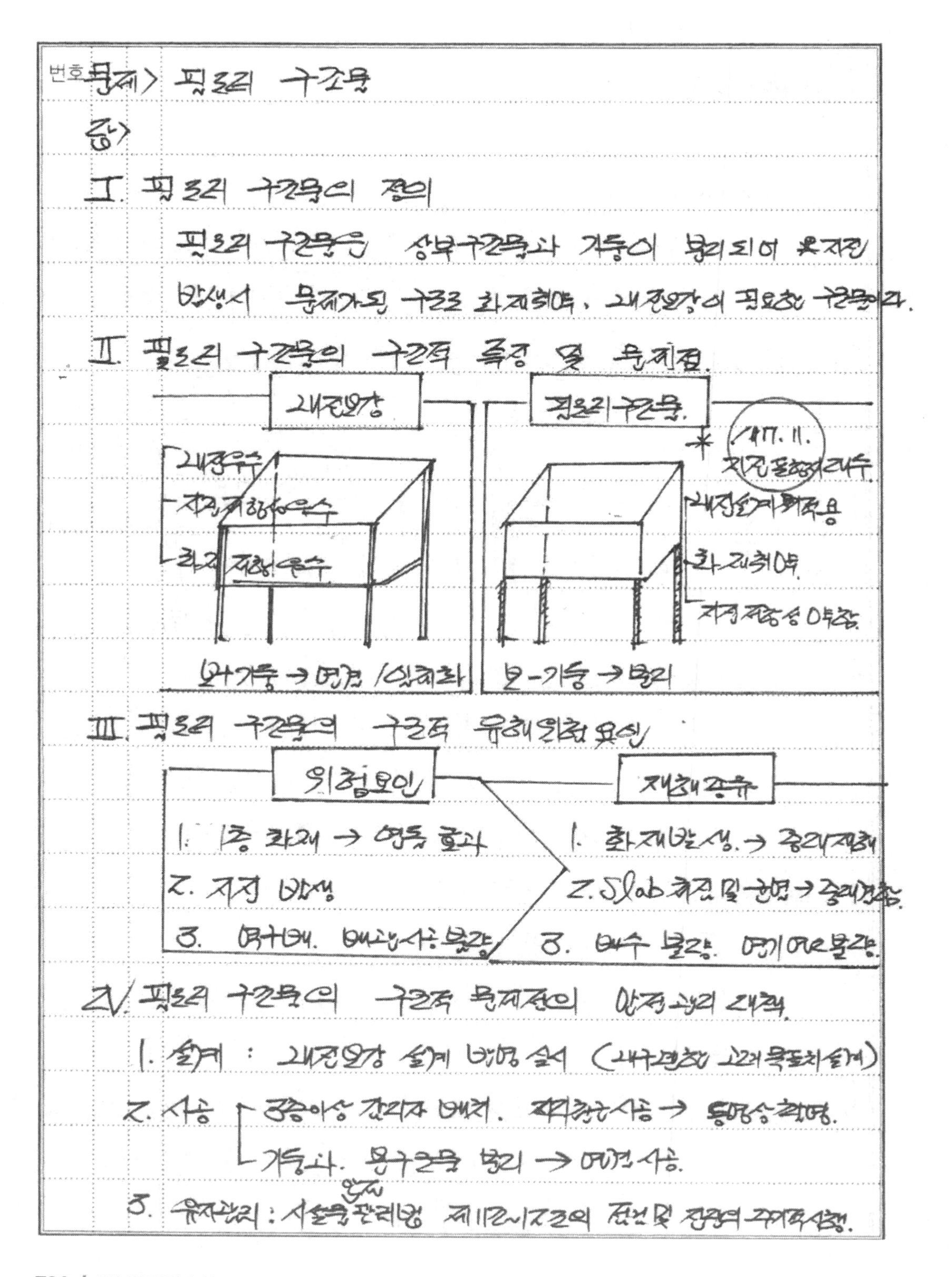

번호 문제> 필로티 구조물

답>

I. 필로티 구조물의 정의

필로티 구조물은 상부구조물과 기둥이 분리되어 지진 발생시 문제가 된 구조로 화재취약, 내진보강이 필요한 구조물이다.

II. 필로티 구조물의 구조적 특징 및 문제점

III. 필로티 구조물의 구조적 유해위험요인

위험요인	재해종류
1. 1층 화재 → 연돌효과	1. 화재발생 → 중대재해
2. 지진 발생	2. Slab 처짐 및 균열 → 중대재해
3. 여가배. 배관사용 불량	3. 배수 불량. 연기배출 불량.

IV. 필로티 구조물의 구조적 문제점의 안전관리 대책

1. 설계 : 내진보강 설계 반영 실시 (내구연한 고려 목표치 설계)

2. 사용 ┌ 3층이상 관리자 배치. 지하층은 사용 → 통행상 확인.
└ 기둥과 몸구조물 분리 → 연결 사용.

3. 유지관리 : 시설물안전관리법 제11조~12조의 점검 및 진단의 주기적 시행.

문제 20	고층 건축물의 피난안전구역의 개념과 피난안전구역의 건축 및 소방시설 설치 기준에 대하여 설명하시오.

번호 문) 고층 건물의 피난안전구역의 개념과 피난 안전구역의 건축 및 소방시설 설치기준에 대하여 설명하시오.

답)

I. 개요.

1. 고층건물 특성상 화재 등의 재해 위해 요인이 우려가 높아, 피난안전구역의 설치는 반드시 필요하며,

2. 소방시설 및 피난·방화구조 등의 규칙에 의해 높이 기준 및 배치 계획, 건축, 피난, 소방설비 등 설치하는 기준이 있다.

3. 무엇보다도 공용중 및 시공중에 발생할 수 있는 화재에 대비해 관리함이 중요하다 할 것이다.

II. 고층 건물 시공 시 발생하는 재해의 특징.

- 추락사고 위험 높음 * 최근 399건/고용노동부 제공.
- 사망 발생 등의 중대 재해사고 발생.
- T/C. Lift 등의 추락·낙하·전도 등 건설기계 재해 높음.
- 공기 단축을 위한 동시작업 우려 높은 화재. 폭발 화재.

(중앙: 고층건물 시공의 재해특징)

III. 고층 건물 시공 시 안전관리자로서 확인해야할 중점 Point.

1. 건설기계의 안전성: T/C. Lift. CPB 등 설치.

2. 근로자 추락 등 중대재해 발생 위험요인.

3. 보행자 및 차량 등 주변지역 안전 확보.

4. 안전계획 수립. 작업전 위험공정 10분전 안전확인-TBM

번호 IV. 고층건물의 피난 안전구역 개념.

1. 화재. 폭발 위험시 대피할 수 있는 공간
2. 방음/방진 시설 갖춤
3. 조명 150Lux 이상
4. 식수대. Bed 등 비상연락 장치 구축.
5. E/V 등 이동 수단 장치 구축.

방음/방진시설.
150Lux 이상
2.1m
Bed 식수대.
비상 연락 장치.

V. 고층건물 피난 안전구역의 건축 설치 기준.

1. 근거: 피난 및 방화 구조 등의 기준에 관한 규칙 제8조의2 (피난시설 설치).
2. 설치 기준.
   - 높이 2.1m 이상 확보.
   - 조명 150Lux 이상 확보.
   - 식수대. Bed. 비상 연락장치 구축. E/V 등 비상이동수단 구축

VI. 고층건물 피난안전구역 소방시설 설치 기준.

1. 근거: 소방시설법 제15조의2 제2항 및 제3항. (소방시설 설치).
2. 설치기준

종류	대상	내용
소화기.	건축허가 대상	소화기.
간이 소방시설	연면적 3,000㎡ 이상 무창층	옥내소화시설.
비상소방시설.	연면적 400㎡ 이상	자동소화시설.
경보유도시설.	연면적 150㎡ 이상.	비상 안내등. 유도등

번호 VII. 고층건물 화재발생에 따른 중점 안전관리 사항.

시공 중	공용중
1. 동시작업 금지 (용접 + 우레탄 사공)	1. 「소방시설법」에 따른 화기 배치 점검 및 이상유무 확인
2. 가연재 사공 공정 전 1회/일 → 화재훈련실시 → 안전관리 측정개선사항.	2. 스프링 쿨러 등의 작동상태 확인 후 → 보수 조치.
3. 화재감시자 역할 배정 시행.	3. 화재 경중 감독관리자 정기적 교육 시행.

VIII. Smart 장비를 활용한 고층건물의 화재안전관리 제언

1. 화재 발생. → [연기 발생. / 산소농도(O_2) 18% 미만] → IoT 활용 원격감지.

2. 건물 화재감지자 → 음성 방송 → 주민 및 이용자 피난안전구역 대피.
   PDA / Cell Phone 확인,

3. 건설기술 진흥법 제62조의 3 규정에 의거 시공중 스마트 장비를 구축 지원하여 시설물 안전관리법에 의하는 안전 유지관리가 중요하다 할 것이다.

문제 21	창호와 유리의 요구성능을 각각 설명하고, 유리가 열에 의한 깨짐 현상의 원인과 방지대책에 대하여 설명하시오.

번호 문제) 창호와 유리의 요구성능을 각각 설명하고,
유리가 열에 의한 깨짐 현상의 원인과 방지대책에
대하여 설명하시오.

답)

1. 개요.

1. 창호의 요구성능 중 대표적으로 외력에 대해 비틀리거나 부식이 없어야 하며, 유리의 요구성능은/ 구조적 / 시공적 / 유지관리적 성능이 있다.
2. 유리가 열에 의해 깨지는 원인으로는 내·외부 온도차, 가공적 시공 중과 유지관리 미흡에 따른 원인이 있다.
3. 방지대책으로는/ KCS 기준 취득의 제품을 시공 중 충격을 관리를 통해 정기적 점검과 관리를 통해 방지할 수 있다.

2. 창호와 유리 파손시 사전조사 및 작업계획수립

	사전조사	작업계획
산업안전보건기준에 관한 규칙 제38조	파손형태.	장비진입계획
	파손원인	중장비 주행계획
	제품종류 측정	보행자 및 차량안전확보

3. 창호와 유리 파손시 처리 flow 및 내용.

접근금지 위험표시 설치
↓
이동식 크레인 등 장비 배치, 근로자 보호
[교통통제. 보행자 안전확보]

파손 창호. 유리 철거 및 폐기처리
[성상별 폐기물 처리]
↓
원인조사 → 교체실시.
[내적 / 외적 원인]

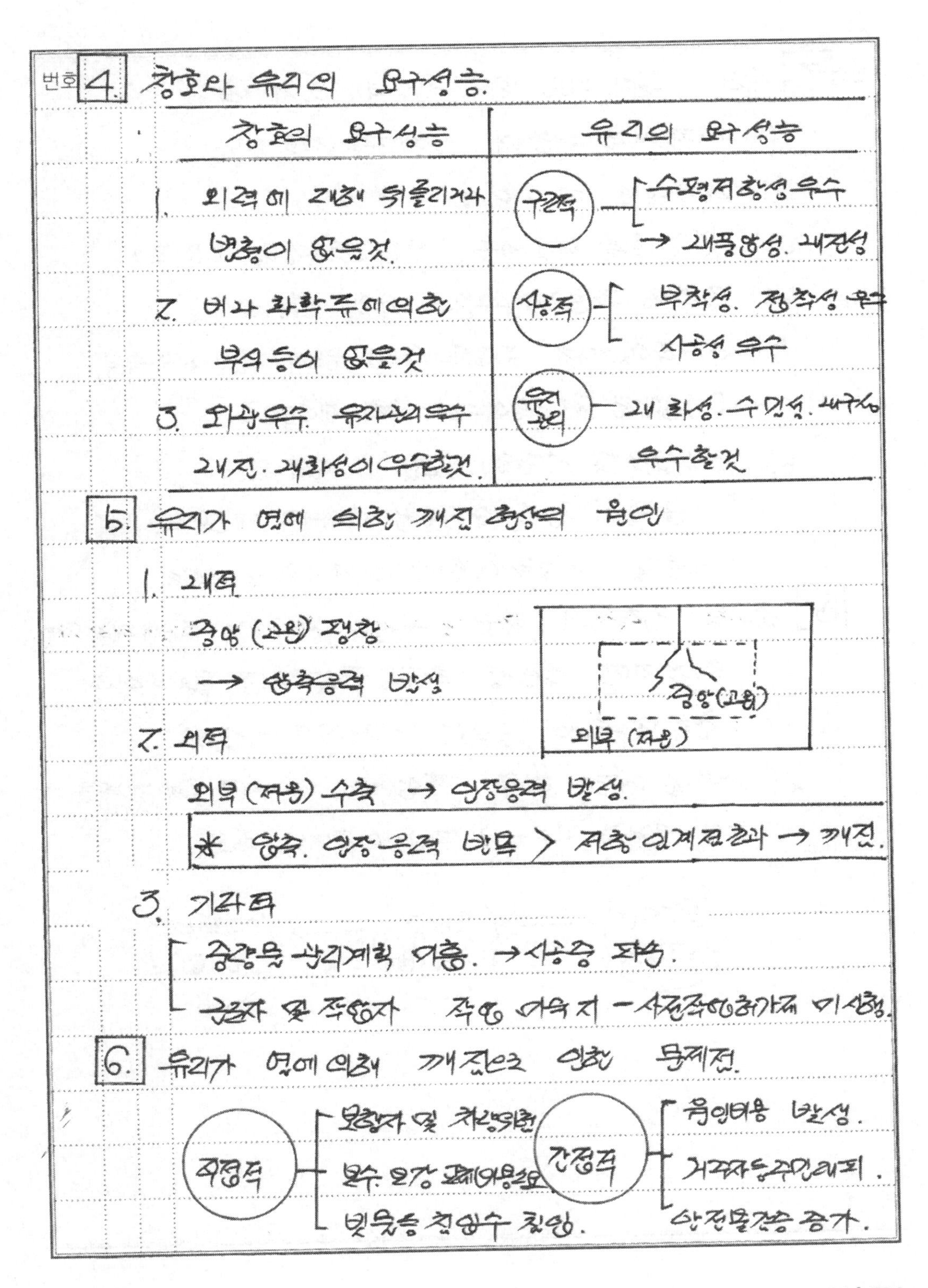

번호 4. 창호와 유리의 요구성능

창호의 요구성능	유리의 요구성능
1. 외력에 대해 뒤틀리거나 변형이 없을것	구조적 ─ 수평저항성 우수 → 내풍압성, 내진성
2. 비나 화학류에 의한 부식등이 없을것	사용적 ─ 부착성, 접착성 우수, 시공성 우수
3. 외관우수, 유지관리우수, 내진, 내화성이 우수할것	유지관리 ─ 내화성, 수밀성, 내구성 우수할것

5. 유리가 열에 의한 깨짐 현상의 원인

1. 내적
   중앙(고온) 팽창
   → 압축응력 발생

2. 외적
   외부(저온) 수축 → 인장응력 발생.

   * 압축, 인장 응력 반복 > 저항 임계점초과 → 깨짐.

3. 기타적
   - 중장비 관리계획 미흡. → 시공중 파손.
   - 근로자 및 작업자 작업 미숙지 - 사전작업허가제 미시행.

6. 유리가 열에 의해 깨짐으로 인한 문제점.

직접적
- 보행자 및 차량피해
- 보수, 보강 교체비용소요
- 빗물등 침입수 침입.

간접적
- 유지비용 발생.
- 거주자등 주민피해.
- 안전불감증 증가.

번호 7. 유리가 열에 의한 깨짐 현상의 방지대책.

1. 내진개념 도입의 설계기준 제로 시공.
2. 내풍압성 및 수밀성 시험 실시.
3. KCs 취득 제품 사용 (산업안전보건법 제84조).
4. 중량물 작업계획 수립에 의한 시공 실시.
5. 사전작업허가제 도입을 통한 근로자 작업내용 숙지.
→ [산업안전 보건 기준에 관한 규칙 제35조]
6. 정밀점검 및 진단을 통한 관리 철저
[시공 중 : 건설기술 진흥법 시행규칙 제59조.
  공용중 : 시설물 안전관리법 제11조 ~ 12조.

8. 초고층 건축물의 창호 및 유리의 내진설계 도입에 대한 제언

1. 해안 지역 특성상 해풍. 풍압. 태풍 등으로 인해 창호 및 유리의 뒤틀림과 깨짐이 발생함.
2. 건축법 개정에 따라, 풍압 시험 및 내진설계 개념을 도입 설계후 시공 → 재해 안전예방 확보.

(풍압시험 내진설계) → (점검및 시공시행) → (재해안전 관리효과)

번호 7. 유리가 열에의해 깨진 현장의 보수작업 단계별 안전관리 Point

작업단계	재해유형	위험요인	안전관리대책.
장비반입	끼임.	신호수미배치	신호수배치 등.
고소작업	추락 떨어짐	안전대 미착용	안전대 착용 과상승방지장치설치.
자재운반	자재 떨어짐.	중량물 초과.	중량물 작업계획서
폐기처리	베임.	안전장갑 미착용	안전장갑 착용.
마무리	근로자 근골격계	같은 작업자세의	근골격계 예방 P/R시행.
	질환 발생	반복 작업	(산업안전규칙 제663조)

8. 초고층 건물의 유리 깨짐 현상 방지에 대한 제언.

1. 초고층 건물의 위치. 높이 특성상 풍압이 크며 열복사 전도율이 커 창호 및 유리에 안전문제를 유발.

2. 설계 및 구조검토 시 풍압 시험. 기밀시험. 내진설계 등을 고려하여 시공 할 경우 유리 깨짐을 저하된다고 생각됨.

풍압시험 내진시험 —OK 검토→ 창호 및 유리사용 ——→ 창호변형 없음. 유리깨짐 없음.

문제 22 건축구조물의 부력 발생원인과 부상방지 공법별 특징 및 중점안전관리대책에 대하여 설명하시오.

문제) 건축구조물의 부력 발생원인과 부상방지 공법별 특징 및 중점안전관리 대책에 대하여 설명하시오.

답)

1. 개요

1) 건축구조물의 부력발생 원인은 지하피압대수층, 집중호우에 따른 지하수위 상승, 자중부족 등 있으며

2) 부상 방지 공법으로는 부력저항 (사하중 증대, Rock Anchor), 부력감소 (영구배수) 방법 등 있음.

3) 부상 방지공법 시공은 주로 지하에서 이루어짐에 따라 사전 안전보건대책 수립 및 준수하여야 함.

2. 건축구조물 부력발생시 불안정 조건 및 문제점

W (자중) ↓, F (마찰력) ↓, U (부력) ↑

U > (W+F) : 불안정

문제점
· 구조물 균형상실
· 지하누수, 마감재 손상
· 지반침하, 변위
→ 균열, 붕괴유발

3. 건축구조물의 부력발생 원인

내적	외적
· 지하피압 대수층	· 지반조사 미흡
· 지하수위상승	· 부력 검토 미흡
· 인근 상·하수누수	· 유입수 미처리
· 건축물 자중부족	· 계측 미실시

(중앙: 부력 발생)

4. 건축구조물 부상방지 공법별 특징

구분	부력 저항 방식		부력감소 방식
	사하중 증대	Rock Anchor	영구 배수
개념도	자갈 채움 두께 증가	부력앵커	벽체 판형 다발관 다발관 자갈 <외부 배수>
방법	·기초두께 증가 ·자갈채움 등	·부력 방지용 Anchor 설치	벽체외부, 기초바닥 배수층 → pumping
특징	·굴착깊이, 단면증가 → 흙막이 안전 관리 불리 ·소규모 구조유리	·Anchor 설치시 장비안전 주의 ·강선부식 대책 필요	·인공 수위저하 → 지반침하우려 ·pump 운영등 유지관리비 증가

5. 건축구조물 부상 방지 공법별 중점안전관리대책

공통 사항
- 사전조사 및 작업계획서
- 밀폐공간 작업 프로그램
- 위험성 평가, PTW, TBM
- 계측 (지하수위 변동 분석)

사하중 증대
- 거푸집 동바리 구조적 안전성 검토. 조립도
- pump car 넘어짐 방지 (지반다짐, 깔목 등)
- 굴삭기 작업반경 통제 (유도원 배치)

Rock Anchor
- 지장물 확인 (기존 도면, GPR 탐사)
- 천공기 넘어짐 방지 (깔목, 깔판 등)

Rock Anchor	· MSDS 교육·게시 (그라우팅제) · 강선 절단부 커버 (찔림 방지)
영구 배수	· pump 누전차단기 · 상하 작업 통제 (자갈 반입시 맞음 방지) · 기존구조물·인접지반 배수영향 계측실시

6. 건축구조물 공사중 우기철 부상방지 사례

1) 현장명 : 서울 00 정수장 현장

2) 현안 : 집중호우시 부상 방지

3) 대책

우수 유입구 설치 (D100mm sleeve)
흙막이
지하 수위
자중 증가
부력 작용
Shear key 설치

① 지하수 유입구 설치
- 우기시 부상 대응
- 안정화 후 내부 충진

② Shear key 설치
- 기초 이동 방지

③ 안전·보건 관리
- 전기기구(pump 등) 누전차단기, 접지
- sleeve 작업시 교대근무 (근골격계 질환)

7. 맺음 말

1) 지하수위 높은 지반내 건축구조물은 부력에 의한 균열, 누수 등 우려됨에 따라 설계시 대책 반영 필요하여

2) 부력방지공법 시공시 위험성평가, 밀폐공간작업 등 안전보건관리 대책 수립·준수하여야 함

"끝"

문제 4) 건축구조물의 부력 발생원인과 부상방지 공법별 특징 및 중점안전관리 대책에 대하여 설명하시오.

답)

1. 개요

1) 건축구조물의 부력 발생원인은 지하수위 상승 등 물적원인과 조사·관리미흡 등 인적원인으로 나뉜다.

2) 부상방지 공법으로는 자중증대공법, 영구앵커공법, 영구배수 공법이 있으며, 각 공법 시공시

3) 연약지반 침하·밀폐작업프로그램·장비 유도자 배치 등을 철저히 하고 배수공법시에는 특히 감전재해를 예방하기 위한 대책을 수립해야 한다.

2. 건축구조물의 부력 발생에 따른 재해위험요인 ↔ 부력발생에 따른 재해내용

부등침하

↑↑ 부력증가

↑↑ 지하수위증가

구조물	근로자
1) 건축물 부상	1) 물에 빠짐
2) 균열·누수 내구성저하	2) 배수작업시 감전 재해

3. 건축구조물의 부력 발생원인

물적 요인	인적요인
1) 지하수위 급상승	1) 지반조사 미흡
2) 피압수 영향	2) 부력검토 미흡
3) 강우 상승으로 피압과 누수발생	3) 계측관리 미실시

부력 발생

4) 지하수위 높은 지역에서 배수중단시

✓ 물적·
재해·
시공
유지관리

4. 건축 구조물의 부상방지 공법별 특징

1) 자중증대 공법

자갈·모래 채움
벽체 증대
자중증대

장점	- 굴착깊이 얕은경우 우수 - 주변영향 없음
단점	- 연약지반시 침하우려 - 밀폐작업·산소부족

2) 영구 앵커 공법 (Rock Anchor)

기초
앵커 설치
마찰저항
그라우팅

장점	- 부력에 따라 앵커 간격 조절 - 주변 영향 최소화
단점	- 천공작업 지내 취약성 - 분진·소음·진동 발생

3) 영구 배수 공법 (지하수위 저하)

집수정
배수

장점	- 시공·설치 간단 - 모든지반 적용 가능
단점	- 전기설비·관리우려 - 인접지반 침하 우려

5. 건축 구조물의 부상방지 공법별 중점안전관리대책

1) 자중증대 공법

① 사전조사 및 작업계획서 (산업안전보건규칙 제38조)

② 지하안전평가 (지하안전특별법 제10조)

— 지반·지질·지하수 조사, 20m 미만시 소규모평가

③ 밀폐공간 작업 P/R (산업안전보건규칙 제619조)

2) 용수 억제 방법 · 안전대책

① 천공장비 넘어짐 방지 · 유도자 배치
(※ 산업안전보건규칙 제171조)

② 지하매설물 도면 확인 · 방호조치

③ 그라우팅시 MSDS 비치 · 관리(게시)

④ 근로자 방진마스크 착용 및 소음차단벽 설치

3) 용수 배수 방법 · 안전대책

① 계측관리 철저 ② 감전재해 예방

경사계 (인접구조물 침하방지) — 절연 보호구 착용
균열계
배수펌프 지표침하계 — 피복 손상 확인 · 점검
— 누전차단기 · 접지
지하수위계 상태 확인
<모식도>

6. 하절기 집중호우로 지하주차장 부상시 관리주체 조치사항

집중호우
상승
슬라브 균열
기둥 파괴 (※ 중대한 결함)
<지하주차장 모식도> - 주요부재 내력손실

긴급 안전점검 → 사용제한 · 주민대피 → 구조물 보수 · 보강 방법 제시

※ 시설물 안전법 제22~25조 의거
+ 시설물 정밀진단

7. 결론

건축구조물은 지하수위 상승에 따른 부상시 균열 등 내력저하가 발생되며 부상방지공법 시공시 안전을 확보해야 한다. "끝"

'23. 3. 8 (水) AM 8:29

문제 37) 건축구조물의 부력발생 원인과 부상방지 공법별 특징 및 중점안전관리 대책에 대하여 설명하시오.

답)

1. 개요

① 부력이란 지하수위 아래 잠긴 체적만큼 구조물을 들어 올리려는 힘을 말함.

② 건축물의 부상방지 공법 시공시 장비넘어짐, 지반침하, 감전재해 등을 예방하기 위해 공법별 중점안전관리대책을 수립해야 한다.

2. 건축구조물의 부력발생에 따른 재해위험 요인

주변 지반침하 — 재해위험 요인 — 안전성 저하

건축물 부상 — 재해위험 요인 — GAS, 수도파열

3. 건축구조물 부력과 양압력의 Mechanism

구분	부력	양압력
도해	수위, W, GL, 부력(B)	수위, W, GL, h, 상향수압
작용력	◦ 수중 부피·중량	· 수위차
공식	◦ $B = V \cdot \gamma_w$ (ton)	$UP = \gamma_w \cdot h \cdot B$ (t/m²)
영향요인	◦ 정수압에 의해 결정	· 유선망에 의한 침투압

4. 건축구조물의 부력발생 원인

1) 外部 요인

① 지하수위 급상승

② 상수도관 파열

③ 피압수 영향

2) 내部 요인

① 구조설계 오류

② 사전조사 미흡

자중부족 < 부력 → 부상

용출

W

부력발생

피압수

지하수위변동

불투수층

5. 건축구조물의 부력발생 부상방지 공법별 특징

1) 자중증대 공법

GL

자갈+ 모래채움

자중증대

① PIT층 : 자갈+모래채움

② 단면 증대

③ 브라켓트 설치

2) 영구 Anchor 공법

① Rock Anchor 시공

② Earth Anchor 시공

③ 부식방지 W/R 채택

④ 암반, 경질에 정착

Anchor

Mat

두부

마찰력

Grouting

3) 영구배수 공법

GL

pumping

집수정

① 중력배수

② 강제배수

③ 복수

D/S 단계에서 검토

번호	
6.	건축구조물의 부상방지 공법별 중점안전관리대책
	1) 자중증대 공법
	① 지하안전 영향평가 (지안법 제10조)
	② PIT층 밀계획 program
	2) 영구Anchor 공법
	① 천공장비 넘어짐 → Outrigger 설치
	② Grouting → MSDS 교육
	3) 영구 배수 공법
	· 집수정 펌프 감전 → ELB 설치
7.	건축구조물 부상방지 현장조치 사례 (창원00APT)
	① 상수위 저하 ② 기존집수정 활용 ③ φ100 × L=1500mm 측면천공배수 ④ 120개소 천공
	〈영구배수 상수위저하 도해〉
8.	결론
	① 건축물 부상방지대책은 D.F.S 단계에서 부터 검토, 반영
	② '22. 9 태풍 "힌남노" 기록적 폭우 대응. "끝"

문제 23 도심지 재개발 건축현장의 건축구조물을 해체하고자 한다. 해체공법의 종류별 특징과 공법 선정 시 고려사항 및 안전대책에 대하여 기술하시오.

문제) 도심지 재개발 건축현장의 건축구조물을 해체하고자 한다. 해체공법의 종류별 특징과 공법 선정시 고려사항 및 안전대책에 대하여 기술하시오.

답)

1. 개 요

1) 도심지 재개발 건축구조물 해체공법은 압쇄, 절단 등 있으며 구조물 높이, 주변환경 등 고려 결정.

2) 해체 작업전 사전조사 및 작업계획 수립, 안전성 검토 등 철저한 사전 안전 준비 및 준수하여야 함.

3) 특히 최근 광주 사고('21.6) 주원인인 불법 재하도급 근절위한 강한 차단대책 수립·시행 필요.

2. 도심지 재개발 건축구조물 해체시 사전조사 및 작업계획서

사전 조사		작업 계획서
해체 구조물	· 구조변경, 노후화 · 낙하영향 등	① 해체방법·순서도면 ② 가설·방호·환기 등 설비
주변 상황	· 장애물, 보행자 · 민원 등	③ 연락체계 ④ 기계·기구·화약등 계획

3. 도심지 재개발 해체 구조물 안전성 검토 절차

해체공법 선정 → 설계제원 하중산정 → 구조검토 방법 선정 → 안전성 검토

해체공법 선정	설계제원 하중산정	구조검토 방법 선정	안전성 검토
사전조사 바탕 적정공법 선정	자중, 철거장비 철거잔재물	하중계수 강도감소계수	작업방법 보강방법 등

번호 4. 도심지 재개발 건축구조물 해체공법의 종류별 특징

• 저공해형 (도심지) - 절단기, 압쇄기, 워터젯, 발파

구분	압쇄	절단	발파
원리	유압 압쇄	다이아몬드 톱 연삭	장약 이용 정밀 제어
시공	이동성 좋음 능률 좋음	대규모 절단 2차 분쇄 필요	공기 단축 큰 파괴력
환경	소음·진동 적음 분진 발생	·소음·진동·분진 매우 적음	발파 순간 크나 지속 짧음
안전	·장비 넘어짐 ·해체물 맞음	·절단 사고 ·절단부 인양 주의	·발파시 대피 ·불발탄 주의

5. 도심지 재개발 건축구조물 해체공법 선정시 고려사항

- 고려사항
  - 해체건축물 종류, 높이
  - 보행자, 차량 안전
  - 인접구조물 이격거리
  - 건물주 요구 (공기, 예산)
  - 환경조건 (폐기물)
  - 주민 민원 (소음, 진동)

6. 도심지 재개발 건축구조물 해체작업 안전대책

1) 공통사항

① 사전조사 및 작업계획, 위험성 평가

② 해체구조물 안전성 검토

③ 대피로, 보행자 통로 및 유도원 배치

④ 방호시설 (방호비계, 낙하방지시설 등)

⑤ 석면조사·해체 ⑥ 고압선 방호조치

2) 압쇄기 사용시 안전대책

① 구조내력 보강 (잭서포트)

② 장비넘어짐 방지 조치

③ 슬래브 → 보 → 벽 → 기둥순 해체

④ 살수작업 · 중기운전 신호체계

⑤ 외벽해체 직전 비계 철거

방진막, CCTV, 압쇄기, 낙하물 방지시설, TOP Down 해체, 가설울타리, 보행자 통로, 잭서포트

<서울00재개발 해체현장>

3) 해체 작업시 공해 대책

① 소음 · 진동 측정 관리 →

② 분진 - 살수, 방진막 등

③ 지반침하 - 사전조사. 계측

④ 폐기물 관리법 준수

<소음 기준>

- 공사장 <dB>

구분	주간	야간
주거	65	50
상업	70	50

7. 정부 건축물 해체공사 안전강화 방안 (광주사고 후속대책)

해체공사 3대 대책

① 관리감독강화 - 해체 심의제. 상주감리

② 제도 이행력 확보 - 교육, 처벌강화

③ 상시점검체계 구축 - 안전신문고, 점검 강화

8. 맺음말

1) 건축구조물 해체시 무너짐 사고는 중대재해로 직결됨에 따라 철저한 사전조사 및 작업계획 수립 · 준수해야 하며

→ 특히 광주사고 ('21. 6)는 불법 재하도급에 의한 과도한 공사비 삭감이 원인으로 보다 근원적인 차단대책 마련 필요함.

"끝"

비고 (문제) 도심지 재개발 건축현장에서 건축구조물을 해체하고자 한다. 해체공법의 종류별 특징과 공법 선정 시 고려사항 및 안전대책에 대하여 기술하시오.

(답)

I. 개요

1. 도심지 재개발 건축현장에서의 건축구조물 해체시 주변가옥, 도로, 인도와의 인접하므로 안전관리가 필요함
2. 건축구조물 해체시 소음, 진동, 분진 영향 등을 고려한 해체공법 선정이 필요함.
3. 건축구조물 해체시 석면조사를 시행하고 석면 발생 구조물로 분류된 경우 별도 조치가 이루어져야 함.

II. 도심지 재개발 건축현장의 건축구조물 해체공법 선정시 고려사항

1. 해체공법 선정의 적정성 (공법 장·단점 고려)
2. 현장 주변의 안전관리, 영향 (소음, 진동, 분진, 비산)
3. 통행안전 및 교통소통계획
4. 비상시 긴급조치 계획

+ 해체구조물의 안전성 검토
+ 사전조사 및 작업계획서

III. 건축구조물 해체시 FLOW

양질진단 조사 → 상태 평가 → 해체(철거) 승인요청 → 해체(철거) 작업

해체신고 승인 · 석면조사 · 발생시 석면 건축물 관리 · 멸실신고

(여백 메모)
안전보건규칙 제38조
사전조사
└ 해체건물 등의 구조 주변상황 등
작업계획서
└ 해체방법 및 순서, 가설·방호 설비, 환기·방호설비, 사업장 내 연락방법, 해체물의 처분계획, 해체작업용 기계, 기구 등의 작업계획, 사용계획 기타

번호 IV. 건축 구조물 해체공사의 공법별 특징

공법	장점	단점
1. 대형 브레이커 공법	구조물 두께와 상관 없이 작업 용이	소음진동 비산먼지. 민원.
2. 절단공법	정밀작업 소음·진동 적음	두께가 두꺼운 콘크리트 구조물 부적합
3. 전도공법	별도설비 불필요 (공통)	넓은장소 필요 주위 장애물 있을시 불가
4. 압쇄기에 의한 공법	무진동. 무소음 비산먼지 발생 적음	작업시간 김 바닥작업 불리

V. 건축 구조물 해체공사 시 행정사항 (관련 공해 법령)

1. 사업장 폐기물 신고 (관할시. 폐기물 관리법)
2. 비산먼지 발생신고 (관할시. 대기환경 보전법)
3. 특정공사 사전신고 (소음진동 규제법)
4. 특정 폐기물 발생신고 (석면 건축물. 산업안전보건법 제122조)

OK.

VI. 건축 구조물 해체공사에서의 석면조사 및 관리방안 Flow (최근 1 item OK.)

대상건축물 확인 → 석면조사 실시 → 석면 건축물 여부 확인. 조사결과제출 → 석면건축물 관리

(석면조사 = 산업안전보건법 제119조)

* 석면건축물 기준 ① 석면 건축자재 면적의 합 50 m² 이상
② 석면 함유 1% 초과 분무재. 내화피복재,

번호

VII. 건축 구조물 해체공사 시 발생 가능한 재해유형

(압쇄기 공법 사례)

① 붕괴재해

② 전도

가설울타리

③ 신호수 협착, 충돌

④ 장비의 전도 or 안전관리 계획서

⑤ 작업자 깔림

VIII. 건축 구조물 해체공사 시 안전대책

해체작업 안전대책으로 수행하면 좋은 것

*건축물 해체공사 안전작업 점검표

→ 공사전 / 공사중 / 기타 점검사항

→page 이동 (3page → 2page 이동)

1. 출입제한 (관계자 외 출입금지)

→ 가설울타리, 통제원 배치 *공법의 사례라도 좋은 것.

2. 악천후 시 작업중지 (강풍, 강설, 강우)

3. 작업 반경 설정

4. 전도에 대비한 계획 (대피장소, 전도대비 시설)

5. 방호비계 설치

6. 해체순서의 준수

해체순서 미준수로 인한 건물 붕괴사고 사례 (광주)

IX. 맺음말

1. 건축물 해체공사 시 공법선정 및 해체순서 준수, 안전점검 강화로 안전사고 예방이 강조됨.

2. 최근 건축물 해체공사 중 붕괴로 인한 사망사고의 원인 및 방지 대책에 대한 고려 필요 (중대재해처벌법).

"끝"

문제 24 산업안전보건기준에 관한 규칙 제38조에 의거 건물 등의 해체작업 시 포함되어야 할 사전조사 및 작업계획서 내용에 대해 설명하시오.

번호(문제6) 산업안전보건기준에 관한 규칙 제38조에 의거 건물 등의 해체작업시 포함되어야 할 사전조사 및 작업계획서 내용에 대해 설명하시오

(답)

1. 개요

1) 건물 등의 해체작업시 사용 기계·기구, 중량물 취급 등인한 재해예방 위해 사전조사 및 작업계획서를 작성하고 근로자에게 주지 시켜야 함

2) 본고에서는 최근 개정된 해체허가 대상 및 절차를 기술하고, 사전조사 및 작업계획서 작성내용과 해체시 석면관리에 대해 소개하고자 함.

2. 건물 등의 해체작업시 해체허가 대상 및 절차 (법 개정)

1) 해체 허가 대상

① 높이 20m 이상

② 층수 4층 이상

③ 연면적 500m² 이상

④ 주변 버스정류장, 횡단보도 존재시 등

< 허가 대상 도해 >

2) 해체 허가 절차

해체계획서 → 해체심의위원회 → 감리단지정

· 건설안전 기술사 참여 · 전문가 심사 · 시공기록 의무

해체실시 ← 착공신고 ← 해체허가

· 안전수칙 준수 · 사업주 · 인·허가기관

번호 3. 산업안전보건기준에 관한 규칙 제38조에 의거 건물 등의 해체작업시 포함되어야 할 사전조사 및 작업계획서 내용

<OO시 재개발 OO구역 해체 현장 도해도>

1) 차량용 건설기계 사전조사 및 작업계획서

구분	사전조사	작업계획서
작성 내용	장비 넘어짐, 지반 붕괴 등 위험 예방 위한 지반 및 지질현황	① 건설기계 종류 및 형식 ② 운행경로 ③ 작업 방법

2) 해체 공사시 사전조사 및 작업계획서

구분	사전조사	작업계획서
작성 내용	① 해체물 주변 인접 구조물 ② 해체 현장 지하 매설물 유무 ③ 해체 현장 주변 유동 인구 및 차량 현황	① 해체공법 및 사용순서 ② 해체물 처리계획 ③ 폭약류 사용계획 ④ 기계·기구 작업계획 ⑤ 방호·가설 및 살수, 방화 설비 ⑥ 작업인원 투입계획

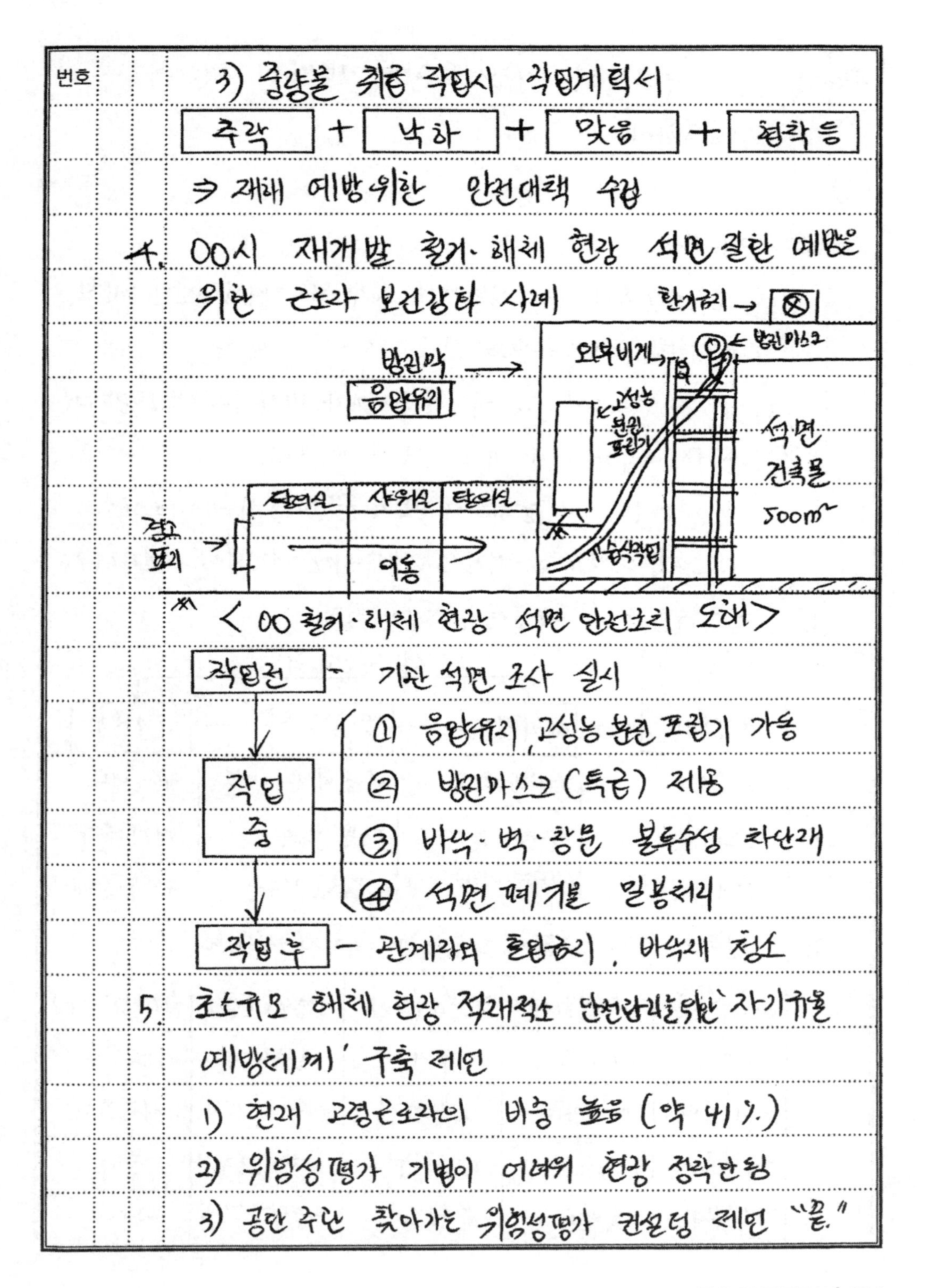

번호

3) 중량물 취급 작업시 작업계획서

추락 + 낙하 + 맞음 + 협착 등

⇒ 재해 예방 위한 안전대책 수립

4. OO시 재개발 철거·해체 현장 석면 질환 예방을 위한 근로자 보건강화 사례

< OO 철거·해체 현장 석면 안전조치 도해 >

작업전 - 기관 석면 조사 실시

작업 중
① 음압유지, 고성능 분진 포집기 가동
② 방진마스크(특급) 제공
③ 바닥·벽·창문 불투수성 차단재
④ 석면 폐기물 밀봉처리

작업후 - 관계자외 출입금지, 바닥재 청소

5. 초소규모 해체 현장 적재적소 안전관리를 위한 '자기규율 예방체계' 구축 제언

1) 현재 고령근로자의 비중 높음 (약 41%)

2) 위험성평가 기법이 어려워 현장 정착 안됨

3) 공단 주관 찾아가는 위험성평가 컨설팅 제언 "끝."

문제 25 건축구조물의 내진성능향상 방법에 대하여 설명하시오.

문제 3) 건축구조물의 내진성능향상 방법에 대하여 설명하시오.

답)

I. 개요

1. 건축구조물의 내진성능향상 방법에는 내진·면진·제진 공법 및 액상화 방지 위한 기초보강이 있음.
2. 구조물 하중증가 및 하중전달경로가 변화되는 내진보강보다 안전성 우수한 면진·제진 보강 확대 필요.
3. 본고에서는 노후 중학교 내진보강(댐퍼) 사례에 기술하고 민간소규모 건축물 내진성능향상 위한 재정지원 제안하고자 함

II. 건축구조물의 내진성능 평가 절차

자료수집 및 현장조사 → 예비평가 → 상세평가 → 보고서 작성 (성능 만족)

자료수집 및 현장조사	예비평가	상세평가	보고서 작성
·건설연도	수집자료 활용	선형·비선형 해석	·해석정보
·구조형식	개략적 계산	구조물 성능 판정	·판정결과
·부재단면 등	(보수적 평가)	보강공법 적용성	·보강공법제안

III. 건축구조물의 내진성능수준과 지진시 피해도

피해 \ 수준	기능수행(OP)	즉시복구(IO)	인명보호(LS)	붕괴방지(CP)
구조손상	매우경미	경미	큰손상	심각
설비·장비	정상가동	일부정지	손상·정지	사용불가
재사용	즉시	단기복구	장기복구	불가
거주자이주	불필요	불필요	보수완료까지	필요

번호 IV. 건축구조물의 내진성능 향상 방법

1. 건축구조물의 내진성능 향상 위한 내진·제진·면진구조

구분	내진	제진	면진
개념도	← 부재 강성	감쇠 장치	면진 장치
원리	지진력 저항	지진력 흡수	지진 격리
유지관리	지진후 보수·보강	지진후 장치 점검	지진후 장치 점검
특징	보강면적 大	보강면적 적음	면진층 공사
	비용·성능 小	비용·성능 中	비용·성능 大
방법	부재보강·증대	마찰·오일 댐퍼	적층고무·LRB 등

2. 건축구조물의 내진성능 향상 공법 및 특징

1) 내진 공법

구분	보강법	강도	변형능력	시공성	비고
강도 보강	RC 전단벽	증대	감소	장기간	철골 브레이스, 벽체
	강판벽 부착	약간 증대	약간 증대	공간제약	
	브레이스	증대	약간 증대	공기단축	
연성 보강	철판보강	미비	증가	중장비	철판, 기둥, 채움
	섬유보강	미비	증가	수작업 가능	

2) 제진 공법
- 수동제어 : 오일댐퍼, 마찰댐퍼, 질량댐퍼
- 능동제어 : AMD, ABD, Semi AMD

3) 면진공법 - 적층고무, LRB 등

4) 기초보강 - 기초단면 확대, 미니파일.

번호 V. 건축구조물의 내진성능향상 (제진적용) 사례

1. 건축물 : 춘천 00중학교 내진보강 (25년경과, 3층)
2. 내진검토 : 내진등급 특, 성능수준 : 인명보호
3. 내진공법 적용

구분	전단벽	오일댐퍼	비고
구조안전성	강성우수 (취성파괴우려)	연성우수	오일댐퍼 Wall 강재프레임 (조적제거후 chemical anchor 시공)
시공안전성	학생안전불리	상대적 안전	
공기	보통	단기	
경제성	1500만원/개소 (개소수 증가)	2000만원/개소 (개소수 감소)	
적용		O	
사유	시공중 · 리모델시 학생안전 우선		

VI. 민간 소규모 주택 내진성능향상 위한 제언

1. 민간건축물 내진성능진단과 구조보강에 큰 비용 소요로 자금지원 필요 (일본은 정부가 비용의 2/3 부담)
2. 현재 재산세 감면 혜택 있으나 매우 작은 규모임

⇒ 주택도시기금 활용. 양도소득세 감면 등 보다 폭넓은 규모의 재정지원책 마련.

V. 맺음말

전단벽증가, 강판보강등 내진보강은 노후구조물 자중증가에 따른 악영향 우려됨에 따라 안전성 우수한 면진·제진 개념 접근 필요함.

"끝"

문제 26	도로와 인도에 접하는 도심의 리모델링 건축공사 시 외부비계에서 발생할 수 있는 안전사고의 종류와 원인 및 방지대책에 대하여 설명하시오.

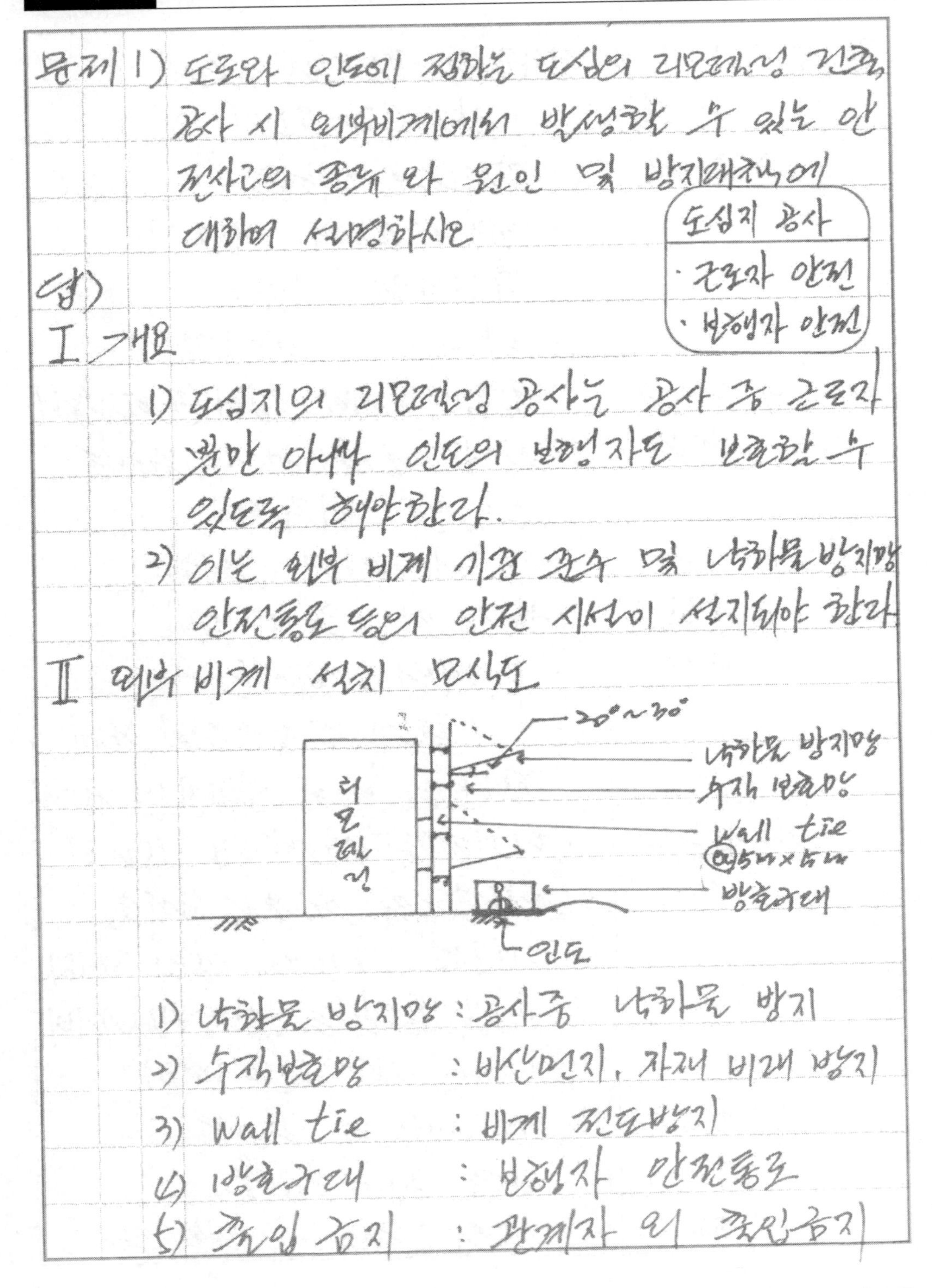

문제 1) 도로와 인도에 접하는 도심의 리모델링 건축공사 시 외부비계에서 발생할 수 있는 안전사고의 종류와 원인 및 방지대책에 대하여 설명하시오

도심지 공사
· 근로자 안전
· 보행자 안전

답)

I 개요

1) 도심지의 리모델링 공사는 공사 중 근로자 뿐만 아니라 인도의 보행자도 보호할 수 있도록 해야한다.

2) 이는 외부 비계 기준 준수 및 낙하물 방지망 안전통로 등의 안전 시설이 설치되야 한다.

II 외부 비계 설치 모식도

1) 낙하물 방지망 : 공사중 낙하물 방지
2) 수직보호망 : 비산먼지, 자재 비래 방지
3) Wall tie : 비계 전도방지
4) 방호구대 : 보행자 안전통로
5) 출입 금지 : 관계자 외 출입금지

Ⅲ. 외부비계 안전사고의 종류와 원인

구분	안전사고 원인
1) 추락	· 안전난간 미설치 · 개구부 덮개 미설치 · 부주의한 행동 · 안전대 미착용
2) 전도/붕괴	· 동절기 지반 침하(동결, 융해) · Wall tie 설치 불량 · 조립도 미준수 · 부재 임의 해체
3) 낙하/비래	· 부재의 추락, 낙하 · 부재의 비산 → 동절기, 강풍에 의한 문제 · 합판 등 비계 위험자재 적재
4) 화재	· 정리정돈 불량으로 쓰레기 · 담배등의 불안전 행동 · 가연성 물자의 임의 배치 · 용접, 용단시등 안전시설 미비 · 화재 감시자 미배치
5) 감전 넘어짐 재해	· 전기 배전반 불량 · 바닥 청소 불량 · 임의 해체, 훼손 등

Ⅳ 외부비계 안전사고 방지대책

1) 기술적 측면

① 안전 난간 등 안전시설 물 설치

② 동절기 지반침하 조치

· 지반 다짐, 치환 Con'c 타설 등 조치

· 밑둥잡이 양방향 2겹 이상 설치

· 수평 pipe 설치

③ 수직 보호망 설치

④ 비계 구조검토 및 조립도 준수 「산안법」

⑤ 용접 용단 시 화재 감시자 배치 「산안법」 기준 고시

⑥ 임시 소방 시설 설치(NFSC 606)

· 소화기 2대, · 대형소화기 1대

· 비상 경보기 · 간이 소화장치

· 피난 유도선

⑦ 정리 정돈 및 청소 철저

2) 관리적 측면

① 안전관리 계획서 및 유해위험 방지 계획서 준수

② 비계 자재 검수 철저

「산안법」

③ 부주의 한 행동 방지 교육 철저

Ⅴ. 맺음말

1) 리모델링 공사의 경우 소규모인 경우가 많아 체계적 안전관리가 미흡할 수 있다

2) 하지만 사전 조사, 시공 계획등의 작성이 필요하므로 사전승인시 면밀한 검토가 필요하다

"끝"

문제 27	도심지 고층건물의 철골공사 시 안전대책과 필요한 재해방지설비에 대하여 설명하시오.

번호 (문제2) 도심지 고층건물의 철골공사시 안전대책과 필요한 재해 방지설비에 대하여 설명하시오.

(답)

1. 개 요

1) 도심지 고층건물 철골공사시 떨어짐, 화재 등의 재해 예방을 위해

2) 작업공종별 적정 안전수칙을 준수하고 필요한 안전·방호 시설을 설치하여야 함.

3) 본고에서는 스마트 안전기술 적용사례 및 강화된 법 개정 내용을 기술하고자 함.

2. 도심지 고층건물 철골공사시 사전 고려사항

- 설계도 · 부재 형상, 치수
- 공작도 · 안전시설, 자립도 → 〈자립도 검토대상〉 ① 철골량 : 50kg/m² 이하 ② 높이 : 20m 이상 ③ 폭 : 길이 = 1 : 4 ④ 단면구조 변화 등
- 건립계획 · 사용인원 · 장비
- 용접방식 · 현장용접 등

3. 도심지 초고층건축물 · 현장의 지진·화재 안전 확보 위한 피난안전구역

구분	초고층 (50층, 200m)	준초고층 (30~49층, 120~200m)
개념도	30층마다 1개소	중간층 상·하 5개층 이내
설치 기준	① 마감재 불연재료 ② 급수전 · 통신설비 ③ 비상전원 ④ 특별 피난계단 연계	

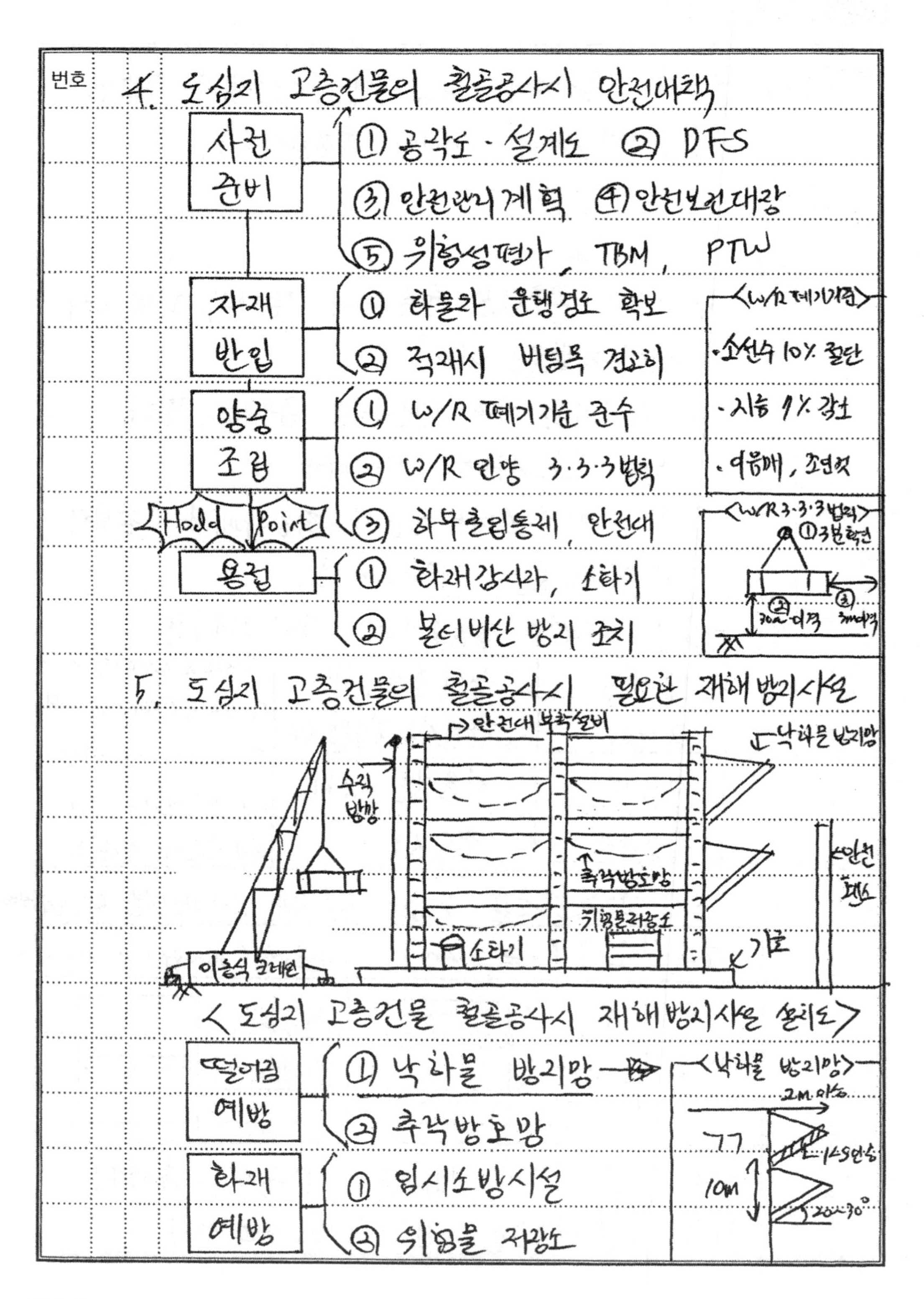
번호
4. 도심지 고층건물의 철골공사시 안전대책
사전준비
① 공작도·설계도 ② DFS
③ 안전관리계획 ④ 안전보건대장
⑤ 위험성평가, TBM, PTW
자재반입
① 하물차 운행경로 확보
② 적재시 버팀목 견고히
〈W/R 폐기기준〉
·소선수 10% 절단
·지름 7% 감소
·이음매, 꼬임
양중조립
① W/R 폐기기준 준수
② W/R 인양 3·3·3법칙
③ 하부출입통제, 안전대
Hold Point
〈W/R 3·3·3법칙〉
①3번확인
② 30cm 이격
용접
① 화재감시자, 소화기
② 불티비산 방지 조치
5. 도심지 고층건물의 철골공사시 필요한 재해 방지시설
안전대 부착설비
낙하물 방지망
수직방망
추락방호망
소화기
이동식 크레인
〈도심지 고층건물 철골공사시 재해방지시설 설치도〉
떨어짐예방
① 낙하물 방지망
② 추락방호망
〈낙하물 방지망〉
2m 이상
10m
20~30°
화재예방
① 임시소방시설
② 위험물 저장소

번호

장비 안전
- ① 아웃트리거, 깔판·깔목
- ② 전도방지장치, 비상정지장치

시민 안전
- ① 낙하물 방지망
- ② 안전휀스, 유도자 배치

6. 도심지 OO물류센터 시공 현장 화재 예방 위한 현장 스마트 안전기술 적용사례

AI CCTV ⇒ 불티비산방지 ↓ 소화기 화재감시자 스마트 유해가스 탐지기 (용접)

1) AI CCTV + IoT 통신 ⇒ 화재현장 실시간 감시
2) 스마트유해가스 탐지기 ⇒ 용접 유해가스 감지
(* 질식, 화재 우려시 즉각적인 대응 가능)

7. 고층건물 철골공사시 화재 안전 내실화를 위한 정부의 법 개정사항

1) 화재감시자 방연마스크 지급 기준 수립
  - KS 인증, 한국소방산업기술원 인증

2) 임시소방시설 설치 의무화, 소방안전관리자 선임
  - 임시소방시설 3종 추가

8. 맺음말 (용접 근로자 보건강화 제언)

1) 용접작업 연관 근로자 직업병 발생 다수
2) 방진마스크(1급) 착용 의무화 및 공란 추관 착용 캠페인 실시

"끝"

문제 28	철골공사에서 고력볼트접합과 용접접합 및 그에 따른 접합별 특징 및 안전관리 사항에 대하여 설명하시오.

문제 5) 철골공사에서 고력볼트접합과 용접접합 및 그에따른 접합별 특징 및 안전관리 사항에 대하여 설명하시오.

I. 개요

1) 철골공사는 화재, 추락, 낙하, 붕괴 등 대형 재해 발생 위험성이 높다.

2) 사전 계획 준비와 공장 prefab화로 종합 재해예방 대책이 필요하다.

II. 철골공사 모식도

수평 구명줄
수직 구명줄
용접 접합부
고력볼트 접합부
Trap
낙하물방지망 (# 2cm)

III. 철골 공사 접합별 특징

고력볼트 접합	용접 접합
· 화재 방지	· 화재 위험 높음
· 공기 단축	· 공기 지연
· 낙하 위험	· 용접 가스 질환 발생

IV. 철골공사 위험성 평가

재해 요인	위험성			재해 감소 대책
	빈도	강도	위험	
작업 중 추락	2	3	6	· 안전대 착용. [illegible]
화재 발생	2	2	4	· 임시 소방시설. 감시자
bolt 낙하	2	1	2	· 낙하물 방지망. 출입금지

V. 철골공사 안전관리 사항

1) 설계시

① DFS를 통한 위험요소 제거

② 기본 안전 보건 대장
설계 안전 보건 대장

③ HRA 분석

산안법 제67조 (발주자의 안전보건)

2) 작업 개시 전

① 위험성 평가
(산안법 제36조)

② 사전조사 및 작업계획서 (규칙 38조)

③ 중량물 취급 계획서.

④ 화기 사용 허가서 (PTW)

3) 작업 중

① 작업 지휘자에 의한 (규칙 39조)
순서. 방법 등 준수

② 출입 통제 조치

③ 위험 요소 발생 시 즉시 중단 | 산안법 제51~54조

VI. 철골공사의 작업중지

① 순간 풍속 10m/s 초과 시

② 강설량 1cm/h 초과 시

③ 강우량 1mm/h 초과 시

※ 동력기 서서, 뉘기 등의 동결로 미끄러움 발생 시 작업 중지

VII. 철골공사 시 화재 예방대책

① 화재 감시자 배치

② 임시소방시설 설치 「NFSC 606」

③ 상하 동시 작업 금지

④ 불티 방지포 설치

VIII. 철골 공사 시 안전성 제고 방안

1) 철골 공사는 고소작업, 화기작업, 중량물 작업이 많다.

2) 이에 prefab화 및 공장 모듈화 기술의 개발을 이용한 안전성 향상이 필요하다.

문제 29	도심지 초고층 현장에서 콘크리트 배합 및 배관 시 고려사항과 타설 시 안전대책에 대하여 설명하시오.

문제1) 도심지 초고층 현장에서 콘크리트 배합 및 배관 시 고려사항과 타설 시 안전대책에 대하여 설명하시오.

I. 개요

1) 도심지의 초고층 현장은 양중, 풍압, 민원 등 많은 위험요소와 어려움이 있다.

2) 이에 특성 이해와 적절한 공법선정으로 재해 예방해야 한다.

II. 도심지 초고층 현장의 특성

Tower
풍압
전도
추락 비산
전기
매설물

<초고층 건축모식>

① 빌딩풍 등 풍압 높음
② 보행자 위험
③ 양중의 어려움
④ 비산, 추락 위험
⑤ 민원 발생
⑥ 상하 동시 작업

III. 도심지 초고층 현장의 재해 발생 요소

① Con'c 타설 시 배관의 파손
② CPB 인상 시 전도
③ 돌풍에 의한 거푸집 추락
④ 자재 낙하에 의한 보행자 충돌
⑤ 빌딩풍에 의한 비산

IV. 도심지 초고층 현장에서 콘크리트 배합 및 배관시 고려사항

1) 콘크리트 배합 시 고려사항

① 고성능 감수제 등을 통한 압송성 향상

② 혼화재료. 잔골재 품질관리

③ 장거리 압송시 폐색현상 방지

- 유동제. 플라이애쉬 등 사용

- 배관 후 별도 폐기처리.

2) 배관 시 고려사항

① 고압 압송용 배관 사용

t=14mm 이상

· 배관 14mm 이상

· 전용 연결철물 사용 (고압용)

② 고층용 압송장비 사용

· 전용 펌프 사용

③ CPB 배관 타설 장비 적용

· 타설 반경

· 인상 방법 검토

[CPB]

V. 도심지 초고층 현장에서 타설 시 안전대책

1) 기술적 안전대책

① 타설 장비 전도 등 점검

② 타설 능력. 인양능력 확인

③ 타설 순서. 속도 확인

④ 타설구간. CPB 방호장치 확인

2) 관리적 안전대책.

① 일상 점검	② 계획서 준수
- 배관 고정 확인	- 타설 계획서
- 장비 검사	- 위험성 평가
- 거푸집 검사	- CPB 운전 자격.
- 인원. 지휘자. 유도자	- 지반 침하 확인

III. 도심지 초고층현장에서 안전관리 개선방안

[초고층 특성 파악] → [위험요인 발굴] ↔ [재해감소 대책 마련]

도심지 초고층의 특수성을 파악하고 적정한 공법 및 자재를 선정하여 안전대책을 마련 후 공사관리가 요구된다.

"끝"

문제 30 초고층 건축물의 특징, 재해발생 요인 및 특성, 공정단계별 안전관리사항에 대하여 설명하시오.

문제1) 초고층 건축물의 특징, 재해발생요인 및 특성, 공정단계별 안전관리 사항에 대하여 설명하시오.

답)

I. 개요 (초고층 건축물공사 안전보건 작업지침)

1. 초고층 건축물 공사는 고소작업, 작업공간제약, 각종 양중장비간 간섭·동시작업 등 복잡한 작업환경을 가지며,

2. 이로 인한 장비사고, 작업자 생리적 피로증가, 재난시 대피 어려움 등 중대재해 우려 공존하는 공사로

3. 설계·계획·시공 단계별로 철저한 안전성 검토 및 세심한 안전보건 관리가 이루어져야 함.

II. 초고층 건축물의 주요 시공 기술

초고층 건축물

기술	예
Core Wall 선행기술	ACS Form 등
철골 공기단축기술	어셈블리공법, N공법 등
특수콘크리트 기술	CPB, 고유동콘크리트
기둥부등축소 대응기술	계측관리

III. 초고층 건축물의 특징

- 구조적
  - 풍하중·지진하중
  - 자중에 따른 재료강성
  - 기둥부등축소
- 시공적
  - 공기단축·정밀도 요구
  - 특수공법 (ACS폼, 커튼월 등)
  - 양중기술 (타워크레인, CPB 등)
- 디자인
  - Land Mark
  - 복합기능
  - 문화·관광증가
- 안전보건
  - 고소작업 → 근로자 심적 부담
  - 재난 방재 계획
  - 높이에 따른 안전시설

번호 IV. 초고층 건축물의 재해발생요인 및 특성

재해발생 요인	재해발생 특성
1. 도심지 고소작업	1. 화재시 피난곤란
2. 다량의 기계장비	2. 크레인, 리프트 등 간섭, 충돌 등 사고빈번
3. 동일수직선상 동시작업	3. ACS폼, CPB 고장, 붕괴
4. 강풍, 낙뢰 영향	4. 무리한 공기단축 → 근로자 피로
5. 작업자 심리적 부담감	

→ 중대재해

V. 초고층 건축물의 공정단계별 안전관리 사항

1. 설계 단계 (설계안전성검토)
   1) 기둥부등축소 해석 : 계측수립
   2) 연돌효과 시뮬레이션 : 화재대응

→ 발생사고
- 엘리베이터, 설비손상
- 커튼월, 마감 뒤틀림
- 방재설비 오작동

→ 인적·물적 피해증가

2. 계획단계 (사전조사 및 작업계획)

동선계획	양중계획	콘크리트·철골	안전보건시설
현장외부 동선	타워크레인	ACS폼, CPB	· 피난구역
현장내부 간섭	리프트 곤돌라	압송관 경로	· 보건위생시설
자재야적장	설치계획	타공정 간섭배제	· 교큐시스템

3. 시공 단계

시공전 준비	· 위험도 평가 (3단계 실시) 1단계 (종합) → 2단계 (공종별) → 3단계 (단위공정) · 가설구조물 구조적 안전성 확인
기초 공사	· 지하안전평가, 착공후 지하안전조사 · 흙막이 가시설 계측 (주변지반, 인근 시설물)

번호

거푸집 콘크리트 공사	• ACS폼 상승절차 준수 (속도, 순서 등) • CPB 상승시 브라켓, 콘크리트 강도 확인 • 압송관 견고히 설치. • 기둥부등축소 계측
양중 장비	• 와이어로프 폐기기준 준수 • 장비 충돌 방지 센서
안전보건 시설	• 떨어짐, 맞음 방지시설 (코쿤시스템) • 휴게실, 간이화장실 (3층마다)
화재 방지	• 화재감시자 (용접과 단열재 동시작업 금지) • 대피훈련, 임시 소방 시설

VI. 초고층 건축현장 기둥축소예방위한 계측사례 (하노이 00빌딩 현장)

계측기(좌·우 대칭설치)

과다축소 예상부

Core

outrigger

<층별 설치도>

40F 최대축소예상부

32F Belt wall부

21F 강도변화부

2F 주거부

B5F 최하부

•부등기둥 축소 : 40층/34.8mm 예상

⇒ 총 계측기 32개소 설치

* 계측실시 → 설계치 비교확인 → 보정·관리 → 재해예방

VII. 맺음말

1. 초고층 건축공사의 체계적이고 효율적인 안전보건 관리 위해 명확한 관련규정 제정 및 전문가 양성 요구되며,

2. 설계 단계에서부터 안전을 고려한 설계 및 안전을 중심으로 한 시공이 이루어져야 함

"끝"

번호 (문제) 초고층 건축물의 특징, 재해발생 요인 및 특성, 공정단계별 안전관리 사항에 대하여 설명하시오.

(답)

I. 개요

1. 초고층 건축물의 특성상 작업장 높이 및 작업공간 분포 등의 특징으로 재해 발생 가능성도 높음.

2. 초고층 건축물 공사에서 재해유형별 발생요인과 특성을 감안하여 안전관리 대책 수립이 필요함.

3. 또한 최근 보행자, 통행차량에 대한 피해, 화재사고가 빈번하므로 피해 예방 대책도 동시에 고려되어야 함.

II. 초고층 건축물의 정의 및 특징

1. 정의 : 50층 이상 또는 높이 200m 이상 건축물

2. 초고층 건축물의 특징 ok.

작업장 높이에 따른 특성	① 공기단축 요구 발생 ② 풍속, 온도, 공기밀도 → 가설재, 구조체 특별관리 ③ 콘크리트 압송 → 고성능 압송장비
작업공간의 수직적 분포특성	① 동일 수직선상 동시작업 수행 ② 협소한 작업공간의 효율적 운영계획 필요 ③ 개구부 증대로 위험요소 많아짐
재해발생특성	① 화재 (피난어려움) ② 장비관련사고, 장비간 충돌, 전도 ③ 중대사고 이어질 가능성

번호	
Ⅲ.	초고층 건축물 공사의 발생 가능한 재해유형 및 재해발생요인

재해유형	재해 발생 요인
1. 추락재해	1. 안전난간대 미설치 또는 설치미흡
	2. 개구부 덮개, 방호조치 불량
	3. 안전보호구 미착용 또는 미활용
2. 낙하·비래	1. 낙하물 방지망, 방호데크, 방호선반 미조치
	2. 보행자 안전통로 미확보
3. 전도재해	1. 타워크레인 설치 불량, 기상악화시 무리한운행
	2. 결속부 탈락, 정비불량
4. 화재재해	1. 용접, 용단시 안전조치 미흡
	2. 가연성 작업

Ⅳ. 초고층 건축공사에서의 재해발생 시 특성

1. 중대재해로 연결 (추락, 전도, 화재, 폭발)
2. 대형건설 기계에 의한 사고 빈번 (타워크레인)
3. 도심지 공사로 보행자, 통행차량에 대한 피해 큼.
4. 낙하 영향 범위 광범위

Ⅴ. 초고층 건축물 공정단계별 안전관리 사항 (수정)

단계	세부공종	안전관리 사항
공사계획 단계	공설계획	① 출입문 위치 ② 주변 통행차량·보행자 간섭 최소화
	안전보건시설계획	① 안전시설물 ② 교통유도시설물 ③ 방음시설 …
공사 단계	굴착작업	① 굴착방법, 순서 ② 매설물 확인, 이설·보호조치
		③ 흙막이 지보공 선정 ④ 주변변위, 지하수 계측

번호			
공사 단계	T/C 설치	① 설치·해체·순서 준수 ② 방호설비 점검 ③ T/C 지지방법, 점검방법
	철골작업	① 중량물 취급 수칙 준수 ② 낙하·추락, 전도 대책 계획서
	콘크리트타설	① 타설시 건설기계 작업계획 ② 운행경로 ③ PCB 설치기초·작업 반경
	안전보건시설	① 추락방지망 낙하물방지망 ② 안전난간·방향 ③ 피난안전구역
운용 단계	화재예방	① 화재 및 방재 설비 점검 ② 피난안전구역 운용 ③ 화재 피난훈련 실시

VI. 초고층 건축물 공사에서 안전관리 중점항목 및 예방대책

1. 특수가설/장비

ACS Form CPB, 타워크레인 곤돌라, 리프트	⇒	· 구조적 안전성 확보 확인·승인 · 반입검사 · 장비별 관리감독자 지정

2. 안전보건시설

낙하물/방지망, 추락방지망 안전난간, 피난시설/ 화장실, 휴게실, 가설용수	⇒	· 고층시스템, SCN · 풍속 10m/s 초과시 인양, 상승 금지

VII. 초고층 건축물 공사의 화재예방 및 피해경감 대책

정부의 정책 부응 (화재예방 관련대책 2020. 6. 18)	① 화재 안전성 강화 ② 관리 감독 강화 ③ 기업경영책임자 안전경영체계	⇒ 현장 대책 수립·이행 ① 화재감시자 배치 ② 방화관리자 지정·감독

VIII. 맺음말

1. 초고층 건축물 공사 특성 고려한 안전보건시설/및 장비 관리
2. 지진·풍하중, 기상조건 등 고려한 안전관리 병행 되요

"끝"

문제 31 초고층 건축공사 현장에서 기둥축소(Column Shortening) 현상의 발생원인과 문제점 및 예방대책에 대하여 설명하시오.

문제) 초고층 건축공사 현장에서 기둥축소(Column Shortening) 현상의 발생원인과 문제점 및 예방대책에 대하여 설명하시오.

답)

I. 개요

1. 기둥축소 현상은 초고층건물 축조시 기둥구조상이, 이질재료 사용 등으로 인한 응력차이로 수축과 변이 발생하는 현상으로,

2. 건축 마감재, 설비, 엘리베이터 등에 변형유발로 구조적 안정성을 저해하여 물적·인적 사고에 영향을 미침.

3. 따라서 초고층 건물 설계시 기둥축소 현상 반영하여야 하며 시공시 계측을 통한 보정·관리 중요함.

II. 초고층 건축공사의 특수성

구조측면		초고층 건축공사		안전측면
	• 기둥축소 현상		• 고소작업 (양중·대책)	
	• 풍하중 영향 다대		• 화재등 재난 방지	
	• 시공측면 정밀도 요구		• 높이에 따른 안전시설물	

III. 초고층 건축공사 현장에서 기둥축소 해석 Flow

- 설계 단계: 재료시험 / 강도/건조계수 등 → 축소량 사전해석 / 허용오차·plan 반영
  - ←건설기술진흥법 제62조 설계안전성 검토
- ⇩
- 공사 단계: 현장 공정 / 현장시험·공정강도 ; 계측 / 변형률·Level → 축소량 재해석 / 축소량검토·보정치 산정

〈 베트남 하노이 ○○빌딩 신축현장 해석 절차 〉

번호 IV. 초고층 건축공사 현장에서 기둥축소 현상의 발생원인

탄성 shortening	비탄성 shortening
(하중에 비례 변형 직선적)	(하중에 변형 비례하지 않음)
• 기둥형태 : 단면적·높이 등 상이	• creep 현상
• 기둥재질 : 상·하층 재질 상이	• 건조수축
• 신축성 : 기둥부재간 신축성 상이	⇒ 상층부로 갈수록 증가

수축차이 증가 (총량 20~30㎜) / 외부 기둥 / core / slab / Δ

〈내·외부 기둥구조 상이 부등축소〉

(철골조) 탄성변형 / (철근콘크리트조) 탄성변형 + 비탄성변형 - creep - 건조수축 / Δ

〈기둥재질 상이〉

V. 초고층 건축공사 현장에서 기둥축소 현상 발생시 문제점

• 구조물 부가응력 (전단력·모멘트) 발생

⇓

- slab의 처짐·균열
- 파티션·커튼월·유리파손
- 배관 파손·손상
- 설비·엘리베이터 레일 손상

⇨ 물적사고 - 구조물 손상 / 인적사고 - 엘리베이터 사고 - 방재설비 오작동 - 유리등 낙하 사고

VI. 초고층 건축공사 현장에서 기둥축소 현상 예방대책

설계시
- BIM Simulation 통한 변위량 예측 반영
- Curtain Wall unit간 시공여유 확보
- 수직방향 설비 배관에 Expansion Joint 반영
- 설계안전성 검토 (건설기술진흥법 제62조)

번호

지반조사
- 지반조사 간격·회수 증가 정확도 향상
- 지내력 고려 적정 기초공법 적용

시공시
- 가조립 상태에서 변위 check 후 본조립
- 구간별 변위량 등분 배분 (5~10개층마다)
- 시공시 변위량 측정위한 계측 실시

안전대책
- 유개등 따로로 낙하 : 낙하물 방지 시설
- 부등침하 장비 전도 : 받침판등 침하 방지 조치
- 화재 : 재난 달리자 배치
  위험성 평가 (산업안전 보건법 제36조)

VII. 초고층 건축공사 현장 기둥축소 예방위한 시공시 계측 사례

(베트남 하노이 OO 빌딩 신축 현장 사례 중심)

계측기

과다 축소 예상부

core

outrigger

· 부등기둥축소 : 40층 / 346.8mm

⇒ 총량 계측기 32개 설치

〈 평면도 〉

40F 최대축소 예상

30F Belt wall부

21F 재료강도 변화 (445MPa → 460MPa)

2F 주거부 시상하부

B5F 최하부

〈 계측 설치도 〉

- 계측실시 → 설계결과 확인 → 보정 및 관리

VIII. 맺음말

1. 최근 건물의 초고층화·비정형화에 따라 기둥축소현상이 구조물 안전의 주요 관리 사항이 되고 있음에 따라

2. 설계시 BIM 활용 기둥축소 Simulation 및 시공시 자동계측 통한 정밀 관리 필요함 "끝"

문제 3) 초고층 건축공사 현장에서 기둥축소현상의 발생 원인과 문제점 및 예방대책에 대하여 설명하시오.

답)

1. 개요

1) 초고층 건축공사는 구조적 특수성에 따라 기둥축소현상이 발생할 수 있으며, 구조적·안전성 문제점을 초래한다.

2) 기둥축소현상은 구조물 자중 및 지지지반의 강도부족의 원인으로 발생하며 단계별 안전대책 수립이 요구된다.

3) 계획/설계단계에서는 BIM 기술을 활용하여 구조 안전성 확인을 수행하고, 시공시 계측을 통한 안전을 확보하여 이로 인한 낙하·감전 등의 재해는 예방해야 한다.

2. 초고층 건축공사 현장의 구조적·안전적 특수성

구조적	초고층 건축공사	안전적
· 기둥축소현상 · 풍압영향 과다 · 높이 증가에 따른 온도변화·수축	초고층 건축공사	· 고소작업 다수 · 한정된 공간의 장비 충돌 가능성 · 화재 우려

3. 초고층 건축공사 현장에서 기둥축소현상의 발생원인

1) 자중에 의한 원인 (철골조) (RC조)

① 기둥 구조·형태, 재질 상이 — 탄성변형 / 탄성변형 + 비탄성변형 (– Creep현상, – 건조수축)

② 내·외부 기둥의 하중 차이

2) 지지 지반의 원인 : 연약지반

① 불균등 지반 ② 매립지반

다음 page 넘겨서 작성

3. 초고층 건축공사(현장의) 기둥축소현상 예방을 위한 사전검토사항

~~법적 사항, 지하 안전평가~~ | 위험성 평가
연약지반 여부 | 전체공종 → 세부공종 → 단위공종.

4. 초고층 건축공사 현장 기둥축소현상 발생시 구조적 문제점

1) 슬래브 부등침하 처짐 → 내구성 저하
2) 커튼월, 문틀 비틀림
3) e·배수관 역구배 발생
4) 엘리베이터 레일 영향

↓하중大 ↓하중小
비틀림
처짐
크랙
외부기둥 내부기둥

5. 초고층 건축공사 현장 기둥축소현상 발생시 안전상 문제점

1) 물체에 맞음 : 커튼월, 문틀 파손부
2) 감전 가능성 : 배관 누수 영향 ⇒ (재해 발생)
3) 떨어짐 : 엘리베이터 e작동

6. 초고층 건축공사 현장 기둥축소현상의 발생 예방대책

계획·설계단계

1) BIM 기술(3D BIM)을 통한 변위량 예측
   ① 구조 안전성 확인 → 내·외부 하중차이 반영
   ② 설계도면 작성 → 이질재료 지양
2) 기초지반 조사 철저 – ★지하안전평가 → 제출e2
3) 위험성평가에 기둥축소현상 반영, Risk 감소대책

시공단계 + 연약지반 처리

1) 기둥축소를 감안한 보정시공
   ① 층별 보정 ② Core 보정
2) 계측관리 : 변위량 Guage 설치
   – ES차이 및 응력차이 변위 측정
3) 스마트 안전시스템 병행, 실시간 관리

30F
20F
10F
↕변위 ↕변위 ↕변위

7. 초고층 건축공사 현장 기둥축소현상 발생시 재해예방 대책

1) 낙하방지시설 : 커튼월 등 마감보완

2) 누전차단기 · 가설전로 피복전선

손상여부 · 접지확인

3) 엘리베이터 레일 수시점검

추락방지망 · 안전난간대

낙하물 방지망

20~30°

추락방지망

수직방망

10m 이내

8. 초고층 건축공사 현장 기둥축소로 인한 결함 발견시 정밀점검 수행.

제언

위험성 평가

건설기술진흥법 제62조 안전관리

1) 실시시기 : 건설공사 물리적 · 기능적 결함 발견시 건설사업자 정밀점검 수행.

2) 실시절차

건설사업자 → 점검 의뢰 → 건설안전점검기관 (국토안전관리원)

점검결과 통보(30일 내)

(※ 필요시 보수 · 보강 조치 수행)

3) 결과 및 기재사항 (수행내용)

① 기둥부등축소현상 점검

② 위험요인 · 저감대책 수립.

9. 결론

제언

BIM 입찰시 선정

전문인력 양성

⇒ 초고층 건축공사시 기둥축소현상 발생시 구조적 · 안전상 문제점이 발생하므로 사업주는 계획 · 설계 · 시공 단계별로 안전대책을 수립하여 구조물 및 근로자 안전을 확보해야 한다. "끝"

문제 32 무량판 슬래브의 정의, 특징 및 시공 시 유의사항에 대하여 설명하시오.

번호 (문제) 무량판 슬래브의 정의, 특징 및 시공시 유의사항에 대하여 설명하시오.

(답)

1. 개 요

1) 무량판 슬래브 공법은 공간 활용성을 최대한 향상 시키기 위해 보가 없는 슬래브+기둥 구조로,

2) 최근 인천 OO APT 지하주차장 붕괴 등 중대재해가 빈번히 발생하고 있음.

3) 본고에서는 인천OO APT 붕괴사고분석을 통한 무량판 슬래브 안전관리 사항에 대해 기술하고자 함.

2. 무량판 슬래브 시공시 법적 검토사항

법령	산업안전보건법	건설기술진흥법
검토사항	① 유해위험방지계획서	① 안전관리계획
	② 감시인 배치	② 설계안전성검토
	③ 위험성평가	③ 구조적 안전성 확인

3. 무량판 슬래브 시공시 재해예방을 위한 위험성평가

(「중대재해 감축로드맵」 '자기규율 예방체계'의 핵심수단)

사전준비 → 위험요인 발굴 → 위험성 결정

사전준비
- ·평가방법 선정
- 허용가능 범위 설정

위험성 결정
- ① 빈도 X 강도
- ② OPS
- ③ Check-list
- ④ 3단계 판단법

위험성 결정 → 허용가능여부 —Yes→ 공유 및 전파 (·근로자 주지)

허용가능여부 —NO→ 감소대책 실시 → 위험요인 발굴

·협의체

번호 4. 무량판 슬래브의 정의 및 특징

정의	보가 없이 상부 Slab와 기둥으로 구성된 구조물	
종류	Slab, 주두 <Flat Slab>	Slab, 받침판, 기둥 <Flat Plate Slab>
특징	① 공간 활용성 좋음 ② 시공 어려움.	① 시공 용이 · 공기단축 ② Punching 파괴 우려

5. 무량판 슬래브 시공시 유의사항

1) 무량판 슬래브 시공시 재해유형

고압선로, ①, Slab, 붕괴 ③, ⑤, 기둥, 펌프카, ②

<무량판 슬래브 시공시 재해유형>

<재해유형>
① 고압선로 감전
② 장비 넘어짐
③ Punching 붕괴
④ 맞음, 떨어짐
⑤ 낙하물 충돌

2) 무량판 슬래브 시공시 유의사항 (위험성평가표 활용)

재해유형	위험요인	대	중	소	안전대책
① 감전	고압선로 접촉	✓			절연 방호 장치
② 장비넘어짐	지반 침하	✓			사전지반 조사
③ Punching 붕괴	- 집중타설 · Conc 초기균열	✓ ✓			- 분산타설 - 감시인 배치, Hold Point
④ 맞음	- 하부 출입		✓		출입 금지 조치
⑤ 떨어짐	· 안전난간 미설치			✓	—

번호

6. 인천 OO APT 지하주차장 무량판 Slab 붕괴원인 및 안전대고 사항

봉괴원인 (추정)
- ① 상부 Slab 성토 과적재 → 펀칭 전단
- ② Con'c 소성수축·침하 균열 미보수
- ③ Con'c 양생기간 미준수

안전대고 사항
- ① 설계상 성토 적격 중량 준수
- ② Con'c 균열 Grouting 보강
- ③ Con'c 적정 양생기간 준수

7. 초소규모 무량판 슬래브 시공 현장 붕괴재해 예방을 위한 스마트안전기술 활용 및 정부지원정책

스마트 안전 기술	정부 지원 정책
① 3D 모델링	① 재해 예방 기술지도
→ 구조검토시 활용	- 1억 미만 건설현장대상
② 수동 드론 계측	② 위험성 평가 컨설팅
→ Con'c 균열 촬영·감시	- 소규모 현장 위험성
③ 자동변위 측정센서 + IoT 활용	평가 실시 지도·조언

8. 무량판 슬래브 시공현장 '자기규율 예방체계' 확립을 위한 개선대안

1) 광주 OOAPT 붕괴사고, 인천 OOAPT 지하주차장 붕괴사고 등 무량판 슬래브의 중대재해 발생 빈번

2) 도·수급인, 발주자를 포함한 위험성평가 실시로 통한 공사관계자 별 안전의식 제고가 필요함.

문제 33 철골공사 중 무지보 데크플레이트 공법의 시공순서 및 재해 발생유형과 안전대책에 대하여 설명하시오.

번호 (문제1) 철골공사 중 무지보 데크플레이트 공법의 시공순서 및 재해 발생유형과 안전대책에 대하여 설명하시오.

(답)

1. 개요

1) 무지보데크플레이트 공법은 자재인양 → 조립·설치 → 용접 → Con'c 양생 순으로 진행되며

2) 시공 중 떨어짐, 무너짐 등 재해가 발생하며, 예방 위해 안전·방호시설 설치 등이 요구됨.

3) 본고에서는 스마트 안전기술 활용 통한 한중 Con'c 양생 중 질식재해 관리방안에 대해 기술하고자 함

2. 무지보 데크플레이트 시공시 사전 법적 고려사항

법령	산업안전보건법	건설기술진흥법
고려사항	1) 사전조사 · 작업계획서	1) 안전관리계획
	2) 표준안전작업지침	2) DFS
	3) 위험성 평가	3) 구조적 안전성 확인

3. 철골공사 중 무지보 데크플레이트 공법의 시공순서

사전준비	1) 안전관리계획, DFS 2) 유해위험 방지계획서 3) 사전구조 검토 → 조립도작성 4) 위험성 평가, PTW, TBM
자재반입	1) 화물운반차 유도자 배치 2) 자재 적치시 고임목

<위험성평가>

※ 법 개정 내용

① 다양한 평가 방법 도입

② 전단계 근로자 참여

③ 평가시기 재정립

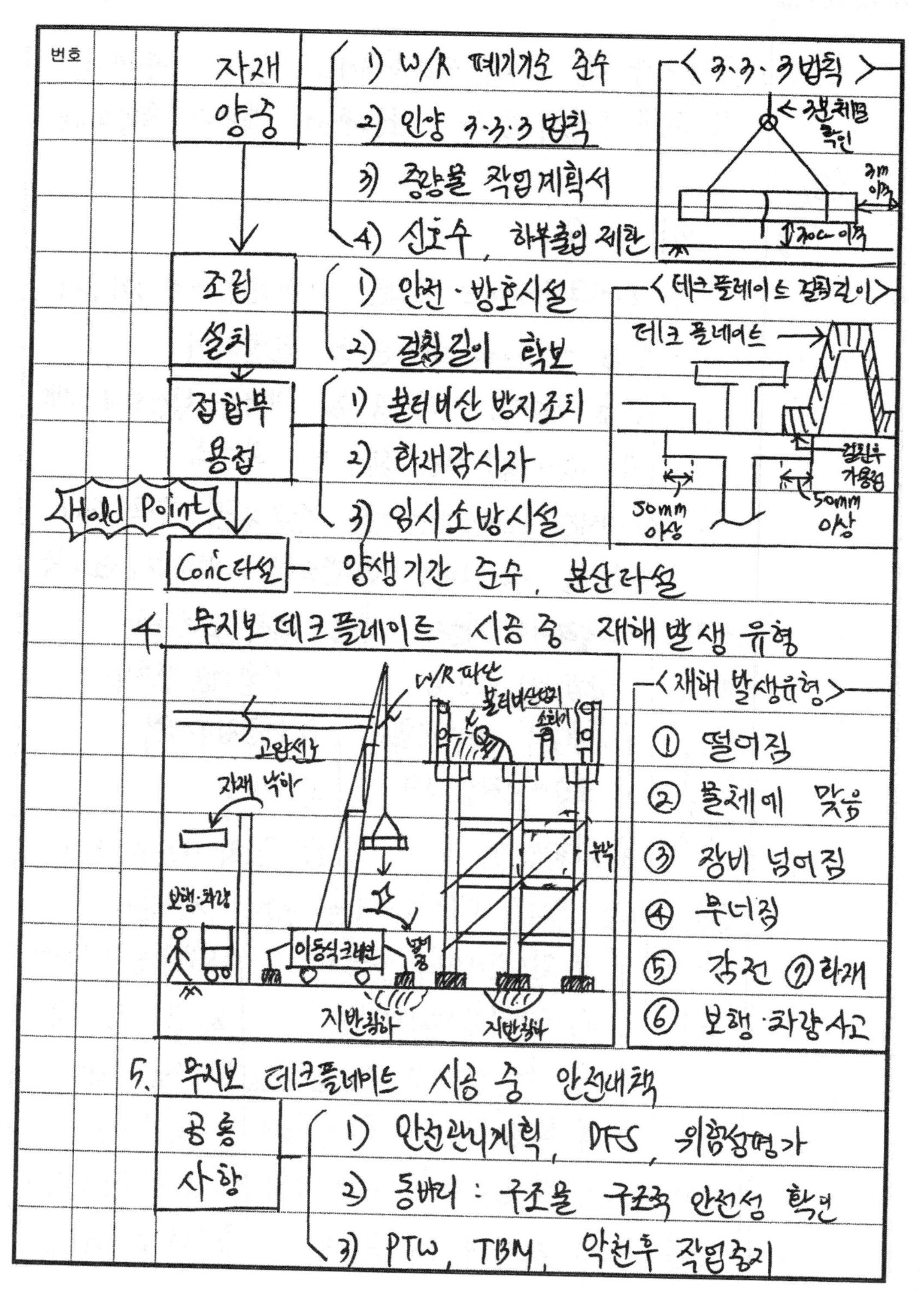
번호
자재 양중
1) W/R 폐기기준 준수
2) 인양 3·3·3 법칙
3) 중량물 작업계획서
4) 신호수, 하부출입 제한
〈 3·3·3 법칙 〉
3분 체결 확인
3m 이격
30cm 이격
조립 설치
1) 안전·방호시설
2) 걸침길이 확보
접합부 용접
1) 불티비산 방지조치
2) 화재감시자
3) 임시소방시설
〈 데크플레이트 걸침길이 〉
데크플레이트
걸침부 가용접
50mm 이상
50mm 이상
Hold Point
Conc타설 - 양생기간 준수, 분산타설
4. 무지보 데크플레이트 시공 중 재해 발생 유형
W/R 파단
불티비산
소화기
고압선로
자재 낙하
붕괴
보행·차량
이동식크레인
전도
지반침하
지반침하
〈재해 발생유형〉
① 떨어짐
② 물체에 맞음
③ 장비 넘어짐
④ 무너짐
⑤ 감전 ⑦ 화재
⑥ 보행·차량사고
5. 무지보 데크플레이트 시공 중 안전대책
공통 사항
1) 안전관리계획, DFS, 위험성평가
2) 동바리 : 구조물 구조적 안전성 확인
3) PTW, TBM, 악천후 작업중지

번호

① 떨어짐
- 1) 안전난간, 안전대 부착설비
- 2) 개구부 방호조치
- 3) 개인보호구 착용

〈낙하물 방지망〉 2m 이상, KS인증, 구조물, 10m, 20~30°

② 물체에 맞음
- 1) 낙하물 방지망 →
- 2) 하부 출입 통제
- 3) 훅 해지장치, W/R 폐기기준 준수

③ 장비 넘어짐
- 1) 아웃트리거, 깔판·깔목
- 2) 사전 지반 조사 철저

④ 무너짐
- 1) 3D 모델링 → 구조검토, 겹침길이 준수
- 2) 적정재료 사용, 조립도 준수

⑤ 감전 — 1) LOTO, 고압선로 방호조치

⑥ 보행·차량 — 1) 유도자 배치, 안전휀스

⑦ 화재 — 1) 화재 감시자, 임시소방시설

6. 인천 OOAPT 무지보 데크플레이트 활용 한층 Conc 양생시 스마트기술 활용 질식재해 예방 방안

AI CCTV
경고등
경보표시
스마트 유해가스 탐지기
작업자 위치센서
0

- AI CCTV · 출입 관리
- 스마트 탐지기 + IOT 통신
- → 실시간 적정공기 확인
- 경고등 · 위험 알림

7. 소규모 무지보 데크플레이트 현장 위험성평가 정착 제언
- 1) 최근 정부는 위험성평가 고시를 개정함
- 2) 공단 주관 중·소규모 현장 대상 위험성 평가 컨설팅 제언

문제 5) 데크플레이트(Deck plate) 공사시 데크플레이트 걸침길이 관리기준과 주로 발생할 수 있는 3가지 재해유형별 안전대책에 대하여 설명하시오.

1. 개요

1) 데크플레이트 공사시 걸침길이는 최소 50mm 이상을 확보하고, 구조 안전성을 확인해야 한다.

2) 주로 발생하는 재해유형으로는 떨어짐(78%), 붕괴(15%), 물체 맞음(7%)이 발생하므로,

3) 재해를 예방하기 위해 자재 반입·양중 및 조립·콘크리트 타설 단계별로 안전대책을 수립·실행하여야 한다.

2. 데크플레이트(Deck plate) 공사시 사전 검토사항

자재 반입·양중	조립·콘크리트 타설
1) 안전인증(KCs) 확인	1) 구조 안전성 확인
2) 와이어로프 상태 확인	2) 용접시 화재감시자
3) 장비유도자 배치	3) 펌프용 비계 사전점검 (동바리)

3. 데크플레이트 공사시 걸침길이 관리기준

1) 주근방향 설치 : 50mm 이상

2) 폭방향 설치 : 50mm 이상 (아크용접시 30mm 이상)

3) 캡플레이트 받침길이 (폭조정용) : 200mm 이하 (※. 표준안전작업지침 내용)

캡플레이트
stud 용접
데크플레이트
50mm 이상
End closure
<Deck.p.L 걸침길이>

4. 데크플레이트 공사시 주요 3가지 재해유형 및 원인

재해유형	비율	원인
떨어짐	78%	안전난간대 미설치. 안전대 미착용
붕괴	15%	걸침길이 부족. 구조검토 미흡 콘크리트 집중타설. 지지 불량
물체 맞음.	7%	조립부 용접 미시행. 적치물 존치

5. 데크플레이트 공사시 떨어짐 재해방지 안전대책

1) 안전난간대. 추락방호망
2) 안전대 부착설비 및 안전대 착용 확인
(※ 스마트 추락방지대 활용)
3) 용접이후 추락방호망 손상 확인
4) 개구부 덮개 및 위험표지 설치 5) 설치후 즉시 가용접 시행

6. 데크플레이트 공사시 붕괴 재해방지 안전대책

1) 구조 안전성 확인 및 조립도 작성
① 설치간격 ② 이음방법
③ 걸침길이 ④ 용접간격

※ 설계조건 변경시
구조검토 재실시

2) 데크플레이트 걸침길이 확보 (50mm 이상)
3) 콘크리트 타설시 안전확보 방안
① 타설전 철근배근과 접합부 확인
② 집중하중 · 충격금지 (분산타설)
③ 진동다짐시 직접데크에 접촉금지

7. 데크플레이트 공사시 물체 맞음 재해방지 안전대책

1) 양중 작업시 하부출입 · 유도자 배치
(※ 상하 동시작업 금지)

2) 공도구 작업 후 정리정돈 철저

3) 낙하물 방지망 설치

4) 악천후시 작업중지
(※ 철골공사 기준 : 강풍 10m/s 이상, 강설 1cm/hr 이상, 강우 1mm/hr 이상)

8. 데크플레이트 붕괴재해 예방을 위한 안전관리 개선

1) 시공 · 안전관리계획서 철저

2) 허가권자의 감리자 지정으로 실효성 강화

3) 위험성평가의 적정성 검토 확인 절차 신설

4) PC공법 표준시방서 제정 필요

※ 평택시 물류센터 붕괴사고 조사위원회 결과보고서 참조

상층 붕괴사고
↓
지지대철거
안전관리계획서 변경시 미승인

9. 결론

데크플레이트 공사시 걸침길이는 관련 기준에 맞게 시공하여 붕괴재해를 예방해야 하고, 안전난간시설 및 안전대 등 개인보호구 착용을 철저히 하여 떨어짐 · 맞음 재해를 방지해야 할 것이다. "끝"

번호	(문제)	데크 플레이트(Deck Plate)를 사용하는 공사의 장점 및 데크플레이트 공사시 주로 발생하는 3가지 재해유형별 원인과 재해예방대책에 대해 설명하시오.

(답)

1. 개 요

1) 데크플레이트 사용하는 공사는 떨어짐, 무너짐, 물체에 맞음 등 재해 발생 빈번으로

2) 걸침길이 준수, 안전시설 설치, 상·하 동시작업 금지 등 안전수칙 준수 중요함.

3) 최근 법 개정으로 데크플레이트 설치 작업 완한 근골격계 질환 예방 위한 쪽잠 휴게시설 설치 필요함

2. 데크플레이트 설치구조 및 걸침길이 관리기준

배력근(HD10) / 데크 플레이트 / STUD볼트 / 150 mm / 용접 / 콘크리트 스토퍼 / 50mm / 50mm 걸침길이

<걸침길이 기준>

· 보에 걸치는 길이 : 50mm 이상

· 걸친후 즉시 가용접

<송도 OO APT 데크플레이트 설치구조>

3. 데크플레이트 사용하는 공사의 장점

장점:
- 경량화
- 품질향상
- 시공용이
- 공기 단축
- 원가 절감
- 안전성 향상

번호

4. 데크플레이트 공사시 주요 발생하는 3가지 재해 유형 및 발생원인

재해유형	발생 원인
떨어짐	· 개구부 등 안전난간 미설치 · 안전방망 미설치, 보호구 미착용
무너짐	· 걸침길이 부족, 과적재 · 콘크리트 집중타설, 양생불량
물체에 맞음	낙하물 방지망 미설치 상·하 동시작업

5. 데크플레이트 공사시 재해 예방 위한 안전대책

공통 사항
- · 사전조사 및 작업계획서
- · 위험성평가, TBM, PTW
- · 안전보건교육, 안전시설 설치
- · 시공 상세도 작성·승인
- · 사전 구조 검토

떨어짐 재해
- · 추락위험 구간 안전난간 적정 설치 (상부·중간 난간대, 발끝막이판 등)
- · 추락방지망 설치
- · 안전대 고리 체결 철저

무너짐 재해
- · 걸침길이 기준 준수 (50mm 이상)
- · 콘크리트 분산타설
- · 적정 양생시간 준수

번호

무너짐 재해
- 걸림부 용접부 결함 검사 - MT, UT 등
- 데크플레이트 적격 하중 준수

물체에 맞음
- 상·하 동시작업 금지
- 작업구역 내 관계자외 출입금지 조치
- 낙하물 방지망 설치
- 악천후 시 작업중지

6. 데크플레이트 설치 작업 인한 근로자 근골격계 질환 예방 위한 휴게시설 설치대상 및 설치기준

1) 설치대상
- 상시근로자 50인 이상
- 총 공사금액 50억 이상

'23.8~ 점진적 확대 → 20인 이상 / 20억 이상

2) 설치기준
- 크기 - 면적 : 6m² 이상, 높이 : 2.1m 이상
- 위치 - 왕복이동시간 총 휴게시간 20% 이내
- 온도·습도 - 온도 : 18~28°C, 습도 : 50~55% (조절 위한 설비 설치)
- 조도 - 100 ~ 200 LUX
- 기타 - 남·녀 구분, 목적 외 사용금지

7. 맺음말

· 데크플레이트를 사용하는 공사는 재해 발생시 대형 인명 피해를 초래하므로, 사전 구조검토, 설치시 안전 조치 사항 준수 통한 재해예방 중요함

"끝"

문제 34	데크플레이트 설치공사 시 발생하는 재해유형과 시공단계별 고려사항, 문제점 및 안전관리 강화방안에 대하여 설명하시오.

번호

(문제) 데크플레이트 설치공사 시 발생하는 재해유형과 시공단계별 고려사항, 문제점 및 안전관리 강화방안에 대하여 설명하시오.

(답)

I. 개요

1. 데크플레이트란 사다리꼴 또는 사각형 모양으로 성형하여 면방향의 강성과 길이 방향의 내좌굴성을 높게 한 판을 말하며 거푸집용과 구조용이 있음.

2. 데크플레이트 설치공사 시 발생할 수 있는 재해유형과 문제점을 분석하여 안전대책을 수립, 관리가 필요함.

II. 데크플레이트의 구조

STUD볼트

STUD용접

콘크리트 STOPPER

콘크리트 높이

겹침길이 50mm 이상

강재

50mm 이상

III. 데크플레이트 관련 재해유형 및 재해발생 작업공종 비중

1. 재해유형
   - ① 추락 (38%)
   - ② 낙하, 붕괴 (12%)

2. 재해발생 작업공종
   - ① 판개 및 설치작업 (약 64%)
   - ② 콘크리트 타설 (약 15%)
   - ③ 양중, 거치작업 (약 12%)

번호 IV. 데크플레이트 설치공사 시 재해유형별 원인

재해유형	원인
추락재해	① 개구부 / 슬래브 난간 안전난간 미설치
	② 철골하부 안전방망 미설치
	③ 작업·이동 동선상 안전대 부착설비 미흡
	④ 철골 양단 걸침길이 미확보
낙하재해	① 부재간 용접 불량으로 부재 낙하
	② 데크플레이트 펼친 후 즉시 용접 고정 미실시
	③ 철골하부 안전방망 미설치
	④ 낙하위험구역 출입통제 조치
붕괴재해	① 데크 자재 과적치
	② 콘크리트 과타설 / 집중타설
	③ 설치순서 미준수

V. 데크플레이트 설치 시 시공단계별 고려사항

데크 반입·보관
- 휨·손상된 자재 반출

↓

상부양중
- 인양장비 (제원, 아웃트리거, 지반상태)
- 인양기구 상태, 신호수 및 작업지휘자 배치
- 낙하위험 구역 출입통제

↓

고정·설치작업
- 추락·낙하 대비 안전방망 선설치
- 안전난간 설치 여부 확인
- 철골 끝단 걸침길이 (최소 50mm) 확보

↓

철골보·접합용접
- 용단·용접 시 화재 예방 시설

번호

VI. 데크플레이트 설치 시 문제점 및 안전관리 강화방안

문제점	안전관리 강화방안
1. 구조 검토 소홀	① 주요공종으로 간주하고 검토
	② 설계기준 근거한 데크응력, 처짐량 검토
	③ 데크 받침대 등 주요 구조부 용접강성 검토
2. 시공상세도 작성 미흡	시공절차, 순서도 명기 및 준수
3. 걸침길이 확보 부족	관리기준 일관성 유지, 준수
4. 콘크리트 과타설 및 집중타설	① 콘크리트 타설두께 준수
	② 중앙부 집중타설 금지

VII. 데크플레이트 관련 구조물 붕괴 사고사례로 본 안전관리 제고

(평택 구조물 붕괴사고 사례, 2020.12.20)

1. 개요 : 곡선보 전도방지부 부실시공으로 전도, 추락 재해 발생
2. 재해유형 및 원인

전도+추락 → 전도방지부 부실시공 (일부 시공 미실시) / 시공계획 미수립 (곡선부 시공계획 누락)

3. 재발방지 안전대책

① 설계 시공 개선 (공종간 간섭 최소화, 설계도서상 '주의' 표시)

② 시공계획, 안전관리계획 개선 (특이사항 반영)

VIII. 맺음말

1. 무지보 데크플레이트 공법 적용 시 하중계산, 걸침 최소길이 확보 등 근로자 추락재해를 최우선 고려
2. 전 공종에 대한 관리감독자 작업 지휘 체계 구축

"끝"

문제(3) 데크플레이트 설치공사시 발생하는 재해유형과 시공단계별 고려사항, 문제점 및 안전관리 강화 방안에 대하여 설명하시오.

답)

I. 개요

1. 데크플레이트는 무지보 공법으로 시공성 좋으나 재해빈도, 강도가 높아 사전 안전·보건 대책 요구됨.
2. 주로 발생하는 떨어짐, 무너짐, 맞음 재해 예방위해 걸침길이 기준 준수, 안전시설물 설치 등 필요하며
3. 특히, 사전 구조 안전성 검토, 시공상세도 작성, 위험성 평가 확인 통한 안전 설계 및 시공 중요함.

II. 데크플레이트의 특징

경량화
품질 확보 용이
시공 용이성
데크 플레이트
공기 단축
원가 절감
안전성 향상

III. 데크플레이트 걸침길이 관리 기준

배력근(HD10)
Stud Bolt
데크플레이트
150mm
콘크리트 스토퍼
50mm
50mm 걸침길이
용접

걸침길이 기준
· 보에 걸치는 길이 : 50mm 이상
· 걸친 후 즉시 가용접

<Qatar cc plant Control Building>

번호 IV. 데크플레이트 설치공사시 발생하는 재해유형

재해유형	주요원인
떨어짐	· 안전난간 미설치 (개구부, 단부) · 안전방망 미설치, 안전대 미착용
무너짐	· 걸침길이 부족 · 콘크리트 집중타설, 과적재
물체에 맞음	· 판재 작무 용접 미실시 · 낙하방지시설 미설치, 출입미통제

V. 데크플레이트 설치공사시 시공단계별 고려사항

- 공통사항
  - 구조계산, 시공상세도 작성 승인
  - 고소작업 근로자 건강/상태 check
  - 안전시설 설치 (개구부, 단부 등)
- 반입적재
  - 차량유도계획
  - 받침목 정리, 침하방지
- 양중이동
  - 풍속 10m/sec 작업금지, 4점걸이
  - 와이어로프 폐기기준 준수
- 조립설치
  - 걸침길이 준수 (50mm)
  - 커버플레이트 받침길이 200mm
  - 근로자계 권한 예방 (휴식)
- 용접
  - 화재감시자, 비산방지
- 콘크리트 타설
  - 분산타설
  - 철근 과다적재 금지

200mm

폭조정 커버플레이트

번호 VI. 데크플레이트 설치시 문제점 및 안전관리 강화방안

구분	문제점	안전관리 강화 방안
설계	·구조검토 미흡	·걸침구조 특성 고려 검토 ·용접부 안전성 검토
시공	·시공상세도 미흡	·시공순서·방법 명기·준수
	·걸침길이 부족	·관리기준 준수 (시공상세도 명기)
	·콘크리트 집중타설	·집중타설 금지 (관리감독자 상주)
관리	·위험성평가 미흡	·위험성 평가 실시 확인

VII. 데크플레이트 재해사례 통한 안전제고 방안

1. 재해사례

· 서울 00 신축현장('20.9), 평택 00 물류현장('20.12)

⇒ 데크플레이트 하부 지지 가로보 탈락에 의한 떨어짐.

2. 발생원인 및 시사점

1) 원인 : 가로보 시공계획 미준수. 관리감독 소홀

2) 시사점 : 작업간 연계되는 작업의 기준 준수 중요

3. Lesson & Learn

1) 시공계획. 안전관리계획에 선·후행 작업방법. 순서명기

2) 선·후행 작업 방법 변경시 구조 안전성 재검토.

VIII. 맺음말

데크플레이트 재해예방위해 사전구조검토, 시공상세도 작성·준수, 걸침길이 확보 등 기준 준수 중요함

"끝"

문제 6) 데크플레이트 설치공사 시 발생하는 재해유형과 시공단계별 고려사항, 문제점 및 안전관리 방안에 대하여 설명하시오.

Ⅰ. 개요

1) 데크플레이트는 공기 단축, 시공성, 원가절감 등으로 건설현장에서 많이 사용되고 있다.

2) 무지보공 공법으로 추락, 낙하, 화재 등의 위험이 있으므로 안전관리를 철저히 해야 한다.

Ⅱ. 데크플레이트 재해유형 및 원인

구분	재해 발생 원인
추락	· 데크플레이트 시공 중 추락 · 걸침이음 불량
붕괴	· Con'c 타설 중 과하중 · Support 보강 누락
화재	· 용접, 용단 중 관리 미흡
비산	· 강풍에 의한 비래/비산
넘어짐	· 철선 등에 걸림 · 안전통로(발판) 미설치

Ⅲ. 데크플레이트 시공단계별 고려사항

1) 운반

① 양중 시 추락방지 조치

② 적정 하중 확인, 신호수 배치

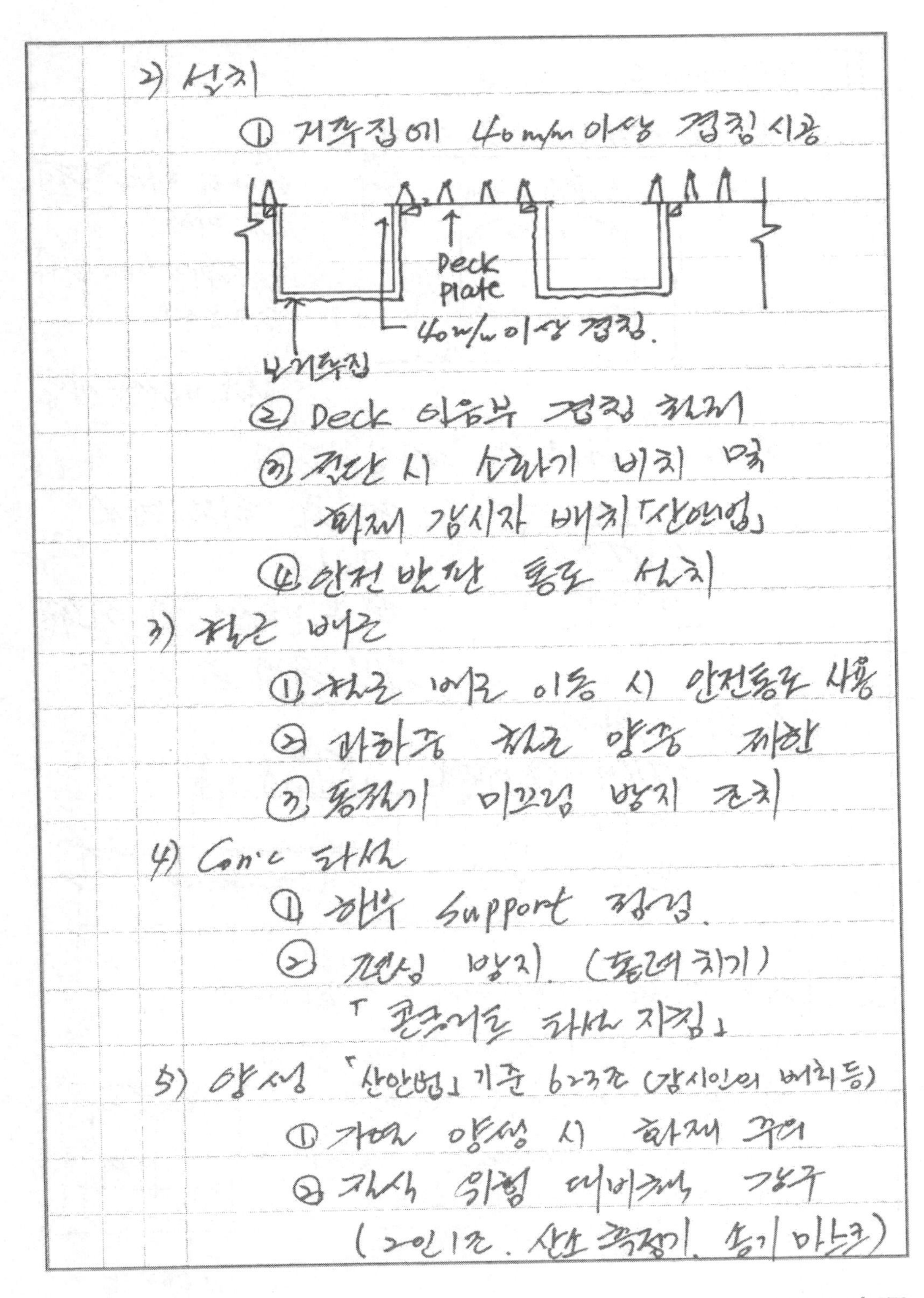
2) 설치

① 거푸집에 40mm 이상 겹침 시공

② Deck 이음부 겹침 철저

③ 절단 시 소화기 비치 및 화재 감시자 배치「산안법」

④ 안전 발판 통로 설치

3) 철근 배근

① 철근 메고 이동 시 안전통로 사용

② 과하중 철근 양중 제한

③ 동절기 미끄럼 방지 조치

4) Con'c 타설

① 하부 Support 점검.

② 편심 방지. (돌려 치기)

「콘크리트 타설 지침」

5) 양생 「산안법」 기준 623조 (감시인의 배치 등)

① 가열 양생 시 화재 주의

② 질식 위험 대비책 강구

(2011년. 산소 측정기, 송기 마스크)

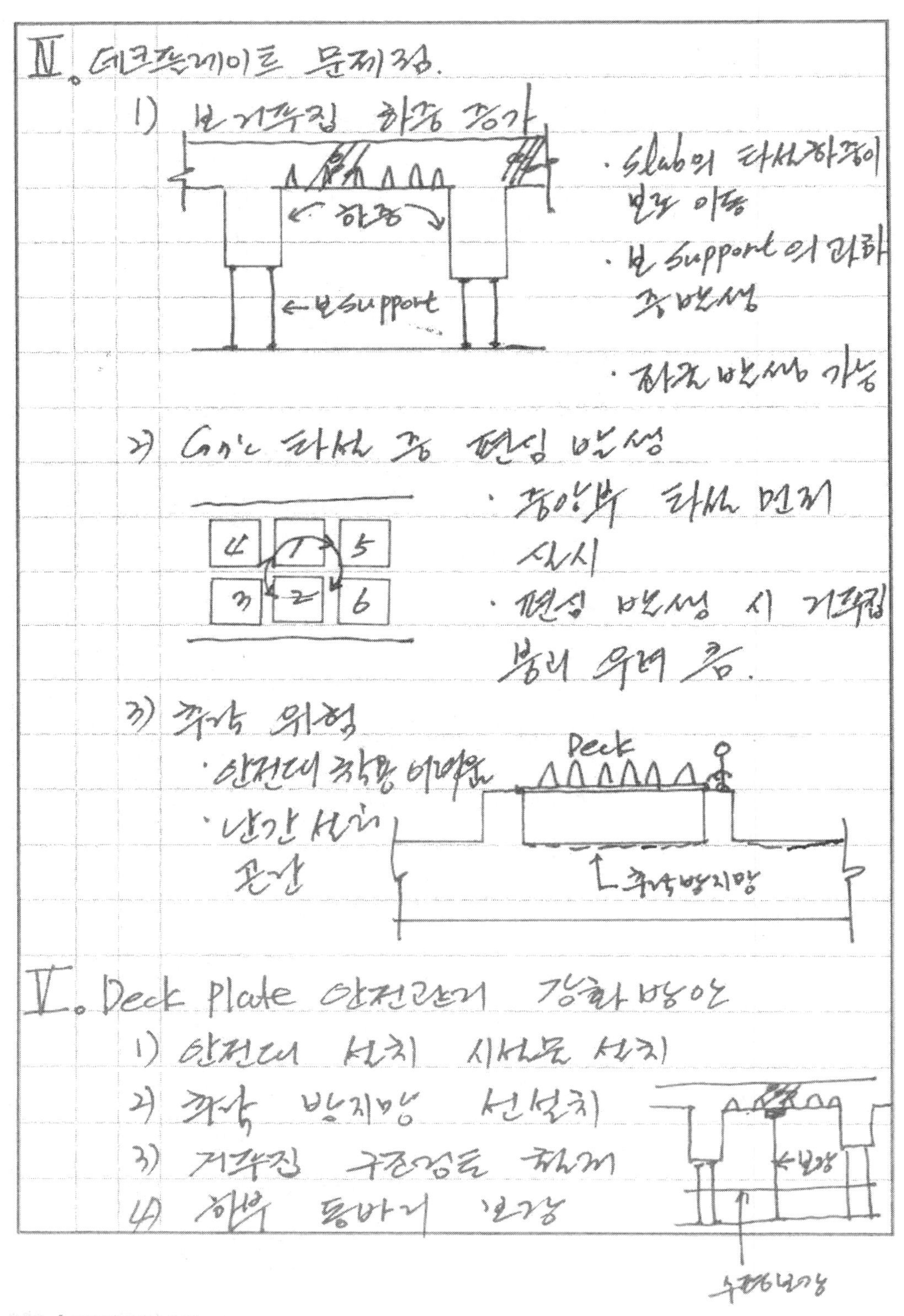

Ⅳ. 데크플레이트 문제점.

1) 보 거푸집 하중 증가

· Slab의 타설하중이 보로 이동
· 보 support의 과하중 발생
· 좌굴 발생 가능

2) Con'c 타설 중 편심 발생

· 중앙부 타설 먼저 실시
· 편심 발생 시 거푸집 붕괴 우려 큼.

3) 추락 위험

· 안전대 착용 어려움
· 난간 설치 곤란

Ⅴ. Deck Plate 안전관리 강화 방안

1) 안전대 설치 시설물 설치
2) 추락 방지망 선설치
3) 거푸집 구조검토 철저
4) 하부 동바리 보강

Ⅵ. 맺음말

1) Deck Plate는 주로 추락, 붕괴 등의 재해 위험 요인을 가지고 있다.

2) 이는 사전 작업 계획서 작성, 거푸집 보강 방법 등의 안전보강이 필요하다

"끝"

문제 35 커튼월(Curtain Wall)의 누수원인과 누수를 방지하기 위한 빗물처리방식에 대하여 설명하시오.

문제 9) 커튼월(Curtain Wall)의 누수원인과 누수를 방지하기 위한 빗물처리방식에 대하여 설명하시오.

답)

1. 개요

1) 커튼월은 경량화·공기단축 등의 장점을 갖고 있어 우수하나, 누수가 발생될 위험이 있다.

2) 누수원인으로는 재료적·설계적·시공적 요인이 있으며 빗물처리방식을 통해 대책을 수립해야 한다.

3) Open Joint, Closed Joint 시공이 필요하며 커튼월 운반·양중 / 유니트 설치 작업시 추락·낙하 재해 방지를 위해 안전대책 수립이 요구된다.

2. 커튼월의 요구성능 및 특징

요구성능	커튼월	특징
· 내화성 · 내풍압성 · 수밀성 · 단열성	커튼월	· 경량화 · 공기단축 · 안전확보 · 품질우수

3. 커튼월 시공(사용) 재해위험요인 + 모식도

인적요인	물적요인
1) 안전대 미체결·추락	1) 커튼월 누수
2) 크레인 전도·충돌	2) 온도수축변화에 의한 유리 열파손
3) 공도구 낙하	
4) 자재낙하 부딪힘	3) 기능퇴손현상·비틀림

4. 커튼월의 누수원인

1) 재료적 원인

① 제품하자 · 미인증제품(KCS)

② Fastener 성능부족

2) 설계적 원인

① 기둥축소현상 미고려

② 외기온도 · 일조조건 반영 미흡 <00초고층 건물 기둥축소현상>

외부기둥 내부기둥
커튼월
비틀림
하중大 하중小

3) 시공적 원인

① 층간변위에 따른 시공불량

② 접합부 방수불량 → Closed Joint / Open Joint

③ 단열 불량

5. 커튼월 누수를 방지하기 위한 빗물처리방식

1) Closed Joint → 물을 차단 (중·고층 건물)

① 외부 침입수를 Seal재로 완전히 차단

② 밀실한 충전 · 누락부위 없이 시공

③ 줄눈부 수분 포함시 완전 건조후 시공

2) Open Joint → 물을 제어 (초고층 건물)

① 중력 : 상향경사 차단

② 표면장력 : 물끊기턱

③ 모세관 : 넓은 틈

④ 운동 E : 미로

⑤ 기압차 이용

상향경사
물끊기턱
<중력이용> <표면장력>

6. 커튼월 시공단계별 중점 안전관리 Point

작업 전 점검사항 (※ 커튼월 안전작업지침)

1) 작업계획서 작성 · 근로자주지 → 〈작업계획서 내용〉
   ① 작업일정 · 규모
   ② 양중 방법
   ③ 타공종 간섭여부
2) Con'c 압축강도 설계기준 이상

운반 · 양중

1) 장비유도자 배치 · 하부 통제
2) 리프트 이용시 적재중량 확인 (방호장치 확인)

유니트 설치 · 실란트 작업

1) 작업발판 (40cm) 설치 · 안전대 착용 (안전난간)
2) 소형 크레인 (윈치) 사용시 안전대책
   ① 전도방지장치 ② 와이어로프 점검 · 손상시 폐기.
3) 1차 긴결재 가조립 후 유니트 조립 시행

준비계 + 안전수칙

7. OO 빌딩 커튼월 설치를 위한 곤돌라 사용시 안전관리 Point

와이어로프 점검, 안전대, 수직구명줄, 최대적재하중 00kg, 안전난간 100이상, 하부구역통제, 신호자

1) 안전방호장치 점검
   ① 전도방지 · 비상정지장치
   ② 과부하방지 · 브레이크.
2) 최대적재하중 표시
3) 수직구명줄 · 안전대 체결

8. 결론

사업주는 재료검사 철저 · 단계별 시공관리를 철저히 하고, 안전관리도 강화하여 품질과 안전의 확보를 위해 노력해야 한다.

"끝"

문제 36 교좌장치의 종류 및 특징

문제) 교좌 장치의 종류 및 특징

답)

1. 개 요

교좌장치는 교량 상부 하중을 하부로 전달하고 처짐·온도 변화 등에 의한 회전과 변위를 흡수하는 장치

2. 교좌장치의 기능과 선정시 고려사항

기능		교좌장치		고려사항
	· 지압 (상부하중 전달)		· 상부형식, 지간길이	
	· 회전, · 이동		· 반력, 신축량 등	

3. 교좌장치의 종류 및 특징 (재료별 기술)

구분	포트받침	탄성고무 받침	납면진받침 (LRB)
구성	주철 + 불소수지판	고무 + 보강판	납 + 고무 + 보강판
특징	· pre setting 용이	· 유지관리 용이	· 지진감쇠 우수
	· 불소수지판 교체	· 부반력 억제불가	· 설치·유지관리 불가
	· 회전각 작음	· pre setting 힘듦	· 납 환경오염

4. 교좌장치 손상원인 및 대책

손상원인	대책
· 과대한 횡방향력	· pre setting
· 교좌장치 부식	· 방식, 방청
· 지진에 의한 부반력	· out rigger, counter weight

5. 지진에 의한 교좌장치 부반력 문제점 및 대책사례 (의령 OO대교)

1) 문제점 : 지진 → 공용중 부반력 → 낙교 → 중대재해

2) 적용공법 : 부반력 예상 경간 내

Counter Weight (1,840 ton)

(P6, A2 지점)

콘크리트 채움

"끝"

문제 37 숏크리트 및 락볼트(Rock Bolt)의 기능과 효과

문제) 숏크리트 및 락볼트(Rock Bolt) 기능과 효과

답)

1. 개요

숏크리트 및 락볼트는 터널, 사면 등 굴착지반 안전성 확보 위해 실시하며 터널 내 작업환경 측정 통한 안전보건 개선해야 함.

2. 터널 굴착 시 지보재의 종류 및 역할

구분	종류	역할
1차 지보	숏크리트, 락볼트, 강지보	→ 굴착지반 거동억제
2차 지보	콘크리트 라이닝	→ 터널 내 시설물 보호
보조공법	훠폴링, 강관그라우팅 등	→ 불량지반 추가 보강

3. 숏크리트 및 락볼트 기능과 효과(NATM 터널 기준)

구분	숏크리트	락볼트
기능	터널지보, 사면보강	
효과	응력분산	봉합, 보형성
	피복	아치형성
	낙반방지	내압작용

시스템락볼트(D25, L=4m)
1차 숏크리트 (여굴채움)
굴착면
2차 숏크리트 (50mm)
라이닝 콘크리트 (300mm)
방수시트
<○○터널 NATM 단면도>
지보패턴-Ⅲ

4. 터널 내 숏크리트 및 락볼트 작업 시 작업환경 안전보건대책

작업환경 측정 — 조도 / 환기·분진 / 소음·진동 —(기준 초과 시)→ 시설·설비개선(공학적) / 건강진단 실시 / 건강장해 예방 프로그램 실시

5. 호흡기 질환 예방 위한 숏크리트 분진저감 사례(○○우회도로 터널)

1) 공법 변경 : 건식 → 습식, 원격조정 장비 사용

2) 배합조정 : 분진방지제(시멘트) 배합

"끝"

번호 (문제) 숏크리트 및 락볼트(Rock Bolt)의 기능과 효과

(답)

I. 개요

숏크리트 및 락볼트는 NATM 터널 굴착시 지반의 이완을 방지하고 굴착면 보호의 기능을 하는 터널 지보공임.

II. 숏크리트 및 락볼트의 기능

1. 암반 응력 재분배에 기여
2. 막장 취약개소 보강 (절리 및 불연속면 보강)
3. 막장면의 안정

III. 숏크리트와 Rock Bolt의 효과

숏크리트	락볼트
1. 응력분산	1. 봉합 2. 아치형성
2. 풍화방지	3. 내압작용
	4. 보형성 5. 지반보강

IV. 숏크리트/Rock Bolt 시공순서 및 안전관리 Check Point

굴착(발파) →	막장면 정리 →	SEALING(숏크리트) →	지보설치 Rock bolt →	2차 숏크리트 →	RockBolt 인장시험
발파석 비산여부	부석 제거	막장면 보호 용출수 여부	길이. 간격	두께 및 급결제 관리	수량. 개수 길이 준수

V. 숏크리트/Rock 재해위험요인 및 안전관리 대책

1. 부석 미제거 탈락. 낙하. 비래 → 타설 전 부석제거
2. Rock Bolt 주입재 호스 터짐 → 작업 전 점검: 압력조절

"끝"

문제 5) 숏크리트 및 록볼트의 기능과 효과.

1. 개요

숏크리트 및 록볼트는 NATM터널, 사면안정 등을 위해 사용되나, 시공시 안전·보건대책을 수립해야 한다.

2. 숏크리트 및 록볼트 시공시 유해·위험 요소 (※ 재해유형)

1) 유동성 낙반 맞음 2) 분진·소음·진동 영향

3) 장비와의 부딪힘 4) 고소작업에 떨어짐.

3. 숏크리트 및 록볼트의 기능과 효과

구분	기능	효과
숏크리트	터널 지보공 사면 보강	원지반 이완방지 응력집중 완화
록볼트	터널 지보공 흙막이·사면보강	봉합·내압효과 아치·보형성

4. 숏크리트 및 록볼트 시공시 근로자 안전·보건확보 방안

시공순서별 관리감독자 공정안전관리사항

안전대책
- 유동성 낙반 제거
- 장비유도자 배치
- 안전대 착용

보건대책
- 분진마스크
- 청력 보호구
- 특수건강진단.

5. 호흡기 질환 예방을 위한 숏크리트 분진저감대책 (OO 3요약하도록)

1) 공법 변경 : 건식 → 습식, 분진방지제 배합

2) 보호구 지급·착용 : 방진안경 / 마스크, 보호크림.

3) 호흡기 보호 프로그램 운영 "끝"

문제 38 터널 막장 전방 탐사(Tunnel Seismic Prediction, TSP)

문제) 터널 막장 전방 탐사 (Tunnel Seismic Prediction, TSP)

답)

1. 터널 막장전방 탐사 (TSP)의 정의

TSP는 탄성파를 이용 터널 막장 전방의 지질조건을 탐사 파쇄대 등 대처에 활용하는 지반물리 탐사법

2. 거리별 터널물리 탐사법 종류 및 TSP의 활용성

탐사법	
원거리	TSP → 200m 이상
중거리	선진수평보링 → 50m~60m
근거리	강지공 (20m), Face Mapping

TSP 활용: 불연속면, 파쇄대, 공동, 용수대 탐지 ⇒ 선제적 안전관리.

3. TSP 시험 순서별 유해위험요인 및 안전보건 대책

측선 천공	·부석 낙하 - 사전제거, 헤드가드 ·천공기 끼임 - 신호수 배치
수진기 설치	·조도불량 부딪힘 - 조명 설치 ·전선노출감전 - 점검, 절연조치
발파공 설치	·장약시 폭발 - 개인화기 휴대엄금 ·충격폭발 - 서행운반
발파 측정	·잔류화약 폭발 - 발파후 점검 ·분진노출 - 환기, 호흡보호구

막장면

발파공

TSP 수진기

예상파쇄대

고속국도 00호선 00터널 TSP 모식도

4. 구리시 지반침하 사고('20. 8) 관련 재발 방지 대책

1) 지반조사 강화 : 취약부 시추간격 조정 (50m당 최소 1개)

2) 다양한 지반정보 활용 : 입찰 참여사 모든 지질조사자료 활용

3) 전문기술자 상시 배치 : 지반, 터널분야 기술인력 상주 "끝"

번호 (문제 13) 터널 막장 전방 탐사 (Tunnel Seismic Prediction)

(답)

터널내 탄성파를 이용하여 막장전방 200-300m 범위 내의 파쇄대, 단층지대 등 지질이상 감지하는 탄성파 탐사법.

Ⅰ. 개요

터널 막장의 전방에서의 지층상태, 지질상태 등을 파악하기 위한 물리적 탐사로 터널 내 안전성 제고에 유용한 방법.

Ⅱ. 터널 막장 전방 탐사의 모식도

절리
파쇄대
분석기
발破기
수신기

Key word
구리시 침하사고사례 ('20.8.26)
IT기술 → 3D-TSP 지반특성예측시스템

Ⅲ. 터널 막장 전방 탐사의 활용 시 기대효과

안전관리 활동에서의

1. 막장 전방의 지층구조, 지질상태 파악 → 선제 대응
2. 사전조사 및 작업계획서 작성 활용 (산업안전보건규칙 제38조)
3. 터널 내 안전성 확보 → 근로자 작업여건 개선.

Ⅳ. 터널막장 전방 탐사 결과 안전성 확보 불량시 조치사항

조사결과 보고.공유 → 계측 실시 (정밀계측) → 작업중지 → 보강 조치 → 안전성확보 확인 · 승인

- 계측빈도 증가
- 계측수량 증가
- 지보간격 줄임
- 굴진속도 조정
- 전문가 견해 청취.

Ⅴ. 터널 막장 전방 탐사의 한계성을 고려한 터널내 안전조치.

1. 물리탐사 유한 신뢰 금지 → 계측 등 중복 점검
2. 스마트 기술 활용 → 선진보링 · 자동감지 센서 등 "끝"

Ⅵ. 맺음말

3D-TSP 탐사 막장전방 3차원 지반특성 예측시스템

구리시 침하사고 사례로 본 전방 터널 막장에 대한 조치의 중요성

문제 39 터널 시공 시 편압 발생 대책

문제) 터널 시공시 편압 발생대책

답)

I. 터널 시공시 편압의 정의

터널 좌우, 전후 방향으로 불균등하게 작용하는 지반압력으로 터널변형, 근로자 매몰 등의 재해에 대한 안전관리 필요.

II. 터널 시공시 편압 발생 원인

1. 경사진 지형
2. 불균일한 지질
3. 팽창성 지반, 저토피부
4. 터널 측면 굴착시

III. 터널 시공시 편압에 의한 재해 유형

구분	재해 유형
물적	·터널 변형/균열/무너짐 ·지반침하, 인근가옥 변형 ·장비 뒤집힘
인적	·낙반에 맞음 사고 ·매몰 및 질식 ·용수 노출부 감전

지압작용, 지표 침하, 낙반, 균열, 변형, 붕괴, 매몰, 전기기구 감전, 용수노출

<00복선전철 00터널 재해예시도 모식도>

IV. 터널 시공시 편압에 의한 재해 방지 대책 (3E대책)

1. 교육적
   - 관리자, 작업자 특별안전 교육
   - 이상 징후시 비상 연락 및 긴급대피방법 교육
2. 관리적
   - 계측계획 및 일상점검 확인 담당자 지정
   - 터널보강작업시 넘어짐, 떨어짐 방지시설 설치
3. 기술적
   - 터널보강 (강관 그라우팅 등), 경사사면보강 (Soil Nailing 등)
   - 매몰시 비상대피시설 설치방안 (비상전력·조실·산소)

번호		
V.		터널 시공시 편압에 의한 천단부 낙반에 의한 사고사례
		(ㅇㅇ 복선 전철 현장 사례 조사)
	1.	사고유형 : 낙반에 맞음 사고 (중대재해)
	2.	재해상황 : 강지보 시공중 대규모 낙반 발생 피재자 깔림
	3.	재해 발생 원인
		1) 편압부내 풍화/절리 발달구간 계측관리 미흡
		2) 낙석우려가 많음에도 부석조사 및 제거 미흡
	4.	재해 방지 대책
		1) 부석정리 철저 및 명확한 Face Mapping 실시
		2) 낙석우려지역 안전관리자 지휘하 작업실시
		3) 낙반대비 방호조끼 지급 및 착용
		"끝"

V. 방재계획
1. 사고억제 (지보설치, 막장 sealing)
2. 자기보존 (피난설비, 피난통로)
3. 예방대책 (시나리오 작성, 경보설비)
4. 인명구조 (모의훈련, 접근통로 확보)

번호 (문제) 터널 시공 시 편압 발생 대책

(답)

I. 개요

터널 시공시 지형, 지질, 지하수 등에 의한 편압이 발생될 수 있으며 계측관리 및 사전조사로 재해를 예방해야 함

II. 터널 시공 시 편압으로 인한 문제점 및 손상현황

	터널의 편압발생	
터널 내 누수개소 증가		어깨부 종방향 균열
균열폭 증가, 단차발생 횡방향 균열 다수		라이닝 종방향 균열
		누수, 박리, 백태, 누수부 균열

III. 터널 시공 중 편압으로 인한 재해유형 및 안전대책

재해유형	재해유형별 안전대책
1. 낙석에 의한 근로자 부상	① 숏크리트 Sealing ② 부석제거
2. 막장붕괴 협착	① Face mapping / 계측관리 → 사전인지
	② 이상 변위 예견시 보강조치, 작업자 대피
3. 누수, 균열로 부분 탈락	① 일상점검 강화 ② 계측관리

IV. 터널 편압 발생에 대한 종합적 안전대책

기술적 대책	일반적 대책
1. 굴착공사 표준안전지침 준수	1. 이상변위 조짐 인지시 대피
동시작업금지 (제33조)	2. 접근제한 조치
대피공간 확보 (제34조)	3. 특별안전보건교육
2차 피해 방지조치 (제35조)	4. 위험성 평가
2. 지보 보강 및 선진보강	

3. 터널 안정성 역해석

"끝"

문제 8) 터널시공시 편압 발생대책

1. 개요

터널시공시 내·외부 조건에 따라 편압이 발생하며, 지표침하 등의 재해로부터 안전·보건 확보 필요.

2. 터널시공시 편압 발생원인 및 문제점 → 재해유형 요인 (현장내부 / 외부)

1) 발생원인

① 경사진 지층·불균질

② 저토피·응력조건 변화

2) 문제점

지표침하, 편압, 균열, 암반, 매몰

3. 터널시공시 편압 발생대책

1) 설계적 안전대책

① 지하안전평가 – 지질·지하수 변화

② 지보공 구조안전성 확인

※ 사전조사 및 작업계획서
① 굴착방법·지보공
② 환기·조명시설

2) 시공시 안전대책

① 지반보강 : 사면보호공, 지하수위 저하

② 막장면·갱구부 보강 → Fore poling·그라우팅.

– 편압 발생 방지(토피확보) – 라이닝 보강(R/B·보강법)

4. 터널시공 편압발생시 근로자 안전·보건 확보방안

안전대책 – 낙석우려시 즉시대피
– 안전모 등 반드시 착용

보건대책 – 조도기준 확보
– 환기·산소농도

5. ○○복선전철 시공시 편압에 따른 침하사고 방지위한 제언 ↔ 편압 발생 방지 막장면 검사 (TSP)

1) 지반조사(지질·지하수)를 설계·시공 단계별 강화

2) 터널 지표침하·내공변위 상시 모니터링 시스템 구축. "끝"

문제 40 ACP와 CCP의 차이점

문제 9) ACP와 CCP의 차이점

답)

I. 개요

ACP와 CCP 포장의 차이점은 하중전달 등 구조적 차이점과 지반 적응성 등 일반적 차이가 있음.

II. 도로 포장 파손이 안전에 미치는 영향

원인		결과		영향
시공시 품질관리 미흡 공용중 유지관리 미흡	→	포장 파손	→	주행안전성 저하 교통사고 유발

III. ACP와 CCP의 차이점

구분	ACP	CCP	비고
역학적 성질	가요성	강성	(하중분포) CCP slab 두께
하중전달	노상으로 하중분산	콘크리트 slab 직접지지	P, CCP, ACP, 깊이
적응성	연약지반 우수	중차량 우수	
유지관리	짧음 (5~10년)	길 (20~30년)	

IV. ACP 파손 유형 및 원인, 방지대책

유형	원인	대책
균열	다짐불량, 지반연약	• 노상 : 다짐관리, 동상방지층
소성변형	혼합물 온도, 다짐불량	• 포장 ┌ 온도, 다짐관리
포트홀	배수불량, 중차량	└ 세립골재 사용 금지

V. 스마트 기술 활용 ACP 포트홀 등 선제적 유지관리 발전과제

• C-ITS 사업 추진 확대 ⇒ 차량-인프라 간 통신 통합 도로결함 사전 발견, 보수

"끝"

문제 41 연약지반의 계측관리

번호 (문제) (연약지반의) 계측 관리

(답)

I. 개요

1. 설계시 자료와 실제 지반의 조건이 다른 경우가 많으므로 현장에서 현 상태 안정성과 위험정도를 판단하고 계측 관리 결과에 의해 설계와 시공을 보완해야 함.

2. 계측기기는 계측관계의 정확성, 이용성, 경제성 등을 고려하여 선택해야 하며, 계측치와 예측치와 비교 분석하여 공사의 안정성을 판단함

II. 연약지반 계측의 목적

- 1차목적 – 시공 전 자료조사 / 시공 중 안정검토 / 시공후 유지관리 (시공)
- 2차목적 – Feed back → 설계반영 (설계)
- 3차목적 – 대민홍보, 법적근거 (민원)

계측 — 시공 – 안정판정 / 거동예측, 설계 – 설계향상

계측 ↔ 설계 (설계보완), 계측 ↔ 시공 (시공관리)

설계: 불완전성 (자료한계, 이론가정)

시공: 불안전성 (시공오류, 설계오류)

III. 연약지반 계측 계획 수립 Flow

계측목적 설정 → 계측항목 결정 → 관리기준 설정 → 계측사업결정 → 기기 설치위치 결정 → 계측빈도, 간격결정 → 인력배치 및 운용체계정리

IV. 계측 관리 기준

관리수준	조 건	비 고
안정	계측치 < 1차 관리치	1차 관리치 = 예상치, 설계치
경고	1차 < 계측치 < 2차	2차 관리치 = 설계예상치 ×1.25
위험	2차 관리치 < 계측치	공사중지, 긴급보강, 설계변경

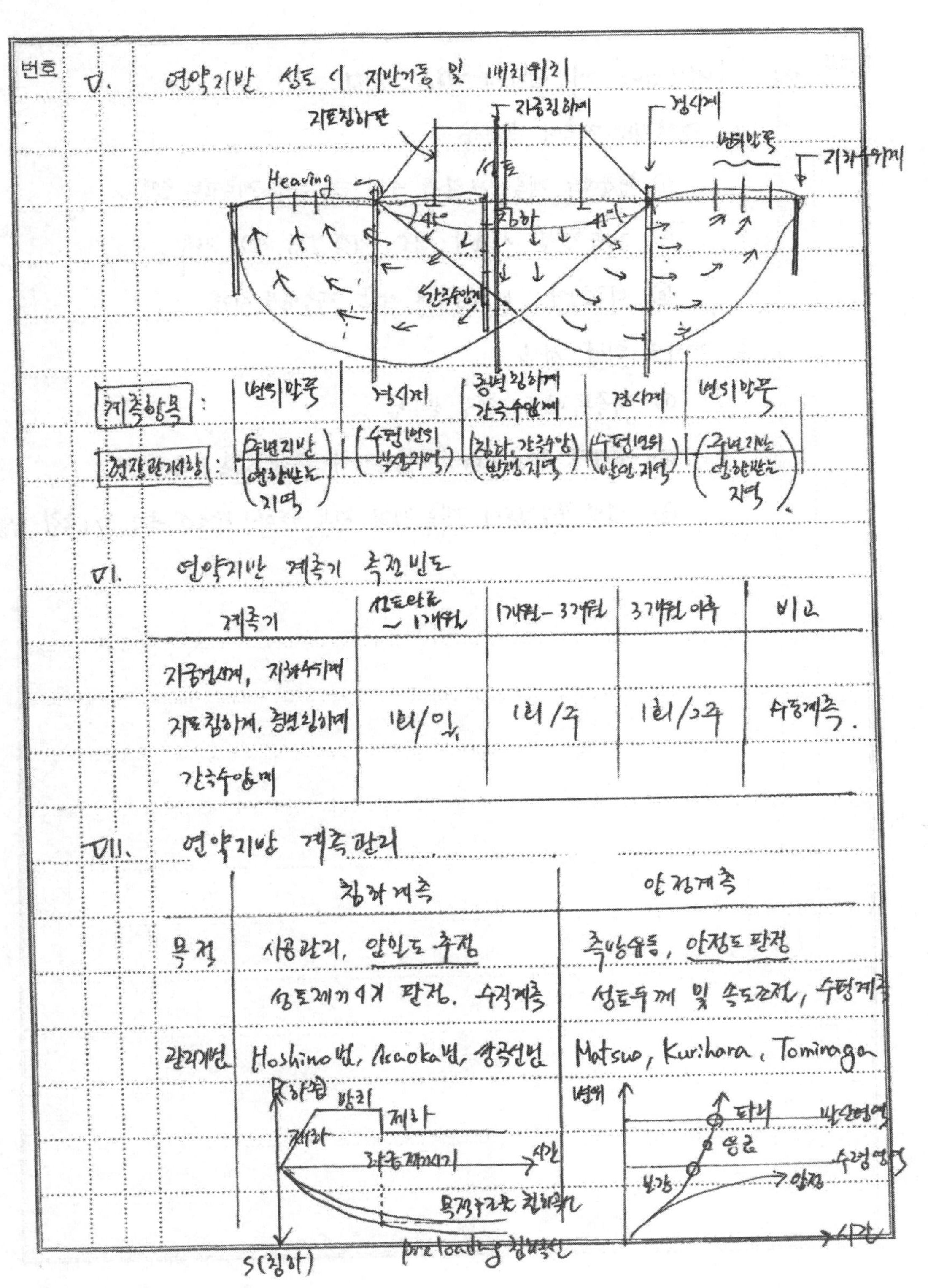

번호

V. 연약지반 성토 시 지반거동 및 배치위치

계측항목 :	변위말뚝	경사계	층별침하계 간극수압계	경사계	변위말뚝
현장관리사항 :	(주변지반 영향받는 지역)	(수평변위 발생지역)	(침하, 간극수압 발생지역)	(수평변위 발생 지역)	(주변지반 영향받는 지역)

VI. 연약지반 계측기 측정빈도

계측기	성토완료 ~ 1개월	1개월 – 3개월	3개월 이후	비고
지중경사계, 지하수위계 지표침하계, 층별침하계 간극수압계	1회/일	1회/주	1회/2주	수동계측.

VII. 연약지반 계측관리

	침하계측	안정계측
목적	시공관리, 압밀도 추정 성토제거시기 판정. 수직계측	측방유동, 안정도 판정 성토두께 및 속도조절, 수평계측
관리기법	Hoshino법, Asaoka법, 쌍곡선법	Matsuo, Kurihara, Tominaga

번호

VIII. (연약지반) 계측 관리에 대한 제언.

1. 연약지반 계측의 문제점

① 현장에서 계측관리 업무 수행 → 외주 계측업체 용역

② 계측관련 전문가 인증, 자격검정 절차 전무

③ 비전문가, 비전공자에 의한 계측업무 진행

2. 개선을 위한 제언

① 계측주관은 현장 공사팀

② 공사팀 주관 하에 계측업체와 주간 계측회의 시행

③ 일일 작업일보에 계측 결과 첨부 → 이상 발견시 즉시 회의소집, 대응.

번호 Ⅴ. 교량계측 관리항목

풍향풍속계
경사계
주탑 변위
형상관리
장력
신축량
처짐변위
온도 바람
신축이음계
가속도계
온도계
처짐
지반
유속계

<교량계측 관리모식도>

관리대상	계측 항목	계측기	비고
주탑	기울기	경사계	
Cable	장력	장력계 · 변형계	Hanger cable
Deck	처짐, 신축	처짐계	
형상	처짐, 기울기	GPS, 경사계, 처짐계	
외부인자	바람, 온도	풍속계, 온도계	

Ⅵ. 교량 단계별 계측 관리

1. 시공중 - 안전관리
   - 풍향풍속계
   - 유속계, 경사계, 변형률계
   - 온도계, 처짐계, 진동가속도계

2. 공용중 : 유지관리
   - 진동 가속도계
     - 주탑 / 상판진동
     - 케이블 장력 추정
     - 지진 가속도
   - 응력 / 변형 - 변형률계, 처짐계, 신축 이음계, 경사계
   - 풍향 풍속계

VIII 교량의 영구계측 system

1. 순서 : 중요부분(교량) → 계측관리 → 중앙계측실 → 유지관리

2. 정적 data + 동적 data

① 일정주기 계측 ② 서버에 전달

③ 광거리 전달 (광섬유) ④ Main 서버 저장

3. 영구계측 점검 순서

육안점검 → 센서점검 → 초기값 기능확인 → 전압·전원의 check.

4. Data 단계별 행동요령

관리기준	대책
정상 : 60% 이하	평상적 교량점검
주의 : 70% 이하	지속적 감시요구
점검요망 : 80% 이하	구조물 이상, 안전성 검토 요구.

* 교통량
  - 영상 (비디오+카메라)
  - 속도 및 중량 (WIM 시스템)

기상
  - 대기중 온도, 상대습도, 일강량
  - 풍향, 풍속

교량응답
  - 변형률 (활하중, 환경변화)
  - 온도,
  - 변위, 경사
  - 가속도

문제 42	건설공사 중 FCM과 MSS 공법에서 사용되는 교량용 이동식 가설구조물의 안전관리 방안에 대하여 설명하시오.

문제) 건설공사 중 FCM과 MSS공법에서 사용되는 교량용 이동식 가설구조물의 안전관리방안에 대하여 설명하시오.

답)

1. 개 요

1) 교량용 이동식 가설구조물 작업전 가설구조물 안전성검토 승인 후 작업계획서에 따라 작업하여야 하며

2) FCM 불균형 모멘트 관리 및 MSS 이동시 pier bracket 고정상태 특히 주의하여야 함.

3) 고소작업 안전관리 향상위해 드론 활용 실시간 위험요인 감시 등 스마트기술 적극 활용 필요함.

2. FCM과 MSS공법 사용 이동식 가설구조물 구조적 안전성 검토

구분	설계단계 (발주청)	시공단계 (시공자)
검토	설계안전성 검토	가설 구조물 안전성 검토
문서	설계안전 검토 보고서	시공상세도, 구조계산서
관련법	건설기술 진흥법 시행령 75조의2	건설기술진흥법 시행령 101조의2

3. FCM과 MSS 공법의 특징

구분	FCM	MSS
구성	Form Traveller	Main Girder
특징	선형관리 용이	변단면 적용 곤란
	변단면 시공 가능	하부공간 제약 없음
안전	불균형 모멘트 관리	pier bracket 관리
관리	주두부 설치 관리	Main Girder 이동관리

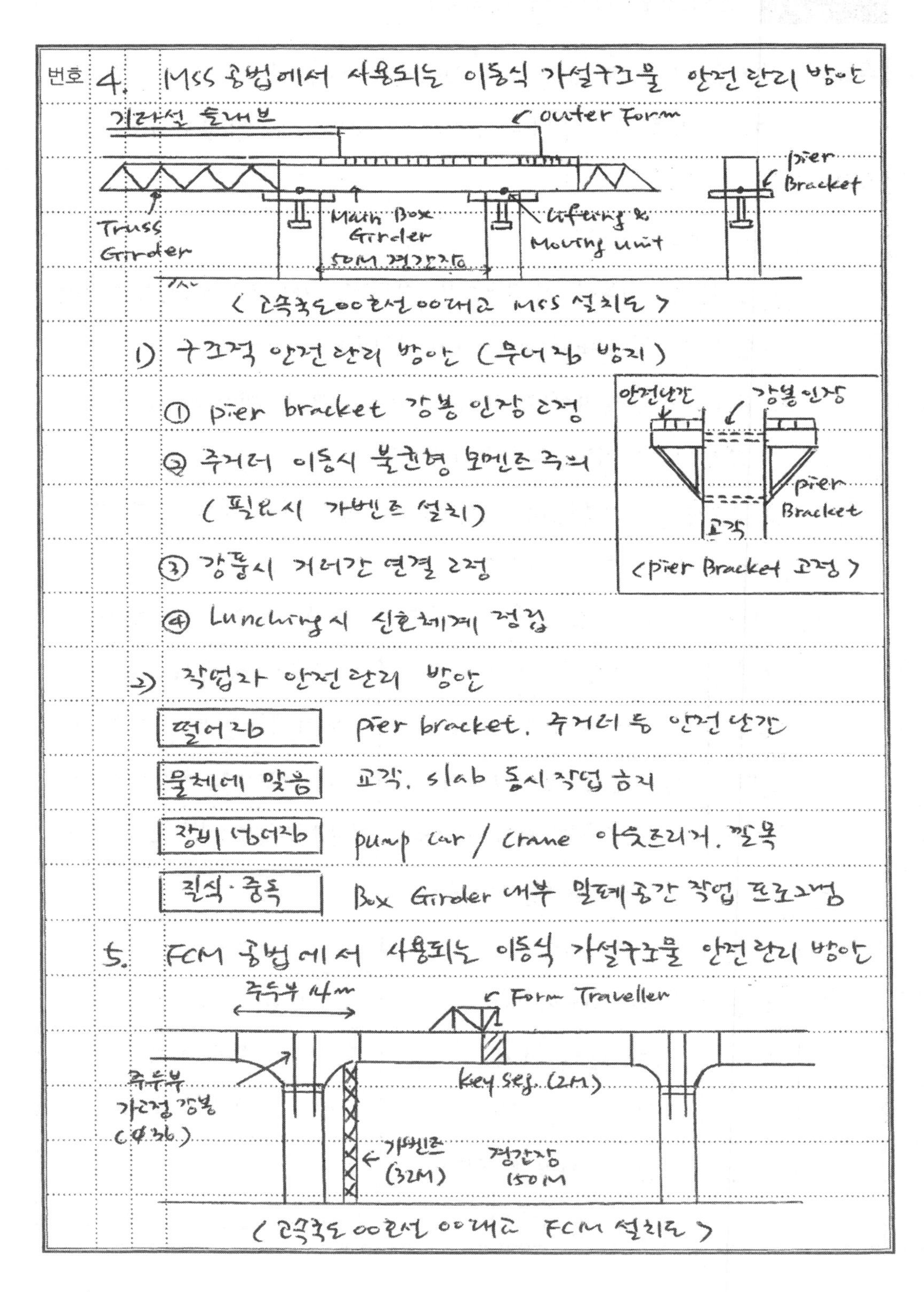

번호 4. MSS 공법에서 사용되는 이동식 가설구조물 안전관리 방안

< 고속국도 00호선 00대교 MSS 설치도 >

1) 구조적 안전관리 방안 (무너짐 방지)

① pier bracket 강봉 인장 고정

② 주거더 이동시 불균형 모멘트 주의 (필요시 가벤트 설치)

③ 강풍시 거더간 연결 고정

④ Lunching시 신호체계 점검

< pier Bracket 고정 >

2) 작업자 안전관리 방안

재해 유형	안전관리 방안
떨어짐	pier bracket, 주거더 등 안전난간
물체에 맞음	교각, slab 동시작업 금지
장비 넘어짐	pump car / crane 아웃트리거, 깔목
질식·중독	Box Girder 내부 밀폐공간 작업 프로그램

5. FCM 공법에서 사용되는 이동식 가설구조물 안전관리 방안

< 고속국도 00호선 00대교 FCM 설치도 >

번호

1) 구조적 안전관리 방안 (무너짐 방지)

① 불균형 모멘트 관리 (가장 중요)

- 주두부 가고정 강봉 (인장전 해체금지)
- 가고정 Block, 가벤트

② 주두부 거푸집용 Bracket 강봉 긴장연결

③ Form Traveller 이동후 Anchoring

④ 악천후 작업금지 (풍속 10m/sec 등)

2) 작업자 안전관리 방안

떨어짐	주두부 안전난간, Lift 방호장치
물체에 맞음	타워크레인 wire rope 점검
장비 부딪힘	Form Traveller / pump car 신호수
질식·중독	Box Girder 내부 밀폐공간 작업 프로그램

6. 스마트 안전기술 활용 FCM 작업시 안전관리사례 (근무국도 00호선 00대교)

1) 고정밀 GPS 측량 시스템 도입 (자동전송)

- 측량시 주두부 이동시 떨어짐 재해 예방

2) 드론 및 360° 카메라 설치

- 작업자 유해·위험 요인 상시 모니터링

7. 맺음말

교량용 이동식 가설구조물 작업시 안전성 검토 실시해야 하며 고소작업 안전관리 향상위해 스마트 안전대, 드론등 스마트 안전기술 적극활용 필요.

"끝"

번호 (문제) 건설공사 중 FCM과 MSS 공법에서 사용되는 교량용 이동식 가설구조물의 안전관리 방안에 대하여 설명하시오.

(답)

I. 개요

1. FCM 공법은 하부 동바리가 없는 캔틸레버 형식의 교량 가설공법이며, MSS공법은 대형 갈면의 이동식 거푸집 가설 구조물임.

2. 교량가설구조물의 설계상 안전성을 확보하고 시공시 시공순서 준수 등 안전관리 대책을 수립하여야 함.

II. 건설공사 중 FCM과 MSS 공법의 현장타설 공법 비교

구분	현장타설 공법		
	FCM	MSS	ILM
가설방법	주두부 중심 좌우 대칭 시공	상부제작 장치 교각간 대형경간이동	교대후방 작업장 Segment 제작·압출
하부조건	일부지장 (교각하부 공간기설치)	지장없음	지장없음
특징	·장간 길 경우 유리 ·캔틸레버 방식 ·불균형 모멘트 발생 ·캠버관리 난이	·반복작업 ·기상조건 영향적음 ·대형 이동식거푸집 ·초기투자비 큼	·제작장 설치 ·전천후 사용가능 ·콘크리트 품질관리 용이

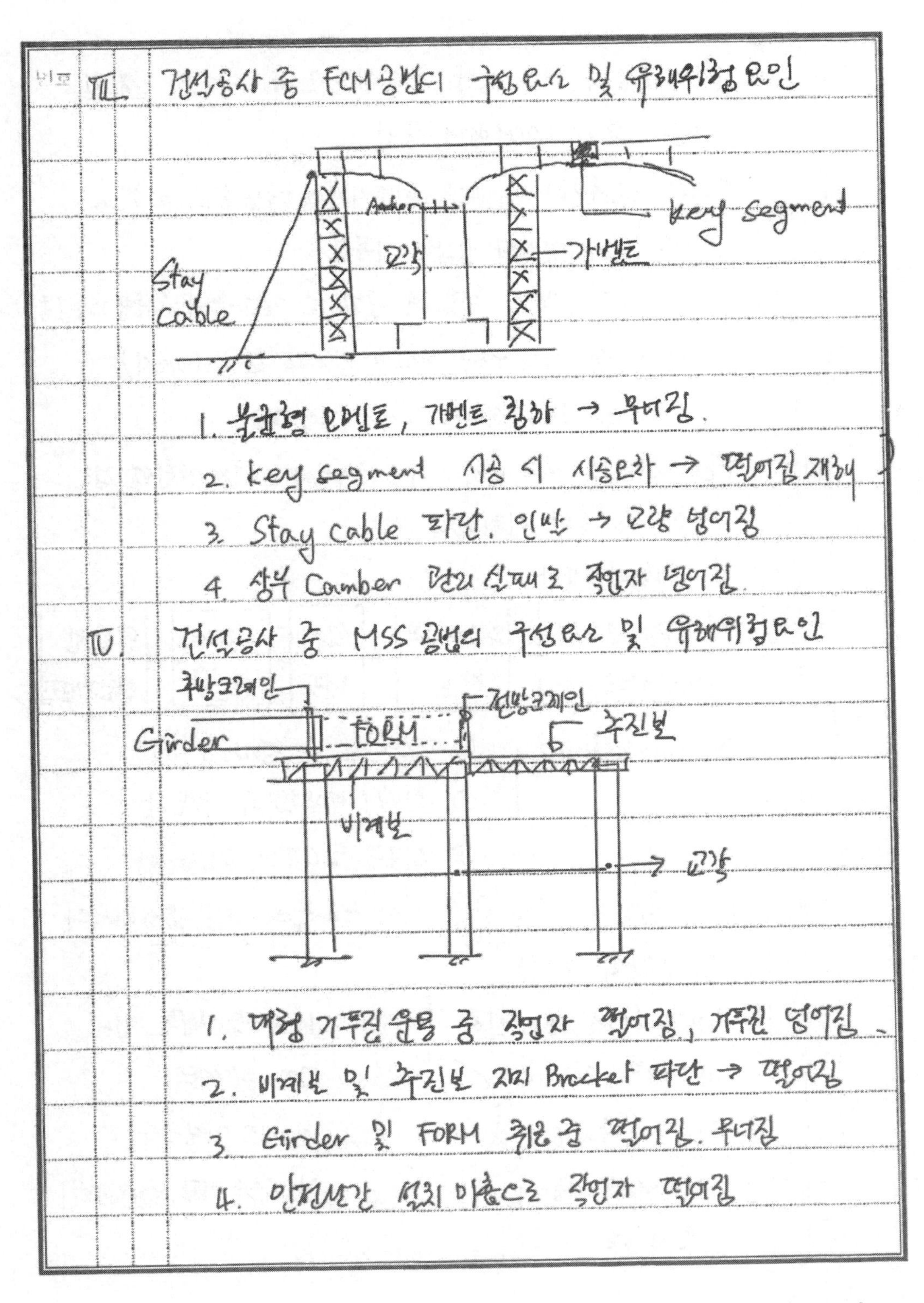

비고

III. 건설공사 중 FCM공법의 구성요소 및 유해위험요인

1. 불균형 모멘트, 가벤트 침하 → 무너짐.
2. key segment 시공 시 시공오차 → 떨어짐 재해
3. Stay cable 파단, 인발 → 교량 넘어짐
4. 상부 Camber 관리 실패로 작업자 넘어짐.

IV. 건설공사 중 MSS 공법의 구성요소 및 유해위험요인

1. 대형 거푸집 운용 중 작업자 떨어짐, 거푸집 넘어짐.
2. 비계보 및 추진보 지지 Bracket 파단 → 떨어짐
3. Girder 및 FORM 취급 중 떨어짐, 무너짐
4. 안전난간 설치 미흡으로 작업자 떨어짐

비고

V. FCM 공법과 MSS 공법 가설 구조물의 구조적 안전성 확인을 통한 안전관리 방안

(건설기술진흥법 제62조, 동법 시행령 제101조의 2)

1. 대상 ① 작업발판 일체형 거푸집
② 동력을 이용하여 움직이는 가설구조물(이동식 거푸집 등)

2. 절차 ① 가설구조물 구조적 안전성 확인 (기술사)
② 시공 상세도면, 구조계산서 제출

VI. FCM 공법과 MSS 공법 가설 구조물의 설계 안전성 검토(DFS)를 통한 안전관리 방안

1. 위험성 평가

건설안전 고려 가설구조물 설계 → 리스크 항목 확인 → 설계 반영 → 리스크의 잔존여부 → 입찰전 안전관리문서

2. Check Point
① 리스크 항목이 명확한가
② 회피/저감할 수 있는가
③ 새로운 리스크가 존재하는가

VII. FCM 공법과 MSS 공법 가설 구조물의 시공단계에서의 안전관리 방안

1. 작업전 '10분 TBM' 실시
개인보호구, 안전대 확인

2. 가설구조물 설치_연결
지지대 이상 유무

3. 위험구역 출입금지

4. 콘크리트 양생 준수
가설구조물 이탈, 낙하 방지조치

5. 가설구조물 이동 시
안전확인 후 실시

VIII. 맺음말

1. 교량 가설용 구조물의 안전성 확보는 계획·설계·시공 단계별 관리되어야 함.

2. 작업발판 일체형 거푸집의 안전관리 적용 가능.

3. 악천후시 작업중지 등 시공 중 안전관리 수립을 위한 사전조사 및 작업계획서 수립 중요.

"끝"

문제 43 교량공사에서 교량받침의 종류와 특징을 설명하고, 교량받침의 파손 발생원인 및 방지대책에 대하여 설명하시오.

문제4) 교량공사에서 교량받침의 종류와 특징을 설명하고 교량받침의 파손 발생원인 및 방지대책에 대하여 설명하시오.

답)

I. 개요

1. 교량받침은 기능(고정·가동) 및 재질(강재. 고무. 납면진)에 따라 분류할수 있으며

2. 설계시 신축량고려, 시공시 presetting, 정기적 유지관리 통해 교량받침 파손 방지 가능.

3. 특히 최근 잦은 지진 발생에 따른 부반력 대책으로 부반력 Anchor, out Rigger 등 대책수립 적용 필요.

II. 교량받침의 기능 및 선정시 고려사항

기능		교량받침		고려사항
	· 지압		· 교량구조 - 구조형식. 지간	
	· 회전		· 변위값 - 신축량. 유간	
	· 이동		· 환경 - 강우. 제설재	

III. 교량받침 파손형태 및 파손시 문제점

파손형태	slab / 하중처짐 미달 / 누수·부식 / 이동량 부족 / 5받침 / 무수축 몰탈 균열 파손 / 부반력 / 받침콘크리트균열 파손 / 앵커파손	1. 누수와 부식 2. 부반력에 의한 경사 3. 이동량부족 받침파손 4. 하부 콘크리트 파손
문제점	· 구조적 : 교량받침부식·파손 → slab파손 → 내구성저하 · 비구조적 : 유지보수비용증가, 차량손상등 2차 사고.	

번호 IV. 교량받침의 종류와 특징

1. 교량받침의 종류

1) 기능 - 고정단 (지압+회전), 가동단 (이동+지압+회전)

2) 재료 ┌ 강재 - pot, spherical, oilless
├ 고무 - 밀폐고무 받침, 탄성받침
└ 지진격리 - 납삽입고무받침(LRB), 연강댐퍼포트받침

2. 교량받침의 종류별 특징 (재료별)

구분	pot 받침	탄성고무 받침	LRB
구성	주철 + 불소수지판	고무 + 보강판	납 + 고무 + 보강판
특징	prestressing 용이	유지관리 용이	지진감쇠 우수
	불소수지판 교체	부반력 억제 힘듦	설치·유지관리 복잡
	회전각 작음	prestressing 적용힘듦	납 환경 오염

V. 교량받침 파손원인 및 방지대책

구분		손상원인	방지대책
인위적	설계	이동량 산정 오류	· 신축량 고려
		부반력 미검토	· 아웃리거, counter weight 등
	재료	녹 발생	· 방청, 방식
		비규격 제품	· 공인된 승인 확인, 자재검수
	시공	신축이음부 누수	· 누수방지시설
		무수축 몰탈 불량	· 습윤양생 (최소 7일)
	유지관리	정기점검 미흡	· 시설물 안전법 준수
		청소 소홀	· 이물질 제거

번호	구분		손상원인	방지대책
	자연적	물리적	강우, 용설, 온습도	· 방청, 방식
		화학적	해수, 폐수, 제설제	· 제설제 지양

VI. 교량받침 파손부 보수 보강 대책

1. 교체 ┌ 전체 교체
  └ 부분 교체

2. 보수 ┌ 무수축 몰탈 충진, 에폭시 올리
  └ 재도장, Sole plate 용접

VII. 공용중 교량상부 인양통한 교량받침 전체교체 사례

1. 현장개요
  : 경천영동확장 00대교
2. 교체방법
  : Jack up 후 전체 교체

3. 안전 보건 대책
  - 공통 : 작업계획서 및 교육훈련, 위험성평가
  - Jack up : 유압잭 연결부, 비상안전 밸브 점검
  - 설치 : 크레인 넘어짐 방지, 와이어로프 점검
  - 마무리 : MSDS 교육, 용접시 화재감시자

VIII. 맺음말

시설물 안전법에 따른 주기적 점검 및 유지관리 통한 교량받침 손상 방지로 교량 내구성 저하 예방 중요.

"끝"

번호 (문제) 교량공사에서 교량받침(Bearing)의 종류와 특징을 설명하고,
교량받침의 파손 발생원인 및 방지대책에 대하여 설명하세요.

(답)

I. 개요

1. 교량 받침은 교량 상부 하중을 하부구조로 전달하고 처짐, 온도변화 등에 의한 회전과 변위를 흡수하는 교량 부속장치임.

2. 교량받침의 종류는 재질과 방향에 따라 구분하며 지압, 이동 및 회전 특징이 있음.

3. 교량받침의 파손은 설치시 불량, 운용 중 과재하중 및 유지관리 미흡에서 기인하며 원인별 방지대책을 수립해야 함.

II. 교량공사에서 교량받침(Bearing)의 종류 및 기능

종류
- 재질
  - 고무 (탄성받침, 납탄성 고무받침)
  - 강재 (FPB, Pot Bearing)
  - 납 (LRB)
- 방향
  - 가동형 (일방향, 양방향)
  - 고정형

기능
- 지압 (받침기능) : 상부하중 전달
- 회전 (굴림기능) : 상하회전
- 이동 (미끄러짐기능) : 교축방향, 교축 직각방향

III. 교량공사에서 현장 적용 빈도가 큰 교량받침별 특징

↳ 1page에 서술

남은 여백은 사례화해서 서술해 볼 것

(※ 00~00 고속도로 ~)

번호

	Pot Bearing	납연진 고무받침 (LRB)	탄성고무받침
기능	강재와 지압판 불소 수지판으로 미끄럼저항	탄성받침+납연진 장치추가 → 수평력 저항	고무층+강판보강 → 내하력 증가
특징	경제성 유리 수평력 고정단집중 하부구조에 불리	지진 수평력 흡수 제작공정 복잡 고가	중소교량에 적합 큰 하중에 불리 높이·크기 제한

IV 교량공사에서 교량받침의 파손 발생시 문제점 및 원인

〈문제점〉

1. 교량 상부 침하 및 단차발생
2. 주행성 저하 및 교통사고 유발
3. 낙교·중대사고 유발

〈파손발생 원인〉

내적
① 받침장치 불량
② 지압·회전·이동 기능 불량

외적
① 온도변화 / 지점변화
② 부등침하
③ 과대한 횡방향력 / 지진

V 교량공사에서 교량받침 파손의 단계별 방지대책

단계	방 지 대 책
설계	① 이동량·회전량에 대한 신축량 확보 ② 교량받침 선정시 적정성 평가
재료	① 자재검수
시공	① 기초지반 지지력 확보 ② 내진설계 ③ Presetting
유지관리	① 형하공간 확보

OK.

번호 VI. 교량받침 파손여부 확인을 위한 안전점검 및 유의사항

구분	안전점검 종류 및 주기	유의사항
교량공사중	자체안전점검 (매일)	1. 최신기술 적용
(건설기술 진흥법)	정기안전점검 (안전관리계획서)	2. 교량형식 및
	정밀안전점검 (보수.보강 필요시)	현장특성 고려
공용중	정기안전점검 (4-6개월)	3. 책임있는 기술자 참여
(시설물특별법)	정밀안전점검 (1-3년)	4. 점검시 점검자의
	정밀안전진단 (4-6년)	안전확보

VII. 교량받침 파손부위 교체시 중점 안전관리 사항

1. 야간 / 휴일 작업시 교통통제

내진설계 등 지진관련기술 필요함 ⇓ (Keyword 연결)

① 작업내용 사전신고 및 홍보 (플랭카드, 방송)

② 안전시설물, 신호수 배치 (최초 신호수는 로봇설치)

③ (차선축소구간) + (공사구간) + (해제구간) → 안전시설물

2. 부분별 교체 및 청소

① 차선변경 표지 → 시인성 확보. 경광등

② 필요시 경찰 협조 요청

VIII. 맺음말 [교량받침 점검 및 보수보강, 교체 작업시 안전시설물 관리]

1. 달비계작업 ① 달기기구 점검 ② 손상된 자재 사용금지

③ 지지로프 파단 주의

2. 비계 사용 ① 추락위험 → 안전난간 ② 작업발판 지지

③ 작업자 안전대 사용 ④ 작업지휘자 상주

3. 소규모 교량의 교량받침 작업시 동일한 안전수칙 준수

"끝"

문제 44 교량공사 중 발생하는 교대의 측방유동 발생원인 및 방지대책에 대하여 설명하시오.

문제) 교량공사 중 발생하는 교대의 측방유동 발생원인 및 방지대책에 대하여 설명하시오.

답)

1. 개 요

1) 교량공사 중 발생하는 교량의 측방유동은 연약지반 미처리, 성토급속시공 등 원인으로 발생하며

2) 방지대책으로 배면성토하중경감 (EPS 블럭등), 지반강성증대 (치환, 탈수, 다짐등) 있음.

3) 본고에서는 측방유동 방지위한 연약지반 처리공법 선정 및 시공시 안전조치사례 기술하고자 함.

2. 교량공사 중 발생하는 교대의 측방유동 판정기준

측방유동지수 (F)	측방유동 판정값 (I)
$F = \frac{C_u}{\gamma_t \cdot H \cdot D_s} > 0.04$ (안정)	$I = \frac{\mu_1 \cdot \mu_2 \cdot \mu_3 \cdot \mu_4}{C_u} < 1.2$ (안정)
C_u : 연약층 점착력 (t/m^2) H : 성토고 (m)	
γ_t : 성토 단위체적 중량 (t/m^3) D_s : 연약층 두께 (m)	

3. 교량공사중 발생하는 교대 측방유동 문제점

< 고속국도 00호선 00대교 측방유동 예상도 >

<1차적>

교대, 포장구조체 손상

<2차적>

장비·작업자 넘어짐

공용후 교통사고 등

번호 4. 공사중 발생하는 교대측방유동의 원인

내적 원인
1) 교대 배면 성토체
   과다 / 급속 시공 → 침하 → 교대이동
2) 연약지반
   - 사질토 : 전단강도 부족
   - 점성토 : 압밀침하
3) 교대 : 자중과다, 구조물 편기
4) 말뚝 : 수동말뚝, 강성부족

외적 원인
1) 지하수위 변동 : 압밀침하, 세굴, 침식
2) 지진 : 수평하중 증가, 액상화
3) 동상 : 동결 융기

5. 공사중 발생하는 교대 측방유동 방지대책

하중 조절
- 하중경감 - EPS 블럭, 경량 slag
- 하중균형 - 교대 압성토
- 하중분산 - Sand Mat

지반 개량
- 지수 - 약액주입 (LW, SGR 등)
- 치환 - 굴착, 강제 (발파, 동치환)
- 고결 - 생석회, DCM, 동결 등
- 탈수 - 연직배수 + Preloading, 영구배수
- 다짐 - 동다짐, SCP, Vibro Floatation

지중구조물
- pile cap, pile slab 등

배면성토
- 층다짐 준수 (급속성토 방지)
- 한계 성토고 산정 및 준수

번호 6. 측방유동 방지위한 기초 연약지반 개량공법 선정사례

- 현장명 : 고속국도 00호선 00대교 교대지반처리

구분	SCP (Sand Compaction pile)	PBD (Plastic Board Drain)
개념도	15m, 1.7m, D800 모래진동압입 → 압밀촉진	15m, 1.5×1.5, 드레인체 드레인보드 → 배수촉진 → 압밀
특징	· 전단저항, 지지력 증가 · 모래수급불리, 진동공해	· 시공간편, 배수효과 일정 · 강도증가미비
압밀	0.9개월	4.5개월
공사비	21,400원/m	4,600원/m
선정	SCP 적용 : 안전성 (지지력) 및 기간고려	

7. 측방유동 방지위한 SCP 시공시 장비 넘어짐 안전조치

기술적: Sand Mat (500mm)
깔목, 깔판 (철판사용)

관리적: 작업계획서, PTW, TBM
권상용 와이어로프 점검
작업전 합동점검

전도방지장치
와이어로프 점검
아웃트리거
깔목
Sand Mat (500mm)
깔판 (철판)

<고속국도00호선 SCP 장비 보강도>

8. 맺음말

측방유동 방지위한 연약지반 개량시 장비 넘어짐 재해 예방위해 안전작업계획 수립 · 준수하여야 함

"끝"

문제 45 공용 중인 교량구조물의 안전 확보를 위한 정밀안전진단의 내용 및 방법에 대해서 설명하시오.

문제 8) 공용중인 교량구조물의 안전확보를 위한 정밀안전진단의 내용 및 방법에 대하여 설명하시오.

답)

1. 개요

1) 공용중인 교량구조물 中 1종 시설물은 주기적으로 정밀안전진단을 수행해야 하며,

2) 기본과업과 선택과업으로 분류되며, 현장조사·상태평가·안전성평가를 통하여 시설물의 안전등급을 결정하며, 따라서 보수·보강방법을 제시해야 한다

3) 또한, 정밀진단시 진단종사자의 안전 및 보안대책을 수립하여 이에 대한 재해를 예방해야 한다.

2. 공용중인 교량구조물의 안전확보를 위한 점검업무 절차

정기·정밀 안전점검 → 정밀안전진단 → 안전등급 지정

정밀안전진단 ↓ 중대결함 발생 → 관리주체 통보

중대결함 발생 → 보수·보강 착수

(※ 시설물 안전법 제12조 정밀안전진단)

3. 공용중인 교량구조물의 정밀안전진단의 내용

1) 실시대상

1종	정기적
시설물	시행
긴급점검	재해. 재난
이후	예방 필요시

2) 실시시기

등급	시기
A등급	6년 1회
B.C등급	5년 1회
D.E등급	4년 1회

4. 공용중인 교량구조물 정밀안전진단의 방법.

자료수집 및 분석 — 준공도면, 구조계산서, 시방서
보수, 보강 이력 (FMS 자료)

↓

현장조사 및 시험

※ 시설물 안전 및 유지관리 실시지침

1) 기본과업

① 외관조사

- 콘크리트 : 균열, 누수, 박리, 박락 등
- 강재 : 균열, 도장상태, 부식

② 재료시험

- 콘크리트 : 반발경도법, 탄산화 깊이측정
- 강재 : 비파괴시험(RT, UT, PT, MT)

2) 선택과업

① 수중조사 : 하천교량, 기초부 손상여부

② 누수탐사 ③ CCTV, 내시경조사

↓

상태평가 — 외관조사, 재료시험 결과분석
⇒ 내구성 평가

↓

안전성평가 — 내하력 평가
내진성능평가 (받지않은 시설물) 시행

↓

종합평가 — 안전등급 지정
(A, B, C, D, E)

↓

보수, 보강 방법 제시 — 시설물 유지관리방안
(보고서 작성, CAD) — 내진보강 방안 제시

5. 공용중인 교량구조물 정밀안전진단 종사자 안전보건대책

1) 안전작업계획서 수립 · 특별교육

2) 책임기술자 현장 관리·감독 지휘)

근로자 안전
① 추락 방지 안전대 · 안전모 착용
② 교통통제 · 신호수 배치
③ 수중작업시 잠수부 감시인 배치

근로자 보건
① 밀폐작업시 환기 · 산소농도 측정 및 외부감시인(무선통신)
② 방진마스크 · 청력보호구 지급.

6. 공용중인 교량구조물 정밀안전진단시 중대결함의 종류

1) 중대결함의 종류
① 기초세굴 · 교각 부등침하
② 교량받침 · 파손
③ 교량난간등 공중위험부위 결함
 - 신축이음부 · 환기구 파손

받침파손
염해
수중작업
균열
(고소작업대)
<00교량 중대결함 발견위한 정밀진단 모식도>

2) 관리주체 조치사항
① 시설물 사용제한 · 주민대피 등 긴급조치 · 안내표지판
② 2년내 보수·보강 착수, 3년내 완료.

7. 맺음말

공용중인 교량구조물의 안전확보를 위해 정밀안전진단을 주기에 맞게 수행하고, 정밀진단근로자의 안전확보에도 노력하여야 한다. "끝"

문제 46 공용 중인 철근콘크리트 교량의 안전점검 및 정밀안전진단 주기와 중대결함 종류, 보수 보강 시 작업자 안전대책에 대하여 설명하시오.

번호 (문제13) 공용중인 철근 콘크리트 교량의 안전점검 및 정밀안전 진단 주기와 중대 결함의 종류, 보수 보강시 작업자 안전대책에 대하여 설명하시오

(답)

1. 개요

1) 공용 중인 철근 콘크리트 교량은 안전등급에 따라 안전점검 및 진단을 주기적으로 실시하고

2) 중대 결함 발생시 ① 관리주체 통보 → ② 긴급안전조치 → ③ 보수·보강을 하여야 함

3) 본고에서는 위험성평가 표를 활용한 교량 보수·보강시 안전대책을 기술하고자 함.

2. 공용중인 철근콘크리트 교량의 안전점검·진단 종류

점검 및 진단	점검 방법	비고
정기안전점검	· 육안 조사	<법 개정사항>
긴급안전점검	· 손상점검, 특별점검	제3종시설물
정밀안전점검	· 육안조사 + 재료시험	D, E 등급시
정밀안전진단	· 구조안전성 검토	1년내 정밀점검

3. 공용중인 철근콘크리트 교량의 안전점검 및 정밀안전진단 주기

안전등급	정기안전점검	정밀안전점검	정밀안전진단	성능평가
A	반기1회	3년 1회	6년 1회	5년1회
B·C		2년 1회	5년 1회	
D·E	1년 3회	1년 1회	4년 1회	

번호 4. 공용중인 철근콘크리트 교량의 중대결함 종류

반침 파손 →
포장부 균열
Con'c 염해 탄산화 →
세굴 기초 부등침하

〈중대결함 종류〉

① 받침 파손
② 교각 부등침하
③ 기초 세굴
④ Con'c 염해 및 탄산화
⑤ 기타 구조 내력손실

5. 공용중인 철근콘크리트 중대결함 보수·보강시 작업과 안전대책 (위험성 평가표 활용)

1) 보수·보강 작업과 재해 발생 유형

고압선로 ② 이동크레인 ③ 거더부 ⑤ ④ ① 지반침하

① 장비 넘어짐
② 고압선로 감전
③ 물체에 맞음
④ 떨어짐
⑤ 밀폐공간 질식

〈OO교 보강시 재해 유형 모식도〉

2) 보수·보강 작업과 안전대책 (위험성 평가표)

재해유형	위험요인	대	중	소	안전대책
① 장비넘어짐	지반 침하		✓		사전지반 검토
② 감전	고압선로 접촉			✓	—
③ 맞음	W/R 파단	✓			W/R 폐기기준 준수
④ 떨어짐	안전대 미착용	✓			안전대 체결 점검
⑤ 질식	산소농도 부족	✓			출입전 적정공기 확인

번호 6. 분당 정자교 붕괴 관련 제3종 시설물 및 소규모 취약 시설 안전강화 방안

<캔틸레버>

차량 통행로 / 인도부 / 처짐 / 거더 교량 / 기초 / 인도-도로 연결부 결함 및 처짐

⇒ 붕괴 및 중대시민재해

1) 제 3종 시설물
- (기존) 정기안전점검 D, E 등급 1년내 정밀점검
- (개선) C, D, E 등급시 1년내 정밀점검 → C등급까지 확대실시

2) 소규모 취약시설
- ① 스마트 안전기술 활용 안전관리
- ② 안전점검 결과 중대결함시 긴급안전조치 및 보수보강 시행

7. 우기 및 장마철 제3종 시설물 중 철근 콘크리트 교량 안전확보를 위한 관리주체 주관 대국민 안전점검 실시 제언

1) 점검자 : 관리주체 + 외부전문가 + 국민참여자

2) 점검실명제 실시로 점검자의 책임감 향상

3) 점검결과 대국민 공유로 국민의 안전불감증 해소

"끝"

문제 47	터널굴착방법의 종류 및 특징에 대하여 설명하고, 여굴의 원인과 최소화 대책에 대하여 설명하시오.

발파(6) 터널굴착방법의 종류 및 특징에 대하여 설명하고 여굴의 원인과 최소화 대책에 대하여 설명하시오.

답)

I. 개요

1. 터널굴착 방법에는 발파. 기계. 진동제어 등 있으며 shield TBM이 NATM에 비해 연약대 굴착 유리함.

2. 터널 굴착시 과장약, 용수 유입등에 의한 여굴 발생 최소화 위해 보조공법, 제어발파 적용 등 필요함.

3. 본고에서는 진행성 여굴에 의한 무너짐재해 예방 안전관리 사례 (차수그라우팅, 근로자 작업중지권교육) 기술하고자 함.

II. 터널 굴착 방법 선정시 고려사항

- 지반조건
  - 지형. 지질 (연약대)
- 구조물 조건
  - 터널규모. 형태
- 시공조건
  - 공기. 공사비. 인근구조물
- 환경조건
  - 인원. 소음. 진동. 도심지

(고려사항)

III. 터널 굴착 방법의 종류

1. 발파 | NATM (터블셸)
NMT (싱글셸)

2. 기계 | TBM. shield TBM
(이수식. 토압식)

3. 진동 | 1) 미진동 - 재료 (플라즈마). 장비 (CCR)
2) 무진동 - 재료 (팽창제). 장비 (GNR. Super Wedge)

굴착면, L=3m, 시스템록볼트 (L=4M, D25), 1차숏크리트 (여굴채움), 2차숏크리트 (50mm~), 300mm~ 라이닝콘크리트, 방수시트

<울산-포항 00터널 NATM 단면도 지보패턴 Type-III>

번호

IV. 터널 굴착 방법의 특징 (NATM vs. Shield TBM)

구분	NATM	Shield TBM	비고
방법	발파 굴착	Disk Cutter 기계굴착	
시공성	공정복잡, 경제적 암반적용성 우수	공정단순, 고가 조사·용수 안전성	
여굴	발생	미발생	
환경	· 소음·진동 · 발파가스·분진	· 소음·진동 적음 · 이수식 → 이수처리문제	
안전	· 용수·파쇄대 무너짐 · 낙반에 맞음	· 테일 보이드 미처리 → 지반함몰	

V. 터널 굴착시 여굴의 원인과 최소화 대책

1. 여굴의 원인과 문제점

원인		문제점
외적	천공각도·길이불량 과장약	· 안전적 - 진행성여굴 → 터널무너짐
내적	지하수 집중유입 연약대 미보강	· 경제적 - 추가굴진 → 경제적손실

2. 여굴의 최소화 대책

구분	대책
설계	지반특성 반영 → 기계굴착 제어발파적용
시공	추가조사 - 지보패턴 변경 천공/장약 조절 기능공 교육, 보강공법

· 지불선 - 기성지급
· 여굴 - 과굴착 기성미지급

번호

3. 여굴 발생시 처리방법

1) 소규모 - 숏크리트 즉시 채움

2) 대규모 ① 숏크리트 + 락볼트

② H빔 + 철망

③ 숏크리트 ④ 채움콘크리트

① 숏크리트 (30cm) + 락볼트
④ 채움 콘크리트
② H빔 + 철망
③ 숏크리트

<대규모 여굴 처리 방법>

VI. 진행성 여굴에 의한 낙반사고 예방위한 안전관리 사례

(울산-포항간 고속도로 ○○터널 사례 중심)

1. 사전 예방 강화

· 추가조사 (선진시추 + TSP)

⇒ 차수그라우팅 추가 보강

2. 근로자 교육 강화

· 진행성 여굴 징후 [작업중지권]

차수그라우팅 (L=8.0m, C.T.C 1.5m)
강관 그라우팅 (L=12m)
굴착

<울산포항 ○○터널 차수그라우팅>

3. 응급 복구 자재 비치 (막장면 30m 내)

- 숏크리트 타설기, 건식배합재, 배수 pipe

- 응급용 철망, 압성토용 버럭, 용수펌프.

VII. 맺음말

1. 진행성 여굴은 터널 무너짐 재해로 연결됨에 따라 발생초기 압성토, 수발공, 채움등 즉각적 조치 중요하며

2. 시공시 前 굴착분석, Face Mapping, 추가조사 통한 사전 보강 통한 예방이 가장 효과적임.

"끝"

문제 48 갱구부 설치유형을 분류하고, 시공 시 유의사항 및 보강공법을 설명하시오.

번호 (문제) 갱구부 설치유형을 분류하고, 시공시 유의사항 및 보강공법을 설명하시오.
① ② ③

(답)

I. 개요

1. 갱구부는 일반부와는 달리 지형, 기상, 입지조건, 근접시설등 특정 조건등을 고려하여 방법을 선정함
2. 사전조사를 통해 시공시 예상되는 재해유형별 대책과 보강공법 수립이 요구됨

II. 갱구부 설치를 위한 사전조사 및 작업계획서 작성 (안전보건 규칙 제38조)

사전조사	작업계획서
1. 주변지형	1. 편심구간 / 저토피 구간 붕괴 예방계획
2. 갱구부 위치 (경사면, 골짜기, 산부리)	2. 지하수 처리계획
4. 주변환경 영향여부 (동·식물서식지 등)	3. 사면 안정 계획
	4. 지보설치 계획

III. 갱구부의 구성요소 및 재해위험 요인

갱문
갱구
비탈면보강부
3~5m
1.5D
D
S.L
계획고L
붕괴
침하
갱문구조물
갱구부 (1~2D)
터널일반부

※ 갱구부의 역할
지표수 차단
갱구부 사면보호
지반이완 방지
이상응력 대응

번호 Ⅳ. 갱구부의 설치 유형별 분류 및 특징

분류	장점	단점
1. 면벽식	시공용이 되메우기 불필요	운전자의 위압감 경관조화 나쁨
2. 원통 절개식	운전자 안정감 미관우수	갱구부상부 성토 지하수처리 필요
3. 벨마우스식	운전자 안정감 미관우수	개착해서 상부 토공(성토)
4. Bomb Beak	운전자 안정감 미관우수	산사태우려 강우시 영향큼
5. Arch 면벽식	인위적 성토량 절감	운전자에게 위압감 조화 나쁨

Ⅴ. 갱구부의 시공시 안전관리적 유의사항

(저토피 구간 및 연약지반 시공시)

1. 계측관리를 통한 지반 / 사면의 변위 관찰.
   ① 지표침하계 ② 응력계 ③ 지하수위계
2. 위치별 안전율 저하 대비 대책 수립
   ① 전단응력 증가 ② 전단강도 감소

(외부유입수 발생시)

1. 지표수 유입 — 배수시설 확인
2. 지하수 유입 ┌ ① 소량 : 차수공법
   └ ② 대량 : 유로배수, 외부 공사용수

1. 지표수 유입
2. 침하
3. 편토압 작용
4. 갱구의 활동
5. 부등침하
6. 갱문의 전도
7. 갱문 사면의 붕괴.

번호

Ⅵ. 갱구부 시공시 발생할 수 있는 재해유형 및 원인

재해유형	원인
1. 붕괴재해	① 지하수/지표수 유입으로 침하
	② 연약지반 개량공법 미실시
2. 사면붕락 근로자 매몰재해	① 사면 안정화 검토 부족
	② 사면 흙막이 가시설 미설치 / 설치미흡
3. 근로자 떨어짐재해	① 천단부 고소작업 중 안전난간 미설치
	② 안전대 사용 미흡
4. 미끄러짐	① 갱구부 사면 이동통로 미끄럼 방지 미설치

Ⅶ. 갱구부 시공시의 재해유형별 대책 및 보강공법

재해유형별 대책		보강공법
갱구붕괴 예방	갱구 내 안전점검 및 균열 보수·보강 실시	구조물 표면처리 주입법·충진법
사면붕괴 예방	사면붕괴 방지 흙막이 옹벽설치	사면보강공법 (소일네일링. 어스앵커)
지반침하 예방	연약지반 개량 지지력 선 확보	치환공법. 탈수공법. 다짐공법.

Ⅷ. 맺음말

1. 갱구부 구조물. 사면 등에 대한 계측관리로 변위 추이 확인
2. 재해에 대비한 예보/경보 시스템. 비상출구설. 등 재난 대비 시스템 구축 필요

O.K.

끝!!

문제 49 NATM 터널 시공 시 라이닝 콘크리트의 손상원인을 열거하고 방지를 위한 안전 대책에 대하여 설명하시오.

번호 (문제) NATM 터널 시공시 라이닝 콘크리트의 손상원인을 ① 열거하고 방지를 위한 안전대책에 대하여 설명하시오 ②

(답)

I. 개요

1. NATM 터널에서의 라이닝 콘크리트는 작업발판 일체형 동바리를 사용하게 되며 가설부가 강재 Form이 의해 손상을 입을 수 있음.

2. 그 외 설치단계, 사용 및 양생단계, 유지관리 단계에서 손상원인이 있을 수 있어 적정한 안전대책을 수립해야 함

II. NATM 터널 시공시 라이닝 콘크리트 시공순서 및 핵심안전관리사항

굴착 완료 → 방수 작업 → 철근배근 조립 → 라이닝폼 반입·설치 → 타설용 배관설치 → 타설·양생

라이닝폼
외부방수
작업발판 일체형동바리.

III. NATM 터널 시공시 라이닝 콘크리트의 손상원인

1. 라이닝 폼 설치, 해체시

① 시공이음부 폼에 의한 손상.

② 콘크리트 양생기간 부족, 무리한 폼 해체

③ 설치 장비 충격

번호

2. 콘크리트 타설 시

① 콘크리트 품질불량, 장시간 대기로 재료분리.

② 방수처리 불량으로 배면 용출수 유입.

③ 다짐불량 및 급속한 타설

④ 라이닝폼 연결부 조임 불량으로 Form 변형.

IV. NATM 터널 시공시 라이닝 콘크리트의 손상 형태

인장균열
지하수유출
전단균열
박리·박락.
백태
융기
천단부 탈락
복합균열
시공이음부 탈락, 누수
전단균열
종방향 균열

V. NATM 터널 시공시 라이닝 콘크리트의 손상으로 인한 재해위험요인 및 안전대책

재해위험요인	안전대책
1. 손상부 외부유입수 침투	라이닝 배면 차수 보강작업
2. 천단 손상부 낙하·비래	손상부 적기 보수·보강
3. 시공이음부 누수	시공이음부 지수판 씰링트 처리
4. 균열·백태	정기적 유지관리 보수
5. 박리·박락	제거후 보수·보강
	정기 안전점검
	점검자 안전보호구 착용.

번호 VI. NATM 터널 시공시 각 공종별 안전관리 Check Point

재해예방 없는.

공종	안전관리 Check Point
터널방수	작업대차 안전성 검토 (시스템 비계)
	고소작업자 안전대 사용.
철근조립	철근쓰러짐 방지 앙카 처리여부
	철근 소운반시 작업자 근골격계 질환
라이닝폼	작업발판 일체형 거푸집 구조안전성 검토
	설치작업구간 출입제한
	매달기 한 상태에서 강재지조립
콘크리트 타설	콘크리트 배관 상태 확인
	콘크리트 압송장비 사용 전 점검
양생	양생 최소기간 준수

VII. NATM 터널 시공시 라이닝 콘크리트 손상부 관리를 위한 활동

(안전관리 활동)

1. 계측관리
   - ① 주기/빈도 : 손상 발견 후 2회/주 이상
   - ② 항목 : 지하수위계. 응력계. 내공변위계
   - ③ 대응절차 : 1차/2차 관리치와 비교분석

2. 안전점검
   - ① 일상점검 (1일 1회이상 점검)
   - ② 정기점검 (1회/주 또는 1회/월)
   - ③ 특별점검 (손상정도 심할경우)

(※ 이 외 PDM Hold point 제도) 연관

IX. 맺음말

1. 라이닝 콘크리트 손상 형태별 기술적, 안전관리적 대책수립
2. 계측관리와 안전점검 실시로 초기 대응 중요

"끝".

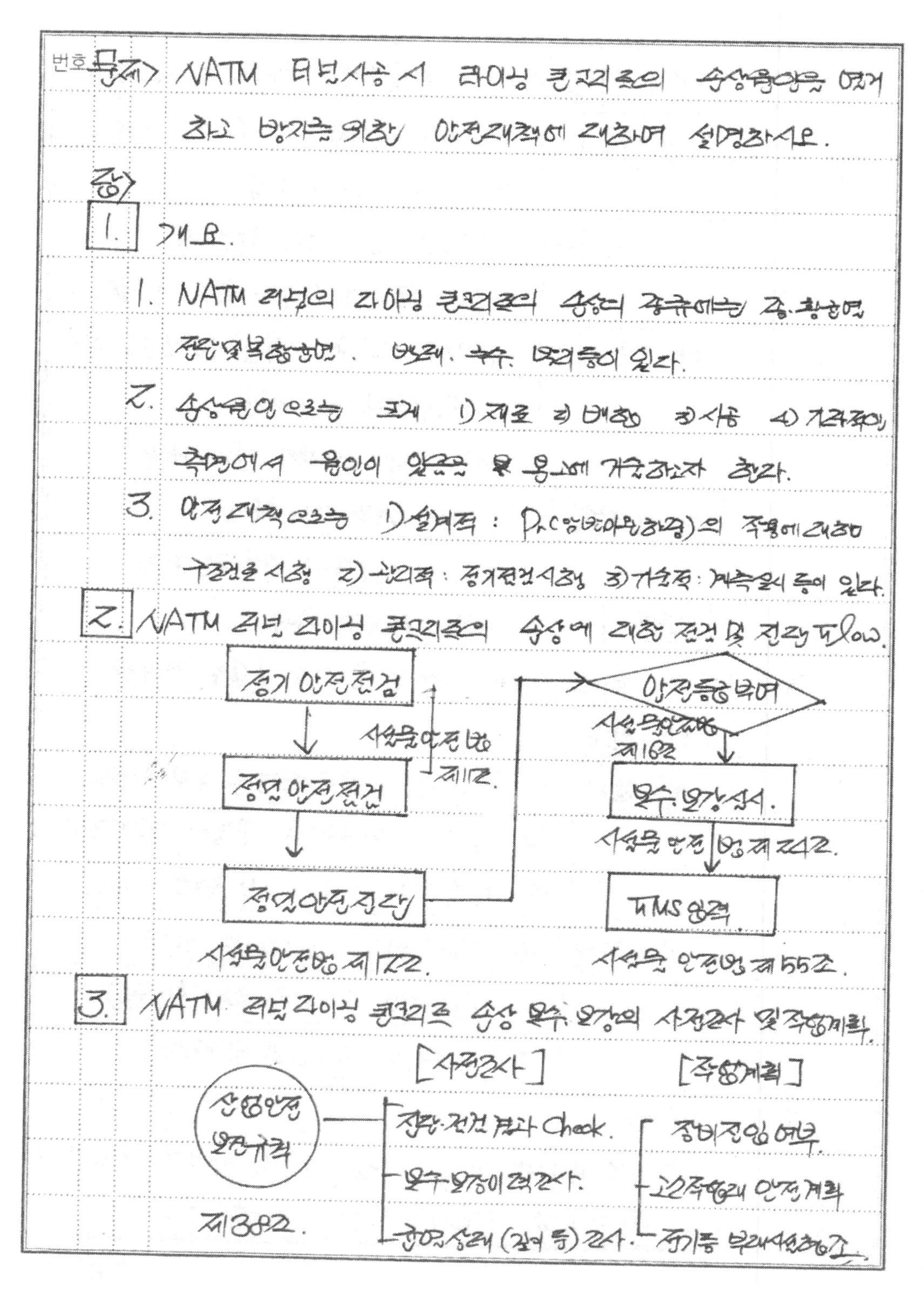

번호 문제> NATM 터널시공 시 라이닝 콘크리트의 손상원인을 열거하고 방지를 위한 안전대책에 대하여 설명하시오.

답>

1. 개요.

1. NATM 터널의 라이닝 콘크리트의 손상의 종류에는 종·횡균열, 전단및복합균열, 박락, 누수, 박리 등이 있다.

2. 손상원인 으로는 크게 1) 재료 2) 배합 3) 시공 4) 기타적인 측면에서 원인이 있음을 본 용고에 기술하고자 한다.

3. 안전대책 으로는 1) 설계적 : D.C(방수막 아일 하단)의 주변에 대한 구조검토 시행 2) 관리적 : 정기점검시행 3) 기술적 : 계측실시 등이 있다.

2. NATM 터널 라이닝 콘크리트의 손상에 대한 점검 및 진단 Flow.

3. NATM 터널 라이닝 콘크리트 손상 보수·보강의 사전조사 및 작업계획.

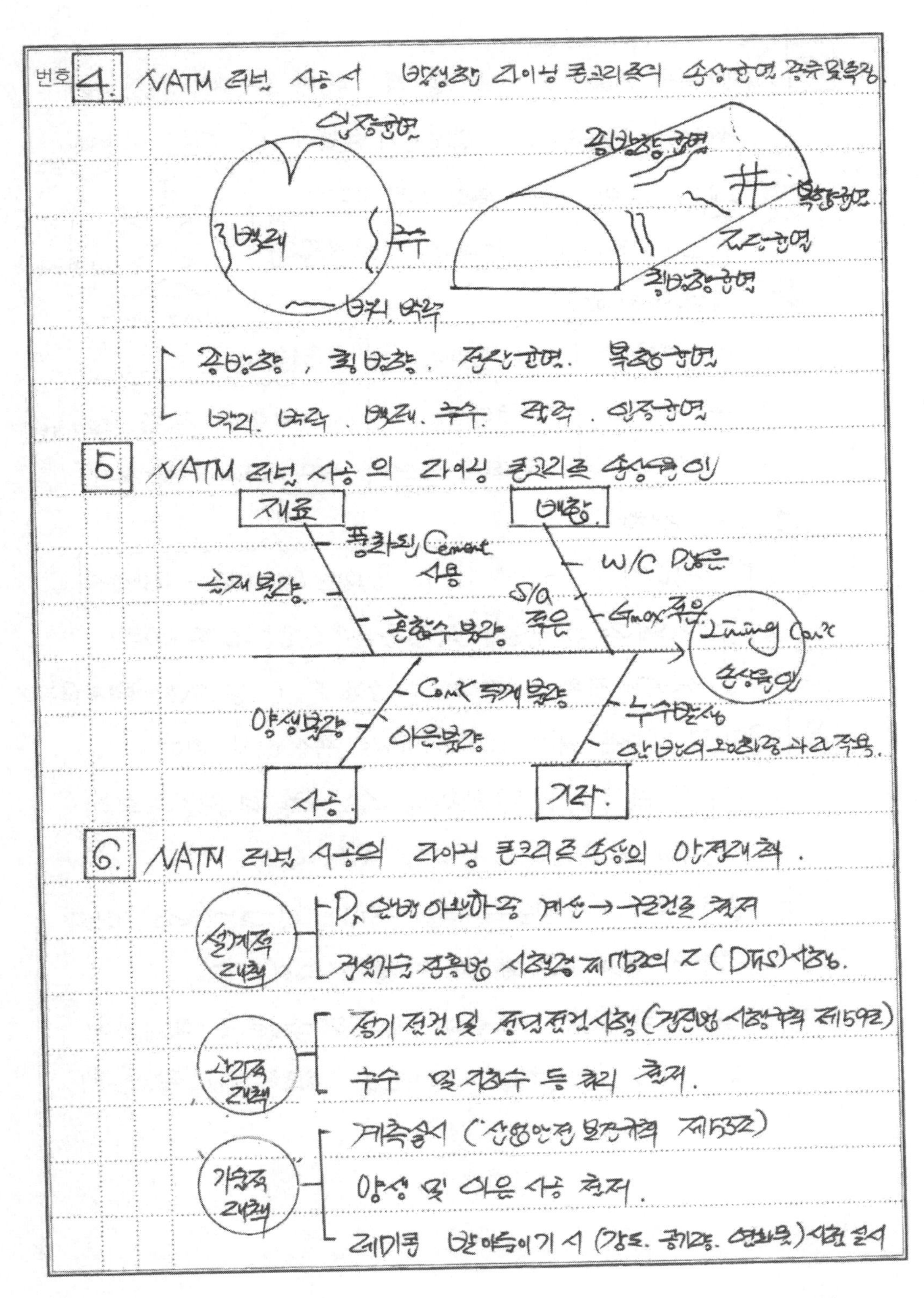
번호 4. NATM 터널 시공 시 발생하는 라이닝 콘크리트의 손상균열 종류 및 특징
압중균열
박리
누수
바닥 박락
종방향 균열
복합균열
전단균열
횡방향 균열
종방향, 횡방향, 전단균열, 복합균열
박리, 박락, 백태, 누수, 작락, 압중균열
5. NATM 터널 시공의 라이닝 콘크리트 손상원인
재료
배합
풍화된 Cement 사용
골재 불량
혼화수 불량
W/C 많은
S/a 적은
Gmax 적은
Lining Con'c 손상원인
Con'c 두께 불량
양생불량
이음불량
누수발생
사용
기타
6. NATM 터널 시공의 라이닝 콘크리트 손상의 안정대책.
설계적 대책
관리적 대책
정기 점검 및 정밀점검시행
누수 및 지하수 등 처리 철저.
기술적 대책
계측실시
양생 및 이음 시공 철저.
레미콘 받아들이기 시

번호 7. NATM 터널 라이닝 콘크리트 보수 중 안전, 보건 대책 시행사례.

1. 현황 : 준공전, 초기 안전점검 시행시
Lining Con'c의 균열, 복합균열 발생.
[Cw : 0.3mm 이하 L=4~5m 50개 정도]

2. 유해위험요인

구분	재해	위험요인
안전	떨어짐.	고소작업대 작업, 안전미착용.
보건	진폐증/근골격계 질환.	보수시 Cement 분말, 산진.

3. 개선 대책.
[떨어짐 : 근로자 [작업 10분전 안전 미팅 – TBM실시].
[진폐증 : 근로자 건강진단실시 (산안법 제130조).
[근골격계 질환 : 예방 P/G 운영 실시 (산업안전보건규칙 제663조).

8. 점검 및 진단을 통한 Lining Con'c 손상 방지 제언.

1. 사용중은 건설기술진흥법 시행규칙 제59조에 의해
→ 정기 및 정밀안전점검을 통한 관리.

2. 공용중은 시설물관리법 제11조~12조에 의한 점검 및 진단을 통해 관리가 될수 있도록 함이 타당.

3. TMS와 GIS 등 통합계측관리 System을 활용하여 체계적이고 효율적인 유지관리가 되도록 함이 중요하다.

문제 50 터널공사에서 NATM 공법 시공 중 지하수위가 높고, 연약지반일 경우 발생하는 사고의 유형별 원인 및 안전대책에 대하여 설명하시오.

문제) 터널공사에서 NATM 공법 시공중 지하수위가 높고 연약지반일 경우 발생하는 사고의 유형별 원인 및 안전대책에 대하여 설명하시오.

답)

I. 개 요

1. NATM 시공중 지하수위 높고 연약지반일 경우 지반강도 감소에 따른 무너짐 재해 및 2차재해 우려됨에 따라
2. 사전조사 및 계측 통한 사전 보강공법 적용 및 안전 계획 수립 및 철저 준수하여야 함.
3. 본고에서는 용수·연약대 무너짐 재해예방 위한 안전관리 사례 (차수그라우팅, 작업자 작업중지권 강화) 기술하고자 함.

II. NATM 시공중 지하수위·연약지반 파악 위한 물리탐사법

물리탐사법	거리
T.S.P	막장면 200m 이상
선진수평보링	막장면 50~60m
Face Mapping	막장면 육안조사

〈TSP탐사 모식도〉

III. NATM 시공중 지하수위 높은 연약지반이 미치는 영향

용수 발생 → 연약대 강도저하 → 지반이완 → 소성영역 확대 → 토사유출, 무너짐

〈용수발생 구간 연약대 파괴 모식도〉

번호 IV. NATM 시공중 지하수위 높고 연약지반경우 발생사고 유형별 원인

1. 터널 내측

1) 갱구부
- 구조적 - 무너짐 : 편토압, 사면미보강
- 작업자 - 맞음 : 상·하 동시작업

2) 터널 내부
- 구조적
  - 무너짐 : 지반이완, 보강미흡
  - 지반융기 : Boiling
- 작업자
  - 맞음 : 낙반, 대피로 미확보
  - 감전 : 용수노출 절연미흡
  - 장비넘어짐 : 지반연약미처리

2. 터널 외측

1) 땅꺼짐 : 터널 내부 무너짐, 토사유출

2) 교통·인명피해 : 계측 미실시, 유도인 미배치

V. NATM 시공중 지하수위 높고 연약지반경우 안전대책

공통사항
1. 위험성 평가, 특별안전교육
2. 사전조사 및 작업계획, 계측실시
3. 비상대피훈련, 감시인배치 (무너짐대응)

갱구부
1. 구조적 - 사면보강 (Grouting, Soil Nailing)
2. 작업자 - 하부통제, 상하 동시작업 절대금지

터널내부
1. 구조적
- 1) 천단부 : 훠폴링, 강관그라우팅
- 2) 막장부 : 막장면 숏크리트
- 3) 바닥부 : Invert Concrete
- 4) 용수처리 : Grouting, Deep Well

번호		
터널 내부	2. 작업자	1) 소음 - 보호구, 천공기 헤드가드 2) 감전 - 가배수, 분전반 설치. 3) 장비넘어짐 - 지반 보강 (버럭깔기 등)
터널 외부	1. 계측실시, 경고 표지 설치 2. 유도원 배치, 교통통제	

VI. NATM 시공시 용수, 연약대 낙반사고 예방 안전관리 사항
(울산-포항간 고속도로 OO터널 현장 사례 중심)

1. 사전조사 강화
• 추가조사 (선진시추 + TSP)
⇒ 차수 그라우팅 추가 보강

차수그라우팅 (L=8m, C.T.C 1.5m)
강관그라우팅 (L=12m)
굴착
<울산포항 OO터널 차수그라우팅 보강도>

2. 근로자 교육, 훈련 강화
1) 이상징후시 작업중지권
2) 비상대피 훈련

3. 응급 복구 자재 비치 (막장면 30m 내)
• 숏크리트 타설기, 압성토용 버럭, 용수펌프 등.

VII. 맺음말

1. NATM 시공시 지하수위 높은 연약지반의 경우 무너짐으로 인한 중대재해 우려 높음에 따라
2. 시공시 이전 굴착 분석, TSP 등 추가 탐사 통한 사전보강 등 통한 예방 중요함

"끝"

문제 5) 터널공사에서 NATM 공법 시공 중 지하수위가 높고, 연약지반인 경우 발생하는 사고의 유형별 원인 및 안전대책에 대하여 설명하시오.

답)

1. 개요

1) NATM 공법 시공시 물리탐사를 통해 지하수위 및 연약지반 상태를 사전 확인해야 한다. (지하안전평가)

2) NATM 터널 내부 사고와 외부 사고로 구분되며, 천단부·막장부의 기술적 대책이 요구된다.

3) 굴착시 지반침하 조사 결과에 따라, 지반조사 강화 및 전문기술자 상시상주를 통해 사고를 방지해야 한다.

2. 터널 NATM 시공 중 지하수위 높고 연약지반인 경우 특이성

1) 간극수압 증가 · 터널 천단침하 (즉시 → 1차 → 2차 압밀)

2) 토사 유출 · 무너짐 발생

3) 인접구조물 · 지반 침하 우려

σ, σ', u, t, 침하량, 1차 압밀, 2차 압밀

3. NATM 시공 중 지하수위 · 연약지반 파악을 위한 물리탐사

(지하안전평가 법적의무)

물리탐사법	특징	비고
TSP 탐사	막장전방 200m 파쇄대 등 이상감지	발파공, 막장면, 이상 파쇄대, 수신기
선진수평보링	막장전방 50m	
Face Mapping	육안조사	<TSP 모식도>

4. NATM 시공중 지하수위 높은 연약지반 시 발생사고 유형별 원인

1) 터널내부 (갱구부. 막장부)

사고유형	원인
무너짐	편토압. 사면 미보강. 지반이완
장비 넘어짐	지반융기. 지지불량 / 지반연약 미확보
감전. 화재 + 물체맞음	지하수 배수시 가능선로 누전

2) 터널외부

사고유형	원인
빠짐	토사. 지하수 유출
교통. 인명피해	계측 미시행. 관리소홀

파쇄대, 용수, 연약대, 편토압, 무너짐, 여굴 <경사면 터널 사고유형>

5. NATM 시공중 지하수위 높은 연약지반시 안전대책

공통사항

TSP 물리탐사. 선진수평보링

1) 사전조사 및 작업계획서 → 연약지반 조사

2) 위험성 평가. 특별안전보건교육. 지하안전평가

3) 비상대피훈련. 감시인 배치 (무너짐 대응)

터널내부 대책

1) 무너짐. 넘어짐 (근로자. 장비)

천단부	Fore poling. 강관그라우팅
막장부	숏크리트 타설. R/B
바닥부	인버트 콘크리트

2) 감전. 화재 : 가능선로 확인. 누전차단기 설치

3) 물체맞음 : 개인보호구. 상하동시작업금지

터널외부 대책

1) 시공전문가 상주 (토사유출 확인) 2) 상시 침하계측 System

3) 지반침하 위험도 평가 (※지하안전법 제 35조)

6. NATM 터널 시공시 근로자 작업환경 개선 대책

1) 조명시설 설치 · 조도기준 확보

2) 환기시설 설치 및 환기용량 산출 (일제화논)

3) 분진마스크 · 청력보호구

4) Smart 유해가스감지기

→ 실시간 유해가스 · 산소농도 측정

※ 조도기준
① 막장 : 70lux 이상
② 터널중간 : 50lux
③ 입출입구 : 30lux

7. NATM 터널 지하수위, 연약지반 침하방지 제안

1) 설계단계 지반조사 강화 (시추조사 간격축소)

※ 구간 변경시 지반 침하사진 보관기 활용

2) 경쟁 입찰자 지질정보 활용

3) 전문 기술자 상시 상주

4) 터널 자동계측시스템 구축 (IoT 센서, 모니터링)

<NATM 계측시스템>

8. 결론

최근 지하철 등 터널공사가 증가하는 바, 연약지반 앞에 터널내부 붕괴 및 인접 영향을 사전 파악하기 위해 3D BIM 기술을 적극활용하여 재해를 예방해야 한다. "끝"

번호 (문제) 터널공사에서 NATM 공법 시공 중 지하수위가 높고 연약지반인 경우 발생하는 사고의 유형별 원인 및 안전대책에 대하여 설명하시오.

(답)

I. 개요

1. NATM 공법 시공 전 사전조사 및 작업계획서를 작성하여야 하며 이 때, 지하수위 및 연약지반 등 현장여건을 고려한 안전대책이 수립되어야 함.

2. 지하수위가 높고 연약지반인 구간에서의 발생가능한 재해 유형을 원인별로 분석, 안전대책을 수립해야 함.

II. NATM 공법 시공 중 지하수위와 연약지반을 고려한 사전조사 및 작업계획서의 작성 (안전보건규칙 제38조)

	사전조사	작업계획서
1. 지하수위 고려	① 지하수위 / 용출수량 ② 낙반, 출수, 가스폭발 ③ 수위변화 영향 요인	① 용출수 처리 방법 ② 공사 사용수 처리방법
2. 연약지반	① Boring 조사 ② 지층별 물성치 ③ 주변환경 조건 ④ 지형, 지질 및 지층상태 조사	① 굴착방법 · 지보방법 ② 막장 보강 방법 ③ 굴착토 처리 방법 ④ 인원 · 장비 투입 ⑤ 사업장내 연락방법 신호체계

TSP, Face Mapping 연구
→ 구리전화라고 연계처리

번호 Ⅲ. 터널공사에서 NATM 공법 시공 중 지하수위가 높고 연약지반인 경우의 사고유형 및 원인 (인접구조물 / 도로 등에 대한 서술 추가)

	사고유형	원 인
지하수위 높은경우	1. 지반지지력 상실로 침하 → 매몰, 붕괴재해	① 배수공 미시공 및 양수배제미흡 ② 지반 지질상태 불량
	2. 측벽, 천단부 누수, 붕락 → 협착 재해	① 굴착 중 용수처리 불량 ② 막장안정 보강공법 부재
보다 강조!	3. 터널상부 지반 침하 → 매몰, 붕괴, 화재재해 (도로, 인접건물, 지하매설물)	① 저토피 구간 지층변화 ② 선진보링 등 터널 막장 관찰 파악 미흡.
연약지반의 경우	1. 터널 부등침하 → 장비전도, 협착재해	① 연약지반 개량 미실시 ② 지지력 미확보
	2. 터널 내부 균열, 누수 → 침수재해, 감전재해	① 편토압 발생 ② 토압 불균형 야기
	3. 터널 붕락 → 협착, 매몰재해	① 굴진 중 막장안정조치미흡 ② 지보설치시기 지남 ③ 지보간격, 방법 미흡

Ⅳ. 터널공사 NATM 공법 시공 중 지하수위가 높고 연약지반일 경우 나타나는 사고유형별 안전대책

	기술적 대책	일반적 대책
1. 침수재해	• 누수예방 (방수, 차수 및 배수공법)	• 우기 시 작업 제한 근로자 대피

번호			
	2. 전기감전	• 충전부 방호조치	• 전기관리자 선임관리
		• 전기·기계 기구 절연조치	• 우기시 작업제한
	3. 협착/매몰	• 굴착공사 표준안전 작업지침 준수	• 피난통로 확보
			• 비상시나리오 작성
		• 지보설치 및 막장보강	• 모의훈련
		• 계측값 모니터링	• 예·경보 시스템 구축

V. 터널공사 NATM 공법 시공 시 지하수위가 높은 연약지반의 안전점검을 통한 작업환경 개선

1. 특별점검 (산업안전보건법 제29조)
   - ① 터널 굴진조건 변경
   - ② 근로자 안전·보건
   - ③ 재해예방 기술지도

2. 정밀안전점검 (건설기술진흥법 제100조)
   - ① 터널 안전상 결함유무
   - ② 터널 안전성 분석결과
   - ③ 보강계획 필요여부

※ 인접부 점검 연계 (도로, 지하매설물, 건물)

VI. NATM 공법 시공 시 스마트 안전기술을 활용한 안전확보 방안

1. IoT 기술 활용한 출입자 관리 시스템.
2. 지하수위 변동, 연약지반 이상변위 사전감지 및 공유시스템
3. 막장 전방 탐사 (TSP) 적용 및 Data 분석, 공유.

O.K.

VII. 맺음말.

NATM 공법 굴진 중 지하수위, 연약지반 변위 등 지반정보를 활용한 예방 및 초기대응 중요 (시추조사 빈도증가, 지반전문가상주) (구리시 지반침하 사고 사례, 2020.12)

"끝"

문제 51 터널 시공 시 편압 발생 대책과 터널 막장면의 안전을 위한 굴착보조공법의 종류 및 특징을 설명하시오.

문제(4) 터널시공시 편압발생 대책과 터널막장면의 안정을 위한 굴착보조공법의 종류 및 특징을 설명하시오.

답)

I. 개요

1. 터널시공시 편압에 의한 무너짐등 재해예방위해 사면보강, 보조공법, 적정굴착공법 적용 등 필요하며
2. 터널 막장면 안정을 위한 보조공법은 천단부 훠폴링, 막장부 숏크리트, 바닥부 인버트 설치 등 있음.
3. 특히, 터널 안전을 위해 계측관리, 추가조사(TSP등) 통한 적정 지보패턴 선정 및 보조공법 적용 중요.

II. 터널시공시 편압이 터널에 미치는 영향

구분	영향
갱구부	사면무너짐 작업자 암석 맞음
갱내	막장무너짐, 낙반 지보재 변형·탈락 작업자 매몰, 맞음
지표	땅꺼짐, 시민재해 기존건물, 매설물파손

구조물손상
침하
매설물 파손
지표 무너짐
낙반맞음
침하
이상 지압
변형
무너짐
용수
매몰
장비
(고속국도제10호선 00터널(다1-2공구) 파괴 모식도)

III. 터널시공시 편압에 영향주는 요인

자연적		편압		인위적
	· 경사지형, 습곡		· 갱구사면 절취	
	· 팽창성 지반		· 용수처리 미흡	
	· 저토피, 용수		· 보조공법, 계측 미흡	

번호 IV. 터널 시공시 편압발생 대책

공통사항
1. 사전조사 및 작업계획
2. 위험성평가, 감시인(유도자)
3. 계측실시, 추가조사 → 물리탐사법(지하면)
   - TSP 200m 이상
   - 선진수평보링 50~60m
   - Face Mapping

갱구부
- 구조적 : 사면보강, 개착터널 적용
- 작업자 : 하부통제, 상·하 동시작업금지

갱내
- 구조적 1) 보조공법 : 훠폴링, 강관다단그라우팅 등
  - 2) 굴착공법 : 미니벤치, 링컷
- 작업자 1) 낙석 : 보호구, 천공기 헤드가드
  - 2) 감전 : 용수처리, 분전반 설치
  - 3) 매몰 : 대피로 확보, 비상대피훈련

지지코어
(링컷굴착)

지표
- 계측관리, 유도원 배치
- 매설물 탐사(GPR 등) → 보강, 이설

V. 터널 시공시 막장면 안정위한 굴착보조공법의 종류

보조공법
- 천단부 : Fore poling, 강관그라우팅, 파이프루프
- 막장부 : 막장숏크리트, 막장 락볼트, 그라우팅 등
- 바닥부 : 인버트 설치, 인버트 보강그라우팅

VI. 터널 시공시 막장면 안정위한 굴착보조공법의 특징

1. 막장부 : 숏크리트 및 락볼트

숏크리트 100mm
락볼트 (L=6.0m, C.T.C 1.2m)
10m 미니벤치

1) 숏크리트 : 낙석·풍화방지, 장기 작업중단시
2) 락볼트 : 낙석방지
→ 병행시공

번호

2. 천단부 : Fore poling 및 강관그라우팅

구분	Fore poling	강관그라우팅	비고
설치도	강관 φ38, 천공 φ45이상 L=3.0m 8~20° 채움 : 시멘트몰탈	강관 φ60.5, 천공 φ100이상 L=12.0m 15~20° 채움 : 시멘트+규사	고속국도 제10호선 00터널 (NATM. L=1.2km)
목적	굴진면 상부보강 (모든지반)	천단 선진보강 (실트층제외)	
특징	여굴·소규모 붕괴 방지 변위억제·차수 미비	절리·중규모 방지 변위억제가능. 차수효과	

Ⅶ. 터널시공시 낙반, 무너짐등 예방위한 안전관리 사례

(고속국도 제10호선 00터널 사례 중심)

1. 사전조사. 예방강화

· 추가조사 (TSP + 선진시추)

→ 차수그라우팅 추가 보강

2. 근로자 교육, 훈련 강화.

· 비상대피훈련, 작업중지권강화

차수그라우팅 (L=8.0m, C.T.c 1.5m)

강관그라우팅 L=12m

링컷

<00터널 차수그라우팅 보강도>

3. 응급복구 자재 비치 4. 작업환경 측정, 건강진단 등 보건관리

Ⅷ. 맺음말

1. 터널시공시 편압. 연약대 등의 경우 터널무너짐으로 인한 중대재해 우려 높음에 따라.

2. 계측관리. Face Mapping, TSP 등 추가조사 통한 적정 보강공법 적용 등 사전 예방 중요함

"끝"

번호 (문제) 터널 시공시 편압 발생 대책과 터널 막장면의 안정을 위한 굴착보조공법의 종류 및 특징을 설명하시오.

(답)

I. 개요

1. 터널 시공시 지형, 지질, 지하수 특성 등에 의한 편압이 발생할 수 있으며 지반보강 등 선제적 대응으로 재해를 예방해야 함

2. 터널 막장면의 안정을 위하여 시기적절하고 여건에 맞는 굴착보조공법 적용이 중요함.

3. 굴착보조공법의 선정과 시기는 터널 시공의 경제성, 시공성 뿐만 아니라 안정성을 확보하여 재해를 예방할 수 있음.

II. 터널 시공시 편압으로 인한 문제점과 원인

문제점	원인
• 터널 내 누수개소 확대 및 누수량 증가	· 단층, 절리 등 암반 불연속면 내에 존재
• 어깨부/라이닝 종방향 균열	· 절리면 전단강도 감소
• 균열폭 증가, 단차발생	· 터널 좌우 작용압력 불균형
• 백태, 박리, 박락	· 지표수, 강우로 토압증가
• 부분파괴	· 저토피 구간
	· 인버트 미시공

저토피
P
(절리, 단층)
불연속면
좌우 작용토압 불균형
인버트 미시공

번호 Ⅲ. 터널 시공 중 편압 발생으로 인한 재해유형 및 편압발생 대책

1. 재해유형 ① 낙석, 낙하 재해 ② 막장붕락

③ 협착 재해 ④ 누수, 침수

⑤ 전기 감전 재해

2. 편압 발생 대책

* 기술적 대책은 문제점/원인에 맞게 기술 부분을 세부적으로 해 주기.
⇒ 시공적인 지식 부족

Face mapping + 계측관리 (감시원 주관)
선진보링
TSP

기술적 대책	일반적 대책
① 굴착공사 표준안전지침 준수	① 터널 선형 선정 시 주의
· 동시작업 금지 (제33조)	(경사면 평행 → 편토압)
· 대피공간 확보 (제34조)	② 계측관리 및 모니터링
· 2차 피해방지조치 (제35조)	③ 예·경보 시스템 구축
② 지보보강 및 라이닝 보강 지보간격 조정 / 라이닝 두께 증가 (T=30cm 이상)	④ 방재 계획 수립
③ 저항 지압 확보	

Ⅳ. 터널 막장면의 안정을 위한 굴착보조공법의 종류 및 특징

구분	숏크리트	록볼트	강지보
목적	응력분산 풍화방지	봉합, 아치형성, 내압작용, 보강성 지반보강 효과	지보효과 차지효과
분류	건식 습식	선단정착형 전면접착형 병용형	U형 H형 격자지보형
재료	결합재 성능개선재	SD35~40 지압판, 접착제	강재.

번호 V. 터널 막장면의 굴착보조공법 시공 단계별 안전관리 대책

단계	안전관리 대책
공사준비	1. 사전조사 (낙반, 출수, 지형, 지질, 지층상태) +Mapping. 3. 자재검수
	2. 시공계획 수립 (안전보건 규칙 제38조)
↓	1. 굴착방법 (발파, 기계굴착), 2. 터널지보공 (간격, 상하 분할, 벤치cut)
굴착	3. 용수처리 방법 (수발공) 4. 환기, 조명시설
↓	5. 굴착공사 표준안전 지침 준수 (제33, 34, 35조)
지보설치	1. 자재선정, 검수
	2. 설치기준 준수 (깊이, 간격 등)

3단계의 체크 반영 필요 → 현장상태

VI. 터널 막장면의 굴착보조공법별 세부 안전관리 대책

숏크리트	1. MSDS 관리 (시멘트, 급결제)
	2. 고압분사 → 보안경, 방진마스크, 보호복, 안전모
	3. 근골격계 질환 (고압펌프 요동, 진동)
록볼트	1. 천공기 → 청력보존 프로그램
	2. 인발시험 → 강봉 인발 가능범위 접근제한
강지보	1. 중량물 운용 시 인양장비 협착 예방조치
	2. 고소작업 → 안전대, 안전난간
	3. 부석제거 → 낙하, 비래 재해 예방조치

VII. 맺음말

1. 터널 저토피, 편토압에 따른 지반침하 대비 점검 강화 (구리침하사고 사례, 2020. 12)
2. 터널 방재 설비 기준 준수 (화재, 침수 피해사례).

"끝"

3. '작업환경 개선' 언급

번호 문제) 터널 시공시 편압 발생 대책과 터널 막장면의 안정을 위한 굴착보조공법의 종류 및 특징을 설명하시오.

답)

I 개요.

1. 터널 시공시 편압 발생 대책으로는 1) 설계시: 갱구부위치 선정유의, 조사철저 등 2) 시공시: S/N, R/B 등 사용방법이 있다.
2. 터널막장 안정의 보조공법에는 1) S/C 타설공법 2) R/B 사용 3) 강관다단식 / Pipe roof 등이 있으며,
3. 특징으로는 각 공법의 원리, 장점, 단점을 토대로 기술 하자 한다.

II 편압 발생 및 막장면 불안정 터널의 시공시 사전검토사항.

1. 지반상태. 계곡부 위치 조사.
   → TSP 조사 및 선진수평보링 실시.
2. 분진. 소음 등 영향.
   → 작업자의 작업환경 및 건강장해 영향도 검토.
3. 계측 값 ≒ 설계치 비교검토 → 공법 변경 등 검토.
   → 이상하중. 과대하중 작용 여부.

강재 S/N
막장 S/C
강관다단식 Ø460mm×50m
(350 [illegible] t=2.0m
[illegible])

III 터널의 편압 발생 및 막장면 붕괴시 재해유형 및 위험요인

1. 터널 내부 위험
   - 막장면 붕괴 : 이상하중 작용.
   - 천단부 쏠기파괴 : 보강공법 강관 Grout재 사용 불량
   - 질식. 중독, 화재 : 밀폐공간 P/R 미실시. 환기불량.

붕괴
쏠기파괴
천단부 조사

번호

3. 터널 외부 中心

갱구 상부 사면 붕괴 : 편압 발생. 보강 불가능.
지표 침하. 상부 지하매설물 파손
기존 구조물 균열 및 붕괴.

IV. 터널 시공시 편압 발생 대책

1. 설계시.

갱구부 위치 선정 유의.
① 직교 : 갱장 최소 ② 경사 : 갱구부 미확보
③ 출구 재기 진입 : 지표수 유입.

2. 시공시

TSP. 선진수평보링. 지하수 분사처리.
사면보강 S/N. R/B 시공.
→ 근로자 추락재해 관련 예방.(안전보건규칙 제 8822) [00터널 中心]

[※ 00터널 갱구부 편압 발생 대책 S/N 시공]

C/D Setting → 천공 → Grouting → Nail 삽입 → 마감.

자도유의	천공 순서	MSDS	충전
W/R 폐기기준준수	추락재해관련 :	교육 및 확인	렌더링 유의

V. 터널 막장면 안정을 위한 굴착 보조공법의 종류 및 특징.

1. S/C 타설 공법

1) 원리 : 막장면 뿜어붙이는 공법.
(건식 및 습식)

2) 장점 : 시공이 간단 . 막장면 풍화 방지. 지하수 유도 .

번호

3) 단점 : 분진 → 근로자 진폐증 건강장해. 습식적.

2. R/B (Rock Bolt)

1) 원리 : 천공후 Anchor 삽입 Grouting 암반 이완 방지

2) 장점 : 시공성 우수. 범용적.

3) 단점 : 인장사용 제한적. Relaxation 및 부식우려. 시공비고가.

3. 강관다단 Grouting / Pipe roof

[국도00 터널 사고시]
강관다단 Grouting
Ø60.5 등 천공 100mm
12m

1) 원리 : 천단 막장 상단 붕괴 방지

천공 → 강관삽입 → Grouting

2) 장점 : 시공성 및 효과우수 범용적 [설치 예시 모식도]

3) 단점 : 시공비고가. 공기지연. 근로자 재해 우려 높음.

VI. 위험성 평가를 통한 터널 막장 안전성 확보 및 주요 개선 사례.

[국도 00 터널 사고시] S/C 천석 → 숭의 (붕괴 재해 근로자)

1) 현황 : 막장 전방 지하수의 유입. (TSP 50m 전개 및 지기 비지층 시험).

2) 원인 : S/C. (T=10cm 전석 숭의 함).

3) 대책 : 위험성 평가 실시 (산업안전보건법 제36조).

→ 공단·지정 전문가 + 외부 자문 위원자(교수 등) 참여.

위험성 추정 → 위험성 평가 → 대책수립 → 실시공.

[막장붕괴 / 근로자 붕괴재해] [6개월 실시] [공법변경 : 습식]

VII. SMart 가설을 활용한 터널 막장의 계측을 통한 안전성 확보 대책

S/C 응력계 / LWZ 전송 / R/B 인장력계 → 무선전송 → 안전관리자 수시 확인 → 응급시 즉시대응 → 안전사고 예방.

[안전보건규칙 제352조] I.T 활용. 모니터링 (근로자 대피 등)

문제 52 터널공사에서 여굴의 원인과 최소화 대책에 대하여 설명하시오.

문제) 터널공사에서 여굴의 원인과 최소화 대책에 대하여 설명하시오.

답)

1. 개 요

1) 터널공사의 여굴은 지반조사 미흡, 연약지반, 시공 불량(천공, 발파) 등에 의해 발생하여

2) 여굴 최소화 위해 적정 발파·보조공법 적용, 기능공 교육으로 작업 숙련도 증가, 계측 등 필요함.

3) 특히, 이전 굴착 분석, 추가조사(TSP 간격 조정) 통한 사전보강 등 예방이 가장 효과적임.

2. 여굴과 지불선의 비교

구분	여굴	지불선
개념	과굴착	굴착척도
계획	미반영	반영
변형	발생	없음
공사비	미지급	지급
대책	뒷채움	라이닝

여굴, 지불선, 라이닝

기준 ⌈ 측벽부 10~15cm
　　 ⌊ 아치부 15~20cm

3. 여굴이 터널에 미치는 영향

1) 구조적 · 진행성여굴 → 터널 무너짐

2) 안전적 ⌈ 낙반 → 맞음
　　　　 ⌊ 무너짐 → 작업자 매몰

3) 관리적 · 굴착량 증가, 추가 채움 → 경제적 손실

4. 터널 굴착시 여굴의 원인

내적	· 지반조사 불량 · 파쇄대, 연약대 · 용수 집중유입 · 굴착공법, 보조공법 부적정

연약대 파쇄대 저강도대 편토압 여굴발생 NATM 용수

<여굴발생 지반상태>

외적	· 제어발파 미흡 (디커플링지수 과소) · 천공각도·길이 불량 · 1차 지보 (숏크리트, 락볼트) 시공 지연 · 비숙련공

5. 터널 굴착시 여굴 최소화 대책

설계	· 지반특성 반영 → 기계굴착 고려 · 제어발파 적용 (look out, over break 고려)

시공	· 추가조사 (TSP, 선진시추 등) · 천공·장약조절 → · 기능공 교육 · 보조공법 조정

천공 폭약 R_c R_h

$D_c = \frac{R_h}{R_c}$: 1.5~2.0 단계

<디커플링계수(D_c) 단계>

Fore poling	강관그라우팅
강관 Φ38 L=3.0m, 천공 Φ45이상, 8~20°, 채움 : 시멘트몰탈	강관 Φ60.5 L=12.0m, 천공 Φ100이상, 15~20°, 채움 : 시멘트+규산
소규모여굴, 차수미비	중규모여굴, 차수효과

계측	· 계측실시 → 발파, 지보패턴, 보조공법 등 재검토

6. 여굴 발생시 처리 방법

1) 소규모 - 숏크리트 즉시 채움

2) 대규모 ① 숏크리트 + 락볼트

② H빔 + 철망

③ 숏크리트 ④ 채움콘크리트

대규모 여굴발생 → ① 숏크리트 + 락볼트, ② H빔 + 철망, ③ 숏크리트, ④ 채움 콘크리트

<대규모 여굴 처리 방법>

7. 진행성 여굴에 의한 낙반사고 예방위한 안전관리사례

(고속국도 OO호선 OO터널 사례 중심)

1) 사전예방 강화

· 추가조사 (선진시추 + TSP)

⇒ 차수그라우팅 추가 보강

2) 근로자 교육·훈련 강화

작업중지권 교육, 대피훈련

차수그라우팅 (L=8.0m, CTC 1.5m)

강관그라우팅 (L=12m)

갱문

<OO터널 차수그라우팅 추가>

3) 응급복구 자재 비치 (숏크리트 타설기 등)

4) 작업환경 측정 → 조명, 환기시설 보강

8. 맺음말

1) 진행성 여굴은 터널 무너짐 재해로 연결됨에 따라

발생초기 압성토, 채움 등 즉각적 조치 중요하며

2) 시공시 이전굴착분석, Face Mapping, TSP 등

추가조사 통한 사전보강 등 예방이 가장 효과적임.

"끝"

문제 53 연약지반을 개량하고자 한다. 사전조사 내용과 개량공법의 종류 및 공법 선정에 대하여 설명하시오.

문제) 연약지반을 개량하고자 한다. 사전조사내용과 개량공법의 종류 및 공법 선정에 대하여 설명하시오.

답)

I. 개요

1. 연약지반 개량시 예비조사 → 현지조사 → 보조나 등한 토질정수결정 및 안정검토 따른 적정공법 검토해야 함.

2. 연약지반 개량공법으로는 하중조절(EPS블럭 등), 지반개량공법(연직배수 동다짐 등), 지중구조물 설치 등 있음

3. 연약지반 개량공사시 안전작업계획 수립·준수 등한 장비 무너짐 사고 예방 필요.

II. 연약지반 판정기준

내적 | 시간의존적 연약지반 - 매립토, 유기질토

외적 | 상대적 = 상부구조물 지지 어려운 지반
절대적 | 사질토 : N<10 (느슨 포화)
절대적 | 점성토 : N<4 (고함수비)

III. 연약지반 시공시 발생할 수 있는 문제점

1. 안정 : 측방유동 (급속시공, 편재하)
2. 침하 : 잔류/부등 침하, 부마찰력
3. 진동 : 액상화
4. 투수 : Boiling, Piping (사질토)
5. 흙의 중량 : Heaving (점성토)
6. 기존구조물, 지하매설물 손상

물 - 포화, 미배수
외력 - 지진, 진동
지반 - 느슨, 사질토

〈액상화 발생 3요소〉

번호 IV. 연약지반 개량시 사전조사 내용

- 예비조사: 기존자료조사 (지형, 지질, 지장물 등)
- ↓
- 현지조사
  - 현장답사 : 지형변화, 지표수흐름 상태 등
  - 개략조사 : 본조사 위치검토, 진입로 등
- ↓
- 본조사
  - 토질조사 : 시추, 물리탐사
  - 원위치시험 : CPT, Vane 등
  - 실내시험 : 흙분류, 압밀, 전단 등
  - → 토질정수 결정
- ↓
- 상세검토: 침하량 / 침하시간 계산 → 적정공법 선정

V. 연약지반 개량공법의 종류

- 하중조절공법: 압성토, EPS블럭, Sand Mat 등
- 지반개량공법
  - 지수 - 약액주입 (LW, MIP 등)
  - 치환 - 굴착, 강제 (발파, 동치환)
  - 고결 - 생석회, DCM, 동결 등
  - 탈수 - 연직배수 + Preloading, 배수공법
  - 다짐 - 동다짐, SCP, Vibro floatation
- 지중구조물: 성토지지 말뚝 등 측방유동 방지

VI. 연약지반 개량공법 선정 (송도 00 단지조성)

1. 연약지반 개량공법 선정 방향

무처리시 안정검토		대책공법 검토		공법비교 (고려사항)
· 무처리시 침하량	→	· 허용 침하량	→	· 공정 및 경제성
· 압밀도		고려 압밀		· 공법 신뢰성
· 잔류침하량		복리공법		· 재료수급, 시공실적

번호 2. 연약지반 개량공법 선정

구분	SCP (Sand Compaction pile)	PBD (plastic Board Drain)
개요	15m, 1.7m, D800 진동모래 압입 → 압밀촉진	15m, 1.5×1.5 드레인보드 타입 → 연직배수 → 압밀
특징	· 전단저항 · 지지력 증가 · 모래수급 불가 · 진동	· 시공간편 · 배수효과 일정 · 강도 증가 미비
압밀	0.9 Mouth	4.5 Mouth
공사비	21,400원/m	2,600원/m
선정	SCP 적용 : 압밀기간 및 지지력 우선 고려	

VII. 연약지반 개량위한 SCP 시공시 장비 넘어짐 안전조치

기술적	Sand Mat (500mm) 깔목, 깔판 (철판사용)
관리적	작업계획서, PTW, TBM 권상용 와이어로프 점검 작업전 합동 점검

전도방지장치
wire rope 점검
아웃트리거
깔목 Sand Mat 깔판(철판사용)

(송도00단지 공사 SCP 장비보강도)

VIII. 맺음말

연약지반 개량공사시 장비 넘어짐 사고 빈번함에 따라 안전작업계획 수립·준수, 작업지휘자 배치, 전 작업자 참여 위험성 평가 통한 안전사고 예방 중요

"끝"

문제 54 아스팔트 콘크리트 포장도로에서 포트홀(Pot Hole)의 발생원인과 발생과정 및 방지대책에 대하여 설명하시오.

문제3) 아스팔트 콘크리트 포장도로에서 (Pot hole)의 발생 원인과 발생과정 및 방지대책에 대하여 설명하시오.

답)

1. 개요

1) 아스팔트 콘크리트 포장 포트홀은 성토체 및 포장체 다짐 및 재료불량, 강우, 강설 등 환경요인에 의해 발생하며,

2) 포트홀 방지 및 사고예방 예방위해 설계에서 유지관리 전단계에 걸쳐 세심한 안전 / 품질관리 필요함.

3) 본고에서는 포트홀 보수공사시 안전개선사례 소개하고 선제적 예방관리위한 C-ITS 사업 주관확대 의견 제시코자함

2. 아스팔트 콘크리트 포장 파손시 문제점

원인		결과		문제점
· 품질관리 미흡 · 강우, 강설 집중 · 중차량 교통량 증대	⇒	포장 파손	⇒	· 교통사고 유발 · 주행 안전성 저하 · 유지관리비 증가

3. 아스팔트 콘크리트 포장 파손유형 및 원인

구분	파손종류	원인	비고
균열	거북등 균열	지반불안정, 다짐부족	덧씌우기 / 반사균열 / 균열 / 줄눈 / 기층콘크리트 <반사균열>
	종방향 균열	절성경계부 침하	
	반사균열	기층 포장 미처리	
노면 결함	소성변형	혼합물 불량, 다짐부족	소성변형 (포장체 하중) / 차량진행 방향 <소성 변형>
	포트홀	배수불량, 중차량	
	단차	노견측 부등침하	

4. 아스팔트 콘크리트 포장도로 포트홀 발생원인

토공부	노상·노체 다짐부족, 배수시설 미흡 동상방지층 미설치
포장부	포장두께 부족, 온도/다짐관리 불량 재료불량 (세일골재, 아스팔트 함량부족 등)
외부환경	과적차량, 집중호우, 제설제 과다 사용

5. 아스팔트 콘크리트 포장도로 포트홀 발생과정

호우 / 폭설	해빙기 ➡	① 동결융기
포장하부 물 잔류 ↓ 교통하중 ↓ 간극수압 발생 ↓ 아스콘 결합력 저하 ↓ 포트홀	도로내부 물 동상 ↓ 부피팽창 융기 ↓ 얼음녹음, 내부공동 ↓ 교통하중 ↓ 파손, 포트홀	포장체 ② 봉철녹음 공동 발생 ③ 포장파손 하중 pot hole 발생

6. 아스팔트 콘크리트 포장도로 포트홀 방지대책

1) 사전 예방대책

토공부	① 동상방지층 설치 ② 지하수위저하(맹암거 등) ③ 다짐관리 (층다짐 25cm, γ_{dmax} 95% 이상)
포장부	① 설계 : 포장두께 확대, 중차량하중 반영 ② 재료 [적색 셰일 골재사용 금지 / 아스팔트 함량 충분히] ③ 시공 [온도관리 (140~170°C) / 다짐관리 (머캐덤 → 타이어 → 탠덤)]

외부환경 과적단속, 제설제 살포 지양

2) 사후 처리 대책

(1) 보수. 보강 ① 소규모 : patching
② 대규모 : Overlay, 재포장

(2) 예방적 유지관리 ① 균열처리 : 충진, 실링
(선제적 보수) ② 표면처리 : 실코트, 슬러리실

7. 고속도로내 포트홀 보수시 안전보건대책 (고속국도1호선 00공구)

교통표지판 → 차량 드럼. 유도봉
(200m 간격) 작업 10m 간격
주의부 1.5Km 변화부 250m 완충부 50m 종결부 30m

〈안전시설물〉
· 로봇신호수
· 충격흡수시설
· 이동식도로 차량표지
· 작업보호 자동차
· 운전자 위험인지 매트

1) 교통통제계획, 작업계획수립

2) 안전관리자, 신호수 상주

3) 안전장구 (발광 엑스밴드, 신호봉 등)

4) 야간작업시 : 점멸경고등, 외부조명 및 차광판 설치

안전 개선 사항	· 로봇 신호수 높이 : 1.2 → 1.7m · 교통안전표지판 높이 : 1.8 → 2.5m	운전자 시거증대 ⇒ 사고위험감소

8. 맺음말

1) 포트홀 발생시 보수작업자 및 운전자 사고위험 높음에 따라
선제적 예방관리 통한 재해예방 중요한 바,

2) 차량-인프라간 통신 통한 도로결함, 작업상황 등
실시간 공유 가능한 C-ITS 사업 투자 확대 필요함

"끝"

번호 (문제) 아스팔트 콘크리트 포장도로에서 포트홀(pot hole)의 발생원인과 발생과정 및 방지대책에 대하여 설명하시오.

① ② ③

(답)

I. 개요

1. 아스팔트 콘크리트 포장도로의 포트홀은 포장체, 지반부 및 외부환경에 따라 발생함.

2. 중차량 통과, 균열부에 물 침투 등으로 포트홀은 가속화되며 인적, 물적 피해를 야기할 수 있음.

3. 포트홀 예방대책 외 보수 시에도 작업자와 운전자의 안전관리 대책을 수립하여야 함.

II. 아스팔트 콘크리트 포장도로에서의 시기별 파손유형 (및 문제점)

(부족한 기술)

1. 초기 ① 균열, Rutting

② Pot hole, P균열

2. 후기 ① Scalling

② 온도균열

[원인 ⇓ 발생과정 ⇓ 방지대책] 서술순서

III. 아스팔트 콘크리트 포장도로의 포트홀 발생과정

장마철/강우(집중호우), 해빙기 지반연약화	→	균열부 확대	→	열화의 가속	→	Pot hole 발생

↑ [물 침투: 강우, 강설] ↑ [중차량, 마찰차로) 통과]

~~★ 답안서술은 질문순서로~~ 서술 ⇒ 상수 관리 방법

번호 IV. 아스팔트 콘크리트 포장도로에서의 포트홀 발생원인

포장체
① 포장두께의 부족 ② 온도, 다짐관리 미흡
③ Asphalt 함량 부족
④ 균열부 물 침투 ⑤ 혹서기 포장

지반부
① 지반 연약화 ② 노상, 노체의 지탄
③ 지하수위 상승 ④ 배수불량

외부환경
① 중차량, 과적 차량의 통과
② 집중호우 ③ 강설
④ 제설제 살포 → 열화촉진

V. 아스팔트 콘크리트 포장도로에서의 포트홀로 인한
재해유형 및 원인 → 1 page 서술 필요

	재해유형	재해원인
공용중	1. 평탄성 불량으로 주행 중 차량 파손 2. 교통사고	① 포트홀 조기 보수 실패 ② 야간 주행시 조도 불량으로 포트홀 인식 못함 ③ 과속, 과적차량 미단속
유지관리	점검자 / 복구작업자 차량 추돌	① 교통차단 조치 미이행 ② 교통신호수 미배치 ③ 교통시설물 미비 등 ④ 대외 홍보부족 (플랜카드 등)

번호 VI. 아스팔트 콘크리트 포장도로의 포트홀 방지대책

포장체	설계	① 포장두께 증가
		② 중차량의 중량을 설계 반영
	재료	① 아스팔트 함량 결정 → 시험포장
		② 마샬안정도 재료 사용
	시공	① 온도관리
		② 다짐관리 ($\gamma_d max \geq 96\%$)
지반부		① 노상·노체 층다짐관리($\gamma_d max \geq 90, 95\%$)
		② 연약지반 개량
		③ 배수시설 시공 (맹암거, 측구)
외부환경		① 중차량 - 과적단속
		② 집중호우 전 배수로 관리

추가: ⊕ 처리대책으로 보수, 보강 시술 필요

VII. 도로 포트홀 조사, 복구 작업 시 조사자 / 작업자에 대한 안전관리 대책

1. 교통차단, 우회조치 (관할경찰서 공사신고)
2. 교통시설물 (차량유도등, 안내간판, PE 방호벽 등)
3. 야간작업시 조도확보
4. 최전방 교통 신호수는 로봇 신호수 배치

VIII. 맺음말

1. 도로 포트홀 신고 및 포상제 도입 → 즉시보수
2. 스마트 안전도로 추구로 실시간 감시 모니터링 구축

"끝"

문제 55	항만공사에서 방파제의 설치목적과 시공 시 유의사항 및 안전대책에 대하여 설명하시오.

문제 6) 항만공사에서 방파제의 설치목적과 시공시 유의사항 및 안전대책에 대하여 설명하시오.

답)

1. 개요

1) 항만공사 방파제 설치 목적은 외부 영향으로부터 선박·항만시설 등의 보호 및 항내 정온도 유지이며,

2) 시공 단계(기초공사 - 케이슨공사 - 상치 Con'c 타설) 별로 유의사항 및 안전대책을 준수해야 한다.

3) 특히, 수중작업에 의한 잠수병·케이슨 작업으로 인한 밀폐공간 안전대책을 수립하여 재해가 발생되지 않도록 노력해야 한다.

2. 항만공사에서 방파제 설치시 유해·위험 요인

- 수중 작업 – 잠수사고
- 대형 장비 – 물체에 맞음·부딪힘
- 이상기압 – 잠수병 등 질환
- 밀폐공간 – 질식사고(케이슨내)

항만공사

3. 항만공사에서 방파제 설치 목적

1) 항내 정온도 유지

2) 바람·파랑 방지를 통한 항만시설·선박 보호

3) 조류에 의한 토사 이동 방지

4) 토사 유입·유출 방지.

바람·파도 영향

방파제

항만

<방파제 설치 목적>

4. 항만 공사에서 방파제 시공시 유의사항

기초공사

1) 케이슨 거치부 침하고려, 20~40mm 성토.

2) 지속침하 관측 · 세굴방지공 설치

케이슨공사

1) 제작 : 보온양생 · Con'c 강도확인

2) 운반, 거치

① 파랑영향고려 (1m 이내)

② 케이슨 Valve 조작으로 개폐하면서 침강 (편심침하 방지)

케이슨 slab 슬래브
상치Con'c
외항
내항
피복석
기초사석
치환사 (연약지반용)

3) 상치콘크리트 (※ 새만금 방파제 00공구 혼성제 방파제)

① 조속시공 (파랑 영향)

② 기초부 · 직립부 경계 세굴방지보완 → 아스팔트 매트

5. 항만공사에서 방파제 시공시 안전대책

공통사항

1) 사전작업허가제, 해상작업 위험성평가

2) 특별안전보건교육, 잠수작업근로자 자격 확인

기초공사

1) 사전조사 및 작업계획서 →

※ 주요내용
① 지반·지질현황
② 장비운항경로

2) 잠수사 부상부 사석투하 (상·하작업 동시금지)

케이슨 공사

1) 제작 — ① 시스템 폼 구조 안전성확인

② 한중콘크리트 보온양생시 질식방지

→ 밀폐공간 작업프로그램 수립·시행

2) 운반·거치 ① W/R 폐기기준 · 안전대 착용

② 유도자 신호 · 케이슨 내 탑승 금지

3) 상치 콘크리트 타설

→ 비계, 작업발판 선정 · 및 콘크리트 펌프 압송관 점검

6. 항만공사에서 방파제 시공시 잠수작업 근로자 안전확보 방안

작업계획수립

1) 1일 6시간, 주 34시간 제한 → 잠수병 예방

2) 기상·해상정보 파악 및 주변 공사 파악

3) 2인 1조 배치 · 감시인 (감시선) 배치

잠수중 대책

1) 부상속도 준수 → 매분 10m 이하

2) 감압속도 준수 · 한랭질환 예방

신호밧줄

7. 맺음말

1) 항만공사는 육상 및 수중작업에 의한 대형재해 발생가능성이 높아 별도의 안전대책 수립이 요구된다.

2) 특히 기초사석 및 케이슨 거치 작업시 잠수부에 의존, 재해(질식·수중사고)를 방지하기 위해 인력대체 로봇기술 연구개발 필요함.

문제 1) 항만공사에서 방파제의 설치목적과 시공시 유의사항 및 안전대책에 대하여 설명하시오.

답)

I. 개요

1. 항만공사에서 방파제는 외해의 파랑으로부터 항내를 보호하여 하역작업 및 정박의 안전확보를 목적으로 함.
2. 방파제 시공시 기초사석, 케이슨제작, 운반, 설치 순으로 시공하며 특히 해상장비, 잠수부 안전에 유의해야 함.
3. 본고에서는 사고빈도 높은 잠수부 작업은 로봇으로 대체하여 안전사고 예방 의견 제시하고자 함.

II. 항만공사의 특수성

자연조건		기준면
· 파랑 – 파압 · 조차 – 간극수압	항만공사 특수성	· 육상 : Mean Sea Level · 해상 : Datum level
지반조건		작업안전
· 연약지반 처리 필요		· 해상·수중 → 중대재해로 연결

III. 항만공사에서 방파제 설치 목적

1. 외해의 파랑으로부터 항내 보호
2. 항내 정온도 유지
3. 정박의 안전
4. 하역의 원활화
5. 해안침식 방지

21-41m
외항
상치콘크리트
내항
피복석 1:1.5
속채움
기초사석
치환모래
3.5m
6m

(○○남방파제 준설제 방파제 모식도)

번호 IV. 항만공사에서 방파제 시공시 유의사항 (○○남방파제 사례중심)

1. 기초공사

기초준설
- 해양환경 관리법 준수
- 오탁방지막 설치 (부유물질농도 25mg/l 관리)

기초사석
- 케이슨 거치후 침하고려 20~40cm 여성고
- 계획고 1m 이내 Rail 이용 밀어고르기

2. 케이슨공사

제작
- 제작장 : 침하방지 (버림콘크리트 150mm).
- 양생 : 증기양생

운반
- 파고 1.0m 이내 운반
- 예인선 속도 10km/hr

자동주수/펌핑 자동펌프선

← 계획주수고 Sensor

수평자동 check

(자동주수 system 모식도)

거치
- 침설속도 준수 15m/hr
- (편기침하 방지위한 자동주수 system 도입)

V. 항만공사에서 방파제 시공시 안전대책 (○○남방파제 사례중심)

1. 해상작업 공통사항

해상장비
- · 선박승강시 떨어짐 : 승강설비설치, 구명동의 착용
- · 선박 부딪힘 : 통신 및 연락방법 구축, 신호통일
- · 재난대비 : 피박지 선정, 묘박용 설비 구비

잠수작업
- · 안전관리자 : 잠수 특별교육 이수자 선임
- · 응급구호자, 감시선 추가 배치
- · 잠수설비 구축 : 예비공기조, 유량계 등
- · 저체온증 방지 : 한랭지역 잠수시간 단축

번호

2. 기초공사

기초준설
- 로프에 맞음 - 예항로프 상태, 길이점검
- 장애물 부딪힘 - 커터 충격부하시 자동차단 system
- 폭발·화재 - 점검시 운전정지, 주유금지

기초사석
- 사석에 맞음 - 잠수사 부상후 사석 투하
- 잠수사간 부딪힘 - 서로 상하위치 작업금지

3. 케이슨공사

제작
- 가설구조물 구조적 안전성 확인 (slip form)
- 무너짐 - 케이슨 제작장 지반보강 (버림콘크리트)
- 양생, 내부작업 - 밀폐공간 작업 프로그램 수립·시행

운반
- 떨어짐 - 예항중 케이슨에 탑승금지
- 로프에 맞음 - 예항로프에 접근금지

설치
- 떨어짐 - 케이슨위 작업발판, 안전방망 설치
- 부딪힘 - 와이어로프 폐기기준 준수

VI. 항만공사시 잠수사 의존문제 개선위한 발전과제

1. 현행 항만공사 기초사석, 케이슨설치 작업 문제점

⇒ 잠수부 의존 ⇒ 안전사고 발생 빈도 강도 높음

2. 잠수부 의존 개선위한 발전과제

1) 잠수부 대체 로봇기술 개발 예산 배정 필요

2) 잠수부 → 로봇컨트롤 교육 및 재취업 지원

"끝"

번호 (문제) 항만공사에서 방파제의 설치목적과 시공시 유의사항 및 안전대책에 대하여 설명하시오.

(답)

I. 개요

1. 항만공사에서 방파제는 항내 정온도 유지, 파랑의 방지로 항만시설 및 선박을 보호함.
2. 방파제 시공시 기초준설, 사석투하, 시설물 제작, 운반 작업 단계별 안전대책 수립이 필요함
3. 특히, 밀폐공간 작업 시 산소농도 측정, 유해가스 농도측정, 감시인 배치, 무선체계 구축 등을 확인함.

II. 항만공사의 특수성

기준면 Datum Level	해수영향 해상조건
조석 → 조류 → 조차	(해상대기부, 비말대, 간만대, 수중부)
연약지반 개량 필요	계류시설, 수역시설
연약지반	외곽시설 시설물

(중앙: 항만공사 특수성)

III. 항만공사에서 방파제 설치 목적

1. 파랑의 방지
2. 토사유출·유입 방지
3. 항만시설 및 선박의 보호
4. 항내 정온도 유지

수역시설 / 항로 / 선회장 / 외곽시설 / 계류시설

〈 항만 시설물 모식도 〉

번호

IV. 항만공사에서 방파제 설계시 고려사항.

평면배치
- 면적 및 형태
- 항구위치, 폭, 방향

단면설계
- 방파제 형식, 치수
- 구조재

위치선정
- 방파제 방향 : 파랑에 직각
- 방파제 충돌파력 : 파랑에 경사
- 방파제 위치 : 모래해변, 수심, 항구까지 거리

V. 항만공사에서 방파제 시공시 단계별 유의사항

설계단계
1. 정온도, 소요수심 고려
2. 간만의 차 → 작업순서, 작업방법 계획

시공단계
1. 염해, 태풍, 부식영향 고려 재료선정
2. 시방규정 준수 품질관리
3. 해상특별 안전 교육 실시 / 밀폐공간 작업 교육
4. 악천후시 작업 중지 (풍속, 태풍)
5. 해양환경 관리 (오탁방지막)
6. 해양폐기물 투기 방법 관리

VI. 항만공사에서 방파제 시공시 발생할 수 있는 재해유형 및 원인

재해유형	재해원인
잠수부 익사 근로자 실족	1. 잠수부 건강, 보건관리 부실 2. 무리한 작업 강행 3. 정조시간대 외 작업 진행

번호

크레인넘어짐	1. 크레인 위치 불안정, 침하 2. 강풍으로 인한 넘어짐
와이어파단 중량물떨어짐	1. 줄걸이 작업, 와이어 폐기기준 미준수 2. 강풍시 무리한 작업진행.

VII. 항만공사에서의 방파제 시공 시 안전대책

공통사항

1. 해상장비 : ① 선박승하선시 추락 → 승강설비이용, 구명의 착용
② 선박충돌 → 통신. 연락방법.
③ 피박지 선정, 묘박용 앵커, 로프구비

2. 잠수작업 ① 잠수설비 : 예비용기조, 공기압축기, 유량계설치
② 저체온증 : 한랭기역 잠수시간 단축

기초공사

1. 준설작업 ① 로프사고 : 로프상태, 길이 점검
② 준설장애물 : 커터 충격 부하시 자동차단시스템

2. 사석투입 ① 낙석 : 잠수사 부상 → 사석 투하
② 잠수작업 상하 동시작업 금지

시설물공사

1. 해상운반 ① 추락 : 예항 중 시설물 탑승금지
② 로프사고 : 협김사고 예비 접근금지

2. 설치작업 ① 추락 : 작업발판, 방호망 설치
② 중량물 인양용 장비계원, 인양기구 확인

3. 밀폐공간 작업 ① 특별안전보건교육
② 산소농도 측정

"끝"

PART

10

시사/정책 건설안전 Point

합격수기

◇◇◇

1. **성명** : 황○○

2. **근무처** : ○○○○ 발전

3. **응시횟수** : 1회

4. **수강기간** : '21년 9월~

5. **학습교재** : 교수님 강의노트 및 배포자료 / 실전문제풀이 자료

6. **학습방법**

   1) 토요일 정규반, 일요일 실전반 강의에 집중
      - 처음 도전하는 기술사 시험이라 무조건 교수님 강의에 충실하자는 생각으로 참여하였고, 교수님의 답안작성 요령과 중요 키포인트 위조로 공부함
      - 실전문제에 대해서는 100% 풀어보고, 대제목 잡기 및 답안틀을 만들려고 했음
      - 매주 교수님의 답안첨삭과 엉성한 답안틀을 하나씩 수정하는 과정에 합격해 얼떨떨함

   2) 답안 만들기
      - 과년도 기출문제로 구성되어 있는 실전테스트가 답안틀 만드는 데 최고의 과정이었고, 합격의 비결이었음
      - 공부가 부족하여 실전문제마다 대제목 잡기와 중요 키워드를 반복해서 정리하고, 답안에 작성함
      - 교수님이 말씀하신 대제목 잡기와 답안틀 만들기, 공통아이템의 활용이 시간관리가 부족했던 저에게 시험장에서 시간관리가 되게 했음
      - 나만의 공통아이템과 차별화아이템은 합격의 최고 무기였음

7. **합격요인**

   1) 처음 도전했던 저에게 자심감을 가져다준 것은 답안 채우는 연습
   2) 일요일 실전테스트가 시간관리와 실수관리를 하는 최고의 과정이었음
   3) 교수님이 매번 강조하시는 "공부가 부족한 게 아니라 연습이 부족하다"는 말씀에 대해 어떤 의미인지를 알게 됨

8. 감사의 글

처음 도전하는 저에게 자신감과 올바른 방향 제시를 해주신 김정태 교수님께 감사드립니다. 첫 시험 합격은 꿈에서나 그려보았는데 현실이 되었네요.

교수님의 강의 방식과 차별화된 강의 내용은 최고라 자부합니다. 다시 한번 감사드리고, 합격을 위해 노력하는 예비 기술사님들은 김정태 교수님만 믿고, 함께하시면 저처럼 좋은 날이 올 거라 확신합니다.

합격을 위해 많은 도움을 주신 김정태 교수님, 신경수 원장님, 조준호 부원장님, 학원 스태프와 함께한 예비 기술사님께 감사 말씀 올립니다.

문제 1	사물인터넷(IoT : Internet of Things)

문제) 사물인터넷 (IOT : Internet of Things)

답)

1. 개요

IOT는 무선통신을 통해 사물을 인터넷에 연결하는 스마트 기술로 자동계측, 위치추적등 안전관리에 활용.

2. 건설산업 패러다임 변화에 따른 스마트기술 적용 기대효과

패러다임 변화		스마트건설기술		생산성 향상
· 인력 → 자동화	⇒	BIM. 드론. 자동화		
· 2D → 3D 정보융합		↕		
· 경험 → 빅데이터화		스마트 안전기술		안전성 향상
		IOT. AI. 빅데이터		

3. IOT 기반 건설현장 안전관리 주요기술 동향

설계	BIM : 사전 Simulation → 위험요소 파악
시공	위치추적센서 : 근로자 위치파악 → 비상대처
유지관리	3D 스캐닝 : 구조물 손상등 파악 → 자산관리

4. IOT 기술 적용 안전관리 향상 사례 (송도 oo APT현장)

떨어짐 대응	스마트 안전대
무너짐 대응	흙막이 지보공, 동바리 실시간 자동계측
밀폐공간	자동 농도측정, 근로자 위치 센서

5. 건설산업내 IOT 확산 장애요인 및 발전과제

1) 개인정보유출 - 해킹등 개인정보 유출 방지방안

2) 활용경험부족 - 소규모 현장 기술적용 컨설팅 및 재정지원 제도화 "끝"

번호 (문2쇄) 사물인터넷(IOT : Internet of Things)

(답)

1. 개요

사물인터넷이란 인터넷 기반으로 모든 사물을 연결하는 기술로, 건설현장 스마트안전의 핵심 기반 기술임

2. 사물인터넷 발생 연혁

1차 산업혁명 →	2차 산업혁명 →	3차 산업혁명 →	4차 산업혁명
· 증기기관 · 기계화	· 전기기술 이용 대량생산	· 컴퓨터 · 자동생산	· 로봇 · AI · 사물인터넷(IoT)

※ 초지능 · 초연결 · 초융합 → 정보통신기술 융합

3. 건설현장 내 사물인터넷(IoT)의 특징

초지능	· 딥러닝 → 사전 재해 예방
초연결	· 근로자 ←상호소통→ 기계·기구 등
초융합	· 건설현장 내 스마트 안전기술 안착

4. 건설현장 재해예방 위한 사물인터넷(IoT) 활용 방안

1) 떨어짐 : 스마트 안전대 → 착용 상태 확인
AI CCTV → 위험구간 출입제한

2) 무너짐 : 하중 측정센서 → 과하중시 경고

3) 충돌 : AI 스피커 → 위험시 경보음 발생

5. 건설현장 스마트 안전기술 활용 확대 위한 제언

· 산업안전보건관리비 집행 가능 하나, 비용부족
→ 계상 요율 향상 필요 "끝"

문제 2	8D BIM(Building Information Modeling)

문제) 8D BIM (Building Information Modeling)

답)

1. 개 요

8D BIM은 3D (입체화) 등 건축물 정보를 총괄 관리하여 건설현장의 안전을 향상 시키기 위한 기술

2. 8D BIM (Building Information Modeling) 개념.

3D (입체화) → 4D (공 정) → 5D (원 가)
↓
6D (지속가능성) → 7D (운 영) → 8D (안 전)

⇒ 복잡하고 다양한 "현대 건설현장 안전관리" 선제적 조치

3. 8D BIM을 적용한 건설현장 안전관리 핵심 point

근 로 자	· 근로자 작업 위치 · 중축 · 공도구 · 반출 등 밀폐공간 ⇒ '3D' 교육병행
건설기계 · 장비	· 장비 · 건설기계 간 충돌, 작업공간(가상현실)

4. 초고층 건축물 '타워크레인' 작업의 8D BIM 안전관리 사례

기계간 충돌금지 (센서)
작업구역 (영향검토)
'선회구간 시뮬레이션' 설치위치 결정
보행로
작업자통제

가상현실 ⇓ 문제식별 ⇓ 위험제거·통제

· 통제구간 설정
· 충돌 협의점
· 작업자 배치 등

5. 건설현장 안전향상을 위한 8D BIM 활성화 방안 (제언)

문제점	도입비용 고가 전문가 전문분야
대책	보급형 개발 (정부) 인재양성, 적용근거 마련

"끝"

240422 (번리) 133-10-1-7

번호 8D BIM(Building Information Modeling)

답

※스마트 장비 구입입고
20-40% 지원 확대

1. 개요.

8D BIM 스마트기술 활용 건설현장 안전관리
작업(전) 위험성 및 안전대책 인지 향상·주지

2. 8D BIM의 발전과 방향.

2D → 3D → 4D → 5D → 6D → 7D → "8D"
(평면) (입체) (공종) (원가) (조달) (운영) (안전)

⟹ "선제적 안전관리 실현"

3. 8D BIM의 안전관리 적용 개념.

1) (메타버스) 현실 상호 작용 ⇒ 가상 공간 실현
2) (안전관리) 사전 시뮬레이션 ⇒ 굴조공사 등
3) (반영·적용) 안전교육 / 유해위험 방지 / 안전관리계획

4. 흙막이 굴착공사 8D BIM 활용 스마트 계측.

1) 가상공간 모델링 | 흙막이 가시설 검토. 8D BIM.
2) IOT 기술도입 | '모니터링' 실시간 무선정보전송
3) AI 기반 | '유지관리' 안전 의사 결정지원 및 예·경보기 SYSTEM

5. 터널공사 혼재작업시 8D BIM 활용 안전인지도 향상방안

1) (혼재작업) 토목 + 전기 + 통신 + 소방
2) (안전보건조정자) 공종간 작업정보 공유
3) (근로자 참여) 작업(전) 안전점검회의시 주지게시 "끝"

문제 3 건설업체 산업재해예방활동 실적기준

번호 문 4) 건설업체 산업 재해 예방 활동 실적기준

답)

1. 개요

산업 안전 보건법 근거 사업주 중심 안전보건체계와 본사 안전보건노력 활성화 위한 제도

2. 건설업체 산업재해 예방 활동 실적 확인대상

대 상	기 간
기준 : 시공능력 평가액 1000위내 변경 : 종합 건설 업체	전년도 01.01~12.31 까지 실적

3. 건설업체 산업 재해 예방 활동 실적 기준

구 분	기 준	비 고
1) 공통 항목	(1) 사업주 안전보건 활동 (2) 본사 안전보건 전담 (3) 안전보건 관리자 정규직비율	100점 초과시 100점 산정 (본사 제출 → 서류 확인 → 적정성 검토)
2) 가 점	안전 보건 경영 system	

4. 건설업체 산업재해예방 활동강화위한 본사-현장 소통 시스템구축

본사 → 안전보건 개선방침 → 개선 지침 반영 → 각 현장단위

각 현장단위 → 안전보건실적.사례 → 개선사례반영 → 본사

5. 중.소규모 건설업체 산업재해 예방 역량강화 방안

현실적 채용요건 ⊕ 관리자공급부족	① 안전.보건 관리자 중소규모 취업시 지원금 ② 본사 채용시 세액감면(미대상경우)

"끝"

문제 4 건축물 해체공사 허가대상 및 절차

문제) 건축물 해체공사 허가 대상 및 절차

답)

*관련법
→ 건축물 관리법 30조

I. 개요

건축물 해체공사는 주변 인명 안전 시설물, 주변이 매우 위해 위험이 높으므로 '22.8.4 개정하였음

II. 건축물 해체공사 관련 법 개정 사유 배경

1. 공사장 주변 위험요소 존재
2. 해체 계획서 작성자 기준 모호
3. 계획서 · 공정 · 안전대책 검토 미흡

→ 대상확대, 자격기준신설, 심의제 ('22.8.4. 개정)

III. 건축물 해체공사 허가 대상 (개정 사항, '22.8.4.)

1. 해당 건축물 주변 인명 안전
   버스정류장, 역사 출입구, 횡단보도
2. 외벽으로부터 건축물 높이 해당 범위 도로가 있는 경우

(그림: 12m, 3층, A<500m², 바닥면적 85m² ... <신고 대상>)

IV. 건축물 해체 허가 절차 (개정 사항, '22.8.4.)

해체계획서 작성 · 검토 → 해체 심의 (건축위원회) → 해체 신고 → 감리자 지정 (허가권자) → 착공 신고

- 해체계획서 작성 · 검토: (허가) 전문가 작성, (신고) 전문가 검토
- 해체 심의: (허가) 의무, (신고) 필요시
- 감리자 지정: (허가) 의무, (신고) 필요시

V. 건축물 해체 계획서 작성 검토 전문가의 범위

· 건축시공기술사, 건축구조기술사
· 건설안전기술사

→ 사전조사, 작업계획서 작성 · 검토

"끝"

번호 (문제14) 건축물 해체공사 허가대상 및 절차

(답)

1. 개 요

건축물 해체공사시 보행·차량 안전 확보를 위해 일정규모이상 사전 허가를 받고 착공하여야 함

2. 건축물 해체공사시 석면조사 절차

- 대통령령 이상규모 → Yes → 기관석면조사 → 1% 중량 → Yes → 전문석면 철거 / No → 일반석면 철거
- 대통령령 이상규모 → No → 일반석면조사 → 1% 중량 → Yes → 일반석면 철거 / No → 일반 철거

3. 건축물 해체공사 허가대상 (법 개정사항, 건축관리법)

<허가대상 도해도>

1) 연면적 $500m^2$ 이상
2) 20m, 4층 이상
3) 주변 버스정류장, 횡단보도
4) 높이 반경 도로 등

4. 건축물 해체공사 허가 절차 (법 개정사항, 건축관리법)

해체 계획서 작성 → 해체심의위원회 → 감리단 지정 → 해체 신고 → 착공 신고 → 작업 착수

- 해체 계획서 작성: · 건설안전기술사 참여
- 해체심의위원회: · 전문가
- 감리단 지정: · 시공과정 기록
- 해체 신고: · 인·허가기관
- 작업 착수: · 안전·보건조치 수반

5. 초소규모 해체현장 재해 저감을 위한 허가대상 확대제언

· (문제점) $300m^2$ 이하 소규모 현장 시민·산업재해 발생빈번
· (개선제언) 연면적 확대 등 허가대상 초소규모도 포함 "끝"

문제 5 중대재해 감축로드맵의 자기규율 예방체계 구축

번호 (문제12) 「중대재해 감축로드맵」의 자기규율 예방체계 구축

(답)

1. 개 요

'22년 11月 정부는 중대재해 감축로드맵을 발표하였고, 위험성평가 중심의 노·사협력 기반한 자기규율 예방체계 구축강조

2. 「중대재해 감축로드맵」의 4대 전략과제 및 목표

과제 1 위험성평가 중심 자기규율 예방체계 구축

과제 2 취약분야 집중 점검 및 지원

과제 3 참여와 협력을 통한 안전의식·문화 확산

과제 4 산업안전 거버넌스 재정비

⇒ (목표) '26년 사고사망 만인율 0.29‱ 달성

3. 「중대재해 감축로드맵」의 자기규율 예방체계 구축 주요내용

사측 ⟷ 상호협력 ⟷ 노측

위험성평가 기반 →

⇒ 자율적 산재예방체계 구축

〈위험성평가 관련 강조사항〉

① 단계별 의무화

('23) 300↑ → ('24) 50~299 → ('25) 5~49

② 다양한 기법 도입 (OPS 등)

③ 평가 절차 간소화 등

4. 효과적인 자기규율 예방체계 구축위한 주체별 준수사항

사업주	관리감독자	근로자
·위험성 평가 실시	·위험성 평가 참여	·위험성 평가 참여
·안전의식 고취	·안전 활동시 근로자	·안전 제안, 개선시
·근로자 의견 수렴	참여 독려	활발한 참여 "끝"

문제 6 건설현장의 지속적인 안전관리 수준 향상을 위한 P-D-C-A 사이클

문제 7) 건설현장의 지속적인 안전관리 수준향상을 위한 PDCA 사이클

1. 개요

건설현장의 재해예방을 위해 Plan-Do-Check-Action 사이클을 활용하여 안전보건관리체계를 구축·이행하여야 한다.

2. 건설현장 안전관리 PDCA 사이클 현안과 지향할 방향

현안(문제점)	지향할 방향
A P C D	A P C D
Do에만 집중, 부조화	지속 모니터링, 재해예방

3. 건설현장 안전관리수준향상 위한 PDCA 사이클 활용방안

구분	건설현장 활용방안
Plan(계획)	안전관리계획서·DFS·위험성평가 실시계획
Do(실행)	정기 안전점검·교육·안전시설물 설치
Check(검토)	이행실적 점검·작업환경측정·개선
Action(조치)	안전관리계획 수정·지속 보완

4. 기업의 자율적 안전보건관리체계 구축시 PDCA 사이클 접목방안

안전보건 개선계획 수립 → 이사회 보고·승인 → 성실 이행 → 실적 평가 → 차년도 반영

대표이사 (Plan) (Do) (Check) (Action)

지속 모니터링, 개선

5. 중대재해처벌법 시행('22.1)에 따른 건설업 안전관리 강화방안

1) 경영책임자(사업주) 주도의 리더십 → PDCA 사이클

2) 중·소규모 현장에 대한 본사의 관심도 시행 "끝"

문제 7 스마트 안전장비

번호 문제3) 스마트 안전장비.

1. 스마트 안전장비의 정의

스마트 안전장비란 유선통신 및 무선설비를 사용하여 건설현장의 안전을 관리하는 시스템 혹은 장비를 말한다.

2. 스마트 안전장비 도입 목적 및 배경

1) 사물인터넷, 빅데이터 활용
2) 현장의 위험요소를 사전에 인지·제거 → 실시간 관리체계

※ 공공공사 추락사고 방지대책 中('19.4) 스마트안전장비의무화

3. 건설현장 스마트 안전장비 종류 및 활용방안

근로자	건설기계	가설구조물
· Smart 안전모	· 굴삭기버킷연결	· 붕괴위험
· 심박수 밴드	· 중장비 접근	경보기
· Smart 안전대	경보시스템	· 이동형 CCTV

⇒ 스마트 안전종합 상황실으로 모니터링

4. 스마트 안전장비 활성화를 위한 법 개정 사항('21.09)

건설기술진흥법 제62조의3 (스마트안전관리 보조·지원)

1) 보조·지원 대상 명시 (사업계획수립·예산편성·설치교육) ↓ 국토안전관리원
2) 거짓·목적외 사용시 취소 및 환수조치 조건 근거

5. 소규모 OO관로 매설공사 스마트 안전장비 활용사례

이동형CCTV
붙박이 붕괴감시기
관로매설
중장비 접근경보
스마트 안전모 : 블루투스 스피커
심박수밴드 : 건강체크, GPS
스마트 안전대 : 안전고리체결

<활용 모식도>

문제 8	옥외작업 시 미세먼지 건강관리 예방수칙

번호 문제) 옥외작업시 미세먼지 건강관리 예방수칙

답)

1. 개요

건설현장 특성상 옥외작업이 특히 많아 미세먼지 노출, 건설사업주는 옥외 근로자 건강관리 및 위험요인 관리필요

2. 옥외작업 미세먼지 경보 유형 및 위험성

구분	주의보	경보	위험성	비고
PM2.5	75㎍/㎥	150㎍/㎥	·심혈관질환	2시간
PM10	150㎍/㎥	300㎍/㎥	·천식, 기관지염, 결막염 등	이상지속

3. 옥외작업시 미세먼지 건강관리 예방수칙

예방수칙	활용방안	비고
1) 미세먼지 정보확인	·Smart APP	※ 방진마스크
2) 교육 및 지급·착용	·TBM	특급: 석면작업
3) 민감군 작업·점검	·휴게시설 설치	1급: 용접흄
4) 건강관리 등	·손세기	2급: 미세먼지

4. 옥외 굴착작업시 옥외 근로자 미세먼지 단계별 건강관리 방안

1) 사전준비 단계	· 민감군 사전확인(TBM)	※ 민감군
2) 주의보 단계	· 민감군 작업강도 조정 및 휴식	① 고령근로자
3) 경보 단계	· 민감군 작업단축(휴게시설)	② 호흡기 질환자 등

5. 옥외작업시 미세먼지 건강관리 재해예방 현장관리 방안

1) 현황) 인력의존	근본적 →	2) 개선) 자동화, 로봇화 &
고령화, 여성근로자	개선	3D BIM, Data 기반 "…

문 10. 옥외 작업시 미세먼지 건강 관리 예방수칙

답)

1. 개요

건설업의 옥외 근무 특성상 기상이후·미세먼지 등에 취약하여 이에 대한 예방관리가 중요해짐

2. 옥외 작업 건설현장의 미세먼지 취약성

[미세먼지 : 10 ㎍ (10 PM) / 초미세먼지 : 2.5 ㎍ (2.5 PM)] ⇒ (미세입자 호흡기 침투) ⇒ 안구질환, 심혈관, 신폐증 유도 / 건강 위험군 취약

3. 옥외 작업시 미세먼지 건강 관리 예방수칙

구분	수치	예방수칙
사전 준비	—	• 사전 교육 · 위험군 파악 • 마스크 (1급 준비 · 비치)
미세먼지 주의보	10PM - 150 2.5PM - 75	• 미세먼지 반경 확인 전달 • 마스크지급 · 위험군 시간조정
미세먼지 경보	10PM - 150 2.5PM - 300	• 위험군 작업인 조정 • 휴게시간 부여 · 조정

4. 중대재해 사이렌 활용 현장 미세먼지 대응체계

(App 기반) [지역·시간별 미세먼지 공유 / 대응 Guideline 제공] → 실시간반영 / 업체별 관리강화 대응

5. 옥외작업 건설현장 특성에 따른 미세먼지 근원적 대안제언

탈현장 · OSC · Lean 건설 〉 국가 정부주도 정책 연구

→ 사회 보험(중소규모) "끝"

문제 9	건설현장에서 작업 전, 작업 중, 작업종료 전, 작업종료 시의 단계별 안전관리 활동에 대하여 설명하시오.

번호 문제> 건설현장에서 작업전. 중. 작업종료 전. 작업 종료시 단계별 안전관리 활동에 대하여 설명하시오.

답>

1. 개요.

1. 건설현장에서는 안전관리 활동 미흡시 중대재해 (사망)가 발생되어 인적. 물적 피해로 인해 사회적 문제가 발생된다.

2. 이를 방지하기위해 산업안전보건법 / 건설기술진흥법 / 산업안전보건기준에관한규칙 / 에서 명시한 안전관리활동을 기술하고자 하며,

3. 본고에서는 경남편에 00교 재가설공사의 PSC-Beam 가설과 관련한 안전관리 활동을 기술하고자 한다.

2. 건설현장에서 안전관리 활동 불량에 따른 재해종류 및 원인

1. 현황: 순수보 PSC-Beam 거더 8개. 그중 1개 중량 75ton/EA.

2. 장비: 이동식 크레인 100ton 2대. 신호수 등.

3. 설치 모식도. (경남편에 00교 재가설공사 PSC-Beam.)

작업자. Beam-75ton(중량) 감전 고압선. 크레인. 작업계획. 100ton. 가설.

4. 재해종류 및 원인.

재해종류	위험요인
크레인전도. 감전	지반보강조치 불량. 고압선 방호조치
깔림. 추락	근로자안전대미착용. Shoe용접 불량.
맞음. 끼임.	하부 위험금지 미조치. 안전거리 미유지.

번호 3. 건설현장에서 작업전 안전관리 활동.

[※ : 경안권역 소규모 PSC-eBeam 교량 00교 中心]

1. 근로자 떨어짐 방지 "10분전 안전 미팅 - TBM"
2. 이동식 크레인 (100ton) 운전수 특별안전교육 실시 (2hr)
   → 산업안전보건법 제 29조.
3. 크레인 정격하중 사전 재해 확인 → (안전보건규칙 제35조)
4. 강풍 (10m/sec) 등 사전가능확인 (안전보건규칙 제37조).
5. BIM 활용 크레인거치시 간섭여부안전확인
   → 건설기술진흥법 제62조의 3.

4. 건설현장에서 작업중 안전관리 활동.

[※ · 경안권역 소규모 PSC-eBeam 교량 00교 中心]

1. 중대재해 42% : 건설재해예방기술지도 실시 (산업안전보건법 제73조).
   2회/월 → 275,000원/회 → CSR 활동 (31억미만)
2. 작업지휘자 배치운영 (안전보건규칙 제39조).
   → PSC-Beam 거치시 근로자 떨어짐 안전관리.
3. Beam 양기 거치시 CCTV 등 투명화 (건설기술진흥법 시행규칙 제60조)

5. 건설현장에서 작업 종료 전 안전관리 활동.

[※ 경안권역 소규모 PSC-eBeam 교량 00교 中心]

1. Beam 전도 방지 → 입체 ⌈ → 전도 방지 Damper 설치.
2. 교각, 교대 떨어짐 방지 → 안전난간 설치 (안전보건규칙 제13조)
3. 교대 및 교각하부 출입금지 표지판 설치 및 안전시설 설치.
   (산업안전보건규칙 제20조 (출입금지))

번호 6. 건설현장에서 작업공통시의 안전관리 활동.

*.※[경산현장 DSE-EBEAM 831 00로 재가동공사 中心]

1. 산소통, 용접봉 등 위험물 저장 창고 보관 확인.
2. 작업 투입 근로자 건강 상태 등 확인.
3. 작업 지휘자 중대재해 우려 있는 현장 확인·점검.

7. 소규모 건설현장 안전관리 활동의 문제점 및 개선대책.

문제점
1. 사업주의 안전관리 의식 부족.
2. 산업안전보건관리비 타목적 전용 사용.
3. 안전관리비 적용의 한계 (발주처).
4. 근로자의 안전의식 부족, 인력 부족 (고령화, 외국인).

개선대책
1. 사업주 책임 인식 강화 교육 (중대재해처벌법)
2. 산업안전보건관리비 적정 사용 확인
3. 발주처 안전관리비 공정 반영. ← [건진법 시행규칙 제60조 제8항]
4. 근로자 안전 교육 (산업안전보건법 제29조 및 제31조)

8. 안전관리 활동이 취약한 민간 건설현장 안전관리 활동에 대한 제언

1. 공공 분야 보다 상대적 취약. (법적 제재 미약).
2. 사업주 안전의식 저하. (중대재해처벌법 고려)

화재 — 떨어짐 ← 끼임 — 넘어짐.

- 화재
  - 화재 감시자 배치
  - 화재 위험 작업 허가 시 주의 관리
  - 1회 용접 비상대피훈련 실시
  - 용접 작업 중
  - 신속 피난 시설 설치
- 떨어짐
  - 작업 전 10분 안전미팅
  - 소규모 안전재해 지원
- 끼임
  - 고소작업차
  - 교체 비 지원
  - → 안전투자 혜택 산사법
- 넘어짐
  - 지반 조사 반영
  - → 건설기술진흥법 제50조.

문제 2) 건설현장에서 작업 전, 작업 중, 작업 종료 전 작업종료시의 단계별 안전관리활동에 대하여 설명하시오.

답)

1. 개요

1) 건설현장은 버드의 사고연쇄이론에 따라 단계별 안전관리활동을 통해 재해를 예방해야 한다.

2) 작업전 TBM, 작업중 관리감독자의 안전점검 및 종료전 가설물 점검 · 종료시 안전점검을 해야한다.

3) 특히, 본 고에서는 동절기 냉동·냉장창고 건설현장시 화재사고가 빈번히 일어나므로, 화재 예방을 위한 안전관리활동을 중점적으로 기술하겠다.

2. 건설현장 단계별 안전관리활동의 필요성

통제·관리 부족 → 기본 원인(4M) → 불안전한 행동 상태 ↓ 사고·재해

↑ 단계별 안전관리활동을

(※ 버드의 사고연쇄이론) 통한 재해예방

3. 건설현장 작업시 고려해야 할 법적 준수사항

산업안전보건법	건설기술진흥법	지하안전특별법
1) 유해·위험방지 계획서 작성·이행	1) D.F.S 2) 안전관리계획서	1) 지하안전평가 (소규모)
2) 안전보건대장	3) 가설구조물 구조검토	2) 착공후 지하안전조사

4. 건설현장에서 작업전 안전관리활동 주요내용

1) 작업전 TBM 시행 (※ 냉동·냉장창고 건설현장 중점) 서술.

2) 화재 작업계획서 작성·서면게시)

3) 작업허가제(P.T.W), 위험성평가(화재 중점)

4) 특별안전보건교육, 안전보건관리자 지정·선임.

5. 건설현장에서 작업 중 안전관리활동 (※ 화재 예방 중점)

1) 화재감시자 배치 →

① 가연성물질 확인

② 가스감지·경보장치 작동유무

③ 화재시 대피유도 업무

(※ 확성기·휴대용 조명기구·방연마스크)

용접
가연성물질
불티
11m
11m 이내
화재감시자

〈화재감시자 배치 기준〉

2) 냉동 단열재 시공과 용접작업 동시금지)

3) Smart 안전장비 활용 (※ 건설기술진흥법 시행령 제101조의2)

① AI CCTV → 화재시 비상알림

② 유해가스 감지기 → 실시간 감지(I.oT)

4) 월 1회 비상대피훈련 시행·피난안전구역 설치

↓ (초고층 건축물 30개층마다 1개소)

5) 임시소방시설 설치

소화기	전 현장
간이소화장치	연면적 3천 m²이상
비상경보장치	연면적 400m²이상
간이피난유도선	지하층·무창층(150m²이상)

6) 휴식시간 확보·휴게시설 설치 (동절기 난로)

6. 건설현장 작업 종료 전 안전관리활동

1) 가설구조물(비계·동바리·지보공) 지지상태 점검

2) 인화성·가연성 물질 분리보관

3) 위험예지 훈련(TBM) 3~5분 시행

4) 작업장 정리정돈·비상통로 확보.

연결철물 상태

침하여부

7. 건설현장 작업 종료 후 안전관리활동 <용인 00APT 시스템비계>

1) 밀폐작업시 근로자 안전점검 (※ 밀폐작업종류)

2) 화재감시자의 용접불티 지속여부(가연성물질)

3) 건설기계 평탄한 지반에 주차 여부·브레이크(안목) 체결

① 지하실·맨홀
② 한중 콘크리트 보온양생시
③ 깊은 굴착작업시

8. 건설현장 안전관리활동 실효성강화를 위한 제언(결론)

1) 기업의 조기 안전관리체계의 구축·이행

· 경영자 리더십
· 근로자 참여
· 위험요인 파악+제거

⊕

· 비상조치
· 도급시 안전·보건
· 평가 및 개선

(※ 중대재해처벌법 시행령 제4조) - 7가지 핵심요소

2) 소규모 현장 지원사업 적극활용 (50인 미만)

① 클린사업장 조성지원 → 방호장치·시스템비계·추락방호망

② 안전투자혁신사업 → 노후 건설기계 교체비용

3) 근로자 참여 향상을 위한 안전포상제 시행 (Safety point 지급) "끝"

문제 10 건설산업의 ESG

문제10) 건설산업의 ESG(Environmental, Social and Governance)
친환경 경영 / 사회적 책임경영 / 지배구조 건전성

답)

1. 개 요

건설산업의 ESG는 친환경 경영, 사회적 책임경영, 지배구조의 건전성 등 경영의 비재무적 요소를 평가하는 지표

2. 건설산업의 ESG 도입 배경

1) 건설산업 현장 환경문제 대두
2) 작업근로자의 인권문제
3) 전문적 안전관리 지배구조 필요

⇒ "건설산업 ESG 경영도입"

3. 건설산업에서 ESG 핵심요소와 적용방안

구분	핵심 요소	적용 방안
환경 (E)	• 탄소배출, 기후변화, 환경오염	• 발전기 사용 → 전기 • 노후장비 사용제한
사회 (S)	• 책임경영, 근로자, 협력사 관계	• 외국인, 고령 근로자 안전소통 • 휴게시설, 일요일 휴무제
지배구조 (G)	• 투명경영, 사업윤리, 부정부패 척결	• 협력사 안전경영 참여 • 재하도급의 금지

4. 중대재해 예방위한 건설산업 ESG 효율적 활용방안

중대재해 발생 → ESG 등급 하향조정 → 정부 대형 발주입찰배제 → ESG 경영 도입 → 안전책임 경영 = 지속적경영

• 소규모 건설업체 ESG 준비부실
→ 성공적인 안착위한 정부 지원 정책 필요. 〈끝〉

문제) 건설산업의 ESG(Environmental, Social, Governance)

답)

I. 개요

'ESG'는 친환경 경영, 사회 책임 경영, 지배구조의 건전성 등 경영의 비재무적 요소를 평가하는 척도임

II. 건설산업 E.S.G 경영 도입 목적

1. 건설산업현장 환경문제 대두
2. 작업자·근로자의 인권 문제
3. 전문적인 안전관리 지배구조 필요

→ E.S.G 경영도입

III. 건설산업 E.S.G 경영 주요 항목

구분	주요 항목	비고
환경	·온실가스배출, 친환경 재료 ·폐기물 배출, 유해화학물질	E, S, G ↓ 산업재해의 예방
사회	·인권보호프로그램, 사회공헌 ·협력사 지원, 서비스안전성	
지배구조	·이사회 전문성, 운영 실적 ·외부감사 독립성	

IV. 건설산업현장 E.S.G 경영의 활용 방안

· 환경 : 임시포장 구간 재활용 포장(순환골재) 사용
· 사회 : 근로자 작업중지권 보장, 감성안전
· 지배구조 : 안전보건관리 규정, 안전·보건에 관한 계획 — 근로자 참여, 이사회 보고·승인

"끝"

문제 7) 건설산업의 ESG(Environmental, Social, and Governance)

답)

1. 정 의

ESG는 친환경 경영, 사회적책임 경영, 지배구조의 건전성등 경영을 평가하는 지표임.

2. 건설산업의 ESG 도입배경

- 국내 건설공사 수주의 한계
- 세계적 기업도약
- 국제적 경영추세

→ 국내.외 투자자 및 발주자의 의사결정 기준

3. 건설산업 ESG 경영

ESG	평가요소	경영방안(OO그룹 실천中)
E. 환경	· 탄소배출 및 폐기물 저감	· BIM · IOT, 3D 프린팅 · 폐기물 재활용,
S. 사회	· 안전. 보건	· OSC 도입, 정규직 전환 · DfS 실행
G. 지배구조	· 이사회. 투명성	· 이사회 독립성, 외부감사독립

4. 건설산업 ESG경영에 따른 산업재해 예방활동(3E)

교 육 — 기 술 — 제재 / 독려

- 교육: 안전보건교육
- 기술: Fail Safe
- 제재/독려: 동기부여

5. ESG경영에 관한 소규모 건설사 의식변화 지향

① 안전은 비용이 아닌 투자 → 안전은 경영일부

② 규모별 선택과 집중

"끝"

문제 11	최근 건설현장에서 공사 중 자연재난과 인적재난이 빈번히 발생하고 있다. 각각의 재난특성 및 대책에 대하여 설명하시오.

번호 (문제) 최근 건설현장에서 공사 중 자연재난과 인적재난이 빈번히 일어나고 있다. 각각의 재난 특성 및 안전대책에 대하여 설명하시오.

(답)

Ⅰ. 개요

1. 자연재난은 태풍, 홍수, 호우, 강풍, 지진, 황사 등 자연현상으로 인하여 발생하는 재해를 말하며,
2. 인적재난은 화재, 붕괴, 폭발 등에 의한 인명 또는 재산의 피해를 말하는 것으로
3. 건설현장에서는 자연재난이나 인적재난 모두 사전 예방관리로 재해예방이 가능함.

Ⅱ. 건설현장에서의 재해 및 사고사망자 발생 현황

< 고용노동부 산업재해 통계 >

Ⅲ. 건설현장에서의 자연재난 유형별 특성

강풍 재해	① 10m/s 이상 → 타워크레인 설치·해체 중 전도, 붕괴 ② 15m/s 이상 → 타워크레인 운용 중 붐 파손, 굴절 ③ 시설물 이탈, 비래 → 작업자 맞음.

번호

홍수 한우 재해	① 침수로 인한 감전재해 ② 양수작업 중 작업자 실족, 익사 ③ 배수체계 불량으로 옹벽 전도, 비탈면 붕괴
지진 재해	① 교량 낙교, 옹벽 붕괴 등 시설물 파손, 파괴 ② 지반 액상화로 인적, 물적 피해
황사	고령근로자, 기저질환 근로자 건강장해

IV. 건설현장에서의 인적재난 유형별 특성

화재 붕괴 재해	① 화재 발생시 유독가스에 의한 질식사 ② 시설물 붕괴에 의한 근로자 매몰. ③ 폭열로 인한 시설물 파괴
추락 재해	① 가설시설물 설치, 해체중 추락 ② 고소작업 시 안전대 미착용으로 추락 ③ 장비운용중 안전난간 부재로 추락
맞음 부딪힘 재해	① 상하동시 작업 금지 수칙 미준수로 인한 맞음 ② 낙하물 방지망 미설치 ③ 신호체계 불량으로 인한 맞음, 부딪힘

V. 건설현장에서의 자연재난 및 인적재난에 대비한 안전대책

자연재난에 대한 안전대책

1. 기상예보 정보 습득, 전파
2. 강풍등 기상악화시 작업중지
3. 고소작업, 크레인 작업시 풍속 영향고려

① 순간풍속 10m/s 이상 → 크레인 조립, 해체 작업중지

번호

②. 순간풍속 15m/s 이상 → 크레인 운용 금지

인적재난에 대한 안전대책

1. 기술적 대책
   - ① 사전조사, 시공계획서 수립
   - ② 작업방법, 순서, 절차 준수
   - ③ 시설물 안전성 확보.

2. 안전관리적 대책
   - ① 작업환경 개선, 안전시설물 보완
   - ② 안전보호구 지급, 착용 관리
   - ③ 유해·위험요소 파악 → 위험성 평가
   - ④ 안전점검 강화, 근로자 의견 청취

VII. 건설현장에서 자연재난 및 인적재난으로 인한 중대재해 발생시 관련법의 적용에 대한 고찰.

1. 중대재해 처벌법 발효 ('22. 1. 27)

	중대 산업재해	중대시민재해
사망	1명이상 발생	1명이상 발생
부상	동일사고 6개월이상치료 2명이상	동일사고 2개월이상치료 10명이상
질병	동일한 유해인자로 직업성 질병자 1년이내 3명이상	동일한 원인 질병자 3개월이상 치료 10명이상

2. 건설안전 특별법 (국회 논의 중)

VIII. 맺음말

1 건설현장 산재 사망사고 감축 추진 방안 발표 ('22. 1. 11)

2. 중대재해처벌법 현실성, 작동성 강화위한 개정, 보완 필요

"끝"

문제 12 건설현장에서 장마철 위험요인별 위험요인 및 안전대책에 대하여 설명하시오.

번호 (문제) 건설현장에서 장마철 위험요인별 위험요인 및 안전대책에 대하여 설명하시오.

(답)

I. 개요

1. 장마철 건설현장에서는 지속적인 강우로 지반 전단강도가 감소하여 연약화로 지반과 관련된 구조물 붕괴우려가 높고
2. 높은 습기로 감전사고 재해와 고온 다습한 환경으로 인한 온열질환 발생 확률이 높음.
3. 맨홀, 멘홀 등의 미생물 증식 및 부패로 산소결핍 등의 질식재해 또한 빈번함.

II. 건설현장의 장마철 위험요인 및 재해 종류

장마철 재해
- 집중호우: 토사유실, 붕괴, 침수사고
- 침수, 다습: 감전재해
- 강풍: 양중기 및 건설기계 붕괴, 전도사고
- 밀폐공간: 질식재해

III. 건설현장 장마철 집중호우로 인한 위험요인 및 안전대책

집중호우	안전대책
→ 전단강도 저하 토사유실 흙막이 붕괴	1. 굴착면 기울기 준수 2. 경사면 상부 하중재하 금지 3. 붕괴, 낙하위험지역 출입 금지 4. 흙막이 지보공 점검. 5. 상시 계측 관리 시행

번호

IV. 건설현장 장마철 침수로 인한 위험요인 및 안전대책

감전재해 →
1. 누전 차단기 설치
2. 전기기계·기구 절연상태 점검
3. 전선 피복 상태 점검.
4. 개인 보호구 (절연장갑, 절연장화) 착용

V. 건설현장 장마철 강풍으로 인한 위험요인 및 안전대책

강풍 → 양중기 및 건설기계 붕괴·전도 ⇒
1. 강풍시 작업제한 (안전보건규칙 제37조)
   - 10m/s 초과 타워크레인 설치해체 중지
   - 15m/s 초과 타워크레인 운행중지
   - 30m/s 초과 건설리프트 붕괴방지 조치
2. 각종 가설물 (비계, 동바리) 결속, 보강
3. 낙하물 방지망 설치

VI. 건설현장 장마철 밀폐공간으로 인한 위험요인 및 안전대책

밀폐공간 미생물증가 → 작업 중 질식재해 ⇒
1. 밀폐공간 작업절차 준수
   - 밀폐공간 평가 → 출입금지 조치 → 작업허가제 PTW
2. 밀폐공간 3대안전 작업 수칙
   - ① 작업 전 산소, 유해가스농도 측정
   - ② 작업전, 중 환기실시
   - ③ 구조작업시 : 송기마스크, 공기호흡기 착용
3. 관리 감독자, 감시인 배치, 연락체계 구축, 특별안전 교육

안전보건규칙 619조 → 법 사항 언급해 주세요!

번호 VII. 건설현장 장마철 근로자들의 건강장해 및 보건 관리 방안

건강장해	보건관리 방안
1. 폭염에 의한 온열질환 ① 열경련 ② 열탈진 ③ 열사병 ④ 열피로	온열예방 3대 수칙 ① 물 ② 그늘 ③ 휴식
2. 식중독	근로자 식당 위생관리
3. 고령근로자 ① 고혈압 ② 혈관질환	① 초고령근로자 채용지양 ② 건강상태 수시 확인

VIII. 건설현장 장마철 위험개소 점검 Check Point

1. 위험지역 → 기후상황 수시 파악 O.K
2. 비상용 수해방지 자재 및 장비 확보
3. 비상 대기반 편성 운영.
4. 현장주변 우기 취약시설, 사전 안전점검 조치

IX. 맺음말

1. 장마철 위험요인 별 대응 시나리오 작성 및 훈련으로 재해 대비
2. 현장 개소별 위험요인 Check Point로 재해예방 선제적 대응이 중요함

O.K "끝"

답안구성과 내용 좋습니다
산안법을 언급하면 더 좋은 답안이 됩니다

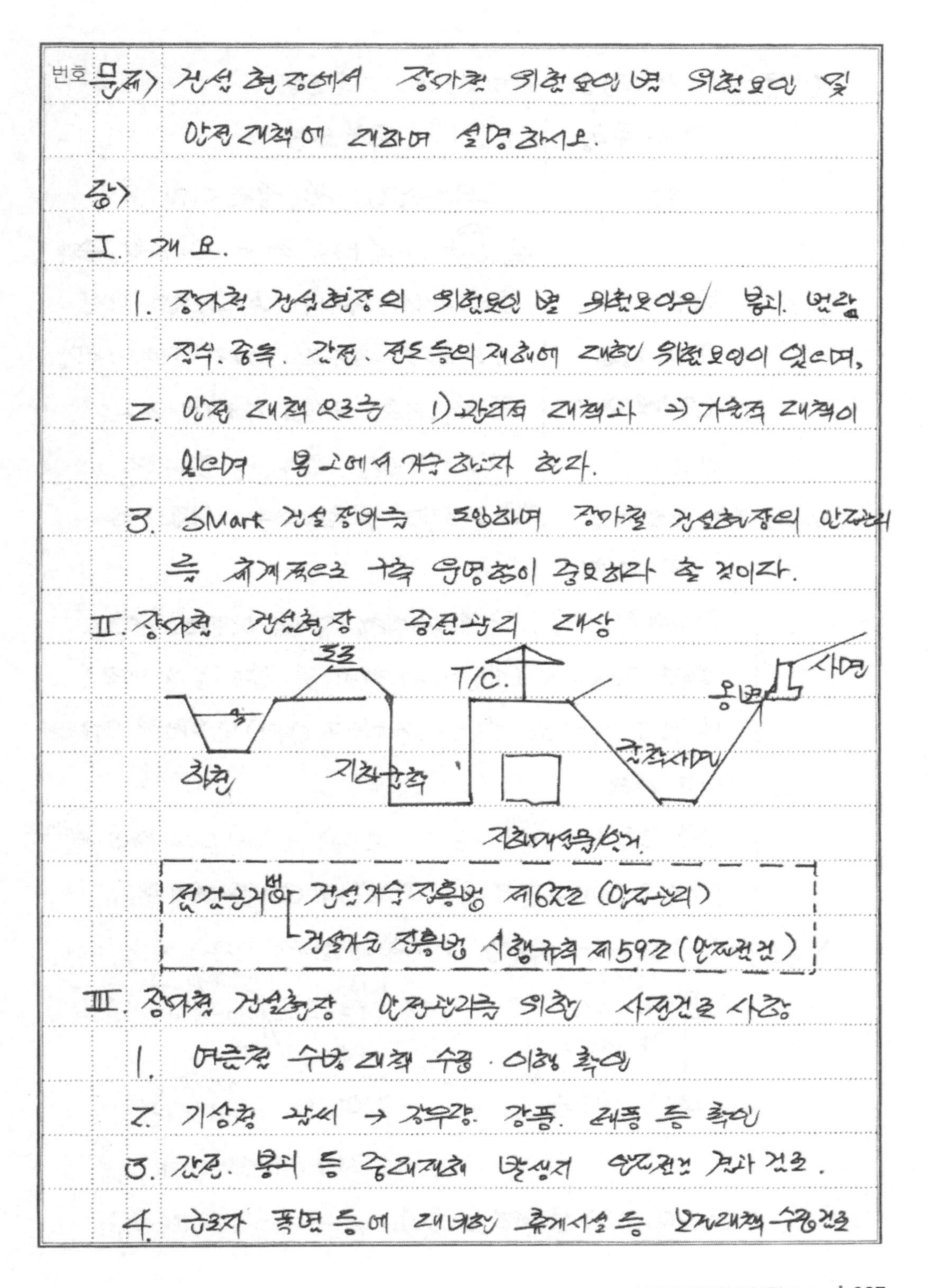

번호 문제> 건설현장에서 장마철 위험요인별 위험요인 및 안전대책에 대하여 설명하시오.

답>

I. 개요.

1. 장마철 건설현장의 위험요인별 위험요인은 붕괴. 범람 침수. 중독. 감전. 전도 등의 재해에 대한 위험요인이 있으며,
2. 안전대책으로는 1) 관리적 대책과 2) 기술적 대책이 있으며 본고에서 기술하고자 한다.
3. Smart 건설장비를 도입하여 장마철 건설현장의 안전관리를 체계적으로 구축 운영함이 중요하다 할 것이다.

II. 장마철 건설현장 중점관리 대상

건설관계법 ┬ 건설기술진흥법 제62조 (안전관리)
└ 건설기술진흥법 시행규칙 제59조 (안전점검)

III. 장마철 건설현장 안전관리를 위한 사전검토 사항

1. 여름철 수방대책 수립·이행 확인
2. 기상청 감시 → 강우량. 강풍. 태풍 등 확인
3. 감전. 붕괴 등 중대재해 발생지 안전점검 결과 검토.
4. 근로자 폭염 등에 대비한 휴게시설 등 보건대책 수립검토

번호 IV. 장마철 건설현장 위험요인별 위험요인

재해유형	위험요인
붕괴	강우에 의해 절·성토사면 붕괴.
	부족 (τ) = c + σ' tanφ 에서 σ' = σ - (u) 증가.
범람	하천 제방 부족의 홍수량 증가 범람
질식·중독	밀폐공간 침수로 근로자 질식 → 사망
T/C등 가설기계 전도.	강풍에 의해 T/C등 가설기계 전도.
감전	지하 굴착공간 침수 → 전기 감전

V. 장마철 건설현장 위험요인별 위험요인의 안전대책.

1. 관리적 대책
- 수방대책 수립, 건진법에 의해 정기적 안전점검 시행.
- 근로자 재해 교육 (산안법 제29조 및 같은법 제31조).
- 밀폐공간 P/R 시행 (산업안전보건규칙 제619조) 및 위험가구 방호조치

2. 기술적 대책
- 법면 침투부 → 비닐사용, 침수부 → Well Point/Deep well 공법.
- T/C등 가설기계 고정결박, 지하굴착부 CCTV등 배치 관리.

VI. Smart 안전장비를 도입한 장마철 건설현장 안전사고 예방 사례.

근로자.
VR (재해방지 P/R 체험)
현장사무실.
수위상승.
CCTV
H-Beam 가시설.
계측기.
관제계
지하수위계.
근로자.
- CCTV설치 → 주민대피.
- 계측장치 설치운영.
- VR운영 : 재난위험성 체험.

[경기권역 00지구 [illegible]]

번호

VII. 소규모 건설현장 장마철 안전관리의 한계성 및 개선대책

한계성	개선사항
1. 안전관리 감독자. → 의무적용 규정 없음.	1. 산업안전보건법 제15조. 안전관리자 선임 전담의무시행.
2. 소규모 공사의 안전관리비 증액 불가.	2. 건설기술진흥법 제60조제3항 변경사항에 대한 증액 반영.
3. 주임 관리자 및 근로자 안전의식 부족.	3. IT기술 접목한 VR 및 QR 영상 교육등 시행.

VIII. 장마철 건설현장 안전관리를 위한 제언

1. 최근 소규모 공공현장 및 민간공사에서 여름철 수방대책 미흡으로 장마철 재해가 빈번히 발생되고 있다.
2. 안전관리자로서 CSI에 등록 연계하여 소규모 및 민간공사로 장마철 안전관리가 될 수 있도록 총괄 관리함이 중요하며,
3. 무엇보다도 Smart 안전장비를 도입하여 체계적인 안전관리가 될 수 있도록 처리함이 중요하다고 할 것이다.

문제 13	정부에서 발표한 『중대재해 감축 로드맵』의 수립배경과 주요내용에 대해 설명하시오.

문제) 최근 정부는 2022년 11월 30일 "안전하고 건강한 일터, 행복한 대한민국"을 만들기 위한 「중대재해 감축 로드맵」을 발표하였다. 금번 발표된 로드맵의 수립배경과 주요내용에 대하여 설명하시오.

Q1 Q2 * 공I / 차별화I 활용

답)

1. 개 요

1) 산업안전보건법, 중대재해처벌법이 시행되고 있으나 사망만인율은 OECD 평균수준에 못 미침

2) 사망만인율 감축하기 위해 정부는 「중대재해 감축 로드맵」을 발표하여 연차별 정책을 추진할 예정임.

3) 핵심내용으로는 사후규제와 처벌중심에서 사전예방 초점 (4대전략 14개 핵심과제) 중점 추진

2. 「중대재해 감축 로드맵」의 목표

* '26년까지 사고사망 만인율 0.29‱ 감축 목표

3. 「중대재해 감축 로드맵」의 수립 배경

1) 핵심 배경

2) 세부 배경

① 사망만인율 정체 : 0.4 ~ 0.5 ‱ 정체

(OECD 평균 0.29 ‱ 초과)

② 처벌위주 규제 : 중대재해처벌법 시행 → 재해율증가

③ 안전취약계층 증가 : 고령자, 외국인 근로자 증가

* 영국의 사례 : 자기규율 예방체계 전환

→ 5년만에 사망만인율 3 ‱ 감소

4. 「중대재해 감축 로드맵」의 주요내용

1) 핵심 내용

처벌 규제 위주 안전 보건 체계	→	자기규율 예방체계 위험성 평가 개편, 근로자참여

2) 세부 내용

(1) 위험성 평가 중심의 자기규율 예방체계 확립

① 단계적 의무화 : 25년까지 5인 ~ 49인 적용

② 핵심 위험요인 발굴, 재발방지 초점

③ 개 선

위험성 추정 위험성 결정	→	체크 리스트, OPS 방식 빈도·강도 통합

2) 중대재해 처벌법의 처벌요건으로 활용

(2) 중소기업 등 중대재해 취약분야 집중 지원·관리

중소기업 집중지원 — 스마트기술 지원 — 3대 사고 유형 관리 — 원하청 상생협력

· 안전일터 패키지 작업환경개선 추락·끼임·부딪힘 역할 명확화

* 근로참여권

(3) 참여 협력 안전의식·문화 확산

① 근로자 안전보건 참여 및 책임확대

② 안전문화 캠페인 확산

(4) 산업안전 거버넌스 재정비

① 민간 : 안전보건 종합 컨설팅 기관 육성

② 공단 : 위험성 평가제 전담조직 신설

③ 지자체 : "민간기관 - 지자체 - 안전관리자" 네트워크

5. 금번 발표된 로드맵이 건설현장 적용 실효성 확보방안

1) 스마트 기술장비 중점지원

현 행	: 「건설 현장 안전관리 지침」상 스마트 기술·장비 보조·지원 근거가 있으나 제한적임
개 선	: 스마트 기술의 대폭 지원 강화 (선택 → 의무)

2) 원·하청 안전상생 협력

현행	· 수직적 관계 · 원청의 책임전가	· 수평적 관계 개선 · 실질적 의견제시 절차 보강	개선

3) 근로자 작업 중지권 보장

작업 중지권 기준 모호	→	작업 중지권 기준·절차 구체적 제시

6. 결 론

1) 건설 현장의 중대재해 예방을 위해 금번에 발표된 로드맵을 현장에 적극 적용

2) 중대재해 감축, 안전 확보함이 필요함 <끝>

문제 3) 최근 정부는 2022년 11월 30일 "안전하고 건강한 일터 행복한 대한민국"을 만들기 위한 『중대재해 감축 로드맵』을 발표했다. 금번 발표된 로드맵의 수립배경과 주요내용에 대해 설명하시오.

1. 개요

① '22. 1 중대재해처벌법을 시행하여 처벌을 강화했음에도 사망사고 만인율은 8년째 0.4 ~ 0.5 ‱ 수준 정체되어 있다.

② 산업안전보건법령은 1,220개 조항으로 방대하고 개별사업장 특성을 고려 못하고 획일적이며 서류점검에만 치중하였다.

③ 사업장의 특성에 맞는 자체규범 마련하여 위험성평가를 핵심수단으로 위험요인 제거.

2. 우리나라 중대재해 現 주소

- 현 주소
  - 시대에 뒤떨어짐
  - 법령기준 답답
  - 사업장특성 미고려
  - 처벌에 중점

※ 특별감독을 실시한 사업장도 예방효과 미흡.

3. 『중대재해 감축 로드맵』 수립 배경

1) 제조업, 건설업 상대적 비중 높음 ('20.)

대한민국	미국	영국	독일
33%	15%	15%	25%

번호

2) 사망사고 만인율 8년째 정체

① OECD 국가 38개국 ⟶ 34위

② 사망 : 년/800명 이상

③ 산업안전보건법 전체 개정('20.1月)

④ 중대재해 처벌법 시행('22.1月)

→ 8년째 0.4~0.5‱ 정체

3) 산업안전 패러다임 대전환

- 중대재해 감축에 범국가적 역량 총집결

4. 『중대재해 감축 로드맵』 주요 내용

1) 예방과 재발방지의 핵심수단으로 위험성평가 개편

① Check List 기법 도입 : OPS(one point sheet)

② OPS : 사다리, 고소작업대 등 단순작업은 작업 前 1page에 서술식 위험성 평가실시

③ 위험성 평가 의무화 적용시기

'23년 內	'24년	'25.~
300人 이상	50~299人	5~49人

2) 위험성 평가 단계별 개선안

사전준비 (• 규정작성 • 대상선정) ⟹ 위험요인 파악 (노·사 순회 점검) ⟹ 위험성 추정 (빈도·강도 3~5단계) ⟹ 위험성 결정 (빈도·강도 조합(9~25)) ⟹ 개선 (재발방지 필수)

※ Check List 방식, OPS 방식 다양화

번호

2) 산업안전감독 및 행정 개편

① 정기 산업안전감독 → 위험성평가 점검

② 위험성평가 충실히 수행한 기업 Incentive

↳ 중대재해시 구형, 양형 판단시 고려

3) 산업안전보건규칙 679개 조항 현행화

· 핵심규정은 처벌규정 / 예방규정 - 유연성

4) 중소기업 안전관리 역량 향상 집중지원

안전보건 기초진단 → 기초 컨설팅 → 시설 개선지원 → 심층 컨설팅

5) Smart 기술장비 중점지원

· AI 카메라, 접근경보 System, 추락보호복

6) 3대 사고유형 관리(중점)

(추락, 끼임, 부딪힘)

① 부딪힘 원칙

② 표지부착(LOTO)

인체감지 Sensor

TAG

작업자

<지게차 인체감지 Sensor>

7) 근로자 안전보건 참여 및 책임 확대

① 산업안전보건위원회 설치대상 : 100人 → 30人

② 포상과 제재가 연계

8) 산업안전 거버넌스 재정비

- 안전보건 서비스 전달기관 간 협업, 구축

9) 산재예방 전문기관 기능 재조정

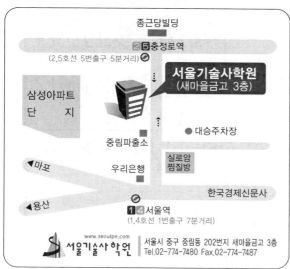

21세기 건설안전기술사

고득점 기출문제

발행일 / 2022년 6월 20일 초판 발행
2023년 6월 30일 개정1판
2024년 6월 20일 개정2판

저 자 / 김 정 태
발행인 / 정 용 수
발행처 / 예문사

주 소 / 경기도 파주시 직지길 460(출판도시) 도서출판 예문사
T E L / 031) 955-0550
F A X / 031) 955-0660
등록번호 / 11-76호

정가 : 55,000원

예문사 홈페이지 http : //www.yeamoonsa.com

ISBN 978-89-274-5478-6 13530

PROFESSIONAL-ENGINEER

www.yeamoonsa.com